苏州大学研究生优秀教材建设资助项目

材料物理性能与检测

吴雪梅　主编

诸葛兰剑　吴兆丰　叶春暖　葛水兵　编著

科学出版社

北　京

内 容 简 介

本书系统地介绍了材料物理性能的基本概念及其物理本质、影响材料物理性能的因素、提高材料物理性能的措施以及物理性能的检测原理和方法等.

全书共 9 章, 包括晶体学基础与晶体结构、材料的导电性能、材料的热学性能、材料的磁性能、材料的光学性能、材料的介电性能、纳米微粒材料的物理性能、薄膜材料的物理性能、纳米材料的测试与表征. 在本书中, 将"固体电子论基础知识概述"作为附录列于书末, 以方便未学过这部分内容的同学参考.

本书可作为高等学校材料科学与工程及相关专业本科生及研究生的教材; 也可供从事材料物理性能领域研发和技术工作的专业人员参考阅读.

图书在版编目(CIP)数据

材料物理性能与检测/吴雪梅主编; 诸葛兰剑等编著. —北京: 科学出版社, 2012

ISBN 978-7-03-032951-6

Ⅰ. ①材… Ⅱ. ①吴… ②诸… Ⅲ. ①工程材料-物理性能-性能检测 Ⅳ. ①TB303

中国版本图书馆 CIP 数据核字 (2011) 第 252412 号

责任编辑: 刘凤娟 / 责任校对: 陈玉凤
责任印制: 徐晓晨 / 封面设计: 耕 者

科 学 出 版 社出版
北京东黄城根北街 16 号
邮政编码: 100717
http://www.sciencep.com

北京捷迅佳彩印刷有限公司 印刷
科学出版社发行 各地新华书店经销
*
2012 年 1 月第 一 版 开本: B5(720×1000)
2020 年 2 月第七次印刷 印张: 26 3/4
字数: 522 000

定价: 98.00 元
(如有印装质量问题, 我社负责调换)

前言

近年来, 以电子、生物、航天和能源为应用对象的材料科学的发展趋势已经从过去的单一性金属材料、无机非金属材料和高分子材料转向以功能材料、复合材料、纳米材料等高性能、多功能材料为主. 因此, 对材料的性能提出了更高的要求. 随着包括金属材料、无机非金属材料和高分子材料及复合工程材料在内的大材料学科在各高等院校的建立, 物理性能课程由原来的金属物理性能、无机材料物理性能等扩展为材料物理性能, 本教材是以适应当前 "厚基础、宽专业、多方向、强能力" 的教育要求而编写的.

本书在编写上, 注重简单明了地阐述材料物理性能的基本概念, 尽量避免复杂的数学推导, 并使用很多插图. 本书共分 9 章, 第 1 章简明地论述了晶体结构和晶体缺陷; 第 2~6 章分别对材料的电学、热学、磁学、光学、介电性能的理论、性能、影响因素、性能测定方法和应用等进行介绍. 为适应目前纳米科学技术的快速发展, 书中增加了纳米微粒材料和薄膜材料的物理性能及纳米材料的测试与表征共 3 章内容.

材料的物理性能, 离不开性能的检测, 因此, 在本书中, 较多地介绍了物理性能的测试方法, 如有条件, 可安排这些性能的测试实验, 有利于加强学习效果. 作为教材, 每章都有思考练习题, 思考练习题可供学生复习和练习选用.

目前, 许多学校的材料科学与工程学科本科专业开设了 "固体物理学" 之类的必修基础课程, 或者将有关固体材料中的电子理论知识纳入了先期的必修课程之中. 因此, 在本书中, 将 "固体电子论基础知识概述" 作为附录列于书末, 而没有在书的正式内容中作详细介绍, 以方便还没有学习过这部分内容的同学作为参考.

本书由吴雪梅主编统稿, 诸葛兰剑编写第 1、第 2、第 5、第 7、第 8、第 9 章、附录 B; 吴兆丰编写第 4、第 6 章; 叶春暖编写第 3 章; 葛水兵编写附录 A.

在本书出版过程中, 得到 "苏州大学研究生优秀教材建设资助项目"、苏州大学 "低温等离子体物理及应用" 创新团队建设项目、江苏省 "青蓝工程" 建设项目的支持和国家自然科学基金 (No.10975106) 的资助以及科学出版社的大力支持, 在此表示感谢!

本书在编写过程中参考了相关教材、专著和论文. 在此, 作者向被引用参考文献的作者表示衷心感谢!

由于作者学识所限, 加上时间又紧, 内容难免有不妥之处, 敬请读者批评指正.

作　者

2011 年 5 月于苏州

目　录

第1章　晶体学基础与晶体结构

虽然材料的物理性能受到许多方面因素的影响，是一个十分复杂的问题，但长期的实践和探索研究表明：决定材料物理性能的基本因素是它们内部的微观构造，这就促使人们致力于材料内部构造的研究.

要了解材料内部的微观构造，首先必须掌握其晶体构造情况，包括晶体中原子是如何相互作用和结合起来的、原子的聚集状态和分布规律、各种晶体的特点和彼此之间的差异等. 因此，研究分析材料晶体的内部结构已成为研究材料的一个重要方面，许多问题的认识和解决都与它密切相关. 故要掌握材料的物理性能，首先必须掌握好晶体结构方面的知识，作为进一步学习其他内容的重要基础.

1.1　晶体学基础

1.1.1　晶体与非晶体

固态物质按其原子 (或分子) 的聚集状态可分为两大类：晶体或非晶体. 虽然我们看到自然界的许多晶体具有规则的外形 (如天然金刚石、结晶盐、水晶等)，但是晶体的外形不一定都是规则的，这与晶体的形成条件有关，如果形成条件不具备，其外形也就变得不规则. 所以，区分晶体还是非晶体，不能根据它们的外观，而应从其内部的原子排列情况来确定. 在晶体中，原子 (或分子) 在三维空间具有规则的周期性重复排列，而非晶体就不具有这一特点，这是二者的根本区别. 应用 X 射线衍射、电子衍射等实验方法不仅可以证实这个区别，还能确定各种晶体中原子排列的具体方式 (即晶体结构的类型)、原子间距等关于晶体的许多重要信息.

显然，气体和液体都是非晶体. 在液体中，原子也处于紧密聚集的状态，但不存在长程的周期性排列. 固态的非晶体实际上是一种过冷状态的液体，只是其物理性质不同于平常的液体而已. 玻璃就是一个典型的例子，故往往将非晶态的固体称为玻璃体. 从液态到非晶态固体的转变是逐渐过渡的，没有明显的凝固点 (反之亦然，也无明显的熔点)，而液体转变为晶体则是突变的，有一定的凝固点和熔点. 非晶体的另一特点是沿任何方向测定其性能，其结果都是一致的，不因方向而异，称为各向同性或等向性. 晶体就不是这样，沿着晶体的不同方向所测得的性能并不相同 (如导电性、导热性、热膨胀性、弹性、强度、光学数据以及外表面的化学性质等)，称为各向异性或异向性. 晶体的异向性是因其原子的规则排列而造成的.

非晶体在一定条件下可转化为晶体. 例如, 玻璃经高温长时间加热后能形成晶态玻璃, 而如果将通常呈晶体的物质从液态快速冷却下来也可能得到非晶体. 原子按同一取向排列, 由一个核心 (称为晶核) 生长而成的晶体称为单晶体. 一些天然晶体, 如金刚石、水晶等; 半导体工业用的单晶硅、锗等都是单晶体. 多晶体则是由许多不同位向的小晶体 (晶粒) 所组成, 晶粒与晶粒之间的界面称为晶界, 图 1.1 是多晶体各晶粒的位向示意图. 多晶材料通常不显示出各向异性, 这是因为它包含大量的彼此位向不同的晶粒, 虽然每个晶粒有异向性, 但整块材料的性能则是它们性能的平均值, 故表现为各向同性, 这种情况称为假等向性. 在某些特定条件下, 如定向凝固等, 使各晶粒的位向趋于一致, 则其异向性又会显示出来.

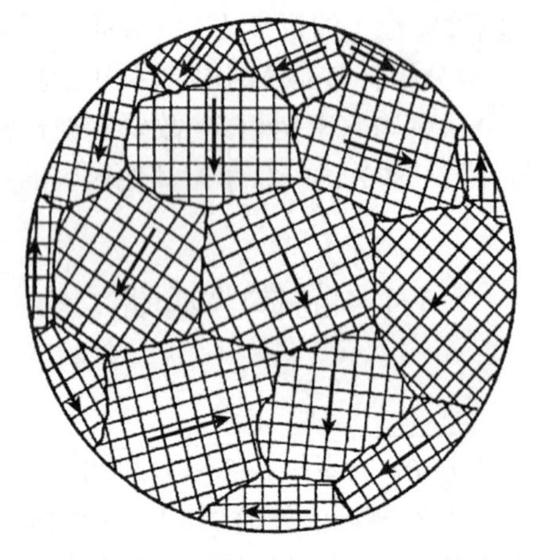

图 1.1　多晶体各晶粒的位向示意图

1.1.2　空间点阵和晶胞

材料的许多特性都与晶体中原子 (分子或离子) 的排列方式有关, 因此分析材料的晶体结构是研究材料的一个重要方面. 为了便于研究和描述晶体内原子 (分子或离子) 的排列规律, 通常把原子 (分子或离子) 视为刚性小球, 并把不停热振动的原子 (分子或离子) 看成在其平衡位置上静止不动, 且处在振动中心, 如图 1.2(a) 所示. 把晶体中的原子 (分子或离子) 抽象为规则排列于空间的几何点, 这些阵点可以是原子 (分子或离子) 的中心, 也可以是彼此等同的原子群或分子群的中心, 但各阵点的周围环境都必须相同. 这些由无数几何点在三维空间排列成规整的阵列, 称为空间点阵, 点阵中的点子称为阵点或结点. 为了观察方便, 可用一系列平行直线将阵点连接起来, 形成一个三维的空间格架, 称为晶格 (crystalline lattice) 或空间格子, 如图 1.2(b) 所示. 显然, 某一空间点阵中, 各阵点在空间的位置是一定的, 阵点是构成空间点阵的基本要素.

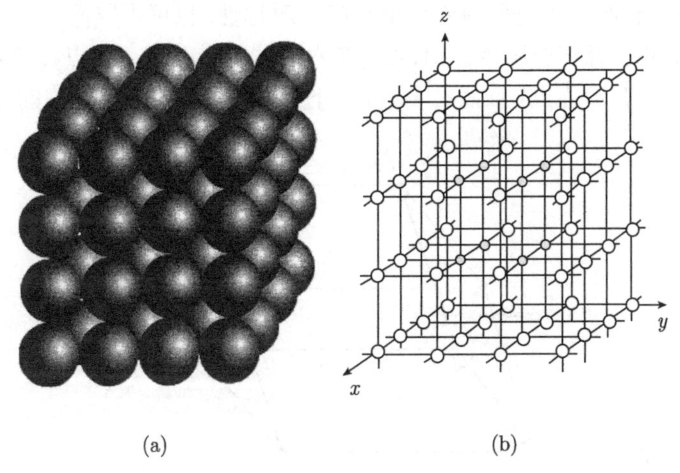

图 1.2 晶体中原子排列示意图

(a) 原子排列模型; (b) 晶格

从图 1.2 可以看出, 位于同一直线上的阵点, 每隔一个相等的距离就重复出现; 同样, 位于同一平面上的阵点构成了二维的点阵平面, 将点阵平面沿一定方向平移一定距离, 其阵点也具有重复性. 总之, 由于各阵点的周围环境相同, 空间点阵具有周期重复性. 因此, 为了说明点阵排列的规律和特点, 可在点阵中取出一个具有代表性的基本单元作为点阵的组成单元 (通常是取一个最小的平行六面体), 称为晶胞. 可见, 将晶胞作三维的重复堆砌就构成了空间点阵. 同一空间点阵可因选取方式不同而得到不同的晶胞, 图 1.3 表示出在一个二维点阵中取出的不同晶胞. 为此, 要求在选取晶胞时应能尽量反映出该点阵的对称性, 一般是选取只在每个角上有一阵点的最小平行六面体作为晶胞, 称为初级晶胞或单位晶胞,

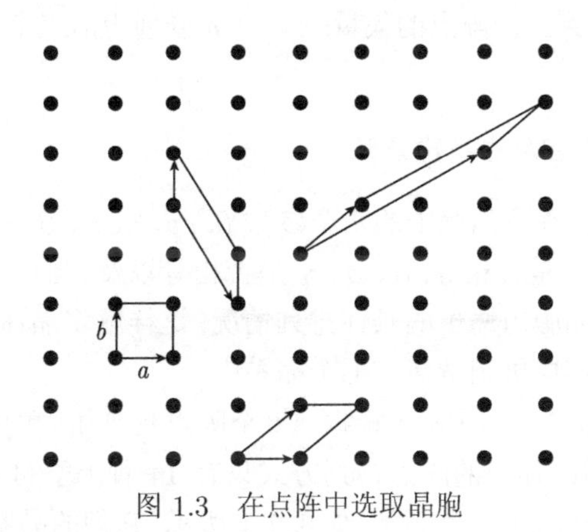

图 1.3 在点阵中选取晶胞

如图 1.4 所示. 有时为了更好地表现出点阵的对称性, 也可不取简单晶胞而使晶胞中心或面的中心也存在有阵点, 如体心 (在六面体的中心有一阵点)、面心 (在六面体的每个面中心有一阵点) 或底心 (在上、下底面中心各有一阵点) 的晶胞.

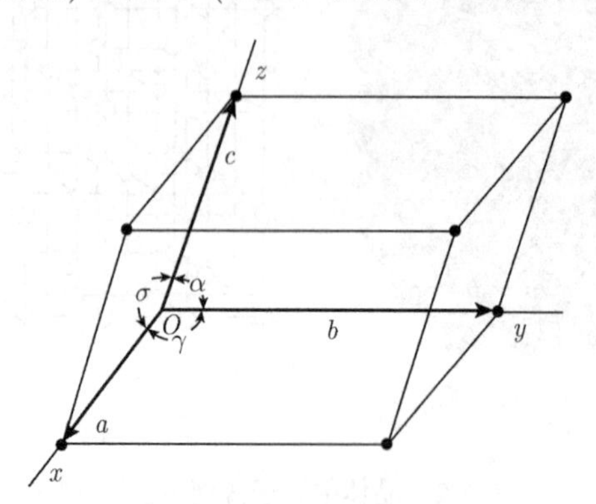

图 1.4　晶胞、晶轴和点阵矢量

为了描述单位晶胞的大小和形状, 以单位晶胞角上的某一阵点为原点, 以该单位晶胞上过原点的三个棱边作为坐标轴 x、y、z(称为晶轴), 则单位晶胞的大小和形状就由这三条棱边的边长 a、b、c(称为晶格常数或点阵常数) 及晶轴之间的夹角 α、β、γ 这六个参数完全表达出来. 事实上, 采用三个点阵矢量 $\boldsymbol{a}$、$\boldsymbol{b}$、$\boldsymbol{c}$ 来描述晶胞将更为方便. 这三个矢量不仅确定了晶胞的形状和大小, 而且完全确定了此空间点阵. 只要任选一个阵点为原点, 以这三个矢量作平移 (即平移的方向和单位距离由点阵矢量所规定), 就可确定空间点阵中任何一个阵点的位置

$$\boldsymbol{r}_{uvw} = u\boldsymbol{a} + v\boldsymbol{b} + w\boldsymbol{c} \tag{1.1}$$

式中, $\boldsymbol{r}_{uvw}$ 为从原点到某一阵点的矢量; u、v、w 分别为沿三个点阵矢量的平移量, 即该点阵的坐标.

1.1.3　七大晶系与十四种布拉维点阵

在晶体学中, 常按单位晶胞中的六个参数 (a、b、c、α、β、γ) 将晶体进行分类, 分类时只考虑 a、b、c 是否相等, α、β、γ 是否相等以及它们是否成直角等方面的特征, 而不涉及单位晶胞内原子的具体排列情况, 这样就将晶体划分成七种类型即七个晶系, 所有的晶体均可归纳在这七个晶系中.

布拉维 (A.Bravais) 在 1948 年根据 "每个阵点具有相同的周围环境" 的要求, 用数学分析方法证明晶体中的阵点排列方式只有 14 种, 这 14 种空间点阵就称为布拉维点阵, 它们分别属于七个晶系, 如表 1.1 所示, 它们的晶胞如图 1.5 所示.

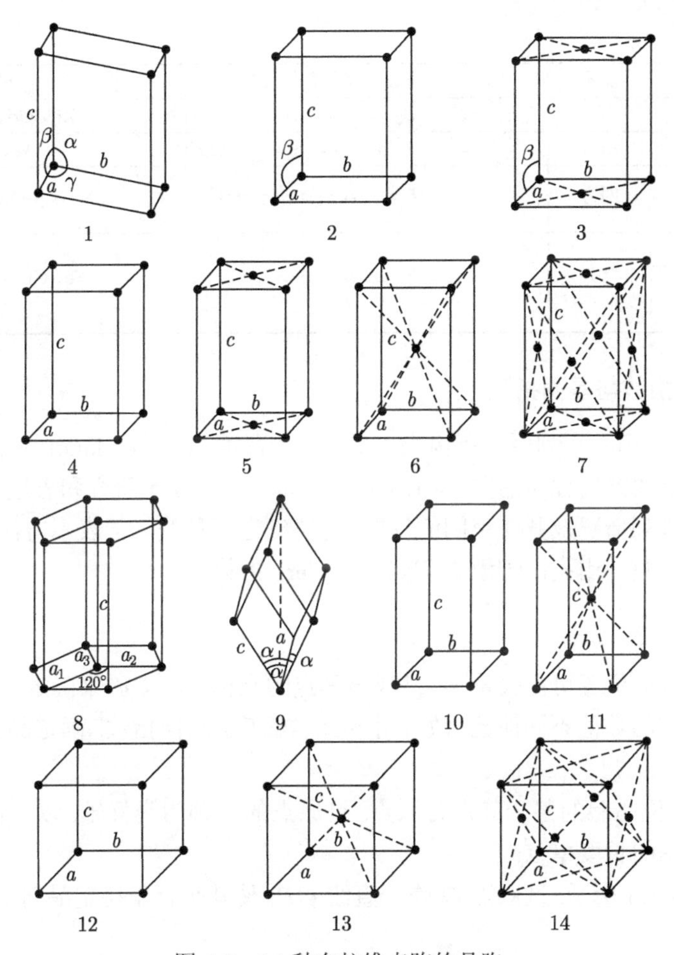

图 1.5 14 种布拉维点阵的晶胞

1. 简单三斜; 2. 简单单斜; 3. 底心单斜; 4. 简单正交; 5. 底心正交; 6. 体心正交; 7. 面心正交; 8. 简单六方; 9. 菱形 (三角); 10. 简单四方; 11. 体心四方; 12. 简单立方; 13. 体心立方; 14. 面心立方

表 1.1 晶系与布拉维点阵

布拉维点阵	晶系	棱边长度及夹角关系	举例
简单三斜	三斜	$a \neq b \neq c, \alpha \neq \beta \neq \gamma \neq 90°$	K_2CrO_7
简单单斜	单斜	$a \neq b \neq c, \alpha = \gamma = 90° \neq \beta$	β–S, $CaSO_4 \cdot 2H_2O$
底心单斜			
简单正交	正交	$a \neq b \neq c, \alpha = \beta = \gamma = 90°$	α–S, Ga, Fe_3C
底心正交			
体心正交			
面心正交			

续表

布拉维点阵	晶系	棱边长度及夹角关系	举例
简单六方	六方	$a_1 = a_2 = a_3 \neq c$, $\alpha = \beta$=90°, γ=120°	Zn、Cd、Mg、NiAs
菱形 (三角)	三方	$a = b = c$, $\alpha = \beta = \gamma \neq$90°<120°	As、Sb、Bi
简单四方	四方	$a = b \neq c$, $\alpha = \beta = \gamma$=90°	β−Sn、TiO_2
体心四方			
简单立方	立方	$a = b = c$, $\alpha = \beta = \gamma$=90°	Fe、Cr、Cu、Ag、Au
体心立方			
面心立方			

1.1.4 晶向指数与晶面指数

在晶体中, 由一系列原子所构成的平面称为晶面 (lattice plane), 任意两个原子之间连线所指的方向称为晶向 (lattice direction). 为了便于研究和表述不同晶面和晶向的原子排列情况及其在空间的位向, 需要确定一种统一的表示方法, 称为晶面指数和晶向指数. 国际上通用的是米勒 (Miller) 指数.

1. 晶向指数

任何阵点的位置可由矢量 $\boldsymbol{r}_{uvw}$ 或该阵点的坐标 u、v、w 来确定. 不同的晶向只是 u、v、w 的数值不同而已, 故可用 $[uvw]$ 来表示晶向指数. 确定晶向指数的步骤如下:

(1) 以单位晶胞的某一阵点为原点, 过原点的晶轴为坐标轴, 以单位晶胞的边长作为坐标轴的长度单位;

(2) 如图 1.6 所示, 过原点 O 作一直线 OP, 使其平行于待定晶向 AB;

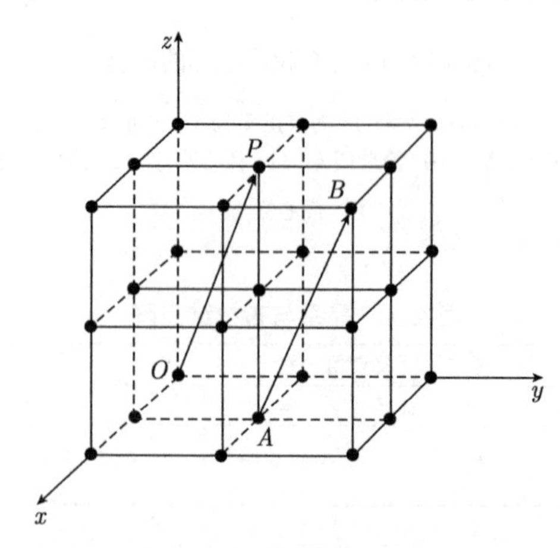

图 1.6 晶向指数的确定

(3) 在直线 OP 上选取距原点 O 最近的一个阵点 P, 确定 P 点的三个坐标值;

(4) 将这三个坐标值化为最小整数 u, v, w, 加上方括号, $[uvw]$ 即为待定晶向的晶向指数, 如 [100]、[110]、[111] 等. 如果 u、v、w 中某一数为负值, 则将负号记于该数的上方, 如 $[\bar{1}00]$、$[1\bar{1}0]$、$[11\bar{1}]$ 等.

图 1.7 中标出了立方晶系的一些重要的晶向指数. 如 x 轴方向, 其晶向指数由 A 点的坐标来确定, A 点坐标为 1、0、0, 所以 x 轴的晶向指数为 [100]. 同理, y 轴和 z 轴的晶向指数分别为 [010] 和 [001]. D 点的坐标为 1、1、0, 故 $\overrightarrow{OD}$ 方向的晶向指数为 [110]; G 点的坐标为 1、1、1, 故对角线 $\overrightarrow{OG}$ 方向的晶向指数为 [111]. $\overrightarrow{OH}$ 方向的晶向指数可根据 H' 点的坐标来求得, 为 [210]. 若求 $\overrightarrow{EF}$ 方向的晶向指数, 应将 EF 平移使 E 点同原点 O 重合, 这时 F 点移至 F' 点, F' 点的坐标为 -1、1、0, $\overrightarrow{OF'}$ 的晶向指数为 $[\bar{1}10]$, 因为 $\overrightarrow{EF}$ 与 $\overrightarrow{OF'}$ 平行, 所以 $\overrightarrow{EF}$ 的晶向指数也为 $[\bar{1}10]$.

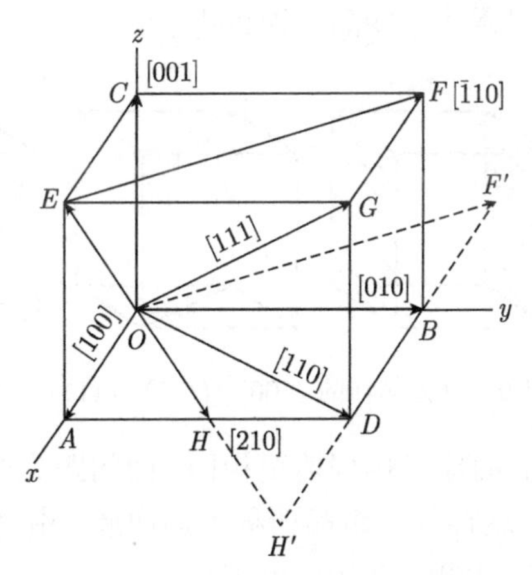

图 1.7 立方晶系一些重要晶向的晶向指数

晶向中因对称关系而等同的各组晶向可归并为一个晶向族, 用 $\langle uvw\rangle$ 表示. 例如, 对立方晶系来说, [100]、[010]、[001] 和 $[\bar{1}00]$、$[0\bar{1}0]$、$[00\bar{1}]$ 等六个晶向, 它们的性质是完全相同的, 用符号 $\langle 100\rangle$ 表示. 如果不是立方晶系, 改变晶向指数的顺序所表示的晶向可能是不等同的. 例如, 对于正交晶系的 [100]、[010]、[001] 这三个晶向并不是等同晶向, 因为以上三个方向上的原子间距分别为 a、b、c, 沿着这三个方向, 晶体的性质并不相同.

2. 晶面指数

在晶体中, 原子的排列构成了许多不同的晶面, 用晶面指数来表示这些晶面, 确定晶面指数的步骤如下:

(1) 晶胞的某一阵点为原点, 过原点的晶轴为坐标轴, 以单位晶胞的边长作为坐标轴的长度单位;

(2) 求出待定晶面在坐标轴上的截距, 如果该晶面与某坐标轴平行, 则截

距为 ∞;

(3) 取这些截距的倒数;

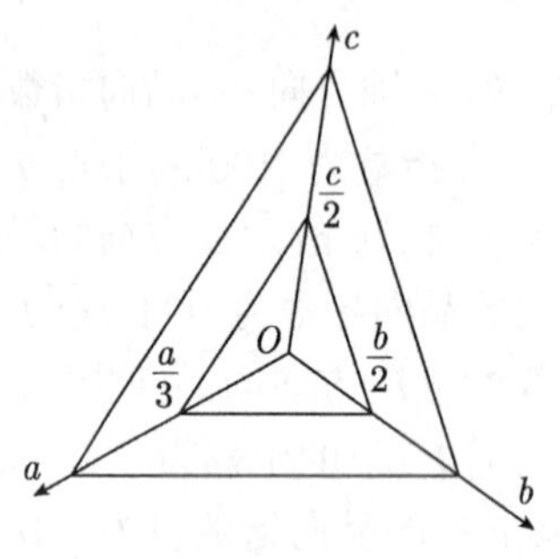

图 1.8 晶面指数的坐标示意图

(4) 将这些倒数化为最小整数 h、k、l, 加上圆括号, (hkl) 即为待定晶面的晶面指数. 如果 h、k、l 中某一数为负值, 则将负号记于该数的上方, 如 $(\bar{1}10)$、$(11\bar{2})$ 等. 所有相互平行的晶面, 其晶面指数相同, 或数字相同而正负号相反, 如 (111) 与 $(\bar{1}\bar{1}\bar{1})$ 代表平行的两组晶面.

图 1.8 是晶面指数的坐标示意图, 图 1.8 中所示晶面指数为 (322); 图 1.9 为简单立方晶体中一些晶面指数的示例.

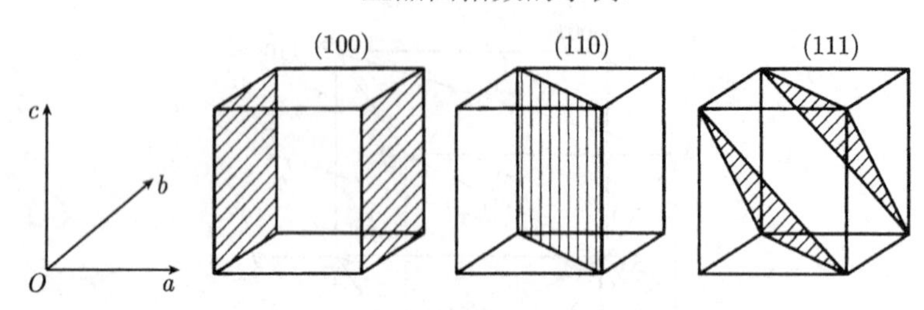

图 1.9 立方晶体的 (100)、(110)、(111) 晶面

在晶体中, 有些晶面的原子排列情况相同, 面间距完全相等, 其性质完全相同, 只是空间位向不同. 这样的一组晶面称为晶面族, 用 $\{hkl\}$ 表示. 例如, 在立方晶系中: {100}包含 (100)、(010)、(001)、$(\bar{1}00)$、$(0\bar{1}0)$、$(00\bar{1})$; {110} 包含 (110)、(101)、(011)、$(\bar{1}10)$、$(1\bar{1}0)$、$(01\bar{1})$、$(0\bar{1}1)$、$(10\bar{1})$、$(\bar{1}01)$、$(\bar{1}\bar{1}0)$、$(\bar{1}0\bar{1})$、$(0\bar{1}\bar{1})$. 可见在立方晶系中, 任意交换指数的位置和改变符号后的所有结果都在该族的范围内.

如果不是立方晶系, 改变晶面指数的顺序所表示的晶面可能是不等同的. 例如, 对于正交晶系, (100)、(010)、(001) 这三个晶面上的原子排列情况不同, 晶面间距不等, 因而不能归属于同一晶面族.

此外, 在立方晶系中, 具有相同指数的晶向和晶面必定相互垂直, 即 $[hkl]\perp(hkl)$, 但是此关系不适用于其他晶系.

3. 六方晶系的晶向指数和晶面指数

六方晶系的晶面指数和晶向指数同样可以应用该方法确定, 但这样表示有缺点, 同类型的晶面, 其晶面指数不相类同, 往往看不出它们之间的等同关系. 例如, 六方晶系晶胞的六个柱面是等同的, 但按三轴坐标系, 其晶面指数分别为 (100)、(010)、$(\bar{1}10)$、$(\bar{1}00)$、$(0\bar{1}0)$、$(1\bar{1}0)$. 所以对于六方晶系, 一般都采用另一种专用于六方晶系的指数标定方法. 根据六方晶系的对称特点, 对六方晶系采用 a_1、a_2、a_3 及 c 四个晶轴, a_1、a_2、a_3 之间的夹角均为 120°, 这样, 其晶面指数和晶向指数就分别以 $(hkil)$ 和 $[uvtw]$ 四个指数来表示. 图 1.10 中举出了六方晶系一些晶面指数和晶向指数.

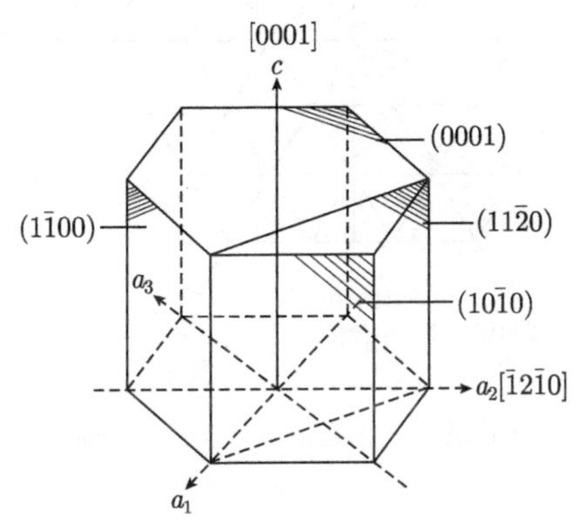

图 1.10 六方晶系的一些晶面和晶向

晶面指数的标定方法与立方晶系的一样, 则六个柱面的指数分别为 $(10\bar{1}0)$、$(01\bar{1}0)$、$(\bar{1}100)$、$(\bar{1}010)$、$(0\bar{1}10)$、$(1\bar{1}00)$, 这六个晶面可归并 $\{10\bar{1}0\}$ 晶面族.

根据几何学, 三维空间独立的坐标轴最多不超过三个, 而应用六方晶系的方法标定的指数形式上是四个指数, 但是不难看出, 前三个指数中只有两个是独立的, 它们之间有以下关系

$$i = -(h+k) \tag{1.2}$$

$$t = -(u+v) \tag{1.3}$$

晶向指数的具体标定方法如下：从原点出发, 沿平行于四个晶轴的方向依次移动, 使之最后到达要标定方向上的某一结点. 移动时必须选择适当的路线, 使沿 a_3 轴移动的距离等于沿 a_1、a_2 两轴移动距离之和的负值, 但方向相反 (即 $u+v=-t$). 将各方向移动距离化为最小整数, 加上方括号, 即得到该方向的晶向指数 (见图 1.11). 此方法的优点是等同的晶向可以从晶向指数上反映出来, 但其标定比较麻烦, 故有时仍用三轴坐标系 $[UVW]$ 来表示.

六方晶系按三个指数或四个指数来表示的晶面指数和晶向指数, 可相互转换; 对晶面指数来说, 从 $(hkil)$ 转换成 (hkl) 只要去掉 i 即可; 反之加上 $i=-(h+k)$. 对晶向指数, 三个指数的 $[UVW]$ 与四个指数的 $[uvtw]$ 之间的转换关系为

$$U = u - t, \quad V = v - t, \quad W = w \tag{1.4}$$

$$u = \frac{1}{3}(2U - V), \quad v = \frac{1}{3}(2V - U), \quad t = -(u+v), \quad w = W \tag{1.5}$$

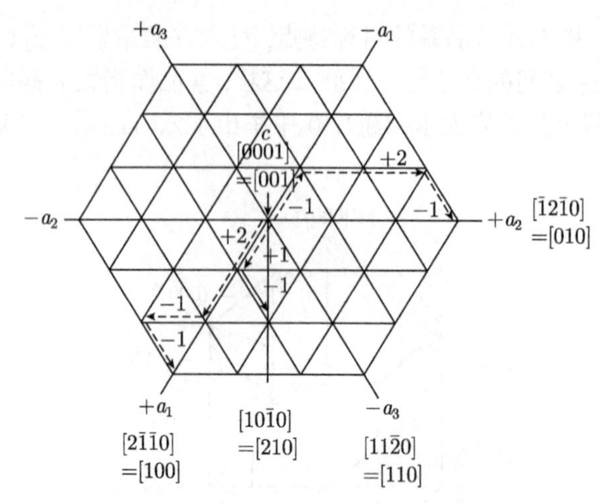

图 1.11　六方晶系晶向指数的表示方法 (c 轴与图面垂直)

4. 晶带

所有相交于某一晶向直线或平行于此直线的晶面构成一个 "晶带", 此直线称为晶带轴, 这些晶面是属于此晶带的面. 例如, 在一正交点阵中, (100)、(010)、(110)、($\bar{1}$10)、(210)、($\bar{2}$10) 等晶面都与 [001] 晶向平行, 构成以 [001] 为晶带轴的晶带. 由于任何两个不平行的晶面必然相交, 其交线即为晶带轴, 此两晶面即属该晶带的晶面, 故晶带可有很多.

晶带轴 $[uvw]$ 与该晶带的晶面 (hkl) 之间存在以下关系：

$$hu + kv + lw = 0 \tag{1.6}$$

式 (1.6) 称为晶带定律.

故满足式 (1.6) 关系的晶面都属于以 $[uvw]$ 为晶带轴的晶带. 此外, 两个不平行的晶面 $(h_1k_1l_1)$、$(h_2k_2l_2)$, 则其晶带轴 $[uvw]$ 可从下式求得

$$u = k_1l_2 - k_2l_1, \quad v = l_1h_2 - l_2h_1, \quad w = h_1k_2 - h_2k_1 \tag{1.7}$$

5. 晶面间距

两近邻平行晶面间的垂直距离, 称为晶面间距, 用 d_{hkl} 表示. 低指数的晶面的晶面间距较大, 且其阵点密度也较大; 而高指数的晶面的晶面间距较小, 且阵点排列较稀疏. 以图 1.12 所示的简单立方点阵为例, 可看到其 {100} 面的晶面间距最大, 阵点排列最紧密.

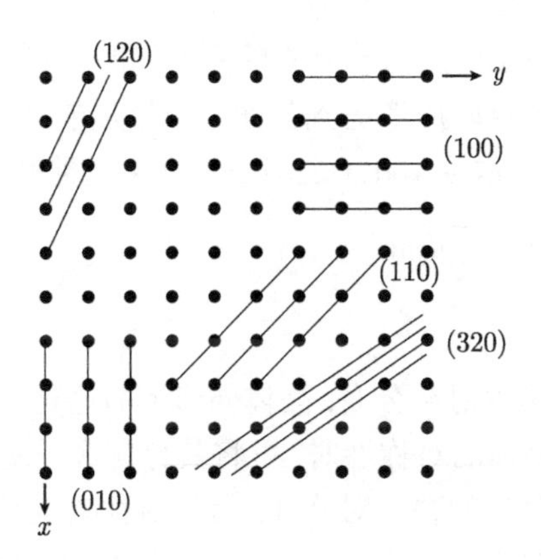

图 1.12 晶面间距

对于一组平行的 (hkl) 晶面, 其晶面间距 d_{hkl} 可按以下方法求得: 距原点 O 最近的一个晶面 (hkl) 与晶轴 $\boldsymbol{a}$、$\boldsymbol{b}$、$\boldsymbol{c}$ 的截距应分别为 a/h、b/k 和 c/l(图 1.13), 从原点 O 作 (hkl) 晶面的法线 $\boldsymbol{N}$, 则法线被最近的 (hkl) 面所交截的距离就是晶面间距 d_{hkl}. 设法线 $\boldsymbol{N}$ 与晶轴 $\boldsymbol{a}$、$\boldsymbol{b}$、$\boldsymbol{c}$ 的夹角分别为 α、β、γ, 则

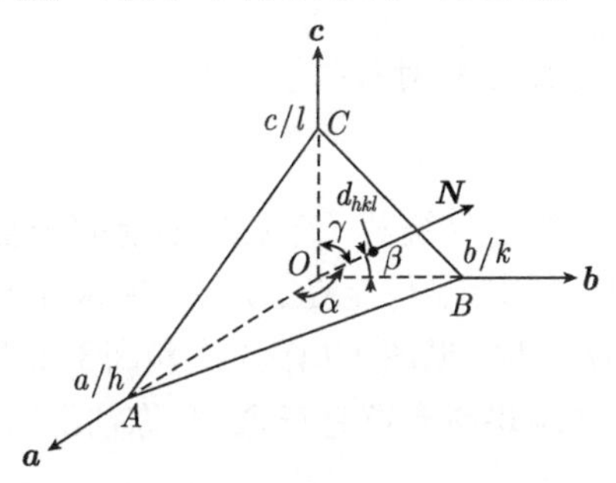

图 1.13 晶面间距公式的推导

$$d_{hkl} = \frac{a}{h}\cos\alpha = \frac{b}{k}\cos\beta = \frac{c}{l}\cos\gamma \tag{1.8}$$

对于直角坐标系:

$$d_{hkl}^2\left\{\left(\frac{h}{a}\right)^2 + \left(\frac{k}{b}\right)^2 + \left(\frac{l}{c}\right)^2\right\} = \cos^2\alpha + \cos^2\beta + \cos^2\gamma = 1 \tag{1.9}$$

所以

$$d_{hkl} = \frac{1}{\sqrt{\left(\frac{h}{a}\right)^2 + \left(\frac{k}{b}\right)^2 + \left(\frac{l}{c}\right)^2}} \tag{1.10}$$

式 (1.10) 是正交晶系的晶面间距计算公式.

立方晶系的晶面间距计算公式可从式 (1.10) 简化为

$$d_{hkl} = \frac{a}{\sqrt{h^2 + k^2 + c^2}} \tag{1.11}$$

对于六方晶系, 其晶面间距的计算式为

$$d_{hkl} = \frac{1}{\sqrt{\frac{4}{3}\frac{(h^2 + hk + k^2)}{a^2} + \left(\frac{l}{c}\right)^2}} \tag{1.12}$$

必须注意的是, 式 (1.12) 是简单晶胞的晶面间距公式, 对于复杂晶胞 (如体心立方、面心立方等), 在计算时应考虑到晶面层数增加的影响. 例如, 在体心立方或面心立方的晶胞中, 上、下底面 (001) 之间还有一层同类型的晶面(可称为 (002) 晶面), 故实际的晶面间距应为 $\frac{1}{2}d_{001}$.

1.1.5　晶体的对称性

晶体外形上的晶面呈现对称分布. 晶体外形上的这种对称性, 是晶体内在结构规律性的体现. 在分析晶体的对称性时, 可将其分解成一些基本的对称要素, 通过运用它们的组合而构成晶体的整个对称性. 所谓对称要素是指这样的一些动作, 晶体经过这些动作后所处的位置与其原始位置完全重合. 晶体的对称可分为宏观对称性和微观对称. 宏观对称反映晶体外形和其宏观性质的对称性, 亦可用于微观结构, 而微观对称反映晶体中原子排列的对称性, 只能用于微观结构.

1. 宏观对称性

1) 旋转对称

当晶体绕其一轴旋转而能完全复原时, 此轴即为旋转对称轴, 在旋转一周 (2π) 的过程中, 晶体能复原几次, 就称为几次对称轴. 研究证明, 旋转对称轴有 1、2、3、4、6 次五种 (见图 1.14), 5 次和高于 6 次的对称轴不存在是因为具在这种对称性的晶胞在堆垛时会留有空隙. 对称轴常以符号 1、2、3、4、6 来表示.

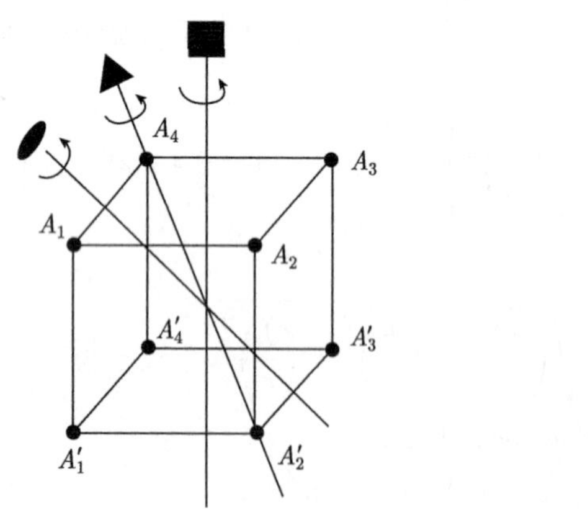

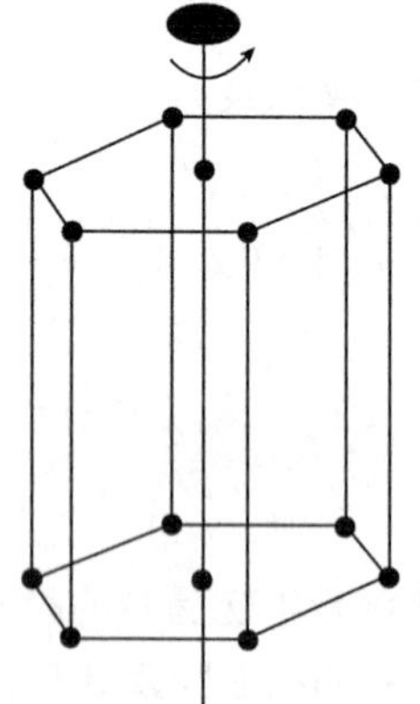

图 1.14　对称轴

2) 镜面对称

通过晶体作一平面, 使晶体的各对应点经此平面反映后都能重合一致, 如镜面反映一样, 此平面为对称面 (图 1.15(a) 中 $B_1B_2B_3B_4$ 面是对称面), 用符号 m 表示.

3) 反演对称

取晶体中心 O 为原点, 经过中心反映后, 图形中任一点 (x_1, x_2, x_3) 变为 $(-x_1, -x_2, -x_3)$, 即晶体中每一点均可以 O 点为中心的反演动作而与其对应点重合, 见图 1.15(b). 此中心点称为反演中心或对称中心, 用符号 z 表示.

4) 旋转–反演对称

当晶体绕某一轴旋转一定角度 $(2\pi/n)$, 再以轴上的一个中点作反演之后能得到复原, 此轴称为旋转–反演轴, 它是一种复合操作. 在图 1.15(c) 中, P 点绕 BB' 轴旋转 π 后与 P_3 点重合, 再经 O 点反演而与 P' 重合, 则称 BB' 轴为 2 次旋转–反演轴. 从图 1.15(c) 中可看出, 旋转–反演轴也有 1、2、3、4、6 次五种, 分别以符号 $\bar{1}$、$\bar{2}$、$\bar{3}$、$\bar{4}$、$\bar{6}$ 来表示. 实际上, $\bar{1}$ 等于对称中心 z, $\bar{2}$ 等于对称面 m.

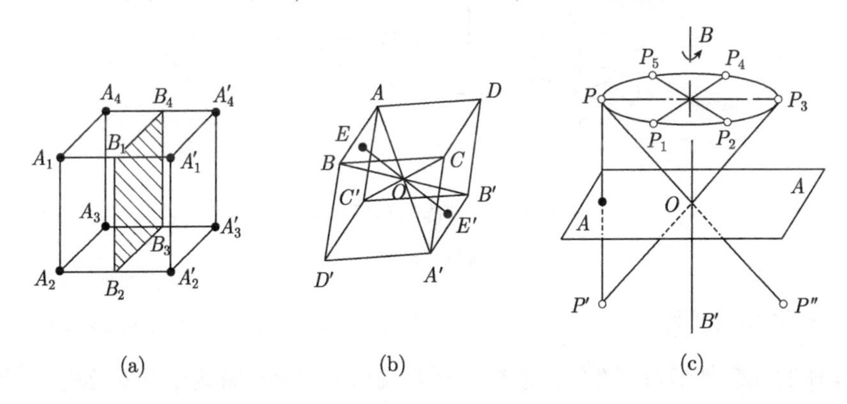

图 1.15 对称要素

(a) 对称面; (b) 对称中心; (c) 旋转–反演轴

2. 微观对称性

在分析晶体对称性时, 如果考虑平移, 将平移与前面讨论的某些对称要素结合, 还产生两种对称情况, 即螺旋旋转对称和滑移对称.

1) 螺旋旋转对称

螺旋旋转是绕某一轴旋转一定角度后再沿此轴平移一个量而能使图形复原的操作. 凡作为螺旋旋转的轴称为螺旋轴 n_m, 其中 m 为小于 n 的整数, 它表示转动 $2\pi/n$ 角度后, 再沿该轴的方向平移 T/n 的 m 倍, 则晶体中的原子和相同的原子重合, 其中 T 是轴方向的周期矢量. n 只能取 1、2、3、4、6 这五个数. 图 1.16(a) 表示 1 个四重螺旋轴, 因每次旋转 $\pi/2$ 后向上平移 $1/4\,T$, 故此螺旋轴记为 4_1; 若每次旋转 $\pi/2$ 后向上平移 $2/4\,T$, $3/4\,T$ 或 T, 则与之对应的螺旋轴分别为 4_2、4_3、4_4.

2) 滑移对称

若经过某面进行镜像操作后, 再沿平行于该面的某个方向平移 T/n 后, 晶体能自身重合, 则称此面为滑移反映面. T 是平行方向的周期, n 可取 2 或 4. 图 1.16(b) 表示经过滑移面 MM' 反映后, 再平移 1/2 周期, A 就和另一相同的 A_1 重合; 再经 MM' 反映后平移 1/2 周期, A_1 又和相同的 A_2 重合, AA_2 的距离是一个周期.

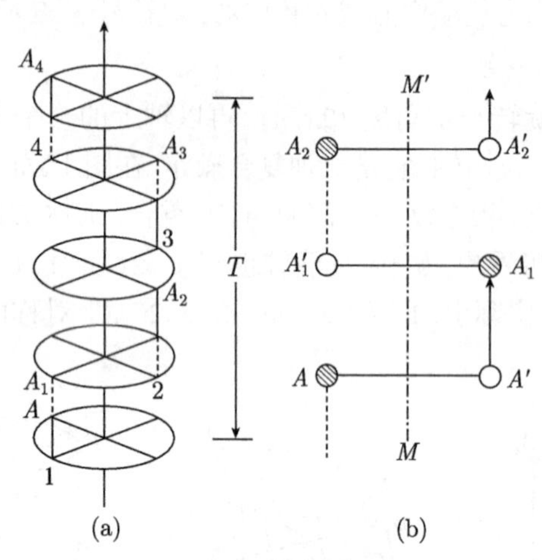

图 1.16 螺旋轴和滑移面

(a) 4 重螺旋轴; (b) 滑移反映面

3. *点群和空间群*

晶体的理想外形及其在宏观观察中所表现出的对称性称为宏观对称性, 它是在晶体微观结构基础上表现出来的相应的对称性. 这些宏观对称性中的对称元素和晶体微观结构中相应的对称元素一定是平行的, 由于晶体的宏观性质呈现连续性和均匀性, 在微观对称操作中所包含的平移已被掩盖, 因此, 微观对称操作中的螺旋轴和滑移面等在宏观对称性中表现为旋转轴和镜面. 当晶体具有一个以上对称元素时, 这些宏观对称元素一定要通过一个公共点. 若将晶体中可能存在的各种宏观对称元素通过一个公共点按一切可能组合起来, 总共有 32 种形式, 通常称它们为 32 个晶体学点群. 并且, 晶体按其晶轴参数的不同可分为 7 种晶系, 现按其对称性又有 32 种点群, 这表明同属一种晶系的晶体可属于不同的点群, 即它们的对称性并不相同 (表 1.2). 表示对称操作和对称元素的符号有两种, 一种是熊夫里斯符号, 另一种是国际符号.

空间群用以描述晶体中原子组合的所有可能方式, 它是通过宏观和微观对称要素在三维空间的组合而得出的. 属于同一点群的晶体可因其微观对称要素的不同而分属不同的空间群, 故空间群数目远多于点群, 晶体学家们运用空间群的几何理论证实了晶体中可能存在的空间群有 230 种, 分属 32 个点群. 到目前为止, 已知的晶体结构大都属于 230 种空间群中的 100 种左右, 而将近 80 个空间群没有找到一个晶体例子.

表 1.2 32 种点群及所属晶系

对称性高低	晶系	点群	
		熊夫里斯符号	国际符号
低	三斜	C_1、C_i	1、$\bar{1}$
	单斜	C_2、C_s、C_{2h}	2、m、$\frac{2}{m}$*
	正交	D_2、C_{2v}、D_{2h}	222、$mm2$、$\frac{2}{m}\frac{2}{m}\frac{2}{m}$
中	四方	C_4、S_4、C_{4h}、D_4、C_{4v}、D_{2d}、D_{4h}	4、$\bar{4}$、$\frac{4}{m}$、422、$4mm$、$\bar{4}2m$、$\frac{4}{m}\frac{2}{m}\frac{2}{m}$
	三方	C_3、C_{3i}、D_3、C_{3v}、D_{3d}	3、$\bar{3}$、32、$3m$、$\bar{3}\frac{2}{m}$
	六方	C_6、C_{3h}、C_{6h}、D_6、C_{6v}、D_{3h}、D_{6h}	6、$\bar{6}$、$\frac{6}{m}$、622、$6mm$、$\bar{6}m2$、$\frac{6}{m}\frac{2}{m}\frac{2}{m}$
高	立方	T、T_h、O、T_d、O_h	23、$\frac{2}{m}\bar{3}$、432、$\bar{4}3m$、$\frac{4}{m}\bar{3}\frac{2}{m}$

* $\frac{2}{m}$ 表示其对称面与 2 次轴相垂直, 其余类推.

1.2 三种典型的金属晶体结构

在金属晶体中, 金属键使原子 (分子或离子) 的排列趋于尽可能紧密, 构成高度对称性的简单晶体结构. 最常见的金属晶体结构有三种类型, 即面心立方结构 (face–centered cubic, fcc)、体心立方结构 (body–centered cubic, bcc) 和密排六方结构 (hexagonal closed–packed, hcp), 前两种属于立方晶系, 后一种属于六方晶系. 除了少数金属晶体外, 绝大多数金属晶体属于这三种结构类型.

1.2.1 面心立方结构

面心立方结构的单位晶胞如图 1.17 所示, 除单位晶胞的八个角上各有一个原子外, 在各个面的中心还有一个原子. 具有面心立方晶格的金属有 γ–Fe, Al, Cu, Ni, Au, Ag, β–Co, Pb 等.

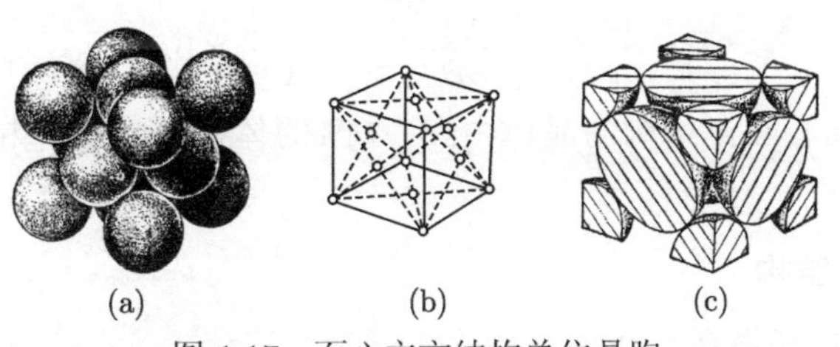

图 1.17 面心立方结构单位晶胞

(a) 刚球模型; (b) 质点模型; (c) 晶胞中原子数示意图

1. 单位晶胞中的原子数

单位晶胞中的原子数是指一个单位晶胞内所包含的原子数目. 由图 1.17(c) 可知, 单位晶胞顶角处的原子被 8 个单位晶胞所共有, 而位于单位晶胞面上的原子则被两个相邻的单位晶胞所共有, 只有位于单位晶胞内部的原子才被一个单位晶胞所独有. 这样, 面心立方每个单位晶胞所占有的原子数为 $n = \frac{1}{8} \times 8 + \frac{1}{2} \times 6 = 4(个)$.

2. 原子半径

如果把金属原子视为半径为 r 的刚性球, 则 r 与晶格常数有一定的关系. 对于立方晶系, 晶格常数只用晶胞的棱边长度 a 表示. 面心立方结构单位晶胞中原子相距最近的方向是面对角线, 即 $\langle 110 \rangle$ 方向的原子最密排, 所以最近原子间距 $d = \frac{\sqrt{2}}{2}a$, 即原子半径 $r = \frac{\sqrt{2}}{4}a$.

3. 配位数和致密度

晶体中原子排列的紧密程度与晶体结构类型有关. 为了定量地表示原子排列的紧密程度, 采用配位数和致密度两个参数来衡量.

1) 配位数

配位数是指晶体结构中, 与任一原子最近邻并且等距的原子数. 配位数越大, 则原子排列的紧密程度越高. 由图 1.17 可知, 面心立方晶格的配位数是 12.

2) 致密度

若把金属晶体中的原子视为直径相等的刚球, 原子排列的紧密程度可以用刚球所占空间的体积分数来表示, 称为致密度. 如以一个单位晶胞来计算, 致密度 K 就等于单位晶胞中原子所占体积与单位晶胞体积之比, 即

$$K = \frac{nv}{V} \tag{1.13}$$

式中, n 为单位晶胞原子数; v 为一个原子 (刚球) 的体积; V 为晶胞体积.

对于面心立方晶体, n=4, 原子半径 $r = \frac{\sqrt{2}}{4}a$, 故致密度为

$$K = \frac{nv}{V} = \frac{4 \times \frac{4}{3}\pi r^3}{a^3} = \frac{\pi\sqrt{2}}{6} \approx 0.74$$

此值表明, 面心立方结构的晶体中, 有 74%的体积为原子所占据, 其余 26%则为空隙体积.

1.2.2 体心立方结构

体心立方结构的单位晶胞模型如图 1.18 所示, 除单位晶胞的八个角上各有一个原子外, 在中心还有一个原子. 具有体心立方晶格的金属有 α–Fe, Cr, W, V, β–Ti,

Mo 等.

体心立方结构单位晶胞的原子数为 $n=\frac{1}{8}\times 8+1=2$(个).

在体心立方结构中, 原子沿立方体对角线方向, 即 $\langle 111\rangle$ 方向上排列最紧密. 则原子间距 $d=\frac{\sqrt{3}}{2}a$, 原子半径 $r=\frac{\sqrt{3}}{4}a$.

体心立方结构中, 每一原子最近邻且等距的原子数为 8 个, 所以配位数等于 8.

体心立方结构的致密度为

$$K=\frac{nv}{V}=\frac{\pi\sqrt{3}}{8}\approx 0.68$$

可见, 体心立方结构的配位数与致密度均小于面心立方结构, 即其原子密集程度低于面心立方结构.

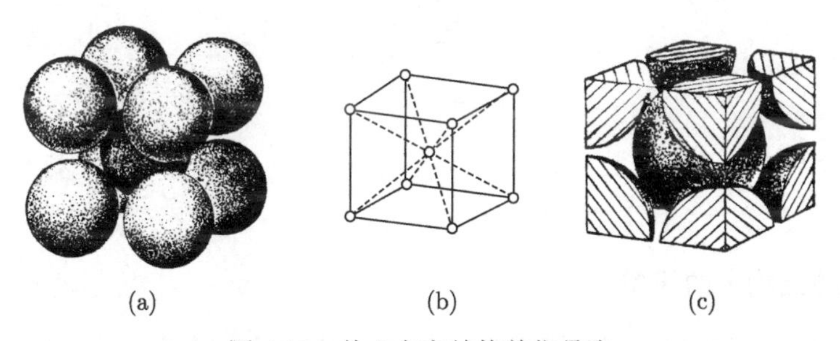

(a) (b) (c)

图 1.18 体心立方结构单位晶胞

(a) 刚球模型; (b) 质点模型; (c) 晶胞中原子数示意图

1.2.3 密排六方结构

密排六方结构的单位晶胞如图 1.19 所示, 在六方单位晶胞的十二个角上以及上下底面的中心各有一个原子, 单位晶胞内部还有三个原子. 具有密排六方晶格的金属有 α–Ti, α–Co, Mg, Zn, Be, Cd 等.

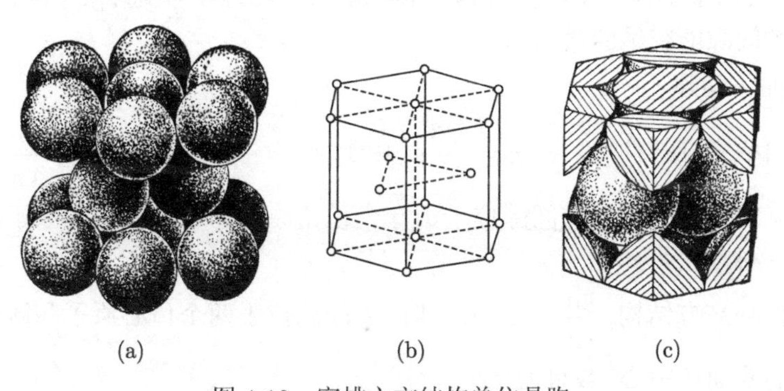

(a) (b) (c)

图 1.19 密排六方结构单位晶胞

(a) 刚球模型; (b) 质点模型; (c) 晶胞中原子数示意图

其晶胞原子数如图 1.19(c) 所示：六方柱每个角上的原子属 6 个相邻的晶胞共有，上下底面中心的每个原子同时为二个晶胞共有. 再加上晶内的三个原子，故晶胞原子数为 $n = \frac{1}{6} \times 12 + \frac{1}{2} \times 2 + 3 = 6$(个).

以密排六方结构的晶胞上底面中心的原子为例，它不仅与周围六个角上的原子相接触，还分别与其下晶胞内的三个相邻原子和其上晶胞内的三个相邻原子相接触，所以，密排六方结构的配位数等于 12.

在理想密排情况下，上下底面的间距 c 与六方底面的边长 a 之比 (称为轴比) 为 c/a=1.633，此时，最近邻的原子间距 $d = a$，原子半径为 $r = a/2$.

密排六方结构的致密度

$$K = \frac{6 \times \frac{4}{3}\pi \left(\frac{a}{2}\right)^3}{\frac{3\sqrt{3}}{2} a^2 c} \approx 0.74$$

密排六方结构的配位数和致密度与面心立方相同，故都是原子排列最紧密的结构.

1.2.4　晶体结构中的间隙

从晶体中原子排列的刚球模型可以看到，球与球之间存在许多间隙. 分析晶体结构中间隙的数量、位置和间隙的大小等，对了解金属的性能、合金相结构和扩散、相变等问题都很重要.

图 1.20～图 1.22 为三种典型金属晶体结构的间隙位置示意图. 位于 6 个原子所组成的八面体中间的间隙称为八面体间隙，而位于 4 个原子所组成的四面体中间的间隙称为四面体间隙. 图 1.20～图 1.22 中实心圆圈代表金属原子，而空心圆圈代表间隙，其原子半径为 r_A；间隙内能容纳的最大圆球半径为 r_B，据几何学关系，可求得两种间隙能容纳的最大圆球半径.

1) 四面体间隙

对于面心立方结构，$r_A + r_B = \frac{\sqrt{3}}{4}a$，由于 $r_A = \frac{\sqrt{2}}{4}a$，所以，可得 $\frac{r_B}{r_A} = 0.225$.

面心立方结构的四面体间隙位于由一个顶角原子和三个面中心原子连接成的正四面体中心，数目为 8.

对于体心立方结构，$\frac{r_B}{r_A} = 0.291$，四面体间隙位于两个体心原子和两个顶角原子所组成的四面体中心，数目为 12.

对于密排六方结构，$\frac{r_B}{r_A} = 0.225$，四面体间隙数为 12.

2) 八面体间隙

对于面心立方结构, $r_A+r_B=\dfrac{a}{2}$, 代入 $r_A=\dfrac{\sqrt{2}}{4}a$, 可得 $\dfrac{r_B}{r_A}=0.414$. 面心立方结构的八面体间隙, 位于立方体的正中心和每一个棱边中心, 其数目为 1+12×1/4=4.

对于体心立方结构, $\dfrac{r_B}{r_A}=0.154$. 体心立方结构的八面体间隙位于立方体每个面中心和每根棱中间, 数目为 6.

对于密排六方结构, $\dfrac{r_B}{r_A}=0.414$. 密排六方晶胞含有 6 个八面体间隙.

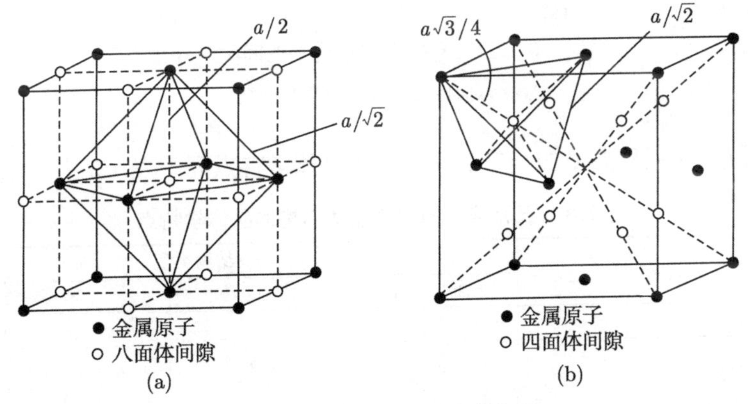

图 1.20 面心立方结构中的间隙

(a) 八面体间隙; (b) 四面体间隙

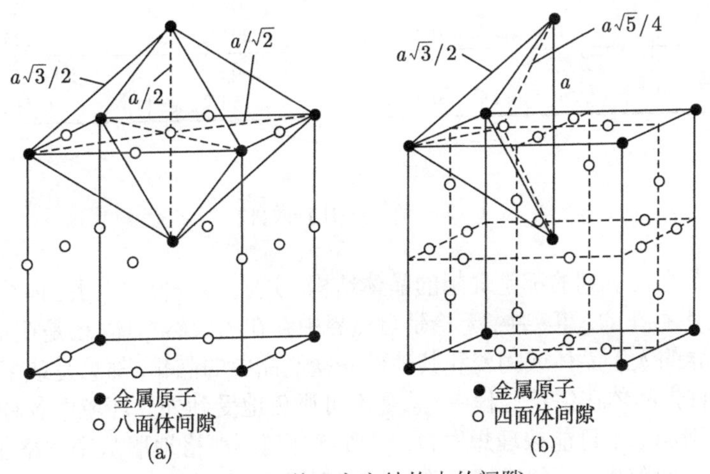

图 1.21 体心立方结构中的间隙

(a) 八面体间隙; (b) 四面体间隙

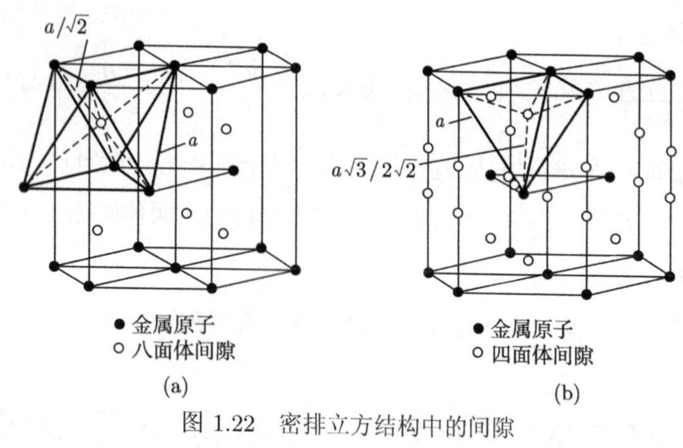

图 1.22　密排立方结构中的间隙

(a) 八面体间隙; (b) 四面体间隙

现把讨论的三种典型的金属晶体结构的晶体学特点列于表 1.3 中.

表 1.3　三种典型的金属晶体结构的晶体学特点

结构特征		晶体结构类型		
		面心立方	体心立方	密排六方
点阵常数		a	a	$a,\ c(c/a=1.633)$
原子半径 R		$\frac{\sqrt{2}}{4}a$	$\frac{\sqrt{3}}{4}a$	$\frac{a}{2}\left(\frac{1}{2}\sqrt{\frac{a^2}{3}+\frac{c^2}{4}}\right)$
晶胞内原子数		4	2	6
配位数		12	8	12
致密度		0.74	0.68	0.74
四面体间隙	数量	8	12	12
	大小	$0.225R$	$0.291R$	$0.225R$
八面体间隙	数量	4	6	6
	大小	$0.414R$	$0.154R$	$0.414R$

1.3　晶体的缺陷

在 1.3 节之前讲到的都是理想的晶体结构, 实际上这种理想的晶体结构在真实的晶体中是不存在的. 事实上, 无论是自然界中存在的天然晶体, 还是在实验室 (或工厂中) 培养的人工晶体或陶瓷和其他硅酸盐制品中的晶相, 都总是或多或少存在某些缺陷. 首先晶体在生长过程中, 总是不可避免地受到外界环境中各种复杂因素的不同程度影响, 不可能按理想发育, 即质点排列不严格地服从空间格子规律, 可能存在空位、间隙离子、位错等缺陷, 外形可能不规则等.

晶体缺陷从形成的几何形态上主要可分为点缺陷、线缺陷和面缺陷三类, 点缺陷是几种类型缺陷中最基本的也是最重要的一种.

(1) 点缺陷. 在三维方向上尺度都很小的缺陷, 它只在点阵的某些结点位置上发生, 影响范围仅限于周围邻近的几个结点, 是一种微观缺陷, 如空位、间隙质点、杂质质点等.

(2) 线缺陷 (位错). 晶体中产生的一维方向上的缺陷, 在其他二维方向上尺度都很小, 这种缺陷可以直接用电子显微镜观察到, 是一种显微缺陷, 又称位错.

(3) 面缺陷. 一种在二维方向上伸展的缺陷, 这种缺陷也可以用光学显微镜观察到, 范围更大, 如晶界.

1.3.1 点缺陷

点缺陷是指晶格周期性破坏发生在一个或几个质点间距线度范围内, 一般是由结点上质点 (原子或离子) 的变化而引起的.

点缺陷按形成的原因不同分四类: 热缺陷 (晶格位置缺陷)、杂质缺陷、非化学计量结构缺陷和电荷缺陷.

1. 热缺陷

只要晶体的温度高于绝对零度, 原子就要吸收热能而运动, 但由于固体质点是牢固结合在一起的, 或者说晶体中每一个质点的运动必然受到周围质点结合力的限制而只能以质点的平衡位置为中心做微小运动, 振动的幅度随温度升高而增大, 温度越高, 平均动能 (相应一定温度的热能是指原子的平均动能) 越大, 当某些质点的动能大到足以克服周围的质点对它的束缚作用能, 离开原来的平衡位置而迁移到别处, 结果在原来的位置上出现了空结点, 称为空位. 离开平衡位置的质点如果迁移到表面, 在原来位置形成的空位, 称为肖特基 (Schottky) 缺陷 (图 1.23(a)); 在离子晶体中, 为了保持电中性和不同离子间的位置关系, 在形成肖特基缺陷时, 新的正、负离子空位是同时产生的.

如果迁移到晶体点阵的间隙中, 成为间隙质点, 原来的结点位置留下了空位, 称为弗仑克尔 (Frenkel) 缺陷 (图 1.23(b)).

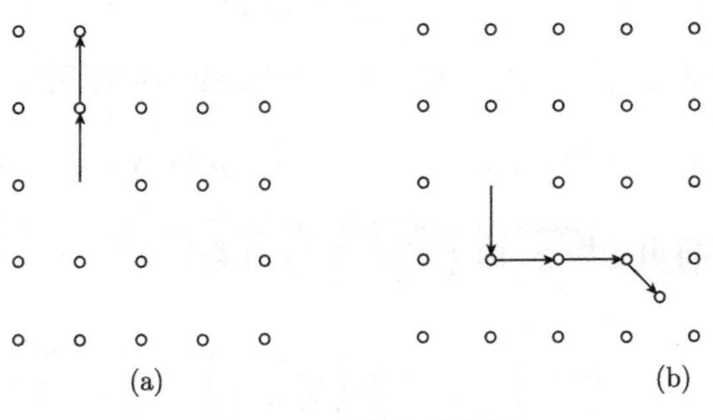

图 1.23 点缺陷示意图

(a) 肖特基缺陷; (b) 弗仑克尔缺陷

空位等点缺陷与线缺陷和面缺陷的区别之一是, 前者是热力学稳定的缺陷, 而后二者是热力学不稳定的缺陷. 能量起伏和原子热振动, 使点缺陷不断产生、运动、消亡. 作为热力学稳定的缺陷, 在一定温度下, 晶体中存在一定平衡数量的点缺陷(如空位、间隙原子等). 此时点缺陷的浓度称为该温度下点缺陷的平衡浓度, 随温度变化. 以空位为例, 用统计热力学的方法可计算点缺陷的平衡浓度.

假设由 N 个原子组成的晶体中有 n 个空位, 必须将 n 个原子移至晶体表面, 为此需要做功, 因此晶体的内能增加, 若形成一个空位所需的内能为 u, 则形成 n 个空位所需的能量为 nu(即增加的内能 ΔU). 而 n 个空位在晶体点阵中的排列有许多不同的几何组态, 造成晶体排列熵的改变为 $S_{\rm c}$; 此外, 形成一个空位引起它周围原子热振动频率的改变, 使熵增加, 称为振动熵 $S_{\rm f}$, 形成 n 个空位振动熵增加为 $nS_{\rm f}$.

一个系统的状态是否稳定取决于自由能. 自由能可用如下表达式描述:

$$F = U - TS \tag{1.14}$$

式中, F 为系统自由能; U 为系统内能; S 为系统的熵 ($S = S_{\rm c} + nS_{\rm f}$); T 为绝对温度.

自由能改变为

$$\Delta F = nu - T(S_{\rm c} + nS_{\rm f}) \tag{1.15}$$

根据统计热力学, 熵可表示为

$$S = k\ln\omega \tag{1.16}$$

式中, k 为玻尔兹曼常量; ω 为 n 个空位在 N 个原子位置上可能的排列方式的数目. 即 $\omega = \dfrac{N!}{(N-n)!n!}$. 所以

$$S_{\rm c} = k\ln\frac{N!}{(N-n)!n!} \tag{1.17}$$

由斯特林 (Stirling) 公式, 当 x 很大时, $\ln x! \approx x\ln x - x$, 所以式 (1.15) 可写成

$$\Delta F = nu - nTS_{\rm f} - kT[N\ln N - (N-n)\ln(N-n) - n\ln n]$$

在平衡条件下自由能极小, 由 $\left(\dfrac{\partial \Delta F}{\partial n}\right)_T = 0$ 得

$$u - TS_{\rm f} + kT\ln\left(\frac{n}{N-n}\right) = 0$$

$$\frac{n}{N-n} = {\rm e}^{-\frac{u}{kT} + \frac{S_{\rm f}}{k}} \tag{1.18}$$

因为 $N \gg n$, 故空位浓度为

$$\frac{n}{N} \approx \frac{n}{N-n} = \mathrm{e}^{\frac{S_{\mathrm{f}}}{k}} \cdot \mathrm{e}^{-\frac{u}{kT}} = A\mathrm{e}^{-\frac{u}{kT}} \tag{1.19}$$

式中, $A = \mathrm{e}^{\frac{S_{\mathrm{f}}}{k}}$, 是由振动熵 S_{f} 决定的系数, 一般为 1~10. 如果是离子晶体, 正、负离子空位是同时产生的, 则离子空位浓度为

$$\frac{n_{\pm}}{N} = A\mathrm{e}^{-\frac{u}{2kT}} \tag{1.20}$$

从式 (1.19) 和式 (1.20) 可看出, 温度 T 越高, 空位形成能 u 越小, 则空位浓度越高; 如果已知系数 A 和空位形成能 u, 我们就可求得温度 T 下的空位浓度. 表 1.4 给出了一些金属的空位形成能 u 和由振动熵决定的系数 A 的测定值.

表 1.4 一些金属的空位形成能 u 和系数 A 的测定值

金属	Al	Cu	Ag	Au	Pt	W
空位形成能 u/eV	0.75	0.90	1.1	0.67	1.5	3.3
A	0.11	4.5	4.5	2.7		

对于间隙原子也可以用同样的方法求得类似的公式. 在金属晶体中, 间隙原子的形成能较空位形成能高几倍, 因此, 在同一温度下, 间隙原子的浓度远低于空位浓度, 以铜为例, 在 1273K 时, 空位的平衡浓度约为 10^{-4}, 而间隙原子的平衡浓度仅约为 10^{-14}.

2. 杂质缺陷

由外来杂质质点进入晶体结构中而产生的缺陷, 称为杂质缺陷, 又称为组成缺陷. 杂质缺陷的浓度不受温度的影响, 只与杂质的含量有关, 这与热缺陷不同. 固溶体即是一种组成缺陷.

杂质质点又可分为置换杂质质点和间隙杂质质点两种. 前者是杂质质点替代了原有晶格质点, 由此形成的固溶体称为置换型固溶体; 后者是杂质质点进入正常晶格的间隙中, 由此形成的固溶体称为间隙型固溶体.

杂质质点 (掺杂质点) 进入晶体后, 因杂质质点和原有的质点性质不同, 故它不仅破坏了质点有规则的排列, 而且随杂质质点周围的周期势场一起改变, 因此形成一种缺陷.

3. 非化学计量结构缺陷

有些化合物, 其化学组成会随着周围气氛性质和压力大小的变化而发生组成偏离化学计量的现象, 称为非化学计量化合物, 由此而产生的缺陷, 称为非化学计量缺陷. 偏离化学式的化合物, 称为非化学计量化合物.

定比定律指出：化合物中不同原子间的数量比是一定的，即化合物中原子间的数量是按分子式所表明的原子比例关系即化学计量关系而存在的. 但是实际的化合物组成有时会随着周围气氛性质、压力大小发生变化，也就是其组成偏离化学计量，可能某种原子不够而形成空位，或某种原子过量而出现间隙原子，形成非化学计量化合物. 例如，ZnO 在 Zn 蒸气中加热，有些 Zn 原子将形成 Zn^{2+} 进入间隙中而成为 $Zn_{1+x}O$，这就是非化学计量化合物. 非化学计量化合物很多为 n 型或 p 型半导体，非化学计量结构缺陷是形成半导体的重要基础，所以这是一个很重要的缺陷. 例如，TiO_2在还原气氛下形成非化学计量化合物 $TiO_{2-x}(x=0\sim1)$，这是一种 n 型半导体.

4. 电荷缺陷

从物理学中固体的能带理论来看，非金属固体具有价带、禁带和导带，在 0K 时，导带全部空着，价带全部被电子填满. 由于热能作用或其他能量传递过程，价带中电子得到一能量 E_g，而被激发入导带，这时在导带中存在一个电子，在价带留下孔穴，这样虽未破坏原子排列的周期性，由于孔穴和电子分别带有正负电荷，在它们附近形成一个附加电场，引起周期势场畸变，造成晶体不完整性称电荷缺陷.

如在四价的本征半导体 Si、Ge 等，掺入少量五价的杂质元素 (如 P、As 等) 形成 n 型半导体，或掺入少量Ⅲ族的杂质元素 (如 B、Al、Ga 等)，形成 p 型半导体，则既有杂质缺陷也有电荷缺陷.

1.3.2　线缺陷 (位错)

在三维空间的一个方向上的尺寸很大 (晶粒数量级)，另外两个方向上的尺寸很小 (原子尺寸大小) 的线状缺陷，其具体形式就是晶体中的位错. 位错可以分为棱 (刃) 型位错和螺型位错这两种基本类型.

1. 刃型位错

以简单立方晶体为例，其晶体中存在刃型位错时，其原子排列模型如图 1.24 所示，在这个晶体的某一水平晶面 ($ABCD$) 上，多出了一个垂直方向的原子面 $EFGH$，它中断于 $ABCD$ 面上 EF 处，如插入的刀刃一样，使 $ABCD$ 面以上与以下的两部分晶体之间产生了原子错排，因而称为 “刃型位错”，EF 线称为刃型位错线. 在位错线附近区域，发生点阵畸变，从图 1.24 可看出，在位错线的上部，其邻近范围内受到压应力，而在位错线下部，其邻近范围内受到张应力. 距位错线较远区域，其原子排列逐渐趋于正常.

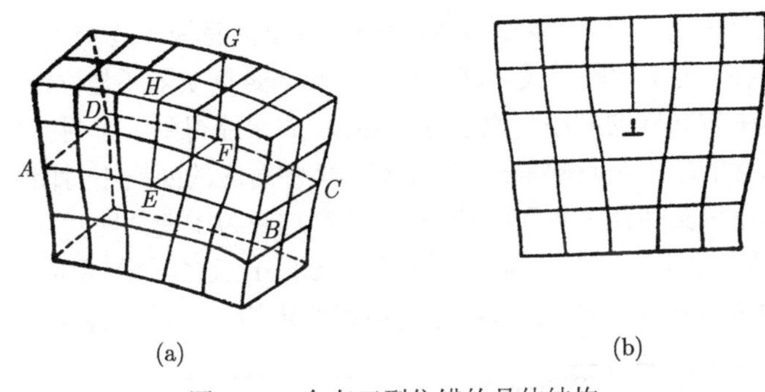

图 1.24 含有刃型位错的晶体结构

(a) 立体模型; (b) 平面图

通常把在晶体上半部多出原子面的位错称为正刃型位错, 用符号 "⊥" 表示 (见图 1.24(b)); 在晶体下半部多出原子面的位错称为负刃型位错, 用符号 "⊤" 表示. 应注意的是刃型位错的正负是相对来说的.

2. 螺型位错

位错的另一种形式是螺型位错. 从图 1.25(a) 可以看出, 如果将晶体沿 $ABCD$ 面局部地切开, 并使这上下两部分晶体相对地移动 (即 "撕开") 一个原子间距, 然后上下接合起来. 图 1.25(b) 是其顶视图, 由图可进一步看出 aa' 右边晶体的上层原子与下层原子相对移动了一个原子间距, 而在 BC 和 aa' 之间形成了一个上下原子不相吻合的过渡区, 这里的原子平面被扭成了螺型面, 此即螺型位错, BC 线为螺型位错线 (用符号 "S" 表示), 在原子面上每绕位错线一周就推进一个晶面间距. 由图 1.25(b) 可见, 在螺型位错附近也产生了点阵畸变.

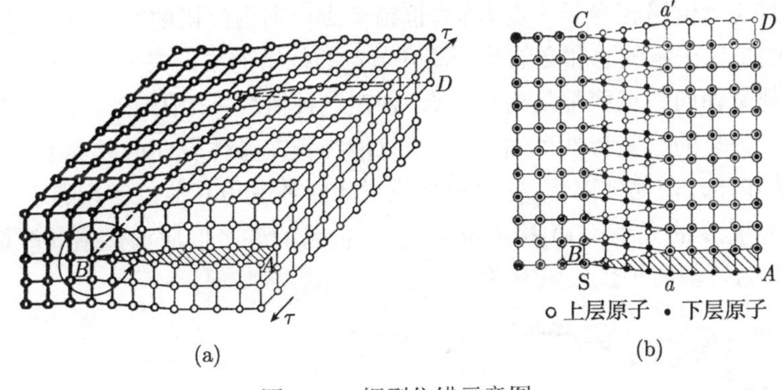

图 1.25 螺型位错示意图

(a) 立体图; (b) 顶视图

3. 柏氏矢量

柏格斯在 1939 年提出了用柏氏回路来定义位错, 使位错的特征能借柏氏矢量表示出来. 柏氏回路是在有缺陷的晶体中围绕缺陷区将原子逐个连接而成的封闭回路 (图 1.26(a)). 为了判断柏氏回路中包含的缺陷是点缺陷还是位错, 只需在无缺陷的完整晶体中按同样的顺序将原子逐个连接, 如果能得到一个封闭的回路, 那么柏氏回路中包含的缺陷是点缺陷; 如果完整晶体中对应的回路不封闭 (即起点和终点不重合), 则原柏氏回路中包含的缺陷是位错. 这时为了使回路封闭, 需自终点 Q 向起点 M 引入一矢量 $\boldsymbol{QM}$ 使回路封闭 (图 1.26(b)), 这矢量就是位错的柏氏矢量 $\boldsymbol{b}$, 刃型位错的 $\boldsymbol{b}$ 和位错线相互垂直, 这是刃型位错的一个重要特征.

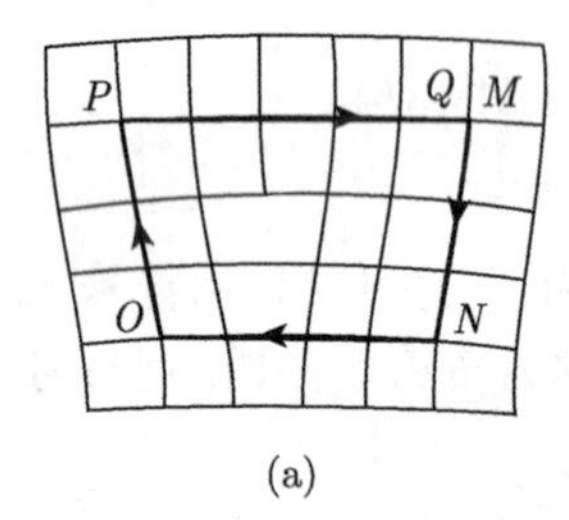

(a)

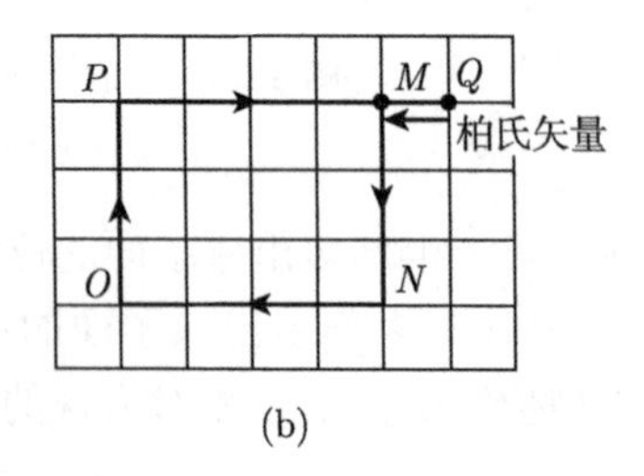

(b)

图 1.26　柏氏回路和柏氏矢量

(a) 包含一刃型位错的柏氏回路; (b) 完整晶体的柏氏回路, 不封闭段为 MQ, 柏氏矢量为 $\boldsymbol{b} = \boldsymbol{QM}$

柏氏矢量 $\boldsymbol{b}$ 的特性之一是对每一个位错是唯一的, 不随回路的大小和形状而变化, 但随回路的方向而变. 它的另一特性是如果所作的柏氏回路包含有几个位错, 则得出的柏氏矢量是这几个位错的柏氏矢量之和. 例如, 柏氏回路包含两个位错, 它们的柏氏矢量分别是 $\boldsymbol{b}_1$ 和 $\boldsymbol{b}_2$, 则 $\boldsymbol{b} = \boldsymbol{b}_1 + \boldsymbol{b}_2$.

对于柏氏回路包含螺型位错的情形也可以用同样的方法得到柏氏矢量, 但螺型位错的 $\boldsymbol{b}$ 和位错线相互平行, 这是螺型位错的一个重要特征.

如果有几个位错相遇于一点 (称为位错节点), 则由位错的特性可知, 朝向节点的各位错的柏氏矢量的总和必然等于离开节点的位错的柏氏矢量的总和, 如各位错线的方向都是朝向节点或都是离开节点, 则在这种情况下, 柏氏矢量的总和为零.

从柏氏矢量的这些特性可知, 位错线只能终止在晶体表面或晶界上, 而不能中断于晶体的内部. 在晶体内部, 它只能形成封闭的环或与其他位错相遇于节点.

柏氏矢量 $\boldsymbol{b}$ 的大小 (模) 称为位错强度. 位错的许多性质如位错的能量、应力场、所受的力等都与柏氏矢量有关.

4. 位错密度

单位体积的晶体中所包含位错线的长度称为位错密度, 用 ρ 表示, 即

$$\rho = \frac{L}{V} \tag{1.21}$$

式中, L 为体积 V 中位错线的总长度; ρ 的单位为 cm/cm^3 或 cm^{-2}.

在许多情况下, 为了简便起见, 可把位错线看成直线, 而且是平行地从晶体的一面延伸到另一面, 这样, 位错密度就等于穿过单位截面积的位错线数目, 即

$$\rho = \frac{L}{V} = \frac{n \times l}{s \times l} = \frac{n}{s} \tag{1.22}$$

式中, l 为位错线的长度; n 为面积 s 中所见到的位错线数目. 显然, 按式 (1.22) 求得的位错密度将小于按式 (1.21) 求得的值, 因为大多数位错线并不垂直于截面.

在充分退火的金属晶体内, 位错密度一般为 $10^5 \sim 10^8 \text{cm}^{-2}$; 而经过剧烈冷变形的金属, 位错密度可增至 $10^{10} \sim 10^{12} \text{cm}^{-2}$.

1.3.3 面缺陷

两个方向尺寸较大, 一个方向尺寸较小的缺陷称为面缺陷, 通常是几个原子层厚的区域, 在这个区域内的结构和性能不同于晶体内部. 根据晶体间的几何关系, 面缺陷可分为小角度晶界、大角度晶界、堆垛层错和孪晶界.

1. 小角度晶界

一般将两晶粒间的位向差约小于 10° 的晶界称为小角度晶界, 它基本上由位错组成. 小角度晶界又可分为两类, 即倾斜晶界和扭转晶界.

1) 倾斜晶界

最简单的晶界是对称倾斜晶界, 如图 1.27 所示, 该图是一个简单立方晶体的对称倾斜晶界, 界面是 (100) 面, 它是由一系列柏氏矢量为 [100] 相隔一定距离的刃型位错垂直排列而构成, 其两侧的晶体有位向差 θ, 相当于晶界两边的晶体绕平行于位错线的轴各自旋转了一个方向相反的 $\theta/2$ 的角而成的 (图 1.28), 所以称为对称倾斜晶界. 许多研究者应用缀饰法和电子显微镜薄膜透射方法, 都已观察到了这类晶界.

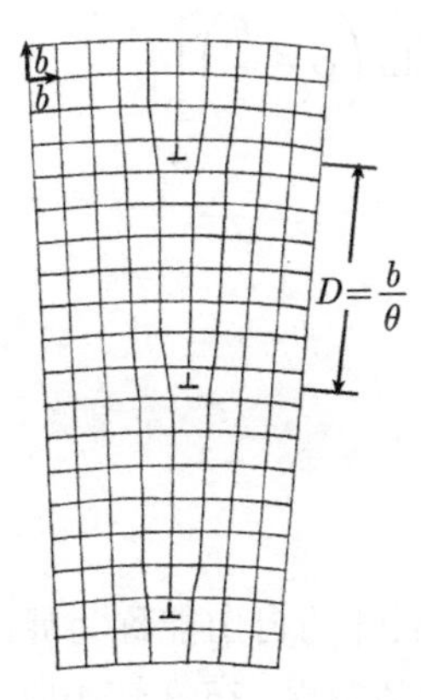

图 1.27 简单立方晶体的对称倾斜晶界

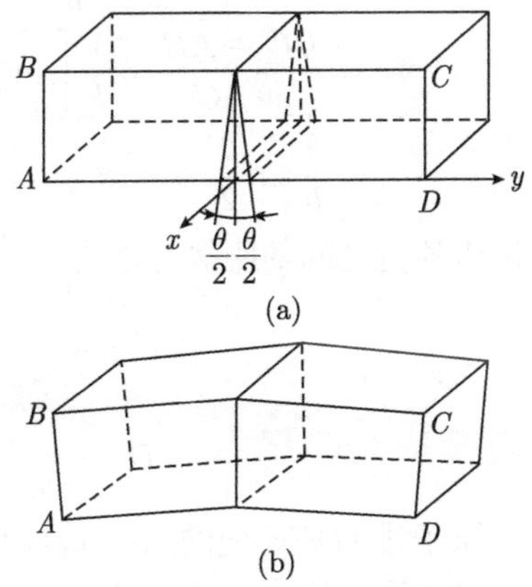

图 1.28 对称倾斜晶界的形成

(a) 倾斜前; (b) 倾斜后

这种晶界只有一个变量 θ, 是一个自由度的晶界; 晶界中的位错间距 D 可按下式求得

$$D = \frac{b}{2\sin\dfrac{\theta}{2}} \tag{1.23}$$

式中 b 为柏氏矢量的大小, 当 θ 很小时,

$$D \approx \frac{b}{\theta} \tag{1.24}$$

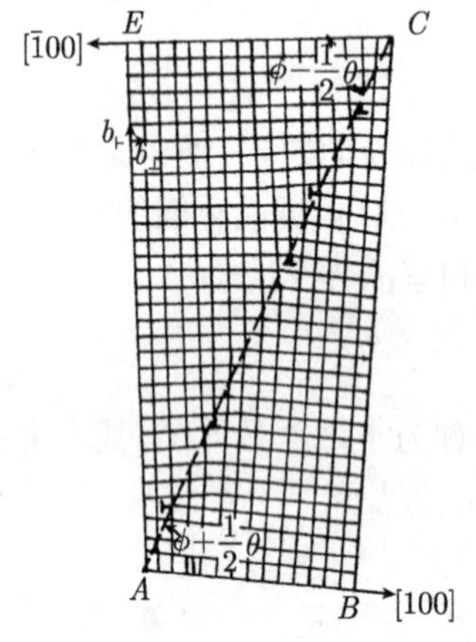

图 1.29　简单立方晶体的非对称倾斜晶界

如果倾斜晶界的界面绕 x 轴转了一个角度 ϕ, 两晶粒间的倾斜角度为 θ, θ 角仍很小, 但界面相对于两晶粒是不对称的, 所以称为非对称倾斜晶界, 实际晶界中普遍存在的是这种非对称倾斜的小角度晶界, 如图 1.29 所示.

它有 ϕ 和 θ 两个自由度, 由两组柏氏矢量分别为 [100] 和 [010] 的刃型位错来表示, 相应的位错分别记为 $\perp$ 和 $\vdash$, 则沿晶界 AC 单位距离上两组位错数目 n 分别为

$$\begin{aligned} n_{\perp} &= \frac{EC - AB}{b \cdot AC} = \frac{1}{b}\left[\cos\left(\phi - \frac{\theta}{2}\right) - \cos\left(\phi + \frac{\theta}{2}\right)\right] \\ &= \frac{2}{b}\sin\frac{\theta}{2}\sin\phi \approx \frac{\theta}{b}\sin\phi \end{aligned} \tag{1.25}$$

$$\begin{aligned} n_{\vdash} &= \frac{BC - AE}{b \cdot AC} = \frac{1}{b}\left[\sin\left(\phi + \frac{\theta}{2}\right) - \sin\left(\phi - \frac{\theta}{2}\right)\right] \\ &= \frac{2}{b}\sin\frac{\theta}{2}\cos\phi \approx \frac{\theta}{b}\cos\phi \end{aligned} \tag{1.26}$$

两组位错各自之间的距离分别为

$$D_{\perp} = \frac{1}{n_{\perp}} = \frac{b}{\theta\sin\phi} \tag{1.27}$$

$$D_{\vdash} = \frac{1}{n_{\vdash}} = \frac{b}{\theta\cos\phi} \tag{1.28}$$

晶界上原子排列是畸变的, 因而自由能升高, 这额外的自由能称为界面能. 小角度倾斜晶界的界面能 E 与位向差 θ 有关, 其计算比较复杂, 在 θ 较小时, 结果为

$$E = E_0\theta(A - \ln\theta) \tag{1.29}$$

式中, A 为积分常数, 取决于位错中心的原子错排能; E_0 与材料的切变模量 G、泊松比 ν 和柏氏矢量 b 有关, $E_0 = \dfrac{Gb}{4\pi(1-\nu)}$(对称倾斜小角度晶界) 或 $E_0 = \dfrac{Gb}{4\pi(1-\nu)}(\cos\phi + \sin\phi)$(非对称倾斜的小角度晶界).

2) 扭转晶界

小角度晶界的另一种类型为扭转晶界. 图 1.30(a) 表示将一个晶体沿中间切开, 然后将右边晶粒 2 绕 y 轴旋转 θ 角, 再与左边晶粒 1 组合在一起, 形成图 1.30(b) 所示的晶界. 界面与旋转轴垂直, 所以是一个自由度的晶界. 它是由两组螺旋位错组成, 具体原子排列见图 1.31, 这是简单立方晶体中的扭转晶界示意图, 其旋转轴是 [001], 扭转晶界是 (001) 面 (即纸面), 这个晶界所包含的两组位错, 一组平行于 [100], 另一组平行于 [010]. 在螺型位错所包含的中间部分是接合良好的区域. 同样可以证明, 各组位错的间距仍是 $D = b/\theta$. 可以证明, 这种小角度扭转晶界的界面能 E 也可以表示为 $E = E_0\theta(A - \ln\theta)$, 式中 $E_0 = \dfrac{Gb}{2\pi}$.

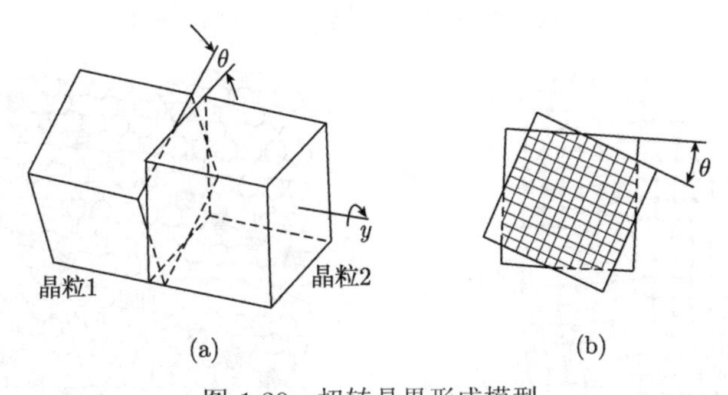

图 1.30 扭转晶界形成模型

(a) 晶粒 2 相对于晶粒 1 绕 y 轴旋转 θ 角;

(b) 晶粒 1、2 之间的螺型位错交叉网络

单纯的倾斜晶界和扭转晶界是小角度晶界的两种简单形式; 实际的晶界都更为复杂, 因为一般的小角度晶界的旋转轴和界面有任意的位向关系, 所以一般是由刃型位错和螺型位错组合而成.

2. 大角度晶界

两晶粒间的位向差大于 10° 以上所形成的晶界称为大角度晶界. 大角度晶界和小角度晶界的差异不单是位向差程度不同, 它们的结构和性质也不相同. 从小角度晶界的位错间距计算公式可知, 随着晶粒间的位向差增大, 位错间距变小, 当位向差为 10° ~15° 时, 位错间距约为 0.3nm, 相邻位错的核心区实际上已重叠在一起, 失去了单个位错的物理意义, 所以不能用小角度晶界的位错模型来描述大角度晶界的结构, Brandon 提出的大角度晶界的 "重合位置点阵" 模型 (简称 CSL), 具有一定的意义.

若将两个具有相同点阵的晶体中的一个绕某低指数晶轴旋转某特殊角度时, 这两个晶体点阵中一些阵点会重合起来, 这些重合位置的阵点将构成三维空间的超点阵, 称为重合位置点阵.

图 1.32 表示体心立方晶体绕 [110] 轴旋转了 50.5° 后, 两晶粒原子排列的二维模型. 图 1.32 中 [110] 轴垂直于图面, 黑圈表示相邻晶粒的点阵延伸后的重合原子位置, 它构成一个新的点阵, 就是重合位置点阵. 在图 1.32 的具体情况下, 重合位置的原子是晶体总原子数的 1/11, 这一比例称为 "重合位置密度". 经旋转而产生较大位向差的两晶体相当于两晶粒, 其交接处就是晶界. 如果晶界上包含重合位置越多, 晶界上原子排列畸变的程度就越小, 晶界能越低, 所以晶界力求和重合位置点阵的密排面重合, 如图 1.32 中的 AB 和 CD. 若界面和重合位置点阵的密排面偏离的角度不大时, 晶界力求把大部分面积和重合位置点阵的密排面重合, 而在重合位置点阵的密排面之间出现台阶 (如图 1.32 中的 BC) 来满足晶界和重合位置点阵密排面间偏离的角度. 显然, 偏离的角度越大, 台阶就越多.

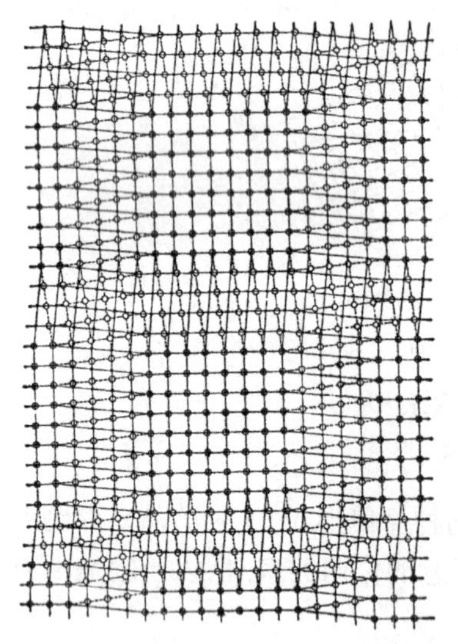

图 1.31　简单立方晶体扭转晶界的结构

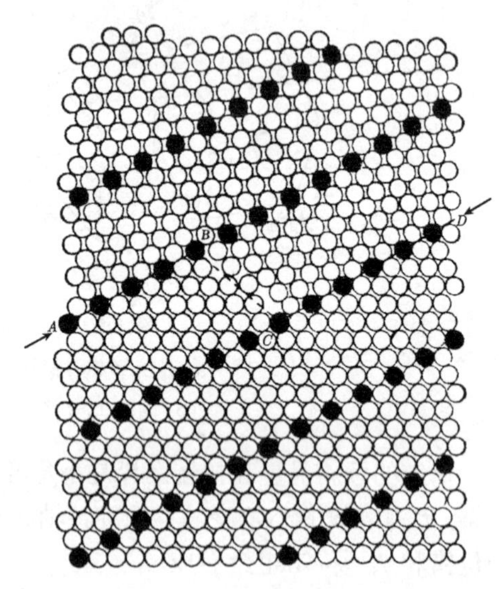

图 1.32　两体心立方晶粒相对 [110] 轴转动 50.5° 后出现"1/11 重合位置点阵"

为了说明两个晶体外延点阵中阵点的重合情况, 常采用 $1/\Sigma$ 表示重合位置密度, 它表示 CSL 阵点数占晶体点阵的阵点数的分数. 对于两个立方晶体, 当绕晶轴 $[uvw]$ 旋转 θ 角时, Σ 和 θ 可按下式计算:

$$\Sigma = x^2 + (u^2 + v^2 + w^2)y^2 \tag{1.30}$$

$$\theta = 2\arctan\left(\frac{y}{x}\sqrt{u^2+v^2+w^2}\right) \tag{1.31}$$

式中 x 和 y 为两个没有因子的整数, 求得的 Σ 如为偶数则要连续除以 2, 直得到奇数值为止.

例如, 体心立方晶体的两部分相对 [110] 轴转动 50.5°, 构成重合位置点阵, 此时 $u^2+v^2+w^2$=1^2+1^2+0=2, 即

$$\Sigma = x^2 + 2y^2$$

所以

$$\theta = 2\arctan\left(\frac{y}{x}\sqrt{u^2+v^2+w^2}\right) = 2\arctan\left(\frac{y}{x}\sqrt{2}\right)$$

将 θ=50.5° 代入上式, 得

$$\frac{y}{x} = \frac{1}{3}$$

所以

$$\Sigma = 3^2 + 2\times 1^2 = 11$$

即, 重合位置密度为 1/11.

表 1.5 列出了各类晶体中重要的重合位置点阵的晶轴, 要求转动的角度和重合位置密度.

表 1.5 各类晶体中重要的重合位置点阵

晶体结构	旋转轴	转动角度 /(°)	重合位置密度
体心立方	[100]	36.9	1/5
	[110]	70.5	1/3
	[110]	38.9	1/9
	[110]	50.5	1/11
	[111]	60.0	1/3
	[111]	38.2	1/7
面心立方	[100]	36.9	1/5
	[110]	38.9	1/9
	[111]	60.0	1/7
	[111]	38.2	1/7
六方点阵 ($c/a=\sqrt{8/3}$)	[001]	21.8	1/7
	[210]	78.5	1/10
	[210]	63.0	1/11
	[001]	86.6	1/17
	[001]	27.8	1/13

尽管两晶粒间有很多位向能出现重合位置点阵, 但这些位向毕竟是特殊位向, 不能包括两晶粒的任意位向, 为了进一步探讨两晶粒具有的任意位向差的晶界, 需

对这个模型作些补充：如果两晶粒的位向稍偏离能出现重合位置点阵的位向，可以认为在界面上加入了一组重合位置点阵位错，即该晶界同时也是重合位置点阵的小角度晶界，这时两晶粒的位向可以从原来出现重合位置点阵的特殊位向扩展一定的范围。根据小角度晶界的概念，这个范围可以从原来的特殊位向扩展 10°。于是重合位置点阵模型可以解释大部分任意位向的晶体结构。图 1.33 为两晶粒位向稍偏离重合密度为 1/11 的特殊位向的晶界，从图中可看出，它在界面上加入了一些重合位置点阵的刃型位错，用符号“⊥”表示，这种位错称为“不全位错”或“次位错”。也就是说，在原来重合位置密排面为晶界的基础上，又叠加了重合位置点阵的小角度晶界，从而构成两晶粒的大角度晶界。

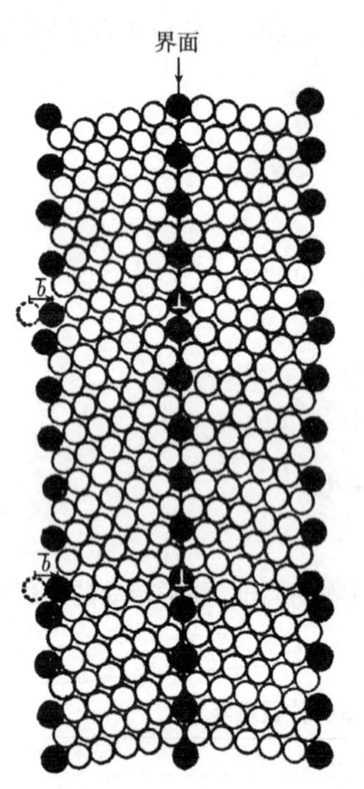

图 1.33 以重合位置密排面为晶界，并叠加上重合位置点阵的小角度晶界

从能量的观点看，重合位置点阵晶界力求与晶体的密排方向一致，如果晶界的旋转角不能满足这一要求，势必要引入一定数量的次位错。尽管重合位置点阵模型把晶界上存在的位错也考虑进去，但仍然不能说明全部大角度晶界。有些学者还提出了一些其他的晶界模型，如平面匹配模型、旋错模型和 O 点阵理论等。

3. 堆垛层错

堆垛层错，是指正常堆垛顺序中引入不正常顺序堆垛的原子面而产生的一类面缺陷。以面心立方结构为例，当正常层序中抽走一原子层，相应位置出现一个逆顺序堆层 $\cdots ABCACABC\cdots$ 称抽出型 (或内禀) 层错 (图 1.34(a))；如果正常层序中插入一原子层，如图 1.34(b) 所示，相应位置出现两个逆顺序堆层 $\cdots ABCACBCAB\cdots$ 称插入型 (或外禀) 层错。这种结构变化，并不改变层错处原子最近邻的关系 (包括配位数、键长、键角)，只改变次邻近关系，所引起的畸变能很小。因而，堆垛层错是一种低能量的界面。

4. 孪晶界

孪晶是指相邻两个晶粒或一个晶粒内的相邻两部分的原子相对于一个公共晶面呈镜面对称排列，此公共晶面称为孪晶面 (图 1.35)。在孪晶面上的原子为孪晶两部分晶体所共有, 同时位于两部分晶体点阵的结点上, 这种形式的界面称为共格界面. 孪晶之间的界面称为孪晶界. 如果孪晶界与孪晶面一致, 称为共格孪晶界; 如果不一致, 称为非共格孪晶界 (图 1.36).

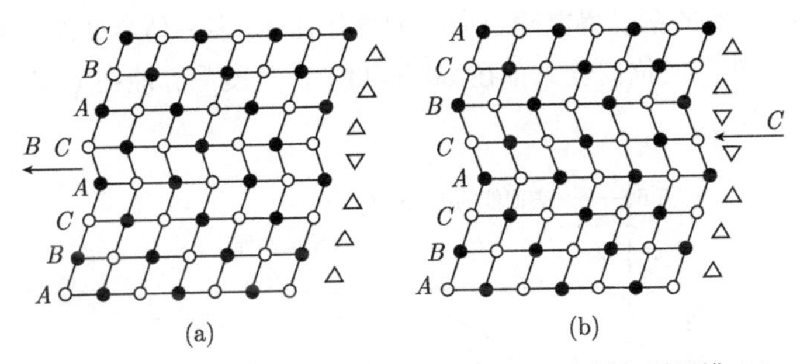

图 1.34 面心立方晶体中的抽出型层错 (a) 和插入型层错 (b)

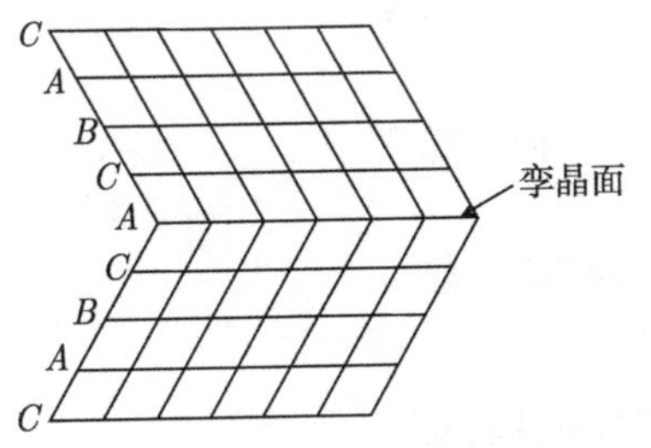

图 1.35 面心立方晶体的孪晶关系

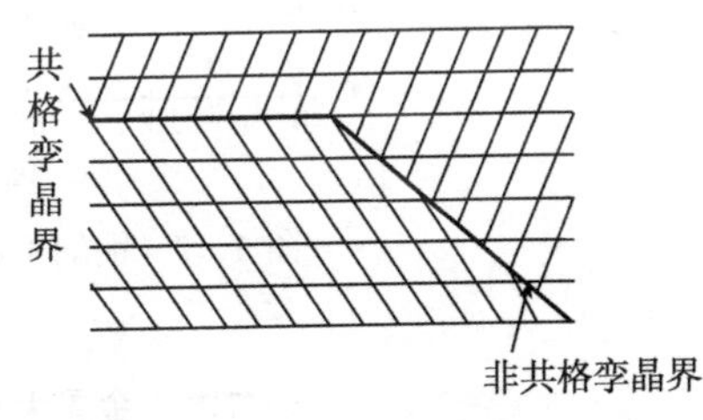

图 1.36 共格与非共格孪晶界

孪晶的形成与堆垛层错有密切的关系, 以面心立方结构的晶体为例, 其孪晶面为 (111) 晶面, 其正常堆垛方式是按 $ABCABCABC\cdots$ 的顺序堆垛, 用符号 $\triangle\triangle\triangle\triangle\triangle\triangle\triangle\triangle\cdots$ 表示. 如果从某一层起全部变为逆顺序堆垛, 即 $ABCACBACBA\cdots$, 用符号 $\triangle\triangle\triangle\triangle\triangledown\triangledown\triangledown\triangledown\cdots$ 表示, 则上下两部分晶体就形成了镜面对称的孪晶关系 (图 1.35). 可以看出, $\cdots CAC\cdots$ 处相当于堆垛层错, 接着就按倒过来的顺序 $CBACBA$ 垛放, 但仍属于正常的面心立方堆垛顺序.

如果是共格孪晶界, 由于界面上的原子没有发生错排现象, 其界面能很低, 但如果为非共格孪晶界, 界面能增高, 约为大角度晶界能的二分之一.

1.3.4 晶界能

晶界上非正常结点位置原子引发晶格畸变, 使能量升高. 当小角度晶界能 E 随两晶粒间位向差 θ 的增大而提高, 它们之间有以下关系 $E = E_0\theta(A - \ln\theta)$, 但该关系不适用于大角度晶界, 因为, 为了以 θ 代替 $\sin\theta$ 已经假定 θ 很小, 另外当 θ 较大时, D 值减小, 刃型位错的能量公式便失去意义.

实验证明, 当位向差 θ 增大到较大后 (此时为大角度晶界), 晶界能基本保持不变, 但在某些能使晶粒配合良好的特殊位向, 晶界能还有所下降. 按照重合位置点阵模型, 这些使晶界能下降的特殊位向关系, 相当于出现高密度重合位置点阵的情况. 如图 1.37 所示的铜晶界能随位向差的变化曲线. 多晶体金属的晶界一般为大角度晶界, 各晶粒间的位向差大都在 30° ~40°, 大角度晶界能在 0.25~1.0J/m^2 范围内, 见表 1.6 所示.

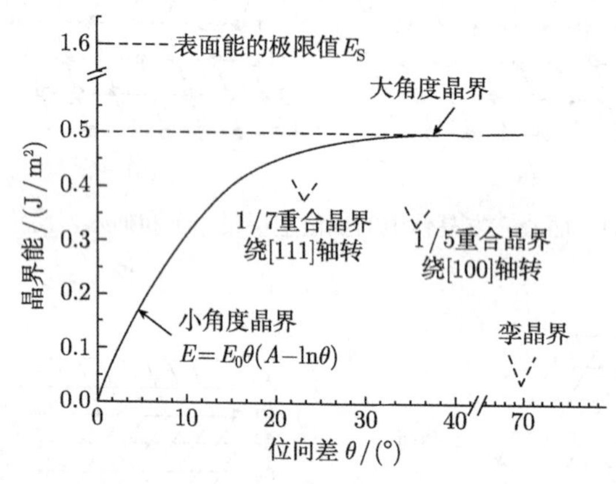

图 1.37　铜的不同类型界面的晶界能

表 1.6　金属大角度晶界能的实验值

金属	Cu	Au	Ag	Pb	γ−Fe	Sn
晶界能/(J/m^2)	0.60	0.35	0.46	0.20	0.78	0.10

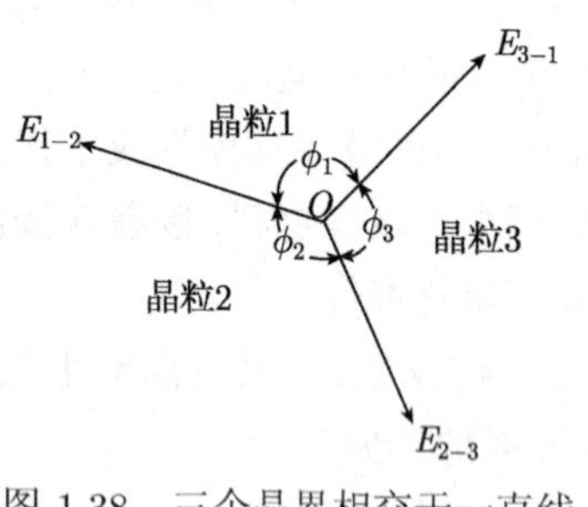

图 1.38　三个晶界相交于一直线
(垂直于图面)

晶界能可以用界面张力的形式表示出来, 且可通过界面交角的测定求出它的相对值. 图 1.38 表示晶粒 1、2、3 相遇于 O 点, 其晶界能 (界面张力) 分别为 E_{1-2}、E_{2-3}、E_{3-1}, 界面角分别为 ϕ_1、ϕ_2 和 ϕ_3. 由图 1.38 可知, 作用于 O 点的界面张力应彼此平衡, 即其矢量和为零, 故

$$E_{1-2}+E_{2-3}\cos\phi_2+E_{3-1}\cos\phi_3=0$$

或

$$\frac{E_{1-2}}{\sin\phi_3}=\frac{E_{2-3}}{\sin\phi_1}=\frac{E_{3-1}}{\sin\phi_2} \tag{1.32}$$

因为三个晶粒间的界面能通常是相等的, 有 $\phi_1=\phi_2=\phi_3=120°$, 说明三个晶粒交

界时, 界面间角趋向于最稳定的 120°, 故在平衡条件下 (如退火状态), 三叉晶界往往成 120°.

1.3.5 缺陷对材料物理性能的影响

由于缺陷破坏了晶体的正常结构, 其能量较高, 对材料的物理性质 (力学、光学、电学和热学等) 将产生影响.

1. 点缺陷的影响

(1) 填隙原子和肖特基缺陷可以引起晶体密度的变化, 弗仑克尔缺陷不会引起晶体密度的变化. 理论计算结果表明, 填隙原子引起的体膨胀为 1~2 个原子体积, 而空位的体膨胀则约为 0.5 个原子体积. 金属晶体中出现空位, 将使其体积膨胀、密度下降.

(2) 点缺陷可以引起晶体电导性能的变化. 点缺陷破坏了原子的规则排列, 使传导电子受到散射, 产生附加电阻. 附加电阻的大小与点缺陷浓度成正比, 因而可用来标志点缺陷浓度. 从附加电阻和温度的关系可以确定空位的形成能. 但对于离子晶体, 点缺陷增加电导.

(3) 点缺陷可以引起晶体光学性能的变化, 利用这一原理, 可以为透明材料和无机非金属材料进行着色和增色, 用来制作红宝石、彩色玻璃、彩色水泥、彩釉、色料等. 例如, Al_2O_3 单晶呈无色, 而红宝石是在这种单晶氧化物中加入少量的 Cr_2O_3. 这样, 在单晶氧化铝禁带中引进了 Cr^{3+} 的杂质能级, 造成了选择性吸收, 故显红色.

(4) 点缺陷可以引起比热容的反常. 含有点缺陷的晶体, 其内能比理想晶体的内能大, 这种由缺陷引起的在定容比热容基础上增加的附加比热容称为比热容的"反常".

(5) 影响晶体力学性能的主要缺陷是非平衡点缺陷, 在常温晶体中热力学平衡的点缺陷的浓度很小, 因此点缺陷具有平衡浓度时对晶体的力学性能没有明显影响. 但过饱和点缺陷 (超过平衡浓度的点缺陷)可以提高金属的屈服强度. 获得过饱和点缺陷的方法有淬火法、辐照法和塑性变形.

2. 位错的影响

(1) 位错对金属强度的影响. 材料在塑性变形时, 位错密度大大增加, 从而使材料出现加工硬化. 当外加应力超过屈服强度时, 位错开始滑移. 如果位错在滑移面上遇上障碍物, 就会被障碍物钉住而难以继续滑移. 热弹性高分子材料在塑性变形时的硬化现象, 其原因不是加工硬化, 而是长链分子发生了重新排列甚至晶化.

(2) 位错对材料的电学、光学性质的影响. 因为位错的周围有应力场, 从而杂质原子会聚集到位错的近邻, 使晶体的性质发生改变, 位错对杂质原子有聚集作用. 在半导体材料中, 由于杂质向位错周围的聚集, 就可能形成复杂的电荷中心, 从而影响半导体的电学、光学以及其他性质.

(3) 位错对扩散过程的影响. 由于位错和杂质原子的相互作用, 位错的存在影响着杂质在晶格中的扩散过程.

3. 晶界的影响

(1) 晶界处原子排列的不规则性, 使它在常温下对金属材料的塑性变形会起阻碍作用, 在宏观上表现为晶界较晶粒内部具有较高的强度和硬度. 显然, 细化晶粒可提高金属材料的强度和硬度.

(2) 晶界处的原子偏离其平衡位置, 具有较高的动能, 并存在有较多的空位、位错等缺陷, 故晶界处原子的扩散速度比晶粒内部的原子快得多, 使晶界的熔点降低, 当晶界处富集杂质原子时, 其熔点降低更多. 热加工和热处理过程中产生的 "过烧" 缺陷, 就是指加热温度过高, 导致晶界熔化并氧化.

(3) 金属在腐蚀性介质中使用时, 晶界的腐蚀速度比晶粒内部快, 这也是由于晶界的能量较高、原子处于不稳定状态的缘故.

参 考 文 献

曹阳. 2003. 结构与材料 [M]. 北京：高等教育出版社
陈继勤, 陈敏熊, 赵敬世. 1992. 晶体缺陷 [M]. 杭州：浙江大学出版社
冯端. 1987. 金属物理学 [M]. 北京：科学出版社
胡赓祥, 钱苗根. 1980. 金属学 [M]. 上海：上海科学技术出版社
黄昆, 韩汝琦. 1985. 固体物理学 [M]. 北京：高等教育出版社
余永宁. 2006. 材料科学基础 [M]. 北京：高等教育出版社
周如松. 1992. 金属物理 [M]. 北京：高等教育出版社

思考练习题

1. 在单胞中画出 (010)、(110)、$(1\bar{2}1)$、(312) 等晶面. 画出 $[1\bar{1}1]$、$[\bar{1}23]$、$[\bar{1}\bar{1}0]$ 和 [211] 等晶向.

2. $(1\bar{1}0)$、$(11\bar{2})$、$(\bar{3}12)$ 面是否同属于一个晶带, 如是, 求出晶带轴的方向指数.

3. 计算面立方晶体的 (100), (110), (111) 等晶面的面间距和面致密度, 并指出面间距最大的面 (面心立方晶体的 (100)、(110) 晶面有附加面).

4. 写出下图中晶向的四轴坐标晶向指数.

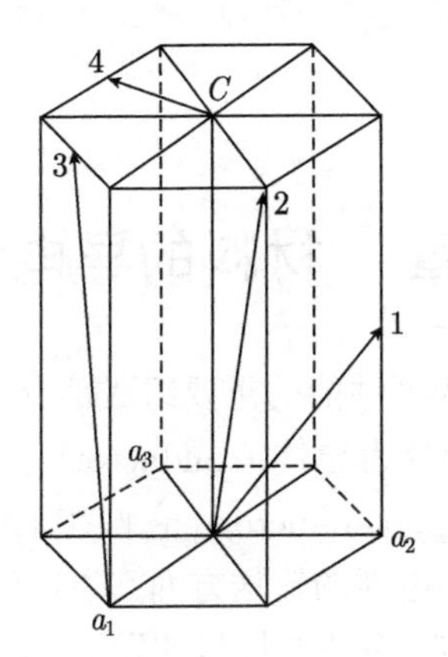

5. 作图推导正交晶系的晶面间距计算公式为 $d_{hkl} = \dfrac{1}{\sqrt{\left(\dfrac{h}{a}\right)^2 + \left(\dfrac{k}{b}\right)^2 + \left(\dfrac{l}{c}\right)^2}}$.

6. 钛具有 hcp 结构, 在 20°C 时单胞体积为 0.106nm^3, c/a=1.59, 求 a、c 的值和基面上的原子半径 r.

7. 什么称为肖特基缺陷和弗仑克尔缺陷?

8. 晶界有小角度晶界与大角度晶界之分, 能用小角度晶界的位错模型来描述大角度晶界的结构吗?

第2章　材料的导电性能

材料的导电性能是材料物理性能的重要组成部分. 从导电角度出发, 根据导电性的高低, 习惯上可将材料划分为导体 (conductor)、半导体 (semiconductor) 、绝缘体 (insulator) 和超导体 (superconductor), 它们在工业上都有着非常重要的作用. 以铜和铝为代表的导体材料在电能的输送方面有着广泛的应用; 半导体材料的发展导致了大规模集成电路的出现; 而超导材料的发展, 又使人们在获得强磁场、大电流等技术方面取得进展. 按材料的导电类型又可分为电子导电、离子导电和电子离子混合导电.

本章主要介绍金属、半导体和超导体的导电机理及影响它们导电性的因素.

2.1　材料导电性概述

2.1.1　电阻率和电导率

通过导体的电流 I 与两端电压 U 的关系可用欧姆定律表示

$$U = RI \tag{2.1}$$

式中, R 表示导体的电阻, 不仅与导体材料本身的性质有关, 而且还与其长度 l 及截面面积 S 有关, 其值 $R=\rho l/S$, 其中 ρ 称为电阻率或比电阻. 电阻率只与材料特性有关, 而与导体的几何尺寸无关, 因此是评定材料导电性的基本参数.

ρ 的倒数 σ 称为电导率, 即 $\sigma=1/\rho$, 电导率是表征材料导电能力的物理量, 在 SI 单位制下, ρ 和 σ 的单位分别为 $(\Omega\cdot\mathrm{m})$ 和 (S/m), σ 也常用 $\Omega^{-1}\cdot\mathrm{m}^{-1}$ 表示.

导电性是评价材料所具有传导电流的性质, 通常按物体在室温情况下的电导率大小分为导体、半导体、绝缘体 (注意：下面人为的划分不是绝对的, 不同资料给出的界线并不一致).

导体：室温下的电导率 σ 大于 $10^3\Omega^{-1}\cdot\mathrm{m}^{-1}$;

半导体：电导率 σ 介于 $10^3\sim10^{-10}\Omega^{-1}\cdot\mathrm{m}^{-1}$;

绝缘体：电导率 σ 一般小于 $10^{-10}\Omega^{-1}\cdot\mathrm{m}^{-1}$.

超导体：物质在某个温度下电阻为零的现象称为超导, 一般称具有超导性质的材料为超导体.

表 2.1 给出了一些材料室温下的电导率. 金属和合金显示很好的导电性, 一般可划归导体; 半导体材料的导电性仅次于导体, 导电性的变化范围较大; 高分子和

陶瓷材料的导电性一般较差, 归于绝缘体.

表 2.1 一些材料室温下的电导率

材料	电导率/($\Omega^{-1}\cdot m^{-1}$)	材料	电导率/($\Omega^{-1}\cdot m^{-1}$)
Ag	6.3×10^{7}	Ge	2.2
Cu	6.0×10^{7}	SiC	10
Au	4.3×10^{7}	Si	4.3×10^{-4}
Al	3.8×10^{7}	SiO_2	$<10^{-12}$
Zn	1.69×10^{7}	Al_2O_3	$<10^{-12}$
Ni	1.38×10^{7}	Si_3N_4	$<10^{-12}$
Fe	1.02×10^{7}	耐火砖	10^{-6}
Sn	8.77×10^{6}	滑石	10^{-12}
Pb	4.85×10^{6}	云母	10^{-11}
Be	9.43×10^{5}	尼龙	$10^{-13}\sim10^{-10}$
304 不锈钢	1.4×10^{6}	石蜡	10^{-15}
70Cu-30Zn	1.6×10^{7}	聚乙烯	$<10^{-14}$
TiN	4.0×10^{6}	聚四氟乙烯	10^{-16}
CrO_2	3.3×10^{6}	酚醛树脂	10^{-11}
Fe_3O_4	1.0×10^{4}	特氟龙	10^{-14}
石墨	$3\times10^{4}\sim2\times10^{5}$	硫化橡胶	10^{-12}

虽然物质都是由原子所构成的, 但它们的导电能力相差很大, 这种现象与物质的结构及导电本质有关.

2.1.2 电导率的一般表达式

任何物质, 只要有电流就意味着有带电粒子的定向运动, 这些带电粒子称为载流子. 物体的导电现象, 其微观本质是载流子在电场作用下的定向迁移. 电导率的表达式为

$$\sigma = nq\mu \tag{2.2}$$

式中, n 为载流子密度; q 为载流子的电荷; μ 为载流子的迁移率. 载流子的类型可以是电子、空穴、正负离子. 若同时有数种载流子, 则总电导率为

$$\sigma = \sum_i \sigma_i = \sum_i n_i q_i \mu_i \tag{2.3}$$

虽然我们按电导率的大小将材料分为导体、半导体和绝缘体, 但它们的导电机理完全不同. 导体 (金属或合金) 的电导率随温度的升高而呈现出微小的下降; 与之相反, 半导体和绝缘体的电导率随温度的升高而迅速增加. 它们的行为不同的原因可作如下解释：在决定 σ 的 3 个因素中, 金属或合金中只有载流子的迁移率 μ 随温度升高而略有减小, 而其他不变, 因此随着温度的升高, 电导率 σ 减小. 而在半

导体 (绝缘体) 中的 n 随温度按指数规律递增, 这种急剧的增加效应远超过 μ 微弱减小产生的影响, 因此 σ 随温度迅速增加.

最早的电导理论是 1900 年由德鲁德 (Drude) 建立的. 在电子被发现后, 人们就认识到在金属中存在着自由电子, 由此可解释欧姆定律.

2.2　材料的导电理论

人们对材料导电性物理本质的认识是从金属开始的, 首先提出的是经典自由电子导电理论, 之后, 随着量子力学的发展, 又提出了量子自由电子理论和能带理论. 为了方便学习第 2 章内容, 下面对这三种理论作简单的介绍; 而关于量子自由电子理论和能带理论的更详细内容可参考附录 A.

2.2.1　金属及半导体的导电机理

金属因具有良好的电导率、热导率和延展性等特异性能, 最早获得广泛应用和理论上关注. 自由电子理论和能带理论是现代固体物理理论的核心内容, 而且对金属性质的理解也是对非金属性质理解的基础.

1. 经典自由电子导电理论

经典自由电子导电理论认为, 在金属晶体中, 正离子构成了晶体点阵, 并形成一个均匀的电场, 价电子是完全自由的, 称为自由电子, 它们弥散分布于整个点阵之中, 具有相同的能量, 因此称为 "电子气". 在没有外加电场作用时, 金属中的自由电子在点阵的离子间做无规律的运动, 因此不产生电流. 当对金属施加外电场时, 自由电子沿电场方向做定向运动, 从而形成了电流. 在自由电子定向运动过程中, 不断与正离子发生碰撞, 使电子运动受阻, 产生电阻. 从这种认识出发, 若设电子两次碰撞之间的运动平均距离 (自由程) 为 l, 电子平均运动速度为 $\overline{v}$, 单位体积内自由电子数为 n, 则电导率为

$$\sigma = \frac{ne^2 l}{2m\overline{v}} = \frac{ne^2}{2m}\overline{t} \tag{2.4}$$

式中, m 为电子质量; e 为电子电荷; $\overline{t}$ 为电子两次碰撞之间的平均时间.

从式 (2.4) 可看出, 金属的导电性取决于自由电子的数量、平均自由程和电子平均运动速度. 但事实却是二、三价金属的价电子虽然比一价金属的价电子多, 但导电性却比一价金属差. 实际测得的电子平均自由程比经典理论估计的大许多, 而且这一理论也不能解释超导现象的产生. 这些都说明这一理论还不完善.

2. 量子自由电子理论

量子自由电子理论同样认为, 金属中正离子形成的电场是均匀的, 价电子与离子间没有相互作用, 价电子可以在整个金属中自由运动. 这一理论还认为, 金属中

每个原子的内层电子基本保持着单个原子时的能量状态, 而所有价电子按量子化规律具有不同的能量状态, 即具有不同的能级. 电子具有波粒二象性, 运动着的电子作为物质波, 它的波长 λ、速度 v 和动量 p 之间有如下关系

$$\lambda = \frac{h}{mv} = \frac{h}{p} \tag{2.5}$$

$$\frac{2\pi}{\lambda} = \frac{2\pi mv}{h} \tag{2.6}$$

式中, m 为电子质量; v 为电子速度; λ 为波长; p 为电子运量; h 为普朗克常量.

在一价金属中, 自由电子的动能 $E = \frac{1}{2}mv^2$, 从式 (2.6) 可导出

$$E = \frac{h^2}{8\pi^2 m}K^2 \tag{2.7}$$

式中, $\frac{h^2}{8\pi^2 m}$ 为常数; $K = \frac{2\pi}{\lambda}$ 称为波数, 它是表征金属中自由电子可能具有的能量状态的参数.

式 (2.7) 表明, E-K 的关系是抛物线, 如图 2.1 所示. 图中 K 的 "+" 或 "–" 表示电子自由运动的方向, 正反相等表示在无外加电场作用下, 自由电子没有定向运动. 从粒子的观点看, E-K 曲线表示电子的能量和速度或动量的关系; 而从波动的观点看, E-K 曲线表示电子的能量与波数之间的关系, 电子的波数 K 越大, 则能量 E 越高. E-K 曲线表明, 金属中的价电子具有不同的能量状态, 有的处于低能态, 有的在高能态, 根据泡利不相容原理, 每个能态中只能存在沿正反方向运动的一对电子, 自由电子从低能态一直排到高能态. 0K 时电子所具有的最高能态称为称费米能 E_F, 不同金属的费米能不同.

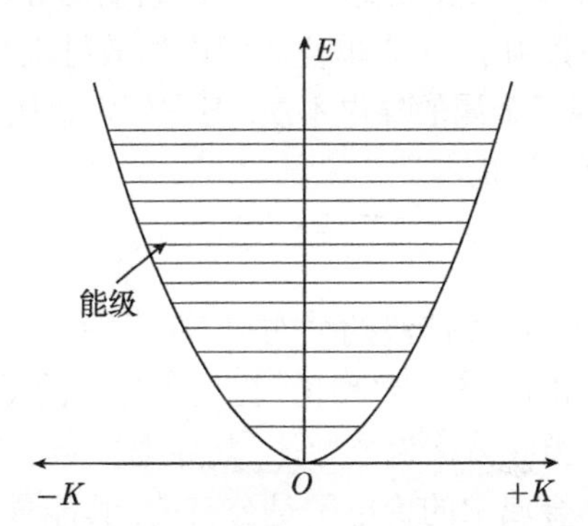

图 2.1 无外加电场时自由电子的 E-K 曲线

在无外加电场时, E-K 曲线的对称分布说明, 正、反方向运动的电子数量相等, 彼此相互抵消, 即没有电流产生. 但有外加电场作用下, 出现不同的情况. 电场使向着其正端运动的电子能量降低, 反向运动的电子能量升高, 如图 2.2 所示.

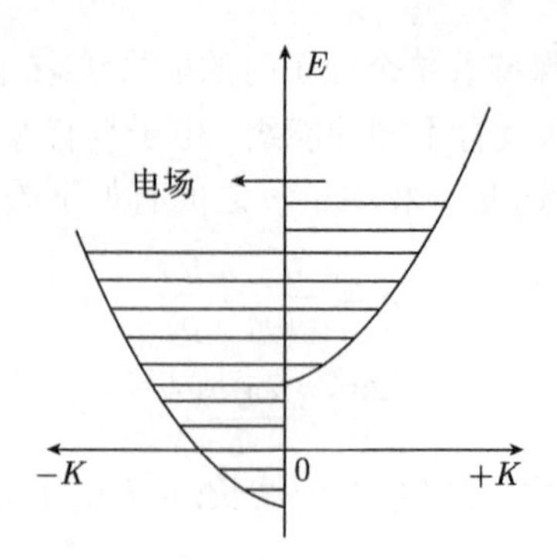

图 2.2　电场对 E-K 曲线的影响

由于那些接近费米能的电子转向电场正端的运动能级, 正、反向运动的电子数不等, 从而使金属呈现出导电性; 也就是说, 不是所有电子都参与导电, 只有处于较高能态的自由电子才参与导电.

量子力学证明, 在 0K 下, 电子波在理想的完整晶体内传播将不受阻碍, 即电阻为零, 这就是所谓的超导现象. 在实际金属内部, 存在着缺陷和杂质, 且温度不为 0K 时, 温度将引起离子的热振动, 这些都会造成电子波的散射, 产生电阻. 由此导出电导率为

$$\sigma=\frac{n_{\mathrm{eff}}e^2}{2m^*}\bar{t}=\frac{n_{\mathrm{eff}}e^2}{2m^*}\frac{1}{\mu} \tag{2.8}$$

它与经典自由电子理论所得到的电导率 σ 的表达式 (2.4) 差不多, 但 m^*、n_{eff} 和 $\bar{t}$ 的含义不同. m^* 表示电子的有效质量, 它是考虑了晶格点阵对电场作用的结果. n_{eff} 为单位体积内实际参与导电的电子数, 称为有效电子数. 不同材料的 n_{eff} 不同. 一价金属的 n_{eff} 比二、三价金属的多, 因此它们的导电性较好. $\bar{t}$ 是两次散射之间的平均时间, 它的倒数为 μ, μ 为单位时间内的散射次数, 称为散射系数.

量子理论较好地解释了金属的导电本质, 但它假定金属中正离子构成的电场是均匀的, 这与实际情况有一定的差距.

3. 能带理论

电子能级的间隙很小, 所以能级的分布可看成是准连续的, 称为能带. 能带理论是研究固体中电子运动的一个主要理论, 提出了导电的微观机理, 导体和绝缘体的区别, 同时也指出有一类固体称为半导体, 其导电性介于导体和绝缘体之间.

能带理论同样认为, 金属中的价电子是公有的, 其能量是量子化的. 所不同的是认为金属中由离子点阵所产生的势场是不均匀, 呈周期变化. 电子在周期性势场中运动时, 随着位置的变化, 它的势能也呈周期变化, 即接近正离子时势能降低, 离开时势能增高. 这样价电子在金属中的运动要受到周期的作用, 使价电子以不同能量状态分布的能带发生分裂, 如图 2.3 所示. 从图 2.3 中可看出, 当 $K=\dfrac{n\pi}{a}$(a 为

晶格常数; $n=\pm1, \pm2, \cdots$) 时, 能带出现不连续情况, 如当 $K=\pm\dfrac{\pi}{a}$ 时, 只要波数 K 的绝对值稍有增加, 能量便从 A 跳到 B, A 和 B 之间存在能隙 ΔE.

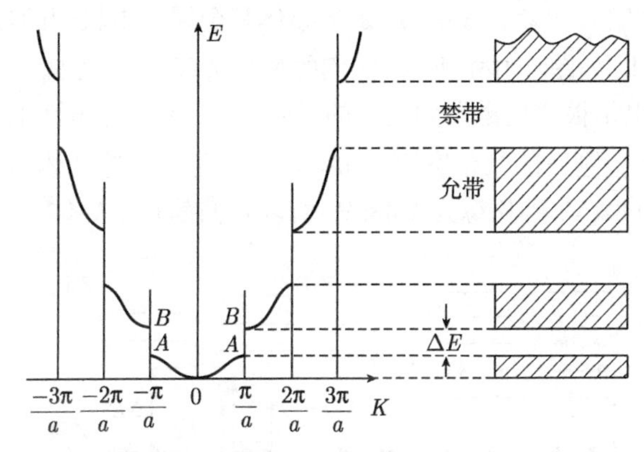

图 2.3 周期场中电子运动的 E-K 曲线及能带

能隙的存在意味着禁止电子具有 A 和 B 之间的能量, 能隙所对应的能带称为禁带; 而能量允许的区域则称为允带, 允带出现的区域通常把它们分作第一、第二、第三等布里渊 (Brillouin) 区. 而禁带出现在布里渊区的边界上. 允带和禁带相互交替, 形成了能带结构.

现在我们从能带理论出发来讨论导体、半导体和绝缘体的导电性. 晶体中的电子在占据能级时, 服从泡利不相容原理和能量最小原理, 即从最低能级到高能级依次占据能带中的各个能级, 每个能级只能允许两个自旋反向的电子存在. 在一个能带中所有能级都已被电子所占据, 这个能带称为满带, 满带中的电子不会导电. 通常原子中的内层都已被电子占满, 因此内层电子对导电没有贡献.

在一个能带中, 部分能级被电子所占据. 这种能带中的电子在外电场作用下具有导电性, 称为导带, 而由价电子组成的能带称为价带. 若一个能带没有一个电子占据 (在原子未被激发的正常态下), 这种能带称为空带. 空带中一旦存在电子就具有导电性质, 所以空带也可称导带.

如果允带内的能级未被电子填满, 或虽然被填满, 但与空带重叠, 如图 2.4(a)、图 2.4(b)、图 2.4(c) 所示的三种情况, 在外电场作用下电子很容易从一个能级跳到另一个能级上去而产生电流, 有这种能级结构的材料 (如金属) 称为导体.

半导体和绝缘体的能带结构相似, 所不同的是禁带宽度不同, 禁带宽度也称为带隙, 用 ΔE_{g} 表示.

半导体的带隙 ΔE_{g} 较小, 一般小于 2eV, 在外界条件作用下 (如光照、温度升高等), 满带中少量电子将被激发到上面的空带中去. 这样, 空带中有了导电的电子, 而且满带中有了电子留下的空穴, 如图 2.4(d) 所示. 在外电场的作用下, 被激发到空带中的电子做定向运动形成电流. 同时, 其他电子可运动到满带中的空穴中, 又会产生新的空穴, 这种电子的迁移相当于空穴顺电场方向运动, 形成空穴导电. 在半导体中, 电子和空穴均参与导电, 这是半导体和金属导电机理的最大不同之处.

再来看绝缘体, 如图 2.4(e) 所示. 它们的禁带宽度很大, ΔE_{g} 一般大于 5eV, 在常温下满带中的电子很难被激发到上面的空带中去, 因此导电性很差.

例如, 室温下金刚石的禁带宽度为 6~7eV, 因此它是绝缘体, 但硅的禁带宽度为 1.12eV, 锗为 0.67eV, 砷化镓为 1.43eV, 所以它们都是半导体.

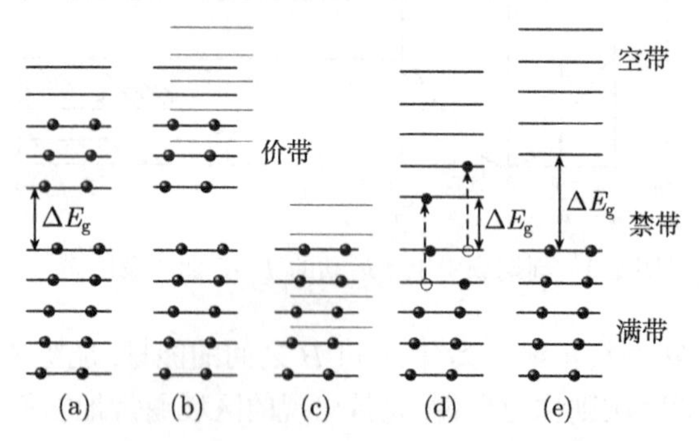

图 2.4　导体、半导体和绝缘体能带示意图

(a) 导体; (b) 导体; (c) 导体; (d) 半导体; (e) 绝缘体

2.2.2　无机非金属材料的导电机理

自由电子的能带理论可以解释金属和半导体的导电现象, 却难以解释某些无机非金属材料的导电现象. 无机非金属材料种类很多, 绝大部分是绝缘体, 但也有一些是导体或半导体. 对材料来说, 只要有电流就意味着有带电粒子的定向运动, 这些带电粒子称为 “载流子”. 金属材料电导的载流子是自由电子, 无机非金属材料电导的载流子可以是电子、电子空穴, 或离子、离子空位. 载流子是电子或电子空穴的电导称为电子式电导, 载流子是离子或离子空位的电导称为离子式电导. 非金属材料按其结构状态可分为晶体材料和玻璃态材料, 它们的导电机理有所不同, 下面将分别讨论.

1. 离子晶体的导电机理

离子晶体 (如 NaCl、AgBr、MgO 等) 中的电导主要为离子电导. 晶体的离子电导主要有两类:

第一类, 固有离子电导 (本征电导), 源于晶体点阵基本离子的运动. 离子自身随着热振动离开晶格形成热缺陷. 这种热缺陷无论是离子或者空位都是带电的, 因而都可作为离子电导载流子. 固有电导在高温下特别显著.

第二类, 杂质电导, 由固定较弱的离子运动造成的. 主要是杂质离子, 因而称为杂质电导. 杂质离子是弱联系离子, 所以在较低温度下杂质电导表现显著.

1) 载流子浓度

对于固有电导 (本征电导), 载流子由晶体本身热缺陷 —— 弗仑克尔缺陷和肖特基缺陷提供. 图 2.5 是热缺陷的示意图.

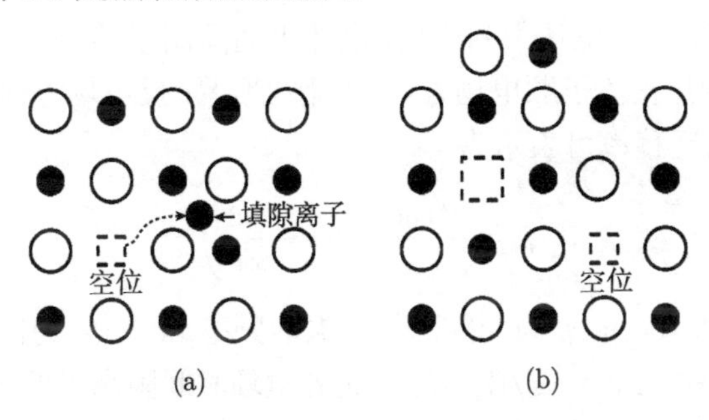

图 2.5 热缺陷示意图

(a) 弗仑克尔缺陷; (b) 肖特基缺陷

(1) 弗仑克尔缺陷的填隙离子和空位的浓度是相等的, 都可表示为

$$N_{\mathrm{f}} = N\exp[-E_{\mathrm{f}}/(2kT)] \tag{2.9}$$

式中 N 为单位体积内离子结点数, E_{f} 为形成一个弗仑克尔缺陷 (即同时生成一个填隙离子和一个空位) 所需要的能量, k 为玻尔兹曼常量, T 为热力学温度.

(2) 肖特基空位浓度, 在离子晶体中可表示为

$$N_{\mathrm{s}} = N\exp[-E_{\mathrm{s}}/(2kT)] \tag{2.10}$$

式中 N 为单位体积内离子对的数目, E_{s} 为解离一个阴离子和一个阳离子并到达表面所需要的能量.

从式 (2.9) 和式 (2.10) 可看出, 热缺陷的浓度取决于温度 T 和离解能 E. 常温下 kT 比 E 小很多, 因而只有在高温下, 热缺陷浓度才显著大起来, 即固有电导在高温下显著. E 和晶体结构有关, 在离子晶体中, 一般肖特基缺陷形成能比弗仑克尔缺陷形成能低许多, 只有在结构很松, 离子半径很小的情况下, 才易形成弗仑克尔缺陷, 如 AgCl 晶体, 易生成间隙 Ag 离子.

对于杂质电导, 杂质离子载流子的浓度取决于杂质的数量和种类. 因为杂质离子的存在, 不仅增加了电流载体数, 而且使点阵发生畸变, 杂质离子离解活化能变小. 和固有电导不同, 低温下, 杂质电导主要由杂质载流子浓度决定.

2) 离子迁移率

离子电导的微观机构为载流子–离子的扩散. 下面讨论间隙离子在晶格间隙的扩散现象. 间隙离子处于间隙位置时, 受周围离子的作用, 处于一定的平衡位置 (称

此为半稳定位置). 如果它要从一个间隙位置跃入相邻原子的间隙位置, 需克服一个高度为 U_0 的 "势垒". 完成一次跃迁, 又处于新的平衡位置 (间隙位置) 上, 如图 2.6 所示.

无外加电场时, 间隙离子在晶体中各方向的 "迁移" 次数都相同, 宏观上无电荷定向运动, 故介质中无电导现象.

有外加电场时, 由于电场力的作用, 晶体中间隙离子的势垒不再对称, 对于正离子, 受电场力作用, 正离子顺电场方向 "迁移" 容易, 反电场方向 "迁移" 困难. 载流子沿电场方向的迁移率可表示为

$$\mu = \frac{\delta^2 \nu_0 q}{6kT} \exp\left(-\frac{U_0}{kT}\right) \tag{2.11}$$

式中, δ 为晶格距离 (cm); ν_0 为间隙离子的振动频率 (s^{-1}); q 为间隙离子的电荷数 (C), k 的数值为 0.86×10^{-4}(eV/K); U_0 为无外电场时间隙离子的势垒 (eV). 通常离子的迁移率为 $10^{-16} \sim 10^{-13} m^2/(s·V)$.

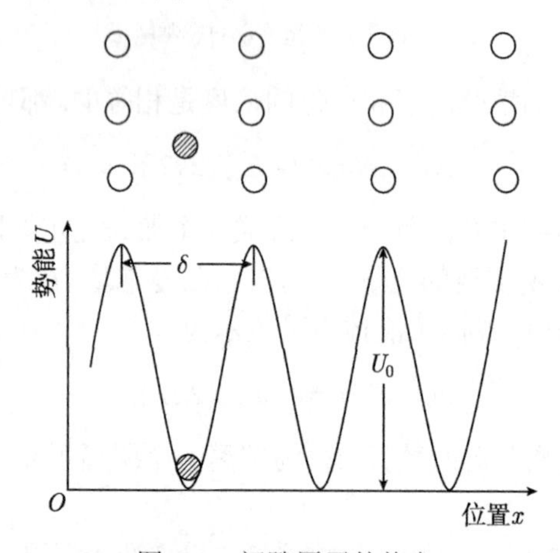

图 2.6　间隙原子的势垒

3) 离子电导率

(1) 离子电导率的一般表达式

离子电导率包括本征离子电导率和杂质离子电导率. 载流子浓度及迁移率确定以后, 其电导率可由 $\sigma = nq\mu$ 导出, 最后得本征电导率的表达式为

$$\sigma = A_1 \exp(-B_1/T) \tag{2.12}$$

类似地, 杂质离子的电导率可表示为

$$\sigma = A_2 \exp(-B_2/T) \tag{2.13}$$

如果物质存在多种载流子, 其总电导率可表示为

$$\sigma = \sum A_i \exp(-B_i/T) \tag{2.14}$$

式中 A_i、B_i 均为材料的常数.

一般在同样温度下, 杂质电导率比本征电导率大得多, 离子晶体的电导主要为杂质电导.

(2) 扩散与离子电导

离子电导是在电场作用下离子的扩散现象, 如图 2.7 所示. 离子扩散机构主要有: 空位扩散、间隙扩散和亚晶格间隙扩散.

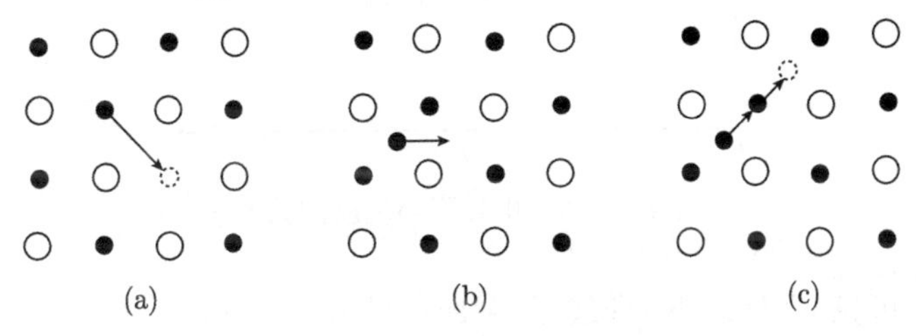

图 2.7 离子扩散机构模式图

(a) 空位扩散; (b) 间隙扩散; (c) 亚晶格间隙扩散

一般间隙扩散比空位扩散需要更大的能量. 此外, 当间隙离子较大时, 如果直接扩散必然要产生较大的晶格畸变. 因此, 这种扩散很难进行. 由于间隙离子较难扩散, 在这种情况下, 往往产生间隙–亚晶格扩散, 即某一间隙离子取代附近的晶格离子, 被取代的晶格离子进入晶格间隙, 从而产生离子移动. 此种扩散运动由于晶格变形小, 比较容易产生. AgBr 中的 Ag^+ 就是这种扩散形式.

离子电导率与扩散系数的关系可用能斯特–爱因斯坦方程来表示

$$\sigma = Dnq^2/(kT) \tag{2.15}$$

式中, D 为扩散系数; n 为载流子密度; q 为载流子的电荷; k 为玻尔兹曼常量.

由电导率公式 $\sigma = nq\mu$ 与式 (2.15), 可以建立扩散系数 D 和离子迁移率 μ 的关系

$$D = \frac{\mu}{q}kT = BkT \tag{2.16}$$

式中, B 称为离子绝对迁移率.

而扩散系数 D 按指数规律随温度变化

$$D = D_0 \exp(-W/kT) \tag{2.17}$$

式中, W 为扩散活化能, D_0 可由实验测得. 所以通过式 (2.16) 可得离子迁移率 μ.

4) 影响离子电导率的因素

(1) 温度

随着温度的升高, 由式 (2.12) 和式 (2.12) 可以看出, 电导率 σ 随温度 T 按指数规律增加. 图 2.8 表示含有杂质的电解质的电导率随温度的变化曲线.

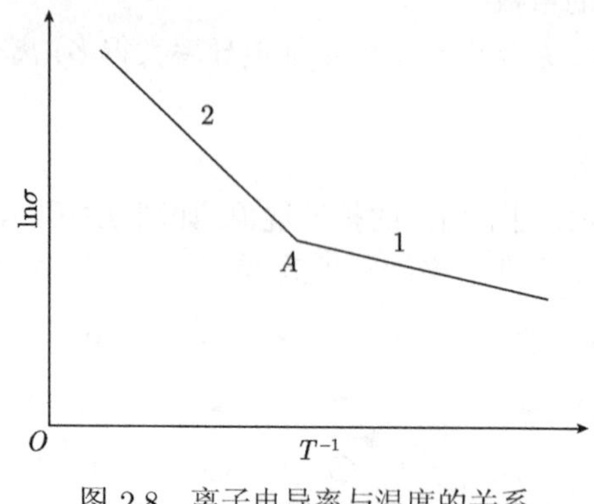

图 2.8　离子电导率与温度的关系

由图 2.8 可见, 在低温下 (曲线 1) 杂质电导占主要地位. 这是由于杂质活化能比基本点阵离子的活化能小许多的缘故. 在高温下 (曲线 2), 固有电导起主要作用. 因为热运动能量的增高, 使本征电导的载流子数显著增多. 这两种不同的导电机构, 使曲线出现了转折点 A.

(2) 晶体结构

电导率 σ 随活化能 $W(U)$ 按指数规律变化, 而活化能反映离子的固定程度, 它与晶体结构有关, 活化能大, 则电导率 σ 小. 那些熔点高的晶体, 晶体结合力大, 相应活化能也高, 电导率就低.

离子电荷的高低对活化能也有影响. 一价正离子尺寸小, 电荷少, 活化能小; 高价正离子, 价键强, 所以活化能大, 电导率 σ 低. 图 2.9(a) 和图 2.9(b) 分别表示离子电荷、半径与电导率的关系.

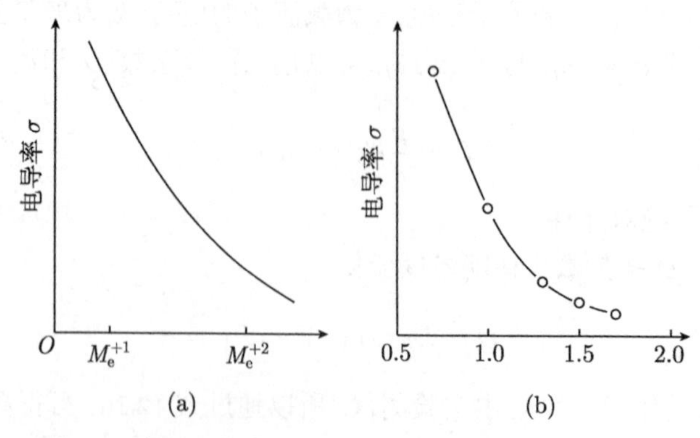

图 2.9　离子晶体中阳离子电荷和半径对电导率的影响

(a) 离子电荷; (b) 离子半径

除了离子的状态以外, 晶体的结构状态对离子活化能也有影响. 显然, 结构紧密的离子晶体, 由于可供移动的间隙小, 则间隙离子迁移困难, 即其活化能高, 因而电导率低.

(3) 晶格缺陷

具有离子电导的固体物质称为固体电解质. 实际上, 只有离子晶体才能成为固体电解质, 共价键晶体和分子晶体都不能成为固体电解质. 但是并非所有的离子晶体都能成为固体电解质, 离子晶体要具有离子电导的特性, 必须具备以下两个条件: 一是电子载流子的浓度小; 二是离子晶格缺陷浓度大并参与电导. 因此离子性晶格缺陷的生成及其浓度大小是决定离子电导的关键.

影响晶格缺陷生成和浓度的主要原因:

①由于热激励生成晶格缺陷. 理想离子晶体中离子不可能脱离晶格点阵位置而移动. 但是由于热激励, 晶体中产生肖特基缺陷、弗仑克尔缺陷.

②不等价固溶掺杂形成晶格缺陷. 例如, 在 AgBr 中掺杂 $CdBr_2$.

③离子晶体中正负离子计量比随气氛的变化发生偏离, 形成非化学计量比化合物而产生晶格缺陷.

2. 玻璃的导电机理

玻璃在通常情况下是绝缘体, 但在高温下, 玻璃的电阻率却可能大大降低, 因此在高温下有些玻璃将成为导体.

玻璃的导电是由于某些离子的可动性导致的, 故玻璃是一种电解质的导体. 在含有碱金属离子的玻璃中, 基本上表现为离子电导, 含有少量的碱金属离子就会使电导大大增加.

碱金属氧化物含量不大的情况下, 电导率 σ 与碱金属离子浓度呈直线关系. 到一定限度时, 电导率以指数增长. 因为碱金属先填充玻璃松散处, 此时碱金属离子的增加只是增加载流子浓度. 当孔隙填满后, 开始破坏原来结构紧密的部位, 使整个玻璃体结构进一步松散, 因而活化能降低, 电导率呈指数关系上升.

在生产实际中发现, 利用双碱效应和压碱效应, 可以减小玻璃的电导率, 甚至可以使玻璃电导率降低 4~5 个数量级.

双碱效应是指当玻璃中碱金属离子总浓度较大时(占玻璃组成 25%~30%), 碱金属离子总浓度相同的情况下, 含两种碱金属离子比含一种碱金属离子的玻璃电导率要小. 当两种碱金属浓度比例适当时, 电导率可以降到很低, 如图 2.10 所示.

在 K_2O 和 Li_2O 氧化物中, K^+ 和 Li^+ 占据的空间与其半径有关, 因为 $r(K^+) > r(Li^+)$, 在外电场作用下, 一价金属离子移动时, Li^+ 离子留下的空位比 K^+ 留下的空位小, 这样 K^+ 只能进入本身的空位. Li^+ 进入体积大的 K^+ 空位中, 产生应力, 不稳定, 因而也是进入同种离子空位较为稳定. 这样互相干扰的结果使电导率大大下降. 此外由于大离子 K^+ 不能进入小空位, 使通路堵塞, 妨碍小离子的运动, 迁移率也降低.

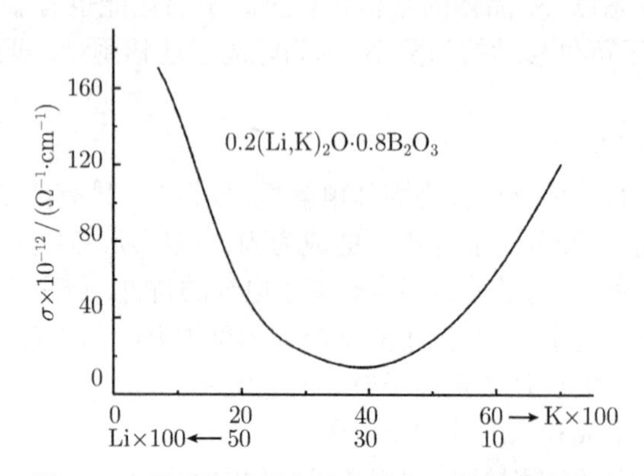

图 2.10　硼钾锂玻璃电导率与钾、锂含量的关系

含碱玻璃中加入二价金属氧化物, 使玻璃的电导率降低, 这称为压碱效应. 这是由于二价离子与玻璃中氧离子结合比较牢固, 能嵌入玻璃网络结构, 以致堵住了迁移通道, 使碱金属离子移动困难, 因而电导率降低. 如用二价离子取代碱金属离子, 也得到同样效果.

图 2.11 为 $0.18Na_2O$–$0.82SiO_2$ 玻璃中, 各种氧化物置换 SiO_2 后, 其电阻率的变化情况, 表明 CaO 提高电阻率的作用最显著.

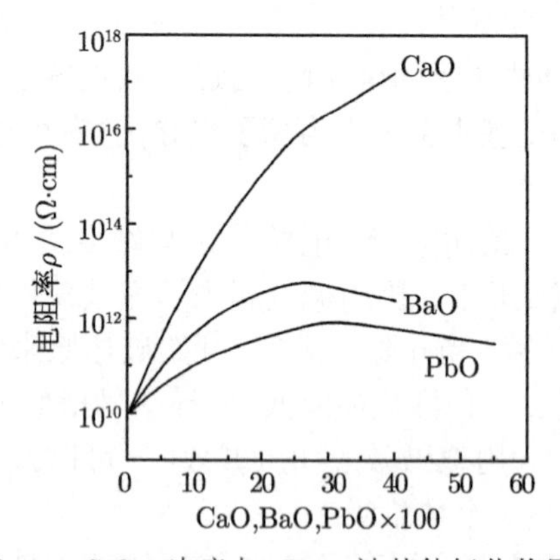

图 2.11　$0.18Na_2O$–$0.82SiO_2$ 玻璃中, SiO_2 被其他氧化物置换后电阻率的变化

玻璃相的电导率一般比晶体相高, 因此, 对介质材料应尽量减少玻璃相的电导. 这对陶瓷中的玻璃相也是适用的.

2.3　金属材料的电学性能

金属材料是常用的导电材料, 本节主要介绍金属材料电阻产生的机制及影响金属材料导电性的因素. 这些因素包括温度、化学成分、晶体结构、杂质和缺陷等, 它们的影响机理及影响程度各不相同.

2.3.1 金属电阻率的马西森定则

量子力学证明, 当电子波在绝对零度 (0K) 下通过一个理想的完整晶体时, 将不受散射而无阻碍传播, 此时电阻率为零.

实际上, 金属内部存在着缺陷和杂质. 在温度不为 0K 时, 由温度引起的离子运动 (热振动), 以及晶体中存在的杂质原子、位错、点缺陷等都会使晶体点阵的周期性遭到破坏, 电子波在这些地方发生散射而产生附加电阻, 降低导电性能.

因此, 金属的总电阻包括基本电阻 (与温度相关) 和溶质 (杂质) 浓度引起的电阻 (与温度无关), 即马西森定则 (Matthiessen rule), 用下式表示：

$$\rho = \rho_T + \rho_0' \tag{2.18}$$

式中, ρ_T 为与温度有关的金属基本电阻; ρ_0' 取决于化学缺陷和物理缺陷而与温度无关的残余电阻. 化学缺陷为杂质原子以及人工加入的合金元素原子; 物理缺陷指空位、间隙原子、位错等. 如果金属材料是没有缺陷的理想晶体, 残余电阻 ρ_0' 为零; 这样 ρ_T 可理解为理想晶体的电阻率.

从马西森定则可以看出, 在高温时金属的电阻率取决于 ρ_T, 而在低温时则取决于残余电阻 ρ_0'. 由于 ρ_0' 主要由杂质和缺陷引起的, 如果认为按一定方法制备的金属具有相似的缺陷浓度, 则可以用 ρ_0' 的大小来评定金属的纯度. 由于 0K 温度不能达到, 一般用 4.2K 的极低温度来代替. 4.2K 下金属的电阻率称为剩余电阻率. 金属在温度为 300K 时的电阻率与剩余电阻率的比 $\rho_{300\text{K}}/\rho_{4.2\text{K}}$ 称为剩余电阻比 RRR(residual resistivity ratio), RRR 越高, 金属纯度越高. 目前制备的纯金属 RRR 可高达 $10^4 \sim 10^5$.

2.3.2 影响金属导电性的因素

1. 温度对金属导电性的影响

金属电阻率随温度升高而增大. 尽管温度对有效电子数和电子平均速度几乎没有影响, 然而温度升高会使晶格振动加剧, 瞬间偏离平衡位置的原子数增加, 使电子运动的自由程减小, 散射几率增加而导致电阻率增大.

金属的电阻率在不同的温度范围内变化规律是不同的, 图 2.12 是金属电阻率与温度的关系. 在低温 (2K) 时, 金属的电阻主要由 “电子–电子” 散射决定; 在 2K 以上温度, 大多数金属电子的散射都由 “电子–声子” 决定. 根据德拜理论, 由于原子的热振动在不同的温度区域存在本质的差别, 划分这两个温区的温度 Θ_D 称为德拜温度或特征温度. 在不同的温区, 金属电阻率和温度有不同的函数关系：

当 $T > 2/3\Theta_D$ 时, $\rho \propto T$;

当 $T \ll \Theta_D$ 时, $\rho \propto T^5$;

当 $T = 2\text{K}$ 时, $\rho \propto T^2$.

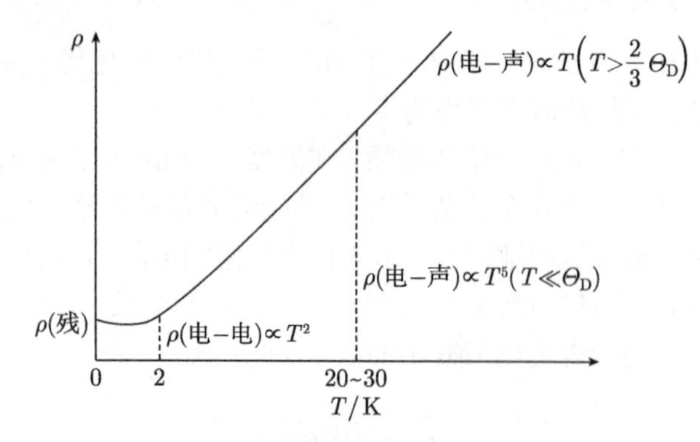

图 2.12　金属电阻率与温度的关系

对于常用的非过渡族金属的德拜温度 Θ_D 一般不超过 500K, 而通常对金属导电性与温度关系的研究均在德拜温度以上, 在高于室温以上温度, 金属电阻与温度关系可表示为

$$\rho_T = \rho_0(1 + \alpha T) \tag{2.19}$$

式中, ρ_T 和 ρ_0 表示金属在 T°C 和 0°C 温度下的电阻率, α 为电阻温度系数. 在 0~ T°C 温度区间的平均电阻温度系数为

$$\overline{\alpha} = \frac{\rho_T - \rho_0}{\rho_0 T} \tag{2.20}$$

显然, 温度 T 时的电阻温度系数为

$$\alpha_T = \frac{1}{\rho_T}\frac{\mathrm{d}\rho}{\mathrm{d}T} \tag{2.21}$$

对大多数金属, 电阻温度系数 α 为 10^{-3} 数量级, 而铁磁性金属的电阻温度系数 α 约为 10^{-2} 数量级.

大多数金属在熔化成液态时, 其电阻率会突然增大 1.5~2 倍. 这是由于原子排列的长程有序被破坏, 从而加强了对电子的散射, 引起电阻增加.

但也有些金属如锑、铋、镓等, 在熔化时电阻率反而下降, 因为锑在固态时为层状结构, 具有小的配位数, 主要为共价键型晶体结构, 在熔化时共价键被破坏, 转为以金属键结合为主, 故使电阻率下降. 铋和镓在熔化时电阻率的下降也是由近程原子排列的变化所引起的.

过渡族金属, 特别是铁磁性金属的电阻率与温度明显偏离线性关系, 在居里点温度附近更加明显, 如图 2.13 所示, 镍金属的电阻温度系数随着温度的升高而不断增大, 过了居里温度后开始明显降低. 研究表明, 在接近居里点时, 铁磁性金属电阻率反常降低量 $\Delta\rho$ 与其自发磁化强度 M_s 平方成正比, 即

$$\frac{\Delta\rho}{\rho}=\alpha M_s^2 \tag{2.22}$$

式中, ρ 为居里点 T_C 下的电阻率. 铁磁性金属电阻–温度反常是由铁磁性金属内参与自发磁化的 d 及 s 壳层电子云相互作用引起的.

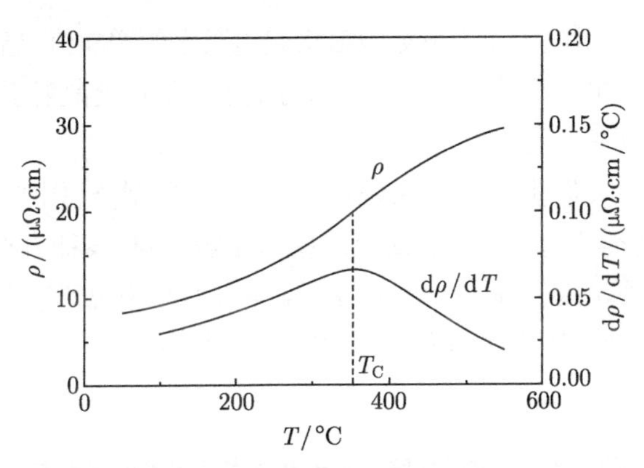

图 2.13 温度对镍金属比电阻和电阻温度系数的影响

2. 冷加工变形的影响

室温下, 纯金属 (如铁、铜、银、铝等) 的电阻率经相当大的冷加工变形后比未经变形的只增加 2%~6%. 而金属钨、钼例外, 当冷变形量很大时, 钨的电阻可增加 30%~50%, 钼可增加 15%~20%. 一般单相固溶体经冷塑性变形后, 电阻可增加 10%~20%. 而有序固溶体电阻可增加 100%, 甚至更高.

也有相反的情况, 如镍–铬, 镍–铜–锌, 铁–铬–铝等冷加工变形将使合金电阻率降低. 有关这方面的内容将在后面讨论.

冷加工变形引起金属电阻率增大的原因有：一是冷加工变形使晶体点阵畸变和晶体缺陷增加, 特别是空位浓度的增加, 造成点阵电场的不均匀而加剧对电子散射的结果; 二是冷加工变形使原子间距有所改变, 也会对电阻率产生一定影响.

若对冷加工变形的金属进行退火, 使它产生回复和再结晶, 则电阻率下降. 主要原因是退火可以降低点缺陷浓度, 而再结晶过程可消除变形造成的点阵畸变和晶体缺陷, 所以使电阻率下降, 恢复到变形前的水平.

根据马西森定则, 冷加工金属的电阻率可写成

$$\rho=\rho(T)+\Delta\rho \tag{2.23}$$

式中, $\rho(T)$ 为表示与温度有关的退火金属电阻率; $\Delta\rho$为表示冷加工变形产生的附加阻率, 也称为残余电阻率. $\Delta\rho$ 与温度无关. 当温度降低到 0K 时, 冷加工金属仍保留残余电阻率.

如果认为冷加工变形所引起的电阻率增加是由于晶格畸变、晶体缺陷所致, 则附加电阻率可表示为

$$\Delta\rho = \Delta\rho(\text{空位}) + \Delta\rho(\text{位错}) \tag{2.24}$$

式中, $\Delta\rho$(空位) 为表示电子在空位处散射引起电阻率的增加值, 当退火温度足以使空位扩散时, 这部分电阻将消失. $\Delta\rho$ (位错)为电子在位错处散射引起电阻率的增加值, 这部分电阻经回复和再结晶后消失.

经过大量实验, 人们获得了一些晶体缺陷对某些典型金属电阻率影响的定量数据, 见表 2.2. 不同类型的缺陷对金属电阻率的影响不同, 表征方法也不同. 通常分别用 1% 原子空位浓度或 1% 原子间隙原子、单位体积中位错线的单位长度、单位体积中晶界的单位面积所引起的电阻率变化来表征点缺陷、线缺陷、面缺陷对金属电阻率的影响.

表 2.2 各种晶体缺陷对一些金属电阻率的影响率

缺陷类型	Al	Cu	Ag	Au	单位
空位	2.2	1.6	1.3±0.7	1.5±0.3	$\mu\Omega\cdot$cm/原子 %
间隙原子	4.0	2.5			$\mu\Omega\cdot$cm/原子 %
位错	10.0	1.0			$\times10^{-13}\mu\Omega\cdot\text{cm}/(1/\text{cm}^2)$
晶界	13.5	31.2		35.0	$\times10^{-7}\mu\Omega\cdot\text{cm}/(1/\text{cm})$

3. 合金元素和相结构对金属导电性的影响

纯金属的导电性与其在元素周期表中的位置有关, 这是由不同的能带结构决定的. 合金的导电性则表现得更为复杂, 这是因为金属中加入合金元素后, 异类原子将引起点阵畸变, 组元间相互作用引起有效电子数和能带结构的变化, 以及合金组织结构的变化等, 这些因素都会对合金的导电性产生明显的影响. 在纯金属中加入其他元素, 可能会形成固溶体, 也可能形成新相. 这两种情况下, 合金电阻率随着其他元素的加入呈现完全不同的变化规律.

1) 固溶体的导电性

如果第二组元或杂质原子以代位或间隙原子的形式形成固溶体, 会导致电阻率明显升高. 固溶体电阻率比纯金属高的主要原因是固溶原子破坏了纯金属自身晶格势场的周期性, 从而增加了电子的散射几率, 使电阻率增大. 同时固溶体组元间化学相互作用(能带、电子云分布等) 的加强使有效电子数减少, 也会造成电阻率的

增高.

以 A–B 二元合金为例, 处于均匀固溶状态下合金的电阻率 ρ 随化学组成的变化规律为

$$\rho = \rho_A x_A + \rho_B x_B + \gamma \cdot x_A x_B \tag{2.25}$$

式中, ρ_A、ρ_B分别为 A、B 两种纯金属的电阻率; x_A、x_B 分别为固溶体中 A、B 两种金属的摩尔分数; γ 为交互作用强度系数.

γ 的数值不为零, 而且比较大, 这样, 在常温下, 合金的电阻率远高于其组元纯金属的电阻率.

图 2.14 给出了 Ag–Au 二元合金电阻率的实验结果. 二元合金的最大电阻率通常在两种组元的摩尔分数各为 50%的成分处. 而铁磁性和强顺磁性金属组成的固溶体, 它电阻率的最大值往往不在 50%原子浓度处.

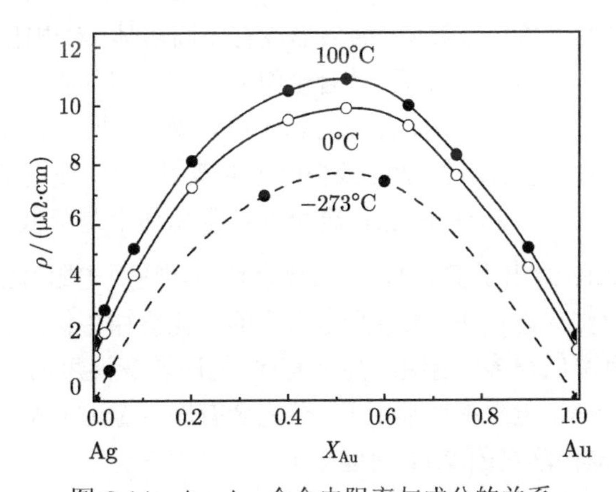

图 2.14 Ag–Au 合金电阻率与成分的关系

实验证明, 除过渡族金属外, 在同一溶剂中溶入 1%(摩尔分数) 溶质金属所引起的电阻率增加幅度, 由溶剂和溶质金属的化学价差决定, 化学价差越大, 增加的电阻率越大, 数学表达式为

$$\Delta\rho = a + b(Z_A - Z_B)^2 \tag{2.26}$$

式中, Z_A、Z_B 分别为合金组元 A、B 的化学价; a、b 为常数. 式 (2.26) 称为诺伯里–林德 (Norbury–Lide) 法则.

图 2.15 中给出了将 Cd、In、Sn、Sb作为合金元素加入到 Cu 和 Ag 中形成无序固溶体的电阻率增加值与合金组元 A、B的化学价差 $(Z_A - Z_B)$ 的关系. 化学价差的影响显而易见.

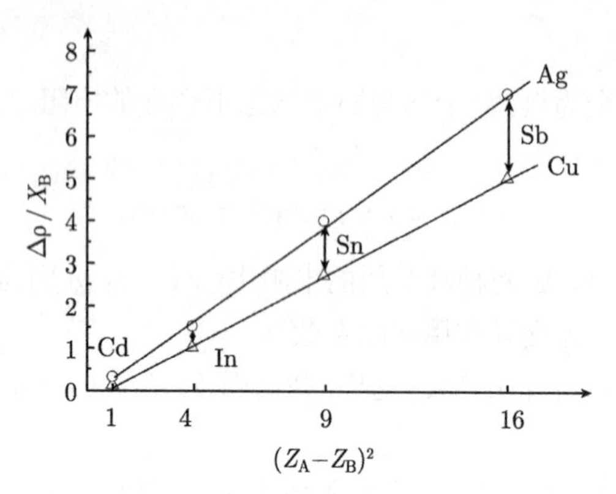

图 2.15　Ag 与 Cu 基体的合金电阻率与溶质 Cd、In、Sn、Sb 的关系

2) 有序固溶体的导电性

第二组元金属溶入基体金属中, 如果形成有序固溶体, 对电阻率的影响体现在两个方面：一方面, 固溶体有序化后, 其合金组元化学作用加强, 电子结合比无序固溶体增强, 导致导电电子数减少而合金的剩余电阻增加; 另一方面, 固溶体有序化后, 晶体的离子电场恢复周期性, 从而减少电子的散射, 因此使电阻降低. 通常情况下, 第二个因素占优势, 因此有序化后, 合金的电阻总体上是降低的.

图 2.16 和图 2.17 给出了 Cu–Au 二元合金有序转变对电阻率的影响. 从图 2.16 可看出, 无序合金 (淬火态) 同一般合金电阻率的变化规律相似, 有序合金的电阻率比无序合金的电阻率低得多; 当温度高于有序–无序转变温度时, 有序合金的有序态被破坏, 转为无序态, 电阻率明显上升. 若完全有序合金 Cu_3Au 和 CuAu 中没有残余电阻, 其电阻率将落在图 2.17 的虚线上.

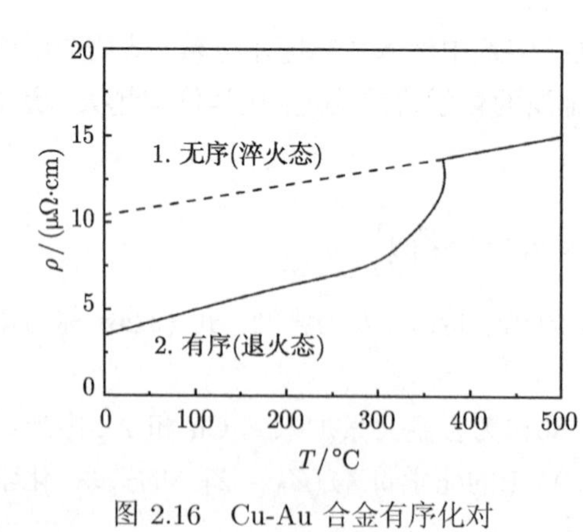

图 2.16　Cu-Au 合金有序化对电阻率的影响

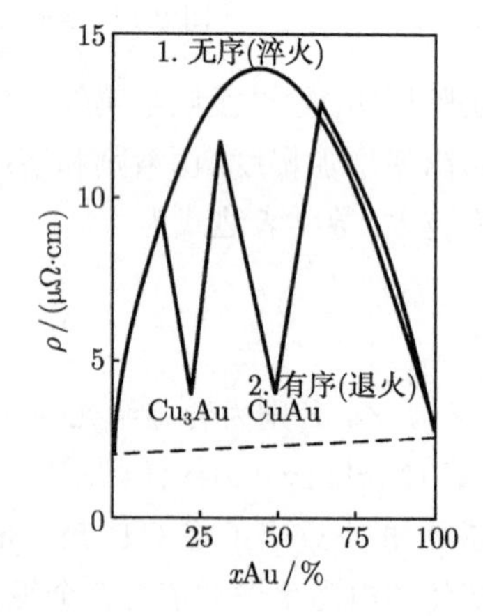

图 2.17　Cu-Au 合金有序转变对电阻率的影响

3) 不均匀固溶体 (K 状态) 的导电性

冷加工变形对固溶体和纯金属一样, 使电阻率升高; 但对一些含有过渡族金属元素的合金进行冷加工变形后, 其电阻率却降低了. 具有反常现象的合金有镍–铬、镍–铜–锌、铁–铬–铝、铁–镍–钼、银–锰等. 反常现象说明这些合金固溶体中有特殊相变及特殊结构存在. 研究表明, 这种特殊的组织状态是组元原子在晶体中不均匀分布的结果, 这种组织状态称为 K 状态, 也称为 "不均匀固溶体".

固溶体的不均匀组织是 "相内分解" 的结果. 这种分解, 不析出任何具有自己固有点阵的晶体. 当形成不均匀固溶体时, 在固溶体点阵中形成原子的偏聚, 其成分与固溶体的平均成分不同. 这些聚集区包含有大约 1000 个原子, 即原子聚集区域的几何尺寸大致与电子自由程为同一数量级, 故明显增加电子散射几率, 提高了合金电阻率.

不均匀固溶体的原子聚集现象在高温下将消散, 逐渐转变为均匀固溶体, 反常升高的电阻率也将逐渐消失, 如图 2.18 所示, 高温淬火的 80Ni20Cr 合金, 当回火温度达到 550°C 以上时, 电阻率反常地开始下降, 就是由于不均匀固溶体的原子聚集现象在高温下消散的结果. 继续升高温度, 电阻率又重新增加是温度对电阻率影响的结果.

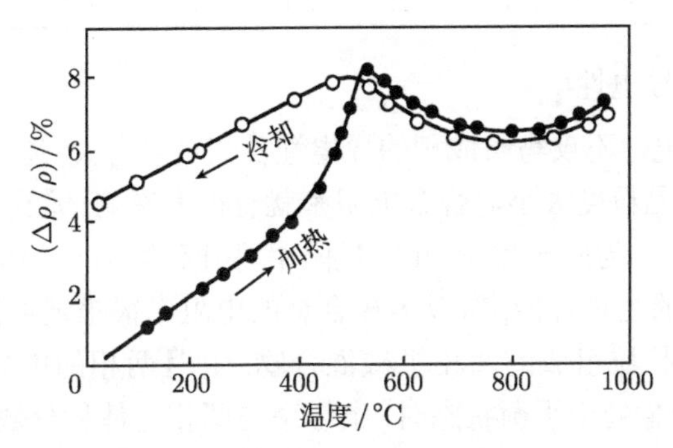

图 2.18 80Ni20Cr 合金加热、冷却电阻率变化曲线 (原始态: 高温淬火)

冷加工变形很大程度上破坏了不均匀固溶体的组织, 并形成无序的均匀组织, 因此, 使合金的电阻率明显降低, 如图 2.19 所示.

4) 金属间化合物的导电性

当两种金属原子形成金属间化合物时, 它们的电阻率一般都要高于纯金属相. 这是因为组成化合物后, 原子间部分金属键转变成离子键或共价键, 离子键或共价键中电子的自由度比不上金属键, 使有效电子数减少, 电阻率增大, 即电导率下降. 由于键合性质发生了变化, 在一些情况下, 金属间化合物可成为半导体, 甚至完全丧失导体的性质. 表 2.3 给出了室温下一些金属间化合物的电导率与其组元纯金属电导率的对比.

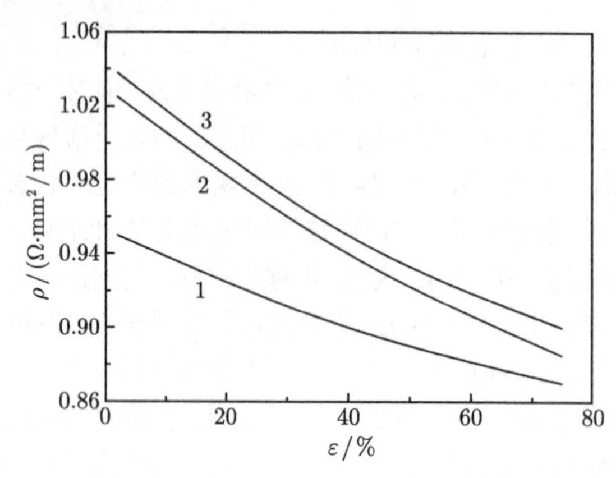

图 2.19　80Ni20Cr 合金电阻率 ρ 与冷加工变形度 ε 的关系

1.800°C 水淬；2.800°C 水淬 +400°C 回火；3. 形变 +400°C 回火

表 2.3　一些金属间化合物及其纯组元的电导率对比(单位：$10^6\Omega^{-1}\cdot cm^{-1}$)

	$MgCu_2$	Mg_2Cu	Mg_2Al	$FeAl_3$	$NiAl_3$	Ag_3Al	Mn_2Al_3	$AgMg_3$	Cu_3As
第一组元	23.0	23.0	23.0	11.0	14.6	62.9	0.68	62.9	59.9
第二组元	59.9	59.9	37.7	37.7	37.7	37.7	37.7	23.0	2.85
化合物	19.1	8.38	2.63	0.71	3.47	2.75	0.20	6.16	1.70

5) 多相合金的导电性

多相合金的导电性不仅与组成相的导电性及相对量有关, 还与合金的组织形态有关. 例如, 两相的晶粒度大小对合金电阻率就有很大影响, 尤其是当一种相 (夹杂物) 的大小与电子波长为同一数量级时, 电阻率可升高达 10%~15%. 由于电阻率是一个组织结构敏感的物理性能, 所以多相合金的电阻率很难定量计算.

当合金是等轴晶粒组成的两相机械混合物, 并且两相的电导率相近 (比值为 0.75~0.95) 时, 则合金处于平衡状态时, 电导率与两相的体积分数呈线性关系, 即

$$\sigma = c_1\sigma_1 + c_2\sigma_2 \tag{2.27}$$

式中, σ_1、σ_2 和 σ 分别为各相和多相合金的电导率; c_1、c_2 为各相的体积分数. 且 $c_1 + c_2=1$. 通常可近似认为多相合金的电导率为各相电导率的加权平均.

图 2.20 为合金电阻率与状态图关系的示意图. 图 2.20 中标有 ρ 的曲线表示状态图所对应相的电阻率的变化, 其中图 2.20(a) 表示连续固溶体电阻率随成分的变化为非线性的; 图 2.20(b) 所示的 $\alpha+\beta$ 相区中, 电阻率变化呈线性关系, 而在相图两端固溶体区域电阻率变化不是线性的; 图 2.20(c) 表示具有 AB 化合物的电阻率变化, 在形成化合物 AB 时, 电阻率达到最大; 图 2.20(d) 表示具有某种间隙相的电阻率变化, 由图 2.20(d) 可见, 电阻率较形成它的组元的电阻率有所下降.

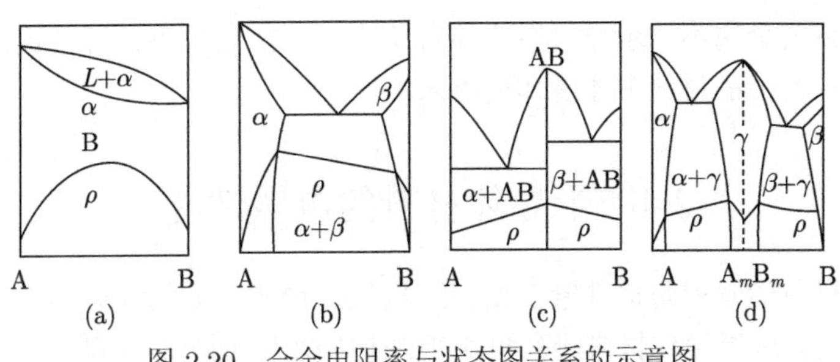

图 2.20 合金电阻率与状态图关系的示意图

(a) 连续固溶体; (b) 多相合金; (c) 化合物; (d) 间隙相

4. 其他影响金属导电性的因素

当温度改变时, 许多金属材料都发生相变, 其电阻率随着发生突变, 图 2.21 给出了钛的电阻率随着温度变化的曲线. 在 882.5°C 左右, 钛由 HCP 结构向 BCC 结构转变, 相应电阻率发生突变. 电阻率变化的原因是晶格势场由于晶体结构的变化而发生突变, 导致电子与晶格势场的作用强度发生变化.

金属材料的导电性还存在各向异性现象. 这是由于在不同晶体方向上, 原子排列的差异导致周期性势场的不同造成的. 不过, 与晶体其他性能的各向异性相比, 导电性的各向异性是比较弱的, 如表 2.4 所示.

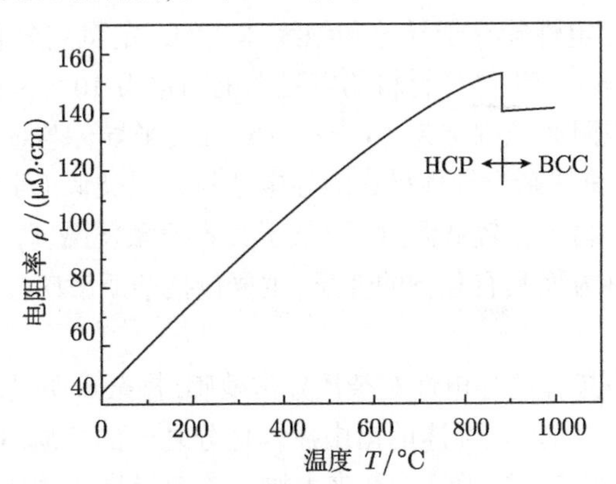

图 2.21 金属钛电阻率随温度及相变的变化曲线

表 2.4 一些金属电阻率的各向异性

金属	晶体结构类型	电阻率 $\rho/(\mu\Omega\cdot \text{cm})$		比值
		基面内	c 轴方向	
Be	六方	4.22	3.83	1.1
Y	六方	72	35	2.06
Cd	六方	6.54	7.79	0.84
Zn	六方	5.83	6.15	0.95
Ga	菱方	8(b 轴)	54	6.75

立方晶系的金属不显示导电性的各向异性. 另外, 这种各向异性仅在单晶材料或者是有织构的多晶材料中才能体现出来.

2.4 半导体材料的电学性能

半导体材料的发展与器件紧密相关. 可以说, 电子工业的发展和半导体器件对材料的需求是促进半导体材料研究和发展的强大动力, 而材料质量的提高和新型半导体材料的出现, 又优化了半导体器件性能, 产生新的器件, 两者相互影响, 相互促进.

20 世纪 70 年代以来, 电子技术以前所未有的速度突飞猛进, 尤其是微电子技术的兴起, 使人类从工业社会进入信息社会. 微电子技术是电子器件与设备微型化的技术, 一般是指半导体技术和集成电路技术. 它集中反映出现代电子技术的发展特点, 从而出现了大规模集成电路和超大规模集成电路. 这样就促使对半导体材料提出了越来越高的要求, 使半导体材料的主攻目标更明显地朝着高纯度、高均匀性、高完整性、大尺寸方向发展.

2.4.1 半导体材料概述

半导体材料的导电性能介于导体和绝缘体之间. 定量划分它们的电阻率范围则很不一致. L.I.Berger 把半导体材料的电阻率范围定为 $10^{-5} \sim 10^{11}\Omega\cdot$cm; 林兰英、万群等则把半导体电阻率范围定为 $10^{-3} \sim 10^{9}\Omega\cdot$cm. 半导体与金属、绝缘体之间的界限也不是绝对的. 重掺杂半导体材料的导电性与金属类似 (可具有正的电阻温度系数); 纯净的半导体材料在较低温度下 (低于其本征激发温度) 是绝缘体.

半导体在导电性方面具有独特的性质, 主要包括杂质敏感性、热敏感性和光照敏感性.

杂质敏感性指半导体的导电性对杂质异常敏感, 掺杂可明显改变半导体的导电性. 例如, 在室温 30°C 时, 在纯净的锗中掺入亿分之一的杂质, 电导率会增加几百倍. 因此, 人们利用受控的极微量掺杂来大幅度改变半导体的导电特性, 制造出各种不同的半导体器件.

热敏感性是指导电性对温度非常敏感, 一般表现为导电性随着温度升高呈指数规律增强. 利用这种特性可制成热敏器件. 另外, 热敏感性会使半导体的热稳定性下降, 所以由半导体构成的电路中常采用温度补偿等措施.

光照敏感性指半导体受到电磁波辐射, 如可见光和近红外线照射时, 导电性大幅度增加, 具有所谓的光致导电效应. 利用半导体的这种特性可将其制成电磁辐射的探测器.

半导体材料数量众多, 很难用一种分类方法使它们 “各得其所”. 从化学组分看, 既有无机材料也有有机材料, 既有元素又有化合物以及固溶体. 从晶体结构看, 既有立方结构, 也有纤锌矿、黄铜矿型、氯化钠型等多种结构, 还有非晶、微晶、陶瓷等结构. 从体积上看, 既有体单晶材料, 也有薄膜材料, 还有超晶格、量子 (阱、点、线) 微结构材料. 在相关文献中, 半导体材料目前一般采用 "混合" 分类法, 以化学组分分类为主、融入其他分类法. 半导体材料分类为元素半导体、化合物半导体、固溶体半导体、非晶及微晶半导体、微结构半导体、有机半导体和稀磁半导体. 见表 2.5.

表 2.5 半导体材料的分类

类别	主要材料
元素半导体	Ge, Si, Se, Te 等
化合物半导体	GaAs, GaP, InP, GaN, SiC, ZnS, ZnSe, CdTe, PbS, $CuInSe_2$ 等
固溶体半导体	GaAlAs, GaInAs, HgCdTe, SiGe, GaAlInN, InGaAsP 等
非晶及微晶 (μc) 半导体	α−Si:H, α−GaAs, Ge−Te−Se, μc−SiC,μc−Ge :H 等
微结构半导体	纳米 Si,GaAlAs/GaAs,InGaAs(P)/InP 等超晶格及量子 (阱、线、点) 微结构材料
有机半导体	C60, 萘, 蒽, 聚乙炔等
稀磁半导体	$Cd_{1-x}Mn_xTe$, $Ga_{1-x}Mn_xAs$ 等
半导体陶瓷	$BaTiO_3$, $SrTiO_3$, TiO_2–$MgCr_2O_4$ 等

当今应用最广泛的元素半导体材料是硅和锗. 锗在所有固体中能够获得最纯样品的半导体材料, 在最纯的锗样品里杂质的含量只有 10^{-10}. 硅可以达到的纯度只比锗大约低一个数量级, 但仍然比任何其他物质都纯.

有广阔应用前景的化合物半导体达数十种之多, 其中Ⅲ–V 族, Ⅱ–Ⅳ族, Ⅳ–Ⅳ族和氧化物半导体更得到优先发展. 这些材料原子间的结合以共价键为主, 其各项性能参数比起Ⅳ族单质半导体有更大的选择余地.

按半导体材料最外层电子结构特点来划分, 又可分为本征半导体 (intrinsic semiconductor) 和掺杂半导体 (extrinsic semiconductor) 两大类. 本征半导体中所有价电子都参与成键、并且所有键都处于饱和 (原子外电子层填满) 状态.

在本征半导体中人为地掺入五价元素或三价元素将分别获得 n 型半导体和 p 型半导体. n 型半导体的所有结合键处被价电子填满后仍有部分富余的价电子. 而 p 型半导体, 在所有价电子都成键后仍有些结合键上缺少价电子, 而出现一些空穴.

2.4.2 本征半导体的电学性能

本征半导体是指完全纯净的、结构完整的半导体晶体. 以硅和锗为例, 它们的原子都有 4 个价电子, 每个原子与其相邻的原子之间形成共价键, 共用一对价电子. 形成共价键后, 每个原子的最外层电子是八个, 构成稳定结构.

共价键中的电子被紧紧束缚在共价键中, 称为束缚电子, 常温下束缚电子很难脱离共价键成为自由电子, 因此本征半导体中的自由电子很少, 所以本征半导体的导电能力很弱.

但当温度升高或受光照射时, 也就是半导体受到热激发时, 共价键中的价电子由于从外界获得了能量, 其中部分获得了足够大能量的价电子就可以挣脱束缚, 离开原子而成为自由电子. 在原来的共价键位置留下一个空位, 称为空穴.

温度升高, 热运动加剧, 挣脱共价键的电子增多, 自由电子与空穴对的浓度加大. 如图 2.22(a) 所示. 反应在能带图上 (见图 2.22(b)), 就是一部分满带中的价电子获得了大于 E_g 的能量, 跃迁到空带中去. 这时空带中有了一部分能导电的电子, 称为导带 E_c. 而满带中由于部分价电子的迁出而出现了空位置, 称为价带 E_v.

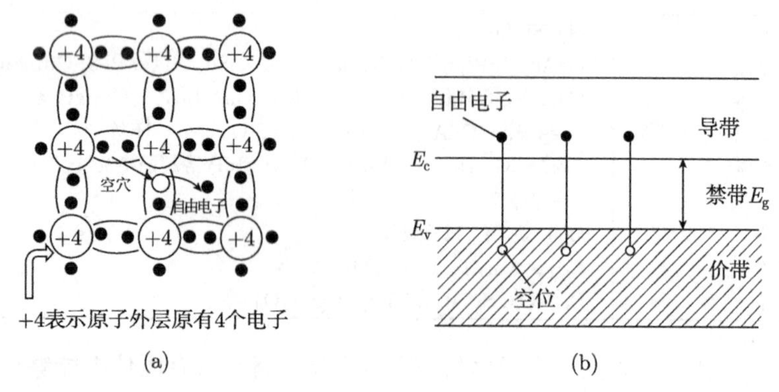

图 2.22 本征激发示意图

在共有化运动中, 相邻的价电子很容易填补到邻近的价电子跃迁出后留下的空位置 (空穴), 从而出现新的空穴, 其效果等同于空穴的移动. 在无外加电场作用时, 自由电子和空穴的运动都是无规则的, 平均位移为零, 所以并不产生电流; 但在外加电场作用下, 电子将逆电场方向运动, 而空穴将顺电场方向运动, 从而形成电流.

1. 本征载流子浓度

本征载流子浓度可用式 (2.28) 表示

$$n = p = K_1 T^{3/2} \exp\left(-\frac{E_g}{2kT}\right) \tag{2.28}$$

式中, n、p 分别为自由电子和空穴的浓度; K_1 为常数, 在 SI 单位制下, 其值为 $4.82\times10^{21}\text{K}^{-3/2}$; T 为热力学温度; k 为玻尔兹曼常量; E_g 为禁带宽度.

由式 (2.28) 可看出, 本征载流子浓度与热力学温度 T 成正比, 与禁带宽度 E_g 成反比. 在 T=300K 时, 硅的 E_g=1.1eV, 硅本征载流子浓度 $n = p$=$1.5\times10^{10}\text{cm}^{-3}$; 锗的 E_g=0.67eV, 锗本征载流子浓度 $n = p$=$2.4\times10^{13}\text{cm}^{-3}$. 可见在室温条件下, 本征半导体载流子数目是很少的, 它们有一定的导电能力, 但很微弱.

2. 本征半导体的迁移率和电导率

试验发现, 在电场强度不太大的情况下, 半导体的载流子在电场作用下仍满足欧姆定律, 但是, 由于半导体中存在两种载流子, 因而, 半导体中的导电作用应该是电子导电和空穴导电的总和, 同时, 其中的导电机构要比导体复杂.

在外加电场下, 导体内部电子受到电场力作用, 沿电场反方向运动, 而空穴沿电场方向运动, 这种运动称为漂移运动, 定向运动的速度称为漂移速度. 漂移速度与电场强度成正比. 自由电子和空穴的定向平均漂移速度可表示为

$$v_n = \mu_n E, \quad v_p = \mu_p E \tag{2.29}$$

式中, 比例常数 μ_n 和 μ_p 分别表示在单位电场 (V/cm) 下自由电子和空穴的迁移率. μ_n 和 μ_p 是半导体材料的重要表征参数, 与外加电场无关, 取决于一定温度下半导体材料固有性质.

表 2.6 给出了一些常见半导体材料中载流子的迁移率, 迁移率的差异是由于化学组成、晶体结构参数所决定的能带结构差异造成的. 从表中可看出, 自由电子的迁移率比空穴的大, 这是因为自由电子的自由度比空穴的大. 空穴的漂移实质上是价电子依次填补共价键上空位的结果, 这种运动被约束在共价键范围内, 所以空穴的自由度小, 迁移率也小.

表 2.6 室温下一些常见半导体材料的能带间隙和载流子的迁移率

半导体材料	能带间隙E_g/eV	迁移率 $\mu/[m^2/(V\cdot s)]$	
		电子	空穴
C(金刚石)	5.47	0.18	0.12
Si(六方)	1.11	0.15	0.05
Ge	0.67	0.39	0.19
SiC	3.0	0.04	0.005
GaAs	1.4	0.85	0.04
GaP	2.3	0.01	0.007
InSb	0.2	8.00	0.13
CdS	2.6	0.035	0.0015

若本征半导体中有电场, 其电场强度为 E, 空穴将沿 E 方向做定向漂移运动, 产生空穴电流 i_p ; 自由电子将逆电场方向做定向漂移运动, 产生电子电流 i_n . 总电流应是两者之和. 因此总电流密度 j 为

$$j = (i_n + i_p)q = (nv_n + pv_p)q = (n\mu_n + p\mu_p)q \cdot E = (\mu_n + \mu_p)n_i qE \tag{2.30}$$

式中, q 为电子电荷量的绝对值; n_i 为本征载流子浓度; j 与 E 之间仍满足欧姆

定律.

$$\sigma = \frac{j}{E} = (\mu_{\rm n} + \mu_{\rm p}) \cdot qn_{\rm i} \tag{2.31}$$

若把式 (2.28) 代入式 (2.31), 则电导率 σ 可表示为

$$\sigma = K_1 T^{3/2} (\mu_{\rm n} + \mu_{\rm p}) q \cdot \exp\left(-\frac{E_{\rm g}}{2kT}\right) \tag{2.32}$$

常用电阻率 ρ 表示半导体材料的导电能力, 即

$$\rho = \frac{1}{\sigma} = \frac{1}{(\mu_{\rm n} + \mu_{\rm p}) qn_{\rm i}} \tag{2.33}$$

在 300K 时, 本征硅的 ρ=2.14×$10^{-3}\mu\Omega\cdot$m; 本征锗的 ρ=4.7×$10^{-7}\mu\Omega\cdot$m.

本征半导体的电学性能可归纳如下:

(1) 本征激发成对地产生自由电子和空穴, 所以自由电子浓度 n 和空穴浓度 p 相等, 都等于本征载流子浓度 $n_{\rm i}$.

(2) 禁带宽度 $E_{\rm g}$ 越大, 载流子浓度 $n_{\rm i}$ 越小.

(3) 温度升高时, 载流子浓度 $n_{\rm i}$ 增大.

(4) 载流子浓度 $n_{\rm i}$ 与原子密度相比是极小的, 所以本征半导体的导电能力很微弱.

2.4.3　杂质半导体的电学性能

在本征半导体中, 掺入微量其他元素的原子, 使半导体的导电性能发生显著变化, 这样的半导体称为杂质半导体. 杂质半导体, 由于所掺杂质的类型不同, 又可分为 n 型半导体 (电子型) 和 p 型半导体 (空穴型).

1. n 型半导体

四价的本征半导体 Si、Ge 等, 掺入少量五价的杂质元素 (如 P、As 等) 形成电子型半导体, 称 n 型半导体. 在 n 型半导体中, 原来晶格中的某些硅或锗原子被杂质原子代替. 五价的杂质原子与周围四价原子组成共价键时就会多余一个电子. 这个电子只受自身原子核吸引, 在室温下就可成为自由电子, 如图 2.23 所示. 而五价的原子就成了不能移动的带正电的离子; 给出电子的五价原子称为施主原子. 本征半导体电子和空穴成对出现的现象也被打破.

由于掺入的异价原子的摩尔分数很低, 因此本征半导体的晶体结构保持不变, 但使局部结合键情况发生变化, 从而导致半导体中出现附加能级, 也称为掺杂能级.

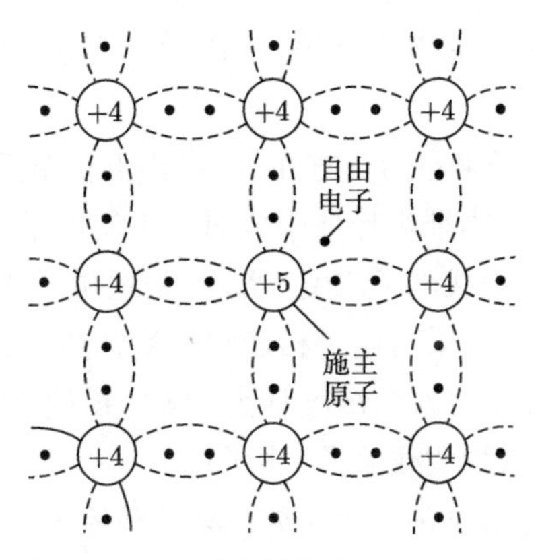

图 2.23 n 型半导体的结构示意图

量子力学的计算表明, 由掺杂原子引入的附加能级亦被称为施主能级 E_d(donor level), 它处于禁带之中, 非常靠近导带底 (E_c) 的位置. 使这个多余的电子挣脱束缚成为导电电子所需的能量称为施主杂质电离能, 用 $\Delta E_d(\Delta E_d = E_c - E_d)$ 表示. 表 2.7 是硅、锗中加入不同第V族元素的杂质电离能.

表 2.7 硅、锗晶体中V族杂质的电离能(单位:eV)

晶体	杂质		
	P	As	Sb
Si	0.044	0 049	0.039
Ge	0.0126	0.0127	0.0096

从表 2.7 中可看出, ΔE_d 比 E_g 小得多, V族杂质极易从施主能级跃迁到导带成为自由电子, 此过程称为施主电离. V族杂质亦称为施主杂质或 n 型杂质. 施主杂质的电离过程如图 2.24 所示.

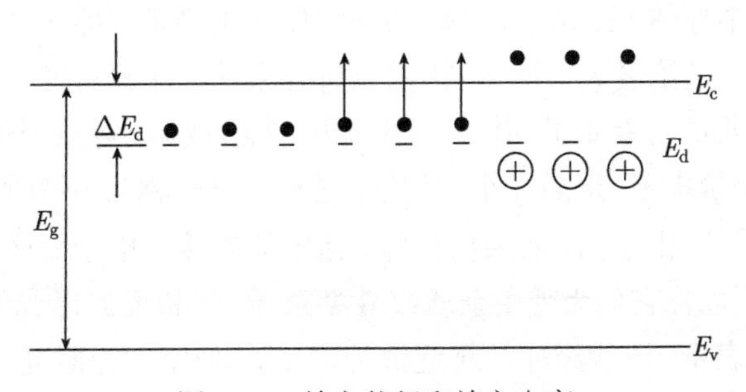

图 2.24 施主能级和施主电离

图 2.24 中, 每一条短线段对应于一个施主杂质原子, 在施主能级 E_d 上画的小黑点表示被束缚的电子, 箭头表示被束缚的电子得到能量 ΔE_d 后, 从施主能

级跃迁到导带成为导电电子的电离过程. 当电子跃迁到导带后, 施主就成为正电中心.

n 型半导体中的载流子来自两个方面; 一是由五价杂质原子提供的电子, 浓度与五价杂质原子相同; 二是本征半导体中成对产生的电子和空穴. 一般情况下, 掺杂浓度远大于本征半导体中载流子浓度, 所以, 自由电子浓度远大于空穴浓度. 另外, 由本征激发产生的空穴如果与电子相遇将被复合掉. 所以, 在 n 型半导体中空穴的浓度要比本征半导体中空穴的浓度都小, 故把 n 型半导体中自由电子称为多数载流子 (多子), 空穴称为少数载流子 (少子).

在电场作用下, n 型半导体的电流主要由多数载流子, 即自由电子产生, 也就是说它以电子导电为主. n 型半导体的电流密度为

$$j \approx j_{\mathrm{n}} = q n_{\mathrm{n0}} \mu_{\mathrm{n}} E \tag{2.34}$$

电导率为

$$\sigma_{\mathrm{n}} = \frac{j}{E} \approx q n_{\mathrm{n0}} \mu_{\mathrm{n}} \approx q N_{\mathrm{d}} \mu_{\mathrm{n}} \tag{2.35}$$

电阻率为

$$\rho_{\mathrm{n}} = \frac{1}{\sigma_{\mathrm{n}}} \approx \frac{1}{q n_{\mathrm{n0}} \mu_{n}} \approx \frac{1}{q N_{\mathrm{d}} \mu_{\mathrm{n}}} \tag{2.36}$$

式中, n_{n0} 为 n 型半导体的自由电子浓度; N_{d} 为 n 型半导体的掺杂浓度. 在 n 型硅半导体中, 当 $N_{\mathrm{d}}=1.5\times10^{14}\mathrm{cm}^{-3}$, $\mu_n=1400\mathrm{cm}^2/(\mathrm{V{\cdot}s})$时; $\rho_n=3.0\times10^{-7}\mu\Omega{\cdot}\mathrm{m}$, 可见, n 型硅半导体的电阻率约是本征硅半导体的 1/7000, 即它的导电能力增强了 7000 倍.

2. p 型半导体

四价的本征半导体 Si、Ge 等, 掺入少量 III 族的杂质元素 (如 B、Al、Ga 等), 就可以使晶体中空穴浓度大大增加. 因为三价元素的原子只有三个价电子, 当它顶替晶格中的一个四价元素原子, 并与周围的四个硅 (或锗) 等原子组成四个共价键时, 必然缺少一个价电子, 形成一个空位置. 这种半导体称为 p 型半导体.

如图 2.25 所示. 由于 III 族杂质在硅、锗中能够接受电子而产生导电空穴, 并形成负电中心, 所以称它们为受主杂质或 p 型杂质. 三价元素形成的允许价电子占有的能级用 E_{A} 表示, 该能级非常靠近价带顶 E_{v}. 使空穴挣脱受主杂质束缚成为导电空穴所需的能量称为受主杂质电离能, 用 $\Delta E_{\mathrm{A}}(\Delta E_{\mathrm{A}} = E_{\mathrm{A}} - E_{\mathrm{v}})$ 表示. ΔE_{A} 远小于 E_{g}. 表 2.8 列出了从实验测得的 III 族杂质在硅、锗中的电离能值, 这些电离能比硅、锗的禁带宽度小得多.

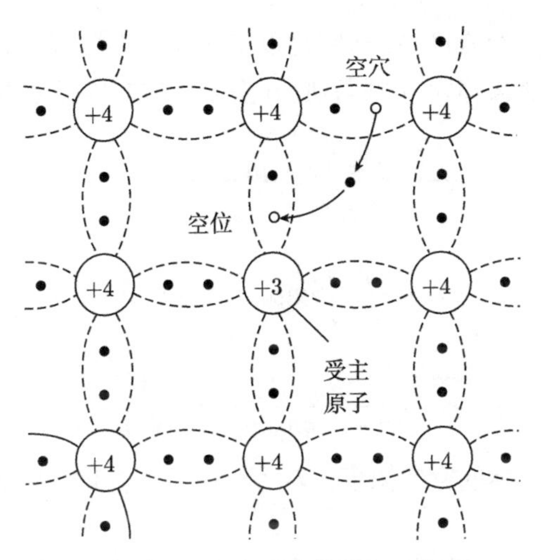

图 2.25 p 型半导体的结构示意图

表 2.8 硅、锗晶体中 III 族杂质的电离能(单位：eV)

晶体	杂质			
	B	Al	Ga	In
Si	0.045	0.057	0.065	0.16
Ge	0.01	0.01	0.011	0.011

受主杂质的电离过程可用图 2.26 表示. 图中每一条短线段对应于一个受主杂质原子, 而在受主能级 E_{A} 上的小圆圈表示被杂质原子束缚的空穴, 图中箭头表示受主杂质的电离过程, 在小圆圈中画上负号则表示受主杂质电离后带负电荷. 受主的电离过程是电子的运动过程, 是价带中的电子得到能量 ΔE_{A} 后, 跃迁到受主能级上和束缚在受主能级上的空穴复合, 并在价带中产生一个可以自由运动的导电空穴, 同时也产生一个不能移动的受主离子.

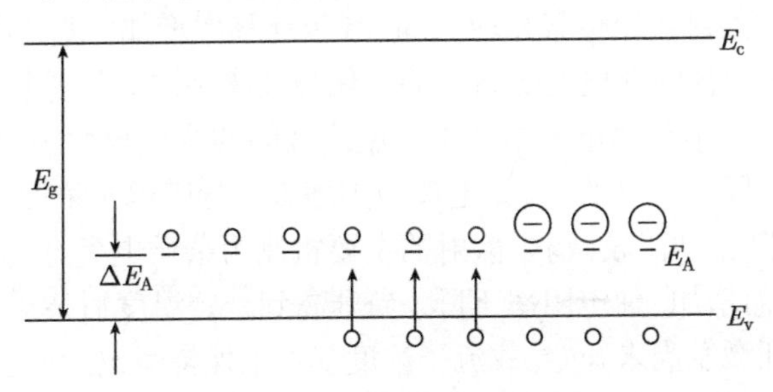

图 2.26 受主能级和受主电离

在 p 型半导体中, 因受主杂质能接受价电子产生空穴, 使空穴浓度大大提高, 空穴为多数载流子, 电子是少数载流子. 在电场的作用下, p 型半导体中的电流主

要由多数载流子 —— 空穴产生, 即它是以空穴导电为主, 故 p 型半导体又称为空穴型半导体, 受主杂质又称为 p 型杂质. p 型半导体的电流密度为

$$j \approx j_{\mathrm{p}} = qn_{\mathrm{p0}}\mu_{\mathrm{p}}E \tag{2.37}$$

电导率为

$$\sigma_{\mathrm{p}} = \frac{j}{E} \approx qn_{\mathrm{p0}}\mu_n \approx qN_{\mathrm{A}}\mu_{\mathrm{p}} \tag{2.38}$$

电阻率为

$$\rho_{\mathrm{p}} = \frac{1}{\sigma_{\mathrm{p}}} \approx \frac{1}{qn_{\mathrm{p0}}\mu_{\mathrm{p}}} \approx \frac{1}{qN_{\mathrm{A}}\mu_{\mathrm{p}}} \tag{2.39}$$

式中, n_{p0} 为 p 型半导体的空穴浓度; N_{A} 为 p 型半导体的掺杂浓度或受主杂质浓度.

杂质半导体 (n 型半导体和 p 型半导体) 的特性可总结如下:

(1) 掺杂浓度与原子密度相比虽很微小, 但是却能使载流子浓度极大地提高, 因而导电能力也显著地增强. 掺杂浓度越大, 其导电能力也越强.

(2) 掺杂只是使一种载流子的浓度增加, 因此杂质半导体主要靠多子导电. 当掺入五价元素 (施主杂质) 时, 主要靠自由电子导电; 当掺入三价元素 (受主杂质) 时, 主要靠空穴导电.

3. 温度对半导体导电性的影响

半导体的导电性随温度的变化与金属不同, 呈现复杂的变化规律. 在讨论时要考虑两种散射机制, 即点阵振动的声子散射和电离杂质散射. 点阵振动使原子间距发生变化而偏离理想周期排列, 引起禁带宽度的空间起伏, 从而使载流子的势能随空间变化, 导致载流子的散射. 显然, 温度越高振动越激烈, 对载流子的散射越强, 迁移率下降. 至于电离杂质对载流子的散射, 是由于随温度升高载流子热运动速度加大, 电离杂质的散射作用也就相应减弱, 导致迁移率增加. 正是这两种散射机制作用的结果, 使半导体的导电性随温度的变化与金属不同而呈现复杂的变化.

图 2.27 为 n 型半导体电阻率在不同温度区间的变化规律. 在低温区, 施主杂质并未全部电离. 随着温度的升高, 电离施主增多使导带电子浓度增加. 与此同时, 在该温度区内点阵振动尚较微弱, 散射的主要机制为杂质电离, 因而载流子的迁移率随温度的上升而增加, 使电阻率下降. 当升高到一定温度后杂质全部电离, 称为饱和区. 由于本征激发尚未开始, 载流子浓度基本上保持恒定. 然而, 这时点阵振动的声子散射已起主要作用而使迁移率下降, 因而导致电阻率随温度的升高而增高. 温度的进一步升高, 进入本征区, 由于本征激发, 载流子随温度而显著增加的作用已远远超过声子散射的作用, 故又使电阻率重新下降.

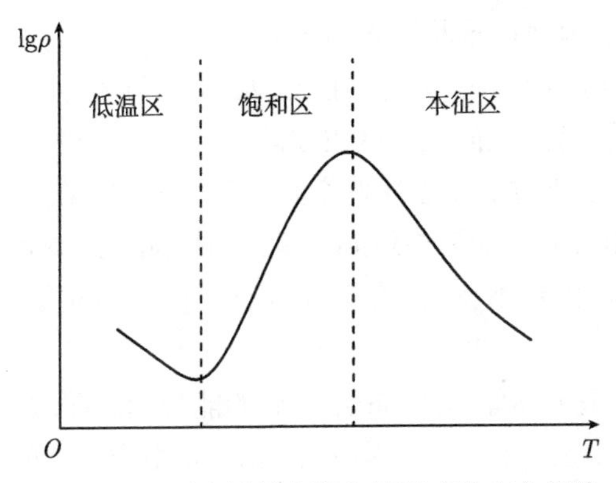

图 2.27 n 型半导体电阻率随温度的变化规律

2.4.4 pn 结

在 n 型半导体材料中, 电子很多而空穴很少, 在 p 型中, 空穴很多而电子很少. 但是在 n 型中的电离施主与少量空穴的正电荷严格平衡电子电荷; 而 p 型中的电离受主与少量电子的负电荷严格平衡空穴电荷, 因此单独的 n 型和 p 型半导体都是电中性的.

在半导体材料的使用过程中, 通常需要将不同的半导体连接起来构成器件来使用, 其中最简单的是将 n 型与 p 型半导体结合在一起构成二极管. 在二极管中, 存在着 pn 结, 它是将 n 型与 p 型半导体结合在一起产生的结合界面.

当这块半导体形成 pn 结时, 由于在两侧的空穴和电子存在浓度差, 因而 n 区的多数载流子电子向 p 区运动, 同时 p 区内的多数载流子空穴向 n 区运动, 此运动称为扩散运动. 扩散运动的结果：一是在 pn 结附近区域内, 通过电子与空穴的复合而大幅度降低了半导体的载流子体积密度, 产生所谓的耗尽层 (depletion layer). 二是 p 型半导体一侧因接收电子而带负电, n 型半导体一侧因接收空穴而带正电. 这样的电荷分布形成一个空间电荷区, 如图 2.28 所示.

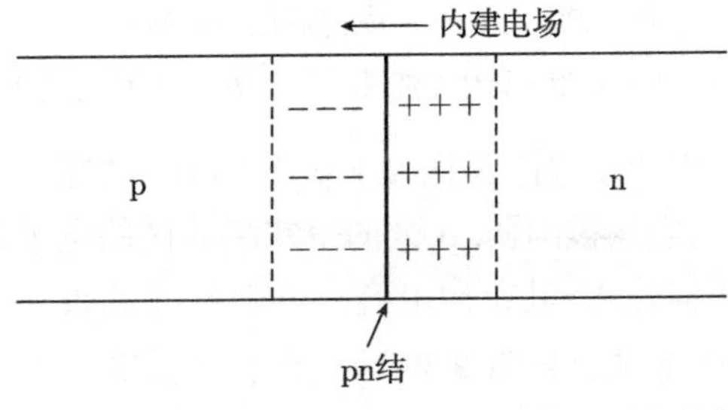

图 2.28 pn 结的空间电荷区

空间电荷区中的这些电荷产生了从 n 区指向 p 区, 即从正电荷指向负电荷的电场, 称为内建电场. 内建电场将阻止多子的扩散运动, 而将 n 区的少子空穴向 p 区运动, 同时将 p 区内的少子电子向 n 区运动, 此运动称为漂移运动.

随着扩散运动的进行, 空间电荷区也逐渐扩展. 同时, 内建电场也逐渐增强, 载流子的漂移运动也得到加强, 而漂移使空间电荷区变薄. 在无外加电场的情况下, 扩散和漂移这一对相反的运动最终达到平衡, 形成 pn 结. 这时空间电荷的数量一定, 空间电荷区的厚度固定不变. 此时的 pn 结称为平衡 pn 结. 这种情况称为热平衡状态下的 pn 结.

图 2.29 是 p、n 型半导体形成 pn 结前后的能带示意图, E_c 和 E_v 分别表示导带底和价带顶的能量; E_{F_p} 和 E_{F_n}分别为 p 型和 n 型半导体的费米能级. 形成 pn 结后, 电子从费米能级高的 n 区流向费米能级低的 p 区, 空穴则从 p 区流向 n 区, 从而使 E_{Fn} 不断下移, 而 E_{Fp} 不断上移, 直到统一的费米能级 E_F 上, pn 结此时处于平衡状态, 如图 2.29(b) 所示. 电子从 n 区到 p 区 (或空穴从 p 区到 n 区) 必须克服一个能量势垒 (qV_D), 其值为

$$qV_D = k_B T \ln \frac{(N_D - N_A)_n (N_A - N_D)_p}{n_i^2} \tag{2.40}$$

式中, V_D 为自建电位, $(N_D-N_A)_n$ 和 $(N_A-N_D)_p$分别为 n 区和 p 区的净杂质浓度, 其中 N_D 和 N_A分别施主和受主浓度, n_i 为半导体的本征载流子浓度. 从式 (2.40) 可看出, 势垒高度 (qV_D) 与温度、半导体材料的种类, 以及 n 区和 p 区的净杂质浓度有关.

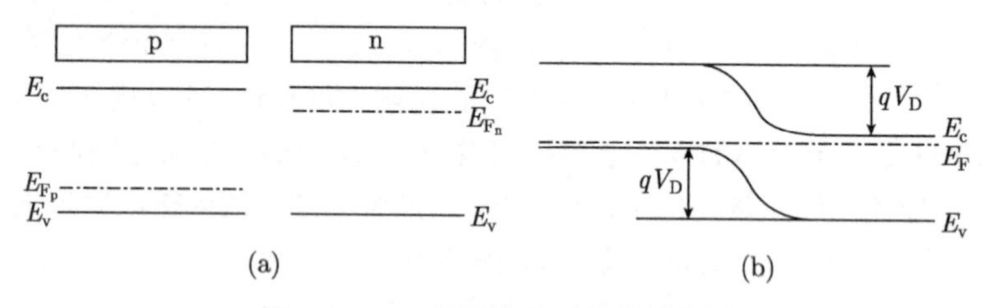

图 2.29 pn 结形成前后能带结构图

(a)p 型和 n 型半导体能带图; (b) 平衡 pn 结的能带图

当 pn 结加上正向偏压 V 时 (见图 2.30(a)), 即 p 区加正、n 区加负电压, 势垒高度降到 $q(V_D-V)$, 内电场被削弱, p 区的空穴和 n 区的电子又要向对方扩散, 这种现象称为 pn 结的正向注入, 其正向电流密度随 V 呈指数式上升.

如果施加反向偏压 V 时 (见图 2.30(b)), 即 p 区低电位而 n 区高电位, 内电场被加强, 多子的扩散受抑制. 少子漂移加强, 但少子数量有限, 只能形成较小的反向电流. 一般我们称这个反向电流为 "漏电流".

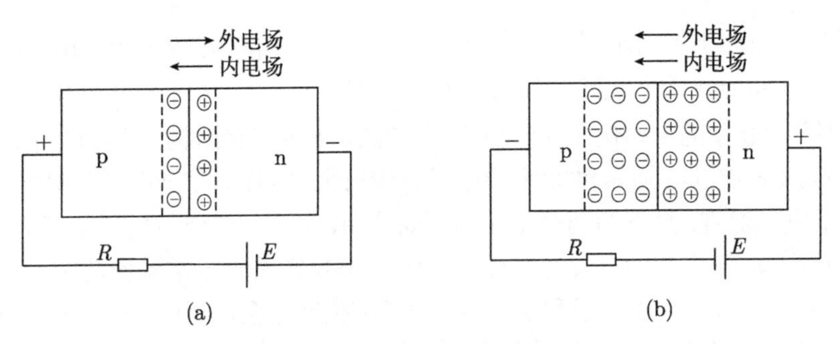

图 2.30 电场作用下 pn 结的电荷区

(a) 正向偏压下的 pn 结; (b) 反向偏压下的 pn 结

综上所述为大家熟悉的 pn 结及二极管的导电特性 —— 单向导通性, 如图 2.31 所示. pn 结及二极管导电特性的主要规律为: 正向偏压作用下 (曲线的 OA 段),

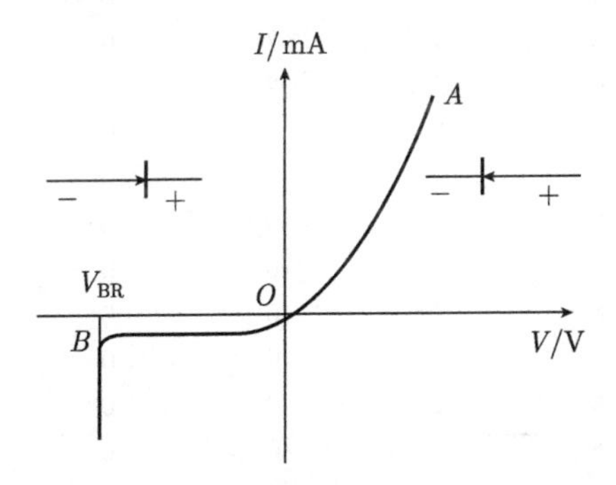

图 2.31 半导体二极管的伏安特性曲线

多数载流子主导导电过程, 具体地通过扩散完成. 其中, 外加电场使扩散能垒降低; 反向偏压作用下 (曲线的 OB 段), 少数载流子主导导电过程, 漏电流很小, 此时外加电场的作用是抑制多数载流子的导电作用. 当 pn 结上施加的反向电压增大到某一数值 V_{BR}(击穿电压) 时, 反向电流突然增大, 发生 pn 结的击穿.

2.4.5 半导体与化学结构的关系

1. Mooser–Pearson 公式

自从 1948 年人们制造出半导体晶体管以来, 由于半导体的特殊性能引起人们的高度兴趣, 人们希望了解哪些材料具备半导体的性能? Mooser 和 Pearson 给出了一个公式可用来预测半导体, 即半导体化合物必须满足下列关系式

$$\frac{n_e}{n_a} + N_a - N_c = 8 \tag{2.41}$$

式中, n_e 为每个化学式单位的价电子数; n_a 为每个化学式单位的阴离子数; N_a 为阴离子–阴离子键的平均数; N_c 为由阳离子形成的阳离子–阳离子键的平均数. 其

中 n_e 和 n_a 由化学组成求得, 而 N_a 和 N_c 则可从结构测定, 表 2.9 列出了一些符合 Mooser–Pearson 关系式的有代表性的半导体.

现对表 2.9 中的一些例子作一些说明. GaTe 形成层状结构, 每个 Ga 原子有一个短的 Ga-Ga 键, Ga 通常以 3 个价电子贡献出来, 但其中一个电子与另一个阳离子形成了电子对键, 余下的两个电子给了每个 Te 原子, 这样阴离子电子壳层由 8 个电子所填满, 于是 GaTe 成为一种半导体. CdSb 则具有导常畸变的金刚石排列, 其中 Sb 原子与 3 个 Cd 原子和 1 个 Sb 原子配位间距全部近似于 0.28nm, 根据这一情况可以推断出其中形成了一个 Sb–Sb 键, 而允许阴离子满足自己的价键要求.

表 2.9　一些符合 Mooser–Pearson 关系式的有代表性的半导体

元素或化合物	n_e	n_a	N_a	N_c	$n_e/n_a+N_a-N_c$
Ge	4	1	4	0	8
As	5	1	3	0	8
Se	6	1	2	0	8
SiC	8	2	4	0	8
GaAs	8	1	0	0	8
GdTe	8	1	0	0	8
$AgInTe_2$	16	1	0	0	8
PbS	8	1	0	0	8
Mg_2Sn	8	1	0	0	8
LiMgSb	8	1	0	0	8
Li_3Bi	8	1	0	0	8
Mg_3Sb_2	16	2	0	0	8
Bi_2Te_3	24	3	0	0	8
Fe_2O_3	24	3	0	0	8
$BaTiO_3$	24	3	0	0	8
FeS_2	14	2	1	0	8
CdSb	7	1	1	0	8
GaTe	9	1	0	1	8

我们可从已知的例子中采用交换取代的方法, 推引出新的半导体化合物, 即采用周期表中其他族的成对元素来调换原化合物中的一个元素, 而保持价电子对原子的比例常数. 这是基于第Ⅳ族半导体可发展为Ⅲ–Ⅴ族或Ⅱ–Ⅵ族半导体一样的原理, 如已知 CdTe 是一个半导体, 若用一价 Ag 和三价 In 来取代 Cd 就可推引出 $AgInTe_2$.

2. 禁带宽度与键的电负性差和电离度的关系

从实验结果得知, Ⅲ–Ⅴ族化合物的禁带宽度比相应的第Ⅳ族元素大, 如 AlP 的禁带宽度比 Si 大, GaAs 比 Ge 大, InSb 比 Sn 大. 这些半导体化合物的电负性与它们的禁带宽度有一定的关系, 而离子化合物的 E_g(禁带宽度) 比大部分共价化合物大. 为了说明怎样调节 E_g, 举例如下:

比较 CdTe 及其衍生物 $AgInTe_2$, 我们可以看到 3 个键的电负性差的大小次序 Ag–Te>Cd–Te>In–Te. 后者的键为最弱, 而最弱键的禁带间隔最小, 正是它决定了化合物的 E_g, 因此这一类型的交换和取代将使 E_g 降低, 因此从 CdTe 的 E_g 为 1.5eV 而降为 $AgInTe_2$ 的 E_g 为 0.96eV. 另外 LiMgSb 是由 Mg_2Sn 衍生出来的, E_g 却由小变大, 这是因为电负性差的次序为 Li–Sb>Mg–Sb>Mg–Sn, 而 Mg–Sn 的禁带宽度最小, 因此由它生成的 Mg_2Sn 的 E_g 就比 LiMgSb 小. 电负性这一标度不仅为键型的测量提供了一种量度, 而且在预期物理性能上也很有用.

所谓电离度是指弱电解质在溶液里达电离平衡时, 已电离的电解质分数占原来总分子数 (包括已电离的和未电离的) 的百分数. 在化合物半导体中, E_g 将随着电离度的增大而增大, 如图 2.32 所示.

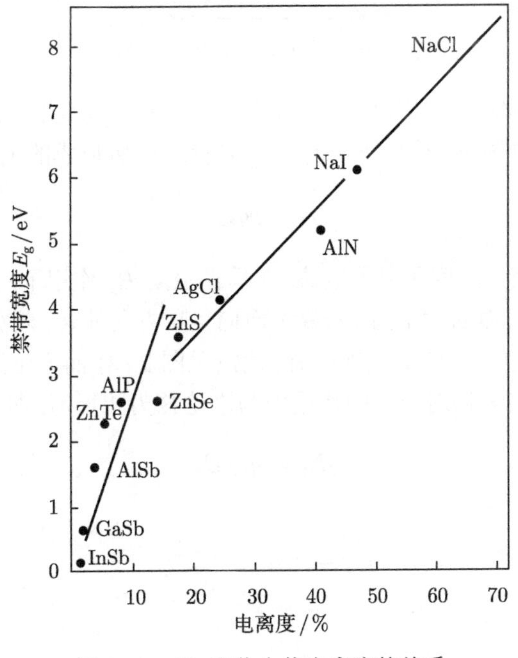

图 2.32 E_g 和化合物电离度的关系

2.4.6 半导体的霍尔效应

霍尔效应是一种磁电效应. 在匀强磁场中放一金属薄板, 使板面与磁场方向垂直, 当沿垂直磁场方向给金属板通以电流时, 在垂直电流和磁场方向的金属板两侧会产生一附加横向电场. 这一现象是霍尔 (Edwin H.Hall) 于 1879 年发现的, 被称为霍尔效应. 霍尔效应是测量半导体材料导电类型、载流子浓度和迁移率等基本物理性能和霍尔效应器件应用的基础.

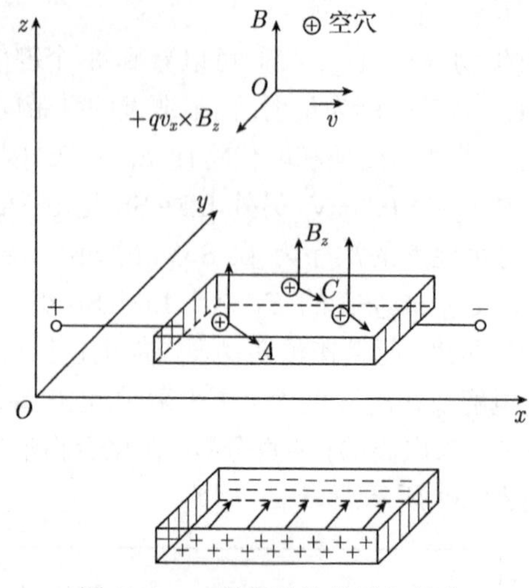

图 2.33　p 型半导体的霍尔效应

现以 p 型半导体为例作简要说明, 如图 2.33 所示, 假定样品温度均匀, 载流子速度处处相同, 在电场 E_x 作用下, 空穴漂移速度 v_x 所形成的电流密度为

$$j_x = pqv_x \tag{2.42}$$

式中, p、q 分别为空穴浓度和电子电荷. 在垂直磁场 B_z 作用下, 空穴受到沿 $-y$ 方向洛伦兹力的作用 (力的大小为 qv_xB_z) 而向 $-y$ 方向偏转; 就如同附加一个横向电流, 在样品 (沿 y 方向) 两端发生电荷积累 (见图 2.33) 而产生沿 y 方向的横向电场 E_y. 稳定时, 横向电场对空穴的作用力与洛伦兹力相抵消, 即

$$qE_y = qv_xB_z \tag{2.43}$$

则霍尔电场为

$$E_y = v_xB_z = \frac{j_x}{pq}B_z$$

令 $R_{\rm H} = \dfrac{1}{pq}$, 则

$$E_y = R_{\rm H}j_xB_z \tag{2.44}$$

式中, $R_{\rm H}$ 为霍尔系数. 此处 $R_{\rm H} > 0$ 为正值.

对 n 型半导体, 其霍尔系数 $R_{\rm H} = -\dfrac{1}{nq}(<0)$ 为负值. 如果考虑载流子的统计分布, 则 p、n 型半导体的霍尔系数分别为

$$R_{\rm H} = \left(\frac{\mu_{\rm H}}{\mu}\right)_{\rm p} \times \frac{1}{pq} \tag{2.45}$$

$$R_{\rm H}=\left(\frac{\mu_{\rm H}}{\mu}\right)_{\rm n}\times\frac{1}{nq}\tag{2.46}$$

式中, μ、$\mu_{\rm H}$ 分别为载流子迁移率和霍尔迁移率.

当半导体中存在两种载流子时, 可以证明其霍尔系数为

$$R_{\rm H}=\frac{\mu_{\rm H}}{\mu}\frac{1}{q}\left(\frac{p-nb^2}{p+nb^2}\right)\tag{2.47}$$

式中, b 为两种载流子迁移率之比, 即 $b=\mu_n/\mu_p$.

当磁场很强时, 其霍尔系数为

$$R_{\rm H}=\frac{1}{q}\times\frac{1}{p-n}\tag{2.48}$$

2.5　材料的超导电性

1911 年荷兰科学家 Kamerlingh Onnes 在研究低温下水银的电阻实验中惊奇地发现, 当温度在低于 4.2K 附近时, Hg 的电阻率突然降低到仪器无法测出的极小值 (图 2.34). 突变前后, 电阻变化值超过 10^4 倍. 此后, 人们又陆续地发现了许多金属和合金也具有类似的现象. 这种在一定条件下 (温度、磁场、压力) 材料电阻突然消失的现象称为超导电性, 发生这一现象的温度称为临界温度, 用 $T_{\rm c}$ 表示. 通常把样品电阻值降低到 $R_{\rm n}/2$ 的温度定义为它的 $T_{\rm c}$, 其中 $R_{\rm n}$ 是正常超导转变发生之前样品的正常态电阻. 材料失去电阻的状态称为超导态, 存在电阻的状态称为正常态. 具有超导态的材料称为超导体.

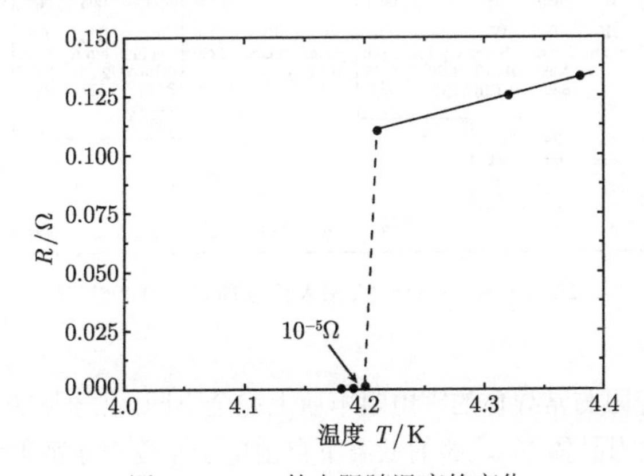

图 2.34　Hg 的电阻随温度的变化

超导电性不仅出现在许多金属元素中 (大约 28 种), 也出现在合金、化合物 (大约几千种) 中, 甚至出现在半导体及氧化物陶瓷中. 近些年来发现的超导材料并不

是在传统上被人们认为是良导体的金属及其合金中，而是在常态下导电性很差的氧化物体系的陶瓷中. 以前人们得到转变温度 (T_c)最高的材料是 Nb_3Ge, 其 T_c 只有 23.2K, 但 1982 年贝诺兹和穆勒在 (La–Ba–Cu–O 系)中发现 T_c 高达 35K 的超导转变, 在全世界掀起一股超导热. 自 1987 年以来, 日本、美国和我国分别获得了临界温度 T_c 更高的超导材料：Y–Ba–Cu–O系 (90K), Ba–Sr–Ca–Cu–O 系 (110K), Ti–Ba–Ca–Cu–O 系 (120K)……, 使超导技术从液氦温区步入液氮温区以至接近常温. 这些研究成果使超导材料正在向实用化阶段迈进. 如果能在常温下实现超导, 那么超导热核反应能源、超导磁流体发电、超导贮能装置、无损耗超导输电等理想都将成为现实. 这将引起电子元器件和能源领域的一场革命. 有人认为, 超导的成就可以与历史上铁器的发明相媲美. 表 2.10 列出了周期表中具有超导性的金属、晶体结构、临界温度 T_c 和临界磁场.

表 2.10　周期表中的超导金属元素

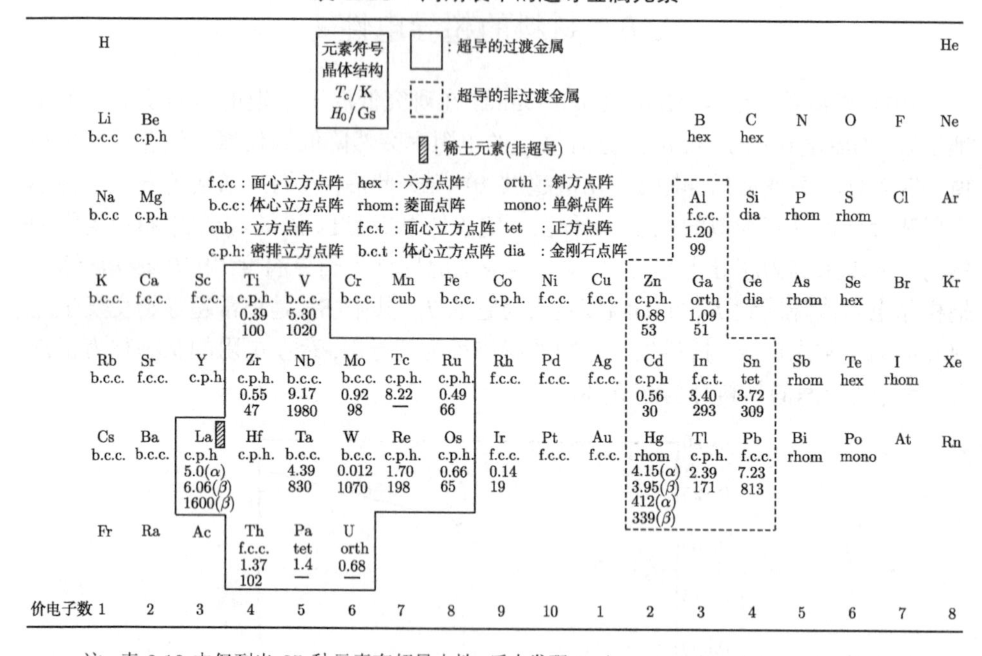

元素符号 / 晶体结构 / T_c/K / H_0/Gs

实线框：超导的过渡金属；虚线框：超导的非过渡金属；阴影：稀土元素(非超导)

f.c.c：面心立方点阵　hex：六方点阵　orth：斜方点阵
b.c.c：体心立方点阵　rhom：菱面点阵　mono：单斜点阵
cub：立方点阵　f.c.t：面心立方点阵　tet：正方点阵
c.p.h：密排立方点阵　b.c.t：体心立方点阵　dia：金刚石点阵

价电子数 1	2	3	4	5	6	7	8	9	10	1	2	3	4	5	6	7	8
H																	He
Li b.c.c	Be c.p.h											B hex	C hex	N	O	F	Ne
Na b.c.c	Mg c.p.h											Al f.c.c. 1.20 99	Si dia	P rhom	S rhom	Cl	Ar
K b.c.c.	Ca f.c.c.	Sc f.c.c.	Ti c.p.h. 0.39 100	V b.c.c. 5.30 1020	Cr b.c.c.	Mn cub	Fe b.c.c.	Co c.p.h.	Ni f.c.c.	Cu f.c.c.	Zn c.p.h. 0.88 53	Ga orth 1.09 51	Ge dia	As rhom	Se hex	Br	Kr
Rb b.c.c.	Sr f.c.c.	Y c.p.h	Zr c.p.h. 0.55 47	Nb b.c.c. 9.17 1980	Mo b.c.c. 0.92 98	Tc c.p.h. 8.22 —	Ru c.p.h. 0.49 66	Rh f.c.c.	Pd f.c.c.	Ag f.c.c.	Cd c.p.h 0.56 30	In f.c.t. 3.40 293	Sn tet 3.72 309	Sb rhom	Te hex	I rhom	Xe
Cs b.c.c.	Ba b.c.c.	La c.p.h 5.0(α) 6.06(β) 1600(β)	Hf c.p.h.	Ta b.c.c. 4.39 830	W b.c.c. 0.012 1070	Re c.p.h. 1.70 198	Os c.p.h. 0.66 65	Ir f.c.c. 0.14 19	Pt f.c.c.	Au f.c.c.	Hg rhom 4.15(α) 3.95(β) 412(α) 339(β)	Tl c.p.h. 2.39 171	Pb f.c.c. 7.23 813	Bi rhom	Po mono	At	Rn
Fr	Ra	Ac	Th f.c.c. 1.37 102	Pa tet 1.4 —	U orth 0.68 —												

注：表 2.10 中仅列出 25 种元素有超导电性, 后来发现 Be(T_c=0.026), Ir(T_c=0.14) 和 H_f(T_c=0.165) 也具有超导电性

超导体的零电阻与常导体的零电阻本质上完全不同. 常导体的零电阻是指在没有缺陷、杂质的理想晶体中, 足够的低温下自由电子不受声子散射和杂质散射的影响, 可以不受限制地运动.

超导体的零电阻是当温度下降到特定值时, 电阻几乎是跃变至零, 此时导体中的电子受到声子的散射同时又吸收同样能量的声子, 它们没有损失什么, 也不需要电场力做功来补充能量和动量, 所以没有电阻.

2.5.1 超导体的三个基本特性

超导体有三个基本特性：完全导电性、完全抗磁性、通量 (flux) 量子化.

1. 完全导电性

昂内斯等曾进行过下列实验, 如图 2.35 所示. 先将超导体做成的环放入磁场中, 此时 $T > T_c$, 环中无电流, 然后再将环冷却至 T_c 以下, 使环变成超导态, 此时环中仍无电流; 若突然去掉磁场, 则环内将有感应电流产生. 这是由于电磁感应作用的结果, 按楞次定律, 该电流应沿反抗磁通变化的方向流动. 如果此环的电阻确实为零, 那么这个电流就应长期无损地流下去. 事实上经过长达几年的观察, 没发现电流有任何衰减, 这就有力地证明了超导体的电阻确实为零, 是完全导电性的. 同时也说明了超导体是等电位的, 即超导体内没有电场. 据报道, 用 $Nb_{0.75}Zr_{0.25}$ 合金导线制成的超导螺管磁体, 估计其超导电流衰减时间不小于 10 万年.

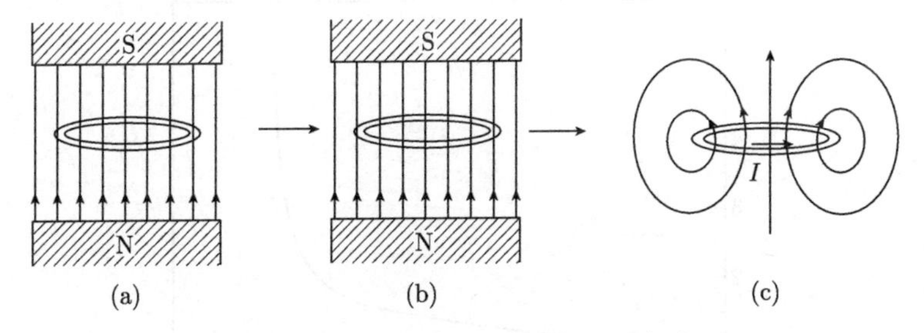

图 2.35 超导体中产生持续电流实验

(a) $T > T_c$ 在超导圆环上加磁场, 环内无电流; (b) $T < T_c$ 转变为超导态, 环内无电流;

(c) $T < T_c$ 突然去掉磁场, 圆环内产生持续电流

2. 完全抗磁性

1933 年, 迈斯纳和奥森菲尔德对单晶锡球形导体的磁场分布进行测量, 发现不论是先降温后再加磁场, 还是先加磁场后降温, 只要锡球温度低于超导临界温度 T_c, 磁力线被完全排斥到超导体之外, 如图 2.36 所示, 说明超导体具有完全抗磁性, 这就是所谓的迈斯纳效应, 因此超导体具有屏蔽磁场和排除磁通的功能.

那么是什么原因使外加磁场无法穿到超导体的内部中去呢？这是因为在超导体表面感生了一个分布和大小刚好使其内部磁通为零的抗磁超导电流. 这个电流沿表面层流过, 磁场也穿透同样的深度, 这层厚度称为磁场穿透深度 (λ), 它是温度的函数, 由下式给出：

$$\lambda = \lambda_0[1 - (T/T_c)^4]^{-1/2} \tag{2.49}$$

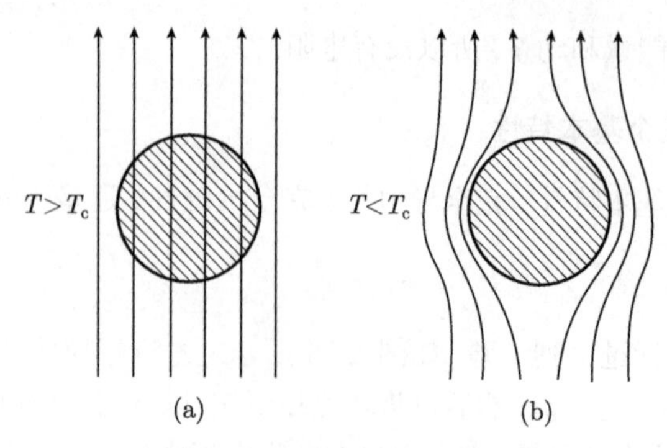

图 2.36　迈斯纳效应示意图

(a) 正常状态下磁场的磁通线分布; (b) 超导态下对磁通线的排斥作用

式中, λ_0 为 0K 下磁场的穿透深度, 它是物质常数, 一般在 10^{-5}cm 左右. 如图 2.37 所示, 超导体的 λ 值在 T_c 附近增大很快. 因此只有当超导体的厚度比磁场穿透深度大得多时, 超导体才能被看作具有完全的抗磁性.

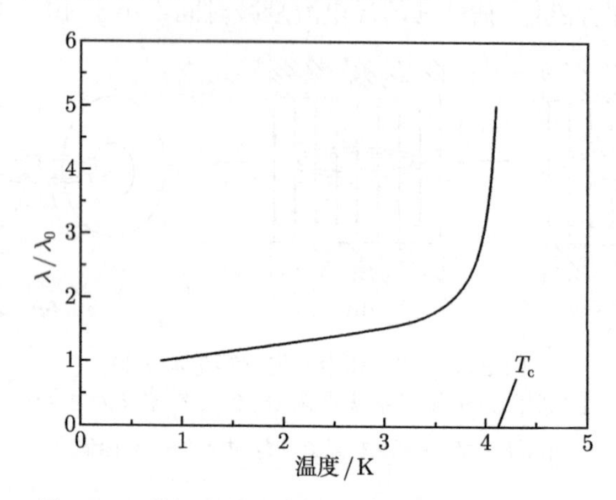

图 2.37　磁场穿透深度与温度的关系 (水银胶体)

由于篇幅限制, 超导体的第三个特性 —— 通量量子化在此不作具体介绍.

2.5.2　超导体的三个临界条件

超导材料的超导性, 只有在适当条件下才能显示出来, 称为超导条件, 具体包括三个方面: 临界转变温度 T_c、临界磁场强度 H_c、临界电流密度 J_c.

1. 临界转变温度 T_c

所有的超导材料, 只有在温度低于某个临界温度 T_c 时, 才具有超导性; 这个由正常态转变为超导态的温度 T_c 称为超导临界转变温度. 显然, 超导临界转变温度 T_c 越高越有利于实际的应用. 表 2.11 是一些材料的临界转变温度.

表 2.11 一些材料的临界转变温度

超导元素	T_c / K	超导元素	T_c/K	超导元素	T_c/K
W	0.01	Mo	0.92	Ta	4.40
Ir	0.14	Co	1.09	V	5.03
Hf	0.16	Al	1.19	Tc	8.20
Th	0.37	Pa	1.40	Nb	9.20
Ti	0.40	Re	1.70	V_3Si	17.1
Ru	0.49	U	2.00	Nb_3Ga	20.3
Cd	0.52	Tl	2.38	Nb_3Ge	23.2
Zr	0.54	In	341	$YBaCu_3O_7$	90
Os	0.65	Sn	3.72	$Tl_2Ba_2Ca_2Cu_3O_{10}$	125
Zn	0.86	Hg	4.15	$HgBa_2CaCu_3O_8$	134

从表 2.11 中可看出, 元素的临界转变温度一般都比较低, 很少超过 10K, 金属间化合物最高的是 Nb_3Ge, 只有 23.2K. 超导材料临界转变温度 T_c 较高的主要是金属氧化物, 如 $YBaCu_3O_7$ 是 90K, $HgBa_2CaCu_3O_8$ 可达 134K.

2. *临界磁场强度* H_c

H_c 是指破坏超导体的超导态, 使其转变为常导态的最小磁场强度. 处于超导态的物质, 当外界磁场超过 H_c 后, 磁力线将完全贯通超导体内部, 超导电性被破坏. H_c 是温度的函数, 随着温度的降低而增大, 当温度为 0K 时达到最大, H_c 与温度 T 的关系可用下式表示:

$$H_c = H_0\left[1 - \left(\frac{T}{T_c}\right)^2\right] \tag{2.50}$$

式中, H_0 为 0K 时的临界磁场强度. 图 2.38 是几种超导材料的临界磁场与温度的关系, 不同的材料有不同的临界磁场强度.

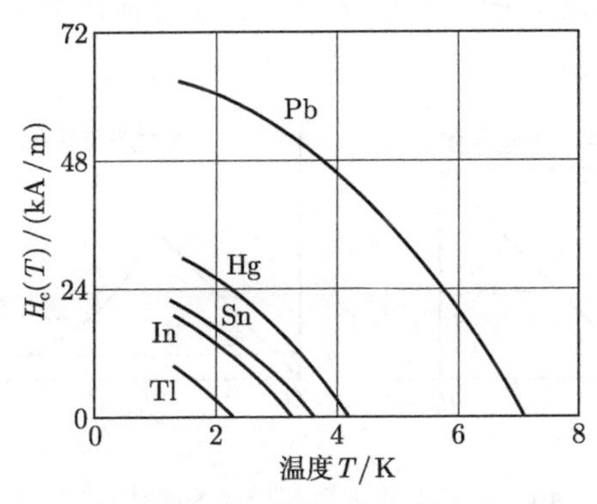

图 2.38 几种超导材料的临界磁场与温度的关系

3. 临界电流密度 J_c

超导状态下的材料虽然显示出零电阻, 让电流不受阻碍地在其中流通, 但如果输入电流所产生的磁场与外磁场之和超过临界磁场 H_c, 则超导状态被破坏, 这时的输入电流为临界电流 I_c, 相应的电流密度称为临界电流密度 J_c. 为保持超导态, 外磁场增加时, J_c 应相应减小, 以使它们的综合磁场不超过 H_c 值而保持超导态.

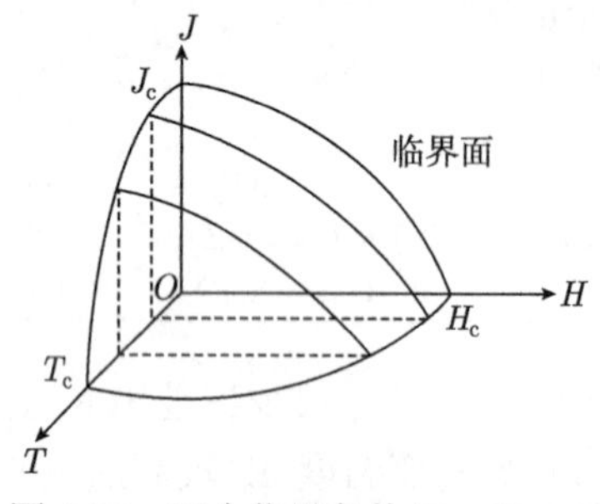

图 2.39　三个临界条件 T_c、H_c、J_c 的关系图

一种超导材料, 在工作状态下一般都需要同时考虑温度、外部磁场和承载电流的作用条件, 在这样的多元限制条件下来维持其超导条件. 如图 2.39 所示, 超导区由 3 个二维空间的面和 1 个三维的临界面围成, 温度、磁场和电流条件处于此三维超导区内, 才显示超导特性. 上面三个因素的变化, 无论哪个 "方向" 超出超导区, 都会破坏超导状态而转变为正常导电态.

2.5.3　两类超导体

大多数纯金属 (除 V、Nb、Ta 外) 超导体, 在超导态下磁通从超导体中被全部逐出, 显示完全的抗磁性 (迈斯纳效应), 称为第一类超导体. 它的磁化曲线如图 2.40(a) 所示. 但在 V、Nb、Ta 及其合金中, 存在两个临界磁场, H_{c1} 和 H_{c2}, 如图 2.40(b) 所示. 在超导状态下, 当外磁场较弱, 小于 H_{c1} 时, 呈现完全抗磁性, 与第一类超导体相同. 当外磁场大于 H_{c1}, 磁通开始部分透入到超导体内, 随着外磁场的增加, 透入到超导体内的磁通线也增加, 说明超导体内已经有部分区域转变为正常态 (但电阻仍为零), 这时超导体处于混合态. 当外磁场强度增大到 H_{c2} 时, 磁场完全穿透超导体, 超导体由混合态转变为正常态. H_{c2} 的值可以是超导转变热力学计算值 H_c 的 100 倍或更高. 零电阻的超导电流可以在环绕磁通线圈的超导区中流动, 在相当高的磁场下仍有超导电性, 故第二类超导体在建造强磁场电磁铁方面有重要的实际意义.

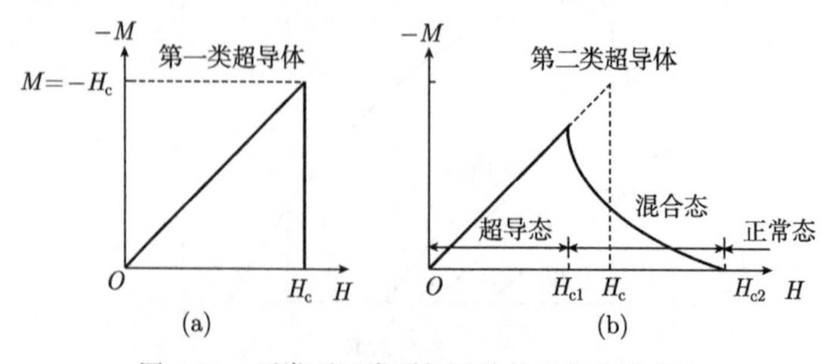

图 2.40　两类不同类型超导体的磁化曲线对比

(a) 第一类超导体的磁化曲线; (b) 第一类超导体的磁化曲线

2.5.4 超导的 BCS 理论

超导现象发现后, 科学家提出了不少超导理论模型. 其中以 1957 年, 约翰 · 巴丁 (J. Bardeen)、利昂 · 库珀 (L.N. Cooper) 和约翰 · 施里佛 (J.R. Schrieffer) 三人共同创立的 "库珀电子对" 理论最为著名, 被称为超导 BCS 理论. 这个理论认为, 自由电子在点阵中运动时, 由于异号电荷间的吸引力作用, 影响了晶体点阵的振动, 从而使晶体内局部区域发生畸变, 晶体内部的畸变可以像波动一样从一处传至另一处. 从量子观点看, 光子是光波传播过程中的能量子; 晶体中由点阵的振动产生畸变而传播的点阵波的能量子, 称为 "声子", 声子可被晶体中的自由电子所吸收, 于是两个自由电子通过交换声子而耦合起来. 这就像一个电子发射的声子, 被另一个电子所吸收, 于是两电子之间彼此吸引, 库珀证明, 当两个电子间存在净的吸引作用时, 不管这种吸引多么微弱, 那么, 在费米面附近就存在一个动量大小相等、方向相反且自旋相反的束缚态; 它的能量比两个独立的电子总能量低, 这种两个电子对的束缚态称为 "库珀对".

超导态的电子对在运动中的总动量保持不变, 在通以电流时, 超导体中的电子对将无阻碍地通过晶格运动. 这是因为晶格或缺陷散射电子对中的一个电子改变它的动量时, 它也将散射电子对中的另一个电子, 在相反方向引起动量的等量变化, 因此, 成对电子运动的平均速度基本保持不变. 这说明超导态的电子对在运动时不消耗能量, 表现出零电阻特性.

库珀对是由吸引力束缚在一起的两个电子. 实际上这种吸引作用并不强, 其结合能仅相当于超导能隙的量级. 利用测不准关系, 可估计出一个库珀对的尺寸为 10^{-4}cm 左右, 这个尺寸相当于晶格常数的 10 万倍. 由此可见, 一个库珀对在空间延展的范围是很大的, 在这空间范围内存在着许多个库珀对互相重叠交叉的分布. 库珀对有一定的尺寸, 反映了组成库珀对的两个电子, 不像两个正常电子那样, 完全互不相关的独立运动, 而是存在着一种关联性. 库珀对的尺寸正是这种关联效应的空间尺度, 称为 BCS 相干长度.

当温度或外磁场强度增加时, 电子对获得能量, 超过临界值时, 电子对全部被拆开成正常态电子, 于是材料由超导态转变为正常态.

依据 BCS 理论, 致使材料具有超导性的关键, 是通过晶格振动传递的电子对之间的交互作用. 为此理论提供支持的一个重要实验依据, 是采用 Hg 的同位素试验获得的超导转变临界温度与同位素的原子摩尔质量之间的关系 (图 2.41). 实验发现, 超导转变临界温度 T_c 与原子质量之间的关系为

$$T_\mathrm{c} \propto \frac{1}{M^\alpha} \tag{2.51}$$

式中, 反映原子质量作用的指数 α 的试验数值大约为 0.5. 该式表明, 同位素原子

的质量越大, 超导转变临界温度越低. 这种变化规律的原因是：随着同位素原子质量的增大, 晶格振动减弱, 通过晶格振动 (声子) 传递的超导电子对之间的交互作用能减弱, 故此能带间隙减小, 超导转变临界温度因此而降低.

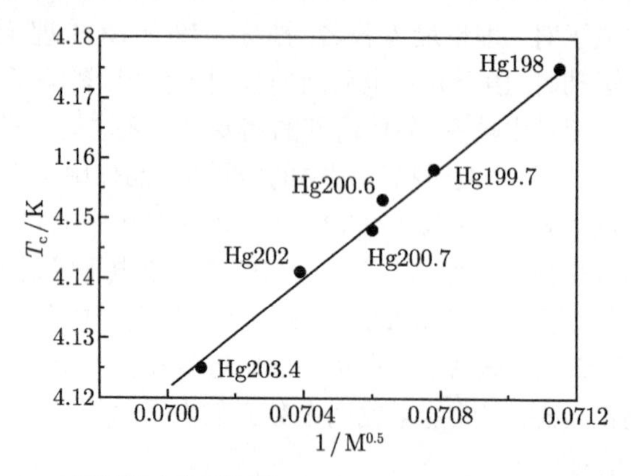

图 2.41　超导转变临界温度 T_c 与 Hg 同位素原子质量的关系

由此结果得出这样的推论: 低温下的超导体, 在正常态下不会显示非常好的导电性. 因为低温下具有超导性的材料中, 传导电子与晶格之间存在比较强的交互作用, 这样, 在正常状态下, 导电的电子响应电场作用而移动的阻力增大. 事实也确实如此. 在单质金属中, Cu、Ag、Au 以及大多数的碱金属至今都未能在实验中观察到超导性. 而这些金属中的传导电子与晶格的相互作用最弱, 所以在正常导电状态下为良好导体.

从表 2.10 和表 2.11 可得出, 显示出超导性单质金属主要是一些过渡族金属; 包含有过渡族金属的金属间化合物具有更高的超导转变临界温度. 而被称为高温超导的材料, 主要是一些常温下导电性相当低的氧化物陶瓷材料.

BCS 理论成功地解释了金属及合金的超导转变, 可解释迈斯纳效应, 可推导穿透深度, 但不能定量解释高温超导性, 高温超导现象的理论研究还在继续.

2.6　材料导电性的测量

材料导电性的测量实际上就是测量试样的电阻, 因为根据试样的几何尺寸和电阻值就可以计算出它的电阻率. 电阻的测量方法很多, 应根据试样阻值大小、精度要求和具体条件选择不同的方法. 如果精度要求不高, 常用兆欧表、万用表、数字式欧姆表及伏安法等测量, 而对于精度要求比较高或阻值在 $10^{-6}\sim10^{2}\Omega$ 的材料 (如金属及合金的阻值) 测量时, 必须采用更精密的测量方法. 下面介绍几种在材料研究中常用的精密测量方法.

2.6.1 双臂电桥法

直流电桥是一种用来测量电阻的比较式仪器, 它是根据被测量与已知量在桥式线路上进行比较而获得测量结果. 由于电桥具有很高的测量精度和灵敏度, 而且有很大的灵活性, 故被广泛采用. 单臂电桥由于电路中引线电阻和接触电阻无法消除, 一般情况下, 这些附加电阻为 $10^{-5}\sim10^{-2}\Omega$, 在测量小电阻时误差较大. 所以单臂电桥只适合于测量 $10^2\sim10^6\Omega$ 的电阻.

双臂电桥法是测量小电阻 ($10^{-6}\sim10^{-1}\Omega$) 时常用方法, 其测量原理如图 2.42 所示. 由图可见, 待测电阻 R_x 和标准电阻 R_N 相互串联, 并串联在有恒直流源的回路中. 由可变电阻 R_1、R_2、R_3、R_4 组成的电桥臂线路与 R_x、R_N 并联.

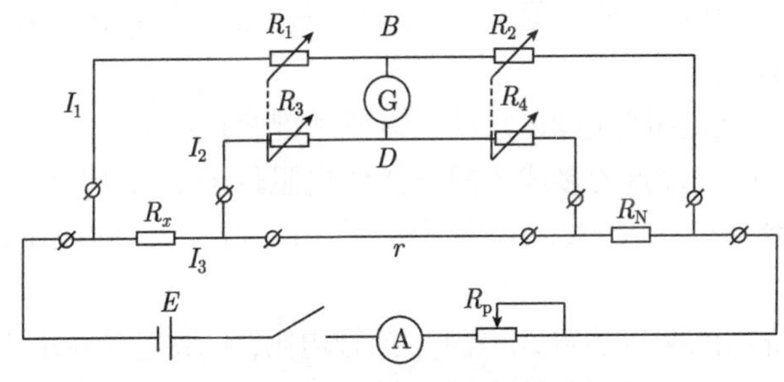

图 2.42 双臂电桥法原理图

待测电阻 R_x 的测量, 归结为调节可变电阻 R_1、R_2、R_3、R_4 使 B 与 D 点电位相等, 此时电桥达到平衡, 检流计 G 指示为零. 由此可得到下列等式

$$I_3R_x + I_2R_3 = I_1R_1 \tag{2.52}$$

$$I_3R_N + I_2R_4 = I_1R_2 \tag{2.53}$$

$$I_2(R_3 + R_4) = (I_3 - I_2)r \tag{2.54}$$

解以上方程组得到

$$R_x = \frac{R_1}{R_2}R_N + \frac{R_4r}{R_3+R_4+r}\left(\frac{R_1}{R_2} - \frac{R_3}{R_4}\right) \tag{2.55}$$

式中, $\dfrac{R_4r}{R_3+R_4+r}\left(\dfrac{R_1}{R_2} - \dfrac{R_3}{R_4}\right)$ 为附加项, 在消除 r 的影响, 使附加项等于零, 必须满足 $\dfrac{R_1}{R_2} - \dfrac{R_3}{R_4} = 0$, 这样, $R_x = \dfrac{R_1}{R_2}R_N = \dfrac{R_3}{R_4}R_N$.

为了满足上述条件, 在双臂电桥结构设计上通常被做成同轴可调旋转式电阻, 使 $R_1 = R_3$ 构成测量臂, $R_2 = R_4$ 构成比例臂. 为了使串联在 R_1、R_2、R_3 和 R_4

各电阻上的接线和接触电阻都可忽略不计, 电桥各臂上的电阻 R_1、R_2、R_3、R_4 应不小于 10Ω , 为使 r 值尽可能小, 连接 R_x 和 R_N 的铜导线应尽可能短且粗.

材料导电性的测量往往不只限于得到试样的电阻, 还需要通过公式 $R=\rho\dfrac{L}{S}$ 计算电阻率 ρ. 显然电阻率 ρ 的测量精度除与电阻 R 的测量精度有关外, 还与试样尺寸的测量精度有关, 同时还要考虑到温度变化所造成的测量误差. 以铁试样为例, 在室温下它的电阻温度系数 α=0.006°C^{-1}, 若温度升高 5°C, 则根据式 (2.19) 得到

$$\rho=\rho_0(1+\alpha T)=\rho_0(1+0.006\times 5)=1.03\rho_0$$

即在铁试样的电阻率测量时, 温度升高 5°C 会引起 3%的误差. 所以电阻率的精确测量要求在恒温室内进行. 在双臂电桥上能精确测量大小为 10^{-6} ~10^{-3}Ω 的电阻, 误差为 0.2%~0.3%.

双臂电桥所以能测量低电阻, 总结为以下关键两点:

(1) 双臂电桥电位接点的接线电阻与接触电阻位于 R_1、R_2 和 R_3、R_4 的支路中. 实验中设法令 R_1、R_2、R_3、R_4 都不小于 10Ω, 那么接触电阻的影响就可以略去不计.

(2) 双臂电桥电流接点的接线电阻与接触电阻, 一端包含在电阻 r 里面, 而 r 是存在于更正项中, 对电桥平衡不发生影响; 另一端则包含在电源电路中, 对测量结果也不会产生影响. 当满足 R_1/R_2=R_3/R_4 条件时, 基本上消除了 r 的影响.

2.6.2　直流电势差计测量法

直流电势差计是依据补偿原理制成的测量电动势或电位差的一种仪器. 测量精度较高, 目前仍是最准确测量电位差的仪器之一, 精密的电位差计可测量 10^{-7}V 的微小电势. 它不但可以精测电源电动势和电路中的电势差, 配以适当的电路还可以精测电流、电阻、电功率等. 测量电阻的原理如图 2.43 所示.

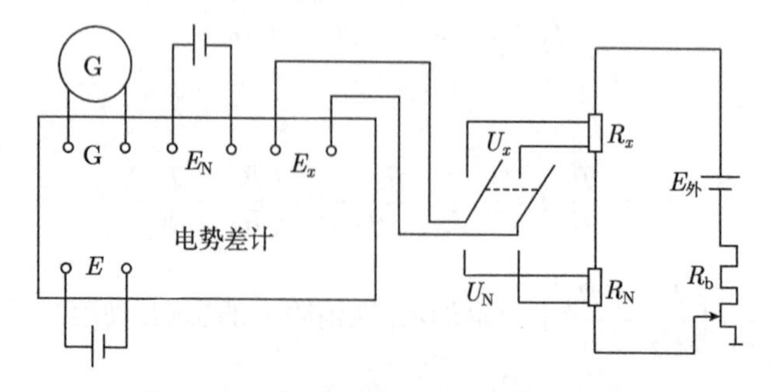

图 2.43　电势差计法测量电阻线路原理图

为了测量待测电阻 R_x, 将一个标准电阻 R_N 与待测电阻 R_x 串联在稳定的电流回路上, 首先调整好回路中的工作电流, 然后利用双刀双掷开关分别测量标准电

阻和待测电阻上的电压降 U_N 和 U_x, 由于通过 R_N 和 R_x 电流相等, 所以

$$R_x = R_N \frac{U_x}{U_N} \tag{2.56}$$

比较双臂电桥法和电势差计法可知, 当待测电阻随温度变化时, 用电势差计法比双臂电桥法的测量精度较高, 这是因为在测量高温或低温电阻时, 较长的引线不能避免. 而电势差计法测量时, 引线电阻不影响电势差计的电势 U_N 和 U_x 的测量. 为了保证电势差计的测量精度, 除要求检流计 (G) 具有足够高的灵敏度之外, 电路中所用电阻、电源, 尤其是标准电阻 R_N 及标准电池 E_N 要十分精确而稳定.

2.6.3 直流四探针法

半导体材料的电阻率通常用直流四探针法也称为四电极法测量. 使用的仪器以及与样品的接线如图 2.44 所示. 由图 2.44 可见, 测试时四根金属探针与样品表面接触, 外侧两根 1、4 为通电流探针, 内侧两根 2、3 为测电压探针. 测量时四根探针可以不等距地排成一直线, 由电流源输入小电流使样品内部产生压降, 同时用高阻抗的静电计、电子毫伏计或数值电压表测出 2、3 两根探针间的电压 U_{23}(单位为 V).

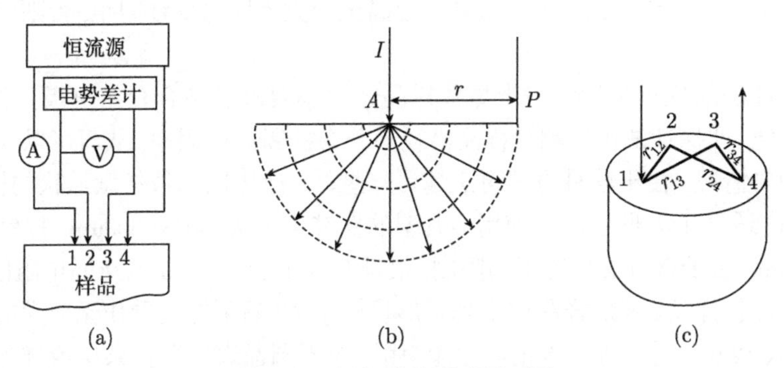

图 2.44 四探针法测试原理图

(a) 装置接线图; (b) 点电流源; (c) 四探针排列法

测量原理如下: 均匀的块状半导体样品, 它的几何尺寸相对于探针间距来说可以看作半无限大, 则当探针引入的点电流源的电流为 I 时, 由于均匀导体内恒定电场的等位面为球面, 在半径为 r 处等位面的面积为 $2\pi r^2$, 电流密度为

$$j = \frac{I}{2\pi r^2} \tag{2.57}$$

根据电导率与电流密度的关系可得

$$E = \frac{j}{\sigma} = \frac{I}{2\pi r^2 \sigma} = \frac{I\rho}{2\pi r^2} \tag{2.58}$$

则距点电荷 r 处的电势为

$$U = \frac{I\rho}{2\pi r} \tag{2.59}$$

半导体内各点的电势应为四个探针在该点形成电势的矢量和. 通过数学推导可得四探针法测量电阻率的公式为

$$\rho = \frac{U_{23}}{I} 2\pi \left(\frac{1}{r_{12}} - \frac{1}{r_{24}} - \frac{1}{r_{13}} + \frac{1}{r_{34}} \right)^{-1} = C\frac{U_{23}}{I} \tag{2.60}$$

式中, $C = 2\pi \left(\frac{1}{r_{12}} - \frac{1}{r_{24}} - \frac{1}{r_{13}} + \frac{1}{r_{34}} \right)^{-1}$ 为探针系数, 单位为 cm. r_{12}、r_{23}、r_{13}、r_{34} 为探针间距. 如图 2.44(c) 所示. 若四探针在同一平面的同一直线上, 其间距分别为 L_1、L_2、L_3 且 $L_1 = L_2 = L_3 = L$. 则

$$\rho = \frac{U_{23}}{I} 2\pi \left(\frac{1}{L_1} - \frac{1}{L_1 + L_2} - \frac{1}{L_2 + L_3} + \frac{1}{L_3} \right)^{-1} = \frac{U_{23}}{I} 2\pi L \tag{2.61}$$

这就是常见的直流等间距四探针法测电阻率的公式.

为了减小测量区域, 观察电阻率的不均匀性, 四根探针不一定都排成一直线, 可排成正方形或矩形. 此时, 只需改变计算电阻率公式中的探针系数 C. 测试时要求试样厚度及任一探针与试样最近边界的距离至少大于四倍探针间距, 否则应该进行修正.

四探针法的优点是探针与半导体样品之间不要求制备合金结电极, 这给测量带来了方便. 四探针法可以测量样品沿径向分布的断面电阻率, 从而可以观察电阻率的不均匀情况. 由于这种方法可迅速、方便、无破坏地测量任意形状的样品, 且精度较高, 适合于大批生产中使用. 典型的探针半径为 30 ~ 500μm, 探针间距为 0.5~1.5mm. 由于该方法受针距的限制, 很难发现小于 0.5mm 两点间电阻的变化.

对于片状样品、薄层样品或不规则形状样品, 样品不能被看作无穷大的规则形状样品, 式 (2.61) 需要进行修正后才能使用. 对于圆晶表面薄掺杂层或硅外延片电阻率的测量, 样品厚度通常小于 1mm, 与探针间距同数量级或更小. 设样品厚度为 t, 当 $t \leqslant L/2$ 时 (L 为探针间距), 电阻率测量公式为

$$\rho = 4.532t\frac{U}{I} \tag{2.62}$$

对于薄层样品, 常用方块电阻 R_s 来表征材料的电学特性. 方块电阻是指单位面积的电阻, 其表达式为

$$R_s = \frac{\rho}{t} = 4.532\frac{U}{I} \tag{2.63}$$

从方块电阻 R_s 的表达式可知, 不管边长是 1m 还是 0.1m, 任意大小的正方形边到边的方阻都是一样的, 方阻只与电阻率和试样厚度有关. 材料的方块电阻越大, 器件的本征电阻越大.

在四探针测量时应注意以下几点：

(1) 根据试样的厚度和尺寸, 调整探针的位置, 并选择与之匹配的修正. 如果所测的晶片或层的厚度明显小于探针间距, 那么计算的电阻率随厚度变化. 因此, 精确测量厚度对电阻率的测量非常重要, 方块电阻的测量则不需要知道厚度.

(2) 高阻材料很难用四探针测量, 薄的半导体膜通常有很高的方块电阻, 这种测量通常要求大的探针电流, 从而使样品发热, 引起明显电阻率的增加. 可采用汞探针来代替金属探针, 并降低测量电流.

(3) 电流源的注入电流不能太大, 否则会引起探针周围较大区域的电阻率出现变化. 测量电流的取值范围见表 2.12.

表 2.12 测量电流的取值范围

样品电阻率范围/(Ω· cm)	通过样品的电流值
<0.01	<100mA
0.01~1	<10mA
1~30	<1mA
30~1000	<100μA
1000~3000	<10μA

(4) 测量探针与被测试样品表面应有良好的接触, 有一定的压力接触, 以确保测量的稳定性.

(5) 当样品尺寸、厚度与探针间距相比不能看成无限大时, 要对测量公式进行修正.

(6) 薄层电阻测量时, 要求四个探针间距完全相等.

2.6.4 绝缘体电阻的测量

对于电阻率很高的绝缘体, 可采用冲击检流计法测量, 其原理如图 2.45 所示.

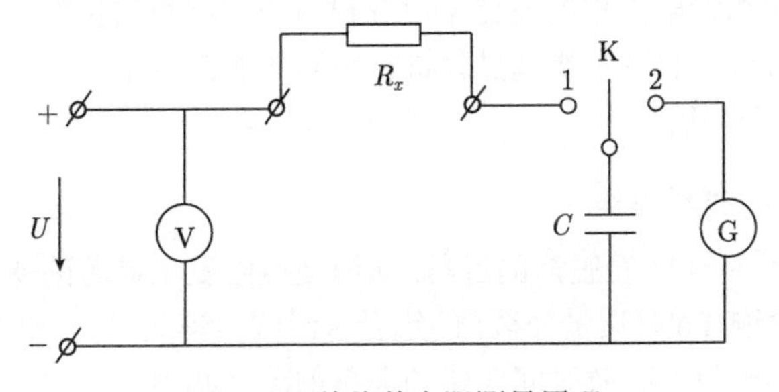

图 2.45 绝缘体电阻测量原理

由图 2.45 可见, 待测电阻 R_x 与电容 C 相串联, 电容器极板上的电量用冲击检流计测量. 当转换开关 K 合向位置 1 时, 用秒表计时, 经过 t 时间电容器极板上

的电压 U_c 按下式变化

$$U_c = U_0\left[1 - \exp\left(-\frac{t}{R_xC}\right)\right] \tag{2.64}$$

而电容器 C 在时间 t 内所获得的电量为

$$Q = UC\left[1 - \exp\left(-\frac{t}{R_xC}\right)\right] \tag{2.65}$$

将式 (2.65) 按泰勒级数展开, 取第一项, 则由 $Q = \dfrac{Ut}{R_x}$, 得

$$R_x = \frac{Ut}{Q} \tag{2.66}$$

式中, U 为直流电源电压; t 为充电时间. U、t 均为已知量, 而电量 Q 用冲击检流计测出. 当开关 K 合向位置 2 时, 电容 C 放电, 放出的电量 Q 为

$$Q = C_b\alpha_m \tag{2.67}$$

式中, C_b 为冲击检流计的冲击常数; α_m 为检流计的最大偏移量 (可直接读出). 将式 (2.67) 代入式 (2.66) 得

$$R_x = \frac{Ut}{C_b\alpha_m} \tag{2.68}$$

用冲击检流计可测得的绝缘体电阻高达 $10^{15} \sim 10^{16}\Omega\cdot$cm.

2.7 电阻分析的应用

电阻率是对材料成分、组织和结构极敏感的性能, 能灵敏地反映材料内部的微弱变化. 因此常用测量电阻率的变化来研究材料内部组织结构的变化, 称为电阻分析. 由于很容易对材料的许多物理过程进行电阻的跟踪测量, 电阻分析法在材料科学研究中得到广泛应用.

2.7.1 研究合金的时效过程

合金的时效往往伴随着脱溶的过程, 从而使电阻发生显著的变化, 以铝铜合金的时效为例, 将含铜 4.5%(质量分数) 的铝合金经固溶淬火后, 在 20°C 和 225°C 下分别进行时效, 其电阻随时效时间变化的关系如图 2.46 所示.

从图 2.46 中可以看出, 20°C 时效时, 随时效时间的增加, 电阻升高. 但若时效的温度提高到 225°C, 则发现电阻随着时效时间的增加而降低. 20°C 低温时效, 电阻升高是由于时效的初期, 溶质原子在铝的晶体中发生偏聚, 形成了不均匀固溶体,

即 G–P 区, 使导电电子发生散射的缘故, 因时效温度低, Cu 原子只能达到一定程度的偏聚, 故电阻率 ρ 略增高后趋于不变. 高温时效电阻降低, 则是由于从固溶体中析出了 $CuAl_2$ 相, 降低了溶质的含量, 使溶剂点阵的对称性得到了恢复. 所以从电阻的变化可以说明, 铝合金内部存在着不同组织状态的变化.

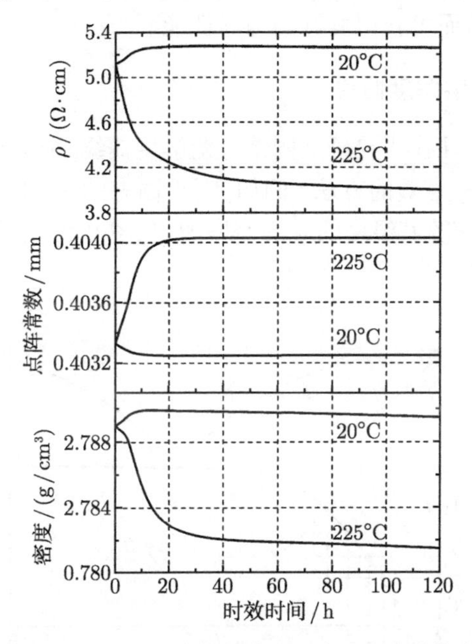

图 2.46 $Cu_{4.5}Al_{95.5}$ 合金时效过程中电阻率、点阵常数和密度的变化

对经过 490°C/8h+520°C/8h 水淬的 Al–Si–Cu–Mg 铸造合金在不同温度下进行时效, 测得电阻率随时间的相对变化 $\Delta\rho/\rho$, 结果如图 2.47 所示.

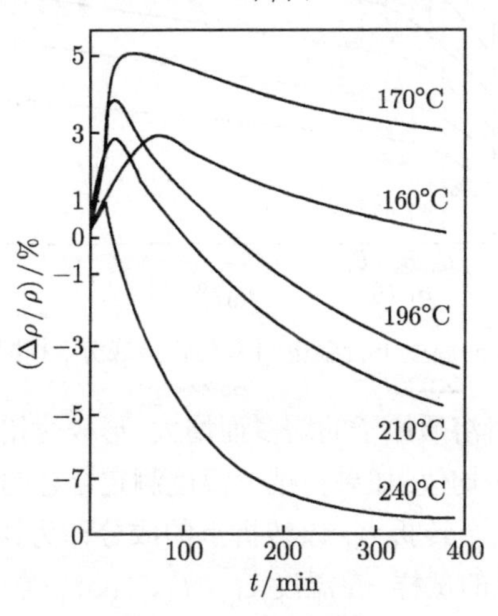

图 2.47 Al–Si–Cu–Mg 铸造合金不同温度下时效过程中电阻率的变化

由图 2.47 中可见, 在时效初期, 电阻不但没有降低, 反而增加, 这与固溶体中形成 G–P 区有关. G–P 区的出现, 使导电电子发生散射, 因而导致电阻增大. 随着时效时间的延长, 合金开始脱溶析出 $CuAl_2$ 和 MgSi 时, 电阻开始下降. 实验结果表明, 这种合金的最佳时效温度为 160~170°C, 因为此时在合金内形成大量的 G–P 区而导致合金强化, 从而可获得良好的力学性能.

2.7.2 测定固溶体的溶解度曲线

建立合金相图时, 往往需要确定固溶体溶解度曲线, 而通过测量合金电阻来确定固溶体溶解度是一种有效的方法. 例如, 对于固态的 A–B 二元合金, B 在 A 中只能有限溶解且溶解度随着温度的升高而增加, 如图 2.48(a) 所示, 图中曲线 ab 即为要测定的溶解度曲线.

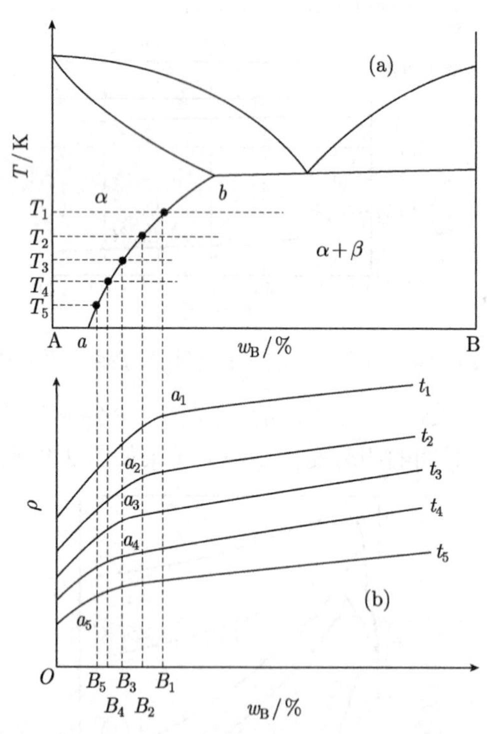

图 2.48 不同温度下合金电阻率与合金成分、相图间的关系

固溶体的电阻率随着溶质原子的增多而增大, 形成两相混合物时的电阻率近似等于两相电阻率的加权平均值. 如果在某一温度测定合金的电阻率与成分的关系曲线, 就会在曲线上产生一个转折点, 该转折点的成分即为该温度下的溶解度. 具体实验时, 先配制不同成分的试样, 在温度 t_1 、t_2、t_3、t_4 等一系列温度下加热保温, 使组织成分均匀, 再淬火, 以保留其在温度 t_1、t_2、t_3、t_4 时的组织状态. 然后分别

测定每个试样的电阻率 ρ, 由此作出在各温度下加热淬火的电阻率与成分 $w_{\rm B}$ (%) 的关系曲线, 定出转折点 a_1 、$a_2\cdots$, 如图 2.48(b). 这些转折点即为相应温度下的最大溶解度 B_1、$B_2\cdots$. 将这些点在状态图中连成一条曲线, 就得到了如图 2.48(a) 的溶解度曲线 ab.

2.7.3 材料疲劳过程的研究

材料的应力疲劳是内部位错的增殖、裂纹的扩展等一系列微观缺陷的发展导致宏观缺陷发展的过程, 故将引起电阻的变化. 用电阻法进行研究时, 可将试样开好缺口, 装在试验机上, 对试样施加周期载荷并通恒定直流电流, 在试样缺口两端测定电位差. 所测到的电位差的变化代表缺口区电阻的变化, 这一变化预示着材料疲劳的发展过程.

图 2.49(b) 是金属镍在低周期应力疲劳过程中电阻变化曲线. 实验时采用板材试样并开成 V 形缺口 (图 2.49(a)), 所施载荷为每分钟一个应力周期. 根据所记录的疲劳过程, 电阻变化可以分为 4 个阶段. 第 1、2 阶段电阻变化不大; 第 3 阶段电阻值有缓慢增加的趋势, 这对应于材料内部缺陷的密度不断的增高; 第 4 阶段的电阻变化更加明显, 这时试样内部裂纹已发展到表面出现微裂纹. 利用电阻变化来检查试样中裂纹的生长是一种有效的方法.

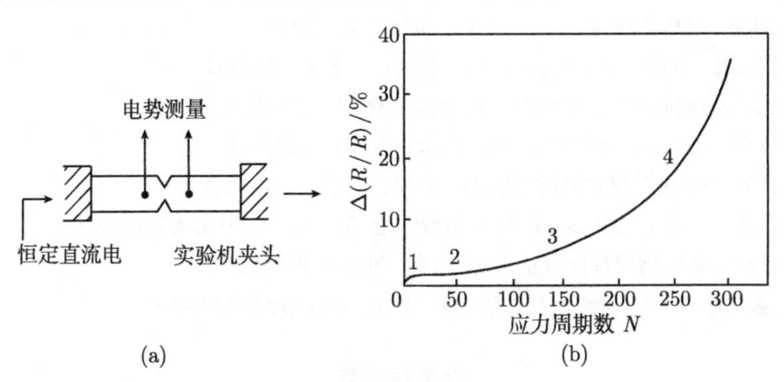

图 2.49 镍在低周期应力疲劳时电阻的变化

(a) 试样示意图; (b) 电阻变化曲线

2.7.4 马氏体相变的研究

当合金母相先从高温开始冷却到低温, 再重新升到高温的循环过程, 其电阻率的变化见图 2.50(a). 在没有发生相变之前的冷却过程中电阻率随温度变化 $\rho-T$ 符合线性关系. 冷至开始发生马氏体相变的温度 $M_{\rm s}$ 时, 电阻率将偏离线性规律, 直到马氏体相变过程结束 ($M_{\rm f}$) 后继续冷却, 才重新出现固有的线性规律. 然后重新升高温度, 在奥氏体化开始转变之前 ($A_{\rm s}$), $\rho-T$ 符合线性关系. 继续升高温度, 发生奥氏体化转变, 电阻率将偏离线性规律, 直至奥氏体化转变结束 ($A_{\rm f}$) 后, 电阻率随温度的变化又重新符合线性规律. 因此, 马氏体相变及其逆相变 (奥氏体化转变) 的开始和终了温度 M_s 、M_f 、A_s 和 A_f, 分别为曲线与两条直线的切点. 而图 2.50(b) 则是相反情况下的电阻率–温度变化曲线, 即先升温进行奥氏体化转变, 然后再冷却发生马氏体相变.

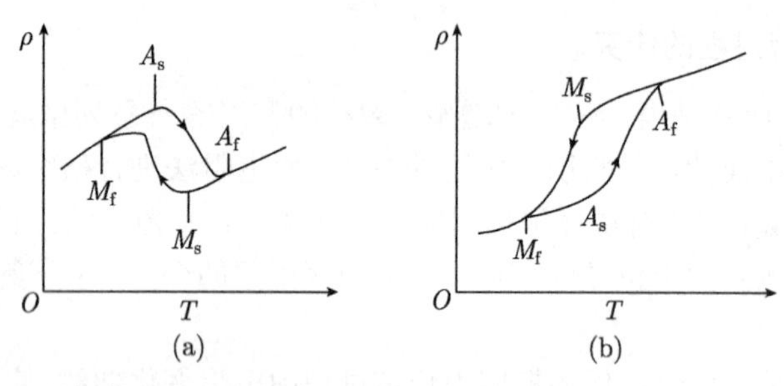

图 2.50 马氏体相变和逆相变 (奥氏体化转变) 时电阻率随温度变化曲线

参 考 文 献

曹阳. 2003. 结构与材料 [M]. 北京：高等教育出版社

陈融生, 王元发. 2005. 材料物理性能检验 [M]. 北京：中国计量出版社

陈騑騢. 2006. 材料物理性能 [M]. 北京：机械工业出版社

邓志杰, 郑安生. 2004. 半导体材料 [M]. 北京：化学工业出版社

顾宜. 2002. 材料科学与工程基础 [M]. 北京：化学工业出版社

黄昆, 韩汝琦. 1985. 固体物理学 [M]. 北京：高等教育出版社

刘强, 黄新友. 2008. 材料物理性能 [M]. 北京：化学工业出版社

龙毅, 李庆奎, 强文江, 等. 2009. 材料物理性能 [M]. 长沙：中南大学出版社

宋学孟. 1981. 金属物理性能分析 [M]. 北京：机械工业出版社

肖国庆, 张军战. 2005. 材料物理性能 [M]. 北京：中国建材工业出版社

思考练习题

1. 试述经典自由电子理论与量子自由电子理论的异同.
2. 简述影响离子电导率的因素.
3. 简述半导体在导电性方面具有独特的性质.
4. 以 n 型半导体为例, 说明掺杂半导体的电阻率随温度如何变化？为什么？
5. 简述超导体的三个临界条件.
6. 为什么同位素原子的质量越大, 超导转变临界温度越低？
7. 采用电阻分析时, 为了保证测量结果的可靠性, 选择测量方法需要考虑哪些因素？

第 3 章　材料的热学性能

材料在使用过程中对不同温度做出反应, 表现出不同的热物理性能, 这些物理性能称为材料的热学性能. 材料的热学性能主要有热容、热膨胀、热传导、热稳定性、热辐射等. 工程上许多场合对材料的热学性能都提出了一些特殊的要求.

精密天平、标准尺和标准电容等使用的材料要求低的热膨胀系数, 热敏元件却要求有高的热膨胀系数. 空间飞行器从发射、入轨以后的轨道飞行直到再返回地球的过程中, 要经受气动加热的各个阶段, 都会遇到超高温和极低温的问题, 必须要有 “有效的隔热与防热措施”. 解决飞行器头部热障问题的常用方法: 辐射防热、烧蚀防热、吸收防热、温控涂层, 而这些方法很大程度上取决于所用材料的绝热性能. 燃气轮机叶片和晶体管散热器等材料却要求有优良的导热性能. 又如在设计热交换器时, 为了计算换热效率, 必须准确了解所用材料的导热系数. 另外材料的组织结构发生变化时伴随一定的热效应, 因此, 热学性能分析法已经成为材料科学研究中的重要手段之一.

本章的主要内容包括材料的热容、热膨胀、热传导、热稳定性等.

3.1　晶格的热振动

材料的各种热学性能的物理本质均与其晶格的热振动有关. 例如, 固体的比热、热膨胀、热导等直接与晶格的振动有关.

晶体点阵中的质点 (原子、离子) 总是围绕其平衡位置做微小振动, 这种振动称为晶格热振动. 热振动的剧烈程度与温度有关, 温度升高则热振动加剧. 温度升高到一定程度, 振动周期被破坏, 导致材料的熔化, 晶体材料有固定的熔点. 晶格的热振动是三维的, 可以将其分解成三个方向的线性振动. 设每个质点的质量为 m, 晶胞常数为 a, 在任一瞬间该质点在 x 方向的位移为 x_n. 其相邻质点的位移为 x_{n-1} 和 x_{n+1}(图 3.1). 当温度不高时, 质点围绕平衡位置做弹性振动, 位移与质点间作用力大小成正比关系, 服从胡克定律. 此时可认为质点做简谐振动. 根据牛顿第二定律, 该质点的运动方程为

$$m\frac{\mathrm{d}^2x_n}{\mathrm{d}t^2}=\beta(x_{n+1}+x_{n-1}-2x_n) \tag{3.1}$$

式中, β 为微观弹性模量. 此方程即为简谐振动方程, 其振动频率随 β 的增大而提高.

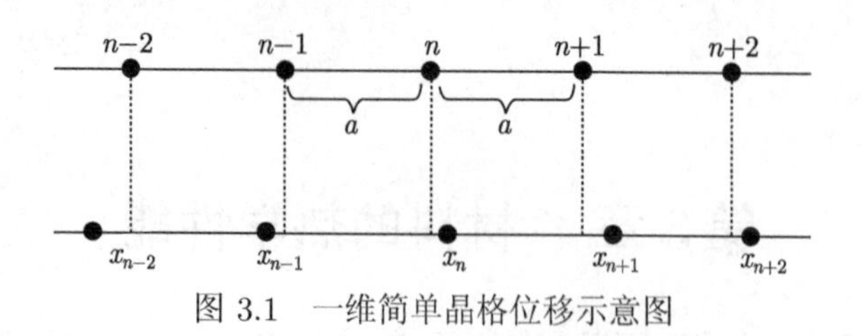

图 3.1　一维简单晶格位移示意图

由于质点间存在相互作用力, 每个质点的振动必然影响到其他质点, 从而将质点的振动传递到整个晶体中, 形成在晶体中传播的波, 这种波称为格波. 它是多频率振动的组合波. 质点因振动而产生的位移相等, 因此晶格中各个质点间的振动相互间存在着固定的位相关系.

频率低, 质点间位相差小的格波称为声频支振动, 相邻质点具有相同的振动方向, 如图 3.2(a) 所示. 频率高, 质点间相位差大的格波称为光频支振动, 其振动频率往往在红外光区, 相邻原子振动方向相反, 如图 3.2(b) 所示.

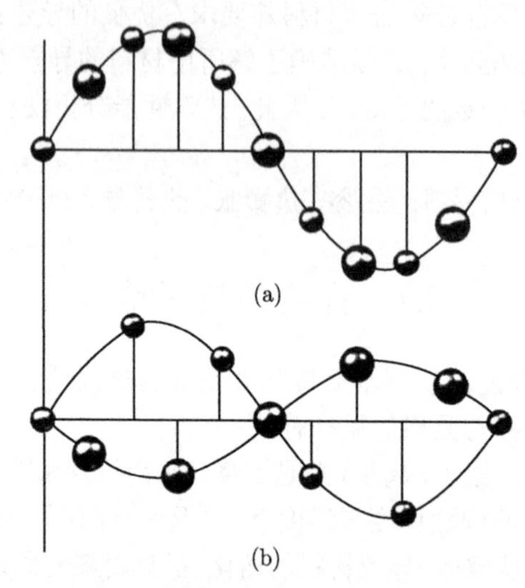

图 3.2　一维双原子点阵中的格波

(a) 声频支; (b) 光频支

晶格热振动是晶体中诸原子 (离子) 的集体振动, 其结果表现为晶格中的格波. 它是多频率振动的组合波. 在近似简谐振动条件下, 可以将这一复杂的振动简化为一系列独立谐振子的运动, 因此, 我们用独立简谐振子来表达格波的独立模式.

谐振子的能量用量子力学处理, 每一个简谐振子的能量 E 为

$$E = \left(n + \frac{1}{2}\right)\hbar\omega \tag{3.2}$$

式中, n 代表振动能级, $n = 0, 1, 2, \cdots$.

式 (3.2) 表明, 简谐振子的能量是量子化的, $\frac{1}{2}\hbar\omega$ 为零点能. 则一维晶格总能量为

$$E=\sum_{q=1}^{N}\left[n(q)+\frac{1}{2}\right]\hbar\omega \tag{3.3}$$

推广到三维情况, 原胞 (N 个) 内含 n 个原子系统的三维晶格振动具有 $3nN$ 个独立谐振子, 晶体中的格波是所有原子都参与的振动, 含 N 个原胞的晶体振动能量为 $3nN$ 个格波能量之和. 在简谐近似下, 每个格波是一个简谐振动, 晶体总振动能量等于 $3nN$ 个简谐振子的能量之和

$$E=\sum_{j,q}^{3nN}\left[n_j(q)+\frac{1}{2}\right]\hbar\omega_j(q) \tag{3.4}$$

式中, ω_j 为格波的角频率. q 有 N 个取值, j 有 $3n$ 个取值.

由式 (3.4) 可知, 晶格振动的能量是量子化的, 能量的增减必须是 $\hbar\omega_j$ 的整数倍, 晶格振动的能量最小基本单位为 $\hbar\omega_j$ 被称为声子. 声子携带声波的能量和动量. 若格波频率为 ω_j, 波矢为 q, 则声子的能量为 $\hbar\omega_j$, 准动量为 $\hbar q$. 引入声子概念后可以将格波与物质的相互作用过程, 理解为声子和物质的碰撞过程, 使问题大大简化, 如光子、电子、中子等受晶格的振动作用可看作它们和声子的碰撞作用. 晶体的许多性质和晶格振动谱的函数 $\omega(q)$ 有关. 晶格振动谱可以利用中子受晶格的非弹性散射来测定, 实验装置如图 3.3 所示. 实验中, 固定入射中子流的动量和能量, 测量不同散射中子流的动量和能量. 中子受声子的非弹性散射表现为中子吸收或发射声子的过程

$$\begin{cases} E_2-E_1=\dfrac{p_2^2-p_1^2}{2M_n}=\pm\hbar\omega_j(q) \\ p_2-p_1=\hbar q\pm\hbar K \end{cases} \tag{3.5}$$

式中, E_1 和 p_1(E_2 和 p_2) 表示入射 (出射) 中子的能量和动量. “+” 为吸收声子的散射过程; “−” 为发射声子散射过程; M_n 为中子质量; K 为倒格矢.

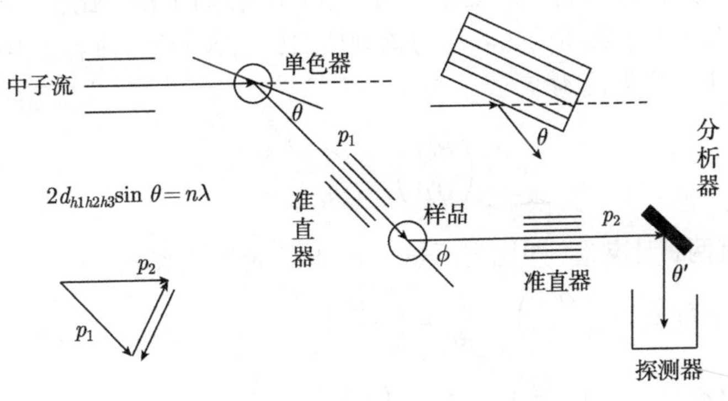

图 3.3 三轴中子谱仪结构示意图

从式 (3.5) 可看出, 中子吸收或发射的声子能量为 $\hbar\omega_j$, 动量为 $\hbar q$. 但这个中子–声子系统的总动量并不守恒, 可以相差 $\hbar K$. 所以 $\hbar q$ 并不是真正的动量, 而只是与其他粒子相互作用过程中声子仿佛具有动量 $\hbar q$, 故称其为准动量. 详细的论述可参考固体物理教材.

3.2　材料的热容

3.2.1　热容及其与温度的关系

1. 热容的基本概念

热容：在没有相变和化学反应的条件下, 质量为 m 的物体温度升高 1K 所需要的热量 (Q) 称为该物体的热容量, 简称热容. 用大写 C 表示, 单位为 J/K, 在温度为 T 时材料的热容可表示为

$$C_T = \left(\frac{\partial Q}{\partial T}\right)_T \tag{3.6}$$

若温度变化时, 外界压力不变, 在等压条件下的热容称定压热容, 用符号 C_p 表示.

若温度变化时, 物体的体积不变, 在等容条件下的热容称定容热容, 用符号 C_V 表示.

定压热容：$C_p = \left(\frac{\partial Q}{\partial T}\right)_p = \left(\frac{\partial H}{\partial T}\right)_p$　(3.7)

定容热容：$C_V = \left(\frac{\partial Q}{\partial T}\right)_V = \left(\frac{\partial E}{\partial T}\right)_V$　(3.8)

式中, Q 为热量; E 为内能; H 为焓; $H = E + pV$. pV 为体积膨胀功. 因此, $C_p > C_V$.

从热容的定义可知, 物体的质量不同, 热容不同, 为了便于比较, 引入比热容概念, 即单位质量 (1kg) 物质的热容称为该物质的比热容 (质量热容), 用小写 c 表示, 单位为 J/(kg·K). 在温度为 T 表示为

$$c = \left(\frac{\partial Q}{\partial T}\right)_T \cdot \frac{1}{m} = \frac{1}{m} C_T \tag{3.9}$$

它同样有两种比热容, 即比定压热容 c_p 和比定容热容 c_V.

比定压热容：$c_p = \left(\frac{\partial Q}{\partial T}\right)_p \cdot \frac{1}{m} = \left(\frac{\partial H}{\partial T}\right)_p \cdot \frac{1}{m}$　(3.10)

比定容热容：$c_V = \left(\frac{\partial Q}{\partial T}\right)_V \cdot \frac{1}{m} = \left(\frac{\partial E}{\partial T}\right)_V \cdot \frac{1}{m}$　(3.11)

因为比定压热容 c_p 中同样含有体积膨胀功, 所以 $c_p > c_V$.

在固体材料的研究中, 还常用摩尔热容. 1 摩尔物质温度升高 1K 所需要的热量称为该物质的摩尔热容, 用大写 C_{m} 表示, 单位为 J/(mol·K). 摩尔热容也有摩尔定压热容 $C_{p,\mathrm{m}}$ 和摩尔定容热容 $C_{V,\mathrm{m}}$. 它们和比热容之间有如下关系

$$C_{p,\mathrm{m}} = c_p M, \quad C_{V,\mathrm{m}} = c_V M \tag{3.12}$$

式中的 M 为摩尔质量.

因温度变化时固体材料的体积也要改变, 所以 $C_{p,\mathrm{m}}$ 能实测而 $C_{V,\mathrm{m}}$ 不能实测, 同理, $C_{p,\mathrm{m}} > C_{V,\mathrm{m}}$, 其热力学关系为

$$C_{p,\mathrm{m}} - C_{V,\mathrm{m}} = \frac{\alpha_V^2 V_{\mathrm{m}} T}{k} \tag{3.13}$$

式中, α_V 为体积膨胀系数, 单位为 K^{-1}; V_{m} 为摩尔体积, 单位为 $\mathrm{m}^3/\mathrm{mol}$; k 为体积压缩率, 单位为 m^2/N. 因固体材料的 α_V 相对较小, 所以 $C_{p,\mathrm{m}}$ 和 $C_{V,\mathrm{m}}$ 的差异可忽略, 但在高温时二者的差异增加.

2. 热容随温度变化的实验规律

在不发生相变的条件下, 金属有相似的 $C_{V,\mathrm{m}}$–T 曲线, 如图 3.4 所示, 金属铜的摩尔热容 $C_{V,\mathrm{m}}$–T 曲线可分三个区域; Ⅰ区 (接近 0K 时), $C_{V,\mathrm{m}} \propto T$; Ⅱ区 (低温区), $C_{V,\mathrm{m}} \propto T^3$; Ⅲ区 (高温区), $C_{V,m}$ 变化平稳, 近似于恒定值.

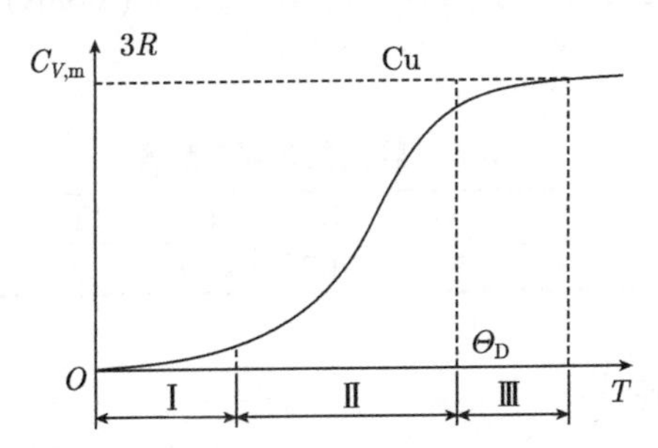

图 3.4 金属铜摩尔热容随温度的变化曲线

3.2.2 经典热容理论

19 世纪, 杜隆–贝蒂把气体分子的热容理论用于固体, 假定晶体类似于金属气体, 其点阵是孤立的. 经典热容理论认为, 固体中原子的振动有三个自由度, 每个振动自由度的平均动能和平均位能相等, 都是 $kT/2$, 则每个自由度的平均能量为 kT. 1 摩尔固体有 N 个原子, 总的平均能量为

$$E = 3NkT = 3RT \tag{3.14}$$

摩尔热容为

$$C_{V,\mathrm{m}} = \left(\frac{\partial E}{\partial T}\right)_V = 3Nk = 3R = 24.91\mathrm{J/(mol \cdot K)} \tag{3.15}$$

式 (3.15) 为杜隆–贝蒂定律, 式中 N 为阿伏伽德罗常量, $6.02\times10^{23}\mathrm{mol}^{-1}$; k 为玻尔兹曼常量, $1.38\times10^{-23}\mathrm{J/K}$; T 为绝对温度; R 为气体普适常量, 8.314J/(mol·K).

根据经典热容理论, 产生了两个晶体热容的经验定律.

杜隆–贝蒂定律 —— 元素的热容定律：恒压下元素的原子热容等于 24.91J/(mol·K).

科普定律 —— 化合物热容定律：化合物分子热容等于构成此化合物各元素原子热容之和. 对于双原子的固体化合物, 1mol 物质中的原子数为 $2N$, 故摩尔热容为 2×24.91J/(mol·K), 三原子固体化合物的摩尔热容为 3×24.91J/(mol·K), 以此类推.

与 $C_{V,\mathrm{m}}$ 的实验曲线相比可知, 杜隆–贝蒂实际上在室温或更高的温度下才适用, 在低温下偏差较大, 不能解释固体物质的热容随温度下降而减少的实际情况. 这是因为, 以气体分子动力学概念确定热容时, 认为运动着的质点在一定范围内能量的变化是连续的, 可有任意值, 实际上, 对于固体中的振动质点, 特别是在低温范围是不合适的. 固体物质的热容随温度变化, 可用量子理论来解释.

应注意的是, 轻元素的摩尔热容不等于 24.91J/(mol·K), 需改用表 3.1 中的数值.

表 3.1　轻元素的摩尔热容

元素	H	B	C	O	F	Si	P	S	Cl
$C_{p,\mathrm{m}}$/[J/(mol·K)]	9.6	11.3	7.5	11.7	20.9	15.9	22.5	22.5	20.4

3.2.3　热容的量子理论

1. 爱因斯坦模型

1906 年爱因斯坦首先在固体热容理论中引入点阵振动能量量子化的概念. 假设晶体点阵中原子都以相同的角频率 ω 独立振动, 振动能量是量子化的. 由此得到晶体的摩尔热容

$$C_{V,\mathrm{m}} = \left(\frac{\partial E}{\partial T}\right)_V = 3Nk\left(\frac{\hbar\omega}{kT}\right)^2 \frac{\exp\left(\frac{\hbar\omega}{kT}\right)}{\left(\exp\left(\frac{\hbar\omega}{kT}\right)-1\right)^2}$$

$$= 3R\left(\frac{\Theta_{\mathrm{E}}}{T}\right)^2 \frac{\exp\left(\dfrac{\Theta_{\mathrm{E}}}{T}\right)}{\left[\exp\left(\dfrac{\Theta_{\mathrm{E}}}{T}\right)-1\right]^2} = 3Rf_{\mathrm{e}}\left(\Theta_{\mathrm{E}}/T\right) \tag{3.16}$$

式中, ω 为原子的振动频繁; k 为玻尔兹曼常量, $1.38\times10^{-23}\mathrm{J/K}$; $\hbar$ 为约化普朗克常量 $\left(\hbar=\dfrac{h}{2\pi}\right)$, 其值为 $1.055\times10^{-34}\mathrm{J\cdot s}$; $\Theta_{\mathrm{E}}=\hbar\omega/k$ 为爱因斯坦特征温度; $f_{\mathrm{e}}(\Theta_{\mathrm{E}}/T)$ 称为爱因斯坦比热函数. 对式 3.16 进行讨论可得出

(1) 高温时, 即 $T\gg\Theta_{\mathrm{E}}$ 时, $\exp\left(\Theta_{\mathrm{E}}/T\right)\approx1+\Theta_{\mathrm{E}}/T$, 则

$$C_{V,\mathrm{m}} = 3R\left(\frac{\Theta_{\mathrm{E}}}{T}\right)^2 \frac{1+\Theta_{\mathrm{E}}/T}{\left(\dfrac{\Theta_{\mathrm{E}}}{T}\right)^2} \approx 3R \tag{3.17}$$

表明高温时爱因斯坦理论与杜隆–贝蒂定律一致, 与实验结果相符.

(2) 低温时, 即 $T\ll\Theta_{\mathrm{E}}$ 时, $\exp\left(\Theta_{\mathrm{E}}/T\right)\gg1$, 则

$$C_{V,\mathrm{m}} = 3R\left(\frac{\Theta_{\mathrm{E}}}{T}\right)^2 \exp\left(-\frac{\Theta_{\mathrm{E}}}{T}\right) \tag{3.18}$$

$C_{V,\mathrm{m}}$ 随 T 的降低呈指数规律减少, 不是按 T^3 规律减少, 比实验值更快地趋近于零, 如图 3.5 所示.

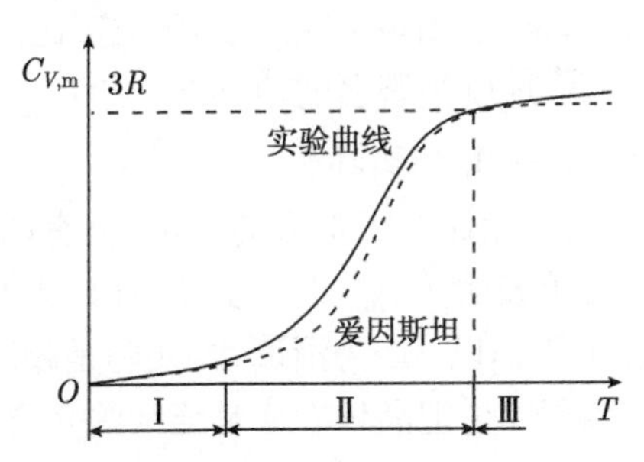

图 3.5 爱因斯坦模型的理论值与实验值的热容比较

(3) 当 $T\to0\mathrm{K}$ 时, $C_{V,\mathrm{m}}\to0$, 与实际相符.

爱因斯坦理论的不足: 从以上分析和图 3.5 可见, 爱因斯坦理论的不足之处是在II区理论值比实验值下降得快. 原因是忽略了各格波的振动频率的差别和质点的振动的相互作用. 在温度低时影响更明显. 德拜模型在这方面作了改进, 得到了较好的结果.

2. 德拜模型

1912 年德拜考虑了晶体中各原子间存在的弹性斥力和引力, 这种力使原子的热振动相互受牵连和制约, 相邻原子间协调齐步地振动. 把晶体看作连续介质, 原

子振动频率是从零到最大频率 $\omega_{\max}$ 之间连续分布的, 在低温参与低频振动的质点较多, 随着温度的升高, 参与高频振动的质点也增多. 基于以上的假设, 得到以下的热容表达式

$$C_{V,\mathrm{m}} = 9R\left(\frac{T}{\Theta_{\mathrm{D}}}\right)^3 \int_0^{\Theta_{\mathrm{D}}/T} \frac{\mathrm{e}^x x^4 \mathrm{d}x}{(\mathrm{e}^x-1)^2} = 3Rf_{\mathrm{D}}\left(\frac{\Theta_{\mathrm{D}}}{T}\right) \tag{3.19}$$

式中, $f_{\mathrm{D}}\left(\frac{\Theta_{\mathrm{D}}}{T}\right) = 3\left(\frac{T}{\Theta_{\mathrm{D}}}\right)^3 \int_0^{\Theta_{\mathrm{D}}/T} \frac{\mathrm{e}^x x^4 \mathrm{d}x}{(\mathrm{e}^x-1)^2}$ 为德拜热容函数; 德拜特征温度 $\Theta_{\mathrm{D}} = \frac{\hbar\omega_{\max}}{k} = 0.76\times10^{-11}\omega_{\max}$; $x = \frac{\hbar\omega}{kT}$. 从式 (3.19) 可以得到

(1) 当高温时, $T \gg \Theta_{\mathrm{D}}$, $x \ll 1$, $f_{\mathrm{D}}\left(\frac{\Theta_{\mathrm{D}}}{T}\right) \approx 1$, 则 $C_{V,\mathrm{m}} \approx 3R$. 说明在高温时德拜理论得到的结果与杜隆–贝蒂定律相符, 与 $C_{V,\mathrm{m}}$–T 曲线的III区符合得较好.

(2) 当低温时, $T \ll \Theta_{\mathrm{D}}$, 取 $\Theta_{\mathrm{D}}/T \to \infty$, 则 $\int_0^{\infty} \frac{\mathrm{e}^x x^4 \mathrm{d}x}{(\mathrm{e}^x-1)^2}\mathrm{d}x = \frac{4}{15}\pi^4$ 代入式 (3.19), 得

$$C_{V,\mathrm{m}} = \frac{12}{5}\pi^4 R\left(\frac{T}{\Theta_{\mathrm{D}}}\right)^3 \tag{3.20}$$

对于一定的材料, Θ_{D} 为常数, 所以 $C_{V,\mathrm{m}}$ 与 T^3 成正比. 在II区, 它比爱因斯坦理论更符合实验测定的结果. 这就是著名的德拜 T^3 定律.

(3) 当 $T \to 0\mathrm{K}$ 时, $C_{V,\mathrm{m}} \to 0$, 与实际相符.

德拜模型与爱因斯坦模型相比有了很大的进步, 但有两点德拜模型不能解释: 一是在温度小于 5K 时, 实验表明 $C_{V,\mathrm{m}}$ 正比于 T 而不是德拜模型的 T^3; 二是在温度远高于 Θ_{D} 时, $C_{V,\mathrm{m}}$ 并不是以 $3R$ 为渐近线, 实际是超过 $3R$ 后继续有所上升. 如图 3.6 所示. 其原因是德拜理论把晶体看成是连续的介质, 只考虑了晶格振动对热容的贡献, 实际上, 在金属热容中自由电子对热容也有部分贡献.

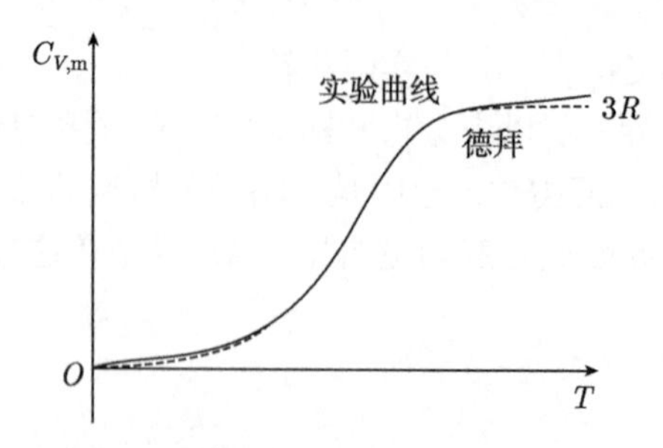

图 3.6　德拜模型理论值与实验值的比较

3.2.4 材料与热容的关系

1. 金属的热容

由于金属材料内部有大量的自由电子存在, 金属的热容除来自点阵离子的振动外, 还与自由电子对热容的贡献有关. 金属的热容可表示为

$$C_V = C_V^{\mathrm{L}} + C_V^{\mathrm{e}} = \alpha T^3 + \gamma T \tag{3.21}$$

式中, C_V^{L} 为点阵离子振动的热容; C_V^{e} 为电子热容; α 和 γ 为热容系数. 在一般的温度下, 由于电子热容比点阵离子振动的热容小得多, 电子热容可忽略不计. 但在很高温度或很低温度下, 电子热容的作用就不能忽略.

低温区, 即 I 区 (温度为 0~5K), $C_V \propto T$, 电子热容并不像离子热容那样急剧减少, 使 C_V 沿直线下降.

II区, $C_V \propto T^3$, 当温度达到 Θ_{D} 时, 热容趋于 $3R$.

高温区, 即III区 (温度 $> \Theta_{\mathrm{D}}$), $C_V > 3R$, C_V 随温度的升高并不停在 $3R$ 处, 而是继续升高. 主要是自由电子对热容的贡献增加.

在过渡金属中, 电子热容的贡献更为突出, 它包括 s 层电子热容, 也包括 d 层或 f 层电子热容. 因此, 过渡金属的定容热容远比简单金属的大.

2. 合金的热容

金属热容的一般规律均适用于合金, 但在合金中还要考虑合金相的热容及合金相的生成热. 尽管在合金中形成合金相时产生形成热使热容增大, 但在高温下合金中每个原子的热振动能与纯金属中同一温度下的热振动能相同. 所以合金的摩尔热容表示为

$$C_{\mathrm{m}} = x_1 C_{\mathrm{m}1} + x_2 C_{\mathrm{m}2} + \cdots + x_n C_{\mathrm{m}n} \tag{3.22}$$

式中, $x_1, x_2, \cdots, x_n$ 分别表示不同组元所占的摩尔分数, $C_{\mathrm{m}1}, C_{\mathrm{m}2}, \cdots, C_{\mathrm{m}n}$ 代表不同组元的摩尔热容. 式 (3.22) 称为诺伊曼–科普 (Neuman–Kopp) 定律.

在高于德拜温度 Θ_{D} 时, 用式 (3.22) 计算出的热容值与实测值相差不超过 4%, 该定律适用于金属间化合物、金属与非金属化合物、中间相和固溶体及它们所组成的多相合金, 但不适用于铁磁合金. 热处理虽然能改变合金的组织, 但对高温下的热容没有明显的影响.

在低温下热容与温度密切相关, 因此, 在温度低于德拜温度 Θ_{D} 时, 诺伊曼–科普定律已不再适用.

3. 无机材料的热容

在德拜温度以上, 热容为常数或随温度只有微小的变化, C_V 变化很小, 接近常数 $3R$. 在低温条件下, $C_V \propto T_3$. 德拜温度 Θ_{D} 可以看作是两者间的转折点, 不同

材料的 Θ_D 是不同的. 德拜温度取决于材料的键强度、弹性模量和熔点, 对于不同的材料有不同的数值, 通常为熔点 T_m 的 0.2~0.5 倍 (以绝对温度计算). 例如, 石墨为 1973K, Al_2O_3 为 923K. 图 3.7 是几种材料的热容–温度关系曲线, 对于大多数氧化物和碳化物材料, 从低温开始, 热容以一个低的数值从 T^3 的关系增加到 1273K 左右的近似于 24.91J/(mol·K) 的值. 温度进一步升高, 热容增加不多.

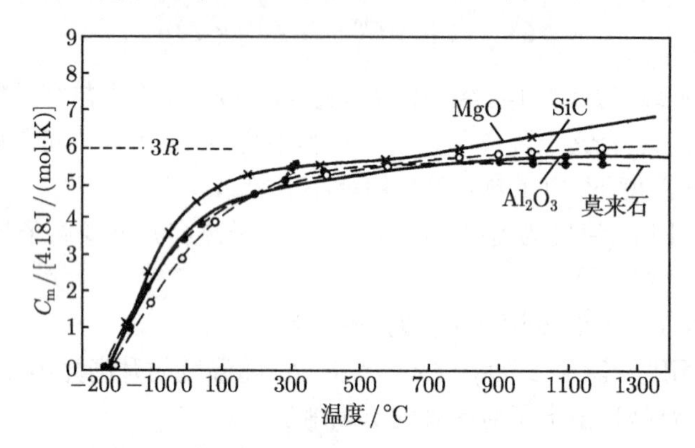

图 3.7　不同温度下一些无机材料的热容

无机材料的热容与材料的结构关系不大. 如图 3.8 所示, CaO 和 SiO_2 体积比 1:1 的混合物与 $CaSiO_3$ 的热容–温度曲线基本重合. 图 3.8 中曲线上出现的跃变是由于 SiO_2 在此温度下发生了从 α 相向 β 相的转变, 使热容产生了突变.

虽然无机材料的摩尔热容不是结构敏感的, 但是单位体积的热容却与气孔率有关. 多孔材料因为质量轻, 所以热容小, 因此提高轻质隔热砖温度所需的热量远低于致密耐火砖所需的热量.

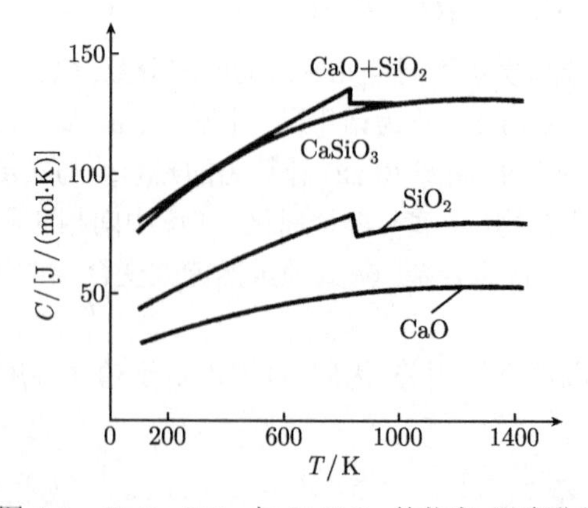

图 3.8　$CaO+SiO_2$ 与 $CaSiO_3$ 的热容–温度曲线

材料热容与温度的关系可由实验精确测定, 对实验结果加以整理得到如下的经

验公式

$$C_{p,\mathrm{m}} = a + bT + cT^{-2} + \cdots \tag{3.23}$$

式中, $C_{p,\mathrm{m}}$ 的单位为 4.18J/(mol·K), 材料在不同温度范围的 a、b、c 系数可以通过相关资料查得. 实验证明, 在较高温度下, 对大多数氧化物、硅酸盐化合物及多相复合材料, 其热容等于构成该材料的元素或简单化合物的热容总和.

4. 熔点 T_m 与德拜温度 Θ_D 的关系

在熔点时, 原子振幅达到使晶格破坏的数值, 最大振动频率 $\omega_{\max}$ 和熔点 T_m 存在如下关系

$$\omega_{\max} = 2.8 \times 10^{12}\sqrt{\frac{T_\mathrm{m}}{MV_\mathrm{a}^{2/3}}} \tag{3.24}$$

式中, M 为相对原子质量; V_a 为摩尔体积, 单位为 $\mathrm{cm^3/mol}$; T_m 为熔点. 式 (3.24) 称为林德曼 (Lindlman) 公式. 由该式和公式 $\Theta_\mathrm{D} = \dfrac{\hbar\omega_{\max}}{k}$ 可得到

$$\Theta_\mathrm{D} = 137\sqrt{\frac{T_\mathrm{m}}{MV_\mathrm{a}^{2/3}}} \tag{3.25}$$

由于熔点 T_m 和最大振动频率 $\omega_{\max}$ 均代表原子间结合力的大小, 所以 Θ_D 也反映材料原子间结合力的强弱. 由式 (3.25) 可知, 材料熔点高, Θ_D 也高.

3.2.5 热容的测量

热容的测量方法很多, 这里仅介绍常用的一些测量方法.

1. 量热计法

量热计法是测量材料热容的经典方法. 为了确定温度 T 时材料的热容, 把试样加热到 T, 经保温后放到量热计中, 设试样的初始温度及最终温度分别为 T、T_f, 由试样转移到量热计中的热量 Q 及试样质量为 m, 得到比定压热容

$$c_p = \frac{Q}{T - T_\mathrm{f}} \times \frac{1}{m} \tag{3.26}$$

把温度较高的试样放入具有较低温度的量热计中进行测量的方法, 称为正向量热计法; 反之, 把温度较低的试样放入温度较高的量热计中进行测量的方法, 称为反向量热计法. 这种方法可有效地用于研究材料的不可逆过程, 如淬火钢的回火及冷加工金属的再结晶等过程.

在低温和中温区, 用电加热法比较方便. 用电阻为 R 的螺线管加热质量为 m 的试样, 电流为 I, 加热时间 t, 试样的温度由 T_1 加热到 T_2, 若散入空气中的热损失不计, 则平均比定压热容

$$c_p = \frac{I^2Rt}{m(T_2 - T_1)} \tag{3.27}$$

从式 (3.26) 和式 (3.27) 可看出, 这样得到的是平均热容, 在物体得到的热量和温度变化都很小时, c_p 接近真实热容.

2. 撒克司 (Sykes) 法

撒克司法是在高温下测量热容所用的装置, 其主要组成部分如图 3.9 所示. 该装置的主要组成部分有：箱体 1、箱体 2、螺旋电阻丝 3、测量箱子温度用的热电偶和测量试样与箱子之间温度差的示差热电偶.

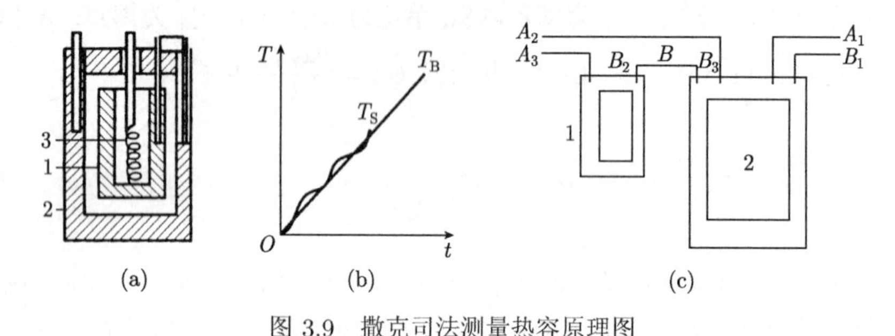

图 3.9　撒克司法测量热容原理图

(a) 实验装置; (b) 加热曲线; (c) 示差热电偶的位置

根据热量和温度的关系可以导出

$$c_p = \frac{\mathrm{d}Q/\mathrm{d}t}{m(\mathrm{d}T_\mathrm{s}/\mathrm{d}t)} \tag{3.28}$$

式中, $\mathrm{d}Q/\mathrm{d}t$ 为热量的变化速度, 实际等于 $I \times V$, 可用安培计和伏特计测出; $\mathrm{d}T_\mathrm{s}/\mathrm{d}t$ 为试样的温度变化速率; m 为试样的质量.

若试样处于热平衡时, 即试样温度 T_s 等于箱子的温度 T_b, 则可由式 (3.28) 求出热容. 因此, 为了保证 $T_\mathrm{s} = T_\mathrm{b}$, 需在试样中加入一个螺旋电阻丝, 螺旋电阻丝在实验过程中交替通电或断电, 使 T_s 保持在 T_b 上下很小的范围内波动, $T_\mathrm{s} - T_\mathrm{b}$ 接近于零, 见图 3.9(b). 因此, 用箱子温度的变化速度来代替试样温度的变化速度, 则 $\mathrm{d}T_\mathrm{s}/\mathrm{d}t$ 可写成

$$\frac{\mathrm{d}T_\mathrm{s}}{\mathrm{d}t} = \frac{\mathrm{d}T_\mathrm{B}}{\mathrm{d}t} + \frac{\mathrm{d}(T_\mathrm{s} - T_\mathrm{B})}{\mathrm{d}t} \tag{3.29}$$

等式右边的第一项由接于 A_1、B_1 上的热电偶测得, 第二项由接于 A_2、A_3 上的示差热电偶测得, 见图 3.9(c).

此外还有史密斯 (Smith) 法和脉冲法, 请读者参阅相关文献.

3.2.6 热分析法及其在材料研究中的应用

1. 热分析概述

物质在温度变化过程中, 往往伴随着微观结构和宏观物理、化学等性质的变化, 宏观上的物理、化学性质的变化通常与物质的组成和微观结构相关联. 通过测量和分析物质在加热或冷却过程中的物理、化学性质的变化, 可以对物质进行定性、定量分析, 以帮助我们进行物质的鉴定, 为新材料的研究和开发提供热性能数据和结构信息.

热分析方法是利用热学原理对物质的物理性能或成分进行分析的总称. 根据国际热分析协会 (International Confederation for Thermal Analysis, ICTA) 对热分析法的定义: 热分析是在程序控制温度下, 测量物质的物理性质随温度变化的一类技术. 所谓 "程序控制温度" 是指用固定的速率加热或冷却, 所谓 "物理性质" 则包括物质的质量、温度、热焓、尺寸、机械、电学及磁学性质等.

ICTA 根据所测定的物理性质, 将现有的热分析技术划分为 9 类 17 种, 如表 3.2 所示, 它对每种分析技术的含义也作了严格的规定.

表 3.2 热分析技术分类

物理性质	分析技术名称	简称	物理性质	分析技术名称	简称
质量	热重法	TG	焓	差示扫描量热法	DSC
	等压质量变化测定		尺寸	热膨胀法	
	逸出气体检测	EGD	力学特性	热机械分析	TMA
	逸出气体分析	EGA		动态热机械分析	DMA
	放射热分析		声学特性	热发声法	
	热微粒分析			热声学法	
温度	加热曲线测定		光学特性	热光学法	
	差热分析	DTA	电学特性	热电学法	
			磁学特性	热磁学法	

这些热分析技术不仅能独立完成某一方面的定性、定量测定, 而且还能与其他方法互相印证和补充, 已成为研究物质的物理性质、化学性质及其变化过程的重要手段. 常用的热分析方法主要有差热分析 (differential thermal analysis, DTA)、差示扫描量热法 (differential scanning calorimetry, DSC)、热重法 (thermo gravimetry, TG) 和热机械分析法 (thermomechanic analysis, TMA) 等, 它们在基础科学和应用科学等各个领域都有极其广泛的应用. 表 3.3 是一些热分析技术的主要应用范围.

表 3.3　几种主要热分析技术的应用范围

热分析法种类	测量物理参数	温度范围/°C	应用范围
差热分析法	温度	20～1600	熔化及结晶转变、氧化还原反应、裂解反应等的分析研究、主要用于定性分析
差示扫描量热法	热量	−170～725	分析研究范围与 DTA 大致相同, 但能定量测量多种热力学和动力学参数, 如比热、反应热、转变热、反应速度和高聚物结晶度等
热重法	质量	20～1000	沸点、热分解反应过程分析与脱水量测定等, 生成挥发性物质的固相反应分析、固体与气体反应分析等
热机械分析法	尺寸体积	−150～600	膨胀系数、体积变化、相转变温度、应力应变关系测定, 重结晶效应分析等
动态热机械法	力学性质	−170～600	阻尼特性、固化、胶化、玻璃化等转变分析, 模量、黏度测定等

2. 差热分析法

差热分析法: 在程序控制温度条件下, 测量样品与参比物之间的温度差与温度或时间关系的一种热分析方法.

参比物 (也称为基准物, 中性体): 在测量温度范围内不发生任何热效应的物质, 如 α-Al_2O_3、MgO 等.

在实验过程中, 将样品与参比物的温差作为温度或时间的函数连续记录下来, 就得到了差热分析曲线. 用于差热分析的装置称为差热分析仪.

差热分析仪一般由加热炉、试样容器、热电偶、温度控制系统及放大、记录系统等部分组成, 其装置如图 3.10 所示.

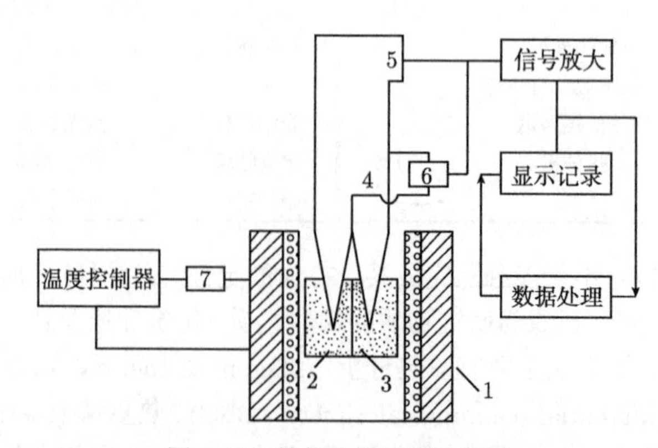

图 3.10　差热分析装置示意图

1. 加热炉; 2. 试样; 3. 参比物; 4. 测温热电偶; 5. 温差热电偶; 6. 测温元件; 7. 温控元件

用于差热分析的试样通常是粉末状. 一般将待测试样和参比物先装入样品坩埚内后置于样品支架上. 样品坩埚可用陶瓷质、石英玻璃质、刚玉质和钼、铂、钨等材料. 作为样品支架的材料, 在耐高温的条件下, 以选择传导性能好的材料为宜. 在使用温度不超过 1300°C 时可采用金属镍或一般耐火材料作为样品支架. 超过 1300°C 时则以刚玉质材料为宜.

图 3.11 是典型的 DTA 曲线. 在没有相变时 ΔT–t 曲线偏离零线 (横轴) 是由于试样与参比物的比热容和导热性的差异造成的. 图中基线相当于 $\Delta T = 0$, 样品无热效应发生, 向上和向下的峰反映了样品的放热、吸热过程. 基线 AC 与曲线上升段最大斜率的延长线的交点 D 作为相变的开始温度, 而不是 B 点.

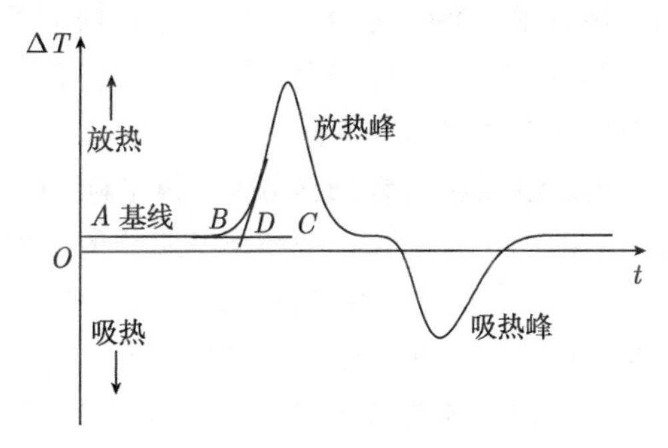

图 3.11 典型的差热分析曲线

差热分析曲线的峰形、出峰位置和峰面积等受多种因素影响, 大体可分为仪器因素和操作因素.

仪器因素是指与差热分析仪有关的影响因素. 主要包括:

(1) 炉子的结构与尺寸;

(2) 坩埚材料与形状;

(3) 热电偶性能等.

操作因素是指操作者对样品与仪器操作条件选取不同而对分析结果的影响, 主要包括:

(1) 样品粒度: 影响峰形和峰值, 尤其是有气相参与的反应;

(2) 参比物与样品的对称性: 包括用量、密度、粒度、比热容及热传导等, 两者都应尽可能一致, 否则可能出现基线偏移、弯曲, 甚至造成缓慢变化的假峰;

(3) 炉内压力和气氛;

(4) 升温速率: 影响峰形与峰位;

(5) 样品用量: 过多则会影响热效应温度的准确测量, 妨碍两相邻热效应峰的分离等.

DTA 技术虽然有方便快捷, 样品用量少及应用范围广等特点, 但也有重复性差和分辨率不高等缺点. 在差热分析中当试样发生热效应时, 试样本身的升温或降温速度是非线性的. 试样与参比物及试样周围的环境有较大的温差, 它们之间会进行热传递, 降低了热效应测量的灵敏度和精确度. 因此, 到目前为止的大部分差热分析技术还不能进行定量分析工作, 只能进行定性或半定量的分析工作, 难以获得变化过程中的试样温度和反应动力学的数据. 为克服差热分析存在的这些不足, 发展了差示扫描量热分析法.

3. *差示扫描量热分析法*

差示扫描量热分析：是在程序控制温度下, 测量输入到试样和参比物的能量差随温度或时间变化的一种技术. DSC 有功率补偿式差示扫描量热法和热流式差示扫描量热法两种类型. 以功率补偿式差示扫描量热法为例, 该方法的主要特点是试样与参比物分别具有独立的加热器和热传感器.

典型的差示扫描量热曲线以热流率 ($\mathrm{d}H/\mathrm{d}t$) 为纵坐标、以时间 (t) 或温度 (T) 为横坐标, 即 $\mathrm{d}H/\mathrm{d}t$-t(或 $\mathrm{d}H/\mathrm{d}t$-T) 曲线. 曲线离开基线的位移即代表样品吸热或放热的速率 (mJ/s), 而曲线中峰或谷包围的面积即代表热量的变化. 因而差示扫描量热法可以直接测量样品在发生物理或化学变化时的热效应.

值得注意的是 DSC 和 DTA 曲线形状相似, 但它们的物理意义是不同的. DSC 曲线的纵坐标表示热流率 $\mathrm{d}H/\mathrm{d}t$(mJ/s); DTA 曲线的纵坐标表示温度差 ΔT; DSC 曲线的吸热峰为上凸峰; DTA 曲线的吸热峰为下凹峰. 图 3.12 是某样品熔融吸热后紧跟分解放热的 DTA 和 DSC 曲线的比较.

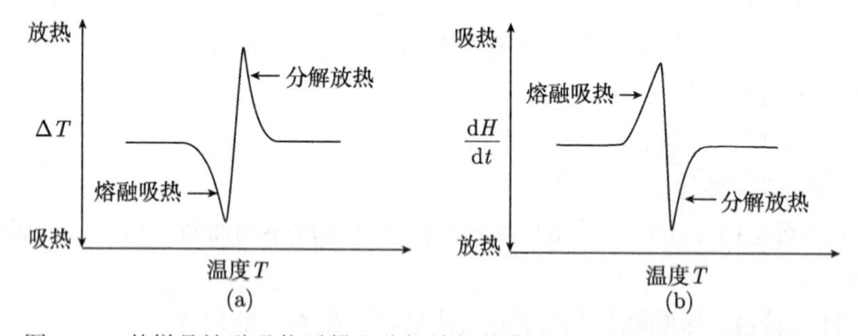

图 3.12　某样品熔融吸热后紧跟分解放热的典型 DTA 和 DSC 曲线的比较

(a) 熔融吸热后紧跟分解放热的 DTA 曲线; (b) 熔融吸热后紧跟分解放热的 DSC 曲线

影响 DSC 的因素主要有样品、实验条件和仪器因素.

样品因素中主要是试样的性质、粒度及参比物的性质. 试样用量和稀释情况对 DSC 曲线也有影响.

在实验条件因素中, 主要是升温速率, 它影响 DSC 曲线的峰温和峰形. 升温速率越大, 一般峰温越高, 峰面积越大、峰形越尖锐; 但这种影响在很大程度上还与试样种类和受热转变的类型密切相关; 升温速率对有些试样相变焓的测定值也有影响. 其次的影响为炉内气氛类型和气体性质, 气体性质不同, 峰的起始温度和峰温甚至过程的焓变都会不同.

DSC 可用于测量材料的熔点、玻璃化温度、结晶度、固化度、纯度、比热、反应动力学、热稳定性和相转变温度等参数.

4. 热重分析法

热重法: 在程序控制温度条件下, 测量物质的质量与温度或时间关系的一种热分析方法. 其特点是定量性强, 能准确地测量物质的质量变化及变化的速率. 其数学表达式为

$$\Delta W = f(T) \text{ 或 } [f(\tau)]$$

式中, ΔW 为重量变化; T 为绝对温度; τ 为时间.

热重法试验得到的曲线称为热重曲线. TGA 曲线以质量 (或百分率%) 为纵坐标, 从上到下表示减少, 以温度或时间作横坐标, 从左到右增加.

热重分析有两种控温方式, 即升温法 (动态法) 和恒温法 (静态法).

(1) 升温法: 测定物质质量变化与温度的关系.

(2) 恒温法: 在恒温下, 测定试样的重量随时间的变化.

热重分析通常是在等速升温条件下进行.

热重分析装置重要的组成部分是记录天平、炉体、程序控温系统与记录仪等. 如图 3.13 所示.

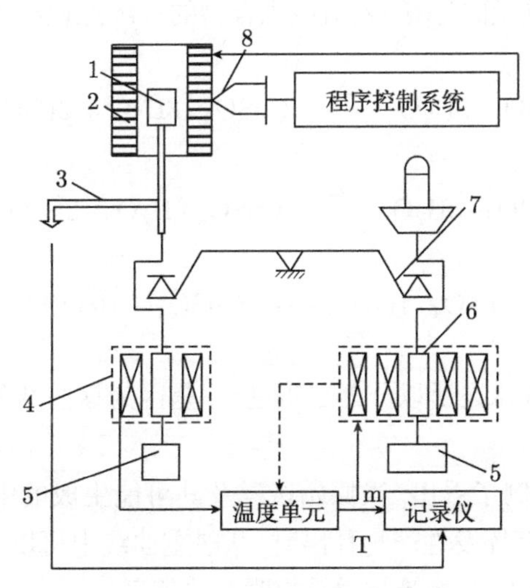

图 3.13 热重分析装置结构图

1. 试样支持器; 2. 炉子; 3. 测温热电偶; 4. 传感器 (差动变压器); 5. 平衡锤; 6. 阻尼及天平复位器; 7. 天平; 8. 阻尼信号

通过分析热重曲线, 我们可以知道被测物质在多少温度时产生变化, 并且根据失重量, 可以计算失去了多少物质, 如 $CuSO_4{\cdot}5H_2O$ 中的结晶水. 从热重曲线上我们就可以知道 $CuSO_4{\cdot}5H_2O$ 中的 5 个结晶水是分三步脱去的, 如图 3.14 所示.

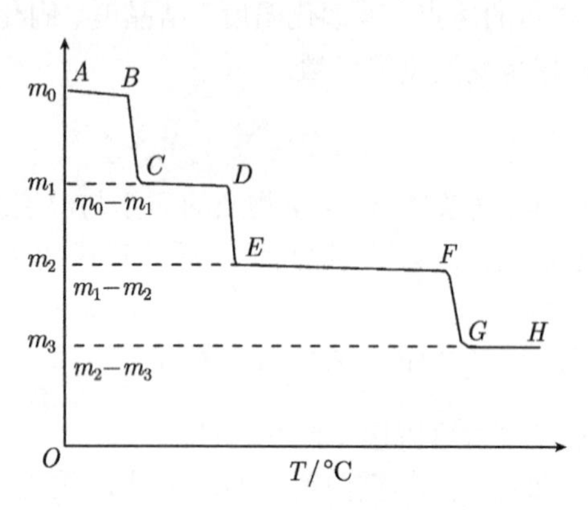

图 3.14　$CuSO_4{\cdot}5H_2O$ 的热重曲线

A 点至 B 点, 初始失重是脱去吸附水和天平内空气动力学因素形成的, 试样是稳定的; B 点至 C 点是一个失重过程, 失重量是 $m_0 - m_1$; C 点和 D 点之间, 试样质量又是稳定的; 由 D 点开始试样进一步失重, 直到 E 点为止, 这一阶段的失重是 $m_1 - m_2$; E 点和 F 点之间, 新的稳定物质形成; 最后的失重发生在 F 点和 G 点之间, 失重量是 $m_2 - m_3$; G 点和 H 点区间代表试样的最终形式, 它在实验温度范围内是稳定的. 通过失重量的计算, 表明该化合物的失水过程经历了以下三个步骤:

$$CuSO_4 \cdot 5H_2O \xrightarrow{\Delta} CuSO_4 \cdot 3H_2O + 2H_2O \uparrow$$

$$CuSO_4 \cdot 3H_2O \xrightarrow{\Delta} CuSO_4 \cdot H_2O + 2H_2O \uparrow$$

$$CuSO_4 \cdot H_2O \xrightarrow{\Delta} CuSO_4 + H_2O \uparrow$$

$CuSO_4{\cdot}5H_2O$ 的失水之所以分为三步进行, 是因为这些结晶水在晶体中的结合力是不相同的.

从 $CuSO_4{\cdot}5H_2O$ 例子看出, 当原始试样及其可能生成的中间体在加热过程中因物理或化学变化而有挥发性产物释出时, 从热重曲线中可以得到它们的组成、热稳定性、热分解及生成的产物等与质量相联系的信息.

热重分析的实验结果受到许多因素的影响, 基本可分两类:

一是仪器因素, 包括升温速率、炉内气氛、炉子的几何形状、坩埚的材料等; 二是样品因素, 包括样品的质量、粒度、装样的紧密程度、样品的导热性等.

在 TG 的测定中, 升温速率增大会使样品分解温度明显升高. 如升温太快, 试样来不及达到平衡, 会使反应各阶段分不开. 合适的升温速率为 5~10°C/min.

对于受热产生气体的样品, 样品量越大, 气体越不易扩散. 而且样品量大时, 样品内温度梯度也大, 将影响 TG 曲线位置. 总之实验时应根据天平的灵敏度, 尽量减小样品量. 样品的粒度不能太大, 否则将影响热量的传递; 粒度也不能太小, 否则开始分解的温度和分解完毕的温度都会降低.

热分析还包括热机械分析, 用于测量在稳定压力下尺寸随温度的变化. 动态热机械分析 (dynamic thermomechanic analysis, DMA), 用于测定在可控的动态或振动的负荷情况下各种机械参数随温度的变化. 这两种热分析的详细介绍读者可参考相关文献.

5. 热分析的应用

金属和非金属材料的所有转变和反应一般都会伴随着热效应. 通过对热效应的测定, 就可以研究材料的转变和反应等. 热分析可用于研究材料的熔点、玻璃化温度、结晶度、固化度、纯度、热稳定性和相转变温度等参数. 研究钢的合金相析出和有序–无序转变、非晶态合金的晶化过程及液晶的相变、高聚合物结晶度的测定和结晶动力学、催化剂的组成和催化反应过程等. 下面举例说明.

1) 纯度测定

在化学分析中, 纯度分析是很重要的一项内容. DSC 法在纯度分析中具有快速、精确、试样用量少及能测定物质的绝对纯度等优点, 近年来已广泛应用于无机物、有机物和药物的纯度分析.

DSC 法测定纯度是根据熔点或凝固点下降来确定杂质总含量的. 基本原理是以 Vant Hoff 方程为依据, 熔点降低与杂质含量可由式 (3.30) 来表示

$$T_s = T_0 - \frac{RT_0^2 x}{\Delta H_f} \cdot \frac{1}{F} \tag{3.30}$$

式中, T_s 为样品瞬时的温度 (K); T_0 为纯样品的熔点 (K); R 为气体常数; ΔH_f 为样品熔融热; x 为杂质摩尔数; F 为总样品在 T_s 熔化的分数.

由式 (3.30) 可知, T_s 是 $1/F$ 的函数. T_s 可以从 DSC 曲线中测得, $1/F$ 是曲线到达 T_s 的部分面积除以总面积的倒数. 以 T_s 对 $1/F$ 作图为一直线. 斜率为 $RT_0^2x/\Delta H_f$, 截距为 T_0. ΔH_f 可从积分峰面积求得. 所以由直线的斜率即可求出杂质含量 x. 图3.15是用DSC测定苯甲酸的纯度, 测得苯甲酸的纯度是99.93%.

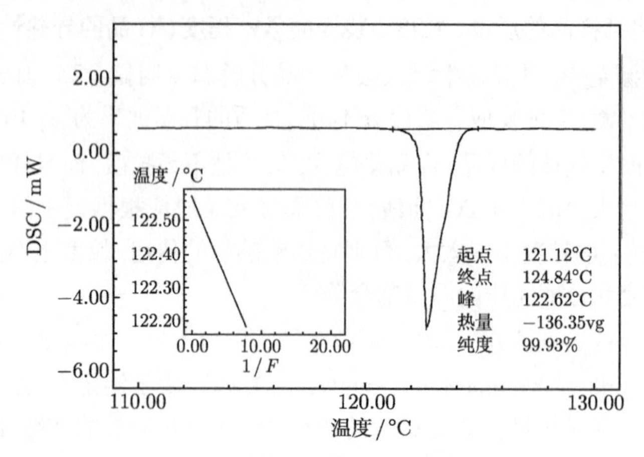

图 3.15　DSC 测定苯甲酸的纯度

2) 研究非晶合金的晶化转变

热分析法可用于测定非晶合金的晶化转变温度. 图 3.16 是 Zr55Al10Ni5Cu30 非晶合金加热时的 DSC 曲线, 从图中可测得非晶合金的晶化温度 T_g 和熔点 T_m.

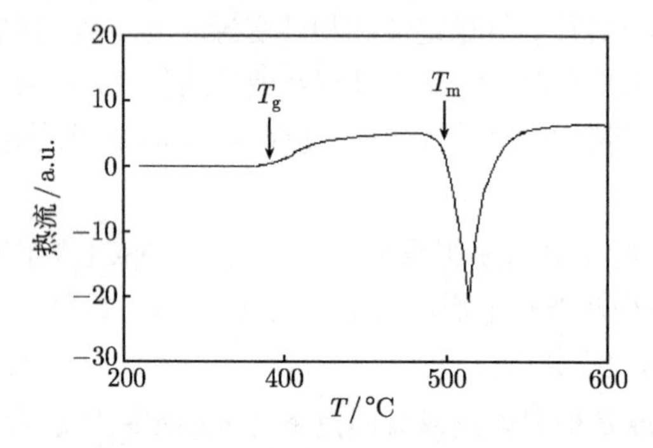

图 3.16　Zr55Al10Ni5Cu30 非晶合金加热时的 DSC 曲线 (40°C/min)(T_g 为晶化温度; T_m 为熔点)

3) 建立合金相图

用热分析法测定液–固、固–固相变的临界点, 可建立合金相图. 以建立 A–B 二元合金相图为例说明 (图 3.17). 图 3.17(a) 是某一成分的 A–B 合金冷却过程的 DTA 曲线. 试样从液态开始冷却到 x 处开始凝固, 放出热量, 在 DTA 曲线上产生一个放热峰; 接近共晶温度时, DTA 曲线接近基线. 温度下降到共晶温度时发生共晶转变, 放出大量的热量, 出现陡直的放热峰. 以宽峰的起点 T_1 和窄峰的峰值温度 T_2 分别为开始凝固和共晶转变温度. 按此方法测出不同成分 A–B 合金的 DTA 曲线, 将宽峰的起点和窄峰的峰值温度分别连成光滑曲线, 即得到液相线和共晶线

(图 3.17(b)), 一般测定相图时所用加热或冷却速度应小于 5°C/min, 并进行气氛保护.

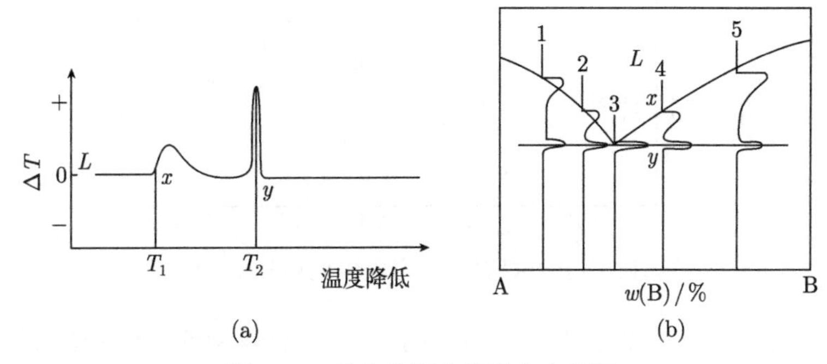

(a) (b)

图 3.17 差热分析曲线及合金相图

(a) DTA 曲线; (b) 不同成分的 DTA 曲线

4) 高聚物结晶行为的研究

DTA 与 DSC 法可以用来测定高聚物的结晶速度、结晶度以及结晶熔点和熔融热等, 与 X 射线衍射、电子显微镜等配合可作为研究高聚物结晶行为的有力工具.

用 DSC 法测定高聚物的结晶温度和熔点可以为其加工工艺、热处理条件等提供有用的资料. 最典型的例子是运用 DSC 法的测定结果, 确定聚酯薄膜的加工条件. 聚酯熔融后在冷却时不能迅速结晶, 因此, 经快速淬火处理, 可以得到几乎无定型的材料. 淬火冷却后的聚酯再升温时、无规则的分子构型又可变为高度规则的结晶排列, 因此会出现冷结晶的放热峰.

图 3.18 是经淬火处理后的聚酯的 DSC 图. 从图上可看到三个热行为: 首先是 81°C 的玻璃化转变温度; 其次是 137°C 左右的放热峰, 这是冷结晶峰; 最后是结晶熔融的吸热峰, 出现在 250°C 左右, 从这个简单的 DSC 曲线即可以确定其薄膜的拉伸加工条件. 拉伸温度必须选择在 T_g 以上和冷结晶开始的温度 (117°C) 以下的温度区间内, 以免发生结晶而影响拉伸. 拉伸热定型温度则一定要高于冷结晶结束的温度 (152°C) 使之冷结晶完全, 但又不能太接近熔点, 以免结晶熔融. 这样就能获得性能好的薄膜.

5) 热分析联用技术

热分析仪器发展的一个趋势是将各种单功能的仪器倾向于形成联用的综合热分析技术, 如 DTA–TG、DSC–TG、DSC–TG–DTG、DTA–TMA、DTA–TG–TMA 等的综合, 由于综合热分析技术能在相同的试验条件下获得尽可能多的表征材料特性的多种信息, 因此它在科研和生产中获得了广泛的应用.

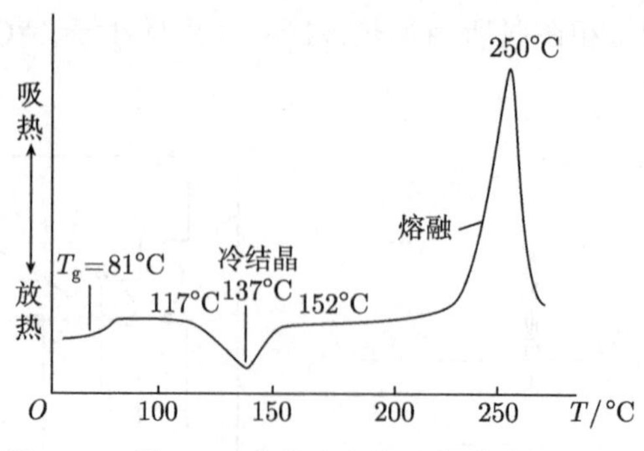

图 3.18　用 DSC 曲线确定聚酯薄膜的加工条件

溶胶–凝胶法是一种低温制备新材料的方法, 在材料制备过程中需进行烧结以脱去吸附水和结构水, 并排除有机物, 同时材料还会发生析晶等变化. 图 3.19 为某一凝胶材料的 DTA–TG 联用曲线. 由图 3.19 可知, DTA 曲线上 110°C 附近的吸热峰为吸附水的脱去; 而 300°C 附近的吸热峰伴随有明显的失重, 是凝胶中的结构水脱去而引起的; 400°C 附近的放热峰也伴随着失重, 因此可以认为属有机物的燃烧; 而在 500~600°C 的放热峰所对应的 TG 曲线为平坦的过程, 说明该峰属析晶峰. 通过 DTA–TG 联用分析可以定出以下烧结工艺制度：升温烧结时在 100°C、300°C 和 400°C 附近的升温速度要慢, 以防制品开裂.

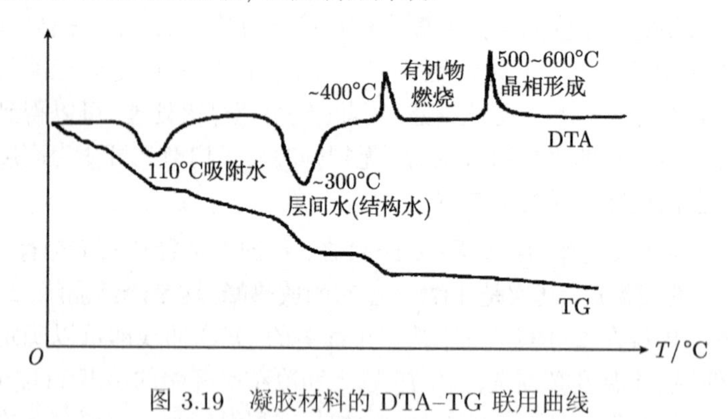

图 3.19　凝胶材料的 DTA–TG 联用曲线

3.3　材料的热膨胀

物体的体积或长度随温度的升高而增大的现象称为热膨胀. 热膨胀系数是材料的主要物理性质之一, 它是衡量材料的热稳定性好坏的一个重要指标. 某些工业领域对材料的热膨胀性都有一些特殊的要求, 如制造热敏感性元件的双金属要求有高膨胀系数的合金, 而制造精密计时器等零部件要在温度变化范围内有低的膨胀系数. 金属或合金在加热或冷却时因发生相变会产生异常的膨胀或收缩. 因此研究成分和组织结构对热膨胀系数的影响有重要意义.

3.3.1 热膨胀的物理本质及热膨胀系数

1. 热膨胀的物理本质

热膨胀显然与晶体原子在温度升高时的热振动有关. 在讨论固体比热的基本理论中, 对晶格振动做了简谐振动的近似, 解释了比热随温度变化的规律. 如果只考虑简谐振动, 则晶体不会因受热而膨胀. 因为按照简谐振动理论解释：温度变化只能改变振幅的大小而不能改变平衡点的位置.

事实上物质是随温度变化而膨胀 (也有收缩的情况), 因此需要考虑非简谐效应. 实际上原子在热振动时, 原子位移和原子间的相互作用力呈非线性和非对称关系, 因而引起热膨胀, 可用双原子模型进行解释.

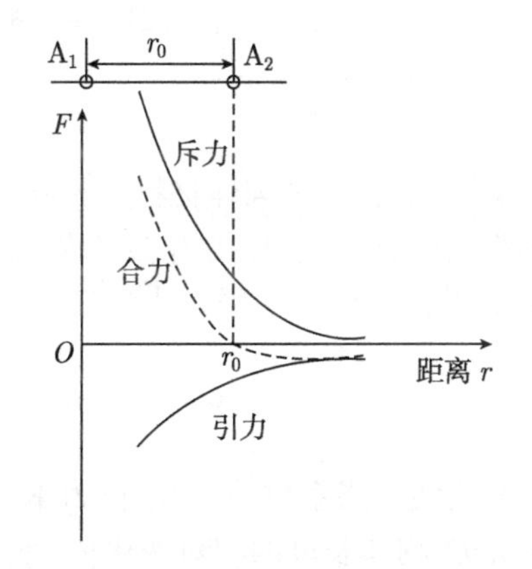

图 3.20 双原子模型中一对原子间的相互作用力与原子间距 r 的关系

图 3.20 是一对原子间的相互作用力 F 与原子间距 r 的关系图, 假定左边原子 A_1 不动, 右边 A_2 原子振动; 原子在平衡位置 r_0 两侧受力是不对称的.

当 $r < r_0$ 时, 合力中斥力占优势, 斥力随位移增大得很快, 合力曲线的斜率较大.

当 $r > r_0$ 时, 合力中引力占优势, 引力随位移的增大要慢一些, 合力曲线的斜率较小.

在这种受力情况下, 原子振动时的平衡位置不在 r_0 处, 而要向右移, 即相邻原子间的平均距离增加. 温度越高, 振幅越大, 原子在 r_0 两侧受力不对称情况越显著, 平衡位置向右移动越多, 相邻原子平均距离就增加得越多, 以致晶胞参数增大, 导致宏观上晶体膨胀.

从位能曲线的非对称性同样可解释材料的热膨胀. 如图 3.21 所示, 当温度为 T_1 时, 原子的振动位置相当于在 r_a 与 r_b 间变化, 当 $r = r_0$ 时, 位能最低, 动能最大. 在 $r = r_a$ 和 $r = r_b$ 时, 动能为零, 位能等于总能量. 位能曲线的非对称性使得在温度 T_1 时振动中心位置不在 r_0 处, 而在 r_0' 处. 随着温度的升高, 位能由 $U_1(T_1)$, $U_2(T_2)$ 向 $U_3(T_3)$ 变化, 振幅增加, 振动中心位置由 r_0', r_0'' 向 r_0''' 右移. 导致相邻原子间距增大, 产生热膨胀. 位能曲线的不对称程度越高, 热膨胀越大, 而不对称程度随偏离简谐振动程度的增加而增加.

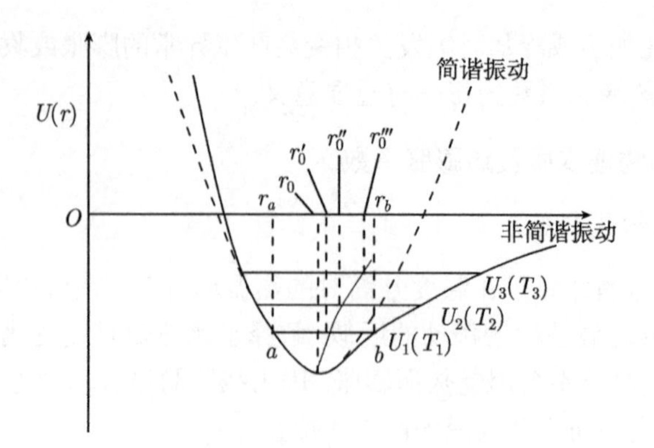

图 3.21　原子振动位能非对称性示意图

2. 热膨胀系数

实验证明, 许多固体材料的长度随着温度的升高而呈线性增加. 热膨胀通常用热膨胀系数表示. 长度为 l_1 的物体, 温度从 T_1 升高到 T_2, 物体的长度从 l_1 增加到 l_2, 则在此温度区间的平均线膨胀系数

$$\bar{\alpha}_l = \frac{l_2 - l_1}{l_1} \times \frac{1}{T_2 - T_1} = \frac{\Delta l}{l_1} \times \frac{1}{\Delta T} \tag{3.31}$$

平均线膨胀系数 $\bar{\alpha_l}$ 的单位为 K^{-1} 或 $°\mathrm{C}^{-1}$. 它表示物体在此温度范围内温度变化 1°C 物体长度的相对变化值. 实际上固体材料的线膨胀系数是随着温度的改变而变化的, 当 $T_2 - T_1$ 和 $l_2 - l_1$ 趋于零时, 则可得

$$\alpha_{lT} = \frac{\mathrm{d}l}{l_T} \times \frac{1}{\mathrm{d}T} \tag{3.32}$$

式中, α_{lT} 为在 T 温度下的线膨胀系数, 称为真膨胀系数; l_T 为 T 温度下材料的长度.

相应地还有平均体膨胀系数, 它表示物体在某温度范围内温度变化一度物体体积的相对变化值. 可表示为

$$\bar{\alpha}_V = \frac{V_2 - V_1}{V_1} \times \frac{1}{T_2 - T_1} = \frac{\Delta V}{V_1} \times \frac{1}{\Delta T} \tag{3.33}$$

式中的 V_1 和 V_2 分别表示在温度 T_1 和 T_2 时物体的体积. 相应真体膨胀系数为

$$\alpha_{VT} = \frac{\mathrm{d}V}{V_T} \times \frac{1}{\mathrm{d}T} \tag{3.34}$$

式中的 V_T 为物体在温度 T 时的体积.

在多数情况下, 实验所测得的是线膨胀系数; 线膨胀系数和体积膨胀系数有如下关系:

假设物体是各向异性的立方晶体, 各晶轴方向的线膨胀系数不同, 假如分别为 α_a、α_b 和 α_c, 则

$$V_T = l_a l_b l_c = l_{a0} l_{b0} l_{c0}(1+\alpha_a \Delta T)(1+\alpha_b \Delta T)(1+\alpha_c \Delta T) \tag{3.35}$$

由于线膨胀系数 α 一般都很少, 可忽略 α 二次方以上的项, 得

$$V_T \approx V_0[1+(\alpha_a+\alpha_b+\alpha_c)\Delta T] \tag{3.36}$$

所以

$$\alpha_V \approx \alpha_a+\alpha_b+\alpha_c \tag{3.37}$$

对于各向同性的立方晶体, 由于 $\alpha_a=\alpha_b=\alpha_c$; 所以

$$\alpha_V \approx 3\alpha_l \tag{3.38}$$

常用材料的线膨胀系数一般都很少, 在 $10^{-6} \sim 10^{-5}\text{K}^{-1}$ 数量级, 见表 3.4.

表 3.4 部分常用材料的线膨胀系数

材料名称	$\alpha_l/10^{-6}\text{K}^{-1}$	温度范围/K
Al	24.9	303 ~ 573
Ti	9.2	153 ~ 1133
Fe	16.7	303 ~ 1123
Cu	17.18	273 ~ 373
Zn	38.7	273 ~ 373
Ni	17.1	273 ~ 373
Si	6.95	273 ~ 373
金刚石	3.1	273 ~ 1273
Al_2O_3	8.8	273 ~ 1273
MgO	13.5	273 ~ 1273
SiC	4.7	273 ~ 1273
Si_3N_4	2.7	273 ~ 1273
ZrO_2	10.0	273 ~ 1273
石英玻璃	0.5	273 ~ 1273
尖晶石	7.6	273 ~ 1273
莫来石	5.3	273 ~ 1273

3.3.2 膨胀系数与其他物理性能的关系

1. 热膨胀与热容的关系

格律乃森 (Grüneisen) 指出：膨胀系数与定容热容成正比, 它们有相似的温度依赖关系, 在低温下随温度的升高而急剧增大, 到高温则趋于平缓. 这是因为它们都与原子的热振动有关. 根据晶格振动理论导出的热膨胀系数和定容热容的关系式为

$$\alpha_V = \frac{\gamma}{E_V V} C_V, \quad \alpha_l = \frac{\gamma}{3E_V V} C_V \tag{3.39}$$

式中, α_V 为体膨胀系数; γ 为格律乃森常数 (对大多金属材料 γ 在 1.5~2.5); C_V 为定容热容; E_V 为体积弹性模量; V 为体积.

2. 热膨胀和结合能、熔点的关系

固体材料的热膨胀与晶体点阵中质点的位能性质有关, 而质点的位能性质是由质点间的结合力特性所决定的. 所以, 质点间结合力强, 热膨胀系数小. 熔点也取决于质点间的结合力, 熔点高的材料通常结合力也强, 热膨胀系数也小. 从表 3.5 可看出这一规律.

表 3.5　金刚石、硅、锡的结合能、熔点和线膨胀系数

单质材料	$r_0/10^{-10}$m	结合能/(10^3J/mol)	熔点/°C	$\alpha_l/10^{-6}$K^{-1}
金刚石	1.54	712.3	3500	2.5
硅	2.35	364.5	1415	3.5
锡	5.3	301.7	232	5.3

格律乃森提出了固态物体的热膨胀极限方程, 对一般纯金属有

$$T_m\alpha_V = \frac{V_{T_m} - V_0}{V_0} = C \tag{3.40}$$

式中, T_m 为熔点温度; V_{T_m} 和 V_0 分别为金属熔点和 0K 时的体积; C 为常数. 对立方和六方结构的金属, C 值在 0.06~0.076; 正方结构的金属, C 值为 0.0276. 一般纯金属从 0K 加热到 T_m 的膨胀量约为 6%.

将式 (3.40) 代入德拜温度与金属熔点的关系式 (3.25), 得到线膨胀系数与德拜温度的关系式

$$\alpha_l = \frac{A}{V_a^{2/3} M \Theta_D^2} \tag{3.41}$$

式中, A 为常数; M 为相对原子质量; V_a 为原子体积. 从式 (3.41) 可见, 金属的线膨胀系数与德拜温度的平方成反比.

线膨胀系数与熔点的关系有一个经验公式

$$\alpha_l T_m = 0.022 \tag{3.42}$$

因此, 固态晶体的熔点越高, 其线膨胀系数越低, 这也间接反映了晶体原子间结合力大小的信息.

3.3.3　影响热膨胀性能的因素

1. 晶体结构

结构紧密的固体, 膨胀系数大, 而类似非晶态玻璃那样结构比较松散的材料, 膨胀系数小. 对于氧离子紧密堆积结构的氧化物, 相互热振动导致膨胀系数较大,

在 (6~ 8)$\times10^{-6}$°C^{-1}, 升高到德拜特征温度时, 增加到 (10~15)$\times10^{-6}$°C^{-1}. 例如, MgO、BeO、Al_2O_3、$MgAl_2O_4$ 都具有相当大的膨胀系数.

固体结构疏松, 内部空隙较多, 当温度升高, 原子振幅加大, 原子间距离增加部分被结构内部空隙所容纳, 宏观上表现较小的膨胀量. 例如, 多晶石英的膨胀系数为 $12\times10^{-6}K^{-1}$, 而石英玻璃的膨胀系数为 $0.5\times10^{-6}K^{-1}$.

2. 各向异性晶体

对于各向异性晶体, 在不同晶轴方向上有不同的热膨胀系数, 这是由于在不同的晶轴方向上原子间结合力不同造成的. 见表 3.6.

表 3.6 各向异性晶体的热膨胀系数

晶体	垂直 C 轴/($10^{-6}K^{-1}$)	平行 C 轴/($10^{-6}K^{-1}$)
Al_2O_3	8.3	9.3
TiO_2	6.8	8.3
$NaAlSi_3O_8$	4	13
C (石墨)	1	27

3. 温度与相变

对立方晶系金属, 其线膨胀系数随温度的变化与热容的规律相似. 图 3.22 是铝的线膨胀系数的实测值和格律乃森理论的计算值比较, 其结果基本一致. 而铁、钴、镍等铁磁性金属, 由于在居里温度附近发生磁性转变, 其膨胀曲线出现明显的反常. 其中钴、镍的膨胀系数实测值高于理论值, 而铁的实测值低于理论值.

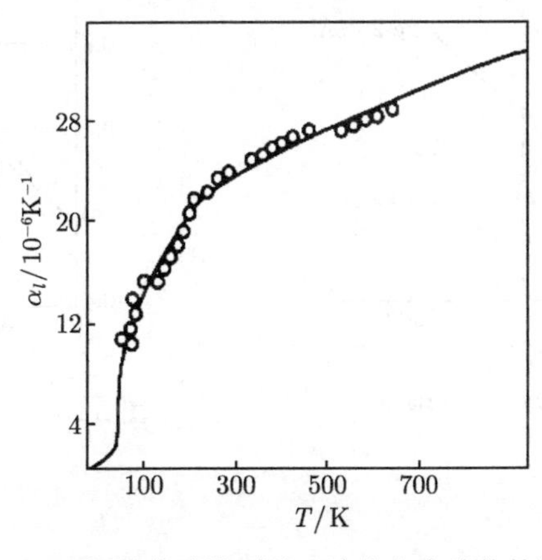

图 3.22 铝的线膨胀系数理论值和实验值的比较

同素异构转变时, 由于晶体结构发生改变, 伴随体积发生突变, 引起线膨胀系数不连续变化. 图 3.23 为纯铁加热时比体积的变化曲线. 在 A_3 和 A_4 点, 由于分

别发生了 $\alpha \to \gamma$ 和 $\gamma \to \sigma$ 的相变, 造成比体积的突变, 使线膨胀系数发生不连续的变化.

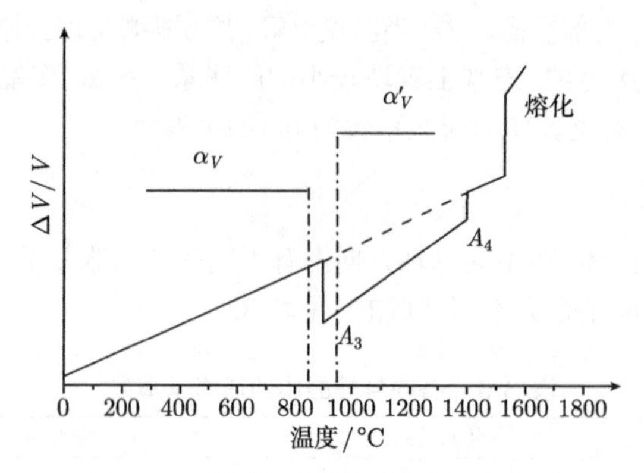

图 3.23　纯铁加热时比体积的变化曲线

在有序–无序转变时, 无体积突变发生, 膨胀系数在相变温区仅出现拐点 (见图 3.24). 拐点对应于有序–无序转变温度.

此外, 温度改变发生晶型转变时, 也会引起体积的变化. 例如, ZrO_2 晶体室温时为单斜晶型, 密度 $\gamma = 5.56 \text{g/cm}^3$, 1000°C 时转变成四方晶型, $\gamma = 6.1 \text{g/cm}^3$, 此时发生 4%的体积收缩, 如图 3.25 所示.

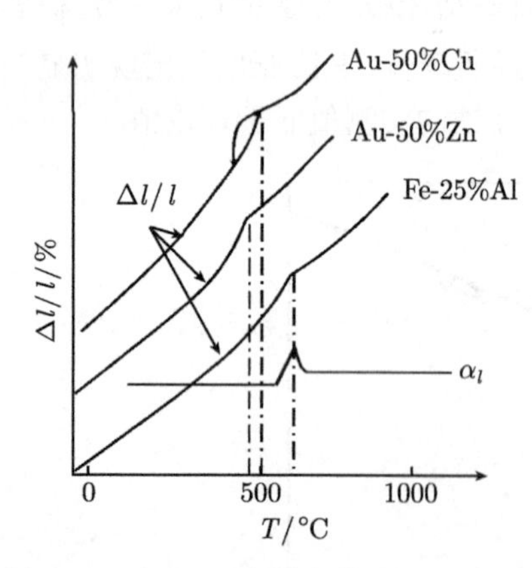

图 3.24　有序–无序转变的膨胀曲线

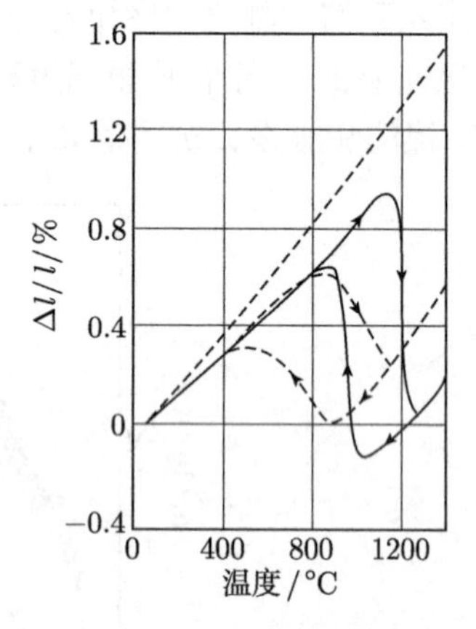

图 3.25　ZrO_2 的热膨胀曲线

4. 成分与组织

固溶体合金的膨胀系数介于两组元膨胀系数之间, 元素化学性质相近时, 近似为直线. 但大部分偏低, 一般略低于直线值. 金属与过渡族金属组成的固溶体合金, 其膨胀系数变化没有规律. 图 3.26 是某些连续固溶体合金的膨胀系数与溶质元素原子浓度的关系.

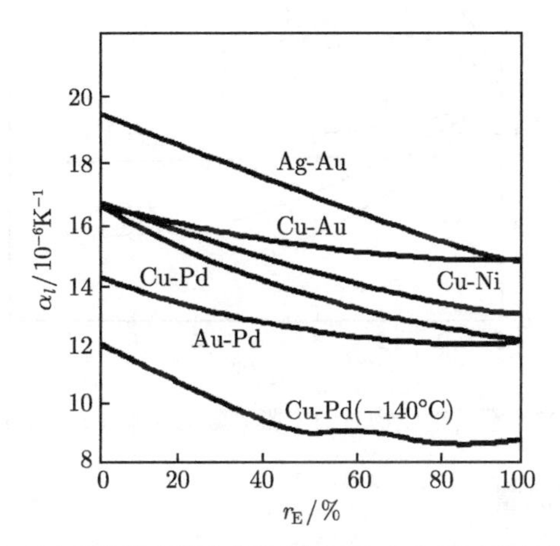

图 3.26 固溶体合金的膨胀系数与溶质元素原子浓度的关系

两元素形成化合物时, 因原子按规则严格排列, 原子间彼此相互作用远大于固溶体原子间的相互作用, 其膨胀系数比固溶体低.

多相合金的膨胀系数介于各相间, 与各相体积分数大致符合加法规律. 当两相的弹性模量比较接近时, 合金的膨胀系数可用下式求得

$$\alpha_l = \phi_1 \alpha_{l1} + \phi_2 \alpha_{l2} \tag{3.43}$$

式中, α_l、α_{l1}、α_{l2} 分别为合金和组成相的线膨胀系数; ϕ_1 和 ϕ_2 为组成相的体积分数.

若两相的弹性模量相差较大, 合金的膨胀系数用下式计算

$$\alpha_l = \frac{\alpha_{l1}\phi_1 E_1 + \alpha_{l2}\phi_2 E_2}{\phi_1 E_1 + \phi_2 E_2} \tag{3.44}$$

式中, E_1 和 E_2 分别为组成相的弹性模量.

合金元素对钢的膨胀系数的影响视其溶于铁素体还是形成碳化物而定. 固溶在钢中的合金元素和渗碳体降低钢的膨胀系数降低, 形成合金化合物的元素增加钢的膨胀系数. 图 3.27 给出了一些组成物浓度 γ_E 对钢膨胀系数的影响.

其他一些因素, 如热应力也会影响热膨胀系数. 一种各向同性材料被缓慢、均匀地加热时, 当材料的尺寸变化受到限制时, 就会产生热应力 (σ_T). 热膨胀系数与热应力、弹性模量 E 和温度变化 ΔT 的关系为

$$\alpha_l = \frac{\sigma_T}{E\Delta T} \tag{3.45}$$

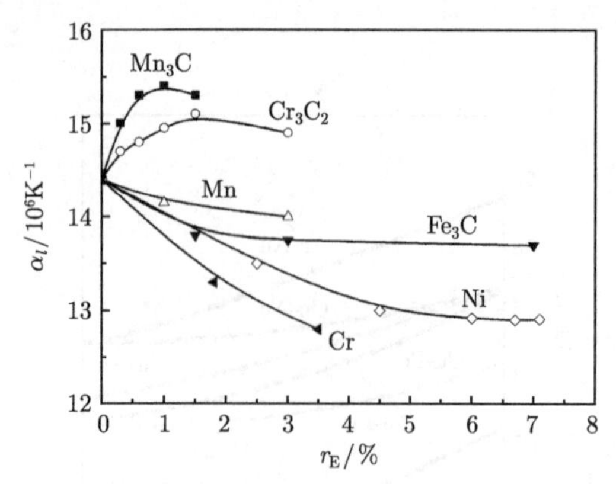

图 3.27　不同组成物对钢膨胀系数的影响 (20～250°C)

3.3.4　热膨胀系数的测量

膨胀仪通过测量物体随温度变化引起的长度变化 (延伸或收缩) 得到物体的膨胀系数. 这是物质的一个重要参数, 可用它研究材料相的转变、烧结过程、晶体结构变化、聚合物分解等. 膨胀仪种类繁多, 按其测量原理可分为机械式、光学式和电测式三大类. 以下选择有代表性的测量方法做简要介绍.

1. 简易机械式膨胀仪

膨胀仪通常由加热炉、控温装置、位移传感器和位移记录装置组成. 图 3.28 是简单的膨胀仪示意图. 在测量样品的膨胀系数时, 将试样放入石英玻璃的套管中, 通过石英顶杆与千分表相连. 石英玻璃套管放在管式电炉的中心区均匀加热, 试样和石英顶杆同时受热膨胀. 由于石英顶杆的膨胀系数很小, 可以忽略不计; 试样受热膨胀时石英顶杆发生移动, 因此在千分表上能精确读出试样在不同温度下的伸长量 ΔL. 这种膨胀仪比较简单, 其精度受千分表的精度所限制 (0.001mm), 且不能对膨胀量进行放大, 所以只适用于对膨胀系数较大的样品进行测量.

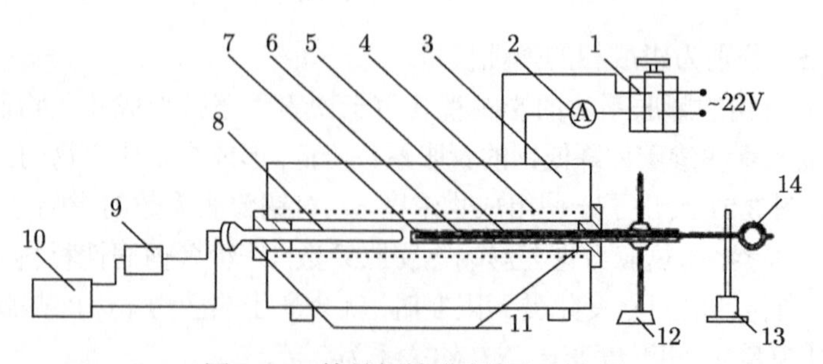

图 3.28　简易机械式膨胀仪示意图

1. 调压器; 2. 电流表; 3. 管式电炉; 4. 发热原件; 5. 石英顶杆; 6. 石英玻璃管; 7. 试样; 8. 热电偶; 9. 温度补偿器; 10. 电势差计; 11. 炉塞; 12. 铁架台; 13. 千分表座; 14. 千分表

2. 光杠杆式膨胀仪

光杠杆式膨胀仪是利用光学杠杆放大试样的膨胀量, 是目前使用最广泛的膨胀仪之一, 其结构示意图如图 3.29 所示.

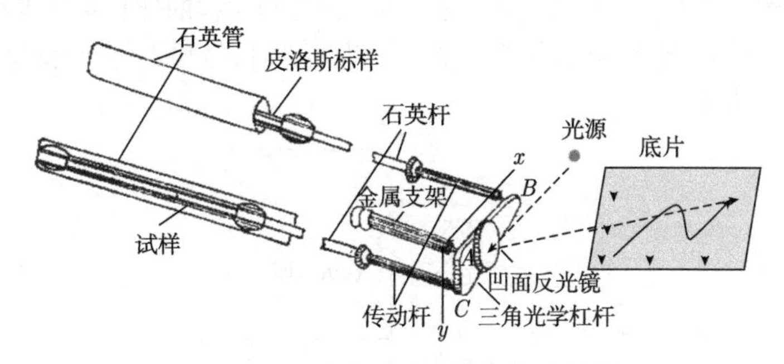

图 3.29 光杠杆式膨胀仪结构示意图

其核心是装有凹面反光镜的三角光学杠杆机构. 三角杠杆机构的两端 B 和 C 分别与标准试样和待测试样的传感石英杆相连, 三角杠杆机构的顶点 A 为固定支点. 标准试样的位置靠近待测试样, 它的作用是指示和跟踪待测试样的温度. 若待测试样的长度不变, 只有标准试样的长度受热伸长, 则三脚架以 AC 为轴转动. 由此通过凹面反光镜反射到底片上的光点沿水平方向移动, 用以记录试样温度的变化. 若标准试样的长度不变, 仅待测试样加热伸长, 三脚架以 AB 为轴转动, 反射光点沿垂直方向向上移动, 记录试样的热膨胀量. 若待测试样和标准试样同时受热膨胀, 反射光点便在底片上照出如图 3.30 所示的膨胀曲线. 通过光杠杆可将试样的膨胀量放大数百倍, 适用于精密测量材料的膨胀系数.

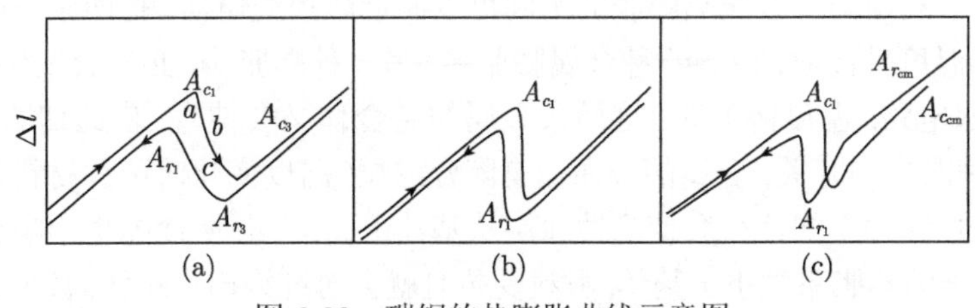

图 3.30 碳钢的热膨胀曲线示意图

(a) 亚共析钢; (b) 共析钢; (c) 过共析钢

对标准试样的选用有一些要求：在使用温度范围内没有相变, 不氧化, 其膨胀系数不随温度变化而改变. 在研究钢铁材料时, 由于加热温度较高, 常用皮洛斯合金 (Ni80%、Cr16%、W4%) 或镍铬合金 (Ni80%、Cr20%).

3. 电感式膨胀仪

电感式膨胀仪是将顶杆的移动通过天平传递到差动变压器, 变换成电信号, 经放大转换, 从而测量出试样的伸长量. 它的放大倍数可达 6000 倍. 试样规格为直径 3~8mm, 长度 10~20mm 的圆棒. 其测试原理图见图 3.31. 试样受热膨胀时, 通过石英杆使磁芯上升, 上部次级线圈的电感增加下部的电感减少, 于是反向串联的两个次级线圈中便有电压信号输出, 这一电压信号与试样的伸长量呈线性关系, 将此信号放大后输入 X–Y 记录仪的一个坐标轴, 温度信号输入另一坐标轴, 便可得到试样的膨胀曲线.

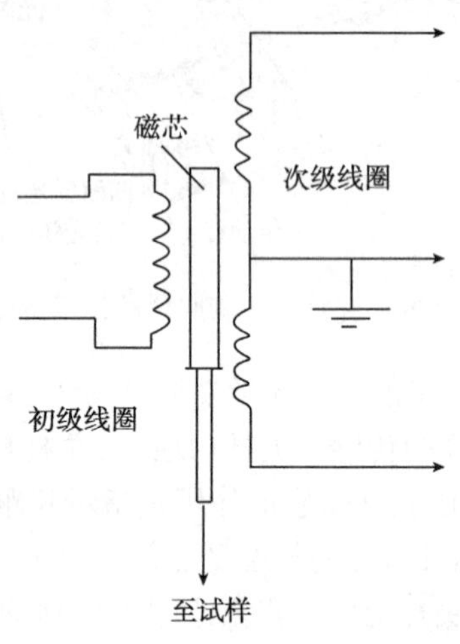

图 3.31　电感式膨胀仪测量原理图

3.3.5　热膨胀分析的应用

热膨胀系数是材料的重要的性能参数之一, 材料的热膨胀性能在工程上有重要的意义. 如利用两种金属热膨胀的不同可以制造温控继电器. 把两条不同的金属焊在一起, 温度升高时, 由于一种金属膨胀多, 另一种膨胀少, 必然会发生弯曲, 借此可以接通电路; 温度降低时, 这两条金属的结合体又会伸直, 借此切断电路, 于是成为一种温控的开关. 金属的表面覆有陶瓷涂层, 温度变化时两种材料热胀冷缩的程度不同. 这种不同往往会使脆性涂层从基体上剥落. 热胀冷缩也影响到复合材料, 如果纤维的热胀系数小于基体, 材料受热时就会对纤维产生拉伸, 甚至会将纤维扯断.

温度改变时会使材料内部的组织发生变化, 产生明显的体积效应. 而膨胀分析法与其他热分析技术相比具有灵敏度高, 测试方法简单等特点, 膨胀分析在玻璃的玻璃化转变温度和软化点的测定, 陶瓷烧结过程中的收缩行为, 钢铁在加热、等温和冷却过程中发生的相变等方面的研究得到广泛的应用. 下面举例说明.

1. 玻璃的玻璃化转变温度和软化点的测定

在玻璃器皿的制造过程中, 了解玻璃熔体的黏流特性随温度的变化规律非常重要, 热膨胀仪是分析玻璃热膨胀行为的有力工具. 在典型的玻璃热膨胀曲线中 (图 3.32), 可以看到两个特征温度.

玻璃化温度 T_g: 它位于热膨胀曲线切线的外延交点, 也就是斜率变化的起始点 (548.3°C).

软化点: 由曲线峰值温度点确定 (648.4°C).

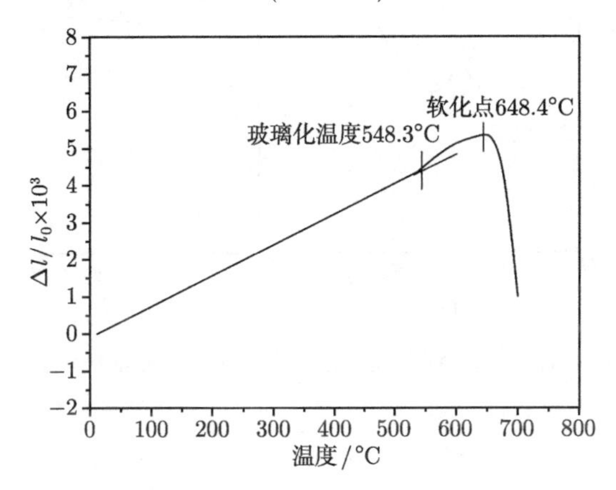

图 3.32 某玻璃的热膨胀曲线 (升温速率: 5°C/min; 气氛: 空气)

玻璃化温度 T_g 可看作玻璃器皿的最高使用温度. 在制造过程中, 温度达到软化点时, 玻璃的黏度已经低到可以进行吹制了.

在研究玻璃的热膨胀时, 要注意加热速度对玻璃化温度 T_g 的影响; 符尔达 (M.Fulda) 在研究碱–钙–硅玻璃时, 得到下列数据 (表 3.7).

表 3.7 加热速度对碱钙硅玻璃玻璃化温度 T_g 的影响

加热速度/(°C/min)	0.5	1	5	9
玻璃化温度 T_g/°C	468	479	493	499

从上表可看出, 加热速度提高, T_g 上升, 这是由于对玻璃快速加热时, 所测得的温度不能反映玻璃的实际温度.

2. 钢的 TTT 曲线 (等温转变曲线) 的测定

钢的过冷奥氏体在等温分解过程中, 由于发生组织转变, 伴随着明显的体积膨胀, 而且其膨胀量和组织转变量成正比. 钢加热时记录膨胀量–温度 (Δl–T) 的膨胀曲线, 奥氏体化后等温, 奥氏体化温度取 $A_{C_3}+(30\sim50)$°C, 对直径 3mm 的工件, 保温 10min 后, 立刻放到低温下等温, 测定膨胀量–时间 (Δl–t) 的膨胀曲线. 最后得到图 3.33 所示的钢奥氏体化及等温转变膨胀曲线.

图 3.33(a) 是奥氏体化过程的加热膨胀曲线, 试样在此阶段完成奥氏体化处理过程. 图 3.33(b) 是等温转变膨胀曲线, 从 O 点开始计算试样的等温时间, B 和 E

点分别对应转变开始时间 t_1 和转变终了时间 t_2. 由于钢等温转变产物 (珠光体、贝氏体) 的比体积比奥氏体的大, 所以随着等温时间的延长, 试样长度不断增加. 实验证明, 试样的膨胀量和奥氏体转变量的体积分数成正比.

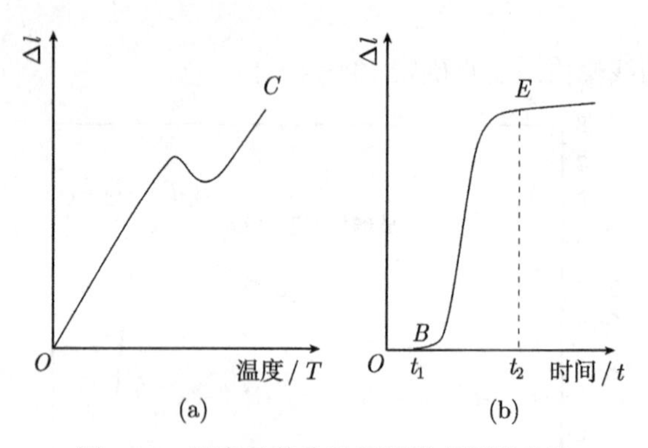

图 3.33　钢奥氏体化及等温转变膨胀曲线

将不同温度下的等温温度转变的开始、终了和转变不同数量所对应的时间标在温度与时间坐标上, 并连成光滑曲线, 即得到 TTT 图, 如图 3.34 所示. 为了作图方便, 时间轴常取对数坐标.

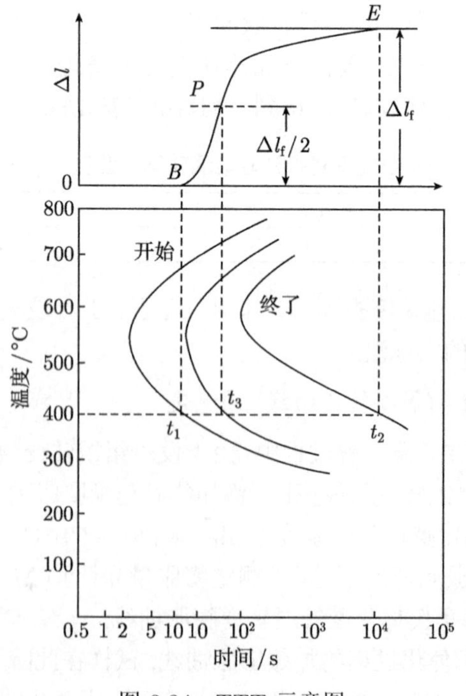

图 3.34　TTT 示意图

热膨胀在研究钢铁材料方面还有许多应用, 如铸铁加热转变临界点的测定; 测定钢的连续冷却转变曲线 (CCT 图) 等, 这里不作详细介绍.

3.4 材料的热传导

不同温度的物体有不同的内能; 同一物体在不同的区域, 如果温度不等, 这些区域含有的内能也不同. 当不同温度的物体或区域相互靠近或接触时, 会以传热的形式交换能量. 材料中热量由高温区域向低温区域传递, 这种现象称为热传导.

热传导是热交换的三种 (热传导, 对流和辐射) 基本形式之一, 是工程热物理、材料科学、固体物理及能源、环保等各个研究领域的课题, 材料的导热机理在很大程度上取决于它的微观结构, 热量的传递依靠原子、分子围绕平衡位置的振动以及自由电子的迁移, 在金属中电子流起支配作用, 在绝缘体和大部分半导体中则晶格振动起主导作用.

在工程应用上, 某些地方希望材料有良好的导热性, 如燃气轮机叶片、电子元件散热器等. 而工业炉、冷冻、石油液化等方面则要求保温材料的导热性差. 因此, 热能工程、制冷技术、工业炉设计等方面, 材料的导热性都是一个重要的问题.

3.4.1 材料的热导率和热扩散率

1822 年, 法国数学家傅里叶 (Fourier) 在实验研究的基础上, 发现了导热基本规律 —— 傅里叶定律, 表达式如下

$$\Delta Q = -\lambda \frac{\mathrm{d}T}{\mathrm{d}x} \Delta S \Delta t \tag{3.46}$$

式中, $\frac{\mathrm{d}T}{\mathrm{d}x}$ 称为 x 方向上的温度梯度 (指向温度升高的方向), 单位为 K/m; 负号表示热量向低温方向传导; λ 称为热导率 (导热系数), 导热系数 λ 的物理意义是指单位温度梯度下, 单位时间内通过单位垂直面积的热量, 单位为 J/(m·s·K) 或 W/(m·K), 它反映了物质的导热能力.

热导率 λ 是分子微观运动的宏观表现, 反映了物质微观粒子传递热量的特性. 它和材料的几何形状无关.

热导率的倒数称为热阻率, 用 ϖ 表示. 热阻率 ϖ 反映材料对热传导的阻隔能力.

傅里叶定律只适用于稳态传热过程, 即传热过程中, 材料在传热方向上各处的温度 T 是恒定的, 与时间无关, $\Delta Q/\Delta t$ 是常数.

对于非稳定传热过程, 即传热过程中物体内各处的温度随时间而变化的过程. 材料热端温度不断降低和冷端温度不断升高, 最终达到一致的平衡温度. 理论分析

表明, 非稳定传热过程与体系的热焓有关, 而热焓的变化速率与材料的导热能力 (λ) 成正比, 与储热能力 (体积热容) 成反比. 因此, 对于非稳定传热过程, 物体内单位面积上温度随时间的变化率为

$$\frac{\partial T}{\partial t}=\frac{\lambda}{\rho c_p}\times\frac{\partial^2 T}{\partial x^2} \tag{3.47}$$

式中, ρ 为材料的密度; c_p 为定压比热容. 令 $\alpha=\dfrac{\lambda}{\rho c_p}$, α 称为热扩散率或导温系数. 热扩散率的引入是出于非稳定传热过程的需要, 在非稳定传热过程中, 材料在热传导的同时还有温度场随时间的变化. 热扩散率是把两者联系起来的物理量, 表示物体温度的变化速率. α 越大的材料各处温度变化越快, 温差越小, 达到温度一致的时间越短. 例如, 金属工件在加热炉内被加热时, α 大的工件可在较短时间内达到预定的均匀温度.

3.4.2 热传导的物理机制

1. 材料的导热过程

气体的传热由分子间的相互碰撞而实现. 温度高的分子运动激烈, 能量高, 温度低的能量小. 通过碰撞, 温度高的气体分子把能量传递给温度低的气体分子, 从而实现传热.

金属则由大量的自由电子的运动而传热. 由于电子的质量很轻, 所以可迅速实现热传递. 因此, 金属一般都有高的热导率.

固体中传导热量的载体是电子、格波 (声子)、磁激发以及在某些情况下的电磁辐射.

无机非金属材料中, 由于晶格中自由电子极少, 它的导热主要是格波传热. 设想有一处于较高温度状态的质点, 其振动必然比较强烈, 平均振幅也较大, 这必然带动邻近质点, 使其振动加剧, 热运动能量增加, 而本身的振动却会减弱. 这样就出现了热量从高温向低温进行了转移和传递.

2. 声子导热

格波分声频支与光频支, 它们在传热过程中所起的作用是不同的. 温度不太高时, 光频支格波能量比较微弱, 对热容的贡献可以忽略, 对热导的作用同样也可忽略. 传热主要是声子传热.

声频支格波可看成是一种弹性波, 类似在固体中传播的声波, 把格波的传播看成是声子的运动; 格波与物质的相互作用, 理解为声子和物质的碰撞; 格波在晶体中传播时遇到的散射, 则理解为声子同晶体质点的碰撞; 理想晶体中的热阻, 则理解为声子与声子的碰撞. 这样, 就可用气体中热传导的概念来处理声子的热传导了.

根据气体分子运动理论, 理想气体的导热公式为

$$\lambda = \frac{1}{3}c\bar{v}l \tag{3.48}$$

式中, c 为单位体积气体的比热容; $\bar{v}$ 为气体分子的平均速度; l 为气体分子的平均自由程.

将式 (3.48) 引用到晶体材料上, 可导出声子碰撞传热的同样公式. 只是符号的意义不同：c 为声子的体积热容; $\bar{v}$ 为声子平均速度; l 为声子的平均自由程.

所以固体的热导率的普遍形式可表示为

$$\lambda = \frac{1}{3}\int c(\nu)\nu l(\nu)\mathrm{d}\nu \tag{3.49}$$

式中, $c(\nu)$、ν、$l(\nu)$ 分别为频率为 ν 的声子或光子的比热容、平均移动速度、平均自由程.

若晶格的热振动是严格的线性振动, 则晶格中各质点按各自的频率独立地做简谐振动, 格波间无相互作用, 声子在晶格中是畅通无阻的, 晶体中热阻为零, 热量则以声子的速度在晶体中传递. 这显然是不符合实际情况的.

声子在晶体中并不是畅通无阻的, 这主要是因为晶格的热振动并非是严格的线性, 晶格间具有一定的耦合作用, 声子与声子也会发生碰撞. 声子间的碰撞引起的散射是晶格中热阻的主要来源. 引起散射的其他原因还有缺陷、杂质、晶粒界面等.

碰撞取决于平均自由行程. 波长长的格波容易绕过缺陷 (相当于自由行程增大), 自由行程与温度有关 (温度增高, 自由行程减小), 但由温度引起的自由行程的减小有一定的限度, 高温下, 最小的平均自由行程相当于几个晶格间距, 低温时, 最长的自由行程可达整个晶粒的长度.

3. 光子导热

固体除了声子的热传导外, 还有光子的热传导. 当固体中分子、原子和电子的振动、转动等运动状态发生改变时, 会辐射出电磁波, 这类电磁波覆盖了较宽的频谱. 其中具有较强热效应的是波长为 0.4~40μm 的可见光与部分红外光的区域. 这部分辐射线就称为热射线. 热射线的传递过程称为热辐射. 我们可以把热射线的导热过程看作是光子在介质中传播的导热过程.

在温度不太高时, 固体中的电磁辐射能很微弱, 但在高温时就很明显. 因为其辐射能量与温度的四次方成正比. 例如, 在温度 T 时黑体单位容积的辐射能 E_T 与温度的关系为

$$E_T = \frac{4\sigma n^3 T^4}{c} \tag{3.50}$$

式中, σ 为斯蒂芬–玻尔兹曼常量 (为 $5.67\times10^{-8}\mathrm{W/(m^2\cdot K^4)}$); n 为折射率; c 是光速 ($3\times10^8\mathrm{m/s}$).

由于辐射传热中, 容积热容相当于提高辐射温度所需的能量, 所以

$$C_V = \left(\frac{\partial E}{\partial T}\right) = \frac{16\sigma n^3 T^3}{c} \tag{3.51}$$

又因为辐射线在介质中的速度 $v_{\mathrm{r}} = \dfrac{c}{n}$, 以及式 (3.51) 代入式 (3.48), 可得到辐射能的热导率

$$\lambda_{\mathrm{r}} = \frac{16}{3}\sigma n^2 T^3 l_{\mathrm{r}} \tag{3.52}$$

式中, l_{r} 为辐射线光子的平均自由程.

在热稳定状态下, 介质中任一体积元的平均辐射能量与平均吸收能量相等. 当介质中存在温度梯度时, 温度高的体积元平均辐射的能量大于它吸收的能量, 该体积元温度下降; 而温度低的体积元则正好相反. 因此, 整个介质中的热量从高温处向低温处传递. λ_{r} 就是描述介质中这种辐射能的传递能力.

从式 (3.52) 可看出, 辐射能的热导率 λ_{r} 与辐射线光子的平均自由程 l_{r} 成正比关系, 而 l_{r} 与介质透明度有关. 透明介质：热阻很小, l_{r} 较大, 辐射传热大. 如单晶、玻璃等, 在 773~1273K 辐射传热已很明显. 不透明的介质：l_{r} 很小, 辐射传热小. 如大多数陶瓷和一些耐火材料在 1773K 高温下辐射才明显. 完全不透明的介质：$l_{\mathrm{r}} = 0$, 在这种介质中, 辐射传热可以忽略.

3.4.3　影响材料导热性能的因素

1. 金属热导率与电导率的关系

在量子理论出现之前, 人们在研究金属材料的热导率时发现了一个引人注目的规律：在室温下许多金属的热导率与电导率之比 λ/σ 几乎相同, 称为维德曼–夫兰兹 (Widemann–Franz) 定律. 这一定律表明导电性好的金属, 其导热性也好. 后来, 洛伦兹 (Lorenlz) 进一步发现, 比值 λ/σ 与温度 T 成正比, 该比例常数称为洛伦兹常数 L, 即

$$\frac{\lambda}{\sigma} = LT$$

$$L = \frac{\lambda}{\sigma T} = \frac{\pi^2}{3}\left(\frac{k}{e}\right)^2 = 2.45 \times 10^{-8}(\mathrm{W} \cdot \Omega/\mathrm{K}^2) \tag{3.53}$$

式中, k 为玻尔兹曼常量; e 为电子电量.

后来进一步的研究表明, 洛伦兹数只有在温度 $T > 0°\mathrm{C}$ 的较高温度下才近似为常数. 这是因为金属的热传导除自由电子外, 还有声子的作用, 尽管声子所占的比例很少. 然而随着温度的降低, 电子的作用很快被削弱, 使导热过程变得复杂起来. 尽管如此, 建立热导率与电导率之间的关系还是很有意义. 因为热导率的测量既困难又不准确, 这就提供了通过测定电导率来确定金属热导率的既方便又可靠的途径.

2. 温度的影响

1) 温度对金属热导率的影响

金属以电子导热为主, 热导率与电导率之间遵从维德曼–夫兰兹定律. 电子在运动过程中将受到热运动的原子和各种晶格缺陷的阻挡, 从而形成热阻. 热阻包括晶格振动形成的声子热阻和杂质缺陷形成的热阻. 在中温区 (常用温区), 缺陷热阻随温度升高依 T^{-1} 规律下降; 声子热阻随温度升高依 T^2 规律上升. 一般来说, 纯金属中由于杂质缺陷相对较少, 声子热阻占主要地位, 所以纯金属的热导率一般随温度的升高而降低. 而合金中由于异类原子的存在, 缺陷热阻占主要地位, 其热导率往往随温度的升高而升高. 图 3.35 表示几种常见金属和合金的 λ/λ_0 随温度的变化规律. λ_0 和 λ 分别表示 0°C 和 T 温度时的热导率.

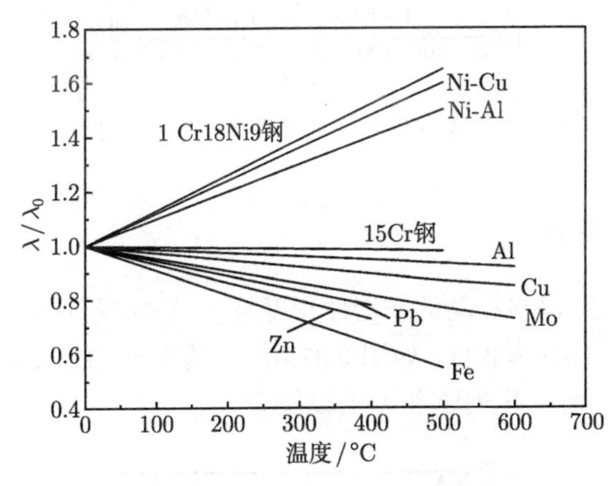

图 3.35 常见金属和合金的热导率随温度的变化

2) 温度对无机非金属材料热导率的影响

以 Al_2O_3 单晶为例, 说明温度对无机非金属材料热导率的影响 (见图 3.36). 对于无机非金属材料, 主要依靠声子和光子导热. 在温度不太高的范围内, 主要是声子传导, 热导率 $\lambda = \frac{1}{3}c\bar{v}l$. 平均速度 $\bar{v}$ 通常可看作常数; 在很低温度下, 平均自由程 l 已增大到晶粒的大小, 达到了上限, l 值基本上无多大变化; 热容 c 与 T^3 成正比. 因此热导率 λ 也近似地与 T^3 成正比, 随温度的升高而迅速增大. 温度继续升高, c 随温度 T 的变化也不再与 T^3 成比例, 并在德拜温度以后, 趋于恒定值; l 值因温度升高而减小, 并成了主要影响因素. 因此, λ 值随温度升高而迅速减小. 这样, 在低温处, λ 出现一个极大值. 在更高温度下, 由于 c 已基本趋于恒定, l 也逐渐趋于下限, 所以 λ 随温度的变化逐渐平缓. 在达到 1600K 的高温后, λ 值又有少许回升, 这是高温时辐射传热带来的影响.

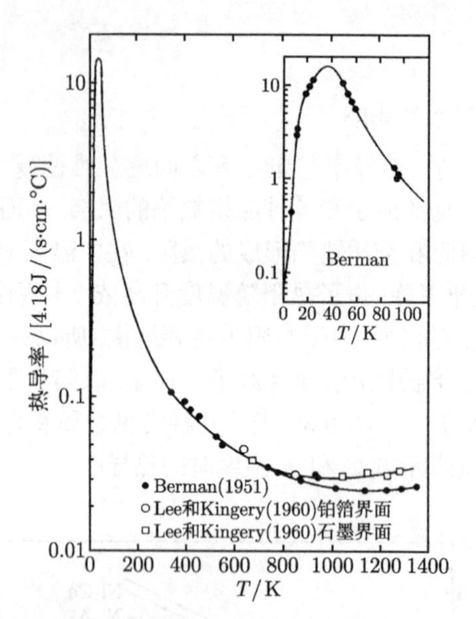

图 3.36 Al_2O_3 单晶的热导率随温度的变化

3. 显微结构的影响

晶体结构越复杂, 晶格振动的非谐性程度越大, 格波受到的散射越大, 因此, 声子平均自由程较小, 热导率较低. 如图 3.37 所示, 莫来石 ($3Al_2O_3 \cdot 2SiO_2$) 的结构比 CaO 和尖晶石复杂, 所以其热导率 λ 也较低.

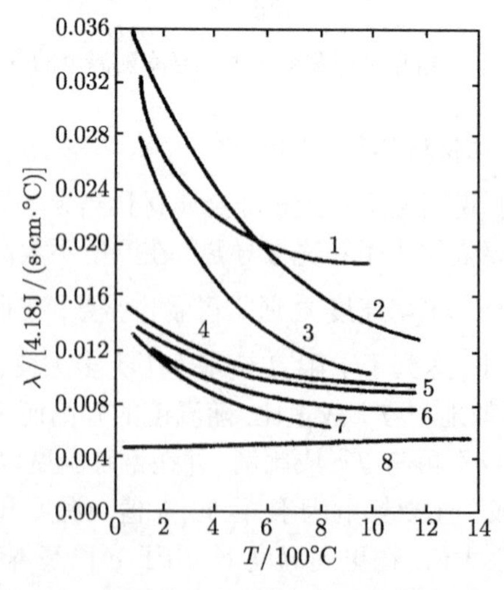

图 3.37 多晶氧化物的热导率随温度变化曲线

1.CaO; 2. 尖晶石; 3.NiO; 4. 莫来石; 5. 锆英石; 6.TiO_2; 7. 橄榄石; 8.ZrO_2

对于非等轴晶系的晶体热导率呈各向异性. 温度升高, 晶体结构总是趋于更好的对称. 因此, 不同方向的 λ 差异变小.

对于同一种材料的多晶体与单晶体, 多晶体的热导率总是比单晶小. 见图 3.38. 这是由于多晶体中晶粒尺寸小、晶界多、缺陷多、杂质也多, 声子更易受到散射, 多晶体的平均自由程 l 比单晶体的小得多, 因此多晶体的热导率 λ 较小. 随着温度的升高, 这种差值增大, 是因为晶界、缺陷等在较高温度下对声子的阻碍作用更强, 而单晶在温度升高后光子的导热作用较多晶更为明显.

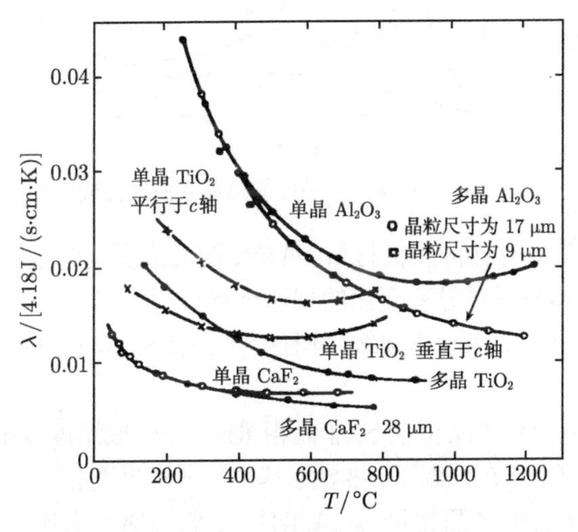

图 3.38　几种不同晶型的无机材料热导率与温度的关系

非晶材料通常具有近程有序、远程无序的结构. 可近似地把它当作由直径为几个晶格间距的极细晶粒组成的 “晶体” 来讨论. 它的声子平均自由程相当于晶体材料中自由程的下限, 其值近似等于几个晶格间距, 不随温度变化, 比晶体的自由程小得多. 对于同种材料, 非晶态材料的热导率较晶态材料的小. 另外, 非晶态材料的声子平均自由程不随着温度变化, 所以, 其热导率–温度曲线上不出现极大值. 在高温下 (温度超过 900K), 非晶材料的声子导热变化不大, 但光子的平均自由程明显增大, 已不能忽略光子的导热作用. 根据式 (3.52), 光子导热系数 λ_{r} 将随温度的三次方增大, 所以在高温下其热导率将明显的升高.

从图 3.39 中可看出晶体与非晶体导热系数曲线的明显差别:

(1) 在不考虑光子导热时, 非晶体的热导率在所有温度下都比晶体的小.

(2) 晶体和非晶体材料的热导率在高温时比较接近. 主要是因为当温度升到 c 点或 g 点时, 晶体的声子平均自由程已减小至像非晶体的声子平均自由程那样, 等于几个晶格间距的大小; 而晶体与非晶体的声子热容也都接近为 $3R$; 光子导热还未有明显的贡献, 因此晶体与非晶体的热导率在较高温时就比较近.

(3) 晶体物质的 λ–T 有峰值点 m, 而非晶体物质没有. 这也说明非晶体物质的声子平均自由程在所有温度范围内均接近为一常数.

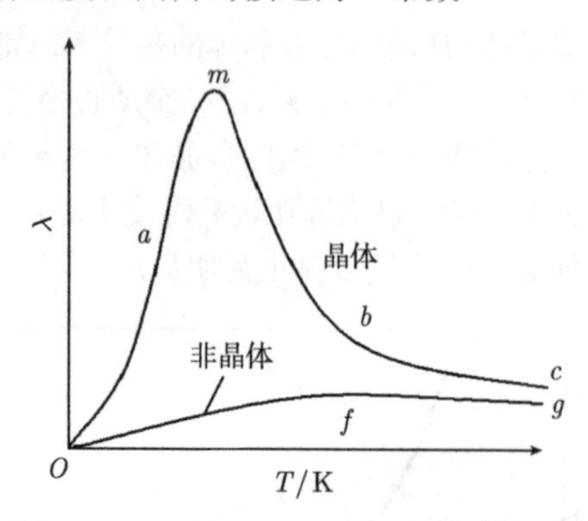

图 3.39　晶体和非晶体的热导率曲线比较

晶体与非晶体同时存在的无机材料, 热导率随温度变化的规律仍然可以用上面讨论的晶体和非晶体材料热导率变化的规律进行预测和解释. 在一般情况下, 这种晶体和非晶体共存材料的热导率曲线, 往往介于晶体和非晶体热导率曲线之间. 可能出现三种情况:

(1) 当材料中所含有的晶相量 > 非晶相量时, 在一般温度以上, 它的热导率将随温度上升而稍有下降; 在高温下, 热导率基本不随温度变化.

(2) 当材料中所含的非晶相量 > 晶相量时, 它的热导率通常将随温度升高而增大.

(3) 当材料中所含的晶相量和非晶相量为某一适当的比例时, 它的热导率可以在一个相当大的温度范围内基本上保持不变.

4. 化学组成的影响

在纯金属中加入其他杂质元素形成合金, 将提高热阻, 使热导率降低. 杂质原子与基体金属的结构差异越大, 对基体金属热导率的影响也大. 如图 3.40 所示杂质元素对铁热导率的影响, Mn、Al、Si 与铁基体的结构相差较大, 对铁基体的热导率影响也大. 而 Co、Ni 与铁基体的结构差异较小, 对热导率的影响也小.

另外, 基体金属的热导率越高, 合金元素对它的影响也越大. 由于铜的热导率比铁高, 合金元素 Ni 对铜热导率的影响就比铁热导率的影响大. 如图 3.41 所示.

在氧化物或碳化物中, 阳离子相对原子质量较小的, 其热导率比阳离子相对质量较大的要大, 如氧化物陶瓷中 BeO 具有最大的热导率.

形成固溶体时, 由于晶格畸变, 缺陷增多, 导致声子的散射几率增加, 降低了声子的平均自由程, 使热导率变小. 而且取代元素的质量和大小与基质元素相差越大,

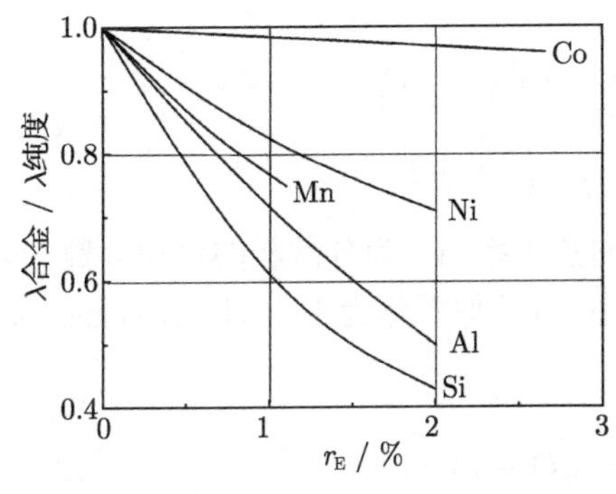

图 3.40 杂质元素对铁基体热导率的影响

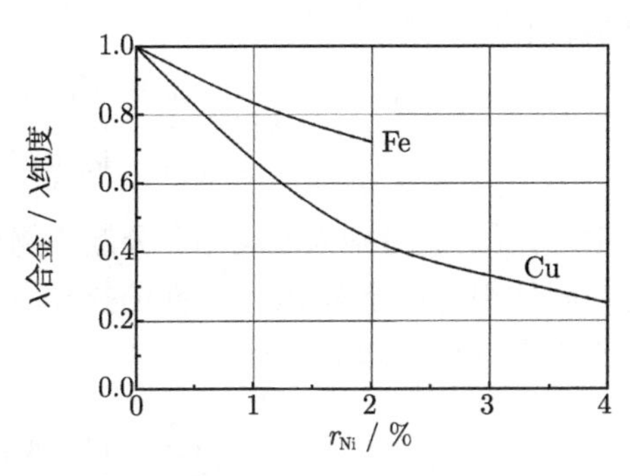

图 3.41 合金元素 Ni 对铜和铁热导率的影响

取代后结合力改变越大, 则对热导率的影响越大. 这种影响在低温下随温度的升高而加剧. 当温度高于德拜温度一半时, 热传导率则与温度无关. 这是因为, 在低温下声子传导的平均波长远大于缺陷的尺寸, 故不引起散射. 当温度升高, 声子平均波长将减小, 散射增加, 接近点缺陷尺寸后, 散射达到最大值, 此后, 温度再升高, 散射也不再增加.

图 3.42 是 MgO–NiO 固溶体热导率随组成的变化曲线. 在接近纯 MgO 或 NiO 处, 杂质含量稍有增加, 热导率迅速下降, 但随着杂质含量的增加, 其影响也逐渐减弱, 使曲线的形状呈 "U" 形. 并且杂质的影响在 200°C 时比 1000°C 时严重.

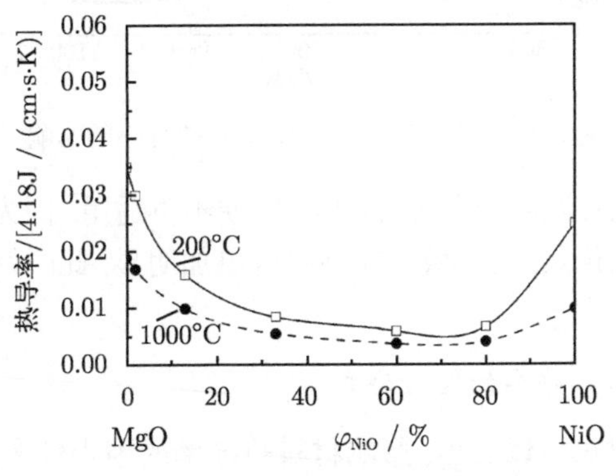

图 3.42 MgO–NiO 固溶体的热导率

5. 气孔的影响

普通陶瓷和黏土制品, 常含有一定量的气孔, 气孔的热导率比固体材料要低得多, 因此, 它们的热导率比一般材料要低得多. 常见的陶瓷材料典型的微观结构是晶相分散在连续的玻璃相中. 在温度不是很高, 而且气孔率不大, 气孔尺寸很小, 又均匀地分散在陶瓷介质中时, 这样的气孔可看作分散相, 陶瓷材料的热导率可用式

(3.54) 计算.

$$\lambda = \lambda_c \frac{1 + 2V_d \left(1 - \frac{\lambda_c}{\lambda_d}\right) \Big/ \left(\frac{2\lambda_c}{\lambda_d} + 1\right)}{1 - V_d \left(1 - \frac{\lambda_c}{\lambda_d}\right) \Big/ \left(\frac{2\lambda_c}{\lambda_d} + 1\right)} \tag{3.54}$$

式中, λ_c 和 λ_d 分别为连续相和分散相物质的热导率; V_d 为分散相的体积分数. 因为与固体相的热导率相比, 气孔的热导率很小, 可近似看作为零. 欧根 (Eucken) 对式 (3.54) 进行了修正, 得到

$$\lambda \approx \lambda_s(1 - V_d) = \lambda_s(1 - p) \tag{3.55}$$

式中, λ_s 为固相的热导率; p 为气孔的体积分数.

从式 (3.55) 可看出, 气孔率的增大总是使热导率 λ 降低. 图 3.43 是气孔率对 Al_2O_3 陶瓷热导率的影响.

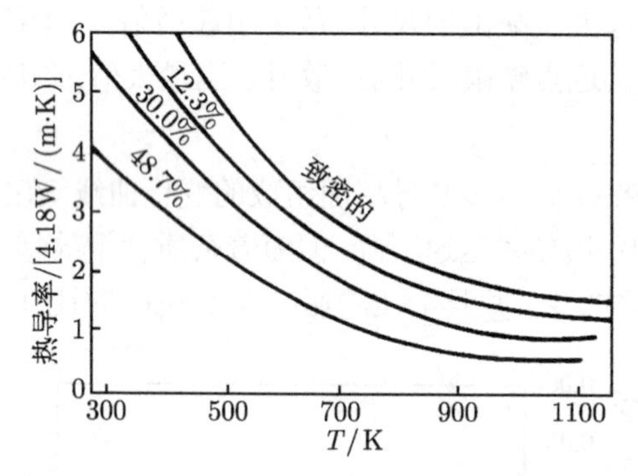

图 3.43　气孔率对 Al_2O_3 陶瓷热导率的影响

对大尺寸的气孔且温度较高时, 式 (3.55) 便不再适用. 因为大尺寸的气孔内的气体会因对流而加强传热, 这一效应在高温时更加明显, 此时气孔对热导率的贡献就不能被忽略了.

6. 某些无机材料热导率的经验公式

从对 1 ~ 5 的讨论可以看出, 影响材料热导率的因素较多, 因此, 在实际应用中经常需要依靠一些经验公式.

通常, 低温时有较高热导率的材料, 随着温度升高, 热导率降低. 如 $A1_2O_3$、BeO 和 MgO 等, 根据实验结果, 可整理出以下的经验公式

$$\lambda = \frac{A}{T - 125} + 8.5 \times 10^{-36} T^{10} \tag{3.56}$$

式中, T 为热力学温度 (K), 为常数; 对于 $A1_2O_3$、BeO 和 MgO, A 分别为 16.2、55.4、18.8.

式 (3.56) 适用的温度范围, 对于 Al_2O_3 和 MgO 是室温到 2073K, 对于 BeO 是 1273~2073K.

玻璃体的热导率随温度的升高而缓慢增大. 高于 773K, 由于辐射传热的效应使热导率有较快的上升, 其经验方程式如下:

$$\lambda = cT + d \tag{3.57}$$

式中, c、d 为常数.

某些建筑材料、黏土质耐火砖以及保温砖等的热导率随温度升高而线性增加. 其经验方程式为

$$\lambda = \lambda_0(1 + bT) \tag{3.58}$$

式中, λ_0 为 0°C 时材料的热导率; b 为与材料性质有关的常数.

3.4.4 热导率的测量和应用

1. 热导率的测量

测量热导率的方法基本都是建立在傅里叶热传导定律的基础之上, 测量热导率的方法比较多, 根据试样内温度场是否随时间改变, 可将测量方法归并为两类基本方法: 一类是稳态法; 另一类为非稳态法. 在稳定导热状态下测定试样热导率的方法, 称为稳态法. 而在不稳定导热状态下测定试样热导率的方法, 称为非稳态法. 根据被测材料热导率的范围、所需结果的精确度等采用不同的测量方法.

1) 稳态法

在热平衡状态下, 试样的温度不随时间而变化, 温度梯度和热流密度也稳定不变. 此时, 测量出均匀材料两点间的温度差和间隔距离, 以及通过该两点, 且垂直于热流方向的平行平面的热流强度, 用傅里叶定律, 即可以计算出材料的热导率. 稳态法的关键在于控制和测量热流密度. 材料热导率的稳态测量方法, 目前已经非常成熟. 但这种测量方法, 也存在一些固有的缺陷: 首先是容易受环境条件的影响, 不容易实现真正的恒温环境; 其次是测量费时.

理论上, 把热源放在空心球试样的中心就没有热量损失, 但把试样做成球及在球中心安装热源比较困难, 通常把试样做成圆棒或平板等比较简单的形状. 为保证试样只在预定方向上产生热流, 旁向热流减至最小, 除在其他方向采取热防护外, 对试样也有一定的要求: 圆棒的长度与直径之比要足够大, 平板的长宽与厚度之比尽可能大, 这样, 既可获得较大的温差, 又使试样侧面积小, 减少侧面热损失, 保持测温面上温度的均匀性. 稳态法中常用的测量方法有热流计法、保护热平板法.

(1) 热流计法: 热流计法是一种比较法. 测量时, 将厚度一定的样品插入在两个平板间, 设置一定的温度梯度. 使用校正过的热流传感器测量通过样品的热流, 传

感器在平板与样品之间和样品接触. 测量样品的厚度、上下板间的温度梯度及通过样品的热流便可计算热导率. 热流法是目前国际上比较流行的测量方法. 除固体材料, 还可用于多孔纤维、聚合物基复合材料、高分子材料等的导热系数的测定. 优点在于精度高, 可优于 ±1%, 适用于材料的研发、质量控制等精密测量.

(2) 保护热平板法: 保护热平板法的工作原理和热流法相似, 实验装置多采用双试件结构. 热源位于同一材料的两块样品中间. 使用两块样品是为了获得向上与向下方向对称的热流, 并使加热器的能量被测试样品完全吸收. 测量过程中, 精确设定输入到热板上的能量. 通过调整输入到辅助加热器上的能量, 对热源与辅助板之间的测量温度和温度梯度进行调整. 热板周围的辅助加热器与样品的放置方式可确保从热板到样品的热流是一维的. 辅助加热器后是散热器, 散热器和辅助加热器接触良好, 确保热量的移除与改善控制. 测量加到热板上的能量、温度梯度及两片样品的厚度, 应用 Fourier 方程便能够算出材料的导热系数.

相比热流法, 保护热板法更精确, 温度范围宽 (为 $-180 \sim 650°C$). 此外, 保护热板法使用的是绝对法, 无需对测量单元进行标定. 缺点是测量时间长, 并且不能研究湿材料的热传导性能, 不能用于薄膜、涂层等厚度小的样品.

2) 非稳态法

由于稳态法测量材料的热导率时防止热量损失是个难题, 所以为避免热损失的影响, 出现了非稳态测量法. 由热扩散率的定义 $\alpha = \lambda/\rho c_{\mathrm{p}}$ 可知, 热扩散率与导热能力 (热导率 λ) 成正比, 与材料密度和定压比热容成反比. 热扩散率反映了温度随时间变化时物体内部热量传递速率的大小; 热扩散率越大, 物体内热量传递速率越大. 在非稳态法测量热导率的过程中, 无需测量试样的热流速率, 通过测量试样上某些部位温度随时间的变化速率获得热扩散率, 若已知材料的密度和定压比热容, 就可求得材料的热导率.

非稳态法测量材料的热导率, 需要已知材料的比热容. 由于材料的比热容对杂质和结构不十分敏感, 且在德拜温度以上温度对比热容影响不大, 测量比热容的方法相对成熟, 因此非稳态法日益为人们所重视. 非稳态法中常用的测量方法有热线法和激光闪射法.

(1) 热线法: 热线法是应用比较多的方法, 是在样品 (通常为大的块状样品) 中插入一根热线. 测试时, 在热线上施加一个恒定的加热功率, 使其温度上升. 测量热线本身和平行于热线的一定距离上的温度随时间的关系. 由于被测材料的导热性能决定这一关系, 由此可得到材料的导热系数. 这种方法优点是测量时间比较短, 测量速度快, 测试温度范围较宽, 为室温至 1500°C, 对样品尺寸要求不太严格. 缺点是分析误差比较大, 一般为 5%~10%.

(2) 激光闪射法: 激光闪射法的测量范围很宽, 最高可到 2000°C. 但测到的是材料的热扩散系数, 还需要知道试样的比热和密度, 才能通过计算得到导热系数 λ,

只适用于各向同性、均质、不透光的材料; 优点是适用广泛, 快捷, 但精确度不一定高.

2. 热导率的应用

热导率是工程上选择保温和热交换材料的主要参数之一. 陶瓷耐火材料常被用作炉子的衬套, 因为它们既能耐高温, 又具有良好的绝热特性, 可以减少生产中的能量损耗. 航天飞机常使用陶瓷瓦作挡热板. 陶瓷瓦能承受航天飞机回到地球大气层时产生的高温, 有效防止航天器内部关键部件的损坏. 在现代化的燃气涡轮电站, 涡轮的叶片上的陶瓷涂层 (如稳定氧化锆) 能保护金属基材不受腐蚀, 降低基材上的热应力. 钢件在淬火过程中外部温度低, 内部温度高, 出现温度梯度. 若材料的热导率低, 则容易产生热应力, 甚至在应力集中处发生开裂. 这些和热相关的领域, 都要求精确测量它们的热物理性能.

对于玻璃纤维材料, 装填密度是多少时才有较好的保温效果, 通过测定它的导热系数与其装填密度之间的关系, 我们就可得出结论. 图 3.44 是用保护热板法测定玻璃纤维材料的导热系数与其装填密度之间的关系. 我们可以清楚地看到随着装填密度的降低, 导热系数上升. 这是因为辐射和对流传热的增强. 在密度 18kg/m^3 这一点, 导热系数达到最低点, 是这一材料的最佳装填密度. 当密度超过 18kg/m^3 时, 导热系数重新上升. 此时, 纤维本身的导热性占主导地位.

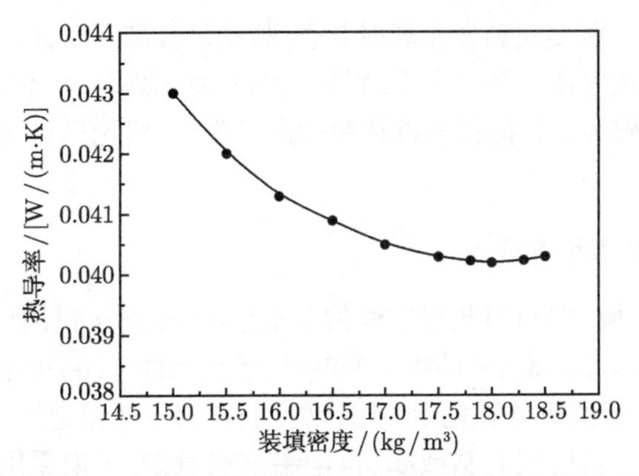

图 3.44 玻璃纤维的导热系数与装填密度之间的关系

在评价耐火材料时, 在其使用温度下测量其热导率十分重要. 因为不同耐火材料热导率与温度的关系是不一样的, 有的耐火材料热导率随温度上升而提高, 有的则下降.

图 3.45 是热线法测量的三种耐火材料与温度的关系曲线. 氧化镁砖块的热导率随温度上升而降低; 耐火砖的热导率随着温度上升而略有上升; 相比之下, 硅酸钙砖块的热导率最小, 而随着温度的上升其相对上升较大.

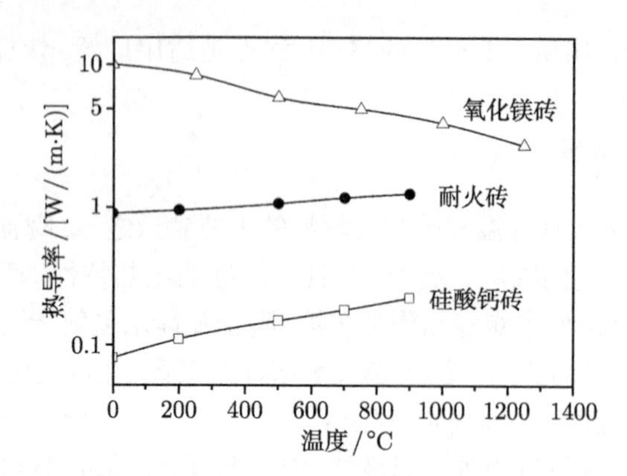

图 3.45　热线法测量的不同耐火材料的热导率与温度的关系

在过去的几十年里, 已经发展了大量的新的测试方法与系统, 然而对于一定的应用场合来说并非所有方法都能适用. 要得到精确的测量值, 必须基于材料的导热系数范围与样品特征, 选择正确的测试方法.

3.5　材料的热稳定性

热稳定性是指材料承受温度的急剧变化而不致破坏的能力. 热冲击损坏类型可分为两种类型: 一种是材料发生瞬时断裂, 抵抗这类破坏的性能称为抗热冲击断裂性; 另一种是在热冲击循环作用下, 材料表面开裂、剥落, 并不断发展, 最终碎裂或变质, 抵抗这类破坏的性能称为抗热冲击损伤性. 一般无机材料或其他脆性材料的热稳定性较差.

3.5.1　热稳定性的表示方法

不同的应用领域, 对材料热稳定性的要求也不同. 对于日用瓷器, 只要求能承受 200K 左右的热冲击, 而火箭喷嘴, 要求瞬时承受 3000~4000K 温差的热冲击, 同时还要经受高速气流的机械和化学腐蚀作用. 目前对于热稳定性, 虽然有一些理论解释, 但尚不完备. 因此, 对材料或制品的热稳定性评定, 一般采用比较直观的测定方法. 对不同的材料, 相应有不同的测定方法.

日用瓷通常是以一定规格的试样, 加热到一定温度, 然后立即置于室温的流动水中急冷, 并逐次提高温度和重复急冷, 直至观测到试样发生龟裂, 以产生龟裂的前一次加热温度来表征其热稳定性.

对于普通耐火材料, 常将试样的一端加热到 1123K 并保温 40min, 然后置于 283~293K 的流动水中 3min 或在空气中 5~10min, 并重复这样的操作, 直至试件失重 20%为止, 以这样操作的次数来表征材料的热稳定性.

高温陶瓷材料是以加热到一定温度后, 在水中急冷, 然后测其抗折强度的损失率来评定它的热稳定性. 例如, 制品的形状比较复杂, 在可能的情况下, 可直接用制品来测定, 高压电瓷的悬式绝缘子就是这样考评的.

总之, 对于无机材料尤其是制品的热稳定性, 尚需在理论上提出一些评定热稳定性的因子, 以便从理论上分析其机理和影响因素.

3.5.2 热应力

材料由于热膨胀或收缩引起的内应力称为热应力, 这种热应力可导致材料的断裂破坏或塑性变形. 产生热应力的来源有以下几个方面.

1. 因热胀冷缩受到限制而产生的热应力

假设有一长为 l, 各向同性的均质杆件, 当它的温度从 T_0 升到 T' 后, 杆件膨胀 Δl, 当杆件的两端是完全刚性约束时, 热膨胀不能实现, 杆件与支撑体之间就会产生很大的应力. 杆件所受的抑制力, 相当于把样品自由膨胀后的长度 $(l+\Delta l)$ 仍压缩为 l 时所需的压缩力, 此时, 材料的热应力 σ 可由下式计算:

$$\sigma = E\left(-\frac{\Delta l}{l}\right) = -E\alpha_l(T'-T_0) \tag{3.59}$$

式中, E 为材料的弹性模量; α_l 为线膨胀系数.

若该情况是发生在冷却过程中, 即 $T_0 > T'$, 则材料中热应力为张应力 (正值), 这种应力如果大于材料的抗拉强度, 会使杆件断裂.

2. 多相复合材料因各相膨胀系数不同而产生的热应力

在温度变化时, 由于复合材料中各相的膨胀系数不同, 造成结构中各相的膨胀或收缩的量不同而相互牵制产生热应力. 例如, 上釉陶瓷制品中坯、釉间产生的应力.

3. 因温度梯度而产生的热应力

材料被快速加热时, 其外表面温度比内部高, 则外表膨胀比内部大, 但相邻的内部材料限制其自由膨胀, 因此表面材料受压应力, 而相邻内部材料受拉应力. 同理, 迅速冷却时 (如淬火), 表面受拉应力, 相邻内部材料受压缩应力.

例如, 一块玻璃平板从 373K 的沸水中掉入 273K 的水中, 假设表面层在瞬间降到 273K, 则表面层趋于的收缩. 然而, 此时内层还保留在 373K, 并无收缩, 这样在表面层就产生了一个张应力. 而内层有相应的压应力, 其后由于内层温度不断下降, 材料中热应力逐渐减小, 如图 3.46 所示.

当平板表面以恒定速率冷却时, 温度分布呈抛物线, 表面温度 T_s 比平均温度 T_a 低, 表面产生张应力 σ_+, 中心温度 T_c 比 T_a 高, 所以中心是压应力 σ_-. 假如样品处于加热过程, 则情况正好相反.

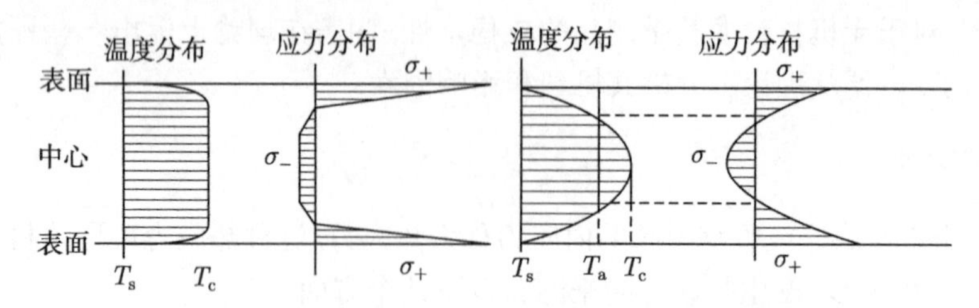

图 3.46　玻璃平板冷却时温度和应力分布示意图

实际材料受到热冲击时, 三个方向都会有涨缩, 即所受的是三向热应力, 而且互相影响, 下面分析陶瓷薄板的热应力状态, 见图 3.47.

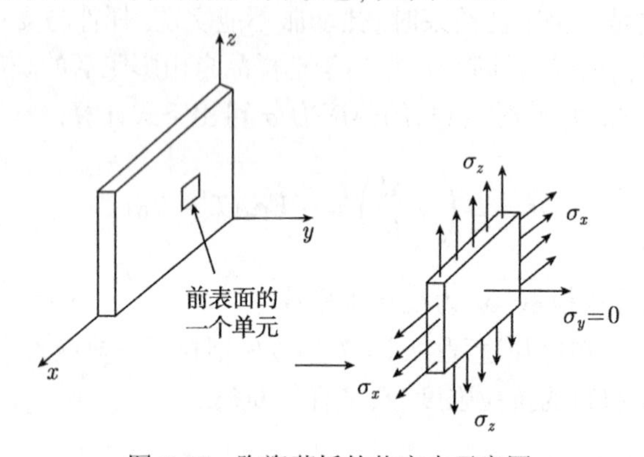

图 3.47　陶瓷薄板的热应力示意图

此薄板 y 方向的厚度较小, 在材料突然冷却瞬间, 垂直 y 轴各平面上的温度是一致的, 但在 x 轴和 z 轴方向上, 陶瓷薄板表面和内部的温度是有差异的: 外表面温度低, 中间温度高, 这两方向的收缩受到约束 ($\varepsilon_x = \varepsilon_z = 0$), 因而产生应力 $+\sigma_x$ 及 $+\sigma_z$. 而 y 方向由于可以自由膨胀, $\varepsilon_y \neq 0$, $\sigma_y = 0$.

根据广义胡克定律

$$\varepsilon_x = \frac{\sigma_x}{E} - \mu\left(\frac{\sigma_y}{E} + \frac{\sigma_z}{E}\right) - \alpha_l \Delta T = 0 \quad (x\text{方向不允许胀缩})$$

$$\varepsilon_z = \frac{\sigma_z}{E} - \mu\left(\frac{\sigma_x}{E} + \frac{\sigma_y}{E}\right) - \alpha_l \Delta T = 0 \quad (z\text{方向不允许胀缩})$$

$$\varepsilon_y = \frac{\sigma_y}{E} - \mu\left(\frac{\sigma_x}{E} + \frac{\sigma_z}{E}\right) - \alpha_l \Delta T$$

解得

$$\sigma_x = \sigma_z = \frac{\alpha_l E}{1-\mu} \Delta T \tag{3.60}$$

式中, μ 为泊松比.

在 $t=0$ 的瞬间, $\sigma_x=\sigma_z=\sigma_{\max}$, 此时达到材料的极限抗拉强度 σ_{f}, 前后两表面将开裂破坏, 代入式 (3.60), 得到材料所能承受的最大温差

$$\Delta T_{\max}=\frac{\sigma_{\mathrm{f}}(1-\mu)}{E\alpha_l} \tag{3.61}$$

对其他非平面薄板制品

$$\Delta T_{\max}=S\times\frac{\sigma_{\mathrm{f}}(1-\mu)}{E\alpha_l} \tag{3.62}$$

式中, S 为形状因子, 对于无限平板, $S=1$.

注意式 (3.62) 仅包含材料的几个本征性能参数, 并不包括形状尺寸数据, 因而可推广到一般形状的陶瓷材料及制品.

3.5.3　抗热冲击断裂性能

所谓抗热冲击断裂性, 是指材料承受的急剧变化而抵抗破坏的能力, 所以也称之为耐温度急变抵抗性和热稳定性等. 由于材料特别是陶瓷材料在加工和使用过程中经常会受到环境温度起伏的热冲击, 有时这样的温度变化还是十分急剧的, 因此抗热冲击断裂性是材料一个重要的性能指标.

1. 第一热应力断裂抵抗因子 R

由式 (3.62) 可知, 显然 $\Delta T_{\max}$ 值越大, 说明材料能承受的温度变化越大, 即抗热震性越好, 所以定义 $R=\dfrac{\sigma_{\mathrm{f}}(1-\mu)}{\alpha_l E}$ 为表征材料抗热震性的因子, 称为第一热应力断裂抵抗因子或称为第一热应力因子. 一些材料 R 的经验值见表 3.8.

表 3.8　R 的经验值

材料	σ_{f}/MPa	μ	α_l /(10^{-6}K^{-1})	E/GPa	R/°C
Al_2O_3	345	0.22	7.4	379	96
SiC	414	0.17	3.8	400	226
RSSN(反应烧结 Si_3N_4)	310	0.24	2.5	172	547
HPSN(热压烧结 Si_3N_4)	690	0.27	3.2	310	500
LAS_4(锂辉石)	138	0.27	1.0	70	1460

2. 第二热应力断裂抵抗因子 R'

R 虽然在一定程度上反映了材料抗热冲击性的优劣, 但并不能简单地认为 R 就是材料允许承受的最大温度差. 因为材料是否出现热应力断裂, 除与热应力 $\sigma_{\max}$ 密切相关外, 还与材料中应力的分布、产生的速率和持续时间, 材料的特性以及原先存在的裂纹、缺陷等有关.

热应力引起材料的断裂破坏, 还与材料的散热有关, 散热使热应力得以缓解. 材料的散热与下列因素有关.

(1) 材料的热导率 λ: 热导率越大, 传热越快, 热应力持续一定时间后很快缓解, 对热稳定性有利.

(2) 传热的途径: 即材料的厚度, 薄的材料传热途径短, 使温度均匀快. 材料的厚度通常用其半厚 r_m 表示.

(3) 材料的表面散热速率: 表面向外散热快, 材料内外温差大, 热应力也大, 引入表面热传递系数 h. h 的定义为材料表面温度比周围环境高 1K 时, 在单位表面积上、单位时间带走的热量. h 的实测值见表 3.9.

表 3.9　h 的实测值

条件	h/[J/(s·cm^2·°C)]	条件	h/[J/(s·cm^2·°C)]
空气流过圆柱体		从 1000°C 向 0°C 辐射	0.0147
流速 287kg/(s·m^2)	0.109	从 500°C 向 0°C 辐射	0.00398
流速 120kg/(s·m^2)	0.050	水淬	0.4~4.1
流速 12kg/(s·m^2)	0.0113	喷气涡轮机叶片	0.021~0.08
流速 0.12kg/(s·m^2)	0.0011		

综合考虑以上三种因素的影响, 引入毕奥 (Biot) 模数 $\beta(\beta = hr_m/\lambda)$, β 无单位. 显然, β 越大, 对热稳定性越不利.

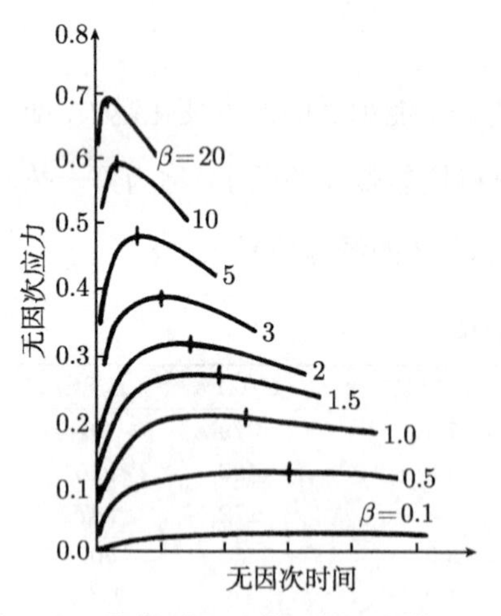

图 3.48　具有不同 β 的无限平板的无因次表面应力随时间的变化

在无机材料的实际应用中, 不会和理想骤冷那样, 瞬时产生最大应力 σ_{max}, 而是由于散热等因素, 使 σ_{max} 滞后发生, 且数值也折减. 设折减后实测应力为 σ, 令 $\sigma* = \dfrac{\sigma}{\sigma_{max}}$, σ^* 称为无因次表面应力, 其随时间的变化规律如图 3.48 所示. 从图中可见, β 值越小, σ^* 小, 最大应力折减得越多, 即达到实际最大应力要小得多. 同时最大应力的滞后也越厉害, 即达到实际最大应力所需的时间越长.

对于通常在对流及辐射传热条件下观察到的比较低的表面传热系数, S. S. Manson 发现

$$[\sigma^*]_{max} = 0.31\beta = 0.31\frac{hr_m}{\lambda} \tag{3.63}$$

考虑到表面传热系数 h 和热导率 λ 的影响, 把式 (3.61) 和式 (3.63) 合并后得

到

$$\Delta T_{\max}=\frac{\lambda\sigma_{\mathrm{f}}(1-\mu)}{\alpha_l E}\times\frac{1}{0.31r_{\mathrm{m}}h} \tag{3.64}$$

令 $R'=\dfrac{\lambda\sigma_{\mathrm{f}}(1-\mu)}{\alpha E}$, R' 称为第二热应力断裂抵抗因子, 单位为 J/(cm·s). 从式 (3.64) 可看出, 具有高的热导率、高的断裂强度、低的热膨胀系数和弹性模的材料, 具有高抗热冲击断裂性能.

考虑到材料形状的影响, 可得

$$\Delta T_{\max}=R'S\frac{1}{0.31r_{\mathrm{m}}h} \tag{3.65}$$

式中, S 为非平板样品的形状系数, 无限平板样品的 $S=1$.

图 3.49 表示某些材料在 673K(其中 Al_2O_3 分别按 373K 及 1273K 计算) 时, $\Delta T_{\max}$-$r_{\mathrm{m}}h$ 的计算曲线. 从图中可看出, 一般材料在 $r_{\mathrm{m}}h$ 值较小时, $\Delta T_{\max}$ 与 $r_{\mathrm{m}}h$ 成反比; 当 $r_{\mathrm{m}}h$ 值较大时, $\Delta T_{\max}$ 趋于恒定值. 此外, 要特别注意的是, 图中几种材料的曲线是交叉的, BeO 最突出. 它在 $r_{\mathrm{m}}h$ 很小时有很大的 $\Delta T_{\max}$, 即热稳定性很好, 仅次于石英玻璃和 TiC 金属陶瓷; 而在 $r_{\mathrm{m}}h$ 很大时 (如大于 1), 热稳定性很差, 仅优于 MgO. 因此, 不能简单地排列各种材料抗热冲击断裂性能的顺序.

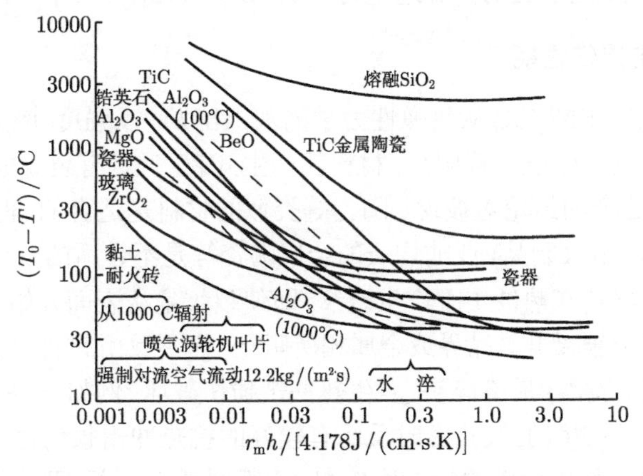

图 3.49 不同传热条件下材料淬冷断裂的最大温差

3. 第三热应力断裂抵抗因子 R''

在一些实际场合中往往关心的是材料所允许的最大冷却 (或加热) 速率 $\dfrac{\mathrm{d}T}{\mathrm{d}t}$, 要用冷却 (或加热) 速率的大小来表征材料的热稳定性的优劣.

对厚度为 $2r_{\mathrm{m}}$ 的无限平板, 考虑到降温过程中, 温度的内外分布, 经过推导可

以得出, 允许的最大冷却速率为

$$-\left(\frac{\mathrm{d}T}{\mathrm{d}t}\right)_{\max}=\frac{\lambda}{\rho c_p}\frac{\sigma_{\mathrm{f}}(1-\mu)}{\alpha_l E}\frac{3}{r_{\mathrm{m}}^2} \tag{3.66}$$

式中, ρ 为材料密度; c_p 为定压比热容.

热扩散率 (导温系数)$\alpha\equiv\dfrac{\lambda}{\rho c_p}$ 表征材料在温度变化时, 内部各部分温度趋于均匀的能力. α 越大, 越有利于热稳定性. 所以定义

$$R''=\frac{\sigma_{\mathrm{f}}(1-\mu)}{\alpha_l E}\frac{\lambda}{\rho c_p}=\frac{R'}{\rho c_p} \tag{3.67}$$

R'' 称为第三热应力断裂抵抗因子. 这样, 式 (3.66) 就有了下列形式

$$\left(\frac{\mathrm{d}T}{\mathrm{d}t}\right)_{\max}=R''\times\frac{3}{r_{\mathrm{m}}^2} \tag{3.68}$$

$\left(\dfrac{\mathrm{d}T}{\mathrm{d}t}\right)_{\max}$ 是材料所能经受的最大降温速率. 陶瓷材料在烧成冷却时, 降温速度不能超过此值, 否则会出现制品开裂. 有人计算了 ZrO_2 的 $R''=0.4\times10^{-4}\mathrm{m^2\cdot K/s}$, 当平板厚 10cm 时, 能承受的降温速率为 0.0483K/s(172K/h).

3.5.4　抗热冲击损伤性能

讨论的抗热冲击断裂是从热弹性力学的观点出发, 以强度–应力为判据, 认为材料中热应力达到抗张强度极限后, 材料就产生开裂, 一旦有裂纹成核就会导致材料的完全破坏. 这样的结论对玻璃、陶瓷等类似的材料是适合的, 但对一些含微孔的材料 (如黏土质耐火制品) 或非均质的金属陶瓷等是不合适的.

实际上有些材料在热冲击下产生裂纹, 即使裂纹是从表面开始, 在裂纹的瞬时扩张过程中也可能被微孔、晶界或金属相所阻止, 而不致引起材料的完全断裂, 而是材料表面开裂、剥落, 最终碎裂, 发生热冲击损伤破坏. 例如, 一些筑炉用的耐火砖, 往往含有 10%~20%的气孔率时反而有较好的抗热冲击损伤性, 而气孔的存在会降低材料的强度和热导率的, 因此 R 和 R' 都要减小. 这一现象按强度–应力理论就不能解释. 应从断裂力学观点出发, 以应变能 —— 断裂能为判据的理论.

根据断裂力学的观点, 通常情况下, 实际材料中都存在一定大小、数量的微裂纹, 在热冲击情况下, 这些裂纹产生、扩展以及蔓延的程度与材料积存有弹性应变能和裂纹扩展的断裂表面能有关. 当材料中可能积存的弹性应变能较小, 则原先裂纹的扩展可能性就小; 裂纹蔓延时断裂表面能需要大, 则裂纹蔓延的程度小, 材料热稳定性就好.

因此, 抗热应力损伤性正比于断裂表面能, 反比于应变能释放率. 这样就提出了两个抗热应力损伤因子 R''' 和 R''''

$$R''' = \frac{E}{\sigma^2(1-\mu)} \tag{3.69}$$

$$R'''' = \frac{E \cdot 2r_{\text{eff}}}{\sigma^2(1-\mu)} \tag{3.70}$$

式中, r_{eff} 为断裂表面能, 单位为 J/m^2(形成两个断裂表面). R''' 实际上是材料弹性应变能释放率的倒数, 用于比较具有相同断裂表面能的材料; R'''' 用于比较具有不同断裂表面能的材料.

根据 R''' 和 R'''', 热稳定性好的材料有低的 σ 和高的 E, 这与 R 和 R' 的情况正好相反. 原因在于两者的判断依据不同. 强度高的材料原有裂纹在热应力的作用下容易扩展蔓延, 对热稳定性不利.

D. P. H. Hasselman 曾试图统一这两种理论. 他将第二断裂抵抗因子 $R' = \dfrac{\lambda\sigma_{\text{f}}(1-\mu)}{\alpha E}$ 中的 σ_{f} 用弹性应变能释放率 G 表示, $\sigma_{\text{f}} = \sqrt{\dfrac{GE}{\pi c}}$, 得到

$$R' = \frac{1}{\sqrt{\pi c}}\sqrt{\frac{G}{E}} \times \frac{\lambda}{\alpha}(1-\mu) \tag{3.71}$$

式中, c 为裂纹半长; $\sqrt{\dfrac{G}{E}} \times \dfrac{\lambda}{\alpha}$ 为裂纹抗破坏的能力. 据此, Hasselman 提出了热应力裂纹安定性因子 R_{st}, 定义为

$$R_{\text{st}} = \left(\frac{\lambda^2 G}{\alpha^2 E_0}\right)^{\frac{1}{2}} \tag{3.72}$$

式中, E_0 为材料无裂纹时的弹性模量. R_{st} 越大, 裂纹越不易扩展, 热稳定性越好. 这实际上与 R、R' 的考虑是一致的.

由于要精确地测定材料中存在的微小裂纹、裂纹的分布和扩展过程, 目前在技术上还很难, 因此没有办法对此理论作出直接的验证. 影响材料热稳定性的因素也是多方面的, 这一理论有待进一步发展.

3.5.5 提高材料抗热冲击性能的措施

1. 提高抗热冲击断裂性能的措施

提高陶瓷、玻璃等密实性材料抗热冲击断裂性能的措施, 主要是根据上述 R 和 R' 因子所涉及的各个性能参数对热稳定性的影响, 它们所包含的材料性能指标主要是 σ、E、λ、α、h 和 r_{m}, 现分述如下:

(1) 提高材料的强度 σ, 减小弹性模量 E, 使 σ/E 提高

σ/E 高, 意味着材料的柔韧性较好, 可吸收较多的弹性应变能而不致开裂. 无机陶瓷材料的强度 σ 虽然不低, 但它的弹性模量 E 很大; 而金属材料则是 σ 大 E 小, 所以金属材料的热稳定性较陶瓷材料好得多. 例如, 钨的断裂强度比普通陶瓷高几十倍.

同一种材料, 晶粒细、晶界缺陷小、气孔少且分散均匀的, 往往抗热冲击性能较好.

(2) 提高材料的热导率 λ

λ 大的材料传递热量快, 使材料的内外温差较快地得到缓解, 因而可降低短时期的热应力集中. 金属的 λ 一般比无机材料的大 λ, 在无机材料中只有 BeO 的热导率 λ 可与金属类比.

(3) 减小材料的热膨胀系数 α

α 小的材料, 在同样温差下, 产生的热应力小. 例如, Al_2O_3 和 Si_3N_4 的 α 分别为 $8.4\times10^{-6}K^{-1}$ 和 $2.75\times10^{-6}K^{-1}$; 虽然二者的 σ 和 E 相差不多, 但后者的热稳定性优于前者.

(4) 减小材料的表面热传递系数 h

h 大, 易造成较大的材料表面和内部的温差. 材料周围的环境对材料表面散热速率影响较大. 例如, 在烧成冷却工艺阶段, 制品表面不吹风, 控制炉内降温速率, 保持缓慢散热降温是提高产品质量和成品率的重要措施.

(5) 减小产品的有效厚度 r_m

r_m 越小, 内外温度越容易均匀, 对热稳定性有利.

2. 提高抗热冲击损伤性能的措施

对于多孔、粗粒、干压和部分烧结制品, 要从抗热冲击损伤性来考虑采取措施, 降低裂纹的扩展. 根据 R''' 和 R'''' 因子, 要提高材料的抗热冲击损伤性能, 要求材料有高 E 和低 σ, 使材料在胀缩时, 所储存的用以开裂的弹性应变能小; 另外, 要求材料的断裂表面能 r_{eff} 大, 一旦开裂, 可吸收较多的能量使裂纹很快停止扩展.

这样降低裂纹的扩展的材料特性 (高 E 和 r_{eff}, 低 σ), 刚好与避免断裂发生的要求相反. 对于有较多孔隙的耐火砖类材料, 主要是避免原有裂纹的长程扩展所引起的深度损伤.

在与抗张强度关系不大的用途中, 利用各向异性热膨胀有意引入裂纹, 可避免灾难性的破坏, 如 Al_2O_3-TiO_2 陶瓷内晶粒间的收缩孔隙可使初始裂纹变钝, 从而阻止裂纹的扩展.

参 考 文 献

陈融生, 王元发. 2005. 材料物理性能检验 [M]. 北京：中国计量出版社

陈騑騢. 2006. 材料物理性能 [M]. 北京：机械工业出版社

关振铎, 张中太, 焦金生. 2001. 无机材料物理性能 [M]. 北京：清华大学出版社
刘强, 黄新友. 2008. 材料物理性能 [M]. 北京：化学工业出版社
龙毅, 李庆奎, 强文江, 等. 2009. 材料物理性能 [M]. 长沙：中南大学出版社
陆立明. 2010. 热分析应用基础 [M]. 上海：东华大学出版社有限公司
宋学孟. 1981. 金属物理性能分析 [M]. 北京：机械工业出版社
田莳. 2004. 材料物理性能 [M]. 北京：北京航空航天大学出版社
赵新兵, 凌国平, 钱国栋. 2006. 材料的性能 [M]. 北京：高等教育出版社

思考练习题

1. 画图并简要说明金属的摩尔热容随温度变化的实验规律.
2. 试说明经典热容理论、爱因斯坦量子热容理论和德拜量子热容理论的不同点.
3. 试用双原子模型说明热膨胀的物理本质.
4. 金属和无机非金属材料的热传导机制有何区别?
5. 为什么说对于同一种材料的多晶体与单晶体, 多晶体的热导率总是比单晶小?
6. 何为热应力? 产生热应力的来源主要有几个方面?
7. 分析三个热应力断裂抵抗因子之间的区别与联系. 试述提高抗热冲击断裂性能的措施?
8. 康宁 1723 玻璃 (硅酸铝玻璃) 具有下列性能参数：$\lambda = 0.021\text{J/(cm·s·°C)}$; $\alpha_l = 4.6 \times 10^{-6}\text{°C}^{-1}$; $\sigma_\text{f} = 7.0\text{kg/mm}^2$; $E = 6700\text{kg/mm}^2$, $\mu = 0.25$. 求第一及第二热冲击断裂抵抗因子.

第 4 章 材料的磁性能

材料的磁性在我们的家庭和社会中具有极其广泛的应用. 从古老的指南针到现代的电动机、发电机、电视机、计算机等, 都是使用多种磁性材料制成的磁性器件. 现代科学的发展和高新技术的应用, 如在生产、国防、科学研究、高新技术和日常生活中已经离不开材料磁性能的应用, 磁性材料已成为电气化、电子化和信息化时代的宠儿. 可以说, 今天的我们生活在一个磁的世界里, 对材料磁性能的应用无所不在.

材料为什么会有磁性呢? 现代物理理论和实验表明, 物质的宏观磁性源于组成物质的原子中电子运动的集体表现. 电子磁矩的相互作用决定了材料的磁性能. 在生产生活中, 可以通过选择材料的成分、微结构和制备工艺等来获得我们需要的磁性材料.

4.1 基本磁学量

4.1.1 基本磁现象

根据历史记载, 约在公元前 600 年人们就发现天然磁石吸引铁的现象. 1819 年, 奥斯特发现放在载流导线周围的磁针会受到磁力作用而偏转. 1822 年, 安培提出了有关物质磁性本质的假说, 他认为一切磁现象的根源是电流. 任何物质中的分子都存在回路电流, 称为分子电流, 分子电流相当于一个基元磁铁, 物质对外显示出磁性, 就是物质中的分子电流在外界作用下趋向于沿同一方向排列的结果. 安培的假说与现代对物质磁性的理解是符合的. 近代物理理论表明, 原子核外电子绕核的运动和电子自旋等运动就构成了等效的分子电流.

根据电磁理论, 如果有电荷移动, 就会产生磁场, 人们用磁感应强度 $\boldsymbol{B}$ 作为定量描述磁场中各点特性的基本物理量. 带电粒子的运动可以产生在导线中流动的宏观电流, 计算导线中电流产生磁场的基本定律是毕奥–萨伐尔定律, 具体计算方法可以参看赵凯华等编写的《电磁学》一书. 磁感应强度 $\boldsymbol{B}$ 不仅和空间的传导电流分布有关, 还和磁场中介质种类及分布有关. 为了简化问题, 人们还引入了磁场强度 $\boldsymbol{H}$ 来描述磁场, $\boldsymbol{H}$ 矢量的环流只和传导电流有关, 而在形式上与磁介质的磁性无关. 在磁场分布具有高度对称性时, 由描述 $\boldsymbol{H}$ 矢量性质的安培环路定理 $\oint \boldsymbol{H}\cdot \mathrm{d}\boldsymbol{l}=\sum I$ 可以比较方便地处理有磁介质时的磁场问题.

除了描述磁场特性的这些物理量外, 人们经常用磁矩 $\boldsymbol{m}$ 来描述环形回路电流激发磁场的强弱. 磁矩 $\boldsymbol{m}$ 也是反映材料对磁场响应的基本物理量之一. 对于电流为 i 安培的回路电流, 如其包围的面积为 $S(\mathrm{m}^2)$, 则 $\boldsymbol{m} = i\boldsymbol{S}$, $\boldsymbol{m}$ 方向符合右手定则, 单位为 $\mathrm{A{\cdot}m^2}$.

4.1.2 磁化强度 $\boldsymbol{M}$

磁性材料在磁场作用下会发生磁化并显示出磁性. 如图 4.1 所示的插图中, 在螺线管中插入一根软磁棒. 当线圈中没有通电流产生磁场时, 软磁棒不显示磁性, 我们说这时它处于未磁化状态. 当螺线管线圈中通有电流时, 线圈中有一个外磁场, 这时软磁棒处于磁化状态并显示出磁性.

有关介质的磁化理论, 有两种不同的观点 —— 分子电流观点和磁荷观点. 两种观点假设的微观模型不同, 从而赋予磁感应强度 $\boldsymbol{B}$ 和磁场强度 $\boldsymbol{H}$ 的物理意义也不同, 但是最后得到的宏观规律的表达式完全一样. 因此这两种观点在某种意义上是等效的, 本书将只介绍分子电流观点. 根据玻尔原子模型, 电子绕着原子核做轨道旋转运动和自旋运动, 电子的这种运动可用一个等效的环形回路电流表示, 称为分子电流, 这种分子电流具有一定的磁矩, 是材料中磁性的微观起源. 在没有磁场作用时, 各分子电流产生的磁矩取向是杂乱无章、相互抵消的, 因此宏观看起来不显示磁性. 但是在磁场作用下, 这些磁矩将趋向于沿同一方向排列, 各分子电流产生的磁矩矢量和将不等于零, 材料显示出磁性. 为了表征磁介质磁化的程度, 定义单位体积磁性材料内原子磁矩 $\boldsymbol{m}$ 的总和为磁化强度 $\boldsymbol{M}$

$$\boldsymbol{M} = \frac{\sum \boldsymbol{m}}{\Delta V} \tag{4.1}$$

当原子磁矩同向平行排列时, 宏观磁体对外显示的磁性最强. 当原子磁矩无序排列时, 宏观磁体对外不显示磁性. $\boldsymbol{M}$ 的单位为 A/m.

4.1.3 磁化率 χ

磁化率 χ 是指单位磁场强度 $\boldsymbol{H}$ 在材料中激发的磁化强度 $\boldsymbol{M}$ 大小的物理量, 它表示了材料在磁场中磁化的难易程度.

$$\chi = \frac{\boldsymbol{M}}{\boldsymbol{H}} \tag{4.2}$$

χ 只与磁介质的性质有关, 是材料的本征属性, 无量纲单位. χ 越大, 材料越容易被磁化, χ 越小, 材料越难被磁化, 其正负值则反映了材料的磁性类别.

4.1.4 磁导率

当在磁感应强度为 $\boldsymbol{B}_0$ 的磁场中放进某种磁介质后, 磁化了的磁介质将激发附加磁感应强度 $\boldsymbol{B}'$, 这时磁场中任一点的磁感应强度 $\boldsymbol{B}$ 等于 $\boldsymbol{B}_0$ 和 $\boldsymbol{B}'$ 的矢量和.

由于附加磁感应强度 $\boldsymbol{B}'$ 和材料的磁化强度有关, 所以总磁感应强度 $\boldsymbol{B}$ 的大小上取决于材料 $\boldsymbol{M}$ 和 $\boldsymbol{H}$ 的相互作用

$$\boldsymbol{B} = \boldsymbol{B}_0 + \boldsymbol{B}' = \mu_0(\boldsymbol{M} + \boldsymbol{H}) = \mu\boldsymbol{H} \tag{4.3}$$

式中, μ_0 为真空磁导率, 在 SI 单位制中, $\mu_0 = 4\pi \times 10^{-7}\text{H/m}$(享/米). μ 为磁导率, 其物理意义是单位磁场强度 $\boldsymbol{H}$ 在材料中激发出的磁感应强度大小. 不同的材料具有不同的磁导率. 在空气中和在磁性介质中外加同样的磁场时, 由于磁导率不同, 内部产生的磁感应强度也不同, 如图 4.1 所示.

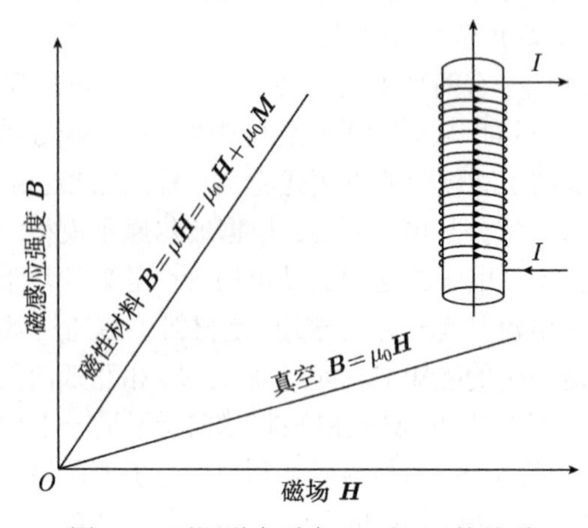

图 4.1　不同磁介质中 $\boldsymbol{H}$ 和 $\boldsymbol{B}$ 的关系

μ 是磁性材料的一个重要参数, 它的单位和 μ_0 相同, 也为 H/m(亨/米). 磁导率 μ 和磁化率 χ 都反映了材料增强磁场的能力, 它们之间的关系为

$$\mu = \mu_0(1 + \chi) \tag{4.4}$$

4.1.5　磁学单位制

磁性系统的单位使用较为混乱, 目前广泛使用三种单位制及它们派生出的几种其他单位制. 这三种单位制是: 高斯制 (CGS) 制, 两种国际单位 SI 制 (索末菲惯用制和肯涅利惯用制). 每一种单位制都各有千秋, 目前比较公认的是国际单位 SI 制, 特别是索末菲惯用制. 但是由于种种原因, 发表在学术期刊上的很多文章是用高斯制撰写的, 采用这种单位制的好处是自由空间的磁导率 μ_0 为 1, 而且磁场强度的单位 —— 奥斯特的大小对实际应用比较方便. 在本书中我们主要采用 SI 单位索末菲惯用制, 因为它是应用物理国际联合会推荐的单位制, 我国大部分教科书也是采用了这个单位制, 因此采用这种单位制可能会方便读者阅读. 在阅读教材和学术刊物时, 我们往往经常要将这几种单位进行变换. 由于测量磁化强度的单位用途差异而

不一样, 因此使得这几种单位的变换有时非常困难, 必须认真对待. 表 4.1 给出了一些主要磁学量的 SI 制和 CGS 制所采用的单位.

表 4.1 磁学常用单位制

磁学量	SI(索末菲制)	SI(肯涅利制)	CGS(EMU)
磁场强度 $\boldsymbol{H}$	安培/米 (A/m)	安培/米 (A/m)	奥斯特 (Oe)
磁感应强度 $\boldsymbol{B}$	特斯拉 (T)	特斯拉 (T)	高斯 (Gs)
磁化强度 $\boldsymbol{M}$	安培/米 (A/m)	—	$\mathrm{emu/cm^3}$
磁极化强度 $\boldsymbol{I}$	—	特斯拉 (T)	—
磁通量 $\boldsymbol{\Phi}$	韦伯 (Wb)	韦伯 (Wb)	麦克斯韦 (Ms)
磁矩 $\boldsymbol{m}$	$\mathrm{A{\cdot}m^2}$	$\mathrm{Wb{\cdot}m}$	emu
磁学量的关系	$\boldsymbol{B}=\mu_0(\boldsymbol{H}+\boldsymbol{M})$	$\boldsymbol{B}=\mu_0\boldsymbol{H}+I$	$\boldsymbol{B}=\boldsymbol{H}+4\pi\boldsymbol{M}$

注：肯涅利惯用制中所用的磁极化强度 $\boldsymbol{I}$ 仅仅是磁化强度 $\boldsymbol{M}$ 的另一种度量, 所用单位是 T 而不是 A/m. 因此在任何情况下均有 $\boldsymbol{I}=\mu_0\boldsymbol{M}$.

表中部分单位的转换因子为

$$1\mathrm{A/m}=4\pi\times10^{-3}\mathrm{Oe} \tag{4.5}$$

$$1\mathrm{T}=10^4\mathrm{Gs} \tag{4.6}$$

$$1\mathrm{A/m}=10^{-3}\mathrm{emu/cm^3} \tag{4.7}$$

为使读者对这些单位的大小有一定了解, 这里给出一些典型的数据：地球磁场的典型值 $H=56\mathrm{A/m}(0.7\mathrm{Oe})$, $B=0.7\times10^{-4}\mathrm{T}$. 铁的饱和磁化强度值 $M_0=1.7\times10^6\mathrm{A/m}$. 一个很大的实验电磁铁所产生的磁场为 $H=1.6\times10^6\mathrm{A/m}$, $B=2\mathrm{T}$.

4.2 物质的磁性

宏观材料都由原子组成. 由于电子及组成原子核的质子、中子都具有一定的磁矩, 所以宏观材料都毫无例外的是磁性物质.

4.2.1 原子磁矩

电子的质量比质子、中子的质量小三个数量级, 这使电子的磁矩比质子、中子的磁矩约大三个数量级, 所以原子的磁矩主要是由电子运动产生的磁矩.

1. 电子的轨道磁矩

电子的轨道磁矩是由于电子绕原子核做轨道运动而产生的. 在用量子力学理论给出电子的轨道磁矩之前, 我们先利用经典轨道模型做一简单的计算.

按照经典模型, 以角速度 ω 沿圆轨道运动的电子相当于一个圆电流, 其电流强度为 $i = e\omega/2\pi$. 这样一个圆电流产生的磁矩 (即电子的轨道磁矩) 的大小应为

$$\mu_l = iS = \frac{e\omega S}{2\pi} = \frac{e}{2}\omega r^2 \tag{4.8}$$

另外, 电子的轨道角动量为

$$P = mr^2\omega \tag{4.9}$$

结合式 (4.8) 和式 (4.9), 有

$$\mu_l = \frac{e}{2m}P \tag{4.10}$$

按照量子力学理论, 轨道电子的运动状态可以用 n、l、m_l、m_s 四个量子数来表示. 其中前三个为空间量子数, 第四个为自旋量子数. 根据量子力学的解释, 空间量子数的物理意义如下:

(1) $n = 1,\ 2,\ 3,\ \cdots$, 称为主量子数, 它决定了电子的能量.

(2) l 称为轨道角动量量子数, 它决定了轨道角动量的大小, 一个电子的轨道运动所具有的轨道角动量的绝对值为

$$P_l = \sqrt{l(l+1)}\hbar \tag{4.11}$$

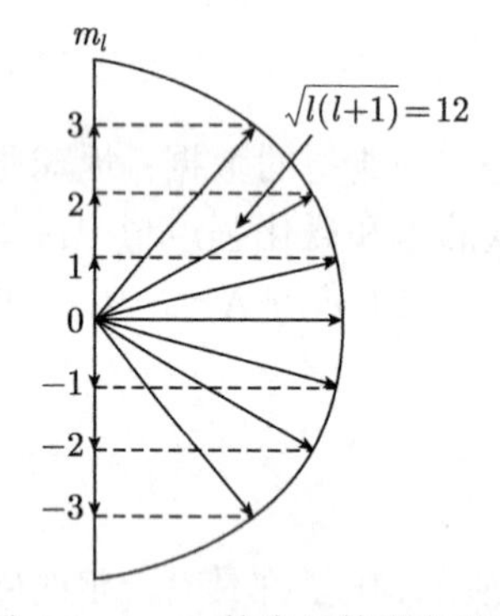

图 4.2 $l = 3$ 的电子轨道角动量的空间量子化示意图

(3) $m_l = 0,\ \pm1,\ \pm2,\ \cdots,\ \pm l$, 称为磁量子数, 它决定了电子的轨道角动量在 $\boldsymbol{P}_l$ 空间任意指定方向 (如外磁场 $\boldsymbol{H}$ 方向) 的投影值

$$(\boldsymbol{P}_l)_{\boldsymbol{H}} = m_l\hbar \tag{4.12}$$

式 (4.12) 说明, 电子的轨道角动量在空间的取向是量子化的. 图 4.2 给出了 $l = 3$ 的轨道角动量空间量子化取向示意图.

结合式 (4.10) 和式 (4.11) 容易得出电子轨道磁矩的绝对值为

$$\mu_l = \sqrt{l(l+1)}\frac{e\hbar}{2m} = \sqrt{l(l+1)}\mu_{\mathrm{B}} \tag{4.13}$$

电子轨道磁矩在外磁场方向的投影为

$$\mu_l^H = m_l\mu_{\mathrm{B}} \tag{4.14}$$

μ_l^H 可以取 $m_l = 0, \pm1, \pm2, \pm3, \cdots, \pm l$ 共 $(2l+1)$ 个值.

由于电子所带的电荷为负电荷, 故电子的轨道磁矩 $\boldsymbol{\mu}_l$ 与轨道角动量 $\boldsymbol{P}_l$ 的方向相反. 式 (4.14) 中

$$\mu_{\mathrm{B}} = \frac{e\hbar}{2m} = 9.274 \times 10^{-24}\mathrm{A} \cdot \mathrm{m}^2$$

称为玻尔磁子, 是物质磁矩的最小单元.

2. 电子的自旋磁矩

电子不仅绕核做轨道运动, 同时也做自旋运动. 自旋运动产生的电子自旋磁矩大小为

$$\mu_s = 2\sqrt{s(s+1)}\mu_{\mathrm{B}} = \sqrt{3}\mu_{\mathrm{B}} \tag{4.15}$$

式中, s 为自旋量子数, 它只有一个数值, 为 1/2. 自旋磁矩在外磁场方向的投影是

$$\mu_s^H = 2m_s\mu_{\mathrm{B}} \tag{4.16}$$

式中, $m_s = \pm\frac{1}{2}$, 称为自旋角动量方向量子数. 当同一 l 量子数的次电子壳层填满了电子时, 电子总自旋磁矩也为零. 所以计算原子的总自旋磁矩时, 只需要考虑未填满的那些次壳层中电子的贡献.

3. 原子的磁矩

原子的总磁矩是由电子轨道磁矩和自旋磁矩决定的, 但电子轨道磁矩和自旋磁矩如何耦合成原子总磁矩呢? 要回答这个问题, 我们首先要了解电子在原子中的分布以及它们的角动量耦合方式.

1) 电子分布

原子核外电子在构造原子壳层时遵从两个原理:

(1) 泡利原理: 每个电子状态只允许有一个电子, 即任何两个电子的四个量子数 (n、l、m_l、m_s) 不会完全相同.

(2) 最低能量原理: 电子优先占据能量低的状态.

按照以上原则构造的原子结构, 主量子数 n 代表主壳层; 轨道量子数代表次壳层, $l = 0,\ 1,\ 2,\ 3,\ 4,\ 5,\ 6,\ \cdots$ 的各次壳层分别以字母 s, p, d, f, g, h, i, $\cdots$ 表示.

根据泡利不相容原理, n, l 和 m_l 三个量子数完全相同的电子最多只能有两个, 而它们的第四个量子数 m_s 不能相同, 只能分别为 1/2 或 −1/2 两个值. 同一支壳层内, 即 n 和 l 两个量子数完全相同的电子数最多只能有 $2(2l+1)$ 个, 同一主壳层内则最多可以容纳 $\sum\limits_{l=0}^{(n-1)}[2(2l+1)] = 2n^2$ 个电子.

2) 原子中电子角动量的耦合方式

(1) $\boldsymbol{L}$–$\boldsymbol{S}$ 耦合方式：$\boldsymbol{L}$–$\boldsymbol{S}$ 耦合发生在原子序数较小的原子中. 在这类原子中, 不同电子之间的轨道–轨道耦合和自旋–自旋耦合较强, 而同一电子内的轨道–自旋耦合较弱. 因而, 各电子的轨道角动量首先合成一个总轨道角动量 $\boldsymbol{L}$, 各电子的自旋角动量首先合成一个总自旋角动量 $\boldsymbol{S}$. 然后, $\boldsymbol{L}$ 和 $\boldsymbol{S}$ 再耦合成该次壳层电子的总角动量 $\boldsymbol{J}$.

(2) $\boldsymbol{j}$–$\boldsymbol{j}$ 耦合方式：$\boldsymbol{j}$–$\boldsymbol{j}$ 耦合发生在原子序数较大 ($Z > 82$) 的原子中. 在这类原子中, 同一电子的轨道–自旋耦合较强, 两者先合成单电子的总角动量 $\boldsymbol{J}_i$. 然后, 各电子的总角动量 $\boldsymbol{J}_i$ 再合成该次壳层电子的总角动量 $\boldsymbol{J}$.

原子序数不太大的原子 (如组成绝大部分铁磁性材料的 3d 族、4f 族元素) 的基态或低激发态, 均属于 $\boldsymbol{L}$–$\boldsymbol{S}$ 耦合. 纯 $\boldsymbol{j}$–$\boldsymbol{j}$ 耦合只发生在较重元素的激发态中. $\boldsymbol{L}$–$\boldsymbol{S}$ 耦合的自由原子的磁矩为

$$\boldsymbol{\mu}_J = \boldsymbol{\mu}_l + \boldsymbol{\mu}_S \tag{4.17}$$

由量子力学理论和矢量演算 (具体推导过程可参看姜寿亭等编写的《凝聚态磁性物理》一书), 可以得到 $\boldsymbol{L}$–$\boldsymbol{S}$ 耦合的自由原子总磁矩大小为

$$\mu_J = g\sqrt{J(J+1)}\mu_{\mathrm{B}} \tag{4.18}$$

式中, J 为原子总角动量量子数, g 称为朗德因子或光谱分裂因数. g 的数值与原子的总角动量量子数 J、总轨道角动量量子数 L 和总自旋量子数 S 有关, 其大小为

$$g = 1 + \frac{J(J+1) + S(S+1) - L(L+1)}{2J(J+1)} \tag{4.19}$$

由式 (4.18) 和式 (4.19) 可知, 要计算自由原子总磁矩, 我们需要知道 L、S、J 的数值. 那么, 原子在稳定状态下 L、S、J 的取值有何规律呢? 洪德总结了它们取值的规律.

3) 洪德定值和原子磁矩

洪德根据原子光谱实验, 总结了计算含有未满电子壳层的原子 (或离子) 基态量子数的经验法则, 称为洪德法则, 其主要内容为

(1) 在泡利原理许可的条件下, 总自旋量子数 $S = \sum\limits_i m_{si}$ 取最大值.

(2) 在满足条件 (1) 并遵守泡利原理的前提下, 总轨道角动量量子数 $L = \sum\limits_i m_{li}$ 取最大值.

(3) 当电子数未达到电子壳层总电子数的一半时, 总角动量量子数 $J = L - S$; 当电子数达到或超过电子壳层总电子数一半时, $J = L + S$.

有些教材或科技文献中将原子的量子态用光谱学的方法标记为 $^{2S+1}L_J$. 其中, L 表示总轨道角动量量子数. 当 $L=0,\ 1,\ 2,\ 3,\ 4,\ 5,\ \cdots$ 时, 分别用符号 S, P, D, F, G, H, $\cdots$ 表示. 左上角标 $2S+1$ 和右下角标 J 分别用相应的数字表示.

例 计算 Co^{2+} 离子的基态磁矩并用光谱学标记表示基态.

解 Co^{2+} 离子未满壳层的电子组态为 $3d^7$. 按洪德法则, 有

$$S=\sum_i m_{si}=5\times\frac{1}{2}-2\times\frac{1}{2}=\frac{3}{2}$$

$$L=\sum_i m_{li}=2+1+0+(-1)+(-2)+2+1=3$$

因电子数超过壳层总电子数一半, 则

$$J=L+S=3+\frac{3}{2}=\frac{9}{2}$$

$$g=\frac{4}{3},\quad \mu_J=g\sqrt{J(J+1)}\mu_{\rm B}=6.63\mu_{\rm B}$$

基态可用光谱学标记为 $^4F_{9/2}$.

4. 晶体场与轨道角动量 "冻结"

按照理论所计算出的自由 Co^{2+} 离子磁矩为 $6.63\mu_{\rm B}$. 但是实验表明, Co^{2+} 离子磁矩的实测值为 $4.8\mu_{\rm B}$, 理论值和实验值差别较大. 这是因为在实际晶体中, 磁性离子将受到周围离子产生的晶体场的作用. 3d 族元素离子中对原子磁矩有贡献的 3d 电子处于轨道电子的最外层, 受晶体场作用强, 轨道角动量大部分被 "冻结", 原子的磁矩主要来源于未满壳层中没有被抵消的电子自旋磁矩, 因而使原子磁矩理论计算值与实测值产生了偏差.

然而, 在由稀土元素组成的材料中, 同样按理论计算出的原子磁矩则与实验值符合得较好. 这是因为稀土元素的未满电子壳层是 4f, 在其之外的 5s、5p、5d、6s 电子层对 4f 电子层有屏蔽作用, 因而稀土元素晶体原子很少受到周围晶体场影响, 其在材料中的原子磁矩实测值和自由原子磁矩理论值吻合较好.

4.2.2 材料按磁性分类

宏观材料的性质是由组成该材料原子的性质和组织结构决定的, 材料有许多的分类方法, 根据磁化率 χ 的大小和符号, 可以将材料分成五大类.

1. 抗磁性材料

某些材料放入外磁场 $\boldsymbol{H}$ 中后, 感生出与 $\boldsymbol{H}$ 方向相反的磁化强度, 这种材料称为抗磁性材料, 其具有的磁性称为抗磁性. 抗磁性材料的磁化率 χ 为负值, 其绝对值一般很小, 为 $10^{-6}\sim10^{-4}$, 并且在正常情况下与磁场和温度无关. 但当材料溶化凝固、晶粒细化和同素异构转变时, 将使其抗磁性磁化率发生变化.

抗磁性源于外磁场对电子轨道运动回路的洛伦兹力作用，这一附加作用产生的磁矩方向和外磁场方向相反，因而导致磁化率为负值. 事实上，抗磁性现象存在于一切物质中，是所有物质在外磁场作用下所具有的共同属性，但由于抗磁性物质磁化率绝对值非常小，大多数材料的抗磁性被较强的顺磁性或铁磁性所掩盖而不能表现出来. 只有在材料的原子、离子或分子固有磁矩为零时，才能观察到材料的抗磁性.

各种惰性气体、Cu、Au、Ag、Bi、Zn、Mg、Si、P、S 及大多数有机材料在室温下是抗磁材料，如 Cu 的 $\chi = -0.77 \times 10^{-6}$，Au 的 $\chi = -2.74 \times 10^{-6}$. 超导态的超导体则一定是抗磁性材料并具有完全抗磁性.

2. 顺磁性材料

许多材料在放入外磁场 $\boldsymbol{H}$ 中时感生出和 $\boldsymbol{H}$ 方向相同的磁化强度，其磁化率大于零，但绝对值也很小，为 $10^{-5} \sim 10^{-2}$，这类材料称为顺磁性材料，其具有的磁性称为顺磁性. 顺磁性材料的特征是组成这类材料的原子具有未满壳层电子，原子具有固有磁矩. 但由于受分子热运动影响，原子磁矩的方向杂乱分布，总磁矩为零，对外不显示磁性，如图 4.3(a) 所示. 当施加外磁场时，顺磁性材料中的原子磁矩趋于沿外磁场方向取向，感生出和外磁场方向一致的磁化强度，因而磁化率大于零. 一般顺磁性材料的磁化强度随磁场强度变化的 $\boldsymbol{M}$–$\boldsymbol{H}$ 曲线呈直线形，如图 4.3(b) 所示. 其磁化率和温度的关系遵从居里–外斯定律，如图 4.3(c) 所示.

$$\chi = \frac{C}{T - T_{\mathrm{p}}} \tag{4.20}$$

式中，C 为居里常量，T_{p} 称为顺磁居里温度. 具有顺磁性的物质很多，典型的有稀土金属和铁族元素的盐类等.

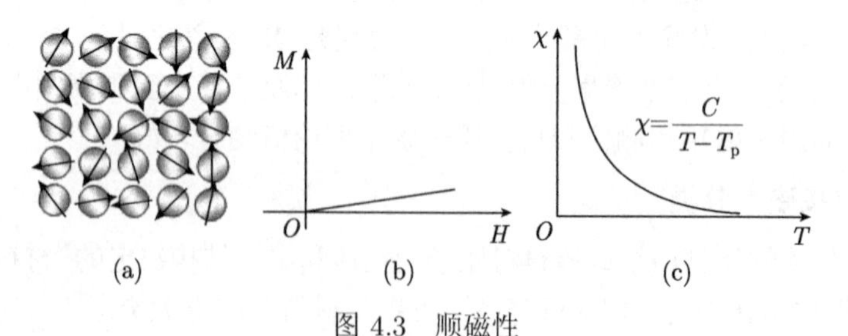

图 4.3　顺磁性

(a) 无外加磁场时顺磁性材料中原子磁矩的排列；(b) 顺磁性材料磁化强度随 H 变化的曲线；(c) 顺磁材料磁化率随温度的变化

3. 反铁磁材料

反铁磁性物质原子具有固有磁矩，其原子磁矩完全反平行排列，而且大小相同，磁矩相互抵消, 宏观自发磁化强度为零. 在温度高于某一温度 T_{N} 时, 其磁化率 χ 服从居里–外斯定律 $\chi = \dfrac{C}{T+T_{\mathrm{p}}}$, $T_{\mathrm{p}} < 0$; 当 $T < T_{\mathrm{N}}$ 时, 随温度 T 的降低 χ 降低, 并趋于定值; 所以在 $T = T_{\mathrm{N}}$ 处, χ 值极大, 如图 4.4 所示, 这一现象称为反铁磁性现象. T_{N} 是反铁磁性与顺磁性转变的临界温度, 称奈尔温度. $T < T_{\mathrm{N}}$ 时, 物质呈反铁磁性, $T > T_{\mathrm{N}}$ 时, 材料呈顺磁性. Mn、Cr 是反铁磁性元素, MnO、Cr_2O_3、CoO、某些过渡族元素的盐类及化合物等是反铁磁性物质.

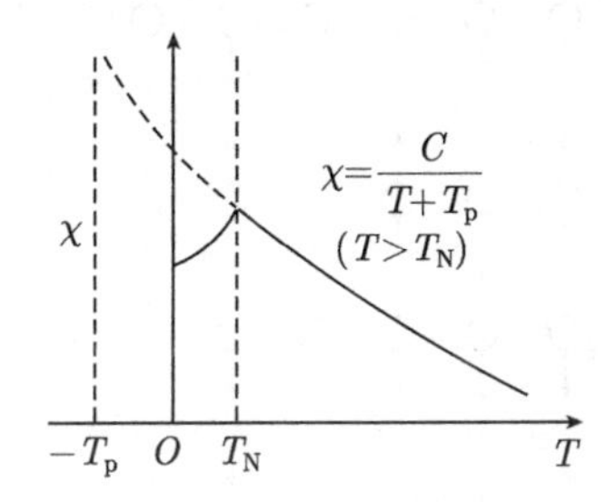

图 4.4 反铁磁性材料磁化率与温度关系

4. 铁磁性材料

迄今为止, 最重要的一类磁性材料就是铁磁性材料和亚铁磁性材料, 这些材料具有多种多样的应用方式. 铁磁性材料的特点是磁化率 χ 的数值在 $10\sim10^6$, 远大于顺磁性材料的磁化率. 组成铁磁性材料的原子或者离子和顺磁性材料一样, 具有未满壳层的电子, 因此具有固有原子磁矩.

铁磁性材料中, 相邻离子或原子的未满壳层的电子之间有强烈的交换耦合作用, 这种作用会使相邻原子或离子的磁矩在一定区域内呈平行排列, 称为自发磁化. 由于该作用的存在, 铁磁性材料在很小的外磁场作用下就能被磁化到饱和, 磁化率 $\chi \gg 0$. 铁磁性材料具有很多特殊性质, 如磁滞现象、磁晶各向异性、磁致伸缩等性质. 铁磁性材料具有一个磁性转变温度, 称为居里温度 (T_{C}). 铁磁性材料的自发磁化随环境温度的升高而逐渐减小. 环境温度超过 T_{C} 后, 材料的自发磁化完全消失, 这时材料内部的原子磁矩呈杂乱排列, 表现出顺磁性并服从居里–外斯定律. 在 T_{C} 附近铁磁性物质的许多性质出现反常现象. 铁磁性物质主要有 Fe、Co、Ni、Gd 等金属单质及一些铁磁性合金和化合物.

5. 亚铁磁材料

亚铁磁材料和铁磁材料的特点相同, 具有自发磁化、居里温度、磁滞现象、磁晶各向异性、磁致伸缩等性质. 只是其磁化率没有铁磁性材料那么大, 数值在 $10\sim10^3$ 数量级.

亚铁磁材料和铁磁材料最大的区别在于它们的磁有序结构不同. 亚铁磁材料中, 相邻原子或离子间的磁矩呈反平行排列, 如图 4.5 所示. 由于亚铁磁性材料中两个相反平行排列的磁矩大小不相等, 矢量和不为零, 因此有自发磁化现象. 铁氧体是一类典型的亚铁磁性材料.

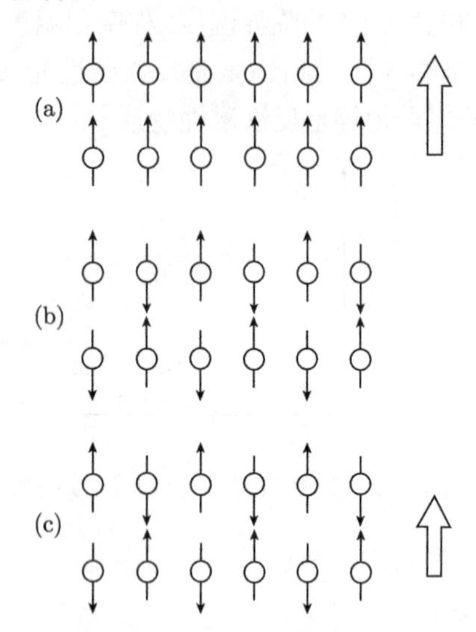

图 4.5　铁磁材料、亚铁磁材料和反铁磁材料的原子磁矩排列示意图

(a) 铁磁性材料; (b) 反铁磁材料; (c) 亚铁磁材料

以上所述五类磁性材料的磁化曲线如图 4.6 所示. 其中铁磁性、亚铁磁性和反铁磁性材料这三类材料的特点是原子磁矩在一定区域内平行或反平行排列, 因此又统称为它们为磁有序材料. 铁磁性材料和亚铁磁性材料是用途非常广泛的磁性材料, 本章下面的内容将主要介绍这两种材料的磁化理论和特殊性能, 如无特殊说明, 后面提到的磁性材料均指这两种材料.

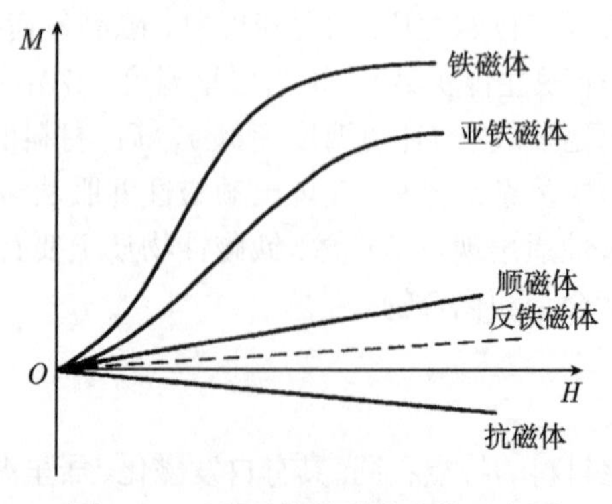

图 4.6　五类磁体的磁化曲线示意图

4.3 铁磁性基本理论

4.3.1 自发磁化现象

一般铁磁性材料的磁化率和磁导率很大, 在外加磁场作用下可以产生很强的磁化, 这是由于在其内部原子磁矩自发地有序排列造成的结果. 这种内部原子磁矩自发有序排列的现象称为自发磁化现象. 铁磁性材料内部存在着许多自发磁化的小区域, 在这些小区域内部相邻原子的磁矩平行排列, 这些小区域被称为 "磁畴". 外斯等认为, 铁磁性材料内部存在很强的分子场, 分子场的存在促使铁磁性材料中的每个磁畴自发磁化达到饱和状态. 铁磁性材料的这种特性使其在弱磁场下即能强烈地磁化.

研究表明, 未经外磁场磁化的处于退磁状态的铁磁性材料在宏观上并不显示磁性. 这说明铁磁性材料内部各小区域的自发磁化取向是杂乱的, 同时也说明宏观铁磁性材料一般不是由单畴而是由许多小磁畴组成的, 这是由于磁畴的尺寸及其几何结构受多种能量制约的结果. 当对铁磁性材料施加外磁场时, 磁畴内自发磁化方向改变或畴壁移动, 使材料表现出各种宏观铁磁特性.

4.3.2 铁磁材料的分子场理论

为了解释铁磁材料中的自发磁化现象, 外斯于 1907 年在朗之万顺磁性理论的基础上提出了分子场理论, 其主要内容为:

1. 分子场假设

铁磁性材料内部在一定温度范围内 ($T < T_C$) 存在很强的 "分子场 H_m", 材料内的原子磁矩在分子场 H_m 作用下克服热运动的无序效应, 自发地同向平行排列磁化到饱和.

按照分子场假设的理论推导, 铁磁性材料在 $T < T_C$ 时, 自发磁化总是存在, 材料表现出铁磁性. 随着温度的升高, 材料的自发磁化强度逐渐降低. 当 $T > T_C$ 时, 铁磁性材料表现出顺磁性, 其磁化率服从居里–外斯定律. 这些结果和实验结果符合得很好.

当铁磁性材料的温度达到居里温度 T_C 时, 材料处于铁磁有序与顺磁无序的临界状态, 此时分子场对原子磁矩的作用能应等于热动能

$$H_m \cdot \mu_0 \mu_J = K_B T_C \tag{4.21}$$

这里 T_c 一般为 10^3K 数量级, 原子磁矩 μ_J 为 10^{-23} 数量级, μ_0 为真空磁导率, K_B 为玻尔兹曼常量. 由式 (4.21) 可以估算出分子场的数量级为 10^9A/m.

2. 磁畴假设

分子场理论还认为, 铁磁材料的自发磁化分成若干区域, 称为磁畴. 由于各磁畴内自发磁化方向不一致, 所以大块磁体对外部不显示磁性.

分子场理论是解释铁磁性材料磁性来源的唯象理论, 上述的两个假设是分子场理论的基础, 这两点假设也已成为现代磁学理论的基础, 理论和实验均表明这两个重要假设是正确的. 但是, 外斯的分子场理论并没有说明分子场的来源和性质.

4.3.3　海森伯铁磁性理论

量子力学建立以后, 海森伯和弗仑克尔几乎同时分别提出了分子场源于相邻原子间电子自旋交换作用的理论. 其主要内容有:

1. 直接交换作用

根据量子力学理论, 当两个氢原子组成氢分子时, 由于电子的全同特性, 两原子的核外电子可以相互交换位置, 电子云相互重叠. 海森伯以氢分子交换作用模型为基础, 认为分子场源于相邻原子间的电子自旋交换作用, 称为直接交换作用. 对于 N 个原子组成多原子体系, 海森伯推导出与电子自旋有关的交换作用能 E_{ex} 为

$$E_{\mathrm{ex}} = -2\sum_{i<j}^{N} A_{ij}\boldsymbol{S}_i \cdot \boldsymbol{S}_j \tag{4.22}$$

式中, A 为交换积分常数, 代表电子交换位置时对应的能量, 其大小与电子云重叠的程度有关. 交换作用只发生在最近邻原子之间, 较远原子间的电子云不可能产生重叠, 因此不可能发生交换作用, 由此可知式 (4.22) 求和只考虑近邻原子间相互作用. 从式 (4.22) 可以看出, 当交换积分常数 $A>0$ 时, 为使交换作用能最小, 相邻原子间的电子自旋角动量必须同向平行排列并使得材料呈现铁磁性, 这就是铁磁性材料中自发磁化的起因.

2. 海森伯铁磁性理论的意义和局限性

海森伯铁磁性理论最大的贡献是第一次正确地指明了铁磁材料自发磁化的本质, 揭示了分子场的本质来源于强烈的静电交换相互作用. 根据海森伯理论, 可以解释铁磁性材料的许多特性. 例如, 温度对铁磁性的影响, 温度升高时, 材料中原子间距增大, 交换作用降低, 同时分子热运动也破坏了原子磁矩的规则取向, 故自发磁化程度降低. 当材料温度升至居里温度时, 原子磁矩的规则取向被完全破坏, 自发磁化现象消失, 材料铁磁性也随之消失. 同样, 由海森伯理论还可以解释磁晶各向异性、磁致伸缩等性质.

然而, 海森伯提出的直接交换作用理论不能完全解释各种具体铁磁性材料中的强磁性来源. 因此, 在海森伯直接交换作用的基础上, 人们还提出了多种交换作用

理论. 例如, 对于稀土金属组成的铁磁性材料, 稀土金属中对磁性有贡献的是 4f 电子层, 其外层的 $5p^6 5d^1 6s^2$ 电子对 4f 电子起屏蔽作用, 相邻稀土金属原子的 4f 电子云不重叠, 不可能存在直接交换作用. 汝德曼 (Ruderman)、基特尔 (Kittel)、胜谷 (Kasuya) 和良田等在直接交换作用理论基础上提出了导电电子与内层电子的交换作用理论, 在解释稀土金属化合物的铁磁性来源方面取得了很大成功, 后人将这种理论称为 RKKY 理论. RKKY 理论的核心内容是：稀土金属中 4f 电子是完全局域的, 6s 电子是游动的传导电子. 4f 电子和 6s 电子发生交换作用, 使 6s 电子极化, 而极化了的 6s 电子的自旋对 4f 电子自旋取向有影响; 这使得近邻稀土金属离子 4f 电子自旋之间可以通过游动的 6s 电子为媒介而发生间接交换作用, 从而产生自发磁化. 除上述直接交换作用和 RKKY 交换作用外, 人们还发展了铁磁性能带理论、束缚磁极化子模型以及超交换作用等多种铁磁性理论, 用来解释各种铁磁性或亚铁磁性材料中的磁性来源. 有关各种交换作用的理论请参考任何一本铁磁学理论的书籍.

4.3.4 亚铁磁性和反铁磁性理论

亚铁磁性材料也是用途非常广泛的一类磁性材料, 大多数重要的亚铁磁材料是铁和其他金属的一些复合氧化物, 称为铁氧体, 其特点是电阻率特别高 (比金属磁性材料电阻率高 100 万倍), 在高频和超高频技术中有重要应用. 亚铁磁材料的原子磁矩排序方式不同于铁磁性材料而类似于反铁磁材料, 相邻原子或离子间的磁矩呈反平行排列, 但由于亚铁磁性材料中两个相反平行排列的磁矩大小不相等, 矢量和不为零, 因此有自发磁化现象. 亚铁磁性材料和反铁磁材料一般是由磁性离子和非磁性离子组成的化合物, 磁性离子之间距离较大, 其自发磁化不能用直接交换作用模型解释. 这类材料中的磁性来源一般可由超交换作用模型很好地解释, 下面以 MnO 为例说明超交换作用的原理.

1. 超交换作用原理

MnO 为面心立方结构, 由于中间 O^{2-} 离子的阻碍, Mn 离子之间的直接交换作用非常弱. 为了解释 MnO 中 Mn 离子间的自旋交换作用, 克拉默斯 (Kramers) 首先提出了超交换作用并由安德生 (Anderson) 在理论上作了解释. 超交换作用的机理是：O^{2-} 离子的电子结构为 $1s^2 2s^2 2p^6$, 其 2p 轨道向近邻的 Mn 离子 M_1 和 M_2 伸展, 如图 4.7 所示. 一个 2p 轨道电子可以转移到一个近邻 Mn 离子 (如说 M_1 离子) 的 3d 轨道. 在此情况下, 该电子的自旋必与 Mn^{2+} 的总自旋反平行, 因为 Mn^{2+} 离子已经有 5 个电子, 按照洪德法则, 其空轨道只能接受一个自旋与 5 个电子自旋反平行的电子. 另外, 按泡利不相容原理, O^{2-} 离子 2p 轨道上剩余电子的自旋必须与被转移电子的自旋反平行. 而它与另一个 Mn 离子 (M_2) 的交换积

分 $A<0$, 结果 M_1 的总自旋就与 M_2 的反平行, 这就是 MnO 反铁磁性的来源. 当 M_1—O—M_2 的键角是 180° 时, 超交换作用最强, 而当键角变小时作用变弱. 当键角为 90° 时, 相互作用倾向于变为正值. 超交换作用也能通过 S^{2-}, Se^{2-}, Cl^{1-} 和 Br^{1-} 等离子产生. 读者可参看 Nagamiya 等 1955 年在 *Advances in Physics* 上发表的综述文章了解对于超交换作用更详细的资料.

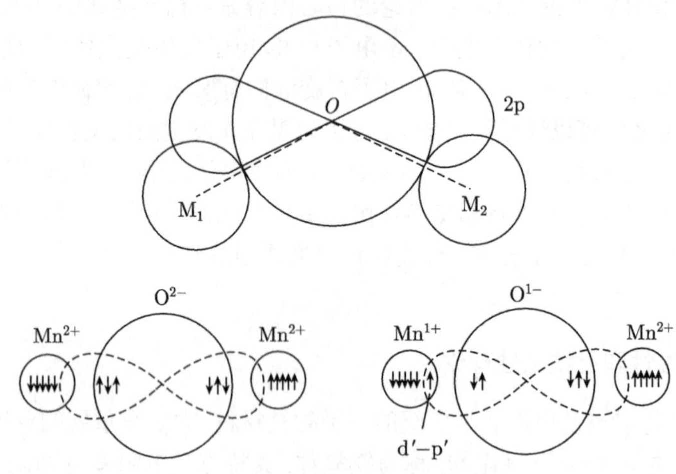

图 4.7　超交换作用原理示意图

2. 铁氧体中的超交换作用

铁氧体是典型的亚铁磁性材料. 铁氧体中, 具有磁矩的金属离子分布在两个次晶格 A 位和 B 位上. 与 MnO 中的 Mn 离子类似, 分布在 A 位和 B 位的金属离子最近邻都是氧离子, 如图 4.8 所示. 铁氧体内部的自发磁化源自通过氧离子而形成的超交换作用, 每个次晶格中的离子磁矩平行排列, 而次晶格间的磁矩方向则相互反平行排列. 这样若两个次晶格磁矩大小相等, 则磁矩相互抵消, $M_A+M_B=0$, 总自发磁化强度为零, 材料为反铁磁性物质; 若两个次晶格间的磁矩大小不相等, 则磁矩不能完全相互抵消, $M_A+M_B\neq 0$, 材料中存在自发磁化强度并表现出宏观磁

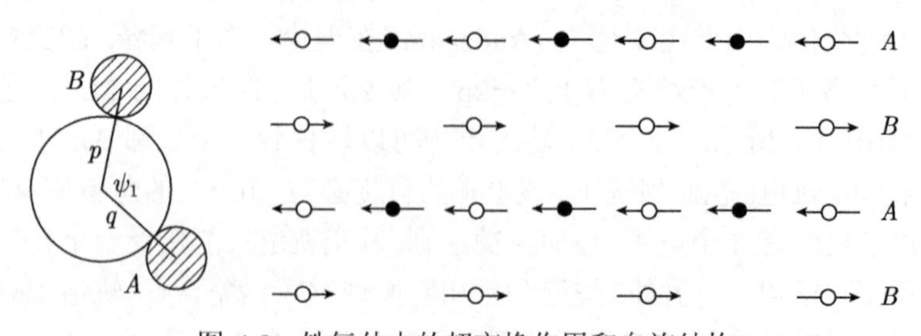

图 4.8　铁氧体中的超交换作用和自旋结构

性, 只不过其磁化率一般小于铁磁性物质, 因而被称为亚铁磁性材料. 我们可以从已知的反铁磁性结构出发, 利用元素的替代制备出保持原来磁结构的反平行排列但两次晶格磁矩不等的亚铁磁性晶体. 例如, 铁钛石型氧化物 $Fe_{1+x}Ti_xO_3$ 是反铁磁材料 α–Fe_2O_3 和 $FeTiO_3$ 的固溶体, 两者的点阵结构相同, 但前者在 $0.5 < x < 1$ 的范围内表现出较强烈的亚铁磁性.

4.4 磁各向异性、退磁场、磁致伸缩和磁弹性能

交换作用能使铁磁材料中相邻原子磁矩同向平行排列, 在磁畴范围内使原子磁矩自发磁化到饱和, 但不可能使大块铁磁体整体自发磁化到饱和. 这是因为大块铁磁体磁化到饱和后, 退磁能要大大增加, 它迫使铁磁体分成畴. 平衡状态下的磁畴大小、形状、取向与铁磁体的磁晶各向异性能、退磁场能、磁致伸缩 (磁弹性能)、交换能等有关. 这些能量对铁磁体的磁学特性有重要的影响. 下面对铁磁体中的磁晶各向异性能等能量作一简要介绍.

4.4.1 磁晶各向异性能

晶体结构是各向异性的, 在测量单晶铁磁性样品的磁化曲线时, 人们发现磁化曲线的形状与测量方向相与晶轴的取向有关. 图 4.9 所示的是铁、镍、钴单晶在不同晶轴方向的磁化曲线. 从图中可以看出, 单晶体的不同晶轴方向上磁化曲线形状不同. 其中某一个晶轴方向的磁化曲线最高, 即最容易磁化, 这个晶轴称为易磁化轴; 而对应磁化曲线最低的晶轴方向最不容易被磁化, 该晶轴即被称为难磁化轴. 例如, 铁单晶的易磁化轴是 [100], 难磁化轴是 [111]; 镍单晶的易磁化轴则是 [111] , 难磁化轴是 [100]. 磁化曲线形状不同说明沿单晶铁磁体不同晶轴方向磁化时所增加的自由能不同, 这部分和磁化方向有关的自由能称为磁晶各向异性能 E_k. 显然, 磁晶各向异性能是磁化强度矢量相对晶体学方向的函数.

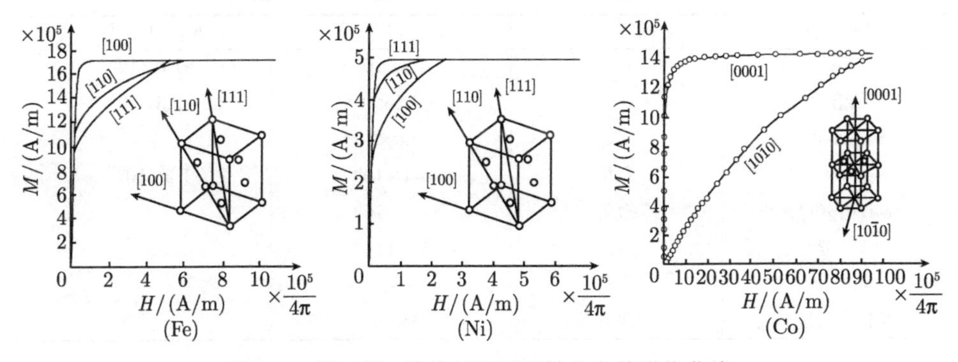

图 4.9 铁、镍、钴单晶不同晶轴方向的磁化曲线

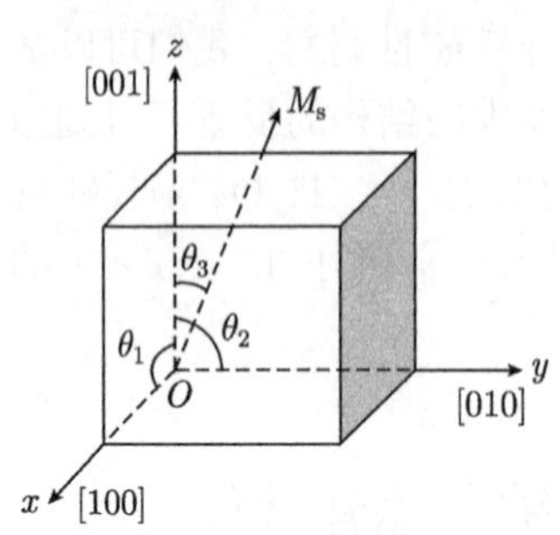

图 4.10　立方晶系中 $\boldsymbol{M}_s$ 相对于晶轴取向

立方晶系的各向异性能可用磁化强度矢量相对于三个立方边的方向余弦 ($\alpha_1 = \cos\theta_1$, $\alpha_2 = \cos\theta_2$, $\alpha_3 = \cos\theta_3$) 来表示, 如图 4.10 所示. 用晶体的对称性和三角函数的关系式演算, 可得磁晶各向异性能 E_k 为

$$E_k = K_1(\alpha_1^2\alpha_2^2 + \alpha_2^2\alpha_3^2 + \alpha_3^2\alpha_1^2) + K_2(\alpha_1^2\alpha_2^2\alpha_3^2) \quad (4.23)$$

式中, K_1、K_2 称为磁晶各向异性常数. 当 K_2 很小时, 可以只用 K_1 描述立方晶体的磁晶各向异性能 E_k. 对于立方晶系, 磁晶各向异性常数是单位体积的磁体沿 [111] 轴方向与沿 [100] 轴方向磁化到饱和所需磁场能的差. 由于铁的 [100] 方向为易磁化方向, 因此铁的 K_1 值为正, 而镍的 K_1 值则是负的.

对于单轴单晶铁磁材料 (如钴单晶等六角晶系铁磁体), 仅用磁化强度矢量与 [0001] 轴的夹角 θ 即可表示磁晶各向异性能, 如图 4.11 所示. 磁晶各向异性能为

$$E_k = K_{u1}\sin^2\theta + K_{u2}\sin^4\theta \quad (4.24)$$

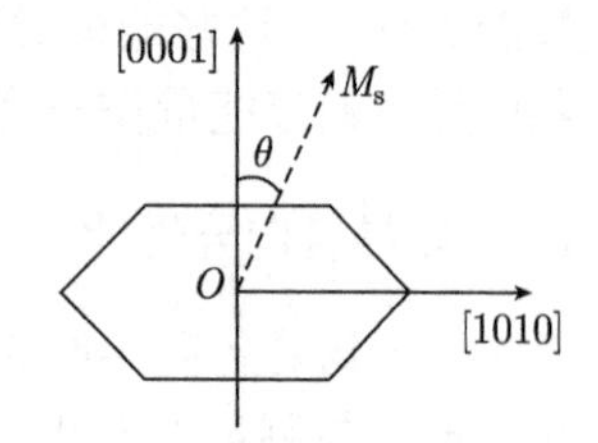

图 4.11　$\boldsymbol{M}_s$ 偏离 $\boldsymbol{c}$ 轴 θ 角

当 K_{u1} 和 $K_{u2} + K_{u1}$ 都大于零时, [0001] 轴是易磁化轴, 当 $0 \leqslant K_{u1} \leqslant -K_{u2}$ 时, 基面是易磁化面.

磁晶各向异性常数 K_1 和 K_2 或 K_u 是衡量材料磁晶各向异性大小的重要常数, 它的大小与晶体的对称性有关. 晶体的对称性越低, 它的 $K_1 + K_2$ 的数值越大. K_1 和 K_2 是材料的内禀特性, 主要决定于材料的成分, 其值一般可以通过实验测定. 表 4.2 给出了一些典型铁磁体的磁晶各向异性常数.

表 4.2　部分铁磁体的室温磁晶各向异性常数

材料名称	晶体结构	$K_1/(\mathrm{J/m^3})$	$K_2/(\mathrm{J/m^3})$
Fe	立方	4.8×10^5	-1.0×10^5
Ni	立方	-4.5×10^4	-2.3×10^4
80%Ni-Fe	立方	-3.0×10^3	—
Co^u	六角	4.1×10^6	1.5×10^6
$BaFe_{12}O_{19}^u$	六角	3.2×10^6	
YCo_5^u	六角	6.5×10^6	
$SmCo_6^u$	六角	1.6×10^7	
$Nd_2Fe_{14}B^u$	四方	5×10^7	

注: 这里单轴材料用一个上标 u 表示, 相应的 K_{u1} 和 K_{u2} 数据分别在 K_1 和 K_2 栏.

磁晶各向异性的起源与晶体场对电子轨道的束缚作用有关. 一方面电子轨道平面受晶体场的作用, 被束缚在晶格的某一方向上, 失去了在空间取向的各向同性, 即所谓的电子轨道被 "冻结"; 另一方面电子轨道运动与电子的自旋运动间存在耦合作用. 这两方面的作用叠加在一起, 使得原子磁矩倾向于在晶体的某些方向上能量最低, 而在另一些方向上能量较高. 原子磁矩能量低的方向为易磁化方向, 而能量高的方向则为难磁化方向.

4.4.2 退磁场能和铁磁体的形状各向异性

处于外磁场 $\boldsymbol{H}$ 中的有限几何形状的磁体 (开路磁体), 在其表面上会出现磁极, 这些表面磁极会在磁性材料内外产生一个附加磁场, 如图 4.12 所示. 在磁性材料内部, 这个附加的磁场方向和外加磁场的方向相反, 称为退磁场 $\boldsymbol{H}_\mathrm{d}$. 退磁场的出现导致磁性材料内部的磁场强度小于外加磁场. 因此, 退磁场越大, 磁性材料将越不容易磁化. 在磁路设计和磁性测量中, 必须考虑退磁场的影响, 尽量降低退磁场.

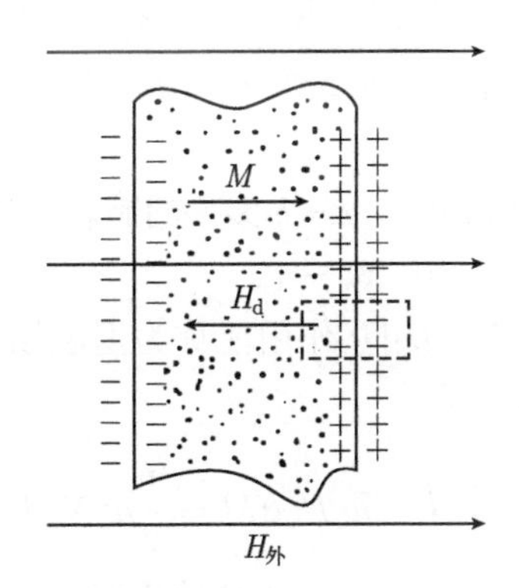

图 4.12 表面磁极及其产生的退磁场

退磁场的大小与磁性材料的形状及磁化强度有关. 对于均匀磁化的情形, 退磁场与磁化强度 $\boldsymbol{M}$ 成正比, 即

$$\boldsymbol{H}_\mathrm{d} = -N\boldsymbol{M} \tag{4.25}$$

式中, N 称为退磁因子, 式中的负号则表示退磁场 $\boldsymbol{H}_\mathrm{d}$ 和磁化强度 $\boldsymbol{M}$ 的方向相反. 退磁因子是一个无量纲的量, 当材料均匀磁化时, 其大小和磁体形状有关. 对于一般形状的磁体, 退磁场 $\boldsymbol{H}_\mathrm{d}$ 和退磁因子 N 是磁体内部位置的函数, 求出该函数的具体形式是非常困难的. 只有当磁体形状使 $\boldsymbol{H}_\mathrm{d}$ 是均匀分布时, N 才是常数. 下面介绍几种简单几何形状磁体的退磁因子:

(1) 旋转椭球体: 旋转椭球体如图 4.13 所示, 三个主轴方向上的退磁因子之和的关系为

$$N_a + N_b + N_c = 1 \tag{4.26}$$

N_a、N_b、N_c 的计算是很复杂的, 对于不同的长、短轴之比, 有不同的计算式. 旋转椭球体有几种极限形状, 如图 4.14 所示. 它们的退磁因子有着较为简单的形式.

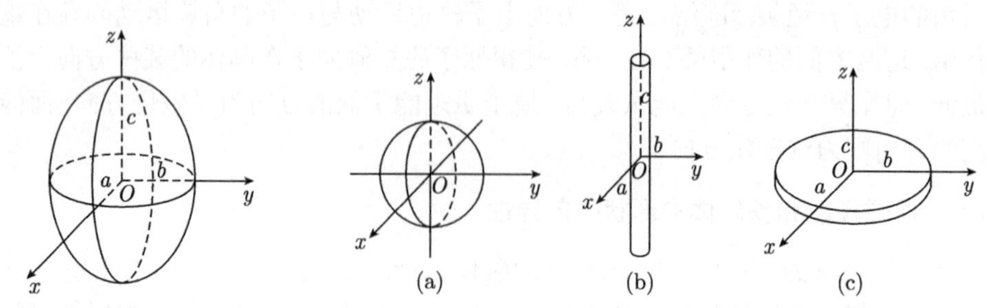

图 4.13 旋转椭球体

图 4.14 旋转椭球体的极限情况示意图

(a) 球形体; (b) 细长圆柱体; (c) 薄圆板片

(2) 球形体：即对应旋转椭球体 $a = b = c$ 的情况, 其退磁因子 $N_a = N_b = N_c = 1/3$.

(3) 细长圆柱体：细长圆柱体可看作 $a = b \ll c$ 的旋转椭球体, 其退磁因子 $N_a = N_b = 1/2$, $N_c = 0$.

(4) 薄圆板体：薄圆板体可看作 $a = b \gg c$ 的旋转椭球体, a 轴和 b 轴的退磁场很弱, 其退磁因子为 $N_a = N_b = 0$, $N_c = 1$.

铁磁性材料与自身退磁场的相互作用能称为退磁场能. 在均匀磁化的情况下, 磁体退磁场能大小可由下式计算

$$E_{\mathrm{d}} = \int_0^M \mu_0 H_{\mathrm{d}} \mathrm{d}M = \frac{1}{2}\mu_0 N M^2 \tag{4.27}$$

式中的退磁因子 N 与磁体形状有关. 一般情况下, 磁体各个方向的退磁因子不一样, 导致各方向的退磁场能不同. 因此, 沿不同方向磁化到相同状态, 所需要的外磁场大小也不同. 这种因形状不同引起的磁各向异性的性质称为形状各向异性. 铁磁体的形状各向异性是由退磁场引起的. 若将同一种铁磁体做成三个不同形状的试样：环状、细长棒状和粗短棒状, 并测量它们的磁化曲线, 结果如图 4.15 所示.

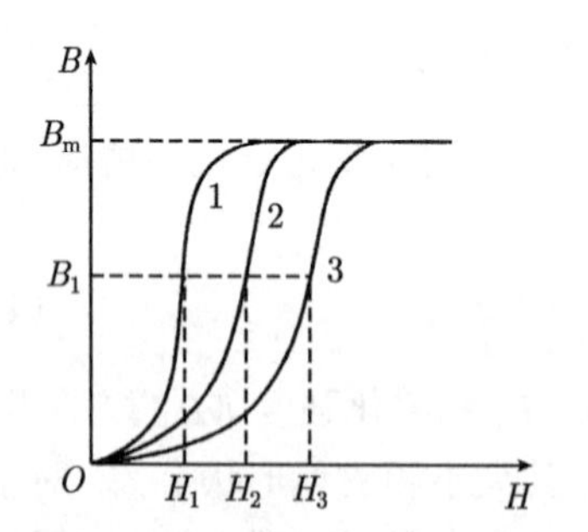

图 4.15 不同几何形状试样的磁化曲线

1. 环状; 2. 细长棒状; 3. 粗短棒状

4.4.3 磁致伸缩

铁磁性物质的形状在磁化过程中发生形变的现象, 称为磁致伸缩. 由磁致伸缩导致的形变 (如 $\Delta l/l$) 一般比较小, 其范围在 $10^{-6} \sim 10^{-5}$. 虽然磁致伸缩引起的形

变比较小, 但其在控制磁畴结构和技术磁化过程中, 仍是一个很重要的因素. 磁致伸缩的类型按其形状变化大体可分为三种类型：沿着外磁场方向尺寸大小的相对变化称为纵向磁致伸缩; 垂直于外磁场方向尺寸大小的相对变化称为横向磁致伸缩; 铁磁体被磁化时其体积大小的相对变化称为体积磁致伸缩. 纵向或横向磁致伸缩又称为线磁致伸缩, 通常用磁致伸缩系数 $\lambda = \Delta l/l$ 来描述铁磁体长度的相对变化, 其中 l 是磁场为零时材料的长度, Δl 是外加磁场后磁体长度的改变量. 体积磁致伸缩的大小则常用 $\Delta V/V$ 表示. 磁致伸缩效应与磁化过程有一定的联系, 图 4.16 给出了铁的磁化曲线以及磁致伸缩与外磁场的关系曲线. 从图中可以看出, 体积磁致伸缩只有在铁磁体磁化到饱和以后的顺磁过程中才能明显表现出来, 故通常研究的磁致伸缩主要针对线磁致伸缩. 除特别指明外, 线磁致伸缩 $\lambda = \Delta l/l$ 简称为磁致伸缩. 磁致伸缩的逆效应是机械应变影响铁磁材料的磁化强度, 也被称为压磁效应, 这些现象表明铁磁体的形变与磁化有密切的关系.

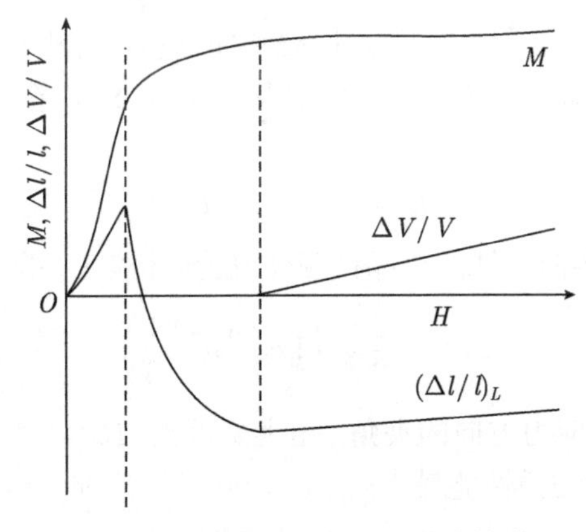

图 4.16　铁的磁化曲线及磁致伸缩

铁磁体的磁致伸缩系数随外磁场的增强而增加, 当磁场达到一定数值后达到饱和值, 称为饱和磁致伸缩系数 λ_S, 如图 4.17 所示. 下面我们对磁致伸缩现象的产生机理作简要说明. 在居里温度以下, 铁磁性材料中存在着大量的磁畴. 在每个磁畴中, 原子的磁矩有序排列并导致晶格沿磁畴的磁化强度方向自发地形变, 且应变轴随着磁畴磁化强度的转动而转动. 在没有外加磁场时, 铁磁体中各磁畴的自发磁化方向不尽相同, 因此自发磁化引起的形变相互抵消, 显示不出宏观形变, 如图 4.18(a) 所示. 当外加磁场后, 铁磁材料中各磁畴的自发磁化都倾向于转向外磁场方向, 因此产生了宏观磁致伸缩. 当外加磁场足够大使得铁磁体磁化达到饱和时, 所有磁畴自发磁化方向都沿外磁场方向, 如图 4.18(b) 所示, 此时磁致伸缩系数也达到饱和值. 实验证明, 不同材料的饱和磁致伸缩系数 λ_S 不同, 有一些磁性材料的 $\lambda_S < 0$, 有的 $\lambda_S > 0$. $\lambda_S > 0$ 的称为正磁致伸缩, $\lambda_S < 0$ 的称为负磁致伸缩. 所谓

正磁致伸缩是指沿磁场方向伸长, 而垂直于磁场方向缩短, 铁就是属于这一类材料. 负磁致伸缩则是沿磁场方向缩短, 而垂直于磁场方向伸长, 镍属于这一类铁磁材料.

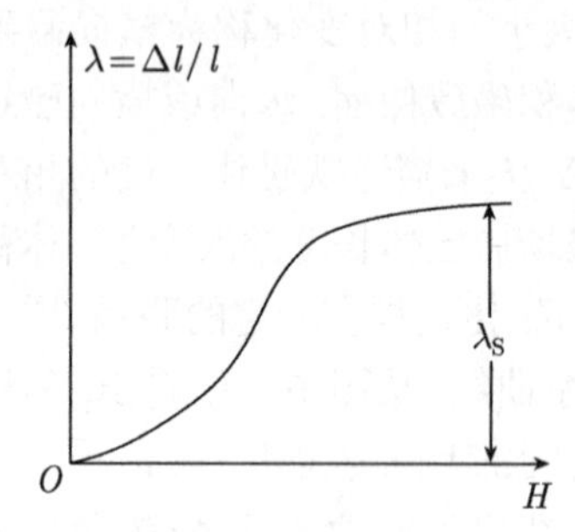

图 4.17　磁致伸缩与外磁场的关系

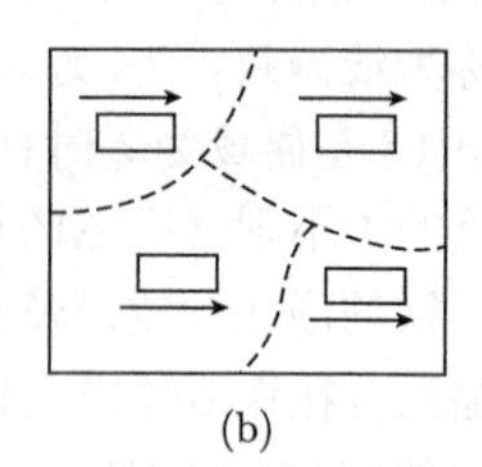

图 4.18　磁化过程中磁畴转动伴随的磁致伸缩

4.4.4　磁弹性能

当材料中存在内应力或外加应力时, 磁致伸缩和应力相互作用, 与此有关的能量称为磁弹性能 E_σ. 如果材料在某方向上发生伸缩 $\Delta l/l$, 在该方向上产生了应力 σ, 这时磁弹性能为

$$E = -\sigma \times (\Delta l/l) \tag{4.28}$$

对于立方晶系等各向同性的单晶铁磁体, 磁弹性能 E_σ 为

$$E_\sigma = -\frac{3}{2}\lambda_S\sigma\left(\cos^2\theta - \frac{1}{3}\right) \tag{4.29}$$

式中, θ 为磁化方向和应力方向的夹角. 由上式可见, E_σ 与 θ 有关, 当 λ_S 和 σ 符号相同, 且 $\theta = 0°$ 时, 磁弹性能最小, 而 $\theta = 90°$ 时, 磁弹性能最大. 当 λ_S 和 σ 符号相反时, 情况则刚好相反.

由此可以看出, 应力也可使铁磁体的磁化强度具有各向异性. 当磁化方向和应力方向的夹角使得磁弹性能最大时, 磁弹性能对磁化的阻碍也较大, 此方向即较难磁化, 这种各向异性称为应力各向异性. 和式 (4.29) 相对应, $K_\sigma = \frac{3}{2}\lambda_S\sigma$ 可以称为应力各向异性常数.

当磁晶各向异性很小时, 应力各向异性的作用很重要. 例如, 在磁晶各向异性很小的软磁材料中, 控制磁弹性能非常重要, 尤其是高质量的软磁薄膜要求具有低 λ_S 和低应力.

4.5　磁　　畴

外斯的分子场理论预言了铁磁体中的自发磁化划分为不同区域 (磁畴). 1949 年, Williams 等用粉纹法在 Si–Fe 单晶的 (110) 面观察到条状的磁畴结构, 从实验上证实了铁磁体内磁畴的存在. 目前常用来观察磁畴结构的方法有粉纹法、磁光效应法、磁力显微镜法等方法.

4.5.1 磁畴成因

铁磁体中为何会形成磁畴呢? 朗道等指出, 磁畴结构是铁磁体中多种能量的各种贡献所导致的自然结果.

根据自发磁化的理论, 不受外磁场作用的铁磁晶体在居里点以下时应在交换作用下使整个晶体自发磁化到饱和. 显然, 这种磁化的方向应沿着晶体的易磁化轴, 这样交换能和磁晶各向异性能才能处于极小值. 但由于实际晶体的大小都是有限的, 整个晶体均匀磁化必然会产生磁极并导致退磁场的出现, 从而给系统增加了一部分退磁能. 考虑一块单轴铁磁晶体 (如钴), 分析图 4.19 所示的结构, 可以了解磁畴的成因. 如果铁磁晶体是一个单畴体, 如图 4.19(a) 所示, 由于晶体表面形成磁极的结果, 这种组态具有最大的退磁能 (若 $M_s = 8 \times 10^4$A/m, 则退磁能高达 $E_d \approx 10^5$J/m^3). 如果把晶体分为两个或多个平行反向的自发区域可以大大降低退磁能, 如图 4.19(b) 所示. 当磁体被分为 n 个磁畴时, 它的退磁能可以近似地看作图 4.19(a) 中情形的 $1/n$. 这样看来, 分畴越多, 退磁能就越低, 但由于两个相邻磁畴间畴壁的存在, 又会增加一定的畴壁能, 因此自发磁化区域的划分并不会无限地小, 而是以畴壁能及退磁能相加等于极小值为条件. 为了进一步降低能量, 可以形成如图 4.19(c) 或图 4.19(d) 所示的磁畴结构, 其特点是晶体边缘表面附近为封闭磁畴. 它们具有封闭磁通的作用, 使退磁能降为零. 但是, 在单轴晶体中, 封闭磁畴的磁化方向平行于难磁化轴, 因而又增加了磁各向异性能. 对于不同结构的磁体, 能量最低的磁畴结构不尽相同. 实际方块形的立方单晶铁中的磁畴结构与图 4.19(d) 的畴结构相同, 说明方块形单晶铁中封闭畴结构比图 4.19(b) 所示的片状畴结构的能量更低.

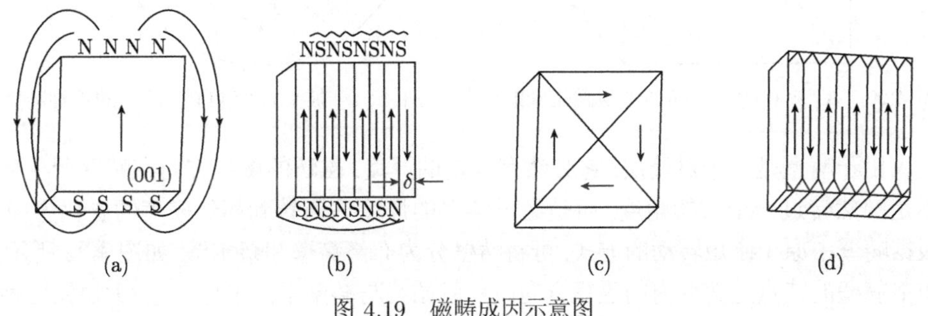

图 4.19　磁畴成因示意图

实际的磁畴结构往往比图 4.19 中所示的这些简单例子更为复杂, 然而一个系统从高磁能的饱和组态转变为低磁能的分畴组态, 从而导致系统总能量降低的可能性是形成磁畴结构的原因.

4.5.2　畴壁

在磁畴之间存在着一个过渡层, 在这个层内, 自旋逐渐从一个磁畴的方向转向另一个磁畴的方向, 这个过渡层被称为畴壁. 畴壁是磁畴结构的重要组成部分, 它对磁畴的大小、形状以及相邻磁畴的关系都有着重要的影响.

1. 畴壁的类型

按两侧磁畴磁化强度方向的差别可将畴壁分成 180° 畴壁和 90° 畴壁. 由于铁磁体中一个易磁化轴上有两个相反的易磁化方向, 两个相邻磁畴的磁化方向恰好相反的情况是常常出现的, 这样两个磁畴间的畴壁称为 180° 畴壁.

在立方晶体中, 如果 $K_1 > 0$, 易磁化轴相互垂直, 则两个相邻磁畴的方向有可能相互垂直, 它们之间的畴壁称为 90° 畴壁. 如果 $K_1 < 0$, 易磁化方向 [111], 两个这样的方向相交 109° 或 71°, 如图 4.20 所示, 这时两个相邻磁畴的方向可能相差 109° 或 71°, 由于和 90° 相差不远, 这种畴壁有时也称为 90° 畴壁. 坡莫合金单晶 (110) 表面上的磁畴结构如图 4.21 所示, 图中所加箭头表示磁化方向, 这里可以看到 180° 畴壁、109° 畴壁和 71° 畴壁.

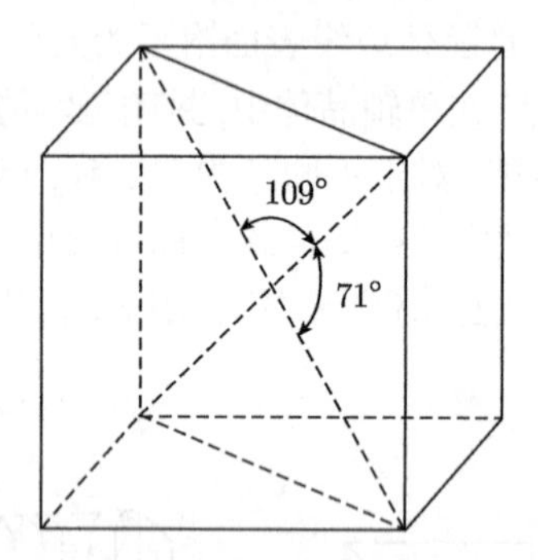

图 4.20　$K_1 < 0$ 的立方晶体中易磁化轴的交角

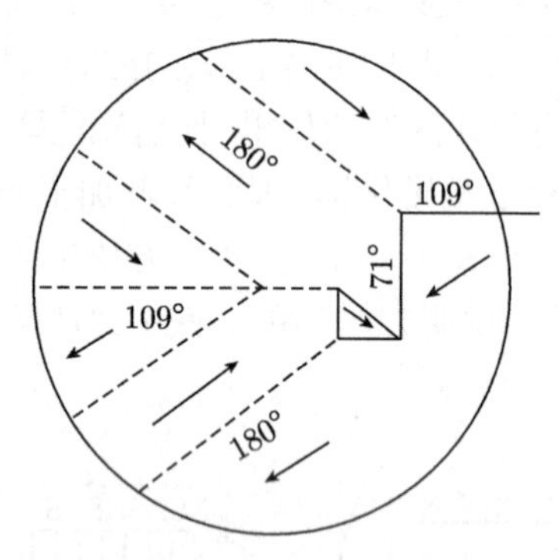

图 4.21　坡莫合金 (110) 面上的各种畴壁

由于畴壁是一个过渡层, 它必然有一定的厚度. 磁畴的磁化方向在畴壁所在处不是突然转过一个大的角度, 而是经过畴壁的厚度逐渐转到相邻磁畴的磁化方向. 根据畴壁中原子磁矩转动的方式, 可将畴壁分为布洛赫壁和奈尔壁, 如图 4.22 所示. 布洛赫壁的特点是畴壁内的磁矩方向改变时始终与畴壁平面平行, 一般大块铁磁性材料内存在布洛赫壁. 当铁磁体厚度减少到相当于二维的情况, 即厚度为1~100nm 的薄膜时, 此时畴壁厚度 δ 往往大于薄膜厚度 L, 畴壁中的磁矩始终与薄膜表面平行地转变, 这种畴壁称为奈尔壁.

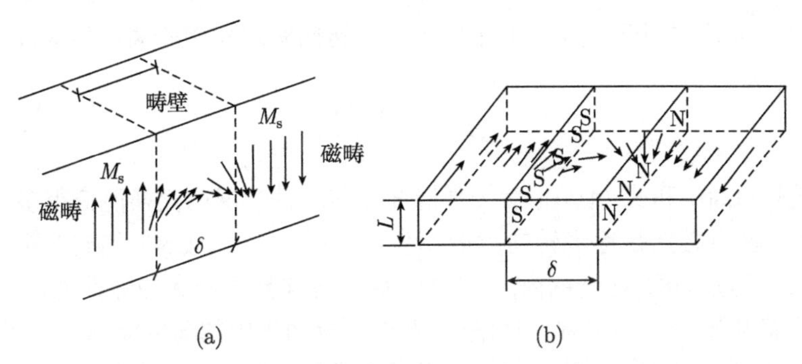

(a)　　　　(b)

图 4.22　布洛赫壁和奈尔壁中磁矩过渡方式示意图

(a) 布洛赫壁; (b) 奈尔壁

2. 畴壁结构的简单计算

由于畴壁内部的原子磁矩不再相互平行, 磁矩间的交换作用能就有所提高. 另外, 由于畴内磁矩偏离了易磁化方向, 畴壁内磁各向异性能也有所提高. 因此与磁畴内部相比, 畴壁是高能区域. 1932 年, 布洛赫首先从能量的观点分析了 180° 畴壁. 如果两相邻原子的原子磁矩突然反向, 交换作用能的改变为

$$\Delta(E_{\text{ex}}) = E_{\text{ex}}[\uparrow\downarrow] - E_{\text{ex}}[\uparrow\uparrow] = -2AS^2\cos 180^\circ - (-2AS^2\cos 0^\circ) = 4AS^2 \tag{4.30}$$

但是如果在 n 个等距的原子面间逐步地均匀转向, 如图 4.23 所示, 两个原子间的交换作用能则可以写成

$$E_{\text{ex}} = -2AS^2\cos\varphi \tag{4.31}$$

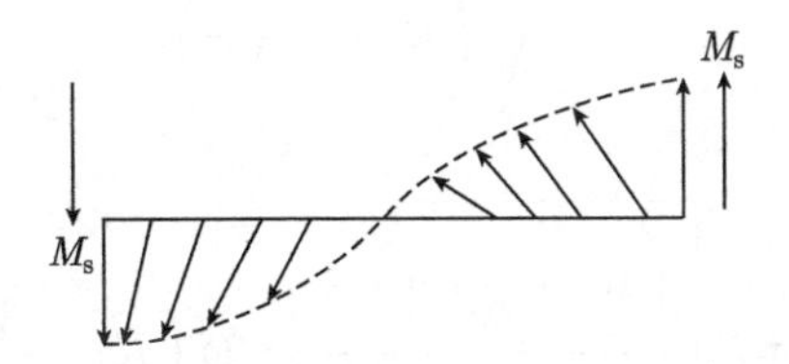

图 4.23　180° 布洛赫壁中磁矩过渡示意图

其与平行的两相邻原子磁矩相比, 交换能增量为

$$\begin{aligned}\Delta E_{\text{ex}} &= -2AS^2\cos\varphi - (-2AS^2\cos 0^\circ)\\ &= 2AS^2(1-\cos\varphi) = 4AS^2\sin^2\frac{\varphi}{2}\end{aligned} \tag{4.32}$$

式中, $\varphi = \pi/n$, 当 φ 很小时, $\sin\varphi/2 \approx \varphi/2$, 去掉常数项, 式 (4.32) 变为

$$\Delta E_{\text{ex}} = AS^2(\pi/n)^2 \tag{4.33}$$

当 180° 布洛赫壁通过 $n+1$ 个原子磁矩转向实现相邻磁畴的磁矩反向时, 交换能总变化为

$$\Delta E_{\mathrm{ex}}=\frac{AS^2\pi^2}{n} \tag{4.34}$$

比较式 (4.30) 和式 (4.34), 后一种情况比前一种情况的交换能低得多. 因此畴壁中的原子磁矩必然是逐步转向. 畴壁是原子磁矩由一个磁畴的方向逐步转向相邻磁畴方向的过渡区. 在畴壁内, 交换能、磁晶各向异性能和磁弹性能都可能比磁畴内高, 所高出部分的能量称为畴壁能, 畴壁单位面积中的畴壁能称为畴壁能密度, 用 γ_ω 表示. 由式 (4.34) 可知, 如果只考虑交换能, 则畴壁内相邻原子磁矩的方向改变越小, 交换能越小, 即交换能使畴壁无限加宽. 然而, 事实上这是不可能的. 因为 n 越大, 就有更多的原子磁矩偏离易磁化方向, 使磁晶各向异性能增加. 磁晶各向异性能力图使畴壁变薄. 为使总能最小, 综合考虑上述两方面因素, 可求出畴壁能密度 γ_ω 和畴壁厚度 δ 为

$$\delta=\pi S\sqrt{\frac{A}{K_1 a}} \tag{4.35}$$

$$\gamma_\omega=2\pi S\sqrt{\frac{K_1 A}{a}} \tag{4.36}$$

式 (4.35) 和式 (4.36) 中, a 为点阵常数. 由于材料内部存在内应力, 应力各向异性对畴壁也有影响. 当进一步考虑应力各向异性时, 可求得总能量最小时的畴壁能密度 γ_ω 和畴壁厚度 δ 分别为

$$\delta=\pi S\sqrt{\frac{A}{\left(K_1+\dfrac{3}{2}\lambda_{\mathrm{s}}\sigma\right)a}} \tag{4.37}$$

$$\gamma_\omega=2\pi S\sqrt{\frac{\left(K_1+\dfrac{3}{2}\lambda_{\mathrm{s}}\sigma\right)A}{a}}=2\delta\left(K_1+\frac{3}{2}\lambda_{\mathrm{s}}\sigma\right) \tag{4.38}$$

由此可见, 畴壁的厚度与材料的 K_1、A、λ_{s}、σ 等参量有关. K_1 越大, δ 越小, γ_ω 越大. Fe–Ni 合金中, K_1 很小, 如果内应力也很小的话, 则畴壁厚度可相当大, 畴壁内相邻原子磁矩间的角度 φ 仅为 $0.18°\sim1.8°$, 磁矩的分布近似连续, 这种畴壁被称为连续性畴壁模型. 而六方结构的 Co 和 $SmCo_5$ 等金属或合金中, 由于 K_1 很大, 畴壁厚度很小, 畴壁内相邻原子磁矩间的角度 φ 可达 $6°\sim180°$, 并且 φ 角分布不均匀, 这种畴壁称为非连续畴壁模型. 表 4.3 列出了一些铁磁材料的畴壁能和畴壁厚度.

表 4.3　常见铁磁材料的畴壁能和畴壁厚度

材料	$\mu_0 M_s$/T	$K_1/(10^{-3}\text{J/m}^3)$	畴壁类型	$\gamma_\omega/(10^{-3}\text{J/m}^2)$	δ/nm
Fe	1.71	48	180°(001)	1.24	141
Co	1.43	45	180°	8.2	15.7
$SmCo_5$	1.14	$(11\sim20)\times10^3$	180°	85×10^3	5.1
$Nd_2Fe_{14}B$	1.61	4.5×10^3	180°	3×10^3	5.2
Sm_2Co_{17}	1.25	3.2×10^3	180°	43×10^3	10

4.5.3　多晶体和非均匀铁磁体中的磁畴结构

一般工程材料都是多晶体, 而且结构往往不很均匀. 有的材料内部存在很多杂质和空隙, 这样就会造成很复杂的磁畴结构, 对磁性材料的性能起很大影响.

在多晶体中, 晶粒的方向是杂乱的, 畴壁一般不能穿过晶粒边界. 每一个晶粒中都包含许多磁畴, 这些磁畴的大小和结构与晶粒的大小有关. 在同一晶粒中, 各磁畴的自发磁化方向存在一定关系. 由于易磁化方向的不同, 不同晶粒间磁畴的磁化方向则没有确定的关系. 由于大量磁畴的自发磁化沿各方向杂乱分布, 材料对外显示各向同性. 图 4.24 为多晶体中磁畴结构的示意图, 这里的每个晶粒分成片状磁畴. 可以看出, 在晶界的两侧磁化方向虽然转过了一个角度, 但磁通仍然保持连续. 这是因为, 保持磁通连续可以使得晶界上不容易出现磁极, 因而退磁能较低, 磁畴结构才较稳定. 当然, 在多晶体的实际磁畴结构中, 不可能全部是片状磁畴, 必然还会出现许多附加畴来更好地实现能量最低的原则.

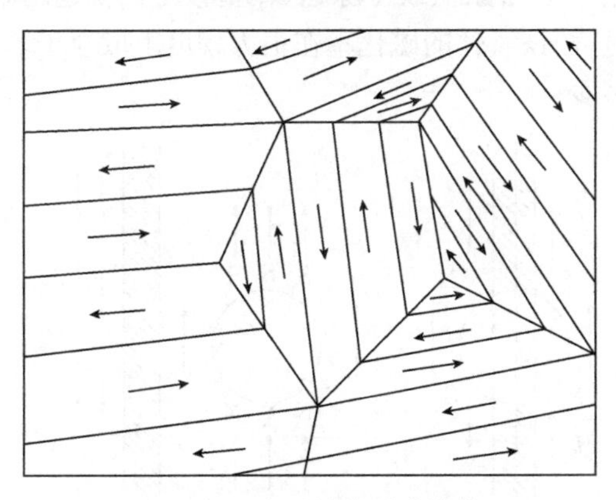

图 4.24　多晶体的磁畴结构

如果材料中含有非磁性杂质或空隙, 磁畴结构将复杂化. 因为不论杂质和空隙是何形状, 材料在和它们的接触面上都会出现磁极, 如图 4.25(a) 所示. 这将会产生退磁场, 并导致磁极附近的区域在新的方向磁化, 形成附着在杂质或空隙上楔形磁畴, 如图 4.25(b)、图 4.25(c) 所示. 楔形畴的磁化方向垂直于主畴方向, 它们之间为 90° 畴壁, 因而取斜出的方向. 这样使畴壁上的磁极分散在较大的面积上, 因而降低了退磁能.

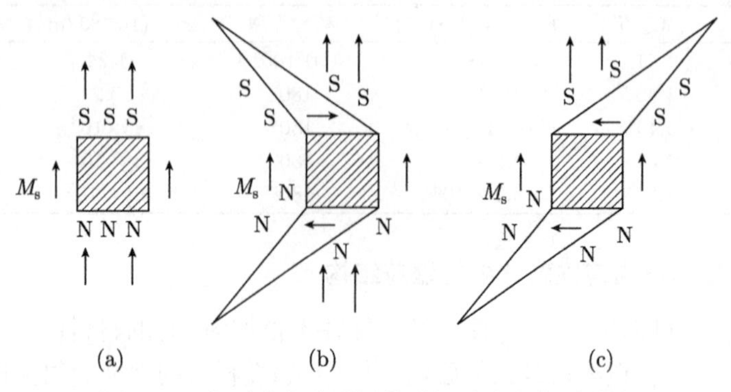

图 4.25　杂质或空隙附近的磁场分布和楔形磁畴

材料中的杂质和空隙对畴壁的移动亦有很大的影响. 如果畴壁经过杂质或空隙, 杂质在两个磁畴之间, 界面上出现的磁极 (N 极和 S 极) 半数的位置是交换的, 如图 4.26(a) 所示. 如果杂质在同一磁畴中, 其界面上的 N 极和 S 极分别集中在一边, 如图 4.26(b) 所示.

显然, 前一种情况的退磁能更低. 另外, 图 4.26(a) 情形的畴壁面积也比图 4.26(b) 情形小, 即总畴壁能也小. 既然畴壁经过非磁杂质时系统的退磁能和畴壁能都比较小, 那么这种情况就更为稳定. 把畴壁从经过杂质或空隙的位置移开必须要有外力做功. 因此, 材料中杂质或空隙越多, 壁移磁化就越困难, 这种情况对铁氧体性能的影响最为显著. 铁氧体的磁化率在很大程度上取决于其内部结构的均匀性以及杂质和空隙的多少.

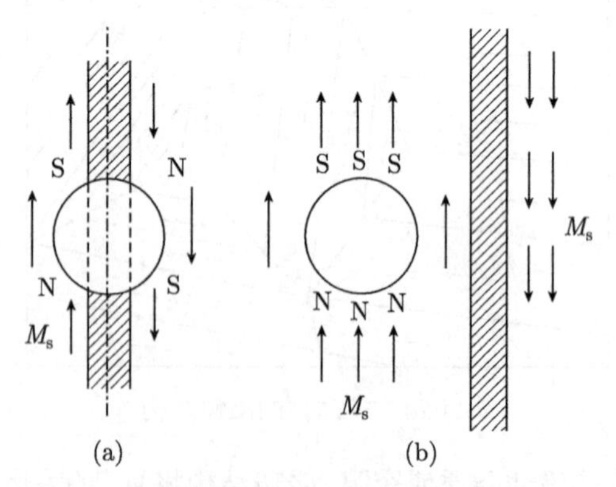

图 4.26　非磁性杂质边界上所出现的磁极

(a) 畴壁与杂质相交; (b) 畴壁与杂质不相交

实际上, 当畴壁经过非磁性杂质时, 并不一定只出现图 4.26 所示的简单情况, 杂质上有时会出现附加磁畴以降低退磁能. 这些附加畴会把附近的磁畴连接起来.

图 4.27 表示了主畴的两个畴壁经过一群杂质时, 通过各种附加畴与杂质连接的情况.

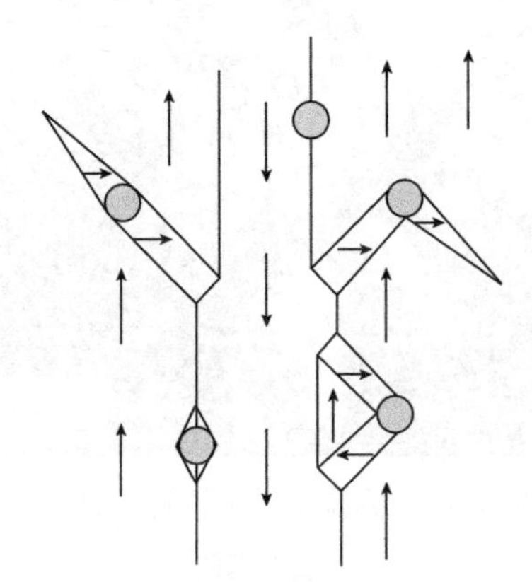

图 4.27　主畴畴壁经过一群杂质时发生附加畴的情况

4.5.4　单畴颗粒

由于退磁能等能量的存在, 即使是单晶的铁磁材料一般也总是形成多畴结构. 但如果组成材料的颗粒足够小, 以致材料形成单畴时的退磁能小于形成多畴时的畴壁能, 此时材料就成为单个磁畴. 各种材料都可以找到一个临界尺寸, 当材料颗粒小于这个尺寸时可以得到单畴. 例如, 铁球形颗粒的单畴临界半径 R_c 为 0.32×10^{-8}m.

由于单畴颗粒中不存在畴壁, 因而在技术磁化时不会有壁移过程, 其磁化强度方向的转变只能依靠畴的转动. 由于畴的转动需要克服磁晶能, 所以这样的材料进行技术磁化和退磁都不容易. 它具有低的磁导率和高的矫顽力, 适合用于永磁材料. 因此, 目前在永磁材料的生产工艺中普遍采用粉末冶金法来提高材料的矫顽力.

如果将单畴体的临界尺寸继续减小到一定程度后, 由于比表面积大大增加, 热振动能可能和微粒的磁晶各向异性能相当, 这时微粒的磁矩不能固定地沿着易磁化方向排列, 它随热振动自由改变, 单畴微粒体就转变为超顺磁体. 由单畴体转变为超顺磁体的临界尺寸称为超顺磁体的临界尺寸. 磁性流体中使用的磁性颗粒一般具有超顺磁性.

4.5.5　磁泡畴

当铁磁晶体的厚度很小成为薄膜状铁磁材料时, 将出现不同于块体材料的磁畴结构和畴壁. 对于单轴各向异性材料的薄晶片或薄膜, 如果加偏置磁场, 可以产生小圆柱形磁畴. 这种磁畴在显微镜下观察很像气泡, 所以称为磁泡, 如图 4.28 所示. 由于磁泡体积小并能高速转移, 因此可用于高密度存储器, 增加存储量并提高计算机计算速度.

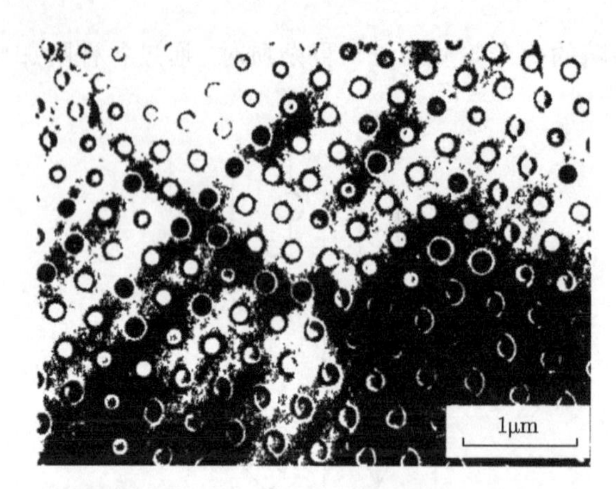

图 4.28　在 9200Oe 偏置场作用下, 在 c 轴垂直于膜面的 Co 薄膜上观察到的磁泡洛伦兹电子显微图

为了得到磁泡, 薄膜材料的易磁化轴和偏置磁场方向都必须垂直于晶片. 当未加外磁场时, 薄晶片中由于自发磁化常出现带状磁畴, 如图 4.29(a) 所示. 加垂直于晶片的偏置磁场后, 与磁场方向一致的畴变宽, 方向相反的畴变窄, 如图 4.29(b) 所示. 当偏置磁场继续增强, 反向畴将局部地缩小成分立的柱形畴, 如图 4.29(c) 所示.

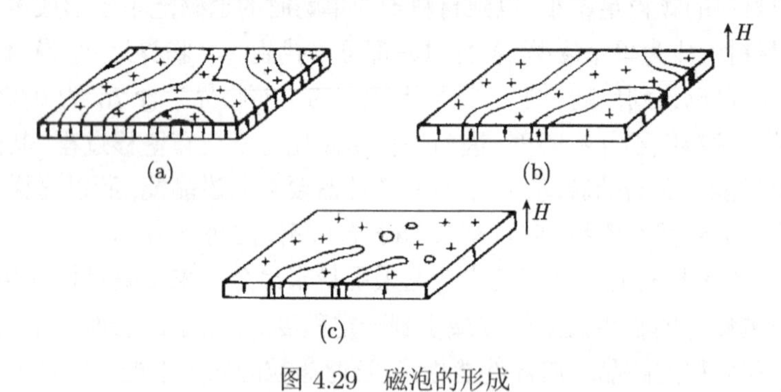

图 4.29　磁泡的形成

目前可以用于产生磁泡畴的薄膜材料主要有：①六角单轴晶体 (如钡铁氧体); ②稀土元素的正铁氧体 (如 $HoFeO_3$、$ErFeO_3$、$TmFeO_3$); ③稀土元素的石榴石型铁氧体 (如 $Eu_2ErCa_{0.7}Fe_{4.3}O_{12}$) 等.

4.6　磁性材料的磁化特性

4.6.1　技术磁化

磁性材料处于磁场中时, 其磁化强度将随磁场强度的增加而增加, 并最终达到极限值 (饱和磁化强度), 该过程被称为技术磁化过程. 技术磁化过程本质上是材料中各磁畴在外磁场作用下的运动过程, 与自发磁化有本质的区别. 磁化过程有时只是其中一种起作用, 有时是两种方式同时作用, 磁化曲线和磁滞回线是技术磁化的结果.

技术磁化包括畴壁位移和磁畴转动这两种基本运动方式:

1) 畴壁位移引起的磁化过程

在畴壁位移引起的磁化过程中, 可以认为磁畴方向不变, 而只是磁畴体积发生改变. 设想一磁性材料中有两个被畴壁分开的磁畴, 沿其中一磁畴的磁化强度方向加一外磁场 $\boldsymbol{H}$, 如图 4.30 所示. 当畴壁移至图 4.30(b) 所示位置时, 磁化强度与外磁场 $\boldsymbol{H}$ 方向平行的磁畴体积增加了, 而磁化强度与外磁场 $\boldsymbol{H}$ 方向反平行的磁畴体积则减小了, 因此材料中的总磁化强度也就随之发生改变, 这个过程被称为畴壁位移过程.

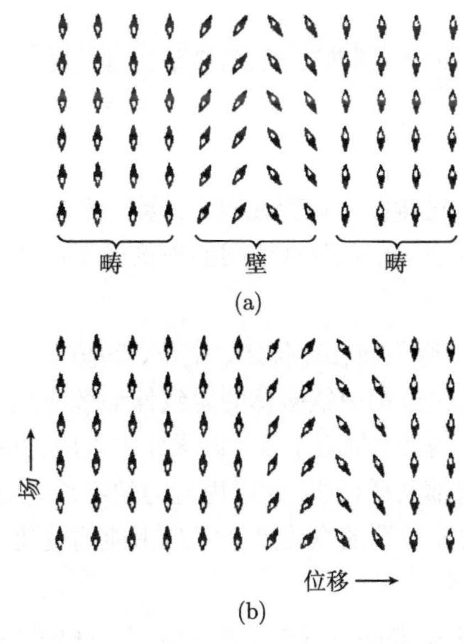

图 4.30 磁畴体积变化示意图

众所周知, 理想的铁磁晶体是内部结构均匀、内应力极小而又无杂质的晶体. 这样, 理想铁磁晶体受外磁场作用时, 只要内部的有效场稍不等于零, 畴壁就开始移动, 直至磁畴结构改组到有效磁场等于零时才稳定下来, 因此这种磁体的起始磁化率应为无穷大. 然而, 实际晶体中总是存在缺陷、杂质以及不均匀分布的内应力, 这些结构的不均匀性产生了畴壁位移的阻力, 从而使得起始磁化率为有限值.

2) 磁畴转动引起的磁化过程

磁畴转动引起的磁化过程可用图 4.31 来说明, 沿易磁化轴方向的磁畴在与该方向成 θ_0 角的磁场 $\boldsymbol{H}$ 作用下, 由于畴壁位移已经完成 (或因结构上的原因畴壁位移不能进行), 磁畴的磁矩就要转向磁场方向, 以降低静磁能, 但与此同时, 磁晶各向异性能却要升高. 为使系统总能量最低, 综合静磁能与磁晶各向异性能共同作用的结果, 使 M_s 稳定在与原磁化方向成 θ 角上. 这一过程的特点是磁畴的磁矩整体一致转动, 转过的 θ 角取决于静磁能与磁晶各向异性能的相对大小.

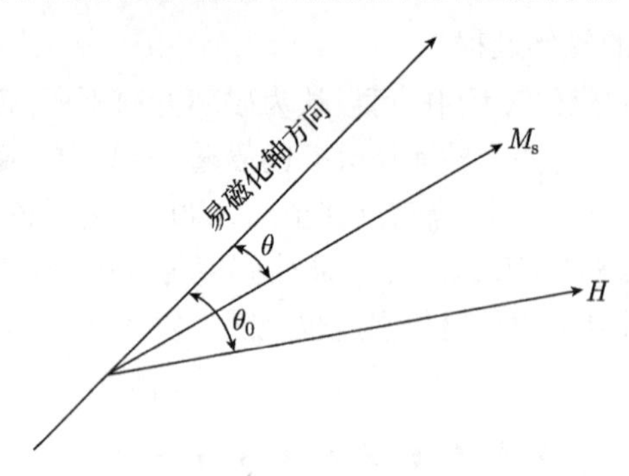

图 4.31　磁畴转动引起的磁化过程示意图

4.6.2　壁移阻力的来源

在技术磁化过程中, 磁畴壁移动存在阻力, 因此需要由外磁场做功. 对于铁磁晶体内部畴壁位移阻力的来源, 有两种不同的理论模型：内应力理论和杂质理论.

1) 内应力理论

由于实际晶体中不可避免地存在位错、空位、间隙原子及溶质原子, 这些晶体缺陷都会产生内应力, 磁化过程中铁磁体的磁致伸缩效应也会产生内应力, 这种内应力的分布是不均匀的. 内应力理论认为, 铁磁体中内应力的分布状态决定了畴壁迁移的阻力. 如果晶体内部杂质极少, 此时内应力的不均匀分布是畴壁位移阻力的主要来源, 可按照内应力随位置的变化来计算自由能的变化.

2) 杂质理论

当铁磁材料中包含很多非磁性或弱磁性的不均匀相时, 畴壁将被杂质穿破, 当畴壁穿过非磁性杂质集中的位置时, 畴壁面积最小, 因此能量最低, 如图 4.26 所示. 如果施加磁场使畴壁移动离开这个位置, 畴壁能量的增高就要给壁移造成阻力.

根据以上两种理论模型, 对于材料的起始磁导率 μ_i 和矫顽力 H_c 都可以进行理论计算. 但由于几种能量因素都起作用, 要对技术磁化做准确的分析计算非常困难. 因此, 关于磁导率等物理量只能作近似的推导, 得出原则性的表达式. 现将不同条件下推导出的磁导率公式开列如下：

(1) 内应力引起的起始磁导率：若晶体中的应力场 σ 随位置变化, 变化规律为 $\sigma = \sigma_0 x^2$(σ_0 为常数), 该应力使得畴壁能随位置变化, 造成了畴壁移动的阻力, 在该应力作用下起始磁导率为

$$\mu_{\rm i}=\frac{4\mu_0 M_{\rm s}^2 S_{180}}{6\delta\sigma_0\lambda_{\rm S}} \tag{4.39}$$

式中, μ_0 为真空磁导率; S_{180} 表示 180° 畴壁总面积; $\lambda_{\rm S}$ 为饱和磁致伸缩系数; $M_{\rm s}$ 为饱和磁化强度.

(2) 杂质引起的起始磁导率：1938 年克斯顿等讨论了 2%碳钢中碳化物对起始磁导率的影响, 当非磁性掺杂物为半径 R 的球状物时, 起始磁导率为

$$\mu_{\rm i}=\frac{\mu_0 M_{\rm s}^2}{3a\sqrt{A_1K_1}}\frac{1}{d}R^2\left(\frac{4\pi}{3\beta}\right)^{2/3} \tag{4.40}$$

式中, d 为磁畴宽度, a 为掺杂物间距, β 为杂质体积百分数.

由式 (4.39) 和式 (4.40) 可以看出, 不论何种情况, $\mu_{\rm i}$ 都正比于 $M_{\rm s}^2$. 所以无论经过何种过程磁化, 要获得高的 $\mu_{\rm i}$ 都要求材料具有高的 $M_{\rm s}$ 值. 至于材料另外的参数, 如 K_1、$\lambda_{\rm S}$ 以及应力 σ 在公式中所占的地位, 则要看在什么条件下和经过什么磁化过程而定. 不过, 只要 K_1 和 $\lambda_{\rm S}\sigma$ 在公式中出现, 一般都位于分母. 因此, 要得到高的 $\mu_{\rm i}$, 材料除了需要具有高的 $M_{\rm s}$ 外, 还必须要有低的 K_1 值和 $\lambda_{\rm S}\sigma$ 值.

4.6.3 磁性材料的磁化特性

1. 磁化曲线

磁体的磁化强度或磁感应强度随磁场强度变化的曲线称为磁化曲线, 即 M–H 曲线或 B–H 曲线. 由于在铁磁材料中 M 的数值远大于 H($10^2\sim10^6$ 倍), 所以 $B=\mu_0(H+M)\approx\mu_0 M$, 因而 B–H 曲线的外貌和 M–H 曲线差不多, 图 4.32 中我们仅描述 B–H 曲线. 大多数铁磁体的磁化曲线表明, 磁性材料的技术磁化过程经历畴壁位移过程和磁畴转动过程. 在低磁场强度下, 一般以畴壁位移为主, 而在高磁场强度下, 则一般以磁畴转动为主.

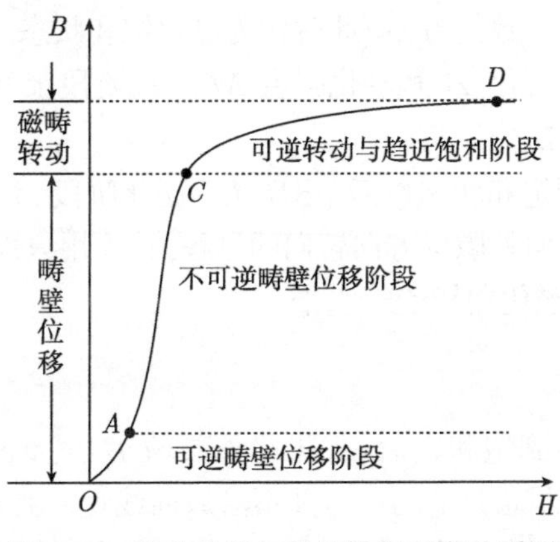

图 4.32 磁化曲线与磁化机制对应关系图

图 4.32 描述了典型的磁化曲线与磁化机制的对应关系. 依据磁化强度随外磁场强度变化的速率, 可将磁化曲线分为四个区域.

1) 起始磁化阶段 (OA 段)

起始磁化阶段中, 磁体在弱磁场作用下磁化, 磁化强度随外磁场增大缓缓增加. 这是由于该阶段外磁场强度较小, 磁畴壁仅作较小的位移, 磁化强度与外磁场方向成锐角的磁畴体积缓慢扩大. 由于这种畴壁位移距离不大且属弹性位移, 如将外磁场减小至零, 畴壁又会退回原始位置, 材料中的磁感应强度 $\boldsymbol{B}$ 或总磁化强度 $\boldsymbol{M}$ 也将沿原曲线减小到零, 因此这种畴壁位移被称为畴壁可逆位移, 这阶段的磁化过程也被称为可逆磁化过程.

2) 急剧磁化阶段 (AC 段)

急剧磁化阶段主要是由不可逆畴壁位移对磁化作贡献, 磁化强度随外磁场增加而急剧上升, 磁化曲线呈非线性急剧变化关系. 这是由于此时外磁场的驱动力足够大, 使畴壁能够克服内应力和杂质等阻力迅速位移, 并可使所有与外磁场方向成钝角的磁畴瞬时转化为锐角磁畴, 从而使磁化强度剧增. 由于此阶段的畴壁移动是克服很大阻力而进行的, 所以即使去除外磁场, 畴壁也不能再退回原位, 故将这一畴壁移动过程称为不可逆畴壁位移. 另外, 钝角畴转化为锐角畴的运动过程也是属于不可逆过程, 去除外磁场后磁畴也不能自动转向到原方向. 因此在此阶段中, 如果把外磁场减小到零, $\boldsymbol{B}$ 和 $\boldsymbol{M}$ 也不再沿原曲线减小至零, 从而出现剩磁, 这种现象称为磁滞.

3) 趋近饱和阶段 (CD 段)

在较强的外磁场作用下, 趋近饱和阶段曲线呈弱的非线性, 但 M 增势减缓并趋近于饱和. 这一阶段主要是锐角磁畴进一步转向外磁场方向的过程, 这一转动过程必须克服磁晶各向异性能, 磁矩转动较为困难, 只有当外磁场很大时才能使所有锐角磁畴转向与外磁场一致的方向 (此时称为磁化饱和状态, 对应图 4.32 中 D 点), 因此磁性材料中磁感应强度 $\boldsymbol{B}$ 和磁化强度 $\boldsymbol{M}$ 在此阶段上升非常缓慢.

4) 顺磁磁化阶段 (D 点以后)

磁性材料被磁化到饱和状态以后, 出现顺磁磁化阶段. 这是原子磁矩在强磁场作用下克服热扰动继续向外磁场方向转向的过程, 该作用只能使磁畴内自发磁化强度有很小的增加, 因此磁化曲线趋于水平.

2. 磁滞回线

当铁磁质的磁化达到饱和之后, 如果将外磁场 H 逐步减小至零时, 铁磁质中的磁感应强度 B 值虽然随 H 减小, 但并不沿原曲线返回到原来的起点 O 而是保留一定的磁感应强度, 此过程反映在图 4.33 中的 SR 段, 这时的磁感应强度称为剩余磁感应强度, 用 B_{r} 表示. 若要使铁磁质中的 B 继续减小, 必须加反向磁场. 只有当反向磁场大到一定程度时, 介质才能完全退磁 (材料中 $B=0$), 此时对应的磁场强度称为矫顽力, 通常用 H_c 表示. 矫顽力 H_c 代表了材料在磁化以后保持磁感应强度的能力, 是磁性材料的一个重要参数. 从具有剩磁的状态到完全退磁状态的这一段曲线 RC 称为退磁曲线. 退磁曲线是考察永磁体性能的重要依据. 理论计算指出, 永磁体在磁路空隙中提供的磁能正比于永磁体工作点处 (在退磁曲线上)B 与 H 的乘积, 退磁曲线上各点的 BH 值是不同的, 在某一点 BH 有最大值 $(BH)_m$, 称为最大磁能积. 实际应用中, 人们总是力求让磁性材料工作在 $(BH)_m$ 点, 以便使材料发挥最大效用.

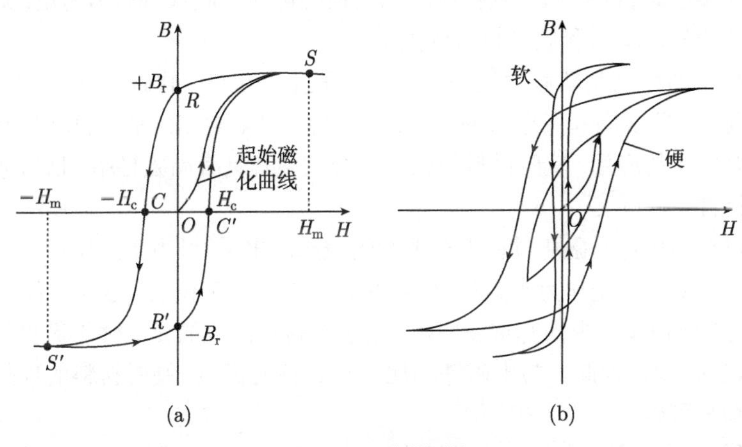

图 4.33 磁滞回线

铁磁质退磁后, 如果反方向的外磁场 H 数值继续增大, 介质中的磁感应强度将反转方向, 然后在反向逐渐磁化至饱和 (见图 4.33(a) 中 CS' 段). 一般说来, 反向的饱和磁化强度数值与正向磁化时一样. 此后, 若使反方向的外磁场 H 数值减小至零, 然后再沿正方向增加, 介质中的磁感应强度将沿 $S'R'C'S$ 回到正向饱和磁化状态 S. 由此我们看到, 当外磁场在正负两个方向上往复变化时, 磁性介质的磁化过程经历着一个循环的过程, 由此形成的闭合曲线称为磁滞回线. 上面描述的现象则称为磁滞现象, 所谓磁滞是指铁磁体或亚铁磁体中的磁感应强度或磁化强度的变化始终落后于外磁场的变化. 不可逆磁化过程是导致磁滞现象, 并形成磁滞回线的原因.

非线性磁化曲线和磁滞回线是磁性材料技术磁化过程的主要特征, 集中表现在非线性磁化和磁滞回线的形状和面积上. 材料不同, 外磁场大小不同, 磁滞回线的形状及其包围的面积不同, 如图 4.33(b) 所示. 从磁化曲线和磁滞回线上可以示出磁体的各种磁性参数, 掌握磁化曲线与磁滞回线对磁性材料的设计和应用十分重要. 然而, 磁化曲线与磁滞回线的测量却比较麻烦, 因此在实际应用中有时不必给出材料的这两条完整曲线, 而只需给出部分曲线就够了. 例如, 对永磁材料一般只

需给出退磁曲线 (给出整条退磁曲线或只给出 B_r, $(BH)_\mathrm{m}$, H_c 三点的值), 对于软磁材料, 则只需给出磁化曲线即可.

4.7 磁性材料的分类及其性能指标

4.7.1 磁性材料的分类

按照实际应用, 磁性材料可以被分成三个主要类别: 软磁材料、硬磁材料和用于磁记录的半硬磁材料. 如果从材料磁化过程的可逆程度或矫顽力考虑, 则可以将磁性材料分为软磁材料和硬磁材料两大类.

软磁材料的特点是矫顽力较小, 磁化过程接近可逆. 软磁材料主要用于变压器、电动机、电感线圈和发电机的磁芯, 在电力工业、电信工业、自动化和计算机工业中都有广泛的应用. 软磁材料的应用场合期望其具有高磁导率、低矫顽力和低磁损耗的特性.

硬磁材料的特点是磁化过程中有很大的磁滞产生, 矫顽力 H_c 为 $10^4 \sim 10^6\mathrm{A/m}$. 硬磁材料的主要用途是作为永磁体材料, 在各种电子电工仪表、通信设备、发电机、电动机、电声电视设备中均有重要应用. 用永磁材料制成的元器件不需再加能量就可提供恒定的磁场, 因此其与电磁铁相比具有独特的优点. 硬磁材料的理想特性是高矫顽力和高剩磁.

随着科技水平的进步和人民生活水平的提高, 社会对磁性材料的需求越来越多. 不同的应用场合往往对磁性材料的性能有不同的要求, 下面我们对磁性材料的主要性能指标作一介绍.

4.7.2 磁性材料的性能指标

1. *最大磁能积、矫顽力和剩磁*

最大磁能积 $(BH)_\mathrm{m}$、矫顽力 H_c 和剩磁 B_r 是衡量永磁体性能好坏的最重要参数. 其中, 最大磁能积是指材料退磁曲线上 B 和 H 乘积最大的一点对应的 BH 值, 如图 4.34 所示. 由于永磁体在磁路空隙中提供的磁能正比于永磁体工作点处的 BH 值, 因此为了最有效地利用磁性材料, 永磁体的工作点应选在具有最大磁能积的地方. 显然, 对于用作永磁体的硬磁材料来说, B_r、H_c 和 $(BH)_\mathrm{m}$ 的值越大越好.

材料的矫顽力大小与畴壁位移的阻力有关, 也即和材料内部的应力以及杂质等因素密切相关. 如果要提高材料的矫顽力, 则必须增加畴壁位移的阻力. 具体地说, 提高磁致伸缩系数 λ_S、使材料内部产生内应力 σ、增加杂质的浓度和弥散度以及选用具有较高 K_1 值和较低 M_s 的材料等都是提高矫顽力的方法. 提高矫顽力最有效的方法是使铁磁材料成为单畴从而不存在畴壁移动, 此时反向磁场要使磁畴转

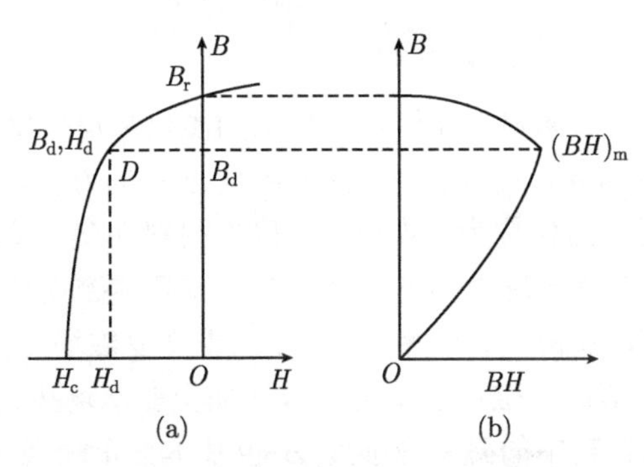

图 4.34 磁性材料的最大磁能积

动必须克服由磁晶各向异性和单畴粒子退磁作用决定的能峰. 当材料中的颗粒小到临界尺寸以下时可以得到单畴, 这种工艺对于提高硬磁材料的矫顽力非常有效, 可使矫顽力达到 10^4A/m 量级.

从图 4.34 可看出, 剩磁 B_r 影响最大磁能积 $(BH)_m$, 有大的剩磁 B_r 和 H_c, 才有大的 $(BH)_m$. 要提高 B_r 的数值, 首先要提高饱和磁化强度 M_s. 所以选择 M_s 高的成分, 是制造优质永磁材料的先决条件.

2. 饱和磁感应强度和磁导率

对于应用在直流场合的软磁材料, 饱和磁化感应强度 B_s 和磁导率 μ 是两个最为重要的指标, 希望二者越高越好.

材料的磁导率主要是指初始磁导率 μ_i 和最大磁导率 μ_m. 最大磁导率 μ_m 是材料处于不同磁场强度时磁导率的最大值, 对应于磁化曲线最陡部分的磁导率, 其定义式为

$$\mu_m = \left(\frac{B}{H}\right)_{\max} \tag{4.41}$$

初始磁导率 μ_i 是工作点位于磁化曲线初始部分的材料磁导率, 其定义式如下

$$\mu_i = \lim_{\substack{\Delta H \to 0 \\ H \to 0}} \left(\frac{\Delta B}{\Delta H}\right) \tag{4.42}$$

在技术上规定在 $B = 25$Gs 时测出的 μ_i 为初始磁导率. 它和可逆壁移的难易程度有关. 对于在弱磁场下应用的软磁材料, μ_i 是最重要的性能指标. 初始磁导率的高低与材料在退磁状态下的磁畴结构密切相关, 而且主要取决于弱磁场下可逆磁化过程的难易程度. 要提高软磁材料的初始磁导率, 主要可以通过降低材料的各向异性常数和磁致伸缩系数、降低材料中杂质含量、降低材料中的内应力以及增大晶粒尺寸等途径加以实现, 归根结底是需要通过合理选择材料的成分及制备工艺手段来实现.

3. 复数磁导率、品质因子与磁损耗

以上我们考虑的是铁磁材料在恒定磁场中的磁化和反磁化. 在恒定磁场下, 磁化状态一般不再随时间变化而变化, 这样的磁化过程称为静态磁化过程. 材料在交变磁场作用下被反复磁化称为动态磁化. 磁性材料在交变磁场中使用时会产生发热现象, 表明其在交变磁场中会产生能量损耗 (简称磁损耗). 磁性材料在交变电场中的磁损耗和其动态磁化特性密切相关. 由于交变磁场的变化快速, 磁性材料磁化状态的改变往往落后于磁场的变化. 若外加交变磁场按正弦规律变化 ($H = H_{\mathrm{m}}\sin\omega t$), 可以推出材料中的磁感应强度 B 也基本按正弦规律变化, 但相位上落后 δ, 即 $B = B_{\mathrm{m}}\sin(\omega t-\delta)$.

根据磁导率定义, 可得复数磁导率 μ 为

$$\mu=\frac{B}{H}=\frac{B_{\mathrm{m}}\exp[\mathrm{i}(\omega t-\delta)]}{H_{\mathrm{m}}\exp(\mathrm{i}\omega t)}=\frac{B_{\mathrm{m}}\cos\delta}{H_{\mathrm{m}}}-\mathrm{i}\frac{B_{\mathrm{m}}\sin\delta}{H_{\mathrm{m}}}=\mu'-\mathrm{i}\mu'' \tag{4.43}$$

式中 $\mu'=\dfrac{B_{\mathrm{m}}\cos\delta}{H_{\mathrm{m}}}$ 为复数磁导率的实部, 是与 H 同相位的 B 的分量与 H 的比值, 它相当于直流磁场下的磁导率, 与磁性材料储存能量成正比. 即

$$储存能量=\omega\mu' H_{\mathrm{m}}^2/2$$

它与固体弹性变形时所存储的弹性能相似, 因此 μ' 又称为弹性磁导率.

$\mu''=\dfrac{B_{\mathrm{m}}\sin\delta}{H_{\mathrm{m}}}$ 为复数磁导率的虚部, 与磁损耗成正比, 又被称为黏性磁导率. 这说明磁性材料在交变磁场中磁化时有能量的损耗, 也有能量的存储. 式 (4.43) 中 B 落后于 H 的相位差 δ 称为损耗角, 磁导率实部与虚部的比值称为材料的品质因子 Q. 品质因子 Q 是表征软磁材料在高频应用时的性能指标.

$$Q=\frac{\mu'}{\mu''}=\frac{1}{\tan\delta} \tag{4.44}$$

工程技术中, 对于在交变磁场中应用的软磁材料, 总是希望其 Q 值和 μ' 越高越好, 并常用乘积 $\mu' Q$ 来表示软磁材料的技术指标.

磁性材料在交流磁场中使用时会发热, 表明磁性材料在交变场中使用时发生能量损耗. 磁性材料的磁损耗一般包括三部分：磁滞损耗、涡流损耗和剩余损耗. 其中, 剩余损耗为从总损耗中扣除磁滞损耗和涡流损耗后剩余的那部分损耗, 主要由磁后效、尺寸共振、畴壁共振和自然共振等效应引起. 软磁合金在交流应用时的能量损耗主要来自磁滞损耗和涡流损耗. 为了降低磁滞损耗, 在交变磁场中应用的磁性材料一般要选用矫顽力低的软磁材料. 对于使用在高频情况下的软磁材料来说, 涡流损耗则是最主要的. 为了减小涡流损耗, 在交流应用时, 磁性金属和合金总是做成薄片或微颗粒的形式, 并在各薄片或微颗粒表面做上一层绝缘膜. 铁氧体由于

具有很高的电阻率, 不需要做成薄片就可以降低涡流, 特别适用于高频场合. 但由于铁氧体的饱和磁感应强度较低, 因此仍不能取代金属磁性材料在电力设备中的位置.

4. *磁谱和截止频率*

材料的磁性频谱 (磁谱) 是指在弱交变磁场中材料的复数磁导率随频率 f 的变化关系. 在材料的磁谱曲线上, 当 μ' 减小到初始磁导率 μ' 的一半或 μ'' 达到极大值时所对应的频率称为该材料的截止频率 f_c, f_c 是磁性材料能够使用的频率范围的重要标志. 图 4.35 为典型的铁氧体的磁谱图, 有以下特征:

低频段 ($f < 10^4$Hz): μ' 和 μ'' 的变化很小, 引起损耗的主要原因是来自涡流、磁滞和剩余损耗.

中频段 (10^4Hz< f <1MHz): μ' 和 μ'' 的变化也很小, 但有时 μ'' 出现峰值, 这是尺寸共振引起的. 该共振与材料的特性无关, 可用设计来避免. 金属材料主要用于低、中频段.

高频段 (1MHz< f <100MHz): 在该频段范围内 μ' 急剧下降, 而 μ'' 迅速增加, 造成磁损耗迅速增大. 此时使用的材料电阻很高, 而且磁场幅值很小, 因此, 涡流、磁滞损耗很小, 损耗的主要原因是自然共振、畴壁共振或弛豫过程.

超高频段 (100MHz< f <10GHz): 由于自然共振, μ' 有可能小于 1, 损耗和磁导率随频率变化的原因主要来自自然共振.

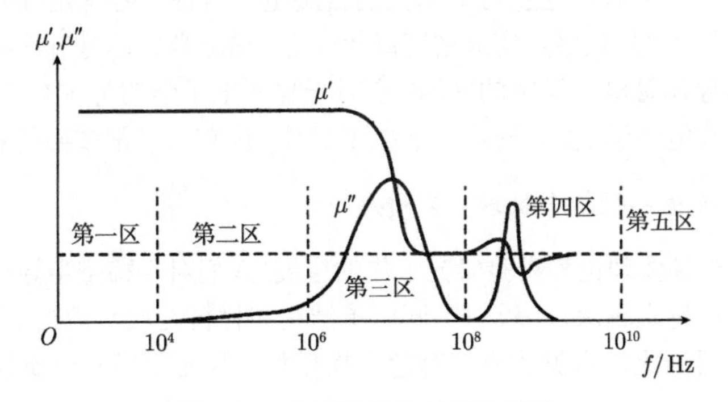

图 4.35 典型铁氧体材料的磁谱

4.7.3 稀磁半导体

除上述磁性材料的分类之外, 还有一类带有铁磁性的半导体材料, 这类材料具有丰富的物理内涵和光明的应用前景, 已成为近年来材料领域的研究热点. 目前这类材料的制备主要是通过利用磁性原子取代半导体中的部分非磁性原子来实现的, 因为一般掺入的杂质浓度不高, 铁磁性比较弱, 所以这类带有铁磁性的半导体材料又被称为稀磁半导体材料.

稀磁半导体 (diluted magnetic semiconductor, DMS), 是一类兼具有磁性质和半导体性质的固溶体半导体材料, 它是 AB 型化合物 (或三元固溶体) 中, 部分阳离子 A 被磁性离子 M(M 代表过渡族金属元素, 如 Mn、Fe、Co、Cr 等) 或稀土元素 (如 Eu、Gd 等) 所取代, 并随机占据部分阳离子 A 晶格的格点位置. DMS 的基体二元化合物主要有 II–VI 族、III–V 族、IV–VI 族等化合物半导体. DMS 固溶体中存在顺磁离子, 具有很强的局域化自旋磁矩. 磁性子系统对电子子系统的影响上由于能带中的电子 (s 电子或 p 电子) 与局域化 (过渡族金属原子)3d 电子之间发生强烈的 sp→d 交换作用, 这种交换作用使 DMS 固溶体具有许多与非磁性半导体材料不同的性质.

众所周知, 固体中电子的电荷和自旋两方面的性质构成了当今信息技术的基础. 以半导体材料为支撑的大规模集成电路和高频器件在信息处理和传输中扮演着重要的角色, 在这些技术中它们成功利用了电子的电荷; 而在信息技术中另一个不可缺少的环节 —— 信息存储 (如硬盘、磁带等) 则是由铁磁性材料来完成的, 它们充分地利用了电子的自旋属性. 但是, 对于电子的电荷和自旋属性的研究和应用都是平行发展的, 彼此之间相互独立. 稀磁半导体材料的出现使得同时利用材料中的电子和自旋属性成为可能. 以稀磁半导体为材料基础, 可以研制光学隔离器、磁传感器以及非挥发性内存等新的半导体器件及自旋场效应晶体管、自旋发光二极管和自旋共振隧穿器件等全新的多功能自旋器件. 与传统的半导体器件相比, 这些能够同时利用电子电荷属性和自旋属性的自旋电子器件具有稳定性好、数据处理速度更快、降低功率损耗以及集成密度高等优点. 稀磁半导体对自旋电子学的意义还远不止在半导体磁电子学中的应用, 它对于自旋电子学的另一个主要领域 —— 半导体量子自旋电子学 (主要材料是非磁半导体) 也有着非常重要的意义.

1. 稀磁半导体磁性耦合机理研究进展

随着稀磁半导体理论和实验研究工作的进展, 人们对于稀磁半导体中的磁性耦合机理的研究也越来越深入. 针对不同电子结构和材料性质的稀磁半导体, 目前描述磁性耦合作用的比较常见的模型有超交换模型、载流子媒介交换模型及束缚磁极化子模型等.

1) 超交换模型包括直接超交换和间接超交换

直接超交换：在绝缘体中局域电子直接交换的耦合自旋可以用海森伯哈密顿函数来表示

$$H_{\text{ex}} = -\sum_{ij} J_{ij} s_i s_j \tag{4.45}$$

如果交换作用发生在一个自由原子里的两个电子态之间, 那么 J_{ij} 值往往趋向于正的, 并且自旋排列往往是平行的, 此时即为铁磁性耦合. 如果交换作用是发生在两个束缚在相邻原子附近的电子之间, 那么 J_{ij} 值往往趋向于负的, 并且符合两个反平行排列的电子形成的结合态, 此时即为反铁磁耦合. 在一个含有奇数个电子的固体中, 原则上 J_{ji} 正负都有可能, 但是以负的部分占主导, 而导致相邻自旋的反铁磁性.

间接超交换: 在许多过渡金属氧化物及相关的材料中, 中间阴离子作为 TM 离子之间磁交换作用的载体, 这样的磁耦合就是我们所知的间接超交换. 间接超交换也能用海森伯哈密顿函数来描述, 在该函数中 J_{ij} 的值是由金属–氧–金属的键角和 TM 中 d 电子的结构决定的.

2) 载流子中介交换

"载流子媒介交换" 涉及局域磁矩之间的交换作用, 该交换作用通过体系中的自由载流子作为媒介. 这其中主要有三种模型: Rudermann–Kittel–Kasuya–Yoshida(RKKY) 交换作用、Zener 载流子媒介交换和 Zener 双交换. 大多数的实际体系都会显示出以上两种或三种模型的特性.

RKKY 交换作用发生在单个局域磁矩和单个自由的电子气之间. RKKY 交换作用将这种体系精确地处理成量子机制, 交换积分 J 可以用局域磁矩的距离 R 和电子气中电子的密度来表示成振荡函数

$$J(R) = \frac{m^* k_{\mathrm{F}}^4}{\hbar^2} F(2k_{\mathrm{F}} R) \tag{4.46}$$

式中, m^* 为有效质量; k_{F} 为电子气的费米波矢量. 振荡函数

$$F(x) = \frac{x\cos x - \sin x}{x^4} \tag{4.47}$$

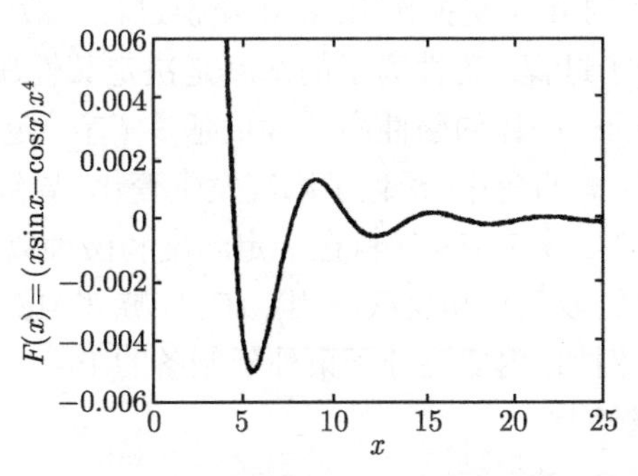

图 4.36 RKKY 交换能量的振荡部分, x 为费米波矢与局域磁矩间距的比值

振荡函数可用图 4.36 表示. 在这种局部磁矩和流动载流子共存的体系中, 载流子可以作为局域磁矩之间铁磁交换作用的媒介, 这就是所谓的 Zener 载流子媒介交换. 由局域磁矩交换作用形成的自旋能带劈裂的重新分配使得载流子具有更低的能量, 从而形成铁磁性耦合.

另一种载流子中介交换模型是 Zener 双交换模型, 该模型首先被用于解释掺杂钙汰矿结构 $La_{1-x}A_xMnO_3$ 的磁性. 在该结构中存在 Mn^{3+} 和 Mn^{4+} 离子, 磁矩平行排列可使得电子从 Mn^{3+} 传向 Mn^{4+} 从而降低系统动能. 该耦合作用通过相邻 Mn^{3+} 和 Mn^{4+} 离子间的氧原子媒介, 但由于系统包含载流子而不同于超交换模型.

3) 束缚磁极化子模型

束缚磁极化子 (BMP) 模型适于解释高阻稀磁半导体中的磁性耦合机理. BMP 模型中, 材料中的杂质或缺陷充当载流子陷阱 (如氧空位、锌间隙等), 这些载流子和它活动范围内的寄主晶格上的磁性离子反铁磁耦合, 形成束缚磁极化子. 这些极化子之间的耦合常通过中间的空隙地带间接作用, 载流子和离子之间的反铁磁耦合使得两个极化子自旋都和中间区域的自旋反平行, 从而使得两极化子长程铁磁耦合. 其耦合的哈密顿函数可表示为

$$H_{\mathrm{m}} = K[(\mathrm{s}_1 \cdot \mathrm{S}_1) + (\mathrm{s}_2 \cdot \mathrm{S}_2)] + K'(\mathrm{s}_1 + \mathrm{s}_2)\mathrm{S}_3 + J\mathrm{s}_1 \cdot \mathrm{s}_2 \tag{4.48}$$

该模型的本质是载流子间直接反铁磁耦合作用和载流子–离子–载流子之间间接铁磁耦合作用的竞争. 当束缚磁极化子之间的距离合适, 载流子–载流子及载流子–局域磁矩之间的交换作用常数也适当时, 极化子之间可以铁磁耦合形成磁畴.

2. 稀磁半导体的磁学性质

绝大多数化合物半导体都是抗磁性的, 但在用过渡族或稀土族金属离子部分、无规则地替代了化合物中非磁性阳离子后, 在磁性质上发生了根本变化. 磁学性质主要取决于材料中磁性离子之间的交换作用 (d–d 交换作用). 例如, 含 Mn 的 DMS 材料中的 Mn^{2+}–Mn^{2+} 的 d–d 交换作用. d–d 交换过程一般分为 3 类: 空穴过程、空穴–电子过程和两电子过程. 磁性离子的浓度是决定其性质的重要因素. 一般情况下, 在相同磁场强度下, 晶体的磁性离子含量越多 (有一定限度), 其磁化强度越高. 随着温度 T 和组分 x 的变化, 极化子浓度发生变化, 导致 DMS 材料发生磁相变. 目前, 研究表明 II–VI 族 DMS 材料在一定温度和磁性离子浓度范围内会出现三种磁相 (顺磁相、自旋玻璃相和反铁磁相), III–V 族 DMS 材料中则表现出两种相 (顺磁相和铁磁相). 例如, 用低温分子束外延制备的 $In_{1-x}Mn_xAs$ 薄膜在低温下呈现出截流子感生铁磁有序.

3. 室温稀磁半导体的研究

要使 DMS 材料在实际中得以应用, 就要求材料的居里温度 (T_{C}) 必须高于室温. Dietl 等理论计算了各种 DMS 材料的 T_{C}, 其结果表明宽带隙半导体 GaN 和 ZnO 可能是室温或更高温度下能够实现由载流子引起铁磁性的材料, 图 4.37 为各种半导体材料在掺杂 5%的锰并且空穴浓度为 $3.5\times10^{20}\mathrm{cm}^{-3}$ 时的居里温度.

从图 4.37 可得出, GaN 和 ZnO 基的稀磁半导体可能成为居里温度高于室温的材料, 由于与 GaN 相比, ZnO 价格低廉, 易于获得; 因而 ZnO 基稀磁半导体成为近年来稀磁半导体领域的热点研究材料. 实验工作中自从 Ueda 等第一次报道 Co 掺杂 ZnO 发现本征铁磁性以来, 陆续发表了很多实验结果, 在 $Zn_{1-x}Co_xO$、$Zn_{1-x}Mn_xO$、$Zn_{1-x}Cr_xO$、$Zn_{1-x}Cu_xO$ 等稀磁半导体上都发现有室温铁磁性现象. 然而, 目前的实验结果却仍然充满了矛盾, 如一些研究小组报道了 ZnO 基稀磁半导体室温铁磁性的发现, 另一些研究小组却未能在类似的材料中发现任何室温铁磁信号. 即使是在发现了 GaN 和 ZnO 系统稀磁半导体薄膜材料室温铁磁性的报道中, 关于这些室温铁磁性的来源依然存在着很大的争议. 一些实验小组认为在过渡金属掺杂 ZnO 中发现的室温铁磁性并非是该半导体材料的本征属性而是来自于杂质团簇; 另一些实验小组研究了相同的过渡金属掺杂 ZnO, 但认为其室温铁磁性来源于该材料的本征属性.

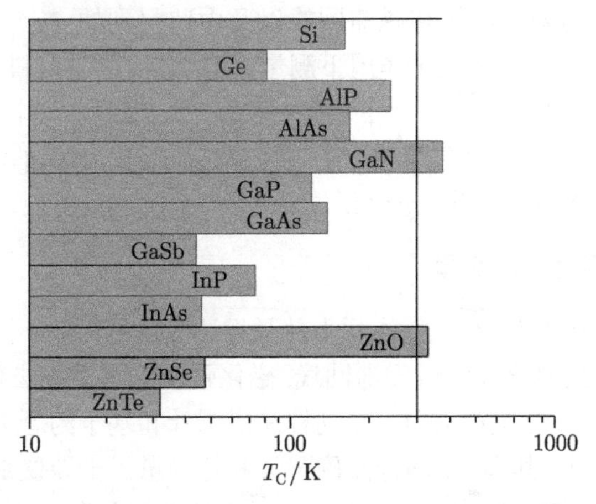

图 4.37 各种半导体材料在掺杂 5%的锰并且空穴浓度为 $3.5\times10^{20}cm^{-3}$ 时的居里温度

4. 其他特殊性质

(1) sp–d 交换作用：磁性离子与载流子之间的自旋交换作用 (sp–d 交换作用) 可以直接影响半导体材料的有关参数, 如能带中电子的有效 g 因子、能带结构、杂质能级等. 这些参数会受到外磁场的影响, 如在外磁场作用下, DMS 材料能带中电子的有效 g 因子一般比相应的非磁性半导体大 2 个数量级, DMS 在磁场中不同自旋态的分裂远大于普通半导体, 因此通过变化外磁场可以改变材料的物理性质.

(2) 巨负磁阻效应：由于 sp–d 交换作用, 使 DMS 材料中杂质离化能减弱, 而出现巨大的负磁阻, 电阻率变化可达 6 个数量级. 例如, p 型 $Hg_{0.89}Mn_{0.11}Te$ 在 1.4K 时, 其横向电阻率可由 $5\times10^7\Omega\cdot cm$(外磁场为零) 减小到 $0.8\Omega\cdot cm$(外磁场为 7T), 这使 DMS 材料在某一杂质浓度范围内发生磁场感生金属–绝缘体转变.

(3) 霍尔效应：反常霍尔效应是由自旋–轨道相互作用产生的, 正比于 DMS 材料的磁化强度 M. 在未掺杂成 p 型的 II–VI 族 DMS 材料中, 自旋–轨道相互作用可以忽略, 磁性离子都为反铁磁作用, M 很小, 与正常霍尔效应相比, 反常霍尔效应可以忽略不计. 而对于铁磁性的 III–V 族 DMS 材料, 反常霍尔效应不可以忽略. 如 (Ga, Mn)As 截流子 (空穴) 浓度很高, 反常霍尔效应占主导地位, 其霍尔电阻主要由反常霍尔项提供.

4.8 材料磁性能测量方法

在材料的磁性能参数中, 饱和磁感应强度 B_s、剩磁 B_r、矫顽力 H_c、磁化率 χ、磁导率 μ 和最大磁能积 $(BH)_{max}$ 等参量除了与材料的化学成分和晶体结构有关外, 还与晶粒尺寸及其取向、内应力的大小和性质、磁畴结构、晶格缺陷及显微组织等有关. 材料的磁化曲线和磁滞回线以及由此得到的 B_s、B_r、H_c、χ、μ 和 $(BH)_{max}$ 等参量可以在直流磁场作用下测量, 因此又被称为材料的静态磁性能. 交变磁场作用下的磁性能测量主要用于软磁材料, 在交变磁场下测得的磁性能又被称为动态磁性能, 主要包括复数磁导率、磁损耗及品质因数 Q 等的测量. 下面对材料磁性能的一些常用测量方法作一介绍.

4.8.1 材料静态磁性能的测量

测量材料的静态磁性能参量, 本质上就是设法测量材料在不同外磁场作用下的磁化强度并由此得到磁化曲线或磁滞回线. 磁化强度的测量方法有磁秤、热磁仪测量法、冲击测量法、无定向磁强计、振动样品磁强计和基于约瑟夫森效应的超导量子干涉仪等多种方法. 其中, 振动样品磁强计和超导量子干涉仪是这类仪器中最为现代化的, 下面我们将选几种有代表性的测量方法作简单介绍.

1. 热磁仪测量法

热磁仪又称磁转矩仪, 其测量部分见图 4.38(a), 试样 1 固定在支杆 4 上, 且位于两磁极间的均匀磁场中, 支杆 4 的上端和弹簧 3 相接, 弹簧固定在仪器架上, 支杆上固定着一个反射镜 5, 光源 7 发出光束照在反射镜 5 上, 然后反射到标尺 6 上.

假如, 待测试样的起始状态和磁场的夹角为 φ_0, φ_0 一般小于 $10°$, 见图 4.38(b), 在磁场的作用下, 铁磁性的试样受到一个力矩的作用, 使试样转向磁场方向, 夹角变为 φ_1, 此力矩 (即磁转矩)L_1 的大小用下式表示

$$L_1 = \mu_0 VHM \sin\varphi_1 \tag{4.49}$$

式中, V 为试样的体积; H 为试样所处的磁场场强; M 为磁化强度; φ_1 为偏转后的

试样与磁场的夹角. 由于试样向磁场方向转动, 导致弹簧变形, 由此产生反力矩 L_2,

$$L_2 = C(\varphi_0 - \varphi_1) = C\Delta\varphi \tag{4.50}$$

式中, C 为弹簧的弹性系数, 当两力矩达到平衡时, $L_1 = L_2$, 由此可写出

$$M = \frac{C\Delta\varphi}{\mu_0 V H \sin\varphi_1} \tag{4.51}$$

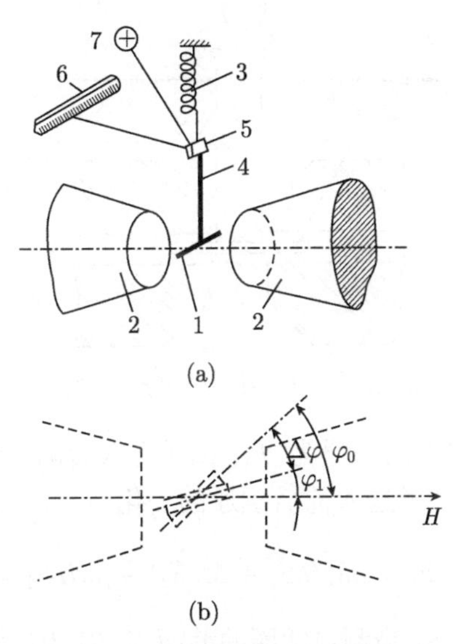

图 4.38 热磁仪结构原理图

1. 试样; 2. 磁极; 3. 弹簧; 4. 固定杆; 5. 反射镜; 6. 标尺; 7. 光源

假如测量过程中 $\Delta\varphi$ 的值很小, 可以认为 $\sin\varphi_1 \approx \sin\varphi_0$, 则

$$M = \frac{C\Delta\varphi}{\mu_0 V H \sin\varphi_0} \tag{4.52}$$

$\Delta\varphi$ 可通过标尺读数 α_m 和反射镜与标尺间的距离求得. 把所有的不变量看作常数, 则式 (4.52) 可写为

$$M = k\alpha_\mathrm{m} \tag{4.53}$$

式 (4.53) 表明, 标尺读数 α_m 越大, 磁化强度 M 就越大, 当 H 大于 $28\times10^4\mathrm{A/m}$ 时, M 和铁磁相数量成正比, 所以, 这时的 α_m 可代表铁磁相的数量. 热磁仪测量一般要求试样长度为 20~30mm, 直径为 3mm, 表面要求镀铬.

2. 冲击测量法

冲击法测量可分为闭路试样的冲击法测量和开路试样的冲击法测量. 闭路试样的冲击法测量, 由于靠螺线环不能产生强磁场, 所以只适合于测定软磁材料; 对

于硬磁材料, 需要在较强的外磁场条件下才能磁化到饱和, 一般可采用开路试样的冲击法测量硬磁材料的饱和磁化强度, 所采用的仪器称为冲击磁性仪, 如图 4.39 所示, 现说明开路试样的冲击法测量原理. 测量时将试样 1 从磁极 2 的中心迅速送到磁极间隙处的测量线圈 3 中, 或从磁极的间隙中迅速抽出, 借助线圈中磁通的变化来测量材料的饱和磁化强度 M_s.

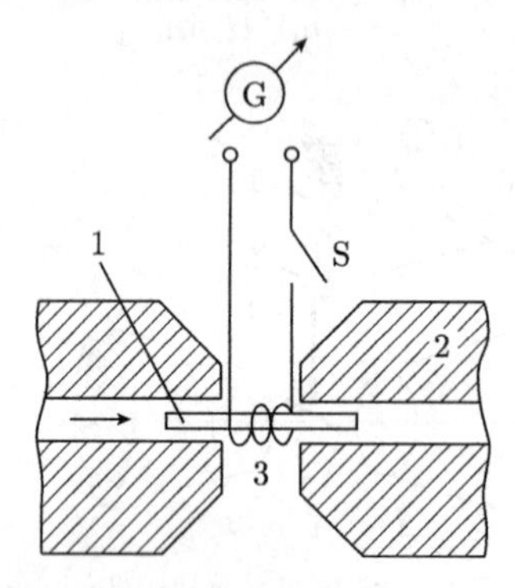

图 4.39　冲击磁性仪测量原理图

设试样送入前测量线圈的磁通为 Φ_1, 试样送入后测量线圈中相当于放入一个铁芯, 磁通增加到 Φ_2, 则试样送入前后磁通的变化为

$$\Delta\Phi = \Phi_2 - \Phi_1 = \mu_0(HS_1 + M_sS_2) - \mu_0 HS_1 = \mu_0 M_s S_2 \tag{4.54}$$

式中, H 为平均磁场强度; S_1 为测量线圈的截面积; S_2 为试样的截面积. 由式 (4.54) 可得

$$M_s = \frac{\Delta\Phi}{\mu_0 S_2} \tag{4.55}$$

在此过程中磁通变化感应出的电量 Q 为

$$Q = \int_0^t \mathrm{i}\mathrm{d}t = \int_0^{\Delta\Phi} \frac{n}{R}\frac{\mathrm{d}\Phi}{\mathrm{d}t}\mathrm{d}t = \frac{n\Delta\Phi}{R} \tag{4.56}$$

式中, n 为线圈匝数; R 为测量回路电阻. 另外, 根据仪器的原理, 通过冲出检流计的电量 $Q = C_b\alpha$, 代入式 (4.56), 故得

$$\Delta\Phi = \frac{RC_b}{n}\alpha \tag{4.57}$$

将式 (4.57) 代入式 (4.56), 得

$$M_s = \frac{RC_b}{\mu_0 S_2 n}\alpha \tag{4.58}$$

式中, C_b 为检流计冲击常数, 由于 C_b、R、μ_0、n、S_2 均已知, 只要读出检流计光点的偏移量 α, 即可求得饱和磁化强度 M_s.

3. 振动样品磁强计

振动样品磁强计 (vibrating sample magnetometer, VSM) 是灵敏度高、应用很广的一种磁性测量仪器. 图 4.40 是 VSM 的原理图. 用 VSM 测量的永磁体样品大多做成 2~3mm 直径的小球, 球形样品可以保证样品各个部位磁化的均匀性, 且经过退磁场修正以后能够准确地还原出样品的有效磁化曲线. 下面以球形样品为例介绍 VSM 的测量原理. 如果样品的尺寸远小于样品到检测线圈的距离, 则样品小球可近似于一个磁矩为 $\boldsymbol{m}$ 的磁偶极子, 其磁矩在数值上和球体中心的总磁矩相等, 样品被磁化时产生的磁场则等效于磁偶极子平行于磁场方向时所产生的磁场.

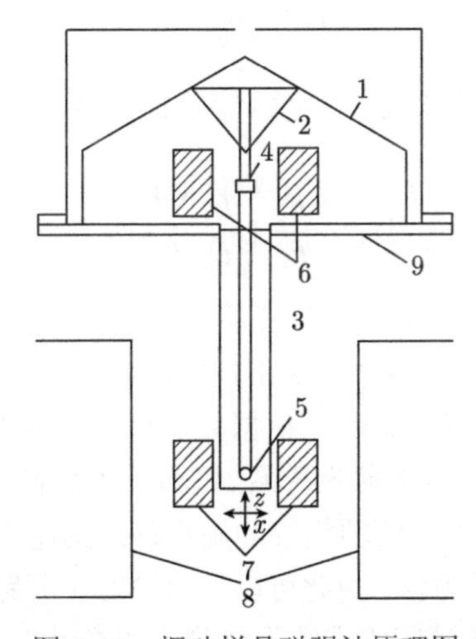

图 4.40 振动样品磁强计原理图

1. 扬声器 (传感器); 2. 锥形纸环支架; 3. 空心螺杆; 4. 参考样品; 5. 被测样品; 6. 参考线圈; 7. 检测线圈; 8. 磁极; 9. 金属屏蔽箱

当样品沿检测线圈方向做小幅振动时, 在线圈中产生的感应电动势正比于 x 方向上的磁通量变化

$$E_{\mathrm{s}} = -N\left(\frac{\mathrm{d}\phi_{\mathrm{s}}}{\mathrm{d}x}\right)_{x_0}\frac{\mathrm{d}x}{\mathrm{d}t} \tag{4.59}$$

式中, N 为检测线圈匝数. 若样品在 x 方向以圆频率 ω、振幅 A 振动, 其运动方程为

$$x = x_0 + A\sin\omega t \tag{4.60}$$

若以样品球心的平衡位置为坐标原点, 则线圈中的感应电动势为

$$E_{\mathrm{s}} = G\omega AV_{\mathrm{s}}M_{\mathrm{s}}\cos\omega t \tag{4.61}$$

式中, V_{s} 为样品体积; M_{s} 为样品的磁化强度. G 为由测试仪器确定的常数, G 的大

小为

$$G = \frac{3}{4\pi}\mu_0 NS \frac{z_0(r^2 - 5x_0^2)}{r^2} \tag{4.62}$$

式中, r 为小线圈位置 ($r^2 = x_0^2 + y_0^2 + z_0^2$); S 为线圈平均截面积.

根据式 (4.61) 计算 M_s 比较困难, 因此实际测量时通常用已知磁化强度的标准样品 (如镍球) 进行相对测量. 若已知标样的饱和磁化强度为 M_c, 体积为 V_c, 设标准样品在检测线圈中的感应电压为 E_c, 被测样品在检测线圈中的感应电压为 E_s, 则由比较法可以求出样品的饱和磁化强度 M_s, 即

$$\frac{M_s}{M_c} = \frac{E_s}{E_c} \cdot \frac{V_c}{V_s} \tag{4.63}$$

如果把样品体积以样品球直径 D 代替, 并且仪器电压读数分别为 E'_s 和 E'_c, 则 M_s 为

$$M_s = \frac{E'_s}{E'_c}\left(\frac{D_c}{D_s}\right)^3 M_c \tag{4.64}$$

以上 VSM 的测量原理是利用球形样品为例进行说明的, 但对其他形状的样品仍然适用. 其他形状的样品, 甚至包括不规则形状样品一样可以进行 VSM 测量. 对于圆柱体、平行六面体形状的样品, 根据其形状参数可查阅相关资料获得自退磁因子并进行退磁场的修正; 对于薄膜样品, 则将其做成圆盘形状最方便测试, 因为圆盘的退磁因子大致等于一个两轴相等的扁椭球. 其他具体形状可以进一步查阅相关书籍, 找到相应的估算方法. 由此可以看出, VSM 开路测量的优势之一是对样品的形状不做严格要求, 各种闭路方法无法测量的样品形状, 只要设法进行合适的自退磁场修正, 都能够进行有效测量.

VSM 还具有许多独特的优点, 如灵敏度高, 可以测量 $10^{-7} \sim 10^{-5}$(emu) 范围的磁化强度; 可以进行高、低温特性的测试, 也可用于交变磁场测定材料动态磁性能. 目前, VSM 是磁性实验室中应用范围很广的测试设备, 适用于块状、粉末、薄片、单晶和液体等多种形状和形态的材料, 能够在不同的环境下得到被测材料的多种磁特性. 可以直接从测试中得到的内容包括: B–H 曲线、M–H 曲线、磁滞回线上的各参数. 唯一的缺点是由于磁化装置的极头不能夹持试样, 因此是开路测量, 必须进行退磁修正.

4. 超导量子干涉磁强计

基于约瑟夫森效应的超导量子干涉仪 (superconducting quantum interference device, SQUID) 可用来精确测量很弱的磁通变化. 约瑟夫森效应是指: 在一个约 5nm 厚的绝缘层隔断的超导环中, 其磁通量的变化是量子化的. 计算这些磁通量子可以非常灵敏地测量超导环中磁通量的变化, 从而测量样品的磁化强度.

图 4.41 是通常用的 SQUID 探测器的构造简图. 在圆柱形的石英管上, 先蒸发出一层 10mm 宽的 Pb 膜, 再蒸发出一层 Au 膜在下方用作分流电阻; 然后溅射两条 Nb 膜, 待其氧化后再蒸发出一层 T 形 Pb 膜. 这样在 Pb 膜和 Nb 膜的交叉处形成两个 Nb–NbO_x–Pb 结, 即约瑟夫森结.

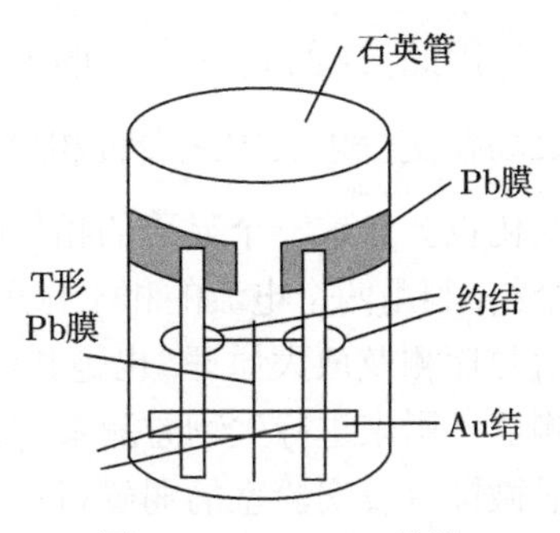

图 4.41 SQUID 构造

先讨论一个结的情况. 库珀对是玻色子, 故它能通过隧道效应穿过势垒. 如果在结上加一电压 V, 当库珀对从结的一侧贯穿到另一侧时必须将多余的能量释放出来, 即发射一个频率为 ν 的光子, 其中 $\nu = 2eV/h$, 相当于电子对穿过结区时, 将在结区产生一个沿与结区平面平行的方向传播的、频率为 ν 的电磁波, 表明在结区有一交变的电流分布 (见图 4.42).

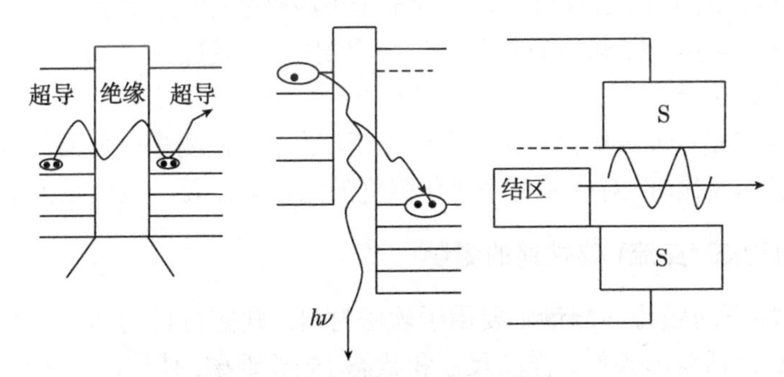

图 4.42 结区的交变电流

为了表示这一交变电流在结区形成的波, 可以将电流 i 写成

$$i = i_{\rm c} \sin\left(2\pi\frac{2eV}{h}t - \frac{2\pi}{\lambda}x + \varphi_0\right) \tag{4.65}$$

或

$$i = i_{\rm c} \sin\left(2\pi\frac{2eV}{h}t - \frac{p}{\hbar}x + \varphi_0\right) \tag{4.66}$$

$p = h\dfrac{\lambda}{2\pi}$, $\hbar = \dfrac{h}{2\pi}$ 称为德布罗意关系式, φ_0 是初相位. 现在, 给结区加一垂直于纸面向外的磁场 B, 由于释放的光子或电磁波与磁场会产生相互作用, 因此根据电磁理论中的最小耦合原理, 应将动量 p 换成 $p - \dfrac{2e}{c}A$, 其中 A 是磁场沿 x 方向的矢势. c 是光速, 于是

$$i = i_{\rm c} \sin\left(2\pi\frac{2eV}{h}t - \frac{p}{\hbar}x + \frac{2e}{c\hbar}Ax + \varphi_0\right) \tag{4.67}$$

因此, B 的大小或 A 的大小将影响电流 i 的相位, 决定其 x 轴向的分布, 由于磁场在交变电流中起着位相作用, 而波的频率 $\frac{2eV}{h}$ 又相当大, 故磁场的一个微小变化也会导致一个显著的相位改变, 使得电流也有一个相当大的变化. 如果使用两个结, 利用两个电流的相干作用, 效果会更好, 会使电流的值更大. 以上就是 SQUID 信号探测及放大原理, 也是其灵敏度极高的原因. 由于其极高的灵敏度, SQUID 探测器可用来进行生物磁测量 (如脑磁、心磁等)、地磁测量、无损探伤、扫描 SQUID 显微镜以及实验室的弱磁材料表征等.

利用 SQUID 探测器和 VSM 原理制成的超导量子干涉磁强计测量样品的磁化强度时可以达到极高的灵敏度 (10^{-8} ~10^{-7}emu), 可用来测量分量极少的弱磁样品的磁学性能. 超导量子干涉磁强计特别适合于用来表征铁磁性极弱的稀磁半导体薄膜的磁学特性, 其极高的灵敏度可以清楚地分辨出稀磁半导体薄膜微弱的铁磁信号和薄膜基底材料的顺磁或抗磁信号. 超导量子干涉磁强计能够在不同的环境下得到被测材料的多种磁特性. 可以直接从测试中得到的内容包括: 不同温度下的磁滞回线和磁化曲线、磁化强度的变温曲线, 交流磁化率随温度的变化以及材料的各向磁特性等. 其缺点是: ①测量仪器必须在低温下工作; ②在测量磁化曲线或磁滞回线过程中, 当磁场变化时, 对样品每个磁化强度的测量都需要一段较长的时间.

4.8.2　材料动态 (交流) 磁性能的测量

交变磁场下的磁特性测量主要用于软磁材料. 软磁材料的动态磁性测量应注意测试条件, 包括波形条件、样品尺寸和状态 (先要退磁, 使样品磁中性化)、测量顺序及样品升温问题等. 下面对动态磁性能测量的两种常用方法: 伏安法和电桥法作简单介绍.

1. 伏安测量法

伏安法是测试材料交流磁化曲线的最简单方法, 通常测量低频下材料的磁化曲线, 其原理如图 4.43 所示. 该方法是在被测样品上绕有 N_1 匝初级线圈和 N_2 匝次级线圈, E_{A} 为交变电源, 幅值可调. 设在初级线圈 N_1 上加上正弦交变电压时, 安培计显示 N_1 中的电流有效值为 I, 则样品中的峰值磁场强度 H_{m} 为

$$H_{\mathrm{m}} = \frac{N_1 I\sqrt{2}}{l_{\mathrm{s}}} \tag{4.68}$$

式中, l_{s} 为样品的平均磁路长度. 此时, 样品在次级线圈 N_2 中将产生感应电动势, 用并联整流式伏特表 (也称磁通伏特表) 可测得 N_2 中感应的平均电动势 $\overline{E}$, $\overline{E}$ 和样品中磁感应强度的关系为

$$\overline{E} = 4N_2 S f B_{\mathrm{m}} \tag{4.69}$$

式中, S 为样品的有效横截面积, f 为磁化电流的频率; B_{m} 为样品中的峰值磁感应强度.

由式 (4.68) 和式 (4.69) 可求出不同磁化电流下, 样品中相应的峰值磁场强度 H_{m} 和峰值磁感应强度 B_{m}, 从而可以得到样品的交流磁化曲线 B_{m}–H_{m}. 此法的缺点是误差较大, 且不能测量交流磁损耗.

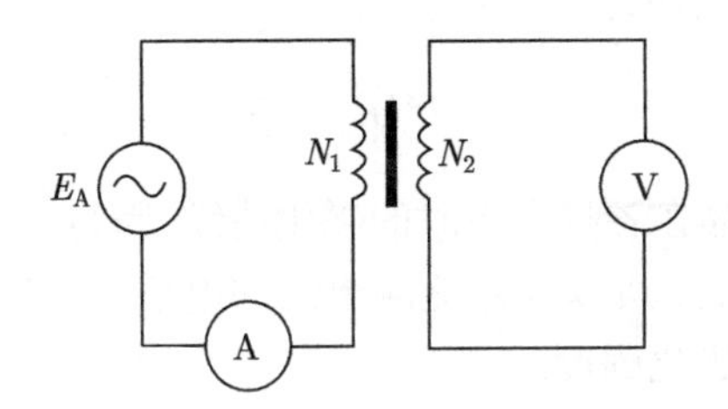

图 4.43　伏安法测交流磁化特性原理图

2. 电桥法

复数磁导率是软磁材料在交变磁场下最主要的磁性能指标之一. 交流电桥法是测量复数磁导率的有效方法, 根据等效电路原理, 将样品的次级线圈接入电桥工作臂上, 电桥一般采用麦克斯韦电桥, 如图 4.44 所示. 图中, D 是交流指零仪, 样品和绕组可以等效成纯电感 L_x 和纯电阻 R_x, 它们与样品复数磁导率 μ' 和 μ'' 的关系是

$$L_x = \mu_0 \frac{N^2 S}{\pi \overline{D}} \mu' \tag{4.70}$$

$$R_x = \omega \mu_0 \frac{N^2 S}{\pi \overline{D}} \mu'' + R_0 \tag{4.71}$$

式中, N 为线圈匝数; S 为样品横截面积; $\overline{D}$ 为样品平均直径; R_0 为绕组线圈的导线电阻; ω 为电源的角频率; μ_0 为真空磁导率. 因此, 只要用交流电桥测出 L_x 和 R_x 就可以得到该频率下样品的复数磁导率, 并可计算出此时的损耗角正切

$$\tan \varphi = \frac{\mu''}{\mu'} = \frac{R_x - R_0}{\omega L_x} \tag{4.72}$$

当调节电桥使交流指零仪指零时, 根据电桥的平衡原理可以算出 R_x 和 L_x

$$R_x = \frac{R_2 R_4}{R_{\mathrm{N}}} \tag{4.73}$$

$$L_x = R_2 R_4 C_{\mathrm{N}} \tag{4.74}$$

这样, 我们就可利用电桥法得到样品的复数磁导率, 并可计算出品质因数

$$Q_x = \omega R_{\mathrm{N}} C_{\mathrm{N}} \tag{4.75}$$

若由电压表测得电桥对角线上的电压为 U, 则流经线圈的电流有效值为

$$I = \frac{U}{\sqrt{\left(\frac{R_2 R_4}{R_{\mathrm{N}}} + R_2\right)^2 + (\omega R_2 R_4 C_{\mathrm{N}})^2}} \tag{4.76}$$

样品中的交流磁化损耗为

$$P_{\mathrm{c}} = I^2 (R_x - R_0) \tag{4.77}$$

电桥法还可测量样品在各种频率时的磁化曲线. 因为电感的定义是单位电流变化所引起的磁通量的变化, 所以凡是能测电感的电桥, 只要附加测电流的仪表, 都可用来测量磁通及样品磁化强度.

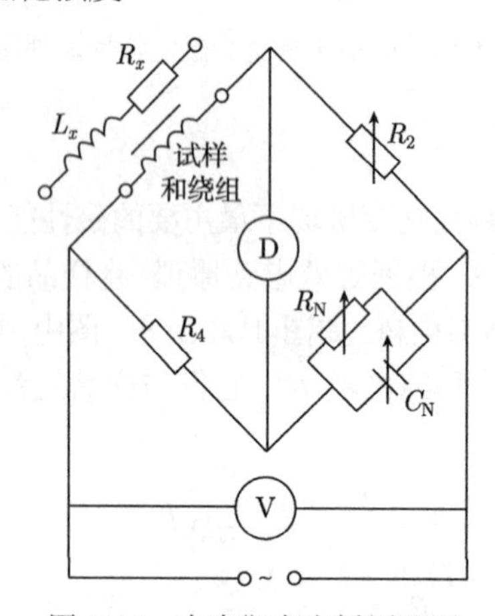

图 4.44 麦克斯韦电桥原理图

磁性测量的方法还有很多. 随着现代技术的发展与计算机技术的应用, 磁性测量的精确度和自动化程度越来越高, 将对材料研究与技术进步起到相互支持和促进的作用.

4.9 磁性分析的应用

磁性分析在研究金属中的应用最为广泛. 例如, 关于相变动力学的研究, 钢中残余奥氏体量的测定, 奥氏体和马氏体回火分解的研究, 合金成分的分析, 建立合金状态图以及合金的时效研究等.

4.9.1 残余奥氏体量的测定

各种钢经过淬火后, 在室温组织中或多或少存在一部分残余奥氏体. 残余奥氏体的存在对工艺及机械性能有着重要的影响. 例如, 对工具钢, 残余奥氏体的存在

可减少淬火变形. 对高强度钢和超高强度钢, 保留一定量的残余奥氏体能够显著改善断裂性能. 因此, 测量钢中残余奥氏体的含量有重要的实际意义. 在分析残余奥氏体的含量时, 首先研究淬火钢中只存在马氏体和残余奥氏体时的简单情况, 然后讨论淬火钢中存在两个以上顺磁相的情况.

1. 淬火钢中只有一个非铁磁相

确定残余奥氏体的数量, 实际上都是通过测量淬火钢中马氏体的数量来实现的, 测出马氏体的数量, 再从试样中扣除马氏体的数量, 即可得到残余奥氏体的数量. 选用仪器的磁场强度要能使试样达到磁饱和状态, 只有这样才能保证准确地测出马氏体的数量来, 经常使用的是冲击法来测定. 在二相系统中, 饱和磁化强度可用下式表示

$$M_{\mathrm{S}}=\frac{V_{\mathrm{M}}}{V}M_{\mathrm{M}}+\frac{V_{\mathrm{A}}}{V}M_{\mathrm{A}} \tag{4.78}$$

式中, M_{S} 为待测样品的饱和磁化强度; M_{M}、M_{A} 分别为马氏体和残余奥氏体的饱和磁化强度; V_{M}、V_{A}、V 分别为马氏体、残余奥氏体和试样的体积. 由于奥氏体是顺磁体, $M_{\mathrm{A}}\approx 0$, 且 $V=V_{\mathrm{M}}+V_{\mathrm{A}}$, 所以残余奥氏体的体积含量为

$$\varphi_{\mathrm{A}}=\frac{V_{\mathrm{A}}}{V}=1-\frac{M_{\mathrm{S}}}{M_{\mathrm{M}}} \tag{4.79}$$

这种确定残余奥氏体的方法是用被测试样与一个完全马氏体的试样做比较, 由于完全马氏体的试样难以得到, 一般用标准试样代替. 这个标准试样是淬火后再经深冷处理, 但仍会保留 4%~6%的残余奥氏体.

2. 淬火钢中含有两个及以上的非铁磁相

在淬火后的高合金工具钢中除了马氏体和残余奥氏体外, 还有顺磁性的碳化物, 残余奥氏体的含量可通过下式求得

$$\varphi_{\mathrm{A}}=1-\frac{V_{\mathrm{M}}}{V}-\frac{V_{C}}{V}=1-\frac{M_{\mathrm{S}}}{M_{\mathrm{M}}}-\varphi_{\mathrm{C}} \tag{4.80}$$

式中, 碳化物的体积分数为 $\varphi_{\mathrm{C}}=\dfrac{V_{\mathrm{C}}}{V}$, ϕ_{C} 可用定量金相法或电介萃取法确定.

选择标准样品是否适当是残余奥氏体的含量测定的关键, 对碳钢或中低合金钢, 常选用同样成分经淬火后再冷处理的试样为标准样品. 高合金钢则用退火或淬火再经高温回火的试样为标准试样.

4.9.2 测定合金固溶度曲线

在置换式固溶体中, 当成分超过饱和溶解度时, 矫顽力和成分的关系发生变化, 故常用矫顽力来测定固溶体合金的饱和溶解度. 如 Fe–Mo 合金, 测出其矫顽力和成

分的关系, 如图 4.45 所示. 当 Mo 含量小于 7.5%时, 矫顽力不变, 说明在这个浓度范围内 Mo 在 α–Fe 中连续固溶; 当 Mo 含量大于 7.5%时, 矫顽力随 Mo 含量的增加而上升, 表明合金组织中除了饱和的 α–Fe 固溶体外, 出现第二相 Fe_3Mo_2, 从而形成了合金的多相区, 实验证明, 第二相越多, 矫顽力越大, 在曲线上出现的转折点即该温度下的饱和溶解度.

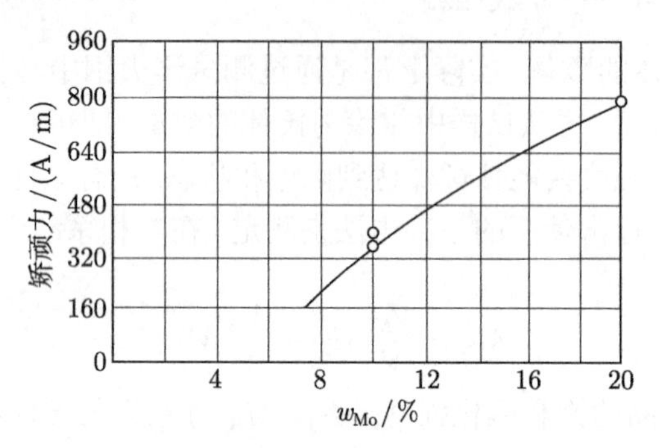

图 4.45 Fe–Mo 合金的矫顽力与 Mo 含量的关系曲线

如取一系列不同成分的合金, 加热到不同淬火温度, 测定其相应的转折点, 然后将其转换为温度和成分的关系, 即得到合金的固溶度曲线.

4.9.3 研究铝合金的分解

测量顺磁的磁化率变化不仅可以确定合金的固溶度曲线, 还可用于研究淬火铝合金的分解. 以 ω_{Cu} =5%的铝铜合金为例, 取 Al–Cu 合金试样分别进行淬火和退火处理, 然后在不同温度下测量它们的磁化率, 结果如图 4.46 所示.

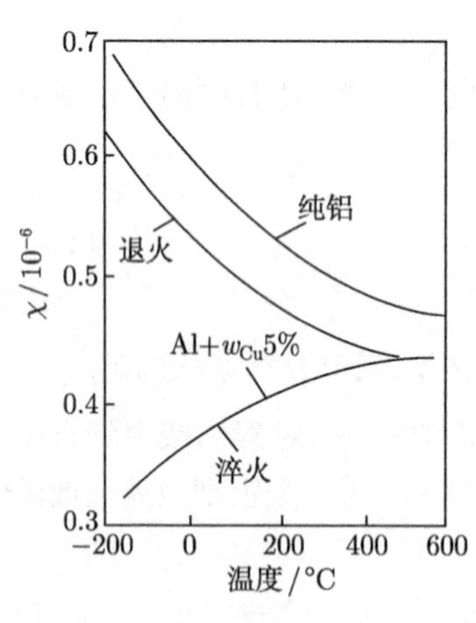

图 4.46 Al–Cu 合金淬火和退火状态的磁化率与温度的关系

由于淬火状态的铜和铝形成过饱和固溶体, 铜的抗磁作用对铝的顺磁影响较大, 使合金的磁化率显著降低. 而退火状态的 Al–Cu 合金, 有 94%的铜以 $CuAl_2$ 的形式存在, 因此, 铜对铝的顺磁性影响较小, 故退火态的磁化率淬火态的高. 随着温度的升高, 淬火态的试样中析出 $CuAl_2$ 相, 合金的磁化率逐渐增大; 而退火态的 Al–Cu 合金的组织不变, 只是受温度影响, 使磁化率下降. 当温度达到 500°C 时, 淬火态和退火态试样的磁化率完全重合, 表明过饱和固溶体分解完毕, 得到稳定的平衡组织. 若将退火态 Al–Cu 合金试样与纯铝的磁化率曲线相比较, 合金的磁化率比纯铝的低, 这是由于 Cu 的抗磁作用的影响.

用这种方法很容易研究铝合金时效时从过饱和固溶体向平衡态组织变化的情况. 还可以测出加工硬化过程中, 奥氏体不锈钢中析出的微量铁素体, 微量铁素体将导致奥氏体不锈钢的抗腐蚀性能的下降. 由于析出铁素体的量很小, 采用其他方法很难测出 (如金相法、X 射线法等), 而磁化率对微量的铁素体很敏感.

参 考 文 献

陈正才, 诸葛兰剑, 吴雪梅. 2007. 过渡金属掺杂 ZnO 形成稀磁半导体的研究进展 [J]. 纳米材料与结构, (1): 15

邓志杰, 郑安生. 2004. 半导体材料 [M]. 北京: 化学工业出版社

晃月盛, 张艳辉. 2006. 功能材料物理 [M]. 沈阳: 东北大学出版社

Jiles D. 1997. 磁学及磁性材料导论 [M]. 肖春涛译. 兰州: 兰州大学出版社

近角聪信. 2002. 铁磁性物理 [M]. 葛世慧译. 兰州: 兰州大学出版社

姜寿亭, 李卫. 2003. 凝聚态磁性物理 [M]. 北京: 科学出版社

居健, 吴雪梅, 诸葛兰剑. 2007. ZnO基稀磁半导体磁性起源的探索[J]. 材料导报, 21(12): 110

田民波. 2000. 磁性材料 [M]. 北京: 清华大学出版社

王颖, 湛永钟, 许艳飞, 等. 2007. 稀磁半导体材料的研究进展及应用前景 [J]. 材料导报, 21(7): 20

吴兆丰. 2010. Co、Cr、Cu、Mn 等过渡金属掺杂 ZnO 薄膜的合成与性能研究 [D]. 苏州大学博士学位论文

夏建白, 葛惟昆, 常凯. 2008. 半导体自旋电子学 [M]. 北京: 科学出版社

赵凯华, 陈熙谋. 1985. 电磁学 [M]. 北京: 高等教育出版社

Chen X M, Zhuge L J, Wu X M, et al. 2009. Room Temperature Ferromagnetism and Structure of $Zn_{1-x}Cu_xO$ Films Synthesized by Radio requency Magnetron Sputtering [J]. Plasma Science and Technology, 11: 582

Dietl T, Ohno H, Matsukura F, et al. 2000. Zener model description of ferromagnetism in zinc-blende magnetic semiconductors [J]. Science, 287: 1019

Hu C M, Nitta J, Jensen A, et al. 2001. Spin-polarized transport in a two-dimensional electron gas with interdigital-ferromagnetic contacts[J]. Phys. Rev. B., 63: 125333

Janisch R, Gopal P, Spaldin N A. 2005. Transition metal-doped TiO_2 and ZnO—present status of the field[J]. J. Phys.: Condens. Matter, 17: R657

Lim S W, Jeong M C, Ham M H, et al. 2004. Hole-Mediated Ferromagnetic Properties in $Zn_{1-x}Mn_xO$ Thin Films [J]. Japan. J. Appl. Phys., 43: L280

Nagamiya T, Yoshida K, Kubo R. 1955. Adv. Phys., 4: 1

Ueda K, Tabata H, Kawai T. 2001. Magnetic and electric properties of transition-metal-doped ZnO films [J]. Appl. Phys. Lett., 79: 988

White R. 1983. Quantum Theory of Magnetism [M]. Berlin: Springer

Wu Z F, Wu X M, Zhuge L J, et al. 2009. Synthesis and magnetic properties of Mn-doped

ZnO nanorods via radio frequency plasma deposition [J]. Materials Letters, 64: 472.
Zhuge L J, Wu X M, Wu Z F, et al. 2009. Effect of defects on room-temperatur ferromagnetism of Cr-doped ZnO films [J]. Scripta Materialia, 60: 214

思考练习题

1. 顺磁性、抗磁性和铁磁性的物理本质.

2. 宏观顺磁性材料中是否存在抗磁性? 宏观抗磁性材料中是否存在顺磁性?

3. 金属铝、金属铜和金属铁的磁导率分别为 $\mu_{\text{Al}} = 1.00023$, $\mu_{\text{Cu}} = 0.9999912$, $\mu_{\text{Fe}} = 62000$, 试写出它们的磁化率并指明它们属于哪一类磁性材料.

4. 试计算 Co、Ni、Dy 等自由原子处于基态时的磁矩, 与测得的宏观晶体原子磁矩有何异同? 为什么?

5. 什么是自发磁化? 分子场理论的内容和意义是什么?

6. 退磁因子与哪些因素有关? 试证处于均匀磁化的球形铁磁体的退磁因子为 1/3.

7. 形成多畴的原因是什么? 哪些因素对磁畴结构产生影响?

8. 什么是畴壁? 影响畴壁厚度的因素有哪些?

9. 起始磁导率受哪些因素影响?

10. 铁磁材料的矫顽力和哪些因素有关? 如何提高矫顽力?

第 5 章　材料的光学性能

5.1　概　　述

光是一种电磁波. 材料的光学性能是指材料对电磁波辐射, 特别是对可见光的反应, 主要是用材料对电磁波的吸收、反射和透射特性来衡量. 如当一束光入射到玻璃中时, 除了在材料的表面会发生光的反射, 光也会透过玻璃, 通常透过的光的强度小于入射强度, 这往往是由于玻璃会吸收一部分光. 另外, 当光从真空进入较致密的材料时, 其速度降低, 且传播方向发生变化, 即发生了折射. 用光在真空中传播速度与在材料中传播速度之比来表征材料的折射能力, 称其为折射率, 折射率永远大于 1. 折射率还与入射光的频率有关, 随频率的减小 (或波长的增加) 而减小, 这种性质称为折射率的色散. 利用这种性质可以将各种频率的光混合组成的白光通过三棱镜分解为单色光. 而反射率与反射界面两侧介质的折射率有关.

材料光学性能的本质涉及电磁波与材料中原子、离子或电子的相互作用, 其中最重要的两点是电子极化和电子的能量转换. 由于电子极化影响介电常数, 而光在介质中传播的速度与介电常数 ε 有关, 所以电子极化对光学性能有很大影响.

光具有波动和微粒二重性, 考虑光与电子之间的能量转换时, 把光当成粒子来看待, 称为光子. 光子是最早发现的构成物质的基本粒子之一. 光子所具有的能量不是连续的, 而是与其频率 ν 有关. 当电子与光子间发生能量转换时, 或是吸收一个光子的能量, 或是发射出一个光子, 而不能只交换一部分光子的能量; 对于电子来说, 从光子处吸收的能量或给光子的能量也不是任意的, 而是要刚好等于材料中电子可能存在的能级的能量差. 正是由于它们彼此间能量交换的这种 "苛刻" 条件, 所以不同的材料具有完全不同的光学性能. 当光子的能量给了电子, 光被材料吸收; 当受光激发的电子回落到低能级放出光子, 光被材料反射.

光学材料是功能材料中的重要组成部分, 其中比较重要的是那些用作窗口、透镜、棱镜、滤光镜、激光器、光导纤维等的以光学性能为主要功能的光学玻璃、晶体等. 有些特殊用途的光学零件, 例如高温窗口、高温透镜等, 不宜采用玻璃材料, 而需采用透明陶瓷材料, 例如成功地应用在高压钠灯灯管上的透明陶瓷. 因为它需要能承受上千度的高温, 以及钠蒸气的腐蚀, 对它的主要光学性能要求是透光性.

随着人们对光认识的深入, 早已不仅仅局限于传统的可见光, 研究范围已扩大到从微波、远红外到紫外、X 射线等, 因而对材料光学性能的研究内容大大地丰富了. 近代光学的发展, 尤其是激光出现以后, 光通信、信息技术及光机电一体化技术得到飞速发展, 对材料的光学性能提出了更高的要求.

光学材料种类繁多, 按用途可分为：透光材料、光纤材料、发光材料、激光材料、光电材料、光信息材料和非线性光学材料等.

5.2　光的基本性质

5.2.1　波粒二象性

人类对光的研究起源很早, 但对光本质的认识却经历了一个较漫长的过程. 光的波动说与微粒说之争从 17 世纪初开始, 至 20 世纪初以光的波粒二象性告终, 前后共三百多年的时间. 正是这种争论, 推动了科学的发展, 并导致了 20 世纪物理学的重大成就 —— 量子力学的诞生.

早期以牛顿为代表的一种观点认为, 光是粒子流. 后来以惠更斯为代表的观点, 认为光是一种波动. 麦克斯韦创立的电磁波理论, 既能解释光的直线行进和反射, 又能解释光的干涉和衍射, 表明光是一种电磁波.

然而在 19 世纪末, 当人们深入研究光的发生及其与物质的相互作用 (如黑体辐射和光电效应) 时, 波动说却遇到了难题. 于是普朗克提出了光的量子假设, 并成功地解释了黑体辐射. 接着爱因斯坦进一步完善了光的量子理论, 不仅圆满地解释了光电效应, 而且能够解释后来的康普顿效应等许多实验现象. 爱因斯坦理论中的光量子 (光子) 不同于牛顿微粒学说中的粒子, 他将表征粒子性的物理量 (能量 E, 动量 P) 和表征波动性的物理量 (频率 ν, 波长 λ) 联系起来, 并建立了定量关系：

$$E = h\nu = \frac{hc}{\lambda} \tag{5.1}$$

$$p = mc = \frac{h\nu}{c} = \frac{h}{\lambda} \tag{5.2}$$

式中, c 为光速; h 为普朗克常量, 等于 $6.626\times10^{-34}\text{J·s}$. 普朗克常量把光的波动性和粒子性定量地联系起来, 体现了二象性物理量间的内在联系.

因此, 光子是同时具有微粒和波动两种属性的特殊物质, 是光的双重本性的统一. 这一切都说明, 波动性和粒子性的统一不仅是光的本性, 而且也是一切微观粒子的共同属性.

波动性突出表现在其传播过程中, 粒子性则突出表现在物体的电磁辐射与吸收、光子与物质的相互作用中. 一般地说, 频率越高、波长越短、能量越大的光子其粒子性越显著; 而波长越长, 能量越低的光子其波动性越显著. 值得提出的是：在同一条件下, 光子或者表现其粒子性, 或者表现其波动性, 而不能两者同时都表现出来.

按照波动概念, 光强正比于光波振幅的平方; 按照粒子概念, 光强正比于光子流密度. 于是, 光波振幅的平方应该与光子流密度成正比, 或者说, 空间某处光波振幅越大, 表示该处光子密度越大, 光子到达该处的概率越大. 从这个意义上讲, 光波是一种 "概率波", 它的强度分布描述了光子到达空间各点的概率. 尽管人们对光的本质有了全面的认识, 但在一定范围内经典理论依然是正确的. 在涉及光传播特性的场合, 只要电磁波不是十分微弱, 经典的电磁波理论依然正确; 当涉及光与物质发生相互作用, 并且产生能量和动量交换时, 才需要把光当作具有确定能量和动量的粒子流来对待.

5.2.2 光的电磁性

光是一种电磁波, 它是由电磁场周期性振动的传播所形成的. 在光波中, 电场和磁场总是交织在一起的. 麦克斯韦的电磁场理论表明, 变化着的电场周围会感生出变化的磁场, 而变化着的磁场周围又会感生出另一个变化的电场, 如此循环不已, 电磁场就以波的形式朝着各个方向向外扩展.

电磁波具有宽阔的频谱, 依波长不同, 电磁波谱可大致分为: 无线电波、微波、红外线 (IR)、可见光、紫外线 (UV)、X 射线和 γ 射线等, 如图 5.1 所示. 它们的区别在于频率或波长的差别. 光波中人眼能够感受到的只占一小部分, 其波长大约在 390~770nm, 称为可见光. 光线的颜色取决于波长, 而白光是各种颜色的光混合的

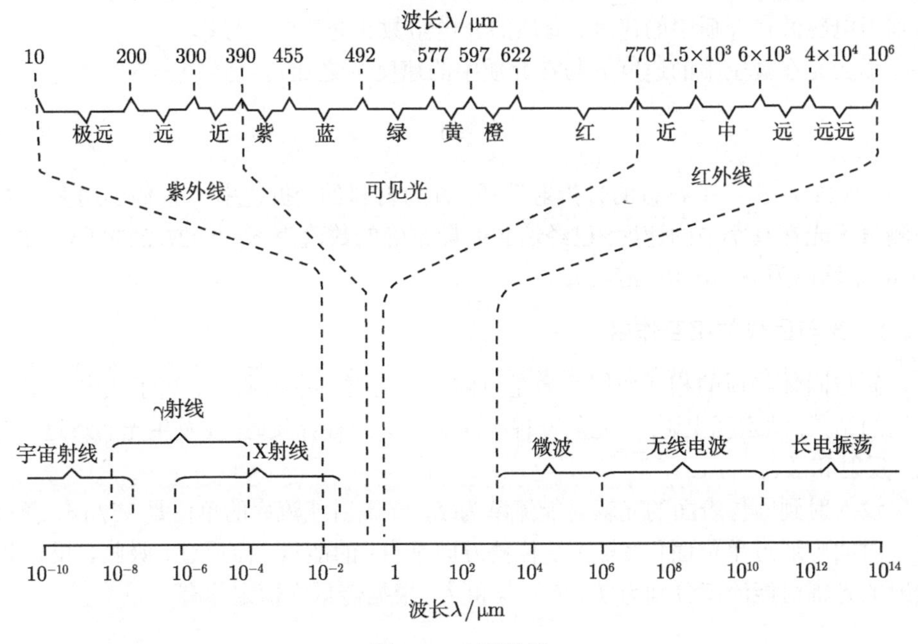

图 5.1 电磁波谱

结果.

无线电波的波长比可见光的长得多, 不能引起人的视觉, 但可以引起电子的振荡. 微波的波长范围分布从几毫米到几十厘米, 他们很容易被食物里的水分子吸收, 可使食物迅速被加热. 红外线波长范围在微波和可见光之间, 红外线不能透过玻璃, 这一特性可以解释温室效应.

紫外线的波长比可见光短, 不能引起视觉, 对生命有危害. 来自太阳的紫外线几乎被大气中的臭氧完全吸收, 臭氧保护着地球的生命, 少量透过大气的紫外线会晒黑皮肤或使进行日光浴的人体产生晒斑.

X 射线的波长比紫外线还短, 它们很容易穿过大多数物质. 致密的物质、固体材料比稀疏物质更容易吸收 X 射线, 这就是为什么在 X 射线照片上显现的是骨骼而不是骨骼周围的组织. 其波长可与原子尺寸相比拟.

γ 射线和宇宙射线的波长最短, 波长尺寸约为原子核大小量级. γ 射线产生于核反应及其他特殊的激发过程, 而宇宙射线来自地球之外的空间.

根据麦克斯韦的电磁场理论, 可推导出电磁波在真空中和介质中的速度:

$$c = \frac{1}{\sqrt{\varepsilon_0 \mu_0}} \tag{5.3}$$

$$v = \frac{c}{\sqrt{\varepsilon_r \mu_r}} \tag{5.4}$$

式中, c、ε_0、μ_0 分别为电磁波在真空中的速度、真空介电常数和真空磁导率; v、ε_r、μ_r 分别为电磁波在介质中的速度、介质的介电常数和介质的磁导率.

那么光在真空中的速度 c 与在介质中的速度 v 之比:

$$\frac{c}{v} = n \tag{5.5}$$

式中, 常数 n 决定了材料的光折射性质, 称为材料的 "折射率". 人们已用多种方法测量了光在真空中的速度, 已经达到的最精确的数值为 $c = 2.997924562 \times 10^8 \pm 1.1\text{m/s}$, 近似为 $c = 3 \times 10^8\text{m/s}$.

5.2.3 光与固体的相互作用

光与固体物质的相互作用实质是电磁辐射与材料中的原子、离子或电子相互作用的结果. 从宏观上讲, 当光从一种介质进入另一种介质时, 会发生光的透过、吸收、反射和散射.

设入射到固体表面的光辐射能流率为 I_0, 光辐射能流率的单位是 W/m^2, 表示单位时间内通过单位面积 (与光线传播方向垂直) 的能量. 而透过、吸收、反射和散射的光辐射能流率分别为 I_t、I_a、I_r 和 I_s. 根据能量守恒定律有

$$I_0 = I_t + I_a + I_r + I_s \tag{5.6}$$

用 I_0 除以式 (5.5) 两边, 得到:

$$1 = T + A + R + S \tag{5.7}$$

式中, T、A、R、S 分别称为透射系数、吸收系数、反射系数和散射系数. 光与固体有两种作用方式:

(1) 电子位移极化 (电子极化): 电磁波的分量之一是迅速变化的电场分量. 在可见光范围内, 电场分量与传播过程中遇到的每一个原子都发生相互作用引起电子位移极化, 即造成电子云与原子核的电荷中心发生相对位移. 所以, 当光通过介质时, 一部分能量被吸收, 同时光速减小, 光速减小导致折射的产生.

(2) 电子能态转变 (电子跃迁): 电磁波的吸收和发射包含电子从一种能态转变到另一种能态的过程. 材料的原子吸收了光子的能量之后可将较低能级上的电子激发到较高能级上去, 电子发生的能级变化 ΔE 与电磁波频率有关:

$$\Delta E = h\nu$$

式中, h 为普朗克常量, ν 为入射光子频率.

由于原子中电子能级是分立的, 能级间存在特定的 ΔE. 因此只有能量为 ΔE 的光子才能被该原子通过电子能态转变而吸收. 另外, 受激电子不可能无限长时间地保持在激发状态, 经过一个短时期后, 它又会衰变回基态, 同时发射出电磁波, 即自发辐射. 衰变的途径不同, 发射出的电磁波频率不同.

5.3 光通过介质的现象

光的传播可以归结为三个实验定律: ① 光在均匀介质中的直线传播定律; ②光通过两种介质的分界面时的反射定律和折射定律; ③光的独立传播定律和光路可逆性原理.

当一束光线由介质 1 投射到与介质 2 的分界面上时, 在一般情况下将分解成两束光线: 反射 (reflection) 光线和折射 (refraction) 光线. 非均匀介质中光线将因折射而弯曲, 这种现象经常发生在大气中, 比如海市蜃楼现象, 就是由于光线在密度不均匀的大气中折射而引起的. 光线的反射取决于物体的表面性质, 如果物体表面 (反射面) 是均匀的, 类似镜面一样 (称为理想的反射面), 那么就是全反射, 将遵循下列的反射定律, 也称 "镜面

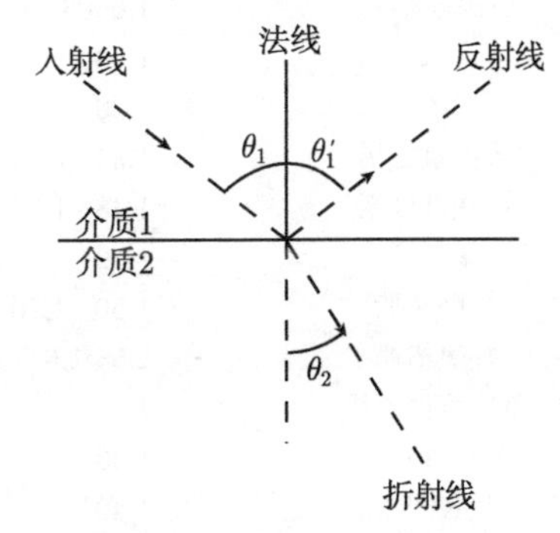

图 5.2 光的反射与折射

反射". 入射光线、反射光线和折射光线与界面法线在同一平面里, 所形成的夹角分别称为入射角 θ_1、反射角 θ_1' 和折射角 θ_2, 如图 5.2 所示.

5.3.1　折射率

当光依次通过两种不同的介质时, 传播速度发生变化, 而且光的传播方向也发生变化, 即光发生折射. 介质对光的折射性质用材料的 "折射率"n 表示.

折射的实质是由于介质密度不同, 光在其中传播速度就不同. 当光从真空中进入较致密的介质中时, 其传播速度降低. 光在真空和介质中的传播速度之比称为介质的绝对折射率, 用下式表示:

$$n = \frac{v_{真空}}{v_{材料}} = \frac{c}{v_{材料}} \tag{5.8}$$

实际上, 折射率都是相对于空气测定的, 介质相对于真空和空气的折射率相差很小, 可以统称为折射率.

如果光从介质 1(折射率 n_1) 通过界面传入介质 2(折射率 n_2) 时, 则入射角 θ_1、折射角 θ_2 和两种介质的折射率 n_1、n_2 之间有如下关系

$$n_{21} = \frac{\sin\theta_1}{\sin\theta_2} = \frac{n_2}{n_1} = \frac{v_1}{v_2} \tag{5.9}$$

式中, v_1、v_2 分别为光在介质 1 和介质 2 中的传播速度; n_{21} 为材料 2 相对于材料 1 的相对折射率.

折射率是材料的重要特性参数之一, 可以使人们了解材料的光学性能. 材料的折射率都大于 1, 如空气 n=1.0003、固体氧化物 n=1.3~2.7、硅酸盐玻璃 n=1.5~1.9. 各种材料在室温下对可见光的折射率见表 5.1.

表 5.1　材料在室温下对可见光的平均折射率

材料	平均折射率 n	材料	平均折射率 n
空气	1.0003	熔融石英	1.47
水	1.33	方镁石 (MgO)	1.74
冰	1.30	碳化硅	2.68
聚四氟乙烯	1.35	氧化铅	2.61
醋酸纤维素	1.48~1.50	硫化铅	3.91
聚丙烯	1.49	金刚石	2.42
酚醛树脂	1.50~1.70	硅	3.49
环氧树脂	1.5~1.6	碲化镉	2.74
低密度聚乙烯	1.51	硫化镉	2.50
CaF_2	1.43	钛酸锶	2.49
KCl	1.49	钛酸钡	2.40
KF	1.36	氧化硅玻璃	1.46
NaCl	1.54	钠钙硅玻璃	1.51~1.52

续表

材料	平均折射率 n	材料	平均折射率 n
$SiCl_4$	1.41	硼硅酸玻璃	1.47
Al_2O_3	1.63~1.68	重燧石光学玻璃	1.6~1.7
石英	1.55	硫化钾玻璃	2.66

影响材料折射率的因素有以下几点:

(1) 构成材料元素的离子半径

根据 Maxwell 电磁理论, 光在介质中的传播速度为 $v=\dfrac{c}{\sqrt{\varepsilon_r\mu_r}}$, 所以折射率 n 可表示为

$$n=\sqrt{\varepsilon_r\mu_r} \tag{5.10}$$

式中, ε_r、μ_r 分别为介质的介电常数和磁导率. 对于无机材料, $\mu_r=1$, $\varepsilon_r\neq1$. 因此,

$$n=\sqrt{\varepsilon_r} \tag{5.11}$$

从式 (5.11) 可知, 介质的折射率与介质的介电常数有关, 随介电常数的增大而增大, 表明折射率与介质的极化现象有关. 在外加电场作用下, 介质中的正电荷沿着电场方向移动, 负电荷沿着反电场方向移动, 这样正、负电荷的中心发生相对位移, 这种现象就是介质的极化. 外电场越强, 原子正、负电荷中心距离越大. 由于这种光波电磁场和介质原子的电子体系相互作用而产生的极化, “拖住” 了电磁波运动的步伐, 使光波的传播速度减少. 当离子半径增大时, ε_r 增大, 因而折射率 n 也随着增大. 因此, 大离子可得到高折射率, 如 PbS 的 n=3.912; 小离子得到低折射率材料, 如 $SiCl_4$ 的 n=1.412.

(2) 材料的结构、晶型和非晶态

折射率除与离子半径有关外, 还和离子的排列密切相关. 例如, 非晶态 (无定型体) 和立方晶体材料, 当光通过时, 光速不因传播方向改变而变化, 材料只有一个折射率. 这类材料称为均质介质 (各向同性的材料).

但当光进入非均质介质 (除立方晶体以外的其他晶型, 都是非均质介质) 时, 一般会产生双折射现象. 所谓双折射, 就是当一束光通过一个介质时, 分为振动方向相互垂直、传播速度不等的两个波, 它们分别构成两条折射光线, 如图 5.3 所示. 双折射是非均质晶体的特性, 这类晶体的所有光学性能都和双折射有关.

在双折射过程中, 其中的一条折射光服从折射定律, 不论入射光的入射角如何变化, 光沿各方向的传播速度相同, 且在入射面内传播, 这条光称为寻常光, 简称 o 光, 折射率用 n_o 表示. 不论入射光的入射角如何变化, n_o 始终为一常数; 另一条折射光不服从折射定律, 光沿各方向的传播速度不相同, 并且不一定在入射面内传播,

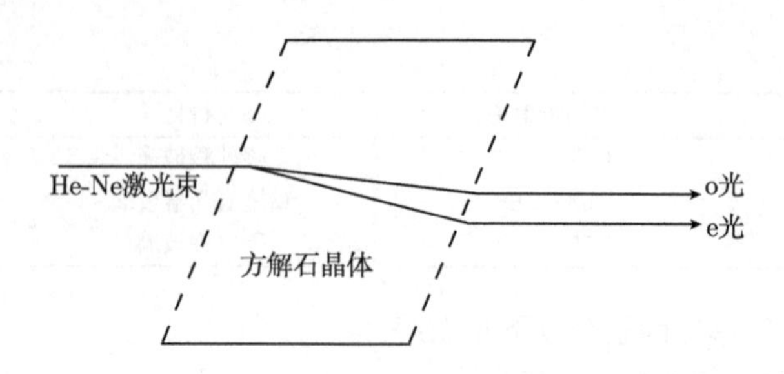

图 5.3　方解石晶体的双折射现象

这一条光称为非常光, 简称 e 光. 折射率用 n_e 表示, n_e 随入射光的方向而改变. 不发生双折射的特殊方向称为 "光轴", 光沿光轴方向入射时, 只有 n_o 存在; 与光轴方向垂直入射时, n_e 达到最大值. 应该注意, 光轴所标志的是一定的方向, 而不限于某一条具体的直线. 有些晶体, 例如方解石、石英等, 只有一个光轴, 称为单轴晶体; 具有两个光轴的晶体称为双轴晶体, 例如云母、硫黄、黄玉等晶体.

利用晶体材料的双折射性质可以制成特殊的光学元件, 在光学仪器和光学技术中有广泛应用. 例如, 利用晶体的双折射, 将自然光分解成偏振方向互相垂直的两束线偏振光的洛匈棱镜和渥拉斯顿棱镜; 利用晶体 o 光和 e 光传播速度不同的特性, 适当选择晶体的切割方向和厚度, 可以制成各种晶体波片, 使 o 光和 e 光之间产生预期的相位差, 从而实现光束偏振状态的转换; 利用双折射元件装配的偏光干涉仪, 可用于测量微小的相位差; 偏光显微镜可用于检测材料中的应力分布; 利用不同厚度的晶体组合构成的双折射滤光器已在激光技术中获得应用, 它可以用于光谱滤波, 实现从连续谱光源或宽带光源中选出窄带辐射的功能.

(3) 材料的内应力

有内应力的透明材料, 垂直于受拉主应力方向的折射率 n 大, 平行于受拉主应力方向的 n 小, 因此产生双折射. 对于压应力, 具有相反的效果, 而且折射率的变化与材料所受的应力成正比, 因此, 常采用通过测定不同方向折射率的差别来确定材料中内应力的大小.

(4) 同质异构体

在同质异构材料中, 高温时存在的晶型折射率较低, 低温时存在的晶型折射率较高; 相同化学组成的玻璃比晶体的折射率低. 例如, 高温时的鳞石英 n=1.47, 而方石英 n=1.49. 常温下的石英玻璃, n=1.46, 数值较小; 石英晶体, n=1.55, 数值最大.

5.3.2　光的反射和透射

1. 反射系数和透射系数

当光线由介质 1 入射到介质 2 时, 光在介质面上分成了反射光和折射光, 如图

5.4 所示.

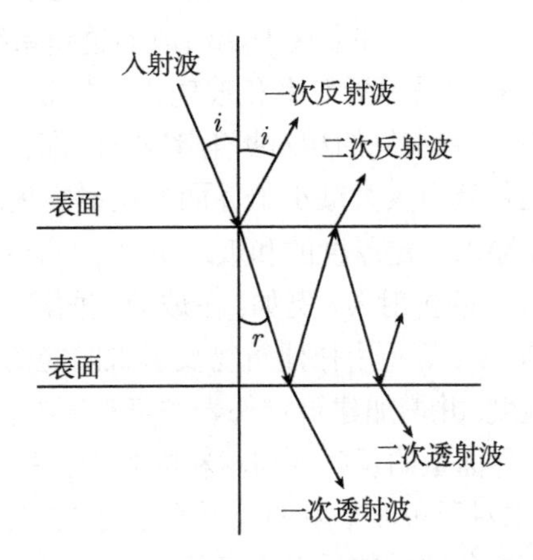

图 5.4 光通过透明介质分界面时的反射和透射

这种反射和折射, 可以连续发生. 例如, 当光线从空气进入介质时, 一部分反射出来了, 另一部分折射进入介质. 当遇到另一界面时, 又有一部分发生反射, 另一部分折射进入空气. 由于发生反射, 使得透过的光的强度减弱, 设入射光的总能量流为 W, 则

$$W = W' + W'' \tag{5.12}$$

式中, W、W'、W'' 分别为单位时间通过单位面积的入射光、反射光和折射光的能量流. 当光线垂直入射时,

$$\frac{W'}{W} = \left(\frac{n_{21}-1}{n_{21}+1}\right)^2 = R \tag{5.13}$$

式中, R 为反射系数; n_{21} 为介质 2 对于介质 1 的相对折射率. 由此可见, 在光波垂直入射条件下, 材料表面的反射率取决于材料的相对折射率 n_{21}.

由式 (5.12) 可知

$$\frac{W''}{W} = 1 - \frac{W'}{W} = 1 - R \tag{5.14}$$

式中, $1-R$ 称为透射系数.

2. 界面的反射损失

如果介质 1 为空气, 可以认为 n_1=1, 则 $n_{21} = n_2$; 如果 n_1 和 n_2 相差很大, 那么界面反射损失就严重; 如果 $n_1 = n_2$, 则 R=0, 即在光线垂直入射时, 几乎没有反射损失.

光通过的界面越多, 界面反射就越严重. 例如, 一块折射率 n=1.5 的玻璃, 光反射系数为 R=0.04, 透过部分为 $1-R$=0.96. 如果透射光又从另一界面射入空气, 即透过两个界面, 此时透过部分为 $(1-R)^2$=0.922. 如果连续透过 x 块平板玻璃, 则透过部分应为 $(1-R)^{2x}$. 所以, 由许多块玻璃组成的透镜系统, 反射损失就很可观. 为了减小这种界面损失, 常常采用折射率和玻璃相近的胶将它们粘起来, 这样, 除了最外和最内的表面是玻璃和空气的相对折射率外, 内部各界面都是玻璃和胶, 它们之间的相对折射率较小, 从而大大减小了界面的反射损失.

此外, 可在玻璃表面涂以一定厚度的和玻璃 n 不同的透明薄膜, 使玻璃表面的 R 增加或减少, 来调节玻璃的折射 n. 例如, 在玻璃表面涂以对红外线反射率高的金属膜 (An、Cu、Ag、Cr、Ni 等), 用作建筑物反射太阳能的隔热玻璃 —— 热反射玻璃, 可起到调节室内温度, 并增加建筑物外表的美观度的作用.

通常来说, 光线在临界面上的反射率与材料的物理性能、光线的波长以及入射角的大小相关. 例如, 海水对于短波辐射的反射率仅为 5%左右, 即海水可以吸收太阳热辐射能量的 95%; 而白色冰雪的反射率高达 30%~80%, 二者相差 6~16 倍. 不透明材料, 如镜面的反射率为 100%. 透明材料的反射率与光的入射角有关, 入射角越大, 反射率越大.

5.3.3 光的色散

我们已经了解光在介质中的传播速度低于真空中的光速, 其关系为 $v = c/n$, 据此可以解释光在通过不同介质界面时发生的折射现象. 若将一束白光斜射到两种均匀介质的分界面上, 就可以看到折射光束分散成按红、橙、黄、绿、青、蓝、紫的顺序排列而成的彩色光带, 这是在介质中不同波长的光有不同的速度的直接表现. 所以, 介质中光速或折射率随波长改变的现象称为色散现象. 折射率的大小与入射光波长有关, 折射率随波长的变化率称为 “色散率”, 用下式表示

$$色散率 = \frac{dn}{d\lambda} \tag{5.15}$$

所以, 谈材料的折射率时必须指出所用的光的波长. 表 5.2 列出了一些透明材料在不同单色光下的折射率.

表 5.2 一些透明材料在不同单色光下的折射率

材料	不同单色光的波长 λ/Å					
	紫 (4100)	蓝 (4700)	绿 (5500)	黄 (5800)	橙 (6100)	红 (6600)
冕玻璃	1.5380	1.5310	1.5260	1.5225	1.5216	1.5200
轻火石	1.6040	1.5960	1.5910	1.5875	1.5867	1.5850
重火石	1.6980	1.6836	1.6738	1.6670	1.6650	1.6620
石英 (SiO_2)	1.5570	1.5510	1.5468	1.5438	1.5432	1.5432
金刚石	2.4580	2.4439	2.4260	2.4172	2.4150	2.4100
冰	1.3170	1.3136	1.3110	1.3087	1.3080	1.3060
钛酸锶	2.6310	2.5160	2.4360	2.4170	2.3977	2.3740

研究色散现象最方便的实验可以通过棱镜来进行. 测量不同波长的光线经棱镜折射后的偏转角, 就可以得到折射率随波长变化的曲线. 图 5.5 给出了几种常用光学玻璃的色散曲线, 色散的值可以由色散曲线来确定.

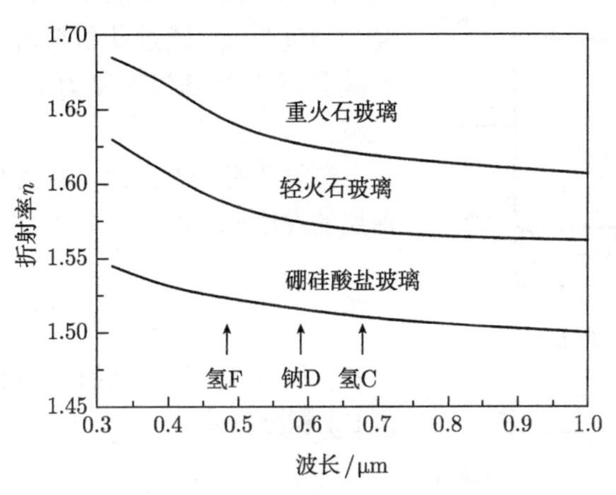

图 5.5 几种玻璃的色散曲线

实用的测量色散方法是用固定波长的折射率来表达色散, 而不是去测定完整的色散曲线. 主要采用色散系数 γ 来表征:

$$\gamma = \frac{n_{\mathrm{D}} - 1}{n_{\mathrm{F}} - n_{\mathrm{C}}} \tag{5.16}$$

式中, n_{D}、n_{F}、n_{C} 分别为以钠的 D 谱线 (589.3nm, 黄色)、氢的 F 谱线 (486.1nm, 蓝色) 和 C 的谱线 (656.3nm, 红色) 为光源所测得的折射率. 描述光学玻璃的色散还用平均色散 $(n_{\mathrm{F}} - n_{\mathrm{C}})$.

分析图 5.5 的曲线可以得出如下的规律:

(1) 对于同一材料而言, 波长越短则折射率越大;

(2) 折射率随波长的变化率 $\mathrm{d}n/\mathrm{d}\lambda$ 称为 "色散率", 波长越短色散率越大 (一般不考虑负号);

(3) 不同材料, 对同一波长, 折射率大者色散率 $\mathrm{d}n/\mathrm{d}\lambda$ 也大;

(4) 不同材料的色散曲间线没有简单的数量关系.

5.3.4 光的吸收

由于光是一种能量流, 在光通过材料传播时, 会引起材料的电子跃迁或使原子振动, 从而使光能的一部分变成热能, 导致光能的衰减, 这种现象称为介质对光的吸收. 需要注意的是: 这里所说的吸收, 是指介质对光能量的真正吸收, 不包括由反射、散射引起的光强减弱.

1. 光吸收的一般规律

即使在对光不发生散射的透明材料中, 如玻璃或水溶液, 光也会有能量的损失. 例如, 一块厚度为 x 的平板材料 (图 5.6), 入射光的强度为 I_0, 通过此材料内一段距离 x 后强度减弱到 I, 再通过厚度为 $\mathrm{d}x$ 的薄层后光强度又减少了 $\mathrm{d}I$.

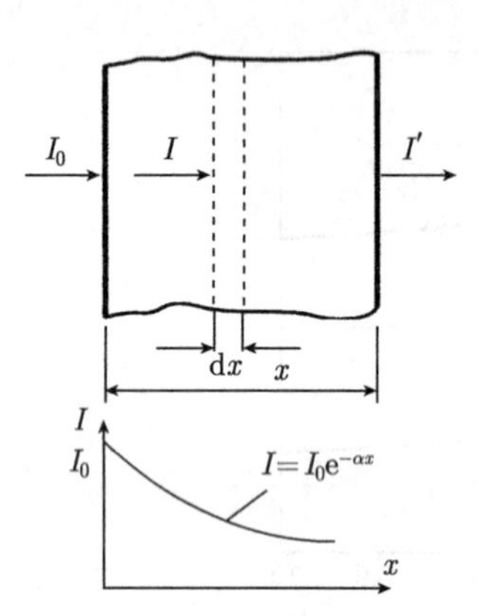

图 5.6　光通过介质时的衰减规律

实验证明, $\mathrm{d}I$ 正比于在此处的光强度 I 和薄层的厚度 $\mathrm{d}x$, 即

$$\frac{\mathrm{d}I}{I} = -\alpha \mathrm{d}x \tag{5.17}$$

式中, 负号表示当 x 增加时, 光强 I 减少. 对式 (5.17) 积分, 得

$$\int_{I_0}^{I} \frac{\mathrm{d}I}{I} = -\alpha \int_0^x \mathrm{d}x \tag{5.18}$$

$$I = I_0 \mathrm{e}^{-\alpha x} \tag{5.19}$$

式 (5.19) 称为朗伯特定律; α 为物质对光的吸收系数, 其单位为 cm^{-1}. α 取决于材料的性质和光的波长. α 越大材料越厚, 光就被吸收得越多, 因而透过后的光强度就越小, 式 (5.19) 表明, 光强度随厚度的变化符合指数衰减规律. 不同的材料 α 差别很大, 空气的 $\alpha \approx 10^{-5}\mathrm{cm}^{-1}$, 玻璃的 $\alpha=10^{-2}\mathrm{cm}^{-1}$, 金属的 α 则达几万到几十万, 所以金属实际上是不透明的.

2. 光吸收与光波长的关系

研究物质的吸收特性发现, 任何物质都只对特定的波长范围表现为透明的, 而对另一些波长范围则不透明, 如图 5.7 所示.

在电磁波谱的可见光区, 金属和半导体的吸收系数都很大. 但是电介质材料, 包括玻璃、陶瓷等大部分无机材料在可见光范围内有良好的透过性, 也就是说吸收系数很小. 这是因为电介质材料的价电子所处的能带为满带, 而光子的能量又不足以使价电子跃迁到导带, 所以在可见光波长范围内的吸收系数很小.

在紫外区, 一般情况下, 材料都会出现紫外吸收端, 这是因为波长越短, 光子的能量越大. 当光子能量达到禁带宽度 E_{g} 时, 电子就会吸收光子能量从满带跃迁到导带, 此时吸收系数将骤然增大. 紫外吸收端的波长可根据材料的禁带宽度 E_{g} 来求得

$$E_{\mathrm{g}} = h\nu = h\frac{c}{\lambda} \tag{5.20}$$

$$\lambda=\frac{hc}{E_g} \tag{5.21}$$

式中, h 为普朗克常量, h=6.626×10^{-34}J·s; c 为光速.

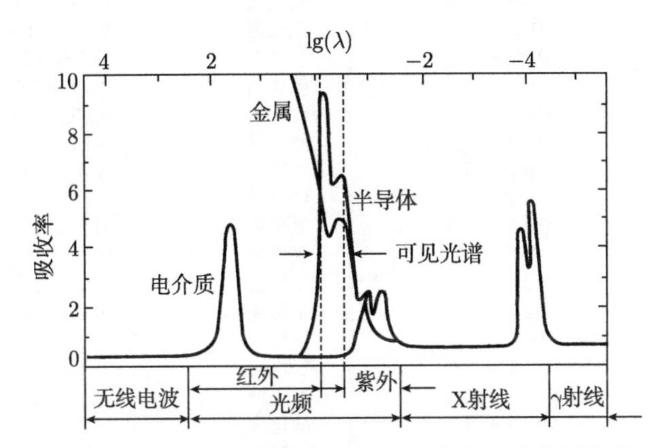

图 5.7 金属、半导体和电介质的吸收率随波长的变化

从式 (5.21) 可见, 禁带宽度 (E_g) 大的材料, 紫外吸收端的波长比较小. 若希望材料在电磁波谱的可见光区的透过范围大, 那么紫外吸收端的波长要小, 因此要求 E_g 大. 如果 E_g 很小, 甚至可能在可见区也会被吸收而不透明. 常见材料的禁带宽度变化较大, 如硅的 E_g=1.2eV, 锗的 E_g=0.75eV, 其他半导体材料的 E_g 约为 1.0eV, 电介质材料的 E_g 一般在 10eV 左右.

电介质在红外区也有一个吸收峰, 而红外光因波长长而能量低, 不能使满带电子发生跃迁, 此区间吸收峰的产生主要是由于红外光 (电磁波) 的频率与材料中分子振子 (或相当于分子大小的原子团) 的本征频率相近或相同引起共振消耗能量所致. 要使谐振点的波长尽可能远离可见光区, 即吸收峰处的频率尽可能小 (波长尽可能长), 则需选择较小的材料热振频率 ν. 此频率 ν 与材料其他常数呈下列关系:

$$\nu^2=2\beta\left(\frac{1}{M_c}+\frac{1}{M_a}\right) \tag{5.22}$$

式中, β 为与力有关的常数, 由离子间结合力决定; M_c 和 M_a 分别为阳离子和阴离子质量.

所以, 由式 (5.21) 和式 (5.22) 可知, 如果希望材料在电磁波谱的可见光区有较宽的透过范围, 就要有高的电子能隙值和弱的原子间结合力以及大的离子质量. 对于高原子量的二价碱金属卤化物, 这些条件都是最优的. 对于玻璃形成氧化物, 如 SiO_2、B_2O_3、P_2O_5 等原子量均较小, 力常数 β 较大, 故 ν(本征频率) 大, 所以只能透近红外, 而不能透中、远红外. 表 5.3 列出一些厚度为 2mm 的材料能透光超过 10%的波长范围.

表 5.3　一些材料能透过的波长范围

材料	能透过的波长范围 λ/μm	材料	能透过的波长范围 λ/μm
熔融二氧化硅	0.16 ~ 4	硫化锌	0.6 ~ 14.5
熔融石英	0.18 ~ 4.2	氟化钠	0.14 ~ 15
铝酸钙玻璃	0.4 ~ 5.5	氟化钡	0.13 ~ 15
偏铌酸锂	0.35 ~ 5.5	硅	1.2 ~ 15
方解石	0.2 ~ 5.5	氟化铅	0.29 ~ 15
二氧化钛	0.43 ~ 6.2	硫化镉	0.55 ~ 16
钛酸锶	0.39 ~ 6.8	硒化锌	0.48 ~ 22
三氧化二铝	0.2 ~ 7	锗	1.8 ~ 23
蓝宝石	0.15 ~ 7.5	碘化钠	0.25 ~ 25
氟化锂	0.12 ~ 8.5	氯化钠	0.2 ~ 25
多晶氟化镁	0.45 ~ 9	氯化钾	0.21 ~ 25
氧化钇	0.26 ~ 9.2	氯化银	0.4 ~ 30
单晶氧化镁	0.25 ~ 9.5	氯化铊	0.42 ~ 30
多晶氧化镁	0.3 ~ 9.5	碲化镉	0.9 ~ 31
单晶氟化镁	0.15 ~ 9,6	氯溴化铊	0.4 ~ 35
多晶氟化钙	0.13 ~ 11.8	溴化钾	0.2 ~ 38
单晶氟化钙	0.13 ~ 12	碘化钾	0.25 ~ 47
氟化钡一氟化钙	0.75 ~ 12	溴碘化铊	0.55 ~ 50
三硫化砷玻璃	0.6 ~ 13	溴化铯	0.2 ~ 55

吸收还可分为均匀吸收和选择吸收. 如果介质在可见光范围对各种波长的吸收程度相同, 则称为均匀吸收. 在此情况下, 随着吸收程度的增加, 颜色从灰变到黑. 如果同一物质对某一种波长的吸收系数可以非常大, 而对另一种波长的吸收系数可以非常小, 这种现象称为选择吸收. 透明材料的选择吸收使其呈不同的颜色. 实际上, 任何物质都有这两种形式的吸收, 只是出现的波长范围不同而已. 例如, 石英在整个可见光波段都很透明, 且吸收系数几乎不变, 是 "均匀吸收". 但是, 在红外线区 (3.5~5.0μm), 石英表现为强烈吸收, 且吸收率随波长剧烈变化, 是 "选择吸收", 如图 5.8 所示.

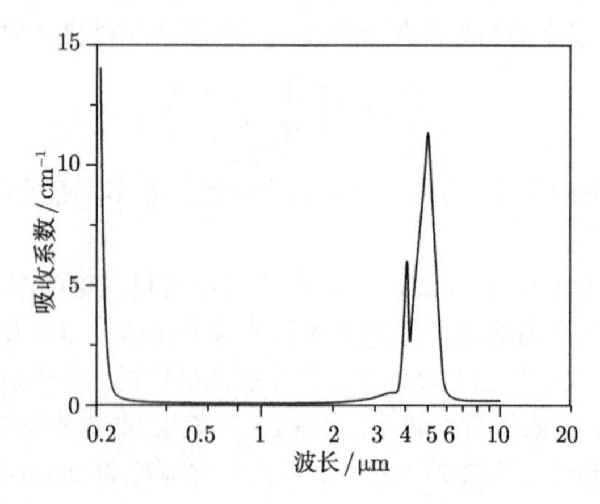

图 5.8　石英的吸收系数与波长的关系

5.3.5 光的散射

1. 光散射的一般规律

材料中如果有光学性能不均匀的结构, 如含有小粒子的不透明介质、光学性能不同的晶界相、气孔或其他夹杂物, 都会引起一部分光束偏离原来的传播方向而向各个方向散开来, 这种现象称为光的散射. 散射的本质是光波遇到不均匀结构产生次级波, 与主波方向不一致, 使光偏离原来的方向, 从而减弱光束在前进方向上的强度. 对于相分布均匀的材料, 其散射的规律与吸收规律具有相同的形式:

$$I = I_0 \mathrm{e}^{-sx} \tag{5.23}$$

式中, I 为在光前进方向上的剩余强度; s 为散射系数, 与散射质点的大小、数量以及散射质点与基体的相对折射率等因素有关, 其单位为 cm^{-1}.

对于一般介质中光强的减弱, 由于两个方面: 吸收和散射. 如果将吸收定律与散射定律的式子统一起来, 由于吸收和散射引起的光剩余强度为

$$I = I_0 \mathrm{e}^{-(\alpha+s)x} \tag{5.24}$$

因此, 衰减系数由两部分组成, 即吸收系数和散射系数. 根据散射前后光子能量 (或光波波长) 变化与否, 散射分为弹性散射和非弹性散射.

2. 弹性散射

散射前后光的波长 (或光子能量) 不发生变化, 光子只是被碰到不同方向上去, 称为弹性散射. 散射光强度 I_s 与入射光波长 λ 的关系可因散射中心尺度的大小而具有不同的规律, 一般有如下关系:

$$I_\mathrm{s} \propto \lambda^{-\sigma} \tag{5.25}$$

式中, I_s 为散射光强度; λ 为入射光波长; 参量 σ 与散射中心大小 d 有关. 按 λ 与 d 的大小比较, 弹性散射可以分为三种:

(1) 廷德尔 (Tyndall) 散射. 当 $d \gg \lambda$ 时, $\sigma \to 0$, 即当散射中心的尺度远大于光波的波长 λ 时, 散射光强与入射光波长无关. 例如, 粉笔灰颗粒的尺寸对所有可见光波长均满足这一条件, 所以, 粉笔灰对白光中所有单色成分都有相同的散射能力, 看起来是白色的; 天上的白云, 是由水蒸气凝成比较大的水滴所组成的, 线度也在此范围, 所以散射光也呈白色.

(2) 米氏 (Mie) 散射. 当散射中心尺度 d 与入射光波长 λ 相当时, σ 在 0~4, 具体数值与散射中心尺寸有关. 这个尺度范围的粒子散射光性质比较复杂, 存在散射光强度随着 d/λ 值的变化而波动和在空间分布不均匀等问题.

(3) 瑞利 (Rayleidl) 散射. 当散射中心尺度 d 远小于入射光波长 $\lambda(d \ll \lambda)$ 时, σ=4, 即散射光强度与波长的 4 次方成反比, 这一关系称为瑞利散射定律. 按照瑞利定律, 微小粒子 ($d \ll \lambda$) 对长波的散射不如短波有效. 短波长的紫光的散射强度要比长波长的红光的散射强度约大 10 倍. 当光通过含有杂质、气孔、晶界、微裂纹等缺陷的材料时会遇到一系列的阻碍, 导致其看上去是不透明的, 这主要是由散射引起的. 因为材料中的缺陷可能成为散射中心, 当满足 $d \ll \lambda$ 的条件时, 可引起瑞利散射. 人们通常根据散射光的强弱判断材料光学均匀性的好坏. 利用激光在大气中的散射可以测量大气中悬浮微粒的密度和监测大气污染和程度.

当光的波长约等于散射质点的直径时, 出现散射的峰值. 图 5.9 是 Na_D 谱线 (λ=0.589μm) 的光通过含有 1%(体积) 的 TiO_2 散射质点的玻璃时, 质点尺寸对散射系数的影响曲线, TiO_2 散射质点的相对折射率 n_{21}=1.8, 当质点直径为 $d = \dfrac{4.1\lambda}{2\pi(n-1)} = 0.48(\mu m)$ 时, 散射系数出现峰值, 即散射最强.

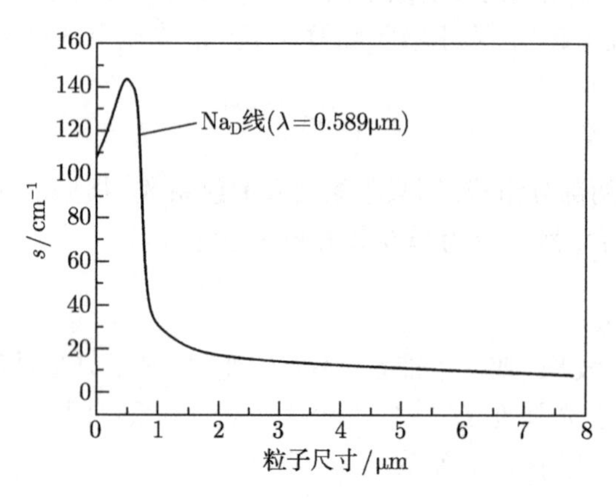

图 5.9　质点尺寸对散射系数的影响

显然, 光的波长不同, 最大散射系数对应的质点直径也不同. 从图 5.9 中可看出, 曲线由左右两条不同形状的曲线组成, 各自有着不同的规律. 若散质点的体积浓度不变, 当 $d < \lambda$ 时, 随着 d 的增加, 散射系数 s 也随之增加; 当 $d > \lambda$ 时, 随着 d 的增加, 散射系数 s 反而减小; 当 $d \approx \lambda$ 时, s 达到最大值. 所以, 根据散射中心尺寸和波长的相对大小, 要分别用不同的散射规律来进行处理.

$d \approx \lambda$ 时, 主要为米氏散射, 散射效果主要与粒子横截面积成比例.

$d < \lambda$ 时, 散射质点的折射率与基体的折射率相差越大, 散射越严重, 可近似采用瑞利散射来处理.

$$s = 32\pi^4 R^3 V \lambda^{-4} \left(\frac{n^2-1}{n^2+1}\right)^2 \tag{5.26}$$

$d > \lambda$ 时, 反射、折射引起的总散射起主导作用. 此时由于散射质点和基体的折射率的差别, 当光线碰到质点与基体的界面时, 就要产生界面反射和折射. 由于连续的反射和折射, 总的效果相当于光线被散射了. 对于这种散射, 可以认为散射系数正比于散射质点的投影面积:

$$s = KN\pi R^2 \tag{5.27}$$

式中, N 为单位体积内的散射质点数; R 为散射质点的平均半径; K 为散射因素, 取决于基体与质点的相对折射率, 当两者相近时, $K \approx 0$. 由于 N 不好计算, 设散射质点的体积含量为 V, 则

$$V = \frac{4}{3}\pi R^3 N \tag{5.28}$$

则式 (5.27) 可表示为 (菲涅耳定律)

$$s = \frac{3KV}{4R} \tag{5.29}$$

由式 (5.29) 可见, $d > \lambda$ 时, R 越小, V 越大, 则 s 越大, 这符合图 (5.9) 的实验规律.

3. 非弹性散射

当光束通过介质时, 从侧向接收到的散射光主要是波长 (或频率) 不发生变化的瑞利散射光, 属于弹性散射. 除此之外, 使用高灵敏度和高分辨率的光谱仪器, 可以发现散射光中还有其他光谱成分, 它们的频率在坐标上对称地分布在弹性散射光的低频和高频侧, 强度一般比弹性散射微弱得多. 这些波长 (或频率) 发生改变的光散射是入射光子与介质发生非弹性碰撞的结果, 称为非弹性散射.

图 5.10 给出了散射光谱示意图, 图中与入射光频率相同的弹性散射谱线为瑞利散射线, 其近旁沿两侧的两条谱线为布里渊散射线, 与瑞利线的频率差一般在 $10 \sim 10^2 \text{m}^{-1}$ 量级. 距离瑞利线较远些的谱线是拉曼 (Raman) 散射线, 它们与瑞利线的频差可因散射介质能级结构的不同而在 $10^2 \sim 10^6 \text{m}^{-1}$ 量级之间变化. 拉曼散射是光通过材料时由于入射光与分子运动相互作用而引起频率发生变化的散射, 又称拉曼效应. 在瑞利散射线低频侧的布里渊散射线和拉曼散射线又统称为斯托克斯 (Stockes) 线, 而在瑞利散射线高频侧的布里渊散射线和拉曼散射线统称为反斯托克斯 (anti-Stockes) 线.

从能量观点来看, 拉曼散射过程可以用简单的能级跃迁图来说明, 如图 5.11 所示. 图 5.11(a) 表示瑞利散射过程, 当处于低能级 E_1(或高能级 E_2) 的介质分子受到频率为 ν_0 的入射光子的作用时, 介质分子吸收这个光子后, 跃迁到某个虚能级, 随后这个虚能级上的分子便向下跃迁回它原来的能级, 发射出一个与入射光子频率

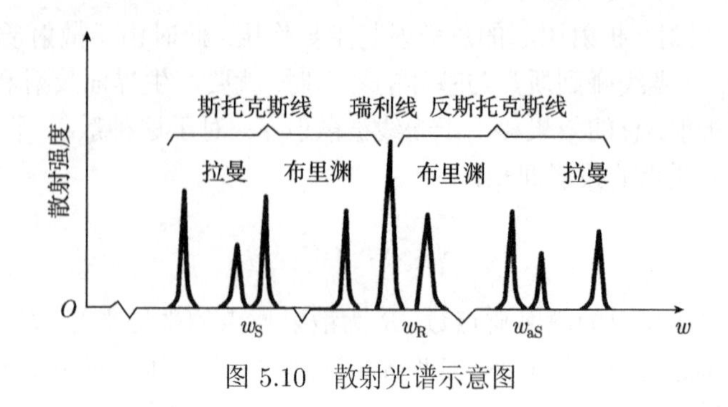

图 5.10 散射光谱示意图

相同的光子 (方向可能改变), 这就是瑞利散射过程. 图 5.11(b) 表示拉曼散射的斯托克斯过程, 它与瑞利散射的唯一区别是分子从虚能级向下跃迁回到了较高能级 E_2, 并伴随一个光子的发射, 这个光子的频率 ν_0 与入射光子频率相比红移了 $\Delta\nu$, 其数值相当于两个能级的能量差, 即

$$h\Delta\nu = E_2 - E_1 \tag{5.30}$$

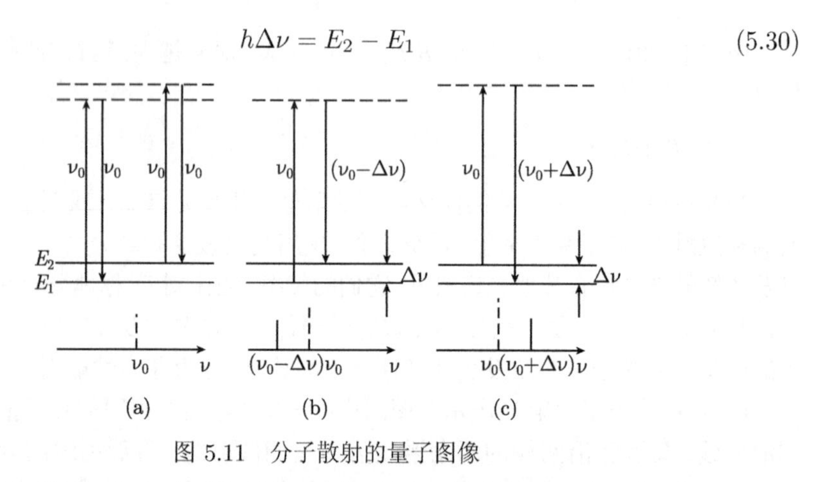

图 5.11 分子散射的量子图像

(a) 瑞利散射过程; (b) 拉曼散射的斯托克斯过程; (c) 拉曼散射的反斯托克斯过程

图 5.11(c) 表示拉曼散射的反斯托克斯过程, 其特点是如果介质分子原来处于较高能级 E_2, 在吸收频率为 ν_0 的入射光子跃迁到一个较高的虚能级后, 分子跃迁回到低能级 E_1, 并同时发射出一个频率蓝移了 $\Delta\nu$ 的散射光子, $\Delta\nu$ 仍符合式 (5.30). 需要说明的是, 这里所说的虚能级, 实际上应是电磁场和介质的共同状态, 也就是相互作用过程中形成的复合态, 并不是介质体系的真实能级.

非弹性散射一般极其微弱, 以往研究得极少. 在激光器这样的强光源出现之后, 这一新的研究领域才获得迅猛的发展. 由于拉曼散射中散射光的频率与散射物质的能态结构有关, 拉曼散射为研究晶体或分子的结构提供了重要手段, 在光谱学中形成了拉曼光谱学的一个分支. 用拉曼散射的方法可迅速定出分子振动的固有频率,并可决定分子的对称性、分子内部的作用力等, 研究拉曼散射已经成为获得固体结构、点阵振动、声学动力学以及分子的能级特征等信息的有效手段.

拉曼散射共分为两种类型: 共振拉曼散射和表面增强拉曼散射. 共振拉曼散射是指当一个化合物被入射光激发, 激发线的频率处于该化合物的电子吸收谱带以内时, 由于电子跃迁和分子振动的耦合, 某些拉曼谱线的强度陡然增加, 这个效应被称为共振拉曼散射. 表面增强拉曼散射是当一些分子被吸附到某些粗糙的金属, 如金、银或铜的表面时, 它们的拉曼谱线强度会得到极大地增强, 这种不寻常的拉曼散射增强现象被称为表面增强拉曼散射效应.

5.3.6 无机材料的透光性

无机材料是一种多晶多相体系, 内含杂质、气孔、晶界、微裂缝等缺陷, 光通过无机材料时会遇到一系列的阻碍, 所以无机材料不像晶体、玻璃体那样透光. 多数无机材料看上去是不透明的, 这主要是由于散射引起的.

1. 透光性

材料可以使光透过的性能称为透光性. 透光性是个综合指标, 即光能通过材料后, 剩余光能所占的百分比, 透光性 $=I/I_0$.

如图 5.6 所示, 强度为 I_0 的光束垂直入射到介质表面, 受到的损失包括: 反射损失、吸收损失和散射损失. 表面上的反射损失为 $L_1=RI_0$, 所以透进材料中的光强度为 $I_0(1-R)$. 这部分光穿过厚度 x 的材料后, 又消耗在吸收损失 L_2 和散射损失 L_3, 到达材料另一表面时, 光强度剩下 $I_0(1-R)\mathrm{e}^{-(\alpha+s)x}$. 再经过反射, 一部分光能反射进入材料内部, 其光强度为

$$L_4 = I_0R(1-R)\mathrm{e}^{-(\alpha+s)x} \tag{5.31}$$

另一部分光能透过界面至空间, 其光强度为

$$I = I_0(1-R)^2\mathrm{e}^{-(\alpha+s)x} \tag{5.32}$$

显然 I/I_0 才是真正的透光率. 注意: 上式中所得的 I 中并未包括 L_4 反射回去的光能, 再经两个内表面, 进行二、三次反射之后, 仍然会有从表面传出的那一部分光能. 这部分光能显然与材料的吸收系数、散射系数有密切的关系, 也和材料的表面光洁度、材料的厚度以及光束入射角有关. 影响因素复杂, 无法具体算出数据. 当然, 如果考虑这部分透光, 将会使整个透光率提高. 实验观测结果往往偏高就是这个原因.

2. 影响材料透光性的因素

材料透光性主要受材料的吸收系数、反射系数和散射系数影响.

吸收系数与材料的性质密切相关. 在金属中, 因为价带与导带是重叠的, 它们之间没有禁带, 所以不管入射光子的能量是多大 (即不管什么频率的光), 电子都可以吸收它而跃迁到一个新的能态上去. 因此, 对于各种光, 金属都能吸收, 所以金属是不透明的. 按理说, 金属吸收了可见光的全部光子, 金属应呈黑色. 但实际上我们看到铝是银白色的, 纯铜是紫红色的, 金子是黄色的, 等等. 这是因为当金属中的电子吸收了光子的能量跃迁到导带中高能级时, 它们处于不稳定状态, 立刻又回落到能量较低的稳定态, 同时发射出与入射光子相同波长的光子束, 这就是反射光. 大部分金属反射光的能力都很强, 反射率在 0.90~0.95. 金属本身的颜色是由反射光的波长决定的.

陶瓷、玻璃、高分子介电材料, 在可见光范围内吸收系数较低, 吸收系数在影响透光性的因素中不占主要地位. 反射损失与相对折射率有关, 材料对周围环境的相对折射率大, 反射损失也大, 反射损失也与表面粗糙度有关. 散射系数对材料的透光性影响最大. 除纯晶体和玻璃体具有良好的透光性外, 多晶多相材料内含杂质、气孔、晶界、微裂纹等缺陷, 大多数看上去是不透明的. 这主要是由散射引起的, 所以散射系数是影响其透光性的主要因素.

影响材料透光性的结构因素有如下三方面:

1) 材料的宏观及显微缺陷

材料中的缺陷与主晶相不同, 于是与主晶相之间具有相对折射率, 此值越大, 反射系数越大, 散射因子也越大, 散射系数越大.

2) 晶粒排列方向的影响

如果材料不是各向同性的立方晶体或玻璃态, 则存在有双折射问题. 与晶轴成不同角度的方向上的折射率均不相同. 因此, 由多晶材料组成的无机材料, 晶粒与晶粒之间结晶的取向不一致. 这样, 由于双折射造成相邻晶粒之间的折射率也不同, 引起晶界处的反射及散射损失. 图 5.12 所示为一个典型不同晶粒取向的双折射引起的晶界损失.

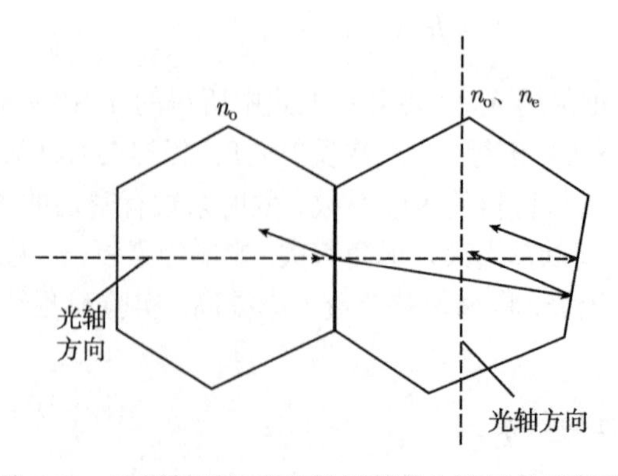

图 5.12　双折射晶体在晶粒界面产生连续的反射和折射

图中两个相邻晶粒的光轴互相垂直. 设光线沿左晶粒的光轴方向射入, 则在左晶粒中只存在常光折射率 n_o. 右晶粒的光轴垂直于左晶粒的光轴, 也就垂直于晶界处的入射光. 由于此晶体有双折射现象, 因而不但有常光折射率 n_o, 还有非常光折射率 n_e, 左晶粒的 n_o 与右晶粒的 n_0 相对折射率为 $n_o/n_0=1$, $R=0$, 无反射损失; 但左晶粒的 n_o 与右晶粒的 n_e 则形成相对折射率 $n_o/n_e \neq 1$. 此值导致反射和散射损失, 即引起相当可观的晶界散射损失. n_o 与 n_e 相差较小, 则反射和散射损失也相对较小; n_o 与 n_e 相差大, 反射和散射损失也大.

例如, α-Al_2O_3 晶体的 n_o 和 n_e 分别为 1.760 和 1.768, 假设相邻晶粒的光轴互相垂直, 则晶界面的反射系数:

$$R = \left(\frac{n_{21}-1}{n_{21}+1}\right)^2 = \left(\frac{1.768/1.760-1}{1.768/1.760+1}\right)^2 = 5.14 \times 10^{-6} \tag{5.33}$$

从式 (5.32) 可知, R 较小, 透光率 I/I_0 较大. 表明 n_o 与 n_e 相差较小时, 反射和散射损失也相对较小, 所以 Al_2O_3 陶瓷可用来制作透明灯管. 而金红石晶体的 n_o 和 n_e 分别为 2.854 和 2.567, 同理可求得其反射系数 $R=2.8\times10^{-3}$, R 较大, 透光率 I/I_0 较小. 表明 n_o 与 n_e 相差较大时, 反射和散射损失也相对较大, 故金红石晶体不透光. 对于 MgO, Y_2O_3 等立方晶系材料, 由于没有双折射现象, 故本身透明度较高, 所以影响多晶无机材料透光率的主要因素就是晶体的双折射率.

3) 气孔引起的散射损失

存在于晶粒之间的以及晶界玻璃相内的气孔、孔洞, 从光学上讲构成了第二相. 其折射率 n_1 可视为 1, 与基体材料的 n_2 相差较大, 所以相对折射率 $n_{21}= n_2$ 也较大. 由此引起的反射损失、散射损失远较杂质、不等向晶粒排列等因素引起的损失大.

3. 提高无机材料透光性的措施

1) 提高原材料纯度

在材料中杂质形成的异相, 其折射率与基体不同, 等于在基体中形成分散的散射中心, 使 s 提高. 杂质的颗粒大小影响到 s 的数值, 尤其当其尺度与光的波长相近时, s 达到峰值. 所以杂质浓度以及与基体之间的相对折射率都会影响到散射系数的大小.

从材料的吸收损失角度考虑, 不但对基体材料, 而且对杂质的成分也要求其在使用光的波段范围内, 吸收系数 α 不得出现峰值. 这是因为不同波长的光, 对材料及杂质的 α 值均有显著影响. 特别是在紫外波段, 吸收率有一峰值, 如前面所述, 要求材料及杂质具有尽可能大的禁带宽度 E_g, 这样可使吸收峰处的光的波长尽可能短一些, 因而不受吸收影响的光的频带宽度可放宽.

2) 掺加外加剂

掺外加剂的目的是降低材料的气孔率, 特别是降低材料烧成时的闭孔. 表面看起来, 掺加主成分以外的其他成分, 虽然掺量很少, 也会显著地影响材料的透光率, 因为这些杂质质点, 会大幅度地提高散射损失. 但是, 正如前面分析的那样, 影响材料透光性的主要因素是材料中所含的气孔. 气孔由于相对折射率的关系, 其影响程度远大于杂质等其他结构因素. 此处所说的掺加外加剂, 目的是降低材料的气孔率, 特别是降低材料烧成时的闭孔 (大尺寸的闭孔称为孔洞), 这是提高透光率的有力措施. 例如, 通过在 Al_2O_3 中适量加入 MgO, 一方面, 在烧结过程中可阻碍 Al_2O_3 晶粒的长大; 另一方面可使气泡有充分的时间逸出, 从而使透明度增大. Al_2O_3 中 MgO 的适宜掺入量是 0.05%~0.5%.

值得注意的是, 外加剂本身也是杂质, 掺多了也会影响透光性.

3) 工艺措施

(1) 排除气孔. 例如, 采取热压法要比普通烧结法更便于排除气孔, 因而是获得透明陶瓷较为有效的工艺. 热等静压法效果更好.

(2) 使晶粒定向排列. 几年前, 有人采用热锻法使陶瓷织构化, 从而改善其性能. 这种方法就是在热压时采用较高的温度和较大的压力, 使坯体产生较大的塑性变形. 由于大压力下的流动变形, 晶粒定向排列, 结果大多数晶粒的光轴趋于平行. 这样在同一个方向上, 晶粒之间的折射率就变得一致了, 从而减少了界面反射. 用热锻法制得的 $A1_2O_3$ 陶瓷是相当透明的.

5.4 材料的光发射

材料以某种方式吸收能量之后, 将其转化为光能即发射光子的过程称为材料的光发射. 发光是人类研究最早也应用最广泛的物理效应之一. 物体发光可分为平衡辐射和非平衡辐射两大类. 平衡辐射的性质只与辐射体的温度和发射本领有关, 如白炽灯的发光就属于平衡或准平衡辐射; 非平衡辐射是在外界激发下物体偏离了原来的热平衡态, 继而发出的辐射. 本节将只讨论固体材料的非平衡辐射.

固体发光的微观过程可以分为两个步骤：第一步, 对材料进行激励, 即以各种方式输入能量, 将固体中电子的能量提高到一个非平衡态, 称为 “激发态”; 第二步, 处于激发态的电子自发地向低能态跃迁, 同时发射光子. 如果材料存在多个低能态, 发光跃迁可以有多种渠道, 那么材料就可能发射多种频率的光子.

5.4.1 激励方式

材料发光前可以有多种方式向其注入能量, 当材料吸收外界能量后部分能量将以发光形式发射出来. 外界能量可来源于电磁波或带电粒子, 也可来自电场、机械

作用或化学反应. 其中常用的激励方式主要有以下几种:

1. 光致发光

通过光的辐照将材料中的电子激发到高能态从而导致发光, 称为 “光致发光”. 光激励可以采用光频波段, 也可以采用 X 射线和 γ 射线波段. 日常照明用的荧光灯就是通过紫外线激发涂布于灯管内壁的荧光粉而发光的.

2. 阴极射线发光

利用高能量的电子来轰击材料, 通过电子在材料内部的多次散射碰撞, 使材料中多种发光中心被激发或电离而发光的过程称为 “阴极射线发光”. 这种发光只局限于电子所轰击的区域附近. 由于电子的能量在几千伏以上, 除了发光以外还产生 X 射线. 彩色电视机的颜色就是采用电子束扫描、激发显像管内表面上不同成分的荧光粉, 使它们发射红、绿、蓝三种基色光波而实现的.

3. 电致发光

通过对绝缘发光体施加强电场导致发光, 或者从外电路将电子 (空穴) 注入半导体的导带 (价带), 导致载流子复合而发光, 称为 “电致发光” 或 “场致发光”. “场致发光” 实际上包括几种不同类型的电子过程, 一种是物质中的电子从外电场吸收能量, 与晶格相碰时使晶格离化, 产生电子–空穴对, 复合时产生辐射; 也可以是外电场使发光中心激发, 回到基态时发光, 这种发光称为本征场致发光. 还有一种类型是在半导体的 pn 结上加正向电压, p 区中的空穴和 n 区中的电子分别向对方区域注入后成为少数载流子, 复合时产生光辐射, 此称为载流子注入发光, 也称结型场致发光. 作为仪器指示灯的发光二极管就是半导体复合发光的例子.

5.4.2 材料发光的基本性质

自然界中很多物质都可发光, 但近代显示技术所用的发光材料主要是无机化合物, 在固体材料中主要是采用禁带宽度较大的绝缘体; 其次, 半导体通常以多晶粉末、薄膜或单晶的形式被应用. 从应用的角度, 我们需主要关注材料的光学性能包括: 发光颜色、发光强度及延续时间等.

1. 发射光谱

发射光谱是指一定的激发条件下发射光强按波长的分布. 发射光谱的形状与材料的能量结构有关, 它反映材料中从高能级开始向下跃迁的过程. 有些材料的发射光谱呈现宽谱带, 甚至是由宽谱带交叠而形成的连续谱带, 有些材料的发射光谱则是线状结构. 图 5.13 为 ZnO 的发射光谱.

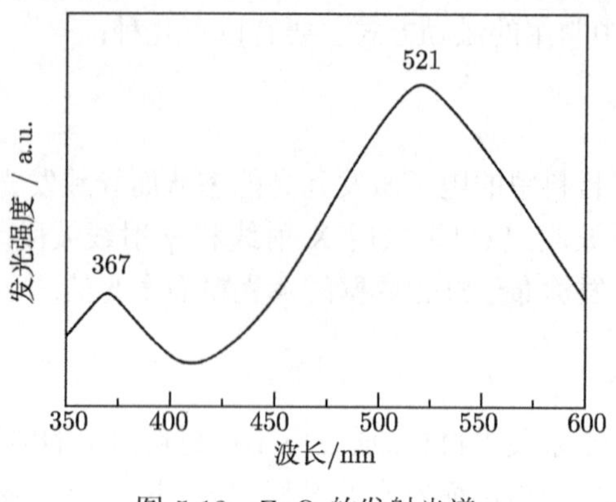

图 5.13　ZnO 的发射光谱

由图 5.13 可知, ZnO 主要发射出蓝绿光, 波长在 521nm 附近; 而 367nm 附近的带边发射, 与 ZnO 的能隙有关. 发射光谱的波长分布与吸收辐射的波长无关, 而仅仅与物质的性质和物质分子所处的环境有关.

2. 激发光谱

激发光谱是指材料发射某一特定谱线 (或谱带) 的发光强度随激发光的波长而变化的曲线. 能够引起材料发光的激发波长也一定是材料可以吸收的波长, 但激发光谱 $\neq$ 吸收光谱, 因为有的材料吸收光后不一定会发射光, 而把吸收的光能转化为热能耗散掉, 对发光没有贡献的吸收是不会在激发光谱上反映的. 通过对激发光谱的分析可以找出, 使材料发光采用什么波长进行光激励最为有效. 激发光谱和吸收光谱都是反映材料中从基态始发的向上跃迁过程, 因此都能给出材料能级和能带结构的有用信息. 与之形成对比的是, 发射光谱则是反映从高能级始发的向下跃迁过程. 图 5.14 是 $Y_2SiO_5:Eu^{3+}$ 的激发光谱, 接收波长为 612nm.

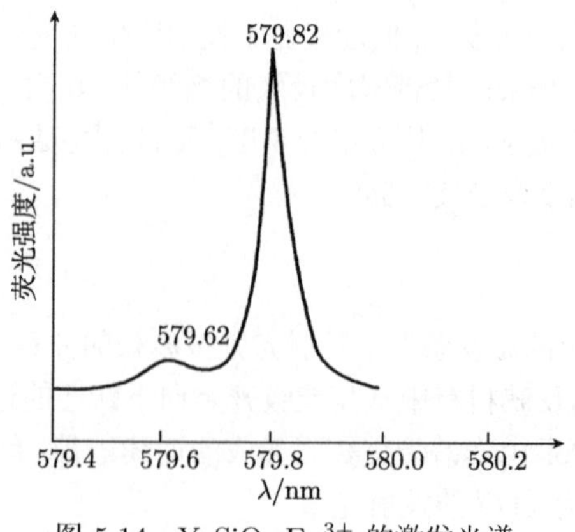

图 5.14　$Y_2SiO_5:Eu^{3+}$ 的激发光谱

3. 发光寿命

发光体在激发停止之后持续发光时间的长短称为发光寿命 (荧光寿命或余辉时间). 发光强度以指数规律衰减:

$$I = I_0 e^{-\alpha t} \tag{5.34}$$

式中, α 表示电子在单位时间内跃迁到基态的概率. 定义光强度衰减到初始值 I_0 的 1/e 所经历的时间为发光寿命 τ, 则 $\tau=1/\alpha$. 则

$$I = I_0 e^{-t/\tau} \tag{5.35}$$

在实际应用中, 往往约定, 从激发停止时的发光强度 I_0 衰减到 $I_0/10$ 的时间称为余辉时间. 按余辉时间长短可把发光材料分为: 超长余辉 (>1s)、长余辉 (0.10~1s)、中余辉 (1~100ms)、中短余辉 (10^{-2} ~1ms)、短余辉 (1~10μs)、超短余辉 (<1μs). 不同的应用目的对材料的发光寿命有不同的要求, 例如短余辉材料可应用于计算机的终端显示器; 长余辉或超长余辉材料常应用于夜光钟表字盘、夜间节能告示板、紧急照明场合等.

5.4.3 发光的物理机制

固体材料在吸收外界能量后, 只有在一定条件下才能形成有效发光. 按发光中心, 可分为两类微观物理过程: 一类是分立中心发光; 另一类是复合发光. 对于具体的发光材料, 可能只存在一种过程, 也可能两种过程都有.

1. 分立中心发光

所谓分立中心发光是指发射来自晶体中相对孤立的原子、离子, 其实还应该包括离子的复合体之类. 这是绝缘体发光的主要类型. 这类材料的发光中心通常是掺杂到基质材料中的离子, 也可以是基质材料自身结构的某个基团. 发光中心吸收外界能量后从基态激发到激发态, 当从激发态回到基态时就以发光形式释放出能量.

常用的基质材料包括: 碱土金属卤化物, 如 CaF_2; 氧化物, 如 Al_2O_3、MgO、$Y_3Al_5O_{12}$; 某些Ⅱ-Ⅵ族化合物, 如 ZnS; Ⅲ-Ⅴ族化合物, 如 GaN 等. 常用的形成分立中心的杂质有: ①过渡金属离子, 其外壳层是 3d 电子, 如 $Cr^{3+}(3d^3)$、Mn^{2+} $(3d^3)$. ②稀土元素的离子, 其三价离子的外壳层都是 4f 电子. 二价 Ce^{2+}、Gd^{2+}、Tb^{2+} 等外壳层是 5d 电子.

这些杂质离子在自由状态时可发生能级之间的光学跃迁, 如果把这类杂质掺到固体中, 它周围的基质离子就会通过和杂质离子之间的库仑作用而对杂质离子发生影响, 使其能量状态发生变化, 进而影响材料的发光性能. 选择不同的杂质离子和基质材料的组合, 可以改变发光材料的发光波长, 调节其光色. 不同的组合当然也

会影响到发光效率和余辉长短. 根据发光中心与晶体点阵之间相互作用的强弱可分为两种情况：一种是发光中心基本上是孤立的, 它的发光光谱与自由离子相似; 另一种是发光中心受基质点阵电场 (或晶体场) 影响较大, 其发光特性与自由离子不同, 必须把中心和基质作为一个整体来分析.

分立中心发光的最好例子是掺杂在各种基质中的三价稀土离子, 它们产生光学跃迁的是 4f 电子, 发光只是在 4f 次壳层中跃迁. 其特点是极其丰富的能级, 具有光谱的可调性. 在 4f 电子的外层还有 8 个电子 (2 个 5s 电子, 6 个 5p 电子), 形成了很好的电屏蔽. 因此, 晶格场的影响很小, 其能量结构和发射光谱很接近自由离子的情况.

2. 复合发光

复合发光常见于半导体, 通常是指导带电子和价带空穴复合产生的光发射. 受某种原因的影响, 电子从价带被激发到导带时, 将在价带内留下相同数量的空穴. 激发的电子将会由于自发发射而同价带内的空穴复合, 从而产生复合发光. 复合发光所发射的光子能量等于禁带宽度 ($E_g = h\nu$). 通常复合发光采用半导体材料, 并且以掺杂的方式提高发光效率. 固然掺杂对这类材料是需要的, 但杂质并不是发射的主体, 参与发光的可以说是整个晶体, 很难把自由杂质离子的能级和固体发射的光谱对应起来. 就是说, 决定材料的发光光谱是整个晶体的能谱而不是离散的杂质离子的能级.

半导体发光二极管就是根据上述原理制作的发光器件. 表 5.4 列出了几种半导体材料的禁带宽度和相应的发光波长, 其中 Ge、Si、GaAs 等禁带宽度较窄, 只能发射红外光, 另外三种则发射可见光.

表 5.4 半导体材料的禁带宽度和复合发光波长

材料	Ge	Si	GaAs	GaP	$GaAs_{1-x}P_x$	SiC
E_g/ eV	0.67	1.11	1.43	2.26	1.43~2.26	2.86
λ/nm	1850	1110	867	550	867~550	435

发光材料在各个领域的应用十分普遍, 材料光发射的研究对象和内容也十分丰富. 通过对材料发光性能的测量可以获得有关物质结构、能量特征和微观物理过程的大量信息, 这对于开发新型光源、光显示和显像材料、激光材料和信息材料都有重要意义.

5.5 材料的受激辐射和激光

激光 (laser) 是 light amplification by stimulated emission of radiation 的缩写,

是受激辐射光放大的简称. 激光具有方向性好、亮度高、能量集中、单色性好、相干性好、激光传递信息的容量大等特点. 激光材料由基质和激活离子组成. 基质的作用主要是为激活离子 (发光中心) 提供一个合适的晶格场, 使其产生受激发射, 基质材料主要有氧化物及氟化物晶体, 如 Al_2O_3、$Y_3Al_5O_{15}$、$YAlO_3$、BaF、SrF、YLiF 等. 激活离子作为激活中心的少量掺杂离子, 主要是过渡金属离子和 3 价稀土离子等.

激光技术是 20 世纪 60 年代后发展起来的一门技术, 它带动了傅里叶光学、全息术、光学信息处理、光纤通信、非线性光学和激光光谱学等学科的发展, 形成了现代光学.

5.5.1 受激辐射

材料的光吸收和光发射都是光和物质相互作用的基本过程. 1917 年爱因斯坦在研究 "黑体辐射能量分布" 这一当时物理学难题时曾提出, 光与物质的相互作用还有第三个基本过程, 即受激辐射. 据此他推得黑体辐射的能量分布公式, 合理地解释了实验规律. 为了与受激辐射相区别, 前面所涉及的光发射应称为自发辐射.

总的来说, 光的发射和吸收经由三个基本过程: 受激吸收、自发辐射和受激辐射. 以原子为例, 并且只关心物质与发光有关的两个能级 E_1 和 E_2, 见图 5.15.

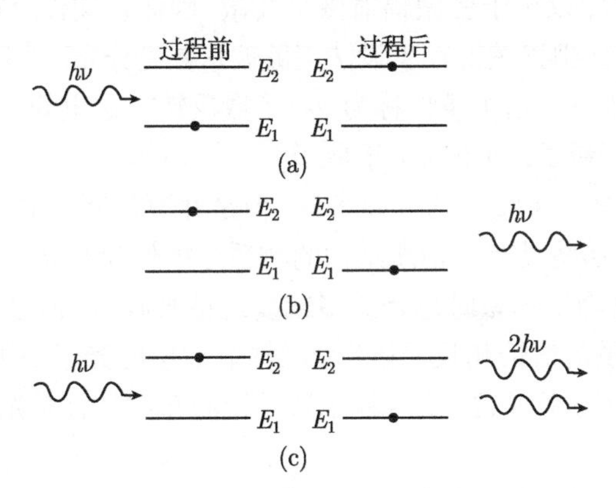

图 5.15 光和物质相互作用的三种机制

(a) 受激吸收; (b) 自发辐射; (c) 受激辐射

受激吸收 [见图 5.15(a)] 就是物质吸收一个光子的过程, 在光的照射下, 电子从低能级 E_1 状态跃迁到高能级 E_2 状态, 光子能量减少了 $E_2 - E_1 = h\nu$, 这时, 电子能量增加了 $h\nu$. 自发辐射 [见图 5.15(b)] 是指这样的过程, 即如果原子已经处于高能级 E_2, 那么它就可能自发地、独立地向低能级 E_1 跃迁并发射一个光子, 其能量为 $h\nu = E_2 - E_1$. 受激辐射 [见图 5.15(c)] 的过程是: 当一个能量满足 $h\nu = E_2 - E_1$ 的光子趋近高能级的原子时, 有可能入射的光子非但没有被吸收, 反而诱导高能级原子发射一个和自己性质完全相同的光子来. 换言之, 受激辐射的光子和入射光子具有相同的频率、方向和偏振状态. 受激辐射是受激吸收的逆过程, 一个入射光子被放大为两个光子, 若此过程继续, 则入射光子的数目成等比级数地放大.

5.5.2 激光产生的基本条件

1. 粒子数反转

受激辐射既然存在, 为什么人们长期没有观察到呢? 这是因为通常人们所接触到的体系都是热平衡体系或者与热平衡偏离不远的体系. 按照玻耳兹曼分布公式, 处于平衡态的粒子数:

$$N_n \propto \mathrm{e}^{-E_n/kT} \tag{5.36}$$

式中, N_n 为粒子数; E_n 为该能级的能量; k 为玻尔兹曼常量; T 为热力学温度. 因此有

$$\frac{N_2}{N_1} = \mathrm{e}^{-\frac{(E_2-E_1)}{kT}} < 1 \tag{5.37}$$

可见在热平衡时, 高能级上的粒子数少于低能级上的粒子数, 而受激辐射产生的光子数与受激吸收的光子数之比等于高、低能级粒子数之比, 所以发生受激辐射远小于发生受激吸收, 以至于受激辐射微乎其微, 因而长期没有被察觉. 怎样才能使受激辐射占主导地位呢? 关键在于设法突破玻尔兹曼分布, 使上能级的粒子数 N_2 大于下能级的粒子数 N_1, 这个条件称为 "粒子数反转", 这里的 "粒子" 二字泛指任何具体介质中的微观粒子, 而不局限于原子.

"粒子数反转" 是产生激光的首要条件. 但是并不是所有的发光物质都可以实现粒子数反转, 只有那些具有亚稳态结构的物质才能作为激光的工作物质. 在热平衡条件下, 光波通过物质体系时总是或多或少地被吸收, 因而越来越弱, 但是实现了粒子数反转的体系却恰恰相反. 由于受激辐射放出的光子数多于被吸收的光子数, 辐射场将越来越强. 换言之, 实现粒子数反转的介质具有对光的放大作用, 称为 "激活介质".

一般情况下, 光波通过介质时, 光强度随距离 l 呈指数衰减:

$$I = I_0\mathrm{e}^{-\alpha l} \tag{5.38}$$

由于一般介质的吸收系数 α 为正数, 所以 $I \leqslant I_0$. 对于粒子数反转介质而言, 吸收系数 α 为负数, 令 $g = -\alpha$, g 为正数, 称为增益系数, 则有

$$I = I_0\mathrm{e}^{gl} \tag{5.39}$$

故使 $I \geqslant I_0$. 所以, 能实现粒子数反转的介质又称为 "负吸收介质" 或 "增益介质".

要使普通的介质变成激活介质, 必须进行有效的激励, 把低能级的粒子尽可能多地激发到高能级, 这个过程称为抽运过程. 激励方式可依介质种类的不同而异, 分别有气体放电激励、电子束激励、强光激励、载流子注入、化学激励、气体动力学激励、核能激励和激光激励等. 形成激光的激励方式和上一节谈到的材料光发射所采用的方式类似, 但所要求激励的程度不同. 一般发光并不要求达到粒子数反转.

2. 光学谐振腔

使工作物质处于粒子数反转, 虽然可以实现光放大, 但并不一定能获得激光, 要获得激光, 还必须使受激辐射在频率、方向和偏振态上集中起来, 光学谐振腔就是发挥这一作用的部件. 谐振腔通常由放置在激活介质两端的两面反射镜所构成, 反射镜的内表面镀有对特定波长具有高反射率的介质膜或金属膜. 谐振腔通常起四方面的作用.

1) 提供光的正反馈

为了使光强不断被放大, 让一定波长的自发辐射光在两个反射镜之间来回反射并反复通过激活介质, 以诱发受激辐射. 由激活介质和光学谐振腔组成的器件称为受激辐射的光放大器. 谐振腔有多种形式的结构, 例如可由两个平面反射镜、两个凹面反射镜或一平一凹两反射镜相向放置而构成等. 两凹镜曲率中心重合的谐振腔称为 “共心腔”, 两凹镜焦点重合的则称为 “共焦镜”, 这些结构的谐振腔内相向传播的两列光波可以形成驻波, 故属于 “驻波腔”; 另外, 还可以由几个反射镜按一定光路排列起来, 使光波在排列而成的闭合回路中循行, 这属于 “行波腔”.

2) 限制或选择光束的方向

因为只有那些基本上沿着镜面法线方向运行的光束, 才会被镜面反射回来而经激活介质反复放大形成强光束, 而其他方向的光波都会很快逸出腔外, 不能积累到很高的强度, 所以说, 谐振腔限制了激光束的方向.

3) 选择光的模式和振荡频率

被谐振腔来回反射的光束彼此叠加起来, 将形成光强在空间的稳定分布. 可以有很多种稳定分布形式, 其中沿光波传播方向的稳定分布称为 “纵模”, 而垂直于传播方向的稳定分布称为 “横模”. 根据光波的干涉原理, 在谐振腔往返一周的光学距离等于光波波长整数倍的那些光波, 可以同相位叠加而得到加强, 并形成驻波形式的稳定分布. 因此, 不同的模式分别对应于不同的频率. 这种驻波的频率满足：

$$\nu_q = q\frac{c}{2l} \tag{5.40}$$

式中, l 为反射镜的间距; c 为光速; q 为纵模指数 ($10^4 \sim 10^6$ 数量级). 一般谐振腔内可有多个纵模满足上述条件, 相邻纵模的频率间隔为 $c/2l$. 谐振腔的横模是光波电磁场在腔内往返传播损耗最小而得以保存的横向分布稳定形式, 它们可以从电磁场的自洽理论推出.

4) 输出光束

谐振腔可将腔内激光束的一部分耦合到腔外作为输出光束, 供人们使用. 为此, 通常两面反射镜中总有一面的反射率选得稍低, 使得在反射时有一部分透射到腔外, 而另一面则有尽可能高的反射率, 理想的情况是 100%的反射.

3. 激光振荡条件

激光器经过适当的激励之后能否产生激光振荡, 取决于激励过程中对光强的增益和损耗两个因素. 一方面, 激活介质的光放大作用对一定的波长有增益; 另一方面, 介质的散射和吸收会造成光的损耗. 反射镜的反射率不足 100%(有一定透射) 对腔内光波也是一种损耗. 显然, 仅当增益超过损耗时才会实现激光振荡. 因此, 可以综合考虑这两方面的因素, 给出一个实现激光振荡的最低要求条件, 称为振荡的“阈值条件”.

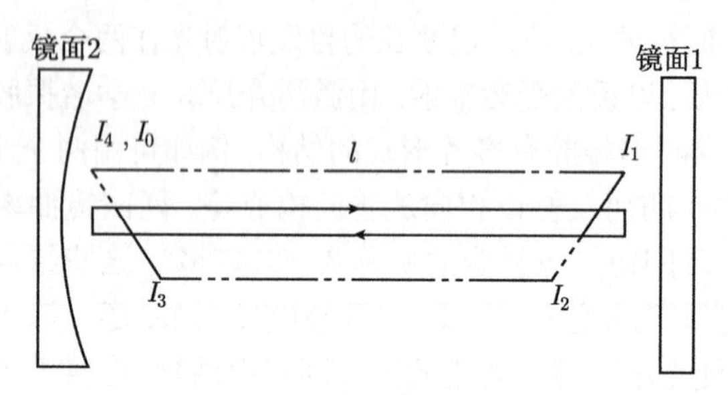

图 5.16　激光振荡条件

设两个反射镜的反射率分别为 R_1 和 R_2, 镜面间距 (即谐振腔长) 为 l, 如图 5.16 所示, 由于增益作用, 从镜面 2 出发强度为 I_0 的光波通过激活介质一次激励后光强就变成 I_1:

$$I_1 = I_0 e^{gl} \tag{5.41}$$

式中, $g = \beta - \alpha$. β 为激活介质的增益系数; α 为介质的损耗系数 (包括吸收和散射); g 为净增益系数. 如果 $gl \ll 1$, 则有近似式

$$gl = \ln \frac{I_1}{I_0} \approx \frac{I_1 - I_0}{I_0} = \frac{\Delta I}{I_0} \tag{5.42}$$

由此可知, gl 代表每次光波通过介质后光强增加的百分比, 称为“单程增益”. 然后光被镜面 1 反射, 强度变成

$$I_2 = R_1 I_0 e^{gl} \tag{5.43}$$

这里反射镜的损耗已经反映在 R_1 之中了. 接着光波再次通过激活介质; 其光强变成

$$I_3 = e^{gl} R_1 I_0 e^{gl} \tag{5.44}$$

然后又被镜面 2 反射, 光强为

$$I_4 = R_2 e^{gl} R_1 I_0 e^{gl} = R_2 R_1 I_0 e^{2gl} \tag{5.45}$$

激光振荡要求在完成腔内一个往返周期的运行之后, 光强大于出发时的值, 即 $I_4 \geqslant I_0$, 这样, 我们就得到激光振荡的阈值条件:

$$R_2 R_1 e^{2gl} = 1 \tag{5.46}$$

如果反射镜没有损耗, 即 $R_2 = R_1$=1, 则上式要求 $g = \beta - \alpha$=0, 则有: $\beta = \alpha$. 因此, 激光振荡的阈值条件代表增益和损耗相抵的条件. 必须指出, 激活介质的增益系数与介质内粒子数反转的水平有关. 因此, 不难理解阈值条件对粒子数反转水平有一个基本要求.

综上所述, 为了产生激光, 必须选择增益系数超过一定阈值的激活介质, 在谐振腔的配合下, 使沿腔轴 (镜面法线) 方向传播的光线不断增强, 成为具有好的单色性、方向性和相干性, 并且能量密度极高的激光束.

5.5.3 激光器的种类

激光器的种类多样, 分类方法也多种多样, 下面我们按其工作介质的不同来进行简单的分类, 主要分为固体激光器、气体激光器、半导体激光器和液体激光器.

1. 固体激光器

一般讲, 固体激光器具有器件小、坚固、使用方便、输出功率大的特点. 这种激光器的工作介质是在作为基质材料的晶体或玻璃中均匀掺入少量激活离子, 基质材料除了红宝石和玻璃外, 常用的还有钇铝石榴石 (YAG) 晶体中掺入三价钕离子的激光器, 它发射 1060nm 的近红外激光. 固体激光器一般连续功率可达 100W 以上.

2. 气体激光器

气体激光器具有结构简单、造价低、操作方便、工作介质均匀、光束质量好, 以及能长时间较稳定地连续工作的特点. 这也是目前品种最多、应用广泛的一类激光器, 占有市场达 60%左右. 其中, 氦–氖激光器是最常用的一种.

3. 半导体激光器

半导体激光器是以半导体材料作为工作介质. 目前较成熟的是砷化镓激光器, 发射 840nm 的激光. 另有掺铝的砷化镓、硫化铬、硫化锌等激光器, 激励方式有光泵浦、电激励等. 这种激光器体积小、质量轻、寿命长、结构简单而且坚固, 特别适于在飞机、车辆、宇宙飞船上用. 在 20 世纪 70 年代末期, 由于光纤通信和光盘技术的发展大大推动了半导体激光器的发展.

4. 液体激光器

常用的是染料激光器, 采用有机染料为工作介质. 大多数情况是把有机染料溶于溶剂中 (乙醇、丙酮、水等) 使用, 也有以蒸汽状态工作的. 利用不同染料可获得不同波长的激光 (在可见光范围). 染料激光器的突出优点是激光波长调谐范围宽, 调换染料可以产生从紫外到红外各种波长的激光. 染料激光对于高分辨率的光谱学研究和物质瞬态变化的测量和分析特别有用.

5.6 光纤、光电效应和非线性光学

材料的光学性能和电学、热学和声学等特性之间并非完全独立的, 对于某些材料在特定条件下, 它们之间是彼此相关联的. 本节将介绍光导纤维、光电效应和非线性光学及应用.

5.6.1 光导纤维

1. 光的全反射

当光从光疏媒质入射到光密媒质时, 折射角小于入射角, 光在这种情况下的反射, 称为外反射. 当光从折射率 n_1 较大的光密媒质入射到折射率 n_2 较小的光疏媒质时, 折射角大于入射角, 光在这种情况下的反射, 称为内反射. 内反射时, 折射角随着入射角的增大而增大, 当折射角等于 90° 时, 对应的入射角为θ_c. 当入射光的角度超过θ_c 时, 折射光会消失, 入射光全部被反射回来, 这就是光的全反射, θ_c 角称为全反射的临界角, 如图 5.17 所示.

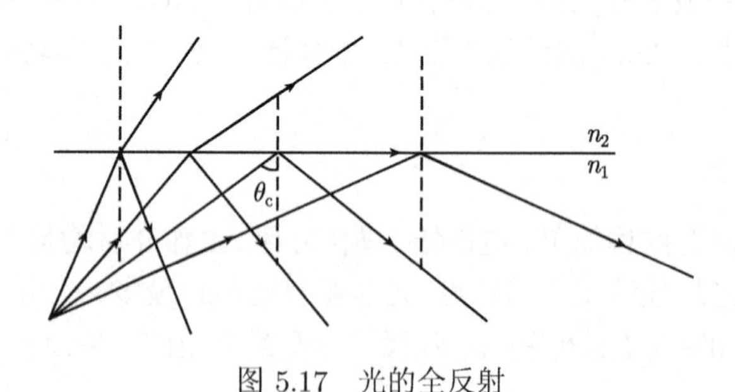

图 5.17 光的全反射

根据折射定律可求得临界角的表达式为

$$\sin\theta_c = \frac{n_2}{n_1} \tag{5.47}$$

不同的物质对相同波长光的折射角度是不同的 (即不同的物质有不同的光折射率), 相同的物质对不同波长光的折射角度也是不同. 例如, 普通玻璃对空气的临界角为

42°, 水对空气的临界角为 48.5°, 而钻石因折射率很大 ($n = 2.417$), 故临界角很小, 容易发生全反射. 切割钻石时, 经过特殊的角度选择, 可使进入的光线全反射并经色散后向其顶部射出, 看起来就会显得光彩夺目.

2. 光导纤维

光导纤维简称为光纤, 是利用光的全反射原理制作的一种新型光学元件, 是由两种或两种以上折射率不同的透明材料通过特殊复合技术制成的复合纤维. 它可以将一种信息从一端传送到另一端, 是让信息通过的传输媒介. 1970 年, 美国康宁玻璃公司的三名科研人员马瑞尔、卡普隆、凯克成功地制成了传输损耗每千米只有 20dB 的光纤. 这是什么概念呢? 用它和玻璃的透明程度比较, 光透过玻璃功率损耗一半 (相当于 3dB) 的长度分别是: 普通玻璃为几厘米、高级光学玻璃最多也只有几米, 而通过每千米损耗为 20dB 的光纤的长度可达 150m. 这就是说, 光纤的透明程度已经比玻璃高出了几百倍. 在当时, 制成损耗如此之低的光纤可以说是惊人之举, 这标志着光纤用于通信有了现实的可能性.

在光导纤维内传播的光线, 其方向与纤维表面的法向所成夹角如果大于某个临界角度, 则将在内外两层之间产生多次全反射而传播到另一端, 如图 5.18 所示. 对于典型玻璃, $n = 1.50$, 根据式 (5.47), 可求得临界角θ_c 约为 42°. 也就是说, 在光导纤维内传播的光线, 其方向与纤维表面的法向所成夹角, 如果大于 42°, 则光线全部内反射, 无折射能量损失. 大多数临界角设计在 70° ~80° 以上, 因此与光轴夹角在 10° ~20° 以下的光线射入纤维内部时, 将在内外层之间产生多次全反射而在芯子内传到另一端, 因而玻璃纤维能围绕各个弯曲之处传递光线而不必顾虑能量损失. 光纤通信是目前最主要的信息传输技术.

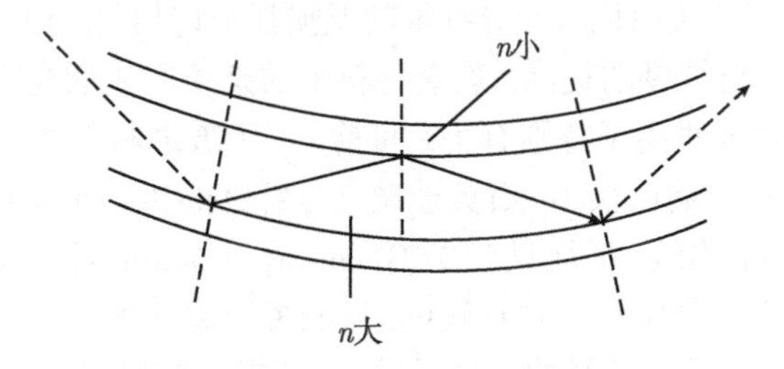

图 5.18 光在光导纤维中的传播

光纤通常由纤芯、包层和涂敷层组成, 如图 5.19 所示. 纤芯是由光学玻璃、光学石英或塑料制成的, 直径一般为几微米至几十微米的细丝, 一般要求纤芯的透光率高. 在纤芯外面覆盖直径 100~150μm 的包层和涂敷层, 包层的折射率比纤芯约低 1%, 并且要求芯料和涂料的折射率相差越大越好, 两层之间形成良好的光学界面. 在热性能方面, 要求两种材料的热膨胀系数相接近, 若相差较大, 则形成的光导纤维产生内应力, 使透光率和纤维强度降低. 另外, 要求两种材料的软化点和高温下的黏度都要相接近. 否则, 会导致芯料和涂层材料结合不均匀, 将会影响到纤维的导光性能.

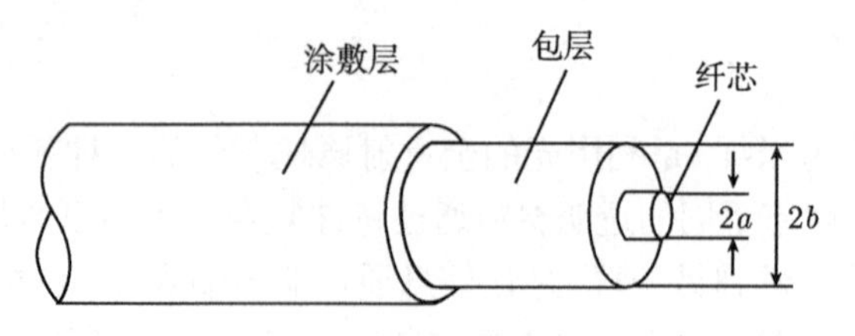

图 5.19 光纤的结构

实际使用中经常将许多根光纤聚集在一起构成纤维束或光缆. 从纤维一端射入的图像, 每根纤维只传递入射到它上面的光线的一个像素. 如果使纤维束两端每条纤维的排列次序完全相同, 整幅图像就被光缆以具有等于单根纤维直径那样的清晰度被传递过去, 在另一端看到近于均匀光强的整个图像.

光导纤维按材质分有无机光导纤维和高分子光导纤维, 目前在工业上大量应用的是前者. 无机光导纤维材料又分为单组分和多组分两类. 单组分即石英, 主要原料是四氯化硅、三氯氧磷和三溴化硼等. 其纯度要求铜、铁、钴、镍、锰、铬、钒等过渡金属离子杂质含量低于 10ppb①. 除此之外,OH^- 离子要求低于 10ppb. 多组分的原料较多, 主要有二氧化硅、三氧化二硼、硝酸钠、氧化铊等, 这种材料尚未普及. 高分子光导纤维是以透明聚合物制得的光导纤维, 由纤维芯材和包皮鞘材组成, 芯材为高纯度高透光性的聚甲基丙烯酸甲酯或聚苯乙烯抽丝制得的纤维, 外层为含氟聚合物或有机硅聚合物等. 表 5.5 列出了目前主要应用和研究的光纤体系.

光导通信的研究和实用化与光导纤维的低损耗密切相关. 光能的损耗能否大幅度降低, 关键在于材料纯度的提高. 玻璃材料中的杂质产生的光吸收, 造成了最大的光损耗, 其中过渡金属离子特别有害. 目前, 由于玻璃材料的高纯度化, 这些杂质对光导纤维的损耗影响已很小. 石英玻璃光导纤维的优点是损耗低, 当光波长为 1.0~1.7μm, 在 1.4μm 附近, 损耗只有 1dB/km; 在 1.55μm 附近处损耗最低, 只有 0.2dB/km. 高分子光导纤维的光损耗较高, 只能短距离使用. 但高分子光导纤维的特点是能制大尺寸、大数值孔径的光导纤维, 光源耦合效率高, 挠曲性好, 微弯曲不影响导光能力, 配列、粘接容易, 便于使用, 成本低廉.

3. 光纤的应用

利用光导纤维进行的通信称为光纤通信. 一对金属电话线至多只能同时传送一千多路电话, 而根据理论计算, 一对细如蛛丝的光导纤维可以同时通一百亿路电

① $1ppb=10^{-9}$.

表 5.5 目前主要研究的光纤体系

种类	组成材料 (代表例)①	原料	低损耗波长范围/μm
氧化物玻璃	1.SiO_2+GeO_2+P_3O_4	$SiCl_4$,$GeCl_4$,$PoCl_3$	0.37~2.4
石英系	2.SiO_2,SiO_2+F,SiO_2+B_3O_4	$SiCl_4$,SF_6, 熔融石英	
多元系	1.SiO_2+CaO+Na_2O+GeO_2	$SiCl_4$,$NaNO_3$,$Ge(C_4H_8O)_4$, $Ca(NO_3)_2$,H_2BO_2	0.45~1.8
非氧化物玻	1.ZrF_4+BaF_2+CdF_3	ZrF_4+BaF_2+CdF_3	0.40~4.3
璃氟化系	2. ZrF_4+BaF_2+CdF_3+AlF_3	ZrF_4+BaF_2+CdF_3+AlF_3+NH_4·HF_4	
硫属元素化	1.$As_{42}S$,$As_{38}S_3Se_{17}$	As,Ge	0.92~5.6
合物	2.$As_{40}S$	S,Se	1.4~9.5
卤化物单晶	1.CsBr,CsI		
卤化物多晶	1.TiBrI		
塑料	1.D 化 PMMA	D 化 MMA	0.42~0.94
	2.D 化 PMA	D 化 MA	

① 1. 芯纤; 2. 护套.

话. 铺设 1000km 的同轴电缆大约需要 500t 铜, 改用光纤通信只需几公斤石英就可以了. 沙石中就含有石英, 几乎是取之不尽的.

光纤传感器, 它是以光纤作为信息的传输媒质, 光作为信息载体的一种传感器. 与传统传感器相比, 它有灵敏度高, 体积小, 抗电磁干扰和抗腐蚀性强等特点. 现在用得最多的传感器有以下几种：光纤温度传感器、光纤位移传感器、光纤磁场及电流电压传感器、光纤应变传感器等.

光纤传像技术, 即利用光纤进行图像传输. 目前的使用有以下几个方面：医用光纤内窥镜、光纤工业望远镜、光电潜望镜等; 军事上有光纤制导等.

5.6.2 光电效应与太阳能电池

随着现代科学技术和大工业的迅速发展, 能源、环境和资源问题引起了全世界的普遍关注. 太阳能是无污染、洁净的能源, 利用太阳能是能源的重要发展方向之一. 太阳能电池是一种直接将太阳能转化为电能的器件. 现阶段以光电效应工作的薄膜式太阳能电池为主流, 而以光化学效应工作的湿式太阳能电池则还处于萌芽阶段.

1. 光电效应

金属中的自由电子, 在光的照射下吸收光能, 从金属表面逸出的现象称为光电效应 (photoelectric effect), 所逸出的电子称为光电子, 由光电子形成的电流称为光电流. 爱因斯坦提出的 “光子论” 可圆满解释光电效应现象. 爱因斯坦提出: 光是由能量为 $h\nu$ 的粒子组成的粒子流 (h 是普朗克常量, ν 是频率), 这些粒子称为光量子, 也称为光子. 不同频率的光子具有不同的能量. 光的强度决定于单位时间通过单位面积光子的多少. 入射光强度增加时, 光子数也增加. 因此, 单位时间内释放出的光电子数也增加, 故光电流与入射光的强度成正比. 又因每个电子只能吸收一个光子的能量 $h\nu$, 所以电子获得的能量与强度无关, 只与频率 ν 成正比, 写成方程式, 即

$$\frac{1}{2}mv_0^2 = h\nu - A \tag{5.48}$$

这就是爱因斯坦方程. 式中, $\frac{1}{2}mv_0^2$ 为光电子逸出金属表面后所具有的初动能; v_0 为光电子最大初速度; A 为逸出功, 也就是一个电子从金属表面逸出时所需要的能量.

从式 (5.48) 可知, 光电效应的基本规律如下:

(1) 当入射光频率不变时, 饱和光电流与入射光的强度成正比.

(2) 光电子的初动能随入射光的频率 ν 线性地增加, 而与入射光的强度无关.

(3) 对给定金属, 光电效应存在一个极限频率 (或叫截止频率)ν_0 , 当入射光频率 $\nu < \nu_0$ 时, 无论光强多大, 均无光电子逸出. 极限频率对应的波长 λ 称为红限波长. 不同物质的极限频率或红限波长 λ 是不同的. 几种金属材料铯、钠、锌、银、铂的红限波长 (nm) 分别为 652、540、372、260 和 196.

(4) 光电效应是瞬时效应, 只要入射光频率大于截止频率, 就有光电子逸出.

光电效应在近代物理的量子论中起着举足轻重的作用, 它证实了光的量子性, 在理论上占有重要的地位; 光电效应在现代科技及生产领域中也有广泛的应用, 如利用光电效应制成的光电器件广泛地应用于光电检测、光电控制、电视录像、信息采集与处理等多项现代技术中. 下面介绍光电效应应用之一的太阳能电池.

2. 太阳能电池的结构和工作原理

太阳能是人类取之不尽用之不竭的可再生能源, 也是清洁能源, 不产生任何的环境污染. 在太阳能的有效利用当中, 太阳能光电利用是近些年来发展最快、最具活力的研究领域, 是其中最受瞩目的项目之一. 制作太阳能电池主要是以半导体材料为基础, 其工作原理是利用光电材料吸收光能后发生光电转换反应.

太阳能电池是一种利用太阳光能转化为电能的光电半导体装置, 一般的太阳能电池的核心是由 p 型半导体和 n 型半导体形成的 pn 结, 在费米能级不同的 p 型半导体和 n 型半导体连接区, 其界面上所产生的接触电位差将形成内部电场. 太阳能电池的基本结构如图 5.20 所示的 pn 结二极管.

它是一个将很薄的 n 型层 (称为发射极) 配置在入射光的外侧, 而将主要产生光电流的 p 层 (称为基极) 配置在内侧的 pn 结二极管. 如果能量大于带隙宽度的光照射到半导体上, 则电子被激发而从价带跃迁到导带, 形成电子–空穴对. 如果这

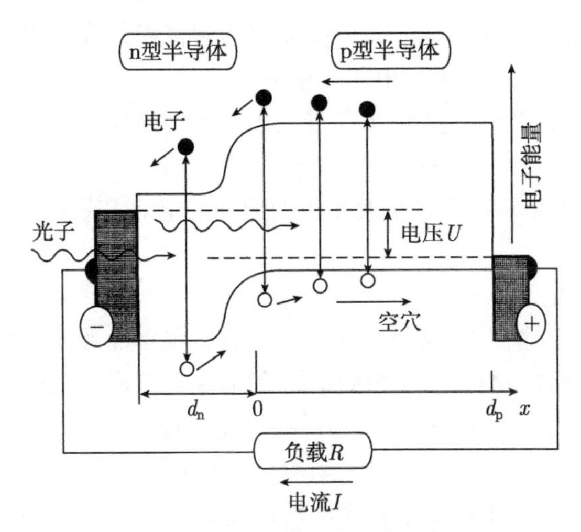

图 5.20　pn 结太阳能电池的工作原理

些电子–空穴对摆脱库仑力的相互作用而成为自由电子, 则在导带和价带内将形成可以产生电流的过剩自由电子和自由空穴, 这些就被称为光生载流子. 在达到热平衡时, 由于产生电流的载流子浓度增加, 所以半导体的电导率也增加. 这是太阳能电池产生光生电动势的一个基本条件. 光照射后产生的电子和空穴将因 pn 结附近的内部电场的作用向相反的方向分离, 分别被收集到 n 层一端的外侧电极和 p 层一端的内侧电极上, 如果这时连接外部电路, 将会产生电流. 这就是太阳能电池的工作原理.

3. 太阳能电池的分类

太阳能电池用材料有以下要求：导体的禁带宽度不能太大, 最佳能隙为 1.5eV 到 2.0eV, 响应于太阳光谱; 要求有较高的光电转换效率; 材料本身对环境不造成污染; 材料便于工业化生产且材料性能稳定.

基于以上几个方面, 硅是最理想的太阳能材料, 在能量转换效率和使用寿命等综合性能方面, 单晶硅和多晶硅电池优于非晶硅电池. 多晶硅比单晶硅转换效率略低, 但价格更便宜. 但是随着新材料的不断开发和相关技术的发展, 以其他材料为基础的太阳能电池也显示出了诱人的前景.

1) 单晶硅太阳能电池

单晶硅太阳能电池是当前开发最快的一种太阳能电池, 它的结构和生产工艺已定型, 产品已广泛用于空间和地面. 这种太阳能电池以高纯的单晶硅棒为原料, 纯度要求 99.999%以上. 为了降低生产成本, 现在地面应用的太阳能电池等采用太阳能级的单晶硅棒, 材料性能指标有所放宽. 有的也可使用半导体器件加工的头尾料和废次单晶硅材料, 经过复拉制成太阳能电池专用的单晶硅棒. 单晶硅太阳能电池的单体片制成后, 经过抽查检验, 即可按需要的规格组装成太阳能电池组件, 用串联和并联的方法构成一定的输出电压和电流.

优点：硅系列太阳能电池中, 单晶硅太阳能电池转换效率最高, 技术也最为成熟.

缺点：由于受单晶硅材料价格及相应的烦琐的电池工艺影响, 单晶硅太阳能电池成本居高不下.

2) 多晶硅太阳电池

多晶硅太阳能电池使用的材料, 多半是含有大量单晶颗粒的集合体, 或用废次单晶硅材料和冶金级硅材料熔化浇铸而成, 然后注入石墨铸模中, 待慢慢凝固冷却后, 即得多晶硅锭. 这种硅锭可铸成立方体, 以便切片加工成方形太阳能电池片, 可提高材料利用率且方便组装. 多晶硅太阳能电池的制作工艺与单晶硅太阳能电池差不多, 其成本远低于单晶硅电池, 其光电转换效率在 12%左右, 稍低于单晶硅太阳能电池, 但高于非晶硅薄膜电池. 由于其材料制造简便, 总的生产成本较低, 因此得到广泛应用.

3) 非晶硅太阳能电池

非晶硅太阳能电池是新型薄膜式太阳能电池, 它与单晶硅和多晶硅太阳能电池的制作方法完全不同, 硅材料消耗少, 电耗更低, 非常吸引人.

非晶硅太阳能电池的结构各有不同, 但可以通过连续生产方式实现大批量生产. 同时, 非晶硅太阳能电池很薄, 可以制成叠层式, 或采用集成电路的方法制造, 一次制作多个串联电池, 以获得较高的电压. 非晶硅太阳能电池存在的问题是光电转换率偏低, 且不够稳定, 所以尚未大量用作大型太阳能电源, 多半用于如袖珍式电子计算器、电子钟表等产品.

4) 多元化合物薄膜太阳能电池

多元化合物薄膜太阳能电池材料为无机盐, 主要包括砷化镓III-V族化合物、硫化镉及铜铟硒薄膜电池等.

硫化镉、碲化镉多晶薄膜电池的效率较非晶硅薄膜太阳能电池效率高, 成本较单晶硅电池低, 并且也易于大规模生产, 但由于镉有剧毒, 会对环境造成严重的污染, 因此, 并不是晶体硅太阳能电池最理想的替代产品.

砷化镓 (GaAs) III-V化合物电池的转换效率可达 28%, GaAs 化合物材料具有十分理想的光学带隙以及较高的吸收效率, 抗辐照能力强, 对热不敏感, 适合于制造高效单结电池. 但是 GaAs 材料的价格不菲, 因而在很大程度上限制了 GaAs 电池的普及.

铜铟硒薄膜电池 (CIS) 适合光电转换, 不存在光致衰退问题, 转换效率和多晶硅一样. 具有价格低廉、性能良好和工艺简单等优点, 将成为今后发展太阳能电池的一个重要方向. 唯一的问题是材料的来源, 由于铟和硒都是比较稀有的元素, 因此, 这类电池的发展又必然受到限制.

5) 聚合物多层修饰电极型太阳能电池

以有机聚合物代替无机材料是刚刚开始的一个太阳能电池制造的研究方向. 由于有机材料柔性好, 制作容易, 材料来源广泛, 成本低等优势, 从而对大规模利用太阳能、提供廉价电能具有重要意义. 但以有机材料制备太阳能电池的研究仅仅刚开始, 不论是使用寿命, 还是电池效率都不能和无机材料特别是硅电池相比. 能否发展成为具有实用意义的产品, 还有待于进一步研究探索.

6) 纳米晶太阳能电池

纳米 TiO_2 晶体化学能太阳能电池是新近发展的一种太阳能电池, 优点在于它廉价的成本和简单的工艺及稳定的性能. 其光电效率稳定在 10%以上, 制作成本仅为硅太阳电池的 1/5~1/10. 寿命能达到 20 年以上. 此类电池的研究和开发刚刚起步, 不久的将来会逐步走上市场.

5.6.3 非线性光学

1. 非线性光学效应

激光问世之前, 基本上是研究弱光束在介质中的传播, 确定介质光学性质的折射率或极化率是与光强无关的常量, 介质的极化强度 P 与光波的电场强度 E 成正比, 光波叠加时遵守线性叠加原理, 在上述条件下研究光学问题称为线性光学.

20 世纪 60 年代激光产生后, 其相干电磁场功率密度可达到 $10^{12}\mathrm{W/cm^2}$. 相应的电场强度可与原子的库仑场强 (约 $3\times 10^8\mathrm{V/m}$) 相比拟, 光与材料的相互作用将产生非线性效应. 研究非线性光学现象理论的学科称为非线性光学. 非线性光学研究内容有两点: 一方面研究光辐射在非线性介质中传播时由于和介质的非线性 (非线性介质) 相互作用自身所受的影响, 即光辐射在非线性介质中受到的影响. 另一方面则研究介质本身在光场作用下所表现出的特性.

在强光电场作用下, 反映材料性质的物理量 (如极化强度 P 等) 不但产生线性极化, 与场强 E 的一次方有关, 而且也产生二次、三次等非线性极化. 若用公式表示, 则可以得到以下的式子

$$P = \varepsilon_0(x_1E + x_2E^2 + x_3E^3 + \cdots) \tag{5.49}$$

E 的高次项是作为非线性的成分加入式中的. 式中, x_1 为普通的线性电极化率, x_2、$x_3\ldots$ 为非线性电极化率. 非线性效应是 E 项及更高幂次项共同起作用的结果.

如果只讨论二次非线性极化效应, 设入射光波为 $E = E_0\sin\omega t$, E_0 为光波电场振幅, ω 是光波电场角频率, 那么有

$$P = \varepsilon_0(x_1E_0\sin\omega t + x_2E_0^2\sin^2\omega t) = \varepsilon_0x_1E_0\sin\omega t + \frac{1}{2}\varepsilon_0x_2E_0^2(1-\cos^2\omega t) \tag{5.50}$$

式中, $\varepsilon_0 x_1 E_0 \sin\omega t$ 项代表一般线性电介质.

激光器所进行的大量实验证明, 那些过去被认为与光强无关的光学效应或参量几乎都与光强密切相关. 正是由于光波通过材料时极化率的非线性响应对光波的反作用, 产生了和频、差频等谐波. 这种与光强有关, 不同于线性光学现象的效应称为非线性光学效应. 凡是具有非线性光学效应的材料称为非线性光学材料. 当入射激光激发非线性晶体时, 会发生光波电场的非线性参数的相互作用.

常见非线性光学现象有:

1) 产生高次谐波

弱光进入介质后频率保持不变, 强光进入介质后, 由于介质的非线性效应, 除原来的频率 ω 外, 还将出现 2ω、3ω、$\cdots$ 的高次谐波. 1961 年美国的 P.A. 弗兰肯和他的同事们首次在实验上观察到二次谐波. 弗兰肯他们把红宝石激光器发出的 3kW 红色 (6943Å) 激光脉冲聚焦到石英晶片上, 观察到了波长为 3471.5Å的紫外二次谐波. 若把一块铌酸钡钠晶体放在 1W、1.06μm 波长的激光器腔内, 可得到连续的 1W 二次谐波激光, 波长为 5323Å. 非线性介质的这种倍频效应在激光技术中有重要应用.

2) 光学混频

当两束频率为 ω_1 和 $\omega_2(\omega_1 > \omega_2)$ 的激光同时射入介质时, 如果只考虑极化强度 P 的二次项, 将产生频率为 $\omega_1 + \omega_2$ 的和频项和频率为 $\omega_1 - \omega_2$ 的差频项. 利用光学混频效应可制作光学参量振荡器, 这是一种可在很宽范围内调谐的类似激光器的光源, 可发射从红外到紫外的相干辐射. 图 5.21 表示红外光如何被转换成可见光的系统.

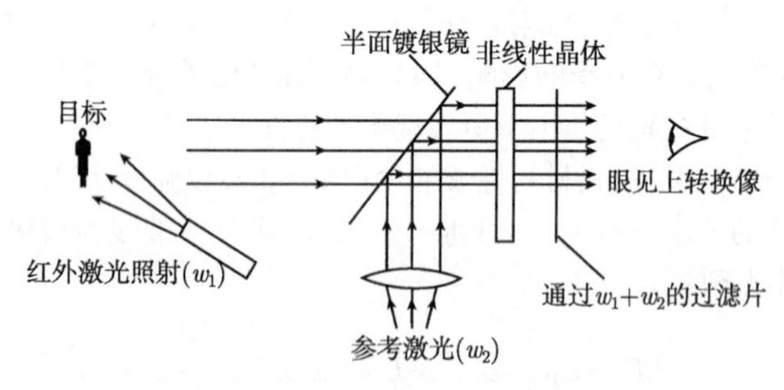

图 5.21　红外光转换成可见光的系统示意图

3) 受激拉曼散射

普通光源产生的拉曼散射是自发拉曼散射, 散射光是不相干的. 当入射光采用很强的激光时, 由于激光辐射与物质分子的强烈作用, 散射过程具有受激辐射的性质, 称为受激拉曼散射. 所产生的拉曼散射光具有很高的相干性, 其强度也比自发拉曼散射光强得多. 利用受激拉曼散射可获得多种新波长的相干辐射, 并为深入研究强光与物质相互作用的规律提供手段.

4) 自聚焦

一束平行光经过透镜会产生会聚或者发散, 但是若通过均匀透明的平板玻璃却仍然是平行光. 一束强光却不然, 介质在强光作用下折射率将随光强的增加而增大. 通常, 激光束的光强呈高斯分布 (图 5.22), 中心轴线处光强大, 四周渐弱. 于是有 $n_{中心} > n_{边}$, 这样自然会使光线由四周向中心轴线会聚 (图 5.23).

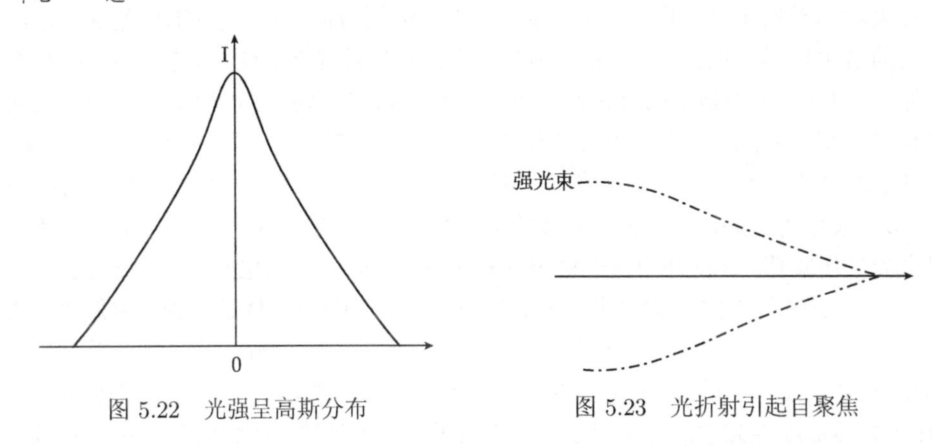

图 5.22 光强呈高斯分布　　图 5.23 光折射引起自聚焦

光的自聚焦又称为光自陷, 它和通常的透镜聚焦不同. 自聚焦的光聚焦后不再发散. 目前多认为电致伸缩是引起自聚焦的主要原因. 发生自聚焦现象时, 中心轴线上功率密度剧增, 达到 10^2MW 以上, 因而可能会引起介质被击穿甚至炸裂. 这是发展高功率激光的重要障碍, 也是激光武器和核技术的重要研究课题.

5) 光致透明

弱光下介质的吸收系数与光强无关, 但对很强的激光, 介质的吸收系数与光强有依赖关系, 某些本来不透明的介质在强光作用下吸收系数会变为零, 即强的激光会使不透明的介质变透明. 一般情况下, 介质的原子多处在低能级上, 因此, 介质总是要吸收外来的光子, 成为半透明或不透明. 但是, 强光能在一瞬间使处于高能级的原子数与处于低能级的原子数相当, 此刻介质仿佛是一个吃饱了的"大汉", 它不再吸收光能量, 因而变成透明介质.

完全相反的情况也可能在强光通过时出现. 例如, 当弱光通过 CS_2 时, 只存在单光子吸收过程 $h\nu = E_2 - E_1$; 由于吸收较少, 介质基本上是透明的. 但当强光通过时, 由于能产生双光子吸收, 故一次吸收两个甚至多个光子, $2h\nu = E_2 - E_1$, 强光几乎被吸收了 2/3, CS_2 则由透明变得几乎完全不透明了.

2. 非线性光学晶体及其应用

非线性光学晶体主要是利用其激光频率的转换功能, 广泛应用于光通信和集成光学、激光电视的红、绿、蓝三基色光源以及下一代光盘蓝光光源等领域. 实际应用的非线性光学晶体有磷酸盐类的磷酸二氢钾 (KDP)、磷酸二氘钾 (DKDP)、磷酸钛氧钾 (KTP)、三硼酸锂 (LBO) 和 α- 碘酸钾 (α-$LiIO_3$) 等. 其中 KDP 及 DKDP 一直是备受重视的功能晶体, 透过波段为 178nm~1.45μm, 其非线性光学系数 d_{36}=0.39pm/V(1.064μm), 常作为标准来与其他晶体比较. KDP 晶体最早作为频率晶体对 1.064μm 实现二、三、四倍频以及染料激光实现倍频而被广泛应用. 特别是特大功率激光在受控热核反应、核爆模拟的应用方面, 大尺寸 KDP 是唯一已经采用的倍频材料, 其转换效率高达 80%以上. 虽有新材料出现, 但特大晶体的综合性能, 仍以 KDP 为最优; KTP 晶体具有较高的抗光伤阈值, 可用于中小功率激光倍频等. 该晶体制成的倍频器及光参量放大器等已应用于全固态可调谐激光光源; 红外非线性光学晶体是非线性光学效应的重要载体; LBO 是一种新型紫外倍频晶体, 透光波段为 160nm~2.6μm, 有效倍频系数为 KDP 的 d_{36} 的 3 倍. LBO 晶体有很高的光伤阈值, 有良好的化学稳定性和抗潮性, 加工性能也好, 广泛应用于高功率倍频、三倍频、四倍频及和频、差频等方面; α- 碘酸锂晶体是一种具有旋光、热释电、压电、电光等效应的极性晶体, 透光波段为 220nm~6μm, 非线性光学系数比 KDP 的 d_{36} 大一个量级, 可用于 Nd:YAG 和红宝石激光器腔内倍频及其他频率转换; 半导体非线性光学晶体有很多可以应用于远红外波段, 例如单质的 Se、Te 用于红外倍频的半导体型非线性光学晶体.

上述晶体的线性和非线性光学性质, 讨论的都是晶体仅受光照的情况, 实际上, 静电场、应力场、磁场、温度场等外场对晶体的光学性质都有重要影响, 从而产生电光、磁光、热光及光折变等效应. 外场对宏观光学性质的影响, 主要反映在折射率的变化上, 这种变化虽然很小, 但足以改变光在晶体中传播的许多特性. 通过控制外场来控制光的传播方向、位相、强度及偏振态等, 从而使输出光成为有用的信号光, 应用于现代光学技术和信息技术中.

晶体的折射率随光频电场作用而发生变化的效应, 称为光折变效应, 这是一种更复杂的非线性光学效应. 光折变材料可作为全息记忆系统的存储介质, 其特点是信息的写入是折射率的变化方式, 故读出效率很高; 信息的记忆与消除方便, 而且能反复使用, 无损读出, 可进行实时记录; 分辨率高, 存储量大, 信息可分层存储, 在几毫米厚的晶体中可存储 10^3 个全息图. 各种材料的存储信息时间有很大不同, 如 $KTa_{1-x}Nb_xO_3$ 晶体为 10 小时, 而 Fe:$LiNbO_3$ 晶体可达数月时间. 近几年来, 光折变晶体通过四波混频而获得的非线性光学相位共轭和其他动态记录介质得到迅猛的发展. 光折变材料四波混频的相位共轭的发生需要另外的泵浦光源, 如果一对棱镜排成一行从而形成包括光折变 $BaTiO_3$ 晶体在内的一个共振腔, 这一光折变相位匹配器能够自泵浦.

5.7 几种常用的光谱分析方法

由于各种材料具有不同的分子、原子及空间结构, 与光发生作用时, 将会产生材料特有的吸收或激发光谱. 根据光谱上的一些特征峰的位置及强度可对材料作定性或定量分析. 光谱分析具有分析成本低、操作简便快速、灵敏度高、应用范围广等特点.

5.7.1 紫外–可见分光光度计法

物质的吸收光谱本质上就是物质中的分子和原子吸收了入射光中的某些特定波长的光能量, 相应地发生了分子振动能级跃迁和电子能级跃迁的结果. 由于各种物质具有各自不同的分子、原子和不同的分子空间结构, 其吸收光能量的情况也就不会相同, 因此, 每种物质就有其特有的、固定的吸收光谱曲线, 可根据吸收光谱上的某些特征波长处的吸光度的高低判别或测定该物质的含量, 这就是分光光度定性和定量分析的基础. 分光光度分析就是根据物质的吸收光谱研究物质的成分、结构和物质间相互作用的有效手段. 根据分子所吸收光波的波段范围, 一般将分光光度法分为紫外、可见和红外分光光度法. 下面以紫外–可见分光光度法 (Ultraviolet-Visible Molecular Absorption Spectrometry, UV-VIS) 为例来介绍材料光吸收性能的测量. 紫外–可见分光光度计所使用的波长范围通常在 180~1000nm, 它是研究分子对此波长范围内的吸收光谱.

1. *原理*

紫外–可见分光光度计的工作原理主要是基于朗伯–比尔 (Lambert-Beer) 定律, 它是光吸收的基本定律, 可表述为：当一束单色光穿过透明介质时, 光强度的降低同入射光的强度、吸收介质的厚度、溶液的浓度成正比. 紫外可见分光光度法的定量分析基础是朗伯–比尔定律. 数学表达式为

$$A = \lg \frac{I_0}{I} = \varepsilon \cdot c \cdot b \tag{5.51}$$

式中, A 为吸光度; I_0 为入射光强度; I 为透射光强度; ε 为摩尔吸光系数, 单位为 L/(mol·cm); c 为溶液的浓度; b 为液层厚度 (即光程).

1) ε 的物理意义

(1) ε 表示 1 mol/L 待测物质溶液, 在 1cm 比色皿中, 对某特定波长的光所产生的吸光度.

(2) ε与吸收光波长、溶液温度和介质条件有关, 与液层厚度 b 和溶液浓度 c 无关.

(3) 最大吸收波长处的ε最大, 分析灵敏度也最高.

(4) ε值越大, 方法的灵敏度越高, 显色反应越好, ε值可以从实验中得到.

2) 朗伯–比尔定律应用的局限性

(1) 定律本身的局限性. 该定律只适用于稀溶液.

(2) 化学偏离. 待测物质与溶剂发生各种化学反应, 其生成物与待测物质的吸收光谱不同, 使所测吸光度值发生变化.

(3) 介质不均匀引起的偏离. 胶体、悬浮、乳浊等对光产生散射, 使实测吸光度增加, 导致线性关系上弯.

(4) 仪器偏离. 主要是指非单色光引起的偏离. 朗伯–比尔定律要求入射光为单色光, 但目前仪器提供的入射光是由波长范围较窄的光带组成的复合光.

2. 基本结构

紫外–可见分光光度计通常由光源、单色器、样品室、检测器及信号显示系统组成 (图 5.24).

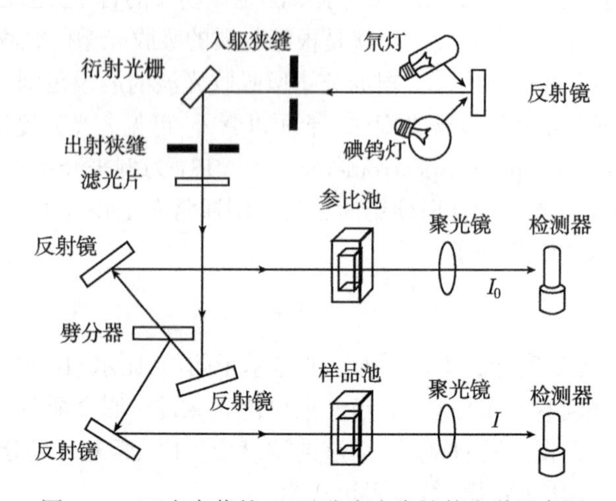

图 5.24　双光束紫外–可见分光光度计的光学示意图

1) 光源

光源的作用是提供激发能, 要求在整个紫外光区或可见光谱区可以发射连续光谱, 具有足够的辐射强度、较好的稳定性、较长的使用寿命. 可见光区以钨灯、碘钨灯等作为光源, 其辐射波长范围在 360~1000 nm. 紫外区以氢灯、氘灯等作为光源, 发射 185~400 nm 的连续光谱. 两者在波长扫描过程中自动变换, 反射镜使两个光源发射的任一光反射, 经入射狭缝进入单色器.

2) 单色器

单色器的作用是将光源发射的复合光分解成单色光, 并可从中选出任一波长单色光的光学系统. 一般由石英棱镜或光栅组成. 由光源发射的光通过光栅和狭缝,经滤光片去掉杂散光后, 再经劈分器将光束分成两束光, 由反射镜反射后进入样品室; 一束经样品池射向检测器, 另一束经参比池射向检测器. 样品池和参比池均为石英材质.

3) 样品室

样品室用来放置各种类型的吸收池 (比色皿) 和相应的池架附件. 吸收池主要有石英池和玻璃池两种. 在紫外区须采用石英池, 可见区一般用玻璃池.

4) 检测器

检测器的作用就是将样品的发射光转化成电信号. 有多种类型的检测器, 主要有光电池和光电倍增管等. 目前应用最广泛的检测器是光电倍增管, 它的作用是充当在紫外和可见区有灵敏性的光电管和放大器. 它能够随供电压的增加, 显著变化灵敏性, 但在长波长区域 (900nm 或以上), 其灵敏性低.

5) 信号显示系统

常用的信号显示系统有检流计、数字显示仪、微型计算机等. 现在大多采用微型计算机, 它既可实现自动控制和自动分析, 又可用于记录样品的吸收曲线, 进行数据处理, 从而明显提高了仪器的精度、灵敏度和稳定性.

3. 分类

1) 单光束紫外分光光度计

单光束紫外分光光度计的结构简单, 价廉, 适于在给定波长处测量吸光度或透光度, 一般不能作全波段光谱扫描, 要求光源和检测器具有很高的稳定性. 若在测量过程中电源发生波动, 光源强度不稳定, 将导致重复性不好.

2) 双光束紫外分光光度计

双光束紫外分光光度计克服了单光束的缺点, 它可自动记录、快速全波段扫描, 消除光源不稳定、检测器灵敏度变化等因素的影响, 特别适合于结构分析. 但仪器复杂, 价格较高.

3) 双波长紫外分光光度计

将不同波长的两束单色光 (λ_1、λ_2) 快速交替通过同一吸收池而后到达检测器, 产生交流信号, 无需参比池. $\Delta\lambda = 1\sim2$nm. 两波长同时扫描即可获得导数光谱.

4. 应用

紫外–可见分光光度计是一种应用很广的分析仪器. 它的应用领域涉及制药、医疗卫生、化学化工、环保、地质、机械、冶金、石油、食品、生物、材料、计量科学、农业、林业、渔业等领域中的科研、教学等各个方面, 可进行有机或无机物的定性和定量分析.

紫外吸收光谱的三大要素是谱峰在横轴的位置、谱峰的形状和谱峰的强度. 谱峰在横轴的位置和谱峰的形状为化合物的定性指标, 而谱峰的强度为化合物的定量指标. 光谱的基本参数是最大吸收峰波长 $\lambda_{\max}$ 和相应的最大摩尔吸光系数 $\varepsilon_{\max}$.

1) 定性分析

如果未知物的紫外吸收光谱的最大吸收峰波长 $\lambda_{\max}$、最小吸收峰波长 $\lambda_{\min}$、最大摩尔吸光系数 $\varepsilon_{\max}$, 以及吸收峰的数目、位置、拐点与标准光谱数据完全一致, 就可以认为是同一种化合物. 定性分析的主要目的是知道分析样品中是什么物质.

2) 定量分析

根据朗伯–比尔定律, 样品的浓度和吸光度是成正比关系的, 浓度越大, 吸收值越高, 所以分光光度计用得最多的还是定量分析, 定量分析的种类有很多, 这里介绍常用的几种定量分析方法:

(1) 绝对法. 绝对法是紫外–可见分光光度计诸多分析方法中使用最多的一种方法. 这是一种以朗伯–比尔定律 $A=\varepsilon cb$ 为基础的分析方法, 某一物质在一定波长下 ε 值是一个常数, 石英比色皿的光程 b 是已知的, 也是一个常数. 因此, 可用紫外–可见分光光度计在 $\lambda_{\max}$ 波长处, 测定样品溶液的吸光度值 A. 然后, 根据朗伯–比尔定律求出 $c=A/\varepsilon b$, 就可求出该样品溶液的含量或浓度.

(2) 标准法. 在选定的波长处, 在相同的测试条件下, 分别测试标准样品溶液和被测试样品溶液的吸光度 $A_{标}$ 和 $A_{样}$. 由于标准溶液的浓度 c 标是已知的, 可按下式求得样品溶液的浓度或含量 $c_{样}$:

$$c_{样}=c_{标}\frac{A_{样}}{A_{标}} \tag{5.52}$$

(3) 标准曲线法. 紫外–可见分光光度计最常用的定量分析方法是标准曲线法, 即先用标准物质配制一定浓度的溶液, 再将该溶液配制成一系列的标准溶液. 在一定波长下, 测试每个标准溶液的吸光度, 以吸光度值为纵坐标, 标准溶液对应的浓度为横坐标, 绘制标准曲线. 最后, 将样品溶液按标准曲线绘制程序测得吸光度值, 在标准曲线上查出样品溶液对应的浓度或含量.

5.7.2 拉曼光谱

印度物理学家拉曼于 1928 年用水银灯照射苯液体, 发现了新的辐射谱线. 在入射光频率 ω_0 的两边出现呈对称分布的、频率为 $\omega_0-\omega$ 和 $\omega_0+\omega$ 的明锐边带, 这属于一种新的分子辐射, 称为拉曼散射, 其中 ω 是介质的激发频率. 拉曼因发现这一新的分子辐射和所取得的许多光散射研究成果而获得了 1930 年诺贝尔物理奖. 然而到 1940 年, 拉曼光谱的地位一落千丈. 主要是因为拉曼效应太弱 (约为入射光强的 10^{-6}), 人们难以观测研究较弱的拉曼散射信号, 更谈不上测量研究二级以上的高阶拉曼散射效应, 而且要求被测样品的体积必须足够大、无色、无尘埃、无荧光等. 所以到 40 年代中期, 红外技术的进步和商品化更使拉曼光谱的应用一度衰落. 1960 年以后, 红宝石激光器的出现, 使得拉曼散射的研究进入了一个全新的时期. 由于激光器的单色性好、方向性强、功率密度高, 用它作为激发光源, 大大提高了激发效率, 成为拉曼光谱的理想光源. 特别是近年来高质量的双、三单色仪以及高灵敏的探测器的研制成功, 使激光拉曼光谱的发展在广度和深度方面都有了很大的飞跃.

1. 拉曼光谱的原理

1) 瑞利散射与拉曼散射

当一束激发光的光子与作为散射中心的分子发生相互作用时, 大部分光子仅改变了方向, 发生散射, 而光的频率仍与激发光源一致, 这种散射称为瑞利散射. 但也存在很微量的光子不仅改变了光的传播方向, 而且也改变了光波的频率, 这种散射称为拉曼散射. 其散射光的强度约占总散射光强度的 10^{-10} ~10^{-6}. 拉曼散射的产生原因是光子与分子之间发生了能量交换改变了光子的能量.

测定拉曼散射光谱时, 一般选择激发光的能量大于振动能级的能量但低于电子能级间的能量差, 且远离分析物的紫外–可见吸收峰. 当激发光与样品分子作用时, 样品分子即被激发至能量较高的虚态 (图 5.25 中用虚线表示). 左边的一组线代表分子与光作用后的能量变化, 粗线出现的几率大, 细线表示出现的几率小, 因为室温下大多数分子处于基态的最低振动能级; 中间一组线代表瑞利散射, 光子与分子间发生弹性碰撞, 碰撞时只是方向发生改变而未发生能量交换; 右边一组线代表拉曼散射, 光子与分子碰撞后发生了能量交换, 光子将一部分能量传递给样品分子或从样品分子获得一部分能量, 因而改变了光的频率. 能量变化所引起的散射光频率变化称为拉曼位移 (Raman shift). 由于室温下基态的最低振动能级的分子数目最

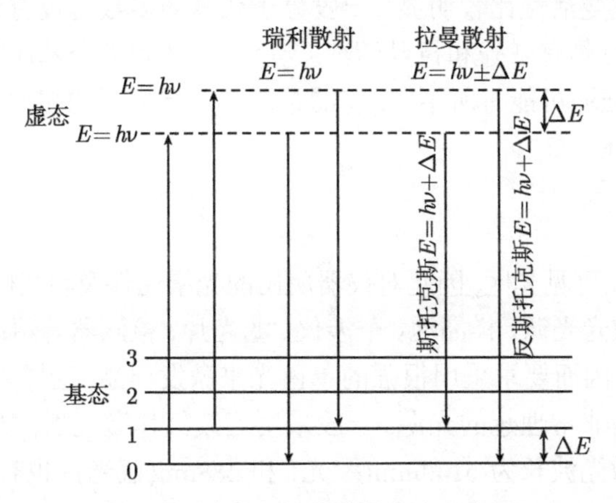

图 5.25 瑞利和拉曼散射产生示意图

多, 与光子作用后返回同一振动能级的分子也最多, 所以上述散射出现的几率大小顺序为：瑞利散射 > 斯托克斯线 > 反斯托克斯线. 随温度升高, 反斯托克斯线的强度增加.

2) 拉曼位移

斯托克斯与反斯托克斯散射光的频率与激发光源频率之差 $\Delta\nu$ 统称为拉曼位移. 拉曼位移取决于分子振动能级的变化, 不同的化学键或基态有不同的振动方式, 决定了其能级间的能量变化, 因此, 与之对应的拉曼位移是特征的. 这是拉曼光谱进行分子结构定性分析的理论依据.

3) 拉曼谱参数

拉曼谱的参数主要是谱峰的位置和强度. 峰位是样品分子电子能级基态的振动态性质的一种反映, 它是用入射光与散射光的波数差来表示的. 峰位的移动与激发光的频率无关. 拉曼散射强度与产生谱线的特定物质的浓度有关, 成正比例关系. 而在红外谱中, 谱的强度与样品浓度成指数关系. 样品分子量也与拉曼散射有关, 样品分子量增加, 拉曼散射强度一般也会增加.

4) 拉曼散射的选择定则

外加交变电磁场作用于分子内的原子核和核外电子, 可以使分子电荷分布的形状发生畸变, 产生诱导偶极矩. 极化率是分子在外加交变电磁场作用下产生诱导偶极矩大小的一种度量. 极化率高, 表明分子电荷分布容易发生变化. 如果分子的振动过程中分子极化率也发生变化, 则分子能对电磁波产生拉曼散射, 称分子有拉曼活性. 有红外活性的分子振动过程中有偶极矩的变化, 而有拉曼活性的分子振动时伴随着分子极化率的改变. 因此, 具有固有偶极矩的极化基团, 一般有明显的红外活性, 而非极化基团没有明显的红外活性. 拉曼光谱恰恰与红外光谱具有互补性. 凡是具有对称中心的分子或基团, 如果有红外活性, 则没有拉曼活性; 反之, 如果没有红外活性, 则拉曼活性比较明显. 一般分子或基团多数是没有对称中心的, 因而很多基团常常同时具有红外和拉曼活性. 当然, 具体到某个基团的某个振动, 红外活性和拉曼活性强弱可能有所不同. 有的基团如乙烯分子的扭曲振动, 则既无红外活性又无拉曼活性.

2. 基本结构

拉曼散射光在可见光区, 因此对仪器所用的光学元件及材料的要求比红外光谱简单. 它一般由激光光源、样品池、干涉仪、滤光片、检测器等组成 (图 5.26). 由于拉曼散射光较弱, 因而要求采用很强的单色光来激发样品, 这样才能产生强的拉曼散射信号. 激光是非常理想的光源, 一般采用连续气体激光器, 如最常用的氩离子 (Ar^+) 激光器的激光波长为 514.5nm(绿光) 和 488nm(蓝光). 也有的采用 He-Ne 激光器 (波长为 632.8nm) 和 Kr^+ 离子激光器 (波长为 568.2nm). 需要指出的是, 即使所用激发光的波长不同, 但所测得的拉曼位移是不变的, 只是强度不同而已.

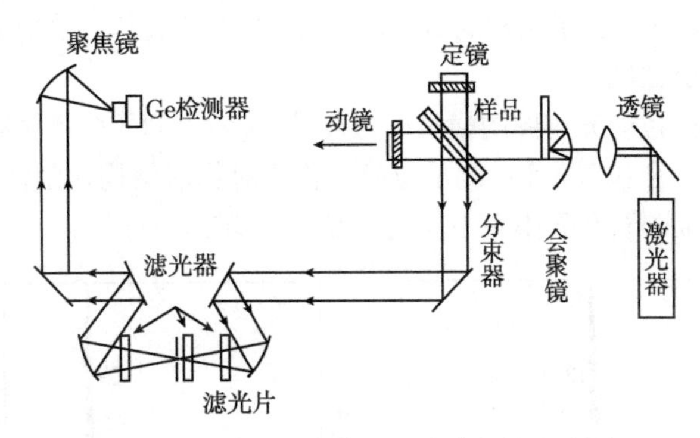

图 5.26 傅里叶变换拉曼光谱仪的光路图

由于拉曼光谱检测的是可见光, 常用 Ga-As 光阴极光电倍增管作为检测器. 在测定拉曼光谱时, 将激光束射入样品池, 在与激光束成 90° 处观察散射光, 因此, 单色器、检测器都装在与激光束垂直的光路中. 单色器是激光拉曼光谱仪的心脏, 由于要在强的瑞利散射线存在下观测有较小位移的拉曼散射线, 要求单色器的分辨率必须要高, 拉曼光谱仪一般采用全息光栅的双单色器来达到目的. 为减少杂散光的影响, 整个双单色器的内壁和狭缝均为黑色.

3. 拉曼光谱技术的优越性

(1) 提供快速、简单、可重复且更重要的是无损伤的定性定量分析. 它无需样品准备, 样品可直接通过光纤探头或者通过玻璃、石英测量. 此外, 由于水的拉曼散射很微弱, 拉曼光谱是研究水溶液中的生物样品和化学化合物的理想工具.

(2) 拉曼光谱一次可以同时覆盖 50~4000cm^{-1} 波数的区间, 可对有机物及无机物进行分析. 相反, 若让红外光谱覆盖相同的区间则必须改变光栅、光束分离器、滤波器和检测器.

(3) 拉曼光谱谱峰清晰尖锐, 更适合定量研究、数据库搜索以及运用差异分析进行定性研究. 在化学结构分析中, 独立的拉曼区间的强度可以和功能基团的数量相关.

(4) 因为激光束的直径在它的聚焦部位通常只有 0.2~2mm, 常规拉曼光谱只需要少量的样品就可以得到. 这是拉曼光谱相对常规红外光谱一个很大的优势. 而且, 拉曼显微镜物镜可将激光束进一步聚焦至 20μm 甚至更小, 可分析更小面积的样品.

4. 拉曼光谱的应用

拉曼光谱记录的是拉曼位移, 即瑞利散射与拉曼散射频率的差值. 由于激发光是可见光, 所以拉曼方法的本质是在可见光区测定分子振动光谱. 拉曼光谱分析广泛应用于物质的鉴定、分子结构的研究、有机无机分析化学、生物化学、石油化工和环境科学等各个领域.

(1) 定性分析. 拉曼光谱图的横坐标为拉曼位移, 不同的分子振动、不同的晶体结构具有不同的特征拉曼位移, 测量拉曼位移可对物质结构作定性分析. 例如, 同由碳原子组成的金刚石和石墨有不同的拉曼谱峰 (图 5.27).

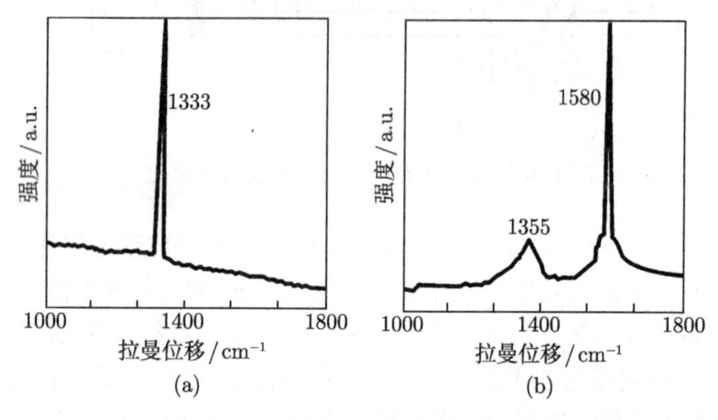

图 5.27 金刚石和石墨的拉曼光谱

天然金刚石单晶的拉曼谱在约 1333cm^{-1} 处有一尖锐峰 (图 5.27(a)). 大块结晶良好的石墨单晶的谱峰在 1580cm^{-1} 处, 称为 G 线; 多晶石墨的谱峰在 1355cm^{-1} 处, 称为 D 线, 它是由无序引起边界声子散射造成的 (图 5.27(b)). 晶粒越小, D 线越强, 通常在晶粒尺寸小于 25nm 时就可观察到.

(2) 定量分析. 拉曼信号在特定的条件下与待测样品浓度的关系为

$$I = K\varPhi^0 C\int_0^b \mathrm{e}^{-(\ln 10)(k_0+k)z}h(z)\mathrm{d}z \tag{5.53}$$

式中, I 为样品表面被光学系统所接收到的拉曼信号强度; K 为拉曼散射截面积; $\varPhi^0$ 为样品表面的激光入射功率; C 为样品中产生拉曼散射的物质浓度; k_0 和 k 分别为所用入射光和散射光的吸收系数; z 为入射光和散射光所通过的距离; $h(z)$ 为光学系统的传输函数; b 为样品池的宽度.

当入射光波长等实验条件固定时, 拉曼散射光的强度与物质的浓度成正比, 因此光谱的相对强度可以确定某一组分的含量, 即可用于定量分析. 在复合成分的定量分析中, 主要采用以下两种方法：一是内标法, 就是在被测样品中不加其他基准物质而以样品溶液中一种稳定的波峰作为标准; 二是外标法, 它是在样品中加入一定的基准物, 以基准物的特征峰作为标准进行定量分析.

(3) 晶粒大小分析. 拉曼散射法可测量纳米晶晶粒的平均粒径, 粒径由下式计

算:

$$D = 2\pi(B/\Delta\omega)^{1/2} \tag{5.54}$$

式中, B 为一常数; $\Delta\omega$ 为纳米晶拉曼谱中某一晶峰的峰位相对于同样材料的常规晶粒的对应晶峰峰位的偏移量. 因此只要分别测量出纳米晶粒和大块晶粒的拉曼位移, 利用两者的差值, 即可计算出纳米晶粒的大小.

(4) 无机物及金属配合物的研究. 拉曼光谱可以测定某些无机原子团的结构. 另外, 可以用拉曼光谱对配合物的组成、结构和稳定性进行研究.

(5) 生物大分子的研究. 可以为生物大分子的构象、氢键和氨基酸残基周围环境等方面提供大量的结构信息.

5.7.3 荧光分析法

分子荧光光谱法简称荧光光谱法. 分子吸收了光能而被激发至较高能态, 在返回基态时, 发射出与吸收光波长相等或不等的辐射, 这种现象称为光致发光. 分子荧光分析是基于光致发光现象而建立起来的分析方法.

1. 荧光的产生

物质的基态分子受激发光源的照射到达激发态, 以无辐射跃迁方式回到第一电子激发态的最低振动能级, 再辐射跃迁至基态, 此时所发出的辐射能称为荧光. 几乎所有物质分子都有吸收光谱, 但不是所有物质都会发荧光. 产生荧光必须具备以下两个条件: ①该物质分子必须具有与所照射的光线相同的频率, 这与分子的结构密切相关; ②吸收了与本身特征频率相同的能量之后的物质分子, 必须具有高的荧光效率. 许多吸光物质并不产生荧光, 主要是因为它们将所吸收能量消耗于与溶剂分子或其他分子之间的相互碰撞中, 还可能消耗于一次光化学反应中, 因而无法发射荧光, 即荧光效率很低.

由荧光的发光原理可知, 在荧光发射时, 不论用哪一个波长的光激发, 电子都是从第一电子激发态的最低振动能层返回到基态的各个振动能层, 所以荧光发射光谱与激发波长无关. 因此, 可以根据荧光谱线对荧光物质进行定性分析鉴别. 照射光越强, 被激发到激发态的分子数越多, 因而产生的荧光强度越强, 测量时灵敏度越高. 一般由激光诱导荧光测量物质的特性比由一般光源诱导荧光所测的灵敏度提高 2~10 倍. 在溶液中, 当荧光物质的浓度较低时, 其荧光强度与该物质的浓度通常有良好的正比关系, 利用这种关系可以进行荧光物质的定量分析, 与紫外–可见分光光度法类似, 荧光分析通常也采用标准曲线法进行. 荧光分析通常采用荧光分光光度计.

2. 荧光分光光度计的结构

荧光分光光度计是用于扫描荧光物质发出的荧光光谱的一种仪器. 能提供包括激发光谱、发射光谱、荧光强度、荧光寿命等许多物理参数, 从各个角度反映了分子的成键和结构情况. 通过对这些参数的测定, 可以做一般的定量或定性分析. 荧光分光光度计的激发波长扫描范围一般是 190~650nm, 发射波长扫描范围是 200~800nm, 可用于液体、固体样品 (如凝胶条) 的光谱扫描. 一般的荧光分光光度计由激发光源、双单色器系统、样品池及检测器等组成, 如图 5.28 所示.

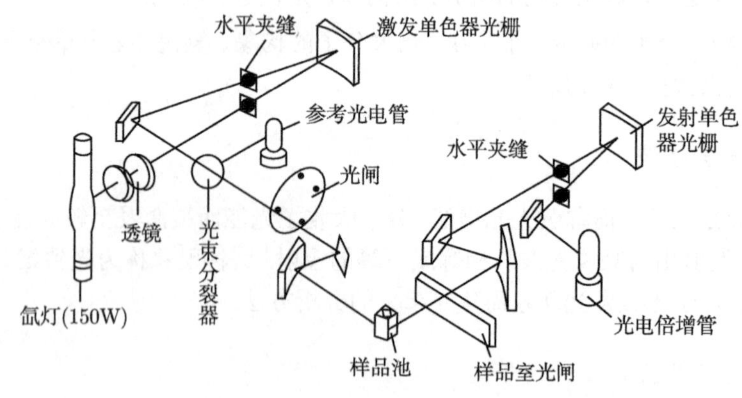

图 5.28 荧光分光光度计的光路图

(1) 光源. 通常为高压汞蒸气灯或氙灯, 后者能发射出强度较大的连续光谱, 且在 300~400nm 内强度几乎相等, 故较常用.

(2) 激发单色器. 置于光源和样品室之间的为激发单色器或第一单色器, 主要对光源进行分光, 选择激发光波长, 实现激发光波长扫描以获得激发光谱.

(3) 发射单色器. 置于样品室和检测器之间的发射单色器或第二单色器, 常采用光栅为单色器, 筛选出特定的发射光谱.

(4) 样品室. 通常由石英池 (液体样品用) 或固体样品架 (粉末或片状样品) 组成. 测量液体时, 光源与检测器成直角安排; 测量固体时, 光源与检测器成锐角安排.

(5) 检测器. 一般用光电管或光电倍增管作检测器, 可将光信号放大并转为电信号.

3. 荧光发射光谱和激发光谱

1) 光化合物都具有两种特征光谱, 即荧光发射光谱和激发光谱.

(1) 荧光发射光谱. 固定激发光的波长, 测量不同荧光波长处荧光的强度, 得到荧光光谱, 即荧光强度–荧光波长图. 图 5.29 为 ZnS 纳米线的室温荧光光谱, 位于

467nm 和 515nm 处的比较弱的发光峰是由 ZnS 纳米线表面态引起的. 位于 366nm 处的比较强的紫外发光峰, 对应于 ZnS 的带边发光峰, 但是比体材料 ZnS 的发光峰位置 (385.2nm) 蓝移了 19.2nm, 这是由于纳米材料的量子限域效应引起的.

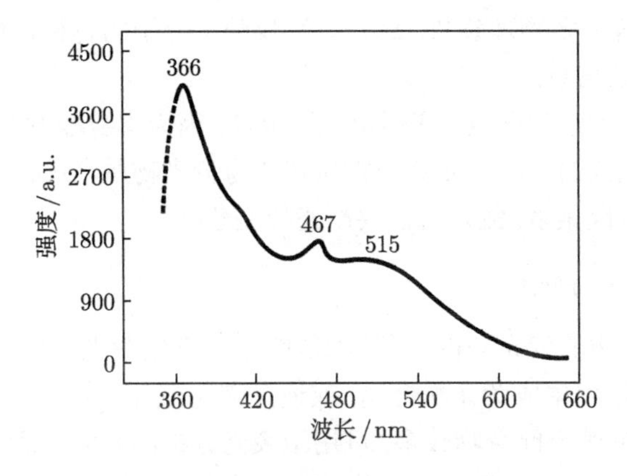

图 5.29 ZnS 纳米线的荧光光谱

(2) 荧光激发光谱 (荧光物质的吸收光谱). 在荧光最强的波长处测量随激发光波长的改变而变化的荧光强度, 得到荧光激发光谱. 即荧光强度–激发光波长图.

2) 荧光激发光谱与发射光谱的关系

(1) 斯托克斯位移. 斯托克斯位移是指激发光谱与荧光光谱之间的波长差值. 荧光的波长总是大于激发光的波长, 这是由于发射荧光之前的振动弛豫和内转换过程损失了一定的能量.

(2) 镜像规则. 荧光光谱的形状与基态中振动能级的分布有关, 而激发光谱的形状反映了第一激发态单重态中的振动能级的分布. 一般情况下, 基态和第一激发单重态中的振动能级分布是相似的, 通常荧光光谱与激发光谱大致呈镜像对称.

(3) 荧光光谱的形状与激发光波长无关. 电子跃迁到不同激发态, 吸收不同波长的能量, 产生不同的吸收带, 但荧光均是激发态电子回到第一激发单重态的最低振动能级再跃迁回到基态而产生的, 这与荧光物质分子被激发至哪一能级无关. 因此, 荧光光谱的形状和激发光的波长无关.

4. 荧光分析方法的特点

(1) 灵敏度高. 与紫外–可见分光光度法比较, 荧光是从入射光的直角方向检测, 即在黑背景下检测荧光的发射. 所以灵敏度要比紫外–可见分光光度法高 2~4 个数量级. 它的测定下限在 0.001~0.1μg/cm^3.

(2) 选择性强. 荧光法既能依据特征发射, 又能依据特征吸收来鉴定物质. 假如某几个物质的发射光谱相似, 可以从激发光谱的差异把它们区分开来; 而如果它们的吸收光谱相同, 则可用发射光谱将其区分.

(3) 试样量少和方法简便.

(4) 提供比较多的物理参数. 可提供激发光谱、发射光谱以及荧光强度、荧光效率、荧光寿命等许多物理参数. 这些参数反映了分子的各种特性, 能从不同角度提供被研究分子的信息.

(5) 荧光分析方法的弱点. 应用范围不够广, 因为本身能发荧光的物质相对较少, 用加入某种试剂的方法将非荧光物质转化为荧光物质来进行分析, 其数量也不是很多. 另外干扰因素多, 测定时需要严格控制条件.

5. 荧光分析法的应用

(1) 无机化合物的荧光分析. 无机物能够直接产生荧光并用于测定的很少. 可通过与荧光试剂作用生成荧光配合物, 或通过催化或猝灭荧光反应进行荧光分析. 非过渡金属离子的荧光配合物较多, 可用于荧光分析的元素已近 70 种. 荧光试剂是具有两个或以上与 M^{Z+} 形成螯合物的电子给予体官能团的芳香结构.

(2) 有机物的荧光分析. 荧光法在有机化合物中应用较广, 涉及生命科学、食品工艺、医药卫生等许多领域. 芳香化合物多能发生荧光, 脂肪族化合物往往与荧光试剂作用后才可产生荧光. 表 5.6 是某些有机化合物的荧光测定法.

表 5.6　某些有机化合物的荧光测定法

待测物	试剂	激发光波长/nm	荧光波长/nm	测定范围 $c/(\mu g/cm^3)$
丙三醇	苯胺	紫外	蓝色	0.1～0.2
蒽		365	400	0～5
1-萘酚	$0.1mol/dm^3NaOH$	紫外	500	
维生素 A	无水乙醇	345	490	0～20
氨基酸	氧化酶等	315	425	0.01～50
蛋白质	曙红Y	紫外	540	0.06～6
肾上腺素	乙二胺	420	525	0.001～0.02
玻璃酸酶	3-乙酰氧基吲哚	395	470	0.001～0.033
青霉素	α-甲氧基-6-氯-9-(β-氨乙基)-氨基氨氮杂蒽	420	500	0.0625～0.625

参 考 文 献

曹阳. 2003. 结构与材料 [M]. 北京：高等教育出版社
陈骈骝. 2006. 材料物理性能 [M]. 北京：机械工业出版社
刘强, 黄新友. 2008. 材料物理性能 [M]. 北京：化学工业出版社
龙毅, 李庆奎, 强文江, 等. 2009. 材料物理性能 [M]. 长沙：中南大学出版社

王从曾, 刘会亭. 2001. 材料性能学 [M]. 北京: 北京工业大学出版社
王富耻. 2006. 材料现代分析测试方法 [M]. 北京：北京理工大学出版社
熊绍珍, 朱美芳. 2009. 太阳能电池基础与应用 [M]. 北京：科学出版社
叶佩弦. 1999. 非线性光学 [M]. 北京: 中国科学技术出版社
张帆, 周伟敏. 2009. 材料性能学 [M]. 上海：上海交通大学出版社

思考练习题

1. 试述影响材料折射率的因素.

2. 什么是光的双折射现象？

3. 为什么说在紫外区, 一般情况下, 材料都会出现紫外吸收端？紫外吸收端的波长和材料的禁带宽度 E_g 有怎样的关系式？试求硅的紫外吸收端的波长 (硅的 E_g=1.2eV).

4. 简述光与物质相互作用的三种过程.

5. 试述发射光谱、激发光谱与吸收光谱的异同.

6. 试述产生激光的基本条件.

7. 试述太阳能电池的工作原理.

8. 试述拉曼光谱的原理.

第 6 章　材料的介电性能

人类认识电, 就同时知道了电介质. 在摩擦起电中, 电介质作为电的载体而出现, 人类直接看见的是电介质而不是电. 电介质的分布范围极为广泛, 有气态的、液态的和固态的. 电介质的特征是: 它们以感应而并非以传导的方式传递电的作用和影响. 按照麦克斯韦理论, 可见光和 X 射线等也是频率较高的电磁波, 从这个意义上来说, 通过 X 射线所看见的生命物质、有机物、无机物、绝缘体、半导体、导体乃至超导体都可以看成电介质. 尽管电介质不一定是绝缘体, 但绝缘体都是典型的电介质. 具有介电性能的电介质是电子和电气工程中不可缺少的功能材料. 电介质以感应的方式传递电的作用, 在外电场的作用下其中的束缚电荷产生位移运动, 称为电位移. 电位移运动对材料的微观结构十分灵敏, 这是其复杂之处.

本章主要介绍绝缘型电介质的介电性能, 包括介电常数、介电损耗、击穿电场强度等特性及其随环境的变化规律. 首先将以恒定电场作用下电介质的极化现象为基础, 介绍材料的介电常数与电子极化、离子极化和偶极子转向极化的分子极化率之间的关系. 然后, 在这一基础上讨论交变电场作用下电介质极化和损耗的形成机理.

6.1　介质的极化

6.1.1　介质极化的基本概念和相关物理量

法拉第发现, 如在真空平行板电容器的两极板间插入电介质, 平行板电容器的电容增加. 现在知道, 增大后的电容应为

$$C = \varepsilon_{\mathrm{r}} C_0 \tag{6.1}$$

式中, C_0 为未插入介质时真空平板电容器的电容; $\varepsilon_{\mathrm{r}} = \varepsilon/\varepsilon_0$ 称为电介质的相对介电常数, ε 为电介质的介电常数, ε_0 则表示真空介电系数, $\varepsilon_0 = 8.85 \times 10^{-12}$ F/m.

真空电容器中插入电介质后电容增大的原因在于: 电介质处于外电场中时, 在介质的表面会出现感应电荷, 如图 6.1(a) 所示, 正是这种感应电荷减弱了电场, 增大了电容器的电容, 这种现象被称为电介质的极化, 电介质表面出现的感应电荷也被称为极化电荷. 极化电荷的活动不能超过原子的范围, 因此也称为束缚电荷. 束缚电荷不会跑到对面极板上形成电流 (漏导电流), 在电场的作用下, 它们以正、负电荷中心不重合的电极化方式传递和记录电场的影响.

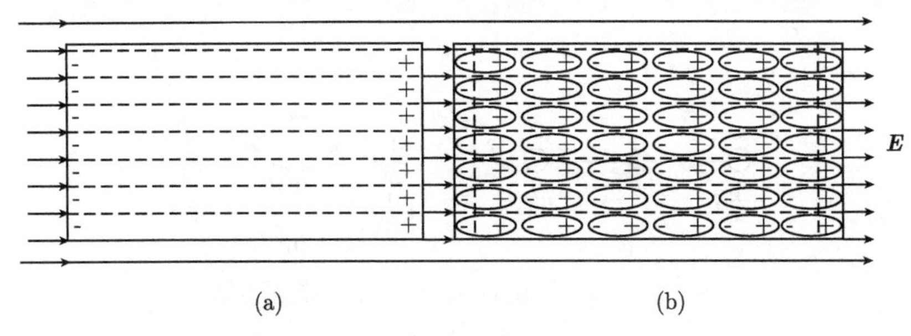

图 6.1 电介质在外电场中

(a) 介质表面的极化电荷; (b) 非极性电介质极化示意简图

ε_r 是综合反映电介质内部电极化行为的一个主要宏观物理量. 表 6.1 列出了一些常见介质在室温下的相对介电常数. 值得注意的是, 一些电介质的介电常数受外电场频率影响很大, 特别是陶瓷类电介质.

表 6.1 一些常见介质的相对介电常数 ε_r(室温)

材料	频率范围/Hz	相对介电常数	材料	频率范围/Hz	相对介电常数
二氧化硅玻璃	$10^2 \sim 10^{10}$	3.78	聚氯乙烯	直流	4.55
金刚石	直流	6.6	刚玉	$60(10^6)$	9(6.5)
α-SiC	直流	9.70	NaCl	直流	6.12
多晶 ZnS	直流	8.7	钛酸钡	10^6	3000

电介质极化的微观本质是: 在外电场的作用下, 电介质中产生了大量沿着电场方向取向的电偶极子. 在电介质内部, 相邻电偶极子的正、负电荷相互靠近, 如果电介质是均匀的, 则在它内部各处仍然保持电中性, 但是在电介质的两个和外电场相垂直的表面层里将分别出现正电荷和负电荷 (见图 6.1(b) 给出了非极性分子电介质极化示意简图), 从而产生极化现象.

电介质中的电偶极子是从哪里来的呢? 这和物质的结构有关. 电介质的分子均由原子或离子组成, 它们带有等量的正电荷和负电荷. 当电介质体积足够大又无外电场作用时, 电介质呈中性. 但是不同电介质分子电荷在空间的分布是不同的, 根据分子的电结构, 组成电介质的分子可以分为极性分子和非极性分子两大类. 它们结构的主要差别在于无外电场作用时分子的正电荷中心和负电荷中心是否重合. 无外电场作用时, 非极性分子的正电荷中心和负电荷中心重合, 由非极性分子组成的电介质称为非极性电介质, 如 CO_2、CH_4、He 等. 而极性分子的正、负电荷中心在无外电场作用时不重合, 因此具有电偶极矩, 由极性分子组成的电介质称为极性电介质, 如 H_2O、CO 等. 图 6.2 给出了典型的非极性分子 CO_2 和极性分子 H_2O 的分子空间结构示意图. CO_2 具有对称的分子结构, 偶极矩等于零; H_2O 具有等腰三角形结构, 两个 H—O—H 键之间的夹角为 104°, 偶极矩等于 6.1×10^{-30} C·m(库 ·

米).

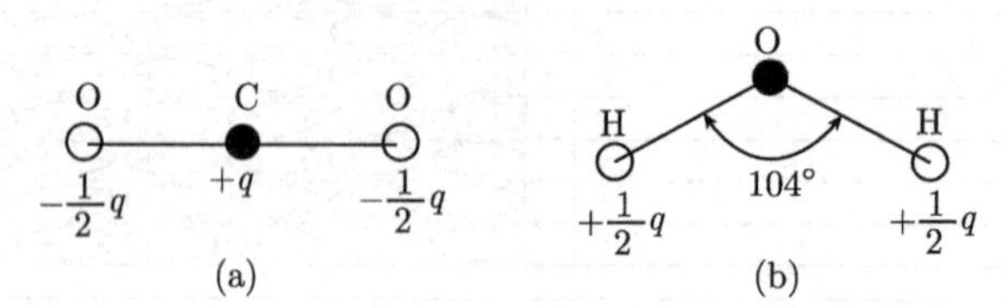

图 6.2 CO_2 和 H_2O 的分子空间结构示意图

(a) CO_2; (b) H_2O

在外电场作用下, 非极性分子的正、负电荷中心将产生分离, 产生电偶极矩并沿外电场方向排列, 由此产生束缚电荷, 这种极化方式又称为位移极化. 由极性分子组成的电介质, 在没有外电场时, 每个分子都有一定的电偶极矩, 但是由于分子热运动, 这些电偶极子的排列一般是杂乱无章的, 整个电介质呈中性, 对外不显示出极性. 当对极性电介质施加外电场时, 介质中的极性分子电偶极矩在外力矩的作用下向外电场方向转动, 如图 6.3 所示. 外电场越强, 这些电偶极子的排列越整齐, 电介质表面出现的束缚电荷也就越多, 电极化的程度也就越高, 这种极化被称为取向极化. 当外电场去除后, 非极性分子的电偶极矩消失, 极性分子电偶极矩的排列又处于混乱状态, 介质表面的束缚电荷也随之消失. 介质单位体积中电偶极矩的矢量和是用来衡量电介质极化强弱的一个参数, 该参数被称为电介质的极化强度 $\boldsymbol{P}$, 表示为

$$\boldsymbol{P}=\frac{\sum\mu}{\Delta V} \tag{6.2}$$

式中, $\sum\boldsymbol{\mu}$ 为体积为 ΔV 的电介质中电偶极矩的矢量和. 电极化强度 $\boldsymbol{P}$ 是一个具有平均意义的宏观物理量, 其单位为 C/m^2. 可以证明, $\boldsymbol{P}$ 的值等于介质表面的束缚电荷面密度. 当电介质中各处的电极化强度大小和方向均相同时, 称为均匀极化.

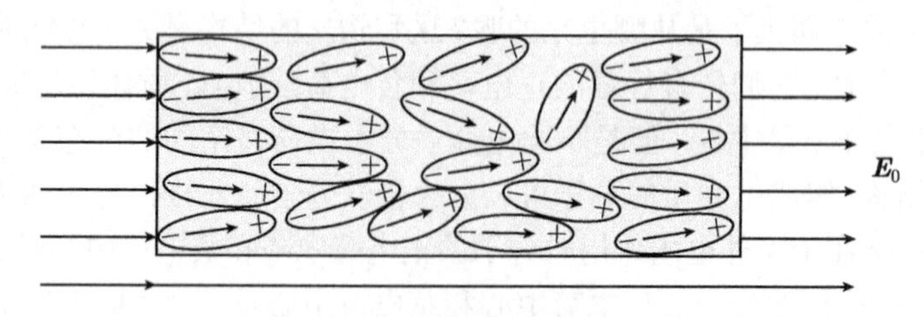

图 6.3 极性分子电介质在外电场作用下极化示意图

对于分子电偶极矩 μ 与电场强度成正比的线性极化, 有

$$\boldsymbol{\mu}=\alpha\boldsymbol{E}_{\mathrm{Loc}} \tag{6.3}$$

式中, $\boldsymbol{E}_{\mathrm{Loc}}$ 为作用在各原子、分子或离子等微粒上的局部电场; α 为比例系数, 称

为原子、分子或离子的极化率, 单位是 $\mathrm{F \cdot cm^2}$, 是表征电介质各种微粒极化性质的微观参数, 只与材料的性质有关. 由式 (6.2) 和式 (6.3) 可知, 若介质单位体积中有 n_0 个极化粒子 (原子、分子或离子等), 且这些粒子的极化率为 α, 则有

$$\boldsymbol{P} = n_0 \alpha \boldsymbol{E}_{\mathrm{Loc}} \tag{6.4}$$

在静电学中, 为了描述有电介质时的高斯定理而引入了一个物理量, 称为电位移矢量 $\boldsymbol{D}$, 其定义为

$$\boldsymbol{D} = \varepsilon_0 \boldsymbol{E} + \boldsymbol{P} \tag{6.5}$$

式中, 电极化强度 $\boldsymbol{P}$ 可以被认为是由电场强度引起的一种响应. 对于各向同性电介质, 电极化强度 $\boldsymbol{P}$ 和外电场的关系可表示为

$$\boldsymbol{P} = \varepsilon_0 \chi_{\mathrm{e}} \boldsymbol{E} = \varepsilon_0 (\varepsilon_{\mathrm{r}} - 1) \boldsymbol{E} \tag{6.6}$$

式中, E 为电场; χ_{e} 为电介质的电极化率 ($\chi_{\mathrm{e}} = \varepsilon_{\mathrm{r}} - 1$). χ_{e} 也是表示固体介电性能的一个基本参量, χ_{e} 越大, 电介质越容易极化. 联系式 (6.5) 和式 (6.6), 可得

$$\boldsymbol{D} = \varepsilon_0 \boldsymbol{E} + \boldsymbol{P} = \varepsilon_0 \boldsymbol{E} + \varepsilon_0 \chi_{\mathrm{e}} \boldsymbol{E} = \varepsilon_0 \varepsilon_{\mathrm{r}} \boldsymbol{E} = \varepsilon \boldsymbol{E} \tag{6.7}$$

式 (6.7) 说明, 在各向同性的电介质中, 电位移矢量等于电场强度的 ε 倍. 如果是各向异性电介质, 如水晶等, 则电极化强度和外加电场以及电位移矢量的方向并不一定一致, 电极化率也不能只用数值表示, 但式 (6.5) 仍然适用.

6.1.2 电介质的极化类型

电介质在外加电场作用下表现出来的宏观电极化强度实际上是电介质微观上各种极化机制贡献的结果, 它包括电子和离子的位移极化、偶极子取向极化、弛豫极化、空间电荷极化和自发极化.

1. 电子、离子位移极化

1) 电子位移极化

在外电场作用下, 组成电介质的原子或离子的电子云相对于原子核发生位移, 使得带正电的原子核与其壳层电子的负电中心出现不重合, 从而产生电偶极矩, 这种极化称为电子位移极化. 图 6.4 形象地表示了原子中正、负电荷中心分离的物理过程. 这种极化是原子内部发生的可逆变化, 不会导致介质的损耗. 由于电子很轻, 电子位移极化对外电场的响应速度很快, 在 $10^{-16} \sim 10^{-14}$ s 内. 电子位移极化在所有电介质中都存在.

理论和实验结果都证实了电子位移极化率 α_{e} 的大小与原子 (离子) 的半径有关, 用玻尔原子模型简单地处理原子, 一个点电荷 $-e$ 绕以电荷 $+q$ 为圆心的圆周轨道运动, 受到外电场后的感生偶极子产生的电子位移极化率为

$$\alpha_{\mathrm{e}} = 4\pi\varepsilon_0 r^3 \tag{6.8}$$

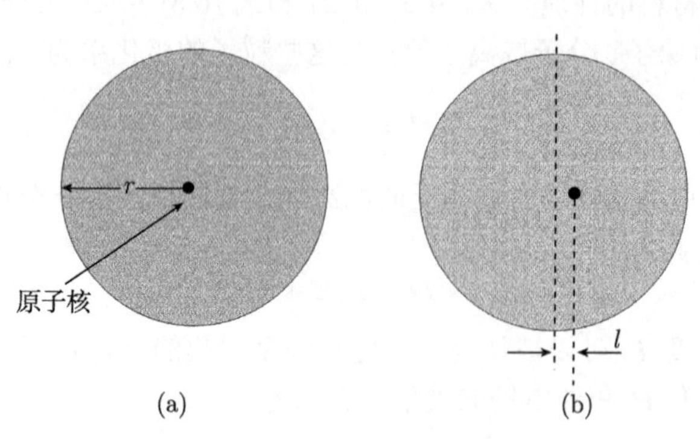

图 6.4　电子位移极化示意图

(a) $E=0$; (b) $E \neq 0$

即电子位移极化率 α_{e} 的大小与原子 (离子) 的半径 r 的立方成正比, 一般原子的 r 为 10^{-10}m 数量级, 所以 α_{e} 为 10^{-40} F·m^2 量级. 有关原子中的外层电子, 特别是价电子受原子核的束缚较小, 在外电场的作用下, 这些电子产生的位移最大, 因而对电子位移极化率的贡献也最大. 在元素周期表中, 电子位移极化率自上而下逐渐增大; 同一周期中的元素, 原子的电子位移极化率自左向右可能增大也可能减小, 这是因为自左向右虽然元素的电子数目增多, 但原子半径却可能减小, 结果要看哪个效应占优势.

根据定义, 介质极化强度为单位体积介质中的电偶极矩矢量和, 可见, 介质极化强度的大小不仅与介质中粒子的感应电偶极矩有关, 还与单位体积中的粒子数有关. 因此, 常用 $\dfrac{\alpha_{\mathrm{e}}}{r^3}$ 来衡量离子的电子位移对介质极化率 (或介电常数) 贡献的大小. $\dfrac{\alpha_{\mathrm{e}}}{r^3}$ 值较大的粒子通常对极化有较大的贡献 (r 为粒子半径), 如果希望得到介电常数大的材料, 就应在该材料中加入 $\dfrac{\alpha_{\mathrm{e}}}{r^3}$ 大于 1 的离子, 如 O^{2-}、Pb^{2+}、Ti^{4+}、Zr^{4+}、Ce^{4+} 等离子.

2) 离子位移极化

在电场作用下, 电介质的分子或晶胞中的正、负离子会在其平衡位置附近发生可逆性相对位移从而产生电偶极矩, 这种电极化称为离子位移极化. 离子晶体在外加电场后, 所有正离子受电场作用沿电场方向做同向位移, 而负离子则反方向位移, 可以理解为离子晶体在电场作用下离子间的键合被拉长了.

通常, 只有离子晶体才表现出比较显著的离子位移极化特性. 由于离子质量远高于电子质量, 离子位移极化建立所需的时间也较电子位移极化长一些, 为 10^{-13} ~10^{-12} s. 因此当外加电场的频率低于 10^{13} Hz 时, 离子位移极化就会发生. 离子位移极化率和离子间距离有关, 离子间距离增大时, α_{ion} 一般随之增大. 当温度升高时, 离子晶体中离子热振动加强, 离子间距离增大, α_{ion} 随之增大, 因此一般的离子晶体电介质的介电常数 ε 随着温度的升高而略有增大.

以 NaCl 晶体为例, 没有外加电场时, 由于正、负离子空间排列的对称性, 晶胞整体的固有电偶极矩等于零, 如图 6.5 所示. 外加电场后, 离子间距增大, 晶格发生畸变, 可以计算出离子位移极化率为

$$\alpha_{\mathrm{i}} = \frac{12\pi\varepsilon_0 a^3}{A(n-1)} \tag{6.9}$$

式中, a 为晶胞常数; A 为马德隆常数; n 为电子层拆力指数, 对离子晶体, $n = 7 \sim 11$. 由此可估计离子位移极化率 α_{i} 和电子位移极化率 α_{e} 的数量级也大致相当. 和电子位移极化类似, 离子位移极化并不会导致介质的损耗.

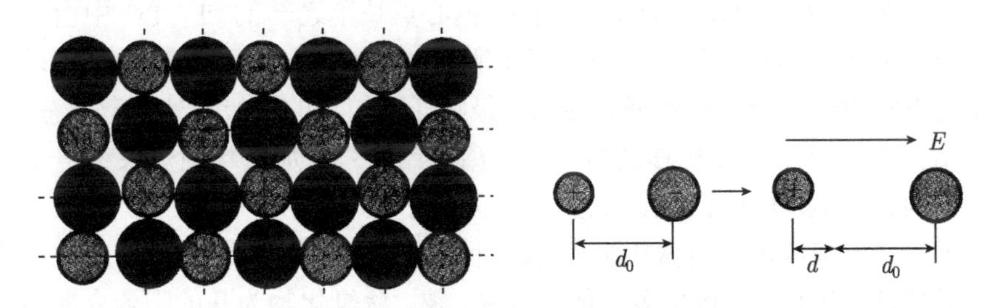

图 6.5 离子位移式极化

2. 取向 (转向) 极化

极性电介质中的极性分子在外电场作用下, 除贡献电子位移极化和离子位移极化之外, 其固有的电偶极矩也会由无序状态转为沿外电场方向有序排列并形成沿外电场方向的宏观电偶极矩 (图 6.3), 这种电极化称为取向极化.

在取向过程中, 分子的热运动和外电场是极性分子电偶极矩运动的两个矛盾驱动力. 电偶极子沿外加电场方向转向将降低偶极子的势能, 但分子热运动破坏这种有序化. 在两者平衡条件下, 极性分子偶极子取向极化率 α_{d} 为

$$\alpha_{\mathrm{d}} = \frac{\overline{\mu_0^2}}{3kT} \tag{6.10}$$

式中, $\overline{\mu_0^2}$ 为无外电场时介质中极性分子的均方偶极矩; k 为玻尔兹曼常量; T 为热力学温度. 从上式可看出, 取向极化率 α_{d} 与温度成反比, 而位移极化率则与温度无关. 取向极化率一般比电子位移极化率要高两个数量级, 约为 10^{-38} F·m^2 量级.

极性电介质分子在电场中转动时, 需要克服分子间的作用力, 所以, 偶极子取向极化需要较长时间, 为 $10^{-10} \sim 10^{-2}$ s. 这种极化是非弹性的, 在极化过程中要消耗一定电场能量, 导致介质损耗.

3. 弛豫极化

弛豫极化是一种和带电粒子热运动有关的极化方式. 如果材料中存在弱联系的电子、离子和偶极子等弛豫粒子, 分子热运动将使这些粒子分布混乱, 而外加电场则使它们分布有序, 平衡时便建立了极化状态. 这种极化具有统计性质, 称为热弛豫 (松弛) 极化. 这种极化对应的带电粒子运动距离可与分子大小相比拟, 甚至更大.

弛豫极化包括电子弛豫极化、离子弛豫极化和偶极子弛豫极化, 多发生在聚合物分子、晶体缺陷区、玻璃态材料或结构松散的离子晶体中.

1) 电子弛豫极化

晶格的热振动、晶格缺陷、杂质引入等因素, 使电子能态发生改变, 出现位于禁带中的局部能级形成弱束缚电子. 例如, 色心点缺陷之一的 "F- 心" 中由负离子空位所俘获的电子为周围结点上的阳离子所共有, 该电子为弱束缚电子, 可以在晶格热振动下吸收一定能量从较低的局部能级跃迁到较高的能级而处于激发态, 可以连续地由一个阳离子结点转移到另一个阳离子结点. 外加电场使弱束缚电子的运动具有方向性, 这就形成了极化状态, 称其为电子弛豫极化.

由于这些弱束缚电子可做短距离运动, 因此具有电子弛豫极化的介质往往具有电子电导特性. 电子弛豫极化多出现在以铌、铋、钛氧化物为基的陶瓷介质中.

2) 离子弛豫极化

在晶体中, 处于正常格点上的离子为强联系离子, 它们在电场作用下, 只能产生可逆位移极化. 但是在玻璃态材料、结构松散的离子晶体或晶体中的杂质和缺陷区域, 离子自身能量较高, 易于活化迁移, 这些离子称为弱联系离子. 弱联系离子可以在结构松散或缺陷区域附近运动. 在没有外加电场时, 弱联系离子向各个方向迁移的概率相等, 整个介质不呈现极化; 在外电场作用下, 弱联系离子向一个方向迁移的概率增大, 使得介质极化; 当外电场消失后, 这些离子不能回到原来的平衡位置, 因此是不可逆的迁移. 这种迁移的距离达到晶格常数数量级, 比离子位移极化时产生的弹性位移要大得多.

根据弱联系离子在有效电场作用下的运动, 以及对弱离子运动位垒的计算, 离子弛豫极化率 α_T 为

$$\alpha_T = \frac{q^2x^2}{12kT} \tag{6.11}$$

式中, q 为离子荷电量; x 为弱离子电场作用下的迁移; T 为热力学温度 (K); k 为玻尔兹曼常数. 由式 (6.11) 可见, 温度升高, 热运动对弱离子规则运动阻碍增大, 因此, 离子弛豫极化率 α_T 下降. 离子弛豫极化率比位移极化率大一个数量级, 因此, 电介质的介电常数较大.

电子弛豫极化、离子弛豫极化或偶极子弛豫极化建立平衡极化所需要的时间

都较长, 为 $10^{-3}\sim10^{-2}$ s. 因此在高频电场下, 弛豫极化往往不易形成, 导致介质的介电常数随频率升高而减小. 另外, 由于创建极化平衡要克服一定的势垒, 该过程不可逆, 因此弛豫极化是一种非可逆过程. 电场的变化会导致具有弛豫极化的电介质损耗增加.

4. 空间电荷极化

空间电荷极化主要是由于电介质内部存在不均匀性和界面. 例如, 晶界、缺陷或相界在陶瓷中是普遍存在的. 不均匀介质内部往往会混入一些自由电荷 (自由电子、间隙离子、空位等), 这些混乱分布的正、负电荷在外电场作用下分别向负、正极方向移动, 并在空间上分别集聚到某一地方而引起极化. 这种由于正、负电荷分离形成的极化称为空间电荷极化, 如图 6.6 所示. 在非均匀介质中存在的晶界、相界、晶格畸变、杂质、夹层、气泡等缺陷区, 均可以成为自由电荷运动的障碍, 在这些区域会集聚自由电荷并形成空间电荷极化. 这些空间电荷的集聚往往可形成与外电场方向相反的高强度电场, 因而这种极化方式有时也被称为高压式极化.

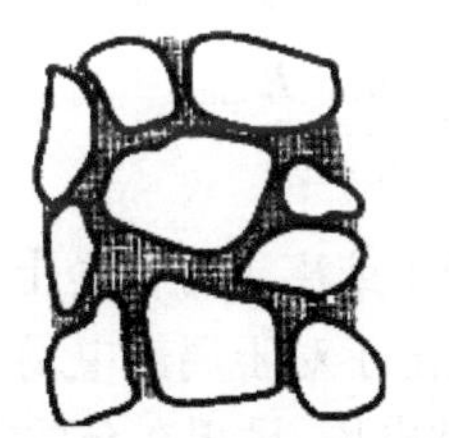
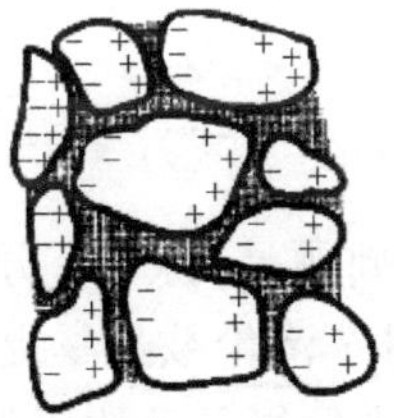

图 6.6 空间电荷极化

空间电荷极化需要较长的时间, 大约几秒到数十分钟, 甚至数十小时, 因此空间电荷极化只对直流和低频下的极化强度有贡献. 另外, 空间电荷极化还具有随着温度的升高下降的特点, 这是因为随着温度升高, 介质内粒子运动加剧, 离子容易扩散, 因而会导致空间电荷积聚减少.

5. 自发极化

以上介绍的极化过程都是在外加电场的作用下进行的. 有一类极性晶体在没有外电场作用时也会出现电极化现象, 这种极化状态并非由外电场引起, 而是由晶体内部结构造成的. 在外电场作用下, 这类晶体的极化强度和外电场之间的关系式是一种独特的非线性关系, 这种极化称为自发极化, 这一类晶体称为铁电晶体.

上面介绍了电介质中一些主要的极化机制. 显然, 电介质分子的极化率等于各种电子或者离子的极化率之和. 不过对于某一种具体电介质, 往往有一种极化占主导地位. 例如, 对于惰性气体占主导地位的极化是电子极化, 离子晶体中占主导地位的是离子极化, 而强极性电介质中占主导地位的是偶极子转向极化等.

6.1.3 电介质中的有效场和克劳修斯–莫索提方程

1. 洛伦兹有效场

上面讲到，电介质在外加电场作用下表现出来的宏观电极化强度实际上和电介质中各种微观极化率有关. 电极化强度 $\boldsymbol{P}$ 可以表示为电介质在实际电场作用下单位体积内所有电偶极矩的总和, 即

$$\boldsymbol{P} = \sum n_i \overline{\boldsymbol{\mu}_i} \tag{6.12}$$

式中, n_i 为单位体积内第 i 种偶极子数目, $\overline{\boldsymbol{\mu}_i}$ 为第 i 种偶极子平均偶极矩. 结合式 (6.3), 我们可以进一步把式 (6.12) 表示为

$$\boldsymbol{P} = \sum n_i \alpha_i \boldsymbol{E}_{\mathrm{loc}} \tag{6.13}$$

式中, α_i 是第 i 种偶极子电极化率. 结合式 (6.6) 和式 (6.13), 可以得到综合反映电介质内部电极化行为的主要宏观物理量 ε_{r} 和材料微观极化率之间的关系, 即

$$\varepsilon_{\mathrm{r}} = 1 + \frac{\sum n_i \alpha_i \boldsymbol{E}_{\mathrm{loc}}}{\varepsilon_0 \boldsymbol{E}} \tag{6.14}$$

但这里需要明确的问题是, 原子、分子或离子等微粒上的局部电场 $\boldsymbol{E}_{\mathrm{loc}}$(或称为有效电场) 到底是多少? 洛伦兹最早提出了对于局部电场 $\boldsymbol{E}_{\mathrm{loc}}$ 的近似计算方法. 为了考察介质内部单个电偶极子处的局部电场, 设想在介质中挖去一个以该偶极子为中心的小球体, 如图 6.7 所示. 这样就在这个特定的偶极子附近形成一个空腔, 这个空腔球的半径应该足够大, 以致球外的区域可以被看成介电常数为的 ε 的连续电介质, 即球外分子对电场的影响可以采用宏观方法处理. 但是球的半径也必须比整个介质小很多, 以保证空腔球的存在不会引起介质中电场的畸变和不均匀. 这样, 作用在空腔中心电偶极子处的局部电场 $\boldsymbol{E}_{\mathrm{loc}}$ 可表示为

$$\boldsymbol{E}_{\mathrm{loc}} = \boldsymbol{E} + \boldsymbol{E}_{\text{球外}} + \boldsymbol{E}_{\text{球内}} \tag{6.15}$$

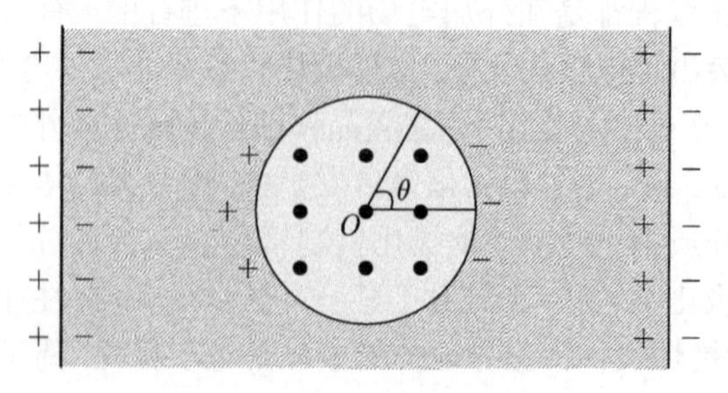

图 6.7　洛伦兹有效场模型

式中, $\boldsymbol{E}$ 表示外加的宏观电场; $\boldsymbol{E}_{\text{球外}}$ 表示球外连续介质在空腔中心处所产生的电场; $\boldsymbol{E}_{\text{球内}}$ 表示空腔内其他电偶极子在中心处产生的电场.

由静电学原理, 可以证明 $\boldsymbol{E}_{\text{球外}}=\boldsymbol{P}/3\varepsilon_0$. 对于具有对称中心及立方对称环境结构的晶体, $\boldsymbol{E}_{\text{球内}}=0$. 因此对于具有这类结构的晶体, 局部电场 $\boldsymbol{E}_{\text{loc}}$ 为

$$\boldsymbol{E}_{\text{loc}}=\boldsymbol{E}+\frac{1}{3\varepsilon_0}\boldsymbol{P} \tag{6.16}$$

将式 (6.6) 代入式 (6.16), 可得

$$\boldsymbol{E}_{\text{loc}}=\frac{\varepsilon_{\text{r}}+2}{3}\boldsymbol{E} \tag{6.17}$$

2. 克劳修斯–莫索提方程

式 (6.16) 和式 (6.17) 就是克劳修斯–莫索提方程. 莫索提假设弥散系中周围的分子对被考察分子作用的电场强度为零, 相当于洛伦兹理论中 $\boldsymbol{E}_{\text{球内}}=0$ 的情况.

将式 (6.17) 代入式 (6.14), 整理可得克劳修斯–莫索提方程的另一种形式

$$\frac{\varepsilon_{\text{r}}-1}{\varepsilon_{\text{r}}+2}=\frac{\sum n_i\alpha_i}{3\varepsilon_0} \tag{6.18}$$

上式表示了在 SI 单位制中电介质的介电常数与电极化率之间的关系. 克劳修斯–莫索提方程的意义在于把反映物质系统极化本质的宏观物理量 ε_{r} 和微观极化率 α_i 联系了起来. 需要注意的是: 在推导克劳修斯–莫索提方程时, 假设了 $\boldsymbol{E}_{\text{球内}}=0$, 因此上述方程仅适用于具有适当对称性的固体、分子间作用很弱的气体、非极性液体和非极性固体.

3. 介电常数的温度系数

介电常数随温度的变化会直接影响到电子设备中元器件对温度的稳定性. 介电常数的温度系数是指随温度变化, 介电常数的相对变化率, 其微分形式为

$$\alpha_\varepsilon=\frac{1}{\varepsilon}\frac{\mathrm{d}\varepsilon}{\mathrm{d}T} \tag{6.19}$$

实际工作中, 往往可采用以下形式

$$\alpha_\varepsilon=\frac{1}{\varepsilon}\frac{\Delta\varepsilon}{\Delta T}=\frac{\varepsilon_t-\varepsilon_0}{\varepsilon(t-t_0)} \tag{6.20}$$

式中, t_0 为原始温度, 一般为室温; t 为改变后的温度; ε_0 和 ε_t 分别为介质在温度 t_0 和 t 时的介电常数. 不同材料, 由于极化形式不同, 其介电常数的温度系数也不同, 可正也可负. 如果电介质只有电子式极化, 则温度升高, 介质密度降低, 极化强度降低, 这类材料的介电常数的温度系数是负的. 以离子极化为主的材料随温度升

高, 其离子极化率增加, 并且对极化强度增加的影响超过了密度降低对极化强度的影响, 因而, 这类材料的介电常数有正的温度系数.

在生产实际中, 人们往往采用改变双组分或多组分固溶体的相对含量来有效调节系统的 α_ε 值, 也就是用介电常数的温度系数符号相反的两种或多种化合物配制成所需 α_ε 值的材料, 具有负 α_ε 值的化合物有: TiO_2、$CaTiO_3$、$SrTiO_3$ 等; 具有正 α_ε 值的化合物有: $CaSnO_3$、$CaZrO_3$、$CaSiO_3$、Al_2O_3、MgO、CaO、ZrO_2 等.

当一种材料由两种介质 (包括两种不同成分, 不同晶体结构的化合物) 复合而成, 而这两种介质的粒度都很小, 分布又很均匀, 则这一材料的介电常数的温度系数为

$$\alpha_\varepsilon = x_1\alpha_{\varepsilon 1} + x_2\alpha_{\varepsilon 2} \tag{6.21}$$

式中, x_1、x_2 为组成相的摩尔分数; $\alpha_{\varepsilon 1}$、$\alpha_{\varepsilon 2}$ 为组成相的介电常数的温度系数. 从上式可看出, 通过调节各组分的相对含量, 可调制材料的 α_ε 值.

6.2 交变电场中的电介质

在电子元器件中, 电介质除承受直流电场作用之外, 更多地是承受交流电场作用. 因此, 电介质的动态特性, 如交变电场下的电介质损耗及强度特性是评价电介质物理性能非常重要的方面.

6.2.1 介电弛豫

由前面的介绍我们知道, 各种电极化过程都需要时间. 按照需要时间不同, 可以把这些微观极化过程分为两大类. 其中电子和离子位移极化达到稳态所需要的时间非常短 (一般在 10^{-16} ~10^{-12} s), 这对于无线电频率范围 (通常小于 5×10^{12} Hz) 来讲, 可以认为是瞬时完成的, 因此这类极化也被称为瞬间位移极化, 用 P_∞ 表示这类极化的极化强度. 而另一些极化需要的时间较长, 偶极子转向等极化方式在电场作用下达到稳定极化状态一般需要经历 10^{-10} s 或者更长时间, 因此这类极化

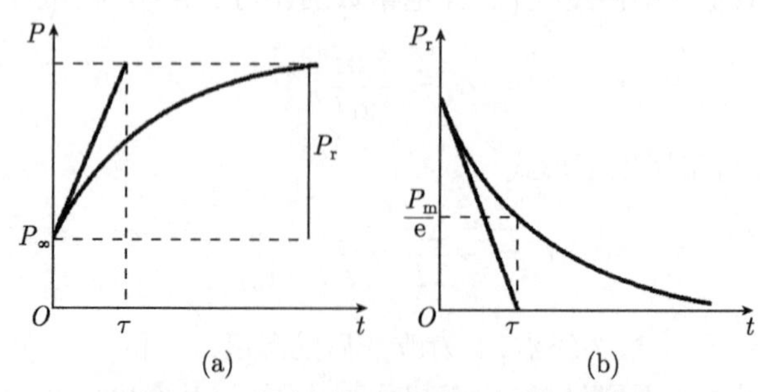

图 6.8　电介质极化强度与时间关系图

(a) 加上恒定电场后, 电介质极化强度 $\boldsymbol{P}$ 和时间 t 的关系; (b) 移去电场后松弛极化强度 $\boldsymbol{P}_\mathrm{r}$ 和时间 t 的关系

在外加电场频率较高时就有可能跟不上电场的变化, 表现出极化的滞后性, 这种现象称为介电弛豫现象, 因此这类极化又被统称为弛豫极化或松弛极化, 用 P_r 表示这类极化的极化强度. 图 6.8 描述了这两类极化的极化强度在恒定外加电场作用下随时间的变化关系.

一般电介质中往往同时有这两类微观极化机制存在, 因此其电极化强度可以表示为

$$\boldsymbol{P} = \boldsymbol{P}_{\infty} + \boldsymbol{P}_{\mathrm{r}} \tag{6.22}$$

式中, $\boldsymbol{P}_{\infty}$ 为瞬间位移极化强度; $\boldsymbol{P}_{\mathrm{r}}$ 为松弛极化强度.

一般来说, 松弛极化强度 $\boldsymbol{P}_{\mathrm{r}}$ 与时间的关系比较复杂. 若 t=0 时, $\boldsymbol{P}_{\mathrm{r}} = 0$, 并在此瞬时加上一个恒定电场, 则 $\boldsymbol{P}_{\mathrm{r}}$ 与时间 t 的关系可近似由下式表示

$$\boldsymbol{P}_{\mathrm{r}} = \boldsymbol{P}_{\mathrm{m}} \left(1 - \mathrm{e}^{-\frac{t}{\tau}}\right) \tag{6.23}$$

式中, $\boldsymbol{P}_{\mathrm{m}}$ 为稳态 (即 $t \to \infty$) 时的松弛极化强度; τ 为松弛时间常数 (也称为弛豫时间), 该值与温度有关.

如果在某一时刻移去加在电介质上的宏观电场, 那么松弛极化强度 $\boldsymbol{P}_{\mathrm{r}}$ 与时间 t 的关系可以表示为

$$\boldsymbol{P}_{\mathrm{r}} = \boldsymbol{P}_{\mathrm{m}} \mathrm{e}^{-\frac{t}{\tau}} \tag{6.24}$$

式 (6.24) 表明, 松弛时间 τ 是松弛极化强度 $\boldsymbol{P}_{\mathrm{r}}$ 降低为 $\boldsymbol{P}_{\mathrm{m}}$ 的 1/e 时所需的时间. 式 (6.23) 和式 (6.24) 的关系可以用图 6.8 中的曲线描述.

无论是瞬间位移极化还是松弛 (弛豫) 极化, 极化过程都伴随着电介质中电荷的重新排布, 因此会在电介质中引起电流. 均匀电介质在恒定电场作用下的极化过程中, 电介质中的电流由三部分组成: ① 瞬间位移极化引起的瞬间电流; ② 松弛极化引起的松弛电流; ③ 由于实际电介质并非理想绝缘体, 其电导率不等于零, 因此介质中还存在由于电导引起的电流, 该电流在电介质研究中被称为漏电电流. 其中, 瞬间电流并不会引起介质的损耗. 松弛极化电流是由松弛极化过程引起的, 这些极化过程需要一定的时间, 因此松弛电流在介质中会存在一段时间, 在这段时间内松弛电流的值持续减小, 就像水被沙子吸入那样, 松弛电流被电介质缓缓吸入, 因此也被称为吸收电流, 是介质在交变电场作用下介质损耗的重要来源. 至于漏电电流, 它是由介质电导引起的, 由它引起的介质损耗称为电导损耗.

6.2.2 交变电场下的介质损耗和复介电常数

在交变电场作用下, 电介质的弛豫 (松弛) 极化和电导共同引起介电损耗. 考虑一个电容为 C_0 的理想真空平板电容器, 如果把角频率为 ω=2πf 的交变电压

$U = U_0 e^{i\omega t}$ 加在该电容器上, 则在电容器极板上出现电荷 $Q = C_0 U$, 其回路电流为

$$I_{C_0} = \frac{dQ}{dt} = i\omega C_0 U_0 e^{i\omega t} = i\omega C_0 U \tag{6.25}$$

如果在上述真空电容器极板间填满相对介电常数为 ε_r 的理想电介质, 则电容器电容变为 $C = \varepsilon_r C_0$, 容易得出此时电容器中电流与外加交变电压的关系为

$$I_C = i\omega CU = i\omega \varepsilon_r C_0 U \tag{6.26}$$

由式 (6.25) 和式 (6.26) 可见, 在交变电压作用下, 理想电容器中的电流相位超前于电压 π/2, 该电流不吸收功率也不引起损耗, 称为无功电流或容性电流.

然而, 实际电介质材料和理想电介质不同, 实际介电材料中总是存在松弛电流或漏电电流, 因此真实介质电容器总是存在损耗. 这时, 交变电场作用下的电容器中除了容性电流 I_C 外, 还存在与电压同相位的电导分量 I_A, 这部分电流是消耗功率的, 因此被称为有功电流. I_A 和电压之间的关系可以由下式表示

$$I_A = GU \tag{6.27}$$

上式中的 G 称为介质电导, 这个电导不一定代表由于载流子迁移而产生的直流电导, 而是代表介质中存在损耗机制. 通过实际电容器中的总电流为容性电流 I_C 和有功电流 I_A 的矢量和, 如图 6.9 所示.

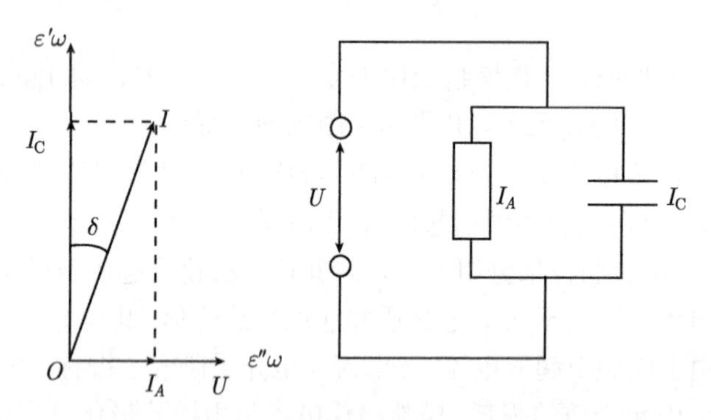

图 6.9　充有电介质材料的电容器上的电流

由图 6.9 中可见, 实际电容器中的总电流相位并不像理想电容器中那样超前于电压 $\frac{\pi}{2}$, 而是超前于电压 $\left(\frac{\pi}{2} - \delta\right)$, 或者说是电容器中总电流相位落后于容性电流 δ, 这里的 δ 称为电介质的损耗角, 可以用来表示介质损耗. 由图 6.9 还可以看出, 损耗角正切为 $\tan\delta = \frac{I_A}{I_C}$. 显然, 损耗角正切是电容器中有功电流分量和无功电流分量之比值, 其具体意义是有耗电容器每周期消耗的电能与其所存储的电能的比值. $\tan\delta$ 是电介质作为绝缘材料使用时评价的重要参数, 其值越小则表明电介质材料

单位时间内损失的能量越小. $\tan\delta$ 的数值可以直接通过实验测定, 与试样的大小和形状无关, 只和介质材料本身的属性有关, 是外加电场频率的函数.

由式 (6.26) 和式 (6.27) 可知, 实际电容器中的总电流与外加电压的关系也可用下式表示:

$$I = \mathrm{i}\omega CU + GU = (\mathrm{i}\omega C + G)U \tag{6.28}$$

设上式中 G 是由自由电荷产生的纯电导, 则 $G = \dfrac{\sigma S}{d}$(σ 为电导率, S 为平板电容器极板面积, d 为电介质厚度). 而平板电容器电容 $C = \dfrac{\varepsilon S}{d}$, 将 G 和 C 代入式 (6.28), 经化简可得平板电容器介质中电流密度 j 为

$$j = \frac{I}{S} = (\mathrm{i}\omega\varepsilon + \sigma)\frac{U}{d} = (\mathrm{i}\omega\varepsilon + \sigma)E \tag{6.29}$$

由此可以定义介质的复电导率 σ^*, 令

$$\sigma^* = \mathrm{i}\omega\varepsilon + \sigma \tag{6.30}$$

则式 (6.29) 可表示为 $j = \sigma^* E$. 类似于复电导率, 也可以定义电介质的复介电常数 ε^* 或复相对介电常数 $\varepsilon_{\mathrm{r}}^*$, 即

$$\varepsilon^* = \varepsilon' - \mathrm{i}\varepsilon'' \tag{6.31}$$

$$\varepsilon_{\mathrm{r}}^* = \varepsilon_{\mathrm{r}}' - \mathrm{i}\varepsilon_{\mathrm{r}}'' \tag{6.32}$$

我们也可以借用 $\varepsilon_{\mathrm{r}}^*$ 来描述前面分析的实际电容器中总电流. 如果在前述真空电容器中填满复相对介电常数为 $\varepsilon_{\mathrm{r}}^*$ 的实际电介质, 则电容器电容变为 $C = \varepsilon_{\mathrm{r}} C_0$. 在外加交变电压 $U = U_0 \mathrm{e}^{\mathrm{i}\omega t}$ 作用下, 则在此电容器极板上出现电荷 $Q = CU = \varepsilon_{\mathrm{r}}^* C_0 U$, 可以得出通过电容器中的电流为

$$I = \frac{\mathrm{d}Q}{\mathrm{d}t} = \varepsilon_{\mathrm{r}}^* C_0 \frac{\mathrm{d}U}{\mathrm{d}t} = \varepsilon_{\mathrm{r}}^* C_0 \mathrm{i}\omega U_0 \mathrm{e}^{\mathrm{i}\omega t} = (\varepsilon_{\mathrm{r}}' - \mathrm{i}\varepsilon_{\mathrm{r}}'') C_0 \mathrm{i}\omega U$$

上式还可以写成

$$I = \mathrm{i}\omega\varepsilon_{\mathrm{r}}' C_0 U + \omega\varepsilon_{\mathrm{r}}'' C_0 U \tag{6.33}$$

分析式 (6.33) 可知, 式中第一项是电容器充放电过程的电流, 与电压相位相差 $\pi/2$, 没有能量损耗, 而第二项的电流与电压同相位, 对应于能量损耗部分, 由此可以看出复介电常数的虚部 $\varepsilon_{\mathrm{r}}''$ 可以描述介质中的能量损耗, 因此 $\varepsilon_{\mathrm{r}}''$ 也被称为介质相对损耗因子.

有了复介电常数的定义后, 前面讲到的介质损耗角正切还可以用下式定义

$$\tan\delta = \frac{\varepsilon_{\mathrm{r}}''}{\varepsilon_{\mathrm{r}}'} \tag{6.34}$$

在高频绝缘应用条件下, 介质损耗角正切的倒数 $Q = (\tan\delta)^{-1}$ 被称为品质因数.

6.2.3 介质损耗和介电常数与外加电场频率的关系

理论和实验研究结果表明, 电介质的复介电常数和外加交变电场的频率有关. 如果介质的漏电电流损耗可以忽略, 介质的 ε_r'、ε_r'' 及 $\tan\delta$ 与交变电场频率 ω 的关系可由德拜方程式表示

$$\varepsilon_r' = \varepsilon_{r\infty} + \frac{\varepsilon_{rs} - \varepsilon_{r\infty}}{1+\omega^2\tau^2} \tag{6.35}$$

$$\varepsilon_r'' = (\varepsilon_{rs} - \varepsilon_{r\infty})\frac{\omega\tau}{1+\omega^2\tau^2} \tag{6.36}$$

$$\tan\delta = \frac{(\varepsilon_{rs} - \varepsilon_{r\infty})\omega\tau}{\varepsilon_{rs} + \varepsilon_{r\infty}\omega^2\tau^2} \tag{6.37}$$

式中, ε_{rs} 为静态或低频下的相对介电常数; $\varepsilon_{r\infty}$ 为光频下的相对介电常数. 从德拜方程可以看出:

(1) 在外加电场频率很低时, 介质复相对介电常数的实部 ε_r' 几乎不随外电场频率变化. 但随着外加电场频率的进一步升高, ε_r' 不断减小并接近光频下的介质相对介电常数 $\varepsilon_{r\infty}$.

(2) 介质复相对介电常数的虚部 ε_r'' 随频率的变化发生改变. 当 $\omega\tau = 1$ 时, ε_r'' 达到极大值.

(3) 介质损耗角正切 $\tan\delta$ 随频率变化也有一个最大值, 达到该值时对应的电场频率为 $\omega_m = \frac{1}{\tau}\sqrt{\frac{\varepsilon_{rs}}{\varepsilon_{r\infty}}}$. 图 6.10 是根据德拜方程作出的介质 ε_r'、ε_r'' 及 $\tan\delta$ 随外加电场频率的变化趋势图, 直观表现了复相对介电常数随电场频率的变化.

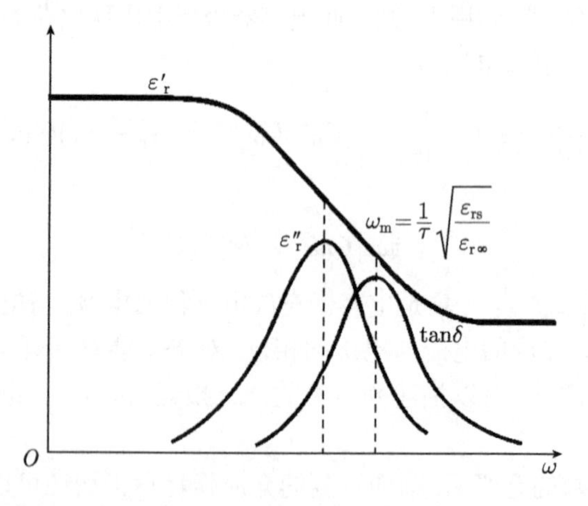

图 6.10 ε_r'、ε_r'' 及 $\tan\delta$ 与外加电场频率 ω 的关系

实际电介质中往往存在多种电极化机制 (参见 6.1.2 小节), 不同极化机制的弛豫时间 τ 不同, 因此导致 $\tan\delta$ 达到最大值的外电场频率 ω_m 也不同. 图 6.11 表示

了电介质的各种不同极化机制与频率的关系.

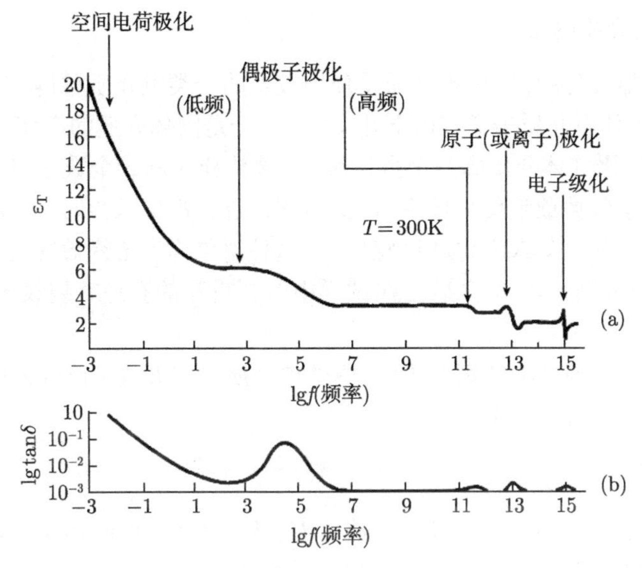

图 6.11 电介质的极化机制和频率的关系

另外, 介质的介电常数及损耗往往还与环境湿度有关系. 介质吸收水分后, 介电常数会增加, 介质电导随吸收水分的增加更为明显. 由于电导损耗增大以及松弛极化损耗增加, 介质吸潮后 $\tan\delta$ 会增大. 对于极性电介质或多孔材料来说, 这种影响特别突出, 如纸内水分含量从 4%增大到 10%时, 其 $\tan\delta$ 可增加 100 倍. 在实际应用中, 人们经常要设法减少水分对介质介电性能的这种不利影响, 如对多孔介电薄膜进行表面修饰使其具有疏水特性等.

6.3 电介质的击穿

6.3.1 击穿电场强度

当电介质用于绝缘材料、电容器介电材料和封装材料时, 通常都要经受一定的电场强度作用. 而电介质的特性, 如介电常数、绝缘性等, 都是指在一定的电场强度范围内的材料特性. 如果电场强度超过某一临界值, 电介质将会由介电状态变为导电状态, 这时电介质材料就失效了. 这种现象被称为介质的击穿, 相应的临界电场强度 $\boldsymbol{E}_{\mathrm{d}}$ 被称为材料的介电强度或击穿电场强度. 当外电场为匀强电场时, 有 $U_{\mathrm{d}} = E_{\mathrm{d}}h$, 若 h 为击穿处介质的厚度, 则 U_{d} 被称为介质的击穿电压.

电介质击穿强度不仅和介质材料的化学成分有关, 还受其他许多因素影响. 这些因素有介质材料的厚度、介质材料的孔隙度、晶体各向异性、非晶态结构、材料表面状态、环境温度和湿度、电极形状、电场频率和波形等.

6.3.2 固体电介质的击穿

在实际电器元件中, 固体电介质是使用较多的一类电介质材料. 与气体和液体电介质相比, 固体电介质击穿有以下几个特点：一是固体介质的击穿强度比气体和液体介质高, 约比气体介质高两个数量级, 比液体介质高一个数量级左右; 二是固体介质通常处于气体或液体环境中, 因此对固体进行击穿试验时, 击穿往往发生在击穿强度比较低的气体或液体环境媒质中, 这种现象称为边缘效应; 三是固体介质的击穿一般是破坏性的, 击穿后会在试样中留下贯穿的孔道、裂纹等不可恢复的伤痕.

根据电介质绝缘性能破坏的原因, 固体电介质击穿大致可以分为电击穿、热击穿以及电化学击穿等几种形式.

1. 电击穿

当电介质上的外加电压超过一定数值 U_B 时, 介质中的载流子迅速增值, 造成相当大的电流通过介质, 使介质丧失原有的绝缘性能, 这种在电场直接作用下发生的电介质破坏现象称为介质的电击穿. 这种击穿过程很迅速, 往往在 10^{-7} s 内完成, 击穿往往突然发生. 电介质研究中一般采用电击穿强度 (也称击穿场强)E_B 来描述各种材料在电场中的击穿现象：

$$E_B = \frac{U_B}{d} \tag{6.38}$$

式中, d 为介质的厚度; E_B 通常被认为是介质承受电场作用能力的一种量度, 是电介质材料的一项重要介电性能指标.

固体介质电击穿的理论是建立在气体放电的碰撞电离理论基础上的. 这一理论可简述如下：固体介质中因冷发射或热发射存在少量导电电子. 这些电子一方面在外电场作用下被加速获得动能, 另一方面又要与振动的晶格发生相互作用而损耗能量. 当这两个过程在一定的温度和电场强度下平衡时, 固体介质有稳定的电导. 当外加电场足够高, 使电子从电场中获得的能量超过其损耗的能量时, 电子的动能就越来越大, 当电子能量大到可使电子与晶格发生碰撞电离时将产生新的导电电子, 使介质中自由电子数迅速增加, 最终导致介质击穿.

固体介质中导电电子的来源可能有以下三种：① 本征激发. 常温下因热起伏使介质满带上的电子被激发到导带上而参与导电, 一般电介质中这种电子的数量较少. ② 杂质电离. 处于杂质能级激发态上的电子被激发进入导带成为导电电子, 此杂质能级上的电子一般由外来杂质引入或基质材料的化学计量比发生偏离而提供, 它的数量大于本征激发的导电电子. ③ 注入电子. 在强电场作用下, 直接从阴极发射出的自由电子注入电介质中.

理论上, 电子在外电场作用下获得能量并发生碰撞电离所需要的电场强度是很高的, 但实验结果表明实际材料的击穿强度往往偏低. 实际介质材料的击穿强度往往受多种因素影响, 比如在不均匀介质中, 随着试样厚度的增加, 材料的电击穿强度 E_B 显著下降.

温度对介质的击穿强度则有比较复杂的影响, 需要针对具体材料进行具体分析. 碰撞电离理论认为: 温度的升高将使电子与晶格的 "碰撞" 几率增加, 从而使传导电子能量损耗加剧, 因此导致介质的电击穿强度提高. 此外, 对于薄膜电介质材料来说, 如果薄膜的厚度非常薄, 电子尚未加速到能与晶格发生碰撞电离就已经到达阳极复合, 因而微米级薄膜的电击穿强度一般大大高于块体材料, 但由于膜太薄, 其能绝缘的电压值一般很低.

2. 热击穿

电介质在电场作用下要产生介质损耗, 这一部分损耗以热的形式耗散掉. 如果这种热量不能以足够快的速度散发到介质周围环境媒质中去, 将会引起介质温度的升高, 介质温度的上升又会导致介质电导率增加, 损耗加大, 使得介质中发热量更加大于散热量 …… 如此恶性循环, 直至电介质发生热破坏而丧失原有的绝缘性能, 这种击穿称为热击穿. 对于介质损耗较高的固体材料, 在高频电场下的击穿形式主要是热击穿.

瓦格纳于 1922 年最先应用数学方法建立了热击穿理论, 尽管该理论有不足之处, 但该理论物理概念清楚, 能够帮助我们定性了解热击穿的特性. 瓦格纳的理论认为电介质中发热量和外加电压及介质电导率有关, 而介质电导率又和介质温度有关. 因此介质中因损耗引起的发热量 Q_1 是电压和介质温度的函数. 对应于不同电压值, Q_1 与温度 T 之间形成一簇指数曲线 $Q_1(V_1)$、$Q_1(V_2)$、$Q_1(V_3)$, 如图 6.12 所

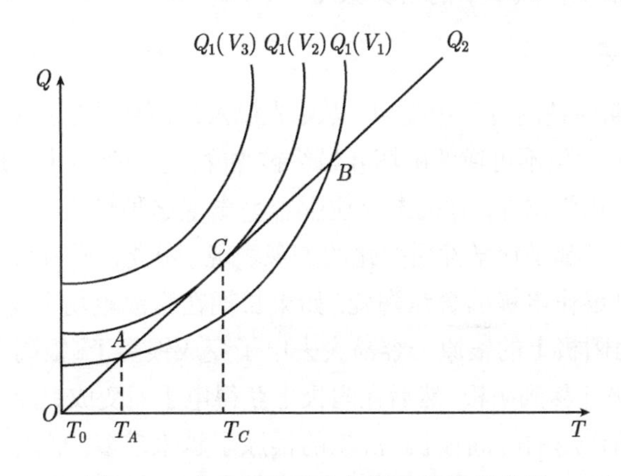

图 6.12 电介质的发热与散热曲线示意图

示. 图中的 T_0 为介质周围环境温度, 介质向周围环境的散热量 Q_2 则随介质温度成正比增加, 在图中为一条直线.

当外界电压很小时, 即对应曲线 $Q_1(V_1)$ 的情况: 当介质温度为 T_A 时, $Q_1 = Q_2$, 此时发热量与散热量相等, 电介质不会被热击穿, 对应于一个稳定的平衡态. 如果在某一瞬间电介质的温度小于 T_A, 那么介质发热量大于散热量, 电介质的温度将会升高并在 T_A 处达到热平衡状态. 当电介质的温度大于 T_A 但小于 T_B 时, 由于散热量大于发热量, 电介质将被冷却至 T_A. 而 B 点则是一个非稳定的平衡态, 此时电介质若受微小扰动使得温度大于 T_B 后, 介质温度将不断升高并最终被热击穿.

当外界电压较大时, 即对应曲线 $Q_1(V_3)$ 的情况, 此时介质发热量总是大于散热量, 材料必然会被热击穿. 而在某一特定电压 V_2 时, 曲线 $Q_1(V_2)$ 与直线 Q_2 相切于 C 点, 在温度 T_C 时达到热平衡. 这一条曲线是电介质热稳定状态与热不稳定状态的临界线, 电压高于它的曲线不可能达到热稳定状态, 在任何介质温度下都会导致热击穿; 电压低于它的曲线则在某一温度范围内能够保持热稳定状态, 而电压 V_2 也就是电介质的热击穿电压.

热击穿除与外加电压的大小、类型、频率和介质的电导、损耗有关外, 还与材料的热传导、热辐射以及介质试样的形状、散热情况、周围媒质温度等多种因素有关. 因此, 热击穿电压并不是电介质的一个固定不变的参数. 另外, 在发生热击穿时, 采取加厚绝缘的办法并不一定能起到提高介质击穿电压的作用, 此时人们往往采用增强散热或降低周围环境温度的方法来提高介质击穿电压.

热击穿等机制使得大部分材料在直流电场作用下的击穿强度高于交流电场作用下的击穿强度, 随着电场频率的提高, 材料击穿强度下降很快. 工程中, 电介质的击穿强度通常是指工作频率下的击穿强度.

3. 电化学击穿

电介质在长期的使用过程中受电、热、光以及周围媒质的影响, 产生化学变化使得介质介电性能发生不可逆的破坏并最终被击穿, 这一类电击穿现象在工程上称为老化, 也称为电化学击穿. 有机电介质中容易出现这种形式的击穿, 例如有机电介质的变硬、变黏等都是化学性质变化的宏观表现. 陶瓷介质材料的化学性质比较稳定, 但是对于以银作电极的含钛陶瓷, 如果长期在直流电场下使用, 也会产生不可逆的变化. 因为阳极上的银原子容易失去电子变成银离子, 银离子进入电介质后沿电场方向从阳极迁移到阴极, 然后在阴极上获得电子而变成银原子沉积在阴极附近, 如果直流电场作用的时间很长, 沉积的银原子越来越多, 形成枝蔓状向电介质内部延伸, 相当于缩短了电极间的距离, 从而使含钛陶瓷介质的击穿电压下降.

6.3.3 影响材料击穿强度的因素

在工程实践中, 由于电介质本身结构因素和周围环境因素的影响, 电介质的击穿过程异常复杂. 上面介绍的几种击穿理论只能帮助我们对于电介质在电场作用下可能发生的击穿过程有一个直观了解, 还远远不能概括电介质所有的实际击穿过程. 实际上, 迄今为止还没有一种理论能够准确、清晰地阐明所有的击穿过程, 现有的理论只能作为材料失效分析的参考判据. 对于固体电介质材料击穿破坏的失效分析, 可以从两个方面进行考虑, 一个方面是物质结构的影响, 另一个方面是环境和测试条件的影响. 其中前者往往被认为是影响介质击穿特性的主要因素, 下面我们对此作简单介绍.

1. 介质结构的不均匀性

无机材料的组织结构往往是不均匀的, 有晶相、玻璃相和气孔存在, 这些结构因素具有不同的介电特性, 因而这种不均匀性在击穿过程中产生的影响是非常显著的. 多相材料在电场下的击穿情况很复杂, 这里仅以不均匀介质的最简单情况——双层介质为例加以分析.

设某一平板状电介质由两层具有不同介电性质的材料组成, ε_1、σ_1、d_1 和 ε_2、σ_2、d_2 分别代表第一层、第二层材料的介电常数、电导率和厚度. 若在此系统上施加直流电场 E, 则各层内的电场强度 E_1、E_2 为

$$\begin{cases} E_1 = \dfrac{\sigma_2(d_1+d_2)}{\sigma_1 d_2+\sigma_2 d_1} \times E \\ E_2 = \dfrac{\sigma_1(d_1+d_2)}{\sigma_1 d_2+\sigma_2 d_1} \times E \end{cases} \tag{6.39}$$

式 (6.39) 表明, 由于电导率的不同, 这两层介质承受的电场强度大小是不同的, 电导率较小的介质承受的场强较高, 电导率较大的介质承受的场强较低. 在交流电场的作用下也有类似的关系, 如果两层介质的电导率 σ_1 和 σ_2 相差较大, 则必然使其中一层的场强远大于平均电场强度 E, 从而导致这一层可能首先达到击穿强度而被击穿. 一层击穿之后, 增加了另一层的电压, 且电场因此大大畸变, 结果另一层也随之击穿. 由此可见, 材料组织结构的不均匀性可能引起击穿场强的下降. 这也是通常不均匀介质的击穿场强随厚度的增加而下降的原因之一.

陶瓷材料中的晶相和玻璃相的分布可看成多层介质的串联和并联, 上述分析方法同样适用.

2. 材料中气泡的作用

事实上, 气泡也是介质结构的组成成分之一, 可以把它纳入介质结构的不均匀性因素来讨论. 但是, 对于许多无机电介质材料 (如陶瓷材料) 来说, 不可避免的少

量气泡的存在对材料性能的影响是独特而显著的, 因此有必要单独加以说明.

由于气泡的介电常数和电导率都很小, 因此介质受电压作用时, 介质中气泡所承受的电场强度较高. 而气泡本身的介电强度又远低于固体介质, 因此, 在电场作用下材料中的气泡往往首先被击穿. 气泡击穿后引起气体放电 (内电离), 这种内电离的过程产生大量的热, 容易引起整个介质击穿. 由于气孔附近的区域强烈过热, 内电离过程同时也会在材料内部形成相当高的内应力, 材料也易丧失机械强度而被破坏, 这种击穿现象常被称为电–机械–热击穿.

气泡对于在高频、高压条件下使用的电容器陶瓷介质或电容器聚合物介质都是十分值得重视的问题. 将含气孔的介质看成电阻、电容串并联等效电路, 由电路充放电理论分析可知, 在交流电场频率为 50 Hz 的情况下, 介质中气泡每秒至少放电 200 次. 可想而知, 在高频下内电离的后果是相当严重的. 此外, 内电离不仅会引起电–机械–热击穿过程的发生, 而且还会在介质内引起不可逆的物理化学变化, 从而造成介质击穿电压的下降.

3. 材料的表面状态和边缘电场

材料的表面状态包括材料的表面加工情况、表面的清洁程度、表面周围的介质及接触等. 固体介质的表面, 尤其是附有电极的表面, 在电场的作用下常常发生介质的表面击穿, 这种击穿通常属于气体放电. 固体电介质常处于周围气体环境中, 有时介质本身并未击穿, 但有火花掠过它的表面, 这种现象就是表面放电.

固体介质的表面放电电压总是低于没有固体介质时的空气击穿电压, 其降低的情况通常取决于以下三个条件:

(1) 介质材料不同, 表面放电电压也不同. 例如, 铁电陶瓷介质由介电常数大、表面吸湿等原因引起空间电荷极化, 使表面电场发生畸变, 使得表面击穿电压降低.

(2) 固体介质与电极接触不好, 使表面放电电压降低, 尤其当不良接触处在阴极时更是如此. 原因是空气隙介电常数低, 根据夹层介质原理, 电场发生畸变, 空气隙处容易放电. 材料介电常数越大, 此效应越显著.

(3) 电场频率不同, 表面放电电压也不同. 一般情况下, 表面放电电压随电场频率升高而降低. 这是由于气体正离子的迁移率比电子小, 形成正的体积电荷, 频率高时, 这种现象更为突出. 固体介质本身也因空间电荷极化导致电场畸变, 因而表面击穿电压下降.

所谓边缘电场是指电极边缘的电场. 电极边缘常常电场集中, 因而击穿常在电极边缘发生, 即边缘击穿. 表面放电和边缘击穿不仅取决于材料的介电常数和电导率, 还取决于电极周围媒质以及电极的形状和相互位置. 因此, 表面放电和边缘击穿电压并不能表征材料的介电强度, 它与装置条件有关, 通过对介质周围媒质的选择和对电极边缘形状的合理设计, 这两个指标都能够得到提高.

提高表面放电电压, 防止边缘击穿可以发挥材料介电强度的有效作用, 这对于高压下工作的元件, 尤其是在高频、高压下工作的元件, 是极为重要的. 另外, 对材料介电强度的测量工作也有意义. 为了防止表面放电和边缘击穿现象的发生, 应选取电导率和介电常数较高的媒质, 并且媒质自身应有较高的介电强度. 例如, 在介质的介电强度测试工作中, 常选用硅油或变压器油作为媒质. 此外, 对于在高频高压条件下使用的陶瓷电介质, 根据额定电压的不同, 常采用浸渍、灌注、包封、涂覆以及在电极边缘施以半导体釉等方法, 提高电极边缘电场的均匀性, 消除由于空气存在而产生的表面放电因素, 从而提高表面放电电压和防止边缘击穿.

总之, 对于在高频、高压条件下工作的电介质材料来说, 除了注重提高材料自身的介电强度以外, 对其结构和电极的合理设计也是至关重要的.

6.4 压电材料

前面介绍了电介质的一般性质, 其作为材料主要应用于电气、电子工程中作为绝缘材料、电容器材料和封装材料. 此外, 一些电介质还有一些特殊性质, 如压电性和铁电性等. 具有这些特殊性质的电介质可以作为功能材料, 不仅可以在电子工程中作为传感器、驱动器元件, 还可以在光学、声学等领域发挥独特的作用.

6.4.1 压电效应

1880 年居里兄弟首先在石英晶体中发现了压电效应. 对于不存在对称中心的异极晶体, 加在晶体上的机械应力除了使晶体发生形变以外, 同时, 还将改变晶体的极化状态, 在晶体内部建立电场, 这种由于机械应力的作用而使介质发生极化的现象称为正压电效应. 反之, 如果把外电场加在这种晶体上, 改变其极化状态, 晶体的形状也将发生变化, 这就是逆压效应. 二者统称为压电效应.

压电效应与晶体结构有密切联系. 下面以 α- 石英晶体为例简单介绍晶体压电性产生的原因. α- 石英晶体属于离子晶体三方晶系, 无中心对称的 32 点群, 其晶胞包含三个硅离子和六个氧离子. 在应力作用下, 压电晶体两端能产生最强束缚电荷的方向称为电轴. α- 石英晶体的电轴是 x 轴, z 轴为光轴 (即光沿 z 轴进入时不产生双折射). 从 z 轴看 α- 石英晶体的结构如图 6.13(a) 所示, 图中大圆是硅原子, 小圆是氧原子. 由图 6.13(a) 可见, 硅离子按左螺旋线方向排列, $3^{\#}$ 硅离子比 $5^{\#}$ 硅离子较深 (向纸内), $1^{\#}$ 硅离子比 $3^{\#}$ 硅离子较深. 不受机械应力作用时, 由于正、负电荷中心重合, 晶体对外不呈现极化. 为了理解正压电效应产生的原因, 现将图 6.13(a) 绘成投影图, 上下两个氧离子以一个氧符号代替并把氧离子也编成号, 如图 6.13(b) 所示. 利用该图可以定性解释 α- 石英晶体产生正压电效应的原因.

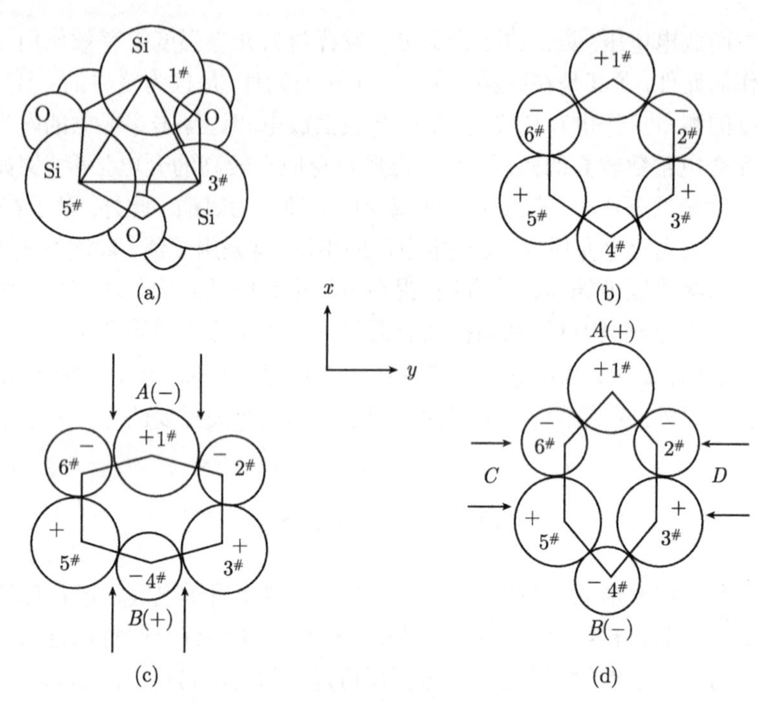

图 6.13　α- 石英晶体产生正压电效应示意图

(1) 如果晶片受到沿 x 方向的压缩力作用, 如图 6.13(c) 所示, 这时 $1^{\#}$ 硅离子挤入 $2^{\#}$ 和 $6^{\#}$ 氧离子之间, 而 $4^{\#}$ 氧离子挤入 $3^{\#}$ 和 $5^{\#}$ 硅离子之间, 结果表面 A 出现束缚负电荷, 而在表面 B 出现束缚正电荷, 这就是纵向压电效应.

(2) 如果晶片受到沿 y 方向的压缩力作用, 如图 6.13(d) 所示, 这时 $3^{\#}$ 硅离子和 $2^{\#}$ 氧离子以及 $5^{\#}$ 硅离子和 $6^{\#}$ 氧离子都向内移动同样数值, 因此在表面 C 和 D 上不出现电荷, 而在表面 A 和 B 上则出现束缚电荷, 但是束缚电荷符号恰好与图 6.13(c) 中相反, 这就是横向压电效应.

(3) 如果晶片受沿 z 方向的机械应力压缩或拉伸, 由于晶体中带电粒子总是保持初始状态的正、负电荷中心重合, 所以不出现束缚电荷.

由上可知, 正压电效应的表现是晶体受特定方向作用力后在特定平面上产生束缚电荷, 从而在晶体中出现净电偶极矩. 其直接成因是应力使晶体产生应变, 改变了晶体中正、负离子的相对位置. 如果晶体结构具有对称中心, 那么只要作用力没有破坏其对称中心结构, 晶体正、负电荷的对称排列也不会改变, 即使晶体在应力作用下产生了应变, 晶体内也不会产生净电偶极矩. 而没有对称中心的晶体结构, 没有外加电场或机械应力时正、负电荷中心重合, 但是受应力作用产生应变时其正、负电荷中心就有可能不再重合并产生净电偶极矩. 因此, 晶体是否具有压电性, 受到晶体结构对称性的制约, 具有对称中心的晶体不可能具有压电性. 由此可知, 在晶体的 32 种点群结构中, 只有 20 种点群结构的晶体才可能具有压电性. 然而. 并不是具有这 20 种点群结构的晶体一定有压电性, 因为压电体首先必须是电介质材料 (或者半导体材料), 同时其结构必须要有带正、负电荷的粒子——离子或离子团存在. 也就是说, 压电体必须是没有对称中心的离子晶体或者是没有对称中心的由离子团组成的分子晶体.

6.4.2 压电材料主要的表征参数

压电材料性能的表征参数, 除了描述电介质的一般参数如介电常数、介质损耗角正切 (电学品质因数 Q_{e})、介电强度外, 还有描述谐振时机械能与电能相互转换的机电耦合系数 K 以及描述压电材料弹性谐振时力学性能的机械品质因数 Q_{m} 等. 现简单介绍如下:

1. 机电耦合系数

如果把外力加到压电材料上, 外力将使之变形并通过正压电效应把输入的部分机械能转换为电能. 显然, 外力所做的机械功只有一部分能转化为电能, 其余部分则使压电材料变形, 以弹性能的形式储存在压电材料中. 反之, 如果对压电材料加上电场, 外电场将使其极化并通过逆压电效应把输入的一部分电能转换成机械能, 外电场所做的总电功也只有一部分能够转换为机械能, 其余部分则使压电材料极化, 以电能的形式储存在压电材料中. 为了衡量压电材料的机械能和电能相互转换能力, 人们定义了机电耦合系数 K:

$$K^2 = \frac{\text{通过正压电效应由机械能转换的电能}}{\text{输入的总机械能}} \tag{6.40}$$

或

$$K^2 = \frac{\text{通过逆压电效应由电能转换的机械能}}{\text{输入的总电能}} \tag{6.41}$$

由上式可以看出, 机电耦合系数是一个无量纲量, 其最大值为 1, 当 K=0 时则意味着无压电效应发生. 需要指出的是, 式 (6.40) 和式 (6.41) 中的 K^2 并不等于能量转换效率. 这是因为正压电效应或逆压电效应过程中未被转换的那一部分能量是以电能或弹性能的形式可逆地储存在压电体内. 一个 K^2=0.5 的压电振子, 在谐振时能量转换效率可以高达 90%以上. 但是在失谐或匹配不好时, 能量转换效率将大大降低.

由于压电材料储存的机械能与材料形状、尺寸和振动模式有关, 同一器件在不同振动模式下的机电耦合作用不一定相同, 所以不同振动模式有不同的机电耦合系数名称. 例如, 对于薄圆片形压电晶体, 其径向伸缩振动模式的机电耦合系数用 K_p 表示 (又称平面机电耦合系数), 反映长方薄片形压电晶体沿厚度方向伸缩振动的

机电耦合系数用 K_t 表示. 图 6.14 给出了各种振动模式的尺寸条件及其机电耦合系数名称.

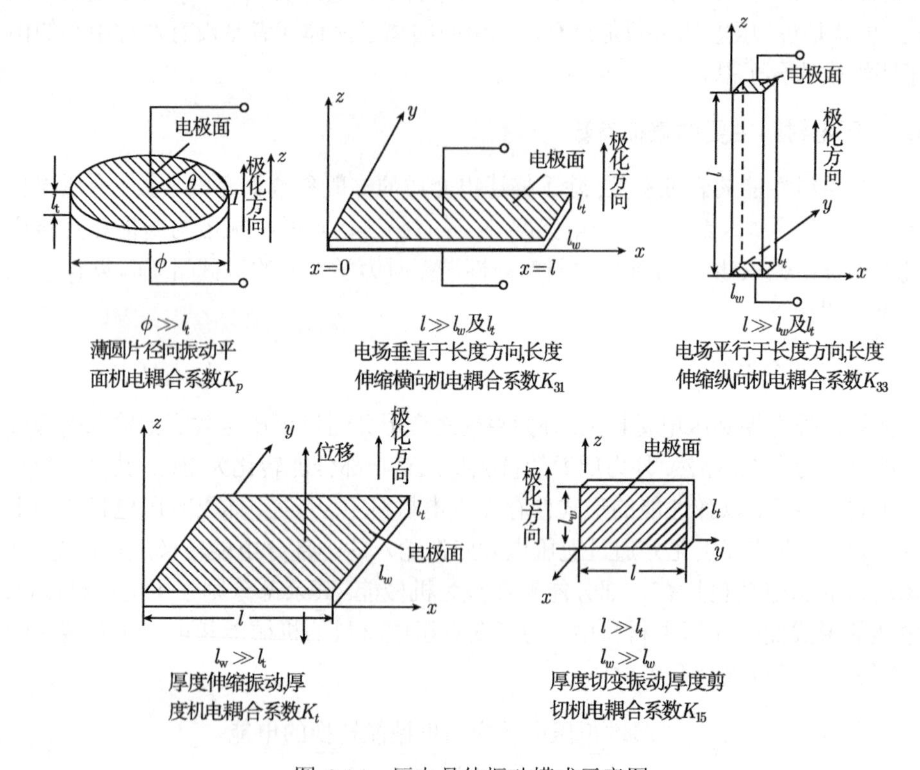

图 6.14　压电晶体振动模式示意图

2. 机械品质因数

通常, 工程中应用的谐振换能器或标准频率振子等压电器件主要是利用压电晶体的谐振效应. 所谓谐振效应是指: 把交变电场加在具有一定取向和形状的压电晶片上时会在压电材料内激起各种模式的弹性波, 当外电场频率与晶片的机械谐振频率一致时, 就会使晶片因逆压电效应而产生机械谐振, 这种晶片称为压电振子. 压电振子谐振时, 仍存在内耗, 使材料发热, 降低性能. 反映这种损耗程度的参数称为机械品质因数 Q_m, 其定义式为

$$Q_\mathrm{m} = 2\pi\frac{U_\mathrm{m}}{\Delta U} \tag{6.42}$$

式中, U_m 为谐振时振子储存的最大弹性能; ΔU 为振子每个振动周期内损耗的机械能. 不同压电材料的机械品质因数 Q_m 的大小不同, 同一压电材料在不同振动模式下的 Q_m 也往往不同. 不做特殊说明时, Q_m 一般是指压电材料做成薄圆片时径

向振动模式的机械品质因数.

3. 频率常数

压电体的频率常数 N 是指压电振子的谐振频率 f_r 与主振动方向尺寸 (或直径) 的乘积. 它是一个常数, 单位为 Hz · m.

对于直径为 d 的薄圆片径向伸缩振动模式的压电振子:

$$N_d = f_r d \tag{6.43}$$

对于长为 l 的薄长片长度伸缩振动模式的压电振子:

$$N_l = f_r l \tag{6.44}$$

对于厚度为 t 的薄长片厚度振动模式的压电振子:

$$N_t = f_r t \tag{6.45}$$

压电体的频率常数与压电振子尺寸无关, 只与压电材料的性质、振动模式有关. 因此, 由式 (6.43)、式 (6.44) 和式 (6.45) 可知, 压电振子的谐振频率 f_r 与振子主振动方向的尺寸成反比. 频率常数是表征压电材料压电性能的又一重要参数, 当已知压电材料的频率常数 N 后, 就可根据所需要的谐振频率 f_r 来确定压电振子尺寸, 还可根据工艺上可能获得的压电振子几何尺寸, 估算谐振频率 f_r 的极限.

除上述压电材料的表征参数外, 工程实践中还要了解压电材料的一些其他性能, 如频率常数、经时稳定性 (老化) 及温度稳定性等性能.

6.4.3 压电材料的应用

石英是压电晶体的代表, 利用石英的压电效应可以制成振荡器和滤波器等频控元件. 第一次世界大战中, 居里的继承人朗之万为了探测德国的潜水艇, 用石英制成了水下超声探测器, 从此揭开了压电材料应用的光辉篇章. 目前, 压电材料的应用相当广泛, 已经实用的包括压电驱动器、鉴频器、时间振荡器、变压器、滤波器、发射型换能器、接收型换能器和传感器等多种器件. 这些由压电材料制成的众多不同用途的电子器件可以粗略分为两大类: 谐振器和振动能–电能换能器.

1. 谐振器

1918 年 Cany 通过对罗西盐晶体在机械谐振频率附近的特异电性能研究发明了谐振器, 为压电材料在通信技术和频率控制等方面的应用奠定了理论基础. 利用压电石英晶体制成的谐振器自 20 世纪 40 年代以来就成为石英钟、电子表、电话、电视、计算机等与数字电路有关的频率基准元件. 最好的石英钟经过差不多 270 年才误差一秒, 尽管目前已有更为精确的计时技术, 但由于石英晶体制成的谐振器具有成本低、体积小和能量消耗小的优势, 目前仍是应用极为广泛的计时元件. 压电谐振器的用途十分广泛, 除作为频率基准元件外, 也可做成多种用途的传感器.

2. 换能器

换能器是将机械振动转变为电信号或在电场驱动下产生机械振动的器件. 压电换能器的应用十分广泛, 如煤气灶、煤气热水器等的点火都要用到压电换能器. 按照频率的不同, 压电换能器可分为电声换能器、水声换能器和超声换能器等. 电声换能器主要用于麦克风、立体声耳机和高频扬声器; 压电水声换能器多用于军事应用, 如用于水下探测和监视, 随后应用领域逐渐拓展到地球物理探测等方面; 压电超声换能器则在生物医学领域, 尤其是超声成像中, 获得了非常成功的应用.

3. 传感器

压电材料的一个重要应用领域是作为传感器, 利用压电材料的谐振和压电特性可以制造出多种用途的传感器. 很早以前, 压电晶体的正压电效应就已被用于测力的传感器, 而压电谐振器同时也是一种典型的机械传感器, 能将外加层分析物的质量或厚度的变化转换为电学信号. 压电晶体表面微小的压力变化会引起其振动谐振频率的改变, 因此通过测量其谐振频率的变化可以测定晶体表面的应力变化并进一步反映出晶体表面附着质量的改变. 利用石英晶体制成的压电传感器可用于微质量称重, 目前广泛应用在生物检测以及薄膜生长实时控制等领域.

现代汽车工业中, 常利用压电式压力传感器测量发动机内部燃烧压力及真空度. 利用压电晶体还可以制造出加速度传感器、超声传感器等. 压电加速度传感器具有结构简单、体积小、重量轻、使用寿命长等特点, 在飞机、汽车、船舶、桥梁和建筑的振动和冲击测量中已经到得到了广泛的应用. 压电超声波传感器的应用也十分广泛, 军事上潜艇的声呐、民用中汽车的倒车雷达都是压电超声波传感器的应用实例.

总之, 可以毫不夸张地说, 压电材料的应用遍及当今社会日常生活的每个角落, 人们几乎每天都有可能涉及压电材料的应用. 打火机、煤气灶、汽车发动机等的点火要用到利用压电换能器制作的点火器; 电子手表、声控门、报警器、电话等要用到压电谐振器、蜂鸣器; 银行、商店和安全保密场所的管理以及侦察、破案等场合要用到能验证每个人笔迹和声音特征的压电传感器; 家用电器产品如电视机要用到压电陶瓷滤波器、压电声表面波器件、压电变压器等; 照相机和录像机要用到压电马达等. 压电器件不仅在工业和民用产品上用途广泛, 在军事上也同样获得了大量应用. 雷达、军用通信和导航设备等方面都需要大量的压电陶瓷滤波器和压电声表面波器件. 目前, 压电材料又被广泛地应用在智能结构中, 在开发下一代高性能机械、航空器和航天器的研究中, 科技工作者对压电材料投入了越来越多的注意力.

6.5 铁电材料

6.5.1 铁电体、电畴

1. 铁电体

一些晶体由于其特殊的结构, 在无外电场作用时就存在电偶极子的规则排列, 这种极化称为自发极化. 这些晶体在某温度范围内具有自发极化, 且自发极化的方向可因外电场的作用而反向, 晶体的这种特性称为铁电性, 具有铁电性的晶体称为铁电体.

图 6.15 描述了典型的铁电体极化强度随外加电场的变化曲线, 称为电滞回线. 和磁滞回线类似, 构成电滞回线的重要参量有: 饱和极化强度 P_s、剩余极化强度 P_r 和矫顽电场 E_c. 从电滞回线可以清楚看到铁电体具有自发极化, 而且这种自发极化的电偶极矩在外电场作用下可以改变取向, 甚至反转. 在同一外电场作用下, 铁电体的极化强度可以有双值, 这也是铁电体的重要物理特性. 当温度达到某一临界温度时, 铁电晶体由铁电相转变为非铁电相, 自发极化也随之消失, 该临界温度称为铁电居里温度 T_C.

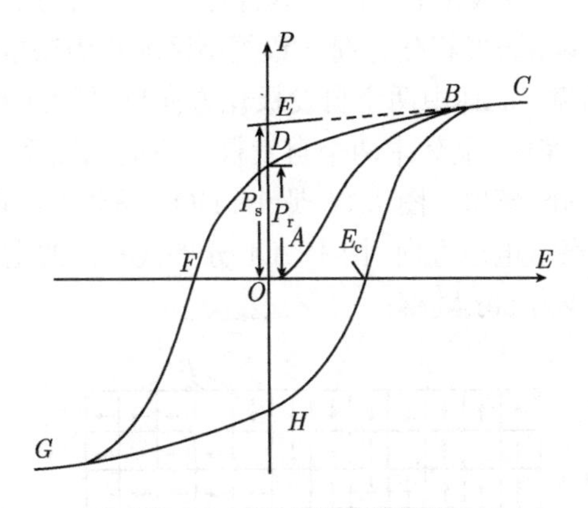

图 6.15 铁电体电滞回线

由于极化的非线性, 铁电体的介电常数不是常数, 而是随外电场的变化而变化. 一般以如图 6.15 所示中的 OAB 在原点处的斜率来代表介电常数. 所以在测量介电常数时, 所加的测试电场应很小. 环境温度对铁电晶体的介电常数也有很大影响. 在居里温度附近, 铁电体的介电常数出现极大值, 图 6.16 表示了 $BaTiO_3$ 多晶体的介电常数和温度的关系. 纯钛酸钡陶瓷的介电常数在室温范围内随温度变化比较平缓, 在居里点 (120°C) 附近, 其介电常数急剧增加, 达到峰值. 由于钛酸钡陶瓷的 ε_r 在室温下随温度变化平缓, 可以用来制造小体积大容量的陶瓷电容器. 为了进一步改善其室温下的介电常数, 还可在铁电材料中引入某种添加物形成固溶体以改变材料的居里点或降低铁电材料在居里点处介电常数的峰值.

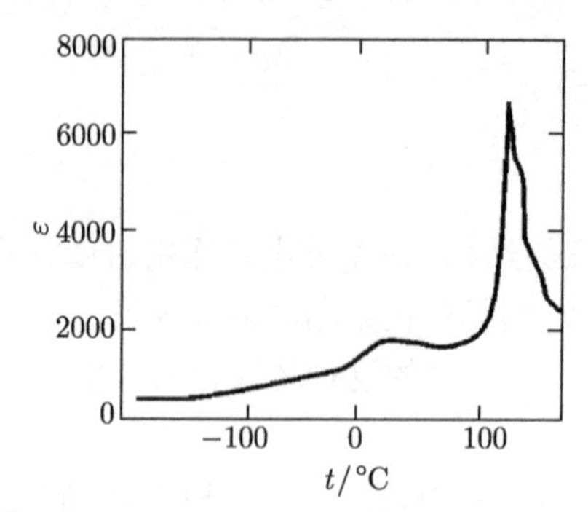

图 6.16 $BaTiO_3$ 多晶体的介电常数和温度的关系 (电场强度 $\boldsymbol{E}$=5600 N/C)

2. 电畴

铁电晶体为什么会有电滞回线呢? 原因就是铁电体内存在着电畴.

1) 铁电畴

通常, 铁电晶体中自发极化的方向并不相同, 但在一个小区域内, 电偶极子可能按同一方向排列. 晶体中自发极化方向一致的小区域称为铁电畴 (简称电畴). 两个电畴间的界面称为畴壁. 晶体中两个自发极化方向反平行排列的铁电畴称为 180° 畴, 其畴壁称为 180° 畴壁; 晶体中两个自发极化方向相互垂直排列的铁电畴称为 90° 畴, 其畴壁称为 90° 畴壁. 图 6.17 是 $BaTiO_3$ 晶体室温电畴结构示意图. 小方格表示晶胞, 箭头表示电矩方向. 图中 AA 分界线两侧的电矩取反平行方向, 为 180° 畴壁, BB 分界线为 90° 畴壁.

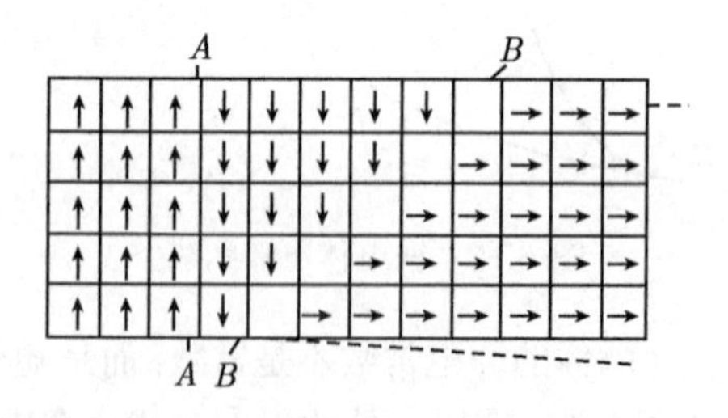

图 6.17 $BaTiO_3$ 晶体室温电畴结构示意图

铁电畴与铁磁畴有着本质的区别. 铁电畴壁的厚度很薄, 大约是几个晶格常数的量级; 而铁磁畴壁则很厚, 可达到几百个晶格常数的量级, 而且在磁畴壁中自发磁化方向可逐步改变方向, 而铁电体则不可能.

一般宏观大小的铁电晶体, 由于各种电畴的电矩取向不同而互相抵消, 尽可能地把电矩完全抵消更有利于降低晶体的总能量而成为更稳定的状态, 因此, 自然冷却形成的铁电晶体的宏观极化强度通常等于零, 而淬火冷却的铁电晶体宏观极化不一定为零.

2) 电畴转向

铁电畴在外电场作用下, 总是要趋向于与外电场方向一致. 这形象地称为电畴"转向". 实际上电畴运动是通过在外电场作用下新畴的出现、发展以及畴壁的移动来实现的. 实验发现, 180° 畴的 "转向" 是通过许多尖劈形新畴的出现、发展而实现的. 在电场作用下, 与电场反向的电畴内部沿着试样的边缘靠近电极处生长出许多极性方向与电场方向一致的尖劈状新畴, 新畴成核后便在电场作用下向前推进, 穿透整个试样, 电场增强时, 新畴不断出现, 不断向前发展, 波及整个反向畴, 最终便把这种反向畴变成与外场方向一致, 并与相邻的同向畴结合为一个体积更大的同向畴. 而 90° 畴的 "转向" 虽然也产生针状电畴, 但主要是通过 90° 畴壁的侧向移动实现 "转向", 实验证明这种侧向移动所需要的能量低于产生针状新畴所需要的能量. 一般在外电场作用下 180° 畴转向比较充分, 而且 "转向" 时结构畸变小, 内应力小, 因此 180° 畴的转向比较稳定. 而 90° 畴的转向是不充分的, 而且也不稳定.

利用电畴的运动可以对前面介绍的电滞回线几个特征参量作简要说明. 当外电场强度为零时, 铁电体中各电畴互相补偿, 晶体对外的宏观极化强度为零, 晶体的状态处于图 6.15 上的 O 点; 随着外电场的逐渐增加, 与电场方向不一致的畴逐渐消失, 沿着电场方向的电畴逐渐扩大, 直到晶体中所有电畴均转向外电场方向, 整个晶体变成一个单一的极化畴, 这时所有电畴均沿外场取向, 达到饱和状态; 当电场继续增加时, 极化强度已不可能由于畴的转向而大幅度地增加, 只能像普通电介质一样, 通过电子和离子的线性位移极化沿直线 BC 线性增加, 沿这线性外推至 E=0 处, 相应的 P_{s} 值称为饱和极化强度; 若外电场强度自 C 处下降, 则铁电体极化强度 P 也随之减小, 当外电场强度下降到零时, 极化强度并不沿原路返回到零, 而是大体保持着在强电场下的状态, 并有少数最不稳定的区域分裂出反向畴, 极化强度沿 CB 下降到 D 点, 剩余极化强度为 P_r; 要把剩余极化消除, 需要加反向电场, 随着反向电场的增加, 晶体中越来越多的新畴转向反向电场的方向, 当顺着反向电场与逆着反向电场方向的电畴体积相等时, 晶体的宏观极化强度为零, 把剩余极化全部去除所需的反向电场强度称矫顽电场 E_c(图 6.15 中 F 点); 当电场继续在反方向上增加时, 极化强度开始反向, 直到反向极化达到饱和 (图 6.15 中 G 点).

由上可知, 电滞回线是铁电体的铁电畴在外电场作用下运动的宏观描述. 因此同种化学成分构成的具有不同电畴结构的铁电体电滞回线形状也不相同. 例如, $BaTiO_3$ 陶瓷的电畴结构和 $BaTiO_3$ 单晶的电畴结构不同, 两者之间在铁电性质方面也有明显区别: $BaTiO_3$ 单晶的电滞回线既窄又陡, 且 P_{r} 值接近于 P_{s} 值; 而 $BaTiO_3$ 陶瓷的电滞回线则既宽又斜, 且 P_{r} 值和 P_{s} 值相差较多, 如图 6.18 所示.

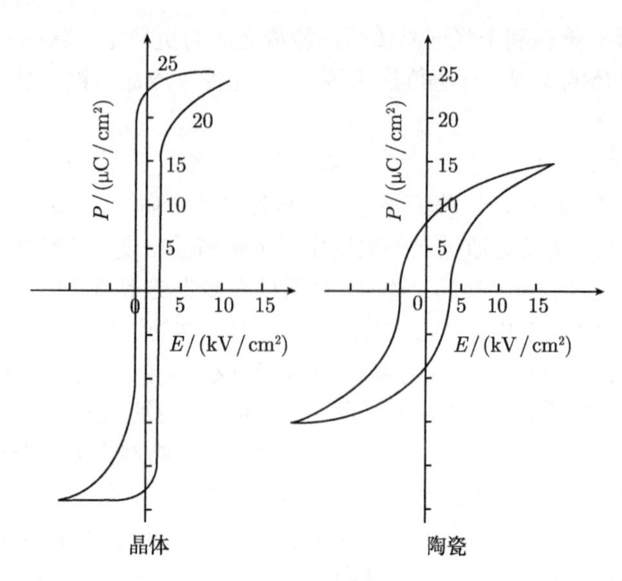

图 6.18　$BaTiO_3$ 单晶和陶瓷的电滞回线

6.5.2　铁电性的起源与晶体结构

对铁电体的初步认识是它具有自发极化. 铁电体有上千种, 因此不可能都具体描述其自发极化的机制, 但一般可以说自发极化的产生机制和铁电体的晶体结构有密切关系. 铁电体中自发极化的出现主要是晶体中原子 (离子) 位置变化的结果. 已经查明的自发极化机制有：氧八面体中离子偏离中心的运动; 氢键中质子运动有序化; 氢氧根集团择优分布; 含其他离子集团的极性分布等. 这里简单介绍位移型钛酸钡自发极化的起源, 以便对铁电体自发极化的机制有所认识.

钛酸钡的晶体结构有六方相、立方相、四方相、斜方相和菱方相等. 一般在烧结温度过高时才会出现六方相, 而立方相、四方相、斜方相和菱方相结构都属于钙钛矿型结构或变体. 钛酸钡的这几种晶体结构稳定存在的温度范围是：立方相在温度高于 120°C 时是稳定的; 四方相在温度高于 5°C 低于 120°C 时是稳定的; 斜方相在 5~ −90°C 稳定; 温度小于 −90°C 时则一般为菱方相结构. 研究表明：钛酸钡在 120°C 以下都具有自发极化, 而温度高于 120°C 时不存在自发极化, 因此, 120°C 称为钛酸钡的居里温度.

在钛酸钡晶体中, 钛离子被六个氧离子围绕形成氧八面体结构, 如图 6.19 所示. 钛离子和氧离子的配位数为 6, 形成 TiO_6 结构, 规则的 TiO_6 结构八面体有对称中心, 6 个 Ti—O 电偶极矩, 由于方向互为反平行, 故电矩相互抵消. 但是如果 Ti^{4+} 单向偏离围绕它的负离子 O^{2-}, TiO_6 结构的对称性将被破坏, 晶体中则出现净偶极矩. 这就是钛酸钡在一定温度下出现自发极化并呈现铁电特性的原因所在.

钛酸钡晶体中, 氧的八面体空腔大于钛离子体积, 钛离子能在氧八面体内移动, 这是 Ti^{4+} 可以偏离围绕它的负离子 O^{2-} 的先决条件. 但是在居里温度以上时, 钛酸钡晶体中的钛离子热振动能量较大, Ti^{4+} 虽然可以在中心位置附近任意移动, 但不可能在偏离中心的某个位置固定下来, 这种运动的结果不能消除 TiO_6 结构的对称性, 因此晶体中不能产生自发极化. 当温度小于居里温度时, 钛离子和氧离子间的电场作用强于热扰动, 钛离子偏离了对称中心, 使晶体结构从立方变成了四方, 也因此产生了电偶极矩, 并且形成电畴.

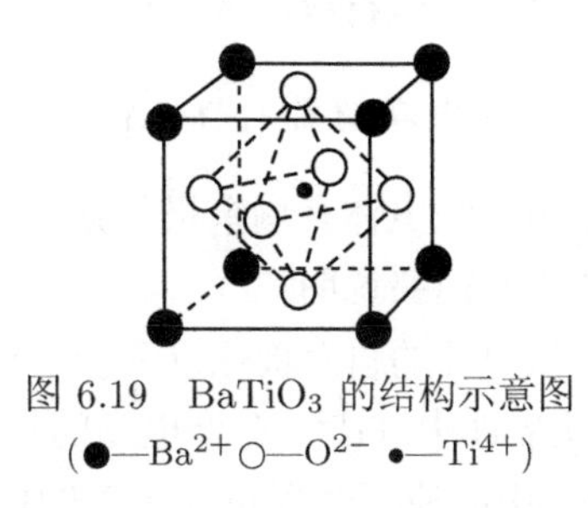

图 6.19 $BaTiO_3$ 的结构示意图
(●—Ba^{2+} ○—O^{2-} •—Ti^{4+})

研究表明, 当温度变化引起钛酸钡相结构变化时, 钛和氧离子的位置变化如图 6.20 所示, 根据这些数据可对离子位移引起的极化强度进行估计. 以上是从钛离子和氧离子强耦合理论分析钛酸钡晶体自发极化产生的根源. 目前关于铁电相起源, 特别是对位移式铁电体的理解已经发展到从晶格振动频率变化来理解其铁电相产生的原理, 也就是所谓 "软模理论", 具体分析请参见相关文献.

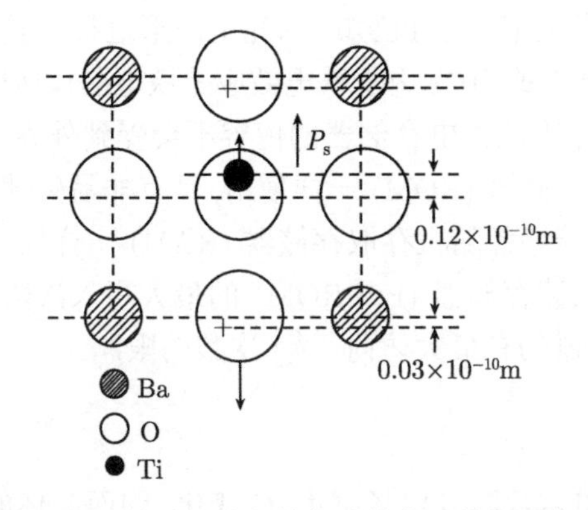

图 6.20 钛酸钡铁电转变时钛离子的相对位移

6.5.3 铁电材料及其应用

自 1920 年法国人发现罗息盐 ($NaKC_4H_4O_6 \cdot 4H_2O$) 的铁电特性以来, 铁电材料一直是材料研究领域的热点. 现在各种铁电材料十分丰富, 以每种化合物或固溶体算一种铁电体, 且不包括掺杂或取代的衍生者, 目前已达 200 多种, 研究论文每年都在 3000 篇以上, 是介电物理学和功能材料领域中的热点之一. 铁电材料的应用十分广泛. 由于铁电材料一定是压电材料, 因此除了可以利用铁电材料的铁电功能外, 还可以利用其压电功能. 事实上, 很多在工程实践中已得到广泛应用的压电器件都是由铁电材料制成. 本节则主要介绍铁电材料在铁电功能方面的应用.

1. 铁电存储器 (FRAM)

由于铁电体有剩余极化强度, 因而可用作信息存储. 下面对铁电存储器的原理和特点作简要说明.

铁电体的自发极化以及剩余极化强度和晶体结构密切相关. 铁电晶体中心原子 (如钛酸钡中 Ti^{4+}) 在外电场的作用下运动并达到一种稳定状态后, 若此时外电场撤销, 中心原子会保持在原来的位置. 这是由于晶体的中间层是一个高能阶, 中心原子在没有获得外部能量时不能越过高能阶到达另一稳定位置, 因此铁电存储器保持数据不需要电压, 也不需要像动态随机存储器 (DRAM) 一样周期性刷新.

铁电存储器保存数据不是通过电容上的电荷, 而是由存储单元电容中铁电晶体的中心原子位置进行记录. 直接对中心原子的位置进行检测是不能实现的, 实际的读操作过程是: 在存储单元电容上施加一已知电场 (即对电容充电), 如果原来晶体的中心原子的位置与所施加的电场方向使中心原子要达到的位置相同, 则中心原子不会移动; 若相反, 则中心原子将越过晶体中间层的高能阶到达另一位置, 则在充电波形上就会出现一个尖峰, 即产生原子移动的比没有产生移动的多了一个尖峰, 把这个充电波形同参考位 (确定且已知) 的充电波形进行比较, 便可以判断检测的存储单元中的内容是 "1" 或 "0". 由于铁电效应是铁电晶体所固有的一种偏振极化特性, 与电磁作用无关, 因此铁电存储器的内容不会受到外界条件诸如磁场因素的影响, 能够同普通只读存储器 (ROM) 一样使用, 具有非易失性的存储特性. 铁电存储器的特点是速度快, 能够像随机存取存储器 (RAM) 一样操作, 读写功耗极低, 不存在如电可擦可编程只读存储器 (E2PROM) 的最大写入次数的问题. 但受铁电晶体特性制约, 铁电存储器仍有最大访问 (读) 次数的限制.

2. 电光效应

由于铁电体的介电常数随外电场强度 E 变化, 因而晶体的折射率也随外电场强度 E 改变. 这种由于外电场引起晶体折射率的变化称为电光效应. 利用晶体的电光效应可制作光调制器、晶体光阀、电光开关等光器件. 目前应用到激光技术中的晶体很多是铁电晶体, 如 $LiNbO_3$、$LiTaO_3$、KTN(钽铌酸钾) 等.

3. 非线性

铁电体的非线性是指介电常数随外加电场强度非线性地变化, 从电滞回线可以清晰看出这种非线性关系. 工程中, 常采用交流电场强度 E_{max} 和非线性系数 N 来表示材料的非线性. E_{max} 指介电常数为最大值 ε_{max} 时对应的电场强度, N 表示 ε_{max} 和介电常数初始值 ε_5 之比. ε_5 指交流电频率为 50Hz、电压为 5V 时的介电常数：

$$N = \frac{\varepsilon_{\max}}{\varepsilon_5} \tag{6.46}$$

铁电体非线性强弱的影响因素主要是材料结构. 可以用电畴的观点来分析非线性. 电畴在外加电场下能沿外电场取向, 当所有电畴都沿外电场方向定向排列时, 极化达到最大值. 所以为了使材料具有强非线性, 就必须使所有电畴在较低电场作用下全部定向排列. 在低电场强度作用下, 电畴转向主要取决于 90° 和 180° 畴壁的位移. 要使畴壁容易移动、获得强非线性, 就要减小晶体缺陷、防止杂质掺入、选择最佳工艺条件. 此外要选择合适的主晶相材料, 要求矫顽场强低、体积电致伸缩小等.

强非线性铁电陶瓷主要用于制造电压敏感元件、介质放大器、脉冲放大器、稳压器、开关、频率调制等方面. 已获得应用的材料有 $BaTiO_3$-$BaSnO_3$、$BaTiO_3$-$BaZrO_3$ 等.

4. 陶瓷电容器

像 $BaTiO_3$ 一类的钙钛矿型铁电陶瓷具有很高的介电常数, 可用来制造小体积大容量的陶瓷电容器. 与同容量的非铁电陶瓷电容器相比, 铁电陶瓷电容器的体积可以做得很小. 但由于一般铁电陶瓷的 $\tan\delta$ 较高, 因此不适合在高频电路中工作. 否则工作时由于损耗而产生的热量将导致铁电电容器温升较高, 使其不能正常工作. 当工作电场的频率超过某一数值后, 通常铁电陶瓷材料的介质损耗随频率的继续升高而急剧加大, 故铁电陶瓷电容器一般适用于低频或直流电路中. 在使用铁电陶瓷电容器时, 还需注意铁电陶瓷材料的老化特性. 作为高压充放电电容器应用时, 还应考虑某些铁电陶瓷电容器的“反复击穿”特性, 即在低于其介电强度的电场作用下, 因反复充放电而发生的破坏. 以上是一般铁电陶瓷电容器的性能优缺点, 其性能可以通过置换改性和掺杂改性在很大程度上得到改善. 随着材料制备技术的进步, 目前的铁电陶瓷介质有适合于做小体积大容量的高介陶瓷、适用于高压下的高压陶瓷、介电常数随温度变化较小的低变化率陶瓷以及预期能在中频范围内使用的低损耗陶瓷等. 目前, 铁电陶瓷介质, 尤其是交流高压铁电陶瓷的无铅化研究是材料研究领域非常突出的重点之一.

总之, 高性能的铁电材料是一类具有广泛应用前景的功能材料. 从目前的研究现状来看, 对于具有高性能的铁电材料的研究和开发应用仍然处于发展阶段. 研究者们选用不同的铁电材料进行研究, 并不断探索制备工艺, 只是到目前为止对于铁电材料的一些性能的研究还没有达到令人满意的地步. 例如, 用于制备铁电复合材料的陶瓷粉体和聚合物的种类还很单一, 对其复合界面的理论研究也刚刚开始, 铁电记忆器件抗疲劳特性的研究还有待发展. 总之, 铁电材料是一类具有广阔发展前景的重要功能材料, 对于其特性的研究与应用还需要我们不断的研究与探索.

6.6　介电性能的测试

电介质材料的介电性能测试主要包括绝缘电阻率、介电常数、介质损耗角正切及击穿电场强度等的测试. 测试的结果受很多因素影响, 如环境条件 (温度、湿度、气压等)、测试条件 (如施加电压的频率、波形、电场强度等)、电极与试样的制备等因素的影响.

6.6.1　绝缘电阻率测试

绝缘电阻率测试通常采用如图 6.21 所示的三电极系统, 可以分别测出试样的体积电阻率 ρ_V 和表面电阻率 ρ_S, 测量电路分别如图 6.22 和图 6.23 所示.

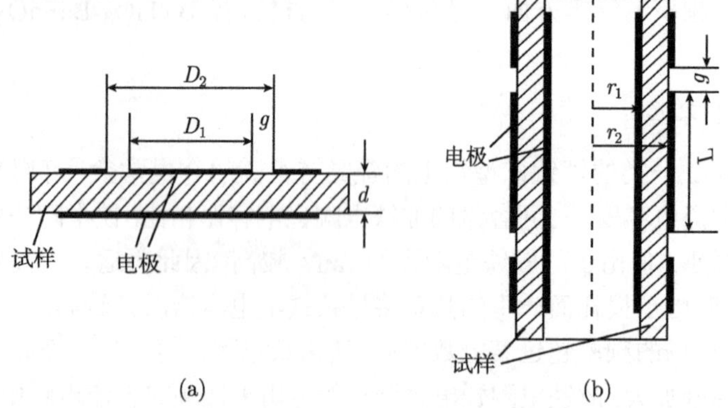

图 6.21　测量体积电阻率和表面电阻率的三电极系统

(a) 平板试样; (b) 管状试样

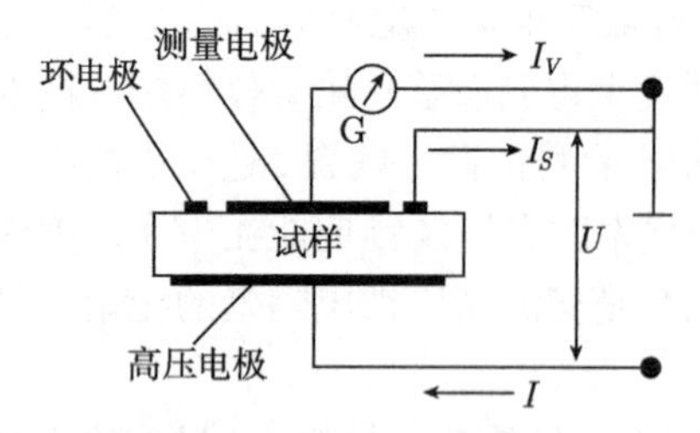

图 6.22　体积电阻率测量线路图

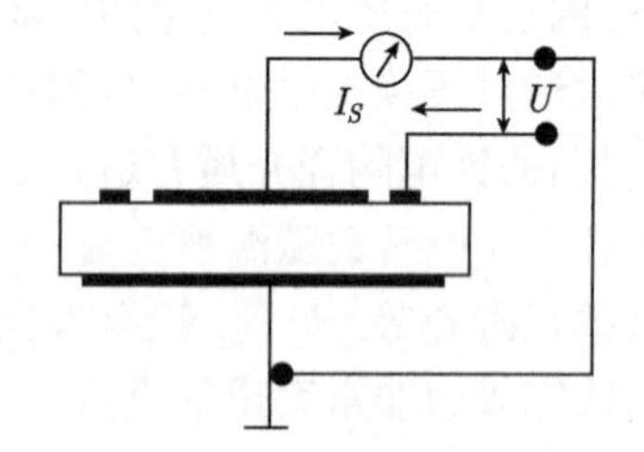

图 6.23　表面电阻率测量线路图

对于图 6.21(a) 所示的平板试样, 有

$$\begin{aligned}\rho_V &= \frac{U}{I_V}\cdot\frac{\pi(D_1+g)^2}{4d}\\ \rho_S &= \frac{U}{I_S}\cdot\frac{2\pi}{\ln\dfrac{D_2}{D_1}}\end{aligned}\tag{6.47}$$

对于图 6.21(b) 所示的管状试样, 有

$$
\begin{aligned}
\rho_V &= \frac{U 2\pi (L+g)^2}{I_V \ln \dfrac{r_2}{r_1}} \\
\rho_S &= \frac{U}{I_S} \cdot \frac{2\pi r_2}{g}
\end{aligned}
\tag{6.48}
$$

式中, U 为施加于试样的直流电压; I_V、I_S 分别为流过试样体积和表面的电流; D_1、D_2、g 分别为电极的直径以及电极间的间隙; L、r_1、r_2、d 分别为电极长度、试样的内外半径及厚度. 电极材料可用粘贴铝箔、导电橡皮、真空镀铝、胶体石墨等.

6.6.2 介电常数和损耗的测量

介电常数和损耗是表征电介质性能非常重要的物理量, 其测试原理通常是通过测量试样与电极组成的电容、试样厚度和电极尺寸求得介电常数, 但其测量结果非常容易受到外界因素影响, 因此具体测量时需要考虑如何减小环境因素对结果的影响. 这里作简要介绍的是国标 GB1409 中指定的固体绝缘材料在工频、音频、高频下介电常数和损耗的测试方法. 需要指出的是, 这里讨论的介电常数、损耗角正切以及上面介绍的绝缘电阻率仅限于弱电场下的测量.

1. 测量准备与影响因素

1) 测试频率的选择

只有少数材料, 如聚苯乙烯、聚丙烯、聚四氟乙烯等, 在很宽的频率范围内介电常数是基本恒定的. 通常, 不同的电介质材料极化的主要机制互不相同, 其介电常数随测量电场频率的不同而改变. 一般的电介质材料必须在它所使用的频率下测量介电常数. 同时, 不同的测试方法所适用的测量范围是不同的, 采用仪器测量时需要注意这一点.

2) 温度

电介质的损耗角正切在某一频率下可以出现最大值, 这个频率值与介质材料的温度有关. 介质损耗角正切和介电常数的温度系数可以是正的也可以是负的, 这由测量温度下的损耗角正切与其最大值的相对位置决定.

3) 湿度

极化的程度随水分的吸收量或绝缘材料表面水膜的形成而增加, 其结果使相对介电常数、介质损耗角正切和直流电导率增大.

4) 电场强度

存在界面极化时, 自由离子的数目随电场强度的增加而增加, 其损耗指数最大值的大小和位置也随电场强度变化. 不过, 在较高的频率下, 只要介质材料不出现局部放电现象, 相对介电常数和介质损耗因数与电场强度无关.

5) 测试试样

为了得到可靠的数据, 测量材料的介电参数需要采用安放介质样品的电极系统. 在更高频率下, 被研究的介质则成为整个装置的有机部分, 它们是一个有条件性的概念.

样品形状的选择应考虑到能够方便地计算出它的真空电容. 最好的形状是两面平行的圆片或方片, 也可以采用管状试样. 当要求高精度测量介电常数时, 最大误差来自试样尺寸的误差, 尤其是厚度的误差. 测定 $\tan\delta$ 时, 导线的串联电阻与试样电容的乘积应尽可能地小, 同时, 又要求试样电容在总电容中的比值尽可能地大. 试样的大小应适合所采用的电极系统.

6) 测试电极

上述样品与测试仪器电极之间存在空气间隙, 相当于在试样上串联一个空气电容器, 它既降低了被测试样的电容值, 也降低了测出的介质损耗. 这个误差反比于样品的厚度, 对于薄膜样品来说, 可达到很大的值. 所以为了准确测量薄膜样品的介电参数, 在把样品放到测量电极系统中之前, 必须在它的表面镀上某些类型的薄金属电极.

通常采用的测试电极有三电极系统和两电极系统两种. 当使用两电极系统使上下两个电极对准有困难时, 下电极应比上电极稍大些, 金属电极应稍小于或等于试样上的电极. 三电极系统如图 6.21 所示, 对于平板试样, 如图 6.21(a) 所示, 此时测得电容 C_x 的计算公式为

$$C_x = \frac{\varepsilon A}{d} = \frac{\varepsilon_{\rm r}\varepsilon_0(\pi D^2/4)}{d} \tag{6.49}$$

因此

$$\varepsilon_{\rm r} = \frac{4}{\pi}\cdot\frac{1}{\varepsilon_0}\cdot C_x\frac{d}{D_1^2} \approx 1.44\times10^{11}C_x\frac{d}{D_1^2} \tag{6.50}$$

根据实际经验修正为

$$\varepsilon_{\rm r} = 1.44\times10^{11}C_x\frac{d}{(D_1+g)^2} \tag{6.51}$$

式中, C_x 为测得的试样构成的电容器电容 (F); D_1 为电极直径 (m); g 为电极间的间隙 (m); d 为试样厚度 (m).

电极材料的选择对于获得可靠的测量结果起着至关重要的作用, 它必须满足下列要求: ① 电极应该与样品表面有良好的接触, 其间无空气间隙或气泡; ② 电极材料在试验条件下不起变化, 而且不影响被测介质的性能, 更不能与介质起化学作用; ③ 电极材料应具有良好的导电性; ④ 制作容易、安全方便. 常见的电极材料有金属箔、导电涂料、沉积金属和水银等. 表 6.2 为常见的电极材料.

表 6.2 常用电极材料

电极材料	制作要求	适用范围
锡箔、铅箔、铝箔和金箔	锡箔和铝箔需退火, 厚度为 0.01~0.1 mm, 用低损耗胶状油如凡士林、变压器油、硅油等作为黏结剂无气隙地粘贴在样品表面	不适用于高介电常数的材料和薄膜样品
导电银膏	在空气中干燥或低温烘干	适用于较低频率测量
银浆、铂浆、金浆	通过“烧电极”处理. 金属浆料中的金属沉积在测试样品的表面, 烧银的温度取决于银浆的配方, 铂浆适用于极高温度下测量的样品, 金浆比较稳定, 在烧电极过程中不向样品内部迁移	陶瓷、玻璃、云母等耐高温材料
真空镀膜电极	在真空中将银或铝或其他金属喷镀到试样表面形成的电极. 在制作电极时, 真空和喷镀温度对材料性能应不产生永久性的损害	特别适用于潮湿条件下的测试

2. 各种测量实验方法

测量复介电常数有多种方法. 如何选择测量方法, 要取决于以下因素: ① 频率范围; ② 材料性能 (ε' 与 ε'' 的大小); ③ 材料样品的加工、尺寸等. 图 6.24 为复介电常数的一般测量方法及其频率范围. 目前能够进行介电常数测量的各种条件范围为: 频率可自直流到光频; 温度可从接近 0K 直至 1923K; ε' 的值可自 1 到 10^4; $\tan\delta$ 可由 10^{-5} 到 1.

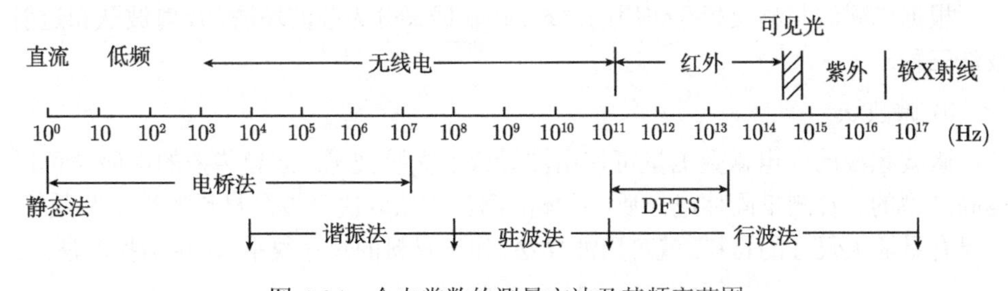

图 6.24 介电常数的测量方法及其频率范围

下面对几种常用的介电常数及损耗测量方法作简单介绍.

1) 直流法

在低频段内采用加保护电极的平行板电容法, 分别测量一个平行板电容器在有电介质存在和无介质存在时通过一个标准电阻放电的时间常数, 从而求出介电常数的实部 ε', 虚部则用介质的电阻率 (或电导率) 来表示.

2) 电桥法

电桥法是测量 ε' 和 $\tan\delta$ 最为常用的方法之一. 其主要优点是测量电容和损耗的范围广、精度高、频带宽, 以及可以采用三电极系统来消除表面电导和边缘效应所带来的测量误差. 用各种不同结构的电桥, 覆盖频率范围为 0.01 Hz~150 MHz. 按频率范围可以分为超低频电桥 (0.01~200 Hz)、音频电桥 (20 Hz~3 MHz) 和双 T 电桥 (>1 MHz) 等. 音频电桥最典型的电路是西林电桥, 用西林电桥测量可以同时读出电容量 C 和 $\tan\delta$, 由此而计算出 ε' 和 ε''. 现在已有完善的数字化低频阻抗分析仪, 测量的参数可达 10 余个, 使用十分方便.

3) 谐振电路法

频率范围到达 10M~100MHz 时, 用普通的电桥法测量介电常数就有一定困难, 因为高频会使杂散电容的效应增加, 从而显著地影响测量结果的精确性. 在高频测量中往往使用谐振电路法, 用 Q 表测量便是谐振电路法的一种典型方法. 现在较好的高频数字化阻抗分析仪的频率范围已高达 10GHz.

4) 传输线法 (测量线法)

在超高频范围 (100M~1000MHz) 以上时, 由于辐射效应和趋肤效应, 调谐电路技术就不好应用了. 这时就要使用分布电路, 通常采用同轴传输线和波导, 还可以采用带状线 (微带) 等. 波导测量宜在高频率 (微波), 否则尺寸太大, 而且每一种波导只能在平均波长两侧的 20%~25%内传输电磁波, 不能覆盖整个频段, 要扩大频率范围, 还必须建立一系列装置. 同轴线测量的频率范围为 100M~6000MHz, 它能覆盖宽广得多的频段, 300~3000MHz 只需用一条测量线就能实现. 这个频段正是用同轴线测量介质最适宜的区域.

根据电磁波与物质相互作用的原理, 传输线又分为驻波场法、反射波法和透射波法三种.

5) 微波法

微波频段的介电常数测量可使用波导或谐振腔技术. 波导传播的电磁波可以是高阶型的. 若测量固体电介质, 具体的测量方法取决于被测材料的性质和数量. 如果有足够大尺寸的材料, 就可用波导法; 如果材料的尺寸很小, 可用谐振腔法.

6.6.3　介电强度的测定

介电强度又称为击穿电场强度, 是电介质材料的一项重要性能指标. 工作频率下击穿电场强度的试验线路如图 6.25 所示. R_0 通过调压器使电压从零开始以一定速率上升, 至试样被击穿, 这时施加于试样两端的电压为击穿电压. 由击穿电压即可求出样品的击穿电场强度.

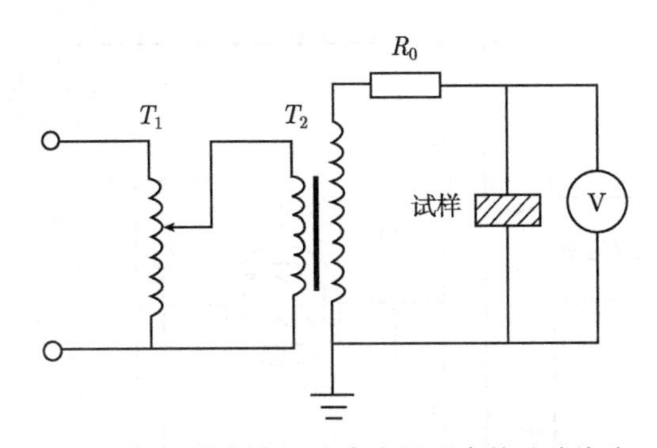

图 6.25 工作频率下击穿电场强度的试验线路

T_1. 调压器; T_2. 试验变压器; R_0. 保护电阻; V. 电压测量装置

击穿电压可用静电电压表、电压互感器、放电球隙等仪器并联于试样两端直接测出. 击穿电压很高时, 需采用电容分压器. 冲击电压下的击穿电场强度测试, 一般用冲击电压发生器产生的标准冲击电压施加于试样, 逐级升高冲击电压的峰值直至击穿. 冲击电压可用 50%球隙放电法, 也可用阻容分压器加上脉冲示波器或峰值电压表测量.

由于材料介电强度的测量数值受多种因素的影响, 为便于比较, 必须在特定条件下进行. 国标 GB1408-78 规定了固体电工材料工作频率下击穿电压、击穿场强的试验方法, 对试样的尺寸、电极形状以及加压方式等都做出了具体的规定.

6.6.4 压电性的测量

压电性测量方法可以有电测法、声测法、力测法和光测法, 其中主要方法为电测法. 电测法中按样品的状态分动态法、静态法和准静态法. 动态法是用交流信号激发样品, 使之处于特定的振动模式, 然后测定谐振及反谐振特征频率, 并采用适当的计算便可获得压电参量的数值.

6.6.5 铁电体电滞回线的测量

电滞回线给出了铁电材料的矫顽场、饱和极化强度、剩余极化强度和电滞损耗的信息, 对于研究铁电材料的动态应用是至关重要的. 测量电滞回线的方法主要是借助于 Sawyer-Tower 电路, 其线路原理如图 6.26 所示. 国标 GB/T 6426-1999 给出了铁电陶瓷材料电滞回线准静态测试方法的具体方案, 测试条件如下:

(1) 环境条件. 测量电滞回线时试样必须浸入硅油中, 根据不同的材料和要求可在不同温度下测量. 当需要升温时, 试样应在该温度下保温, 时间不少于 1h.

(2) 试样尺寸及要求. 试样为未极化的薄片, 厚度不大于 1mm. 两主平面全部覆上金属层作为电极. 试样应保持清洁、干燥.

(3) 测试信号要求. 测试信号采用频率不高于 0.1Hz 的正弦波.

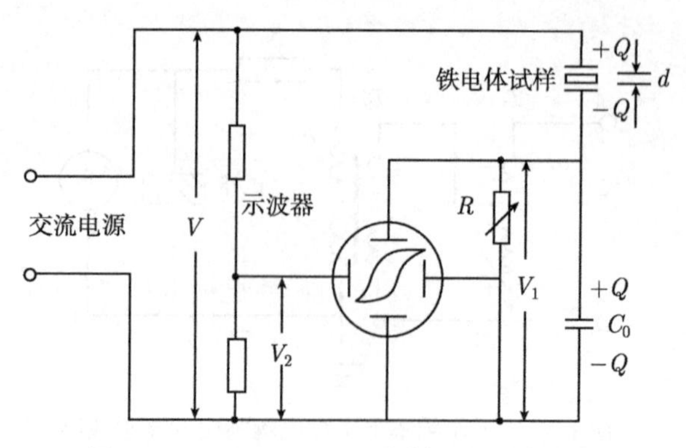

图 6.26　Sawyer-Tower 电桥原理示意图

参 考 文 献

冯端, 师昌绪, 刘治国. 2002. 材料科学导论 [M]. 北京：化学工业出版社

李景德, 沈韩, 陈敏. 2003. 电介质理论 [M]. 北京：科学出版社

连法增. 2005. 材料物理性能 [M]. 沈阳：东北大学出版社

龙毅. 2009. 材料物理性能 [M]. 湖南长沙：中南大学出版社

郑冀, 梁辉, 马卫兵等. 2008. 材料物理性能 [M]. 天津：天津大学出版社

思考练习题

1. 什么是电介质的极化, 表征介质极化的宏观参数有哪些？

2. 列举一些电介质材料的极化类型, 以及举出在各种不同频率下可能发生的极化形式.

3. 试写出洛伦兹有效电场的表示式. 适合洛伦兹有效电场时, 电介质的相对介电常数 ε_r 和微观极化率有什么关系？

4. 如何判断电介质是具有松弛极化的介质？

5. 具有松弛极化的电介质, 加上电场以后, 松弛极化强度与时间的关系式如何描述？宏观上表征出来的是一个什么电流？

6. 在交变电场作用下, 实际电介质的介电常数为何要用复介电常数描述？

7. 什么是固体介质的电击穿？其击穿电压与哪些因素有关？

8. 什么是铁电体？铁电体有哪些共同特征？

9. 什么是压电效应？它与晶体的对称性有何联系？

10. 机电耦合系数的意义是什么？

第 7 章　纳米微粒材料的物理性能

7.1　概　　述

20 世纪 80 年代末以来, 一项令世人瞩目的纳米科学技术正在迅速发展. 纳米科技将在 21 世纪促使许多产业领域发生革命性变化. 关注纳米技术并尽快投入到与纳米科技有关的研究, 是 21 世纪许多科技工作者的历史使命.

习惯上人们将 1~100nm 的范围特指为纳米尺度, 在此尺度范围的研究领域称为纳米体系. 纳米材料由于具有明显不同于体材料和单个分子的独特性质：表面效应、体积效应、量子尺寸效应和宏观隧道效应等, 而且在电子学、光学、化工、陶瓷、生物和医药等诸多方面有重要的价值, 它引起了世界各国科学工作者的浓厚兴趣, 以及各国政府的广泛关注, 这使得近十多年来, 纳米材料的制备、性能和应用等各方面的研究, 都取得了丰硕的成果.

7.1.1　纳米材料的分类

以“纳米”来命名材料是在 20 世纪 80 年代, 它作为一种材料的定义把纳米颗粒限制到 1~100nm. 在纳米材料发展初期, 纳米材料是指纳米颗粒和由它们构成的纳米薄膜和固体. 广义地, 纳米材料是指在三维空间中至少有一维处于纳米尺度范围或由它们作为基本单元构成的材料. 如果按维数, 纳米材料的基本单元可以分为 3 类：① 0 维, 指空间三维尺度均在纳米尺度, 如纳米尺度颗粒, 原子团簇等; ② 1 维, 指在空间有两维处于纳米尺度, 如纳米丝、纳米棒、纳米管等; ③ 2 维, 指在三维空间中有一维在纳米尺度, 如超薄膜, 多层膜, 超晶格等.

按化学组成纳米材料可分为：纳米金属、纳米晶体、纳米陶瓷、纳米玻璃、纳米高分子和纳米复合材料.

按材料物性纳米材料可分为：纳米半导体、纳米磁性材料、纳米非线性光学材料、纳米铁电体、纳米超导材料、纳米热电材料等.

按应用纳米材料可分为：纳米电子材料、纳米光电子材料、纳米生物医用材料、纳米敏感材料、纳米储能材料等.

纳米材料大部分都是用人工制备的, 属于人工材料, 但是自然界中早就存在纳米微粒和纳米固体. 例如, 人体和兽类的牙齿都是由纳米微粒构成的, 而浩瀚的海洋就是一个庞大超微粒的聚集场所.

7.1.2 纳米材料的性能

纳米材料的物理性质和化学性质既不同于宏观物体, 也不同于微观的原子和分子. 当组成材料的尺寸达到纳米量级时, 纳米材料表现出的性质与体材料有很大的不同. 在纳米尺度范围内原子及分子的相互作用, 强烈地影响物质的宏观性质, 如物质的机械、电学、磁学、光学等性质的改变. 例如, 铜的纳米晶体硬度是微米尺度的 5 倍, 脆性的陶瓷成为易变形的纳米材料, 半导体量子阱、量子线和量子点器件的性能要比体材料的性能好得多; 当晶体小到纳米尺寸时, 由于位错的滑移受到边界的限制而表现出比体材料高很多的硬度; 纳米光学材料会有异常的吸收; 体表面积的变化使得纳米材料的灵敏度比体材料要高得多; 当多层膜的单层厚度达到纳米尺寸时会有巨磁阻效应等. 纳米材料之所以能具备独到的特性, 是因为当组成物质中的某一相的某一维的尺度缩小至纳米级后, 物质的物理性能将出现根本不是它的任一组分所能比拟的改变.

材料的光学性能是由其对太阳光的反射性能或吸收性能所决定的. 例如, 绿色的树叶表明它吸收了其他波长的光而反射出绿色的特征波; 红色的颜料表明它吸收了其他波长的光而反射出红色的特征波. 纳米微粒由于其尺寸小到几个纳米或十几个纳米而表现出奇异的小尺寸效应和表面界面效应, 因而其光学性能也与常规的块体及粗颗粒材料不同. 纳米金属粉末对电磁波有特殊的吸收作用, 可作为军用高性能毫米波隐形材料、红外线隐形材料和结构式隐形材料, 以及手机辐射屏蔽材料.

随着纳米科技的发展, 纳米制备已日渐成熟, 纳米的广泛应用使得纳米逐渐走进了我们日常生活的各个方面. 纳米科学也将成为 21 世纪一个令人瞩目的学科.

7.2 纳米材料的基本理论

7.2.1 Kubo 理论与量子尺寸效应

能带理论告诉我们, 金属费米能级附近的电子能级一般是连续的, 但这一理论只有在高温或宏观尺寸情况下才成立. 久保 (Kubo) 及其合作者认为, 当金属颗粒的尺寸进入到纳米量级时, 金属费米能级附近的电子能级由准连续变为离散能级, 以及因纳米微粒存在不连续的最高被占据分子轨道和最低轨道能级而使能隙变宽, 这些现象均称为量子尺寸效应. 过去, 人们把低温下的单个小粒子费米面附近电子能级看成等间隔的能级, 按这一模型计算单个超微粒子的比热可表示成

$$C(T) = k_{\mathrm{B}} \exp(-\delta / k_{\mathrm{B}} T) \tag{7.1}$$

式中, k_{B} 为玻尔兹曼常量; T 为绝对温度; δ 为能级间隔. 在高温下, $k_{\mathrm{B}}T \gg \delta$, 温度与比热呈线性关系. 这与大块金属的温度–比热关系基本一致. 但在低温时 ($T \rightarrow$

0), $k_{\mathrm{B}}T \ll \delta, C(T) \to 0$, 这与大块金属的温度–比热关系完全不同, 大块金属的温度与比热呈指数关系, $C(T) \propto T^3$. 尽管用能级近似模型可推导出低温下单个超微粒子的比热公式, 但无法用实验证明, 因为我们只能对超微粒子的集合体进行实验. 久保在解决这个问题上作出了杰出的贡献. 1962 年, 久保对小颗粒的大集合体的电子能态做了两点假设:

1. 简并费米液体假设

久保把超微粒子靠近费米面附近的电子状态看成是受尺寸限制的简并电子气. 他还假设它们的能级是准粒子态的不连续能级, 而准粒子之间的相互作用可忽略不计, 当 $k_{\mathrm{B}}T \ll \delta$ 时, 体系靠近费米面的电子能级分布则服从泊松分布:

$$P_n(\Delta) = \frac{1}{n!\delta}(\Delta/\delta)^n \exp(-\Delta/\delta) \tag{7.2}$$

式中, Δ 为二能态之间的间隔; $P_n(\Delta)$ 为对应 Δ 的概率密度; n 为此二能态间的能级数. 若 Δ 为相邻能级间隔, 则 $n = 0$. Kubo 等指出, 间隔为 Δ 的二能态的概率 $P_n(\Delta)$ 与哈密顿量的变换性质有关. 例如, 在自旋与轨道交互作用较弱和外加磁场小的情况下, 电子哈密顿量具有时空反演的不变性, 并且在 Δ 比较小的情况下, $P_n(\Delta)$ 随 Δ 减小而减小.

很明显, 久保模型优越于等能级间隔模型, 比较好地解释了低温下超微粒子的物理性能. 低温下, 电子能级是离散的, 这种离散对材料热力学性质起很大作用. 例如, 超微粒的比热、磁化率明显区别于大块材料. 大块材料的比热和磁化率与所含电子的奇偶数无关, 而纳米粒子低温下的比热和磁化率与所含电子的奇偶数有关.

2. 超微粒子电中性假设

久保认为, 对于一个超微粒子, 取走或放入一个电子都是十分困难的, 他提出了如下一个著名公式

$$k_{\mathrm{B}}T \ll W \approx e^2/d \tag{7.3}$$

式中, W 为从一个超微粒子取出或放入一个电子克服库仑引力所做的功; d 为超微粒子直径; e 为电子电荷. 由上式表明, 随 d 值下降, W 增加, 因此热涨落很难改变超微粒子电中性. 对于氢原子, $r = 0.053\mathrm{nm}$, $W = 13.6\mathrm{eV}$; 由外推法得: $r = 5.3\mathrm{nm}$ 时, $W = 0.136\mathrm{eV}$; 而室温下, $k_{\mathrm{B}}T = 0.025\mathrm{eV}$. 有人估算, 在足够低的温度下, 当颗粒尺寸为 1nm 时, W 比 δ 还小两个数量级, 即 $k_{\mathrm{B}}T \ll \delta$, 可见 1nm 的小颗粒在低温下量子尺寸效应很明显.

久保和其合作者还提出了能级间距和微粒直径的关系 (见图 7.1), 给出了著名久保公式

$$\delta = \frac{4}{3}\frac{E_{\mathrm{F}}}{N} \propto V^{-1} \tag{7.4}$$

式中, δ 为能级间距; N 为一个超微粒子的总导电电子数; V 为超微粒子体积; E_{F} 为费米能级. $E_{\mathrm{F}}=\dfrac{\hbar^2}{2m}(3\pi^2 n)^{2/3}$, 其中, n 为电子密度; m 为电子质量; $\hbar$ 为约化普朗克常量. 当粒子为球形时, $\delta\propto\dfrac{1}{d^3}$, 即 δ 随粒径减小而增大.

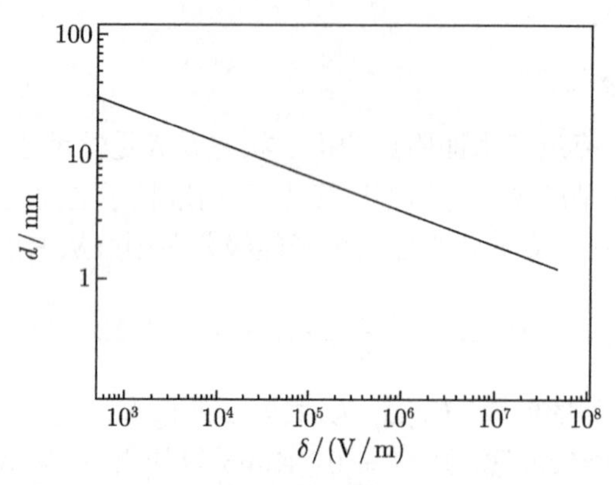

图 7.1　粒径与能级间隔的关系

宏观物体包含无限个原子 (即所含电子个数 N), 由式 (7.4) 可知, 大粒子或宏观物体的能级间距几乎为零, 而纳米微粒包含的原子数有限, N 值很小, 导致能级间距有一定的值, 即能级间距发生分裂. 块状金属的电子能谱为准连续能带, 而当能级间距大于热能、磁能、静磁能、静电能、光子能量或超导的凝聚态能时, 必须考虑量子效应, 这会导致纳米微粒磁、光、声、热、电以及超导电性与宏观特性的显著不同, 称为量子尺寸效应. 有人曾利用久保的能级间距公式估算了 Ag 的微粒在 1K 时出现量子效应 (由导体 → 绝缘体) 的临界粒径 d_0, 已知 Ag 的电子数密度 $n_1=6\times10^{22}\mathrm{cm}^{-3}$, 由式 $E_{\mathrm{F}}=\dfrac{\hbar^2}{2m}(3\pi^2 n)^{2/3}$ 和 $\delta=\dfrac{4}{3}\dfrac{E_{\mathrm{F}}}{N}$ 可求得

$$\frac{\delta}{k_{\mathrm{B}}}=(8.7\times10^{-18})/d^3(\mathrm{K}\cdot\mathrm{cm}^3) \tag{7.5}$$

当 $T=1\mathrm{K}$ 时, 能级最小间隔 $\dfrac{\delta}{k_{\mathrm{B}}}=1$ 代入式 (7.5), 求得 $d\approx14\mathrm{nm}$. 根据久保理论, 只有 $\delta>k_{\mathrm{B}}T$ 时才会产生能级分裂, 从而出现量子尺寸效应, 因此有

$$\frac{\delta}{k_{\mathrm{B}}}=(8.7\times10^{-18})/d^3>1 \tag{7.6}$$

由此得出, 当温度 1K、粒径 $d<14\mathrm{nm}$ 时, Ag 纳米微粒变为金属绝缘体; 如果温度高于 1K, 则要求 $d\ll14\mathrm{nm}$ 时才有可能变为绝缘体. 实际情况中, 金属变为绝缘体除要满足 $\delta>k_{\mathrm{B}}T$ 外, 还要满足电子寿命 $\tau>\hbar/\delta$ 的条件. 实验证明, 纳米 Ag 的确有很高的电阻, 类似于绝缘体, 这也就证明了量子尺寸效应的存在.

7.2.2 小尺寸效应

当超细微粒的尺寸与光波波长、德布罗意波长以及超导态的相干长度或透射深度等物理特征尺寸相当或更小时, 晶体周期性的边界条件将被破坏; 非晶态纳米微粒的颗粒表面层附近原子密度减小, 导致声、光、电磁、热力学等特性呈现异常现象, 称为小尺寸效应. 例如, 光吸收显著增加并产生吸收峰的等离子共振频移; 磁有序态向磁无序态的转变; 超导相向正常相的转变; 声子谱发生改变等. 超细微粒有以下特殊性质:

(1) 特殊的光学性质. 当黄金被细分到小于光波波长的尺寸时, 即失去了原有的富贵光泽而呈黑色. 事实上, 所有的金属在超微颗粒状态都呈现为黑色. 尺寸越小, 颜色越黑, 银白色的铂 (白金) 变成铂黑, 金属铬变成铬黑. 由此可见, 金属超微颗粒对光的反射率很低, 通常可低于 1%, 大约几微米的厚度就能完全消光. 利用这个特性可以作为高效率的光热、光电等转换材料, 可以高效率地将太阳能转变为热能、电能, 此外又可能应用于红外敏感元件、红外隐身技术等.

(2) 特殊的热学性质. 固态物质在其形态为大尺寸时, 其熔点是固定的, 超细微化后却发现其熔点将显著降低, 当颗粒小于 10nm 量级时尤为显著. 银的常规熔点为 670°C, 而超微银颗粒的熔点可低于 100°C. 因此, 超细银粉制成的导电浆料可以进行低温烧结, 此时元件的基片不仅不必采用耐高温的陶瓷材料, 甚至可用塑料. 采用超细银粉浆料, 可使膜厚均匀, 覆盖面积大, 既省料又具高质量. 超微颗粒熔点下降的性质对粉末冶金工业具有一定的吸引力. 例如, 在钨颗粒中附加 0.1%~0.5% 重量比的超微镍颗粒后, 可使烧结温度从 3000°C 降低到 1200~1300°C, 能在较低的温度下烧制成大功率半导体管的基片.

(3) 特殊的磁学性质. 小尺寸的超微颗粒磁性与大块材料显著的不同, 例如纳米尺度的磁性颗粒 (Fe-Co 合金, 氧化铁等), 当颗粒尺寸为单磁畴临界尺寸时, 具有甚高的矫顽力, 可制成磁性信用卡、磁性钥匙、磁性车票等, 还可以制成磁性液体, 广泛地应用于电声器件、阻尼器件、旋转密封、润滑、选矿等领域.

(4) 特殊的力学性质: 陶瓷材料在通常情况下呈脆性, 然而由纳米超微颗粒压制成的纳米陶瓷材料却具有良好的韧性. 因为纳米材料具有大的界面, 界面的原子排列是相当混乱的, 原子在外力变形的条件下很容易迁移, 因此表现出甚佳的韧性与一定的延展性, 使陶瓷材料具有新奇的力学性质. 美国学者报道氟化钙纳米材料在室温下可以大幅度弯曲而不断裂. 研究表明, 人的牙齿之所以具有很高的强度, 是因为它是由磷酸钙等纳米材料构成的. 呈纳米晶粒的金属要比传统的粗晶粒金属硬 3~5 倍, 至于金属–陶瓷等复合纳米材料则可在更大的范围内改变材料的力学性质, 其应用前景十分宽广.

超微颗粒的小尺寸效应还表现在超导电性、介电性能、声学特性以及化学性能等方面.

7.2.3 表面效应

随着纳米材料粒径的减小, 表面原子数迅速增加. 例如, 当粒径为 10nm 时, 表面原子数为完整晶粒原子总数的 20%; 而粒径为 1nm 时, 其表面原子百分数增大到 99%, 此时组成该纳米晶粒的所有约 30 个原子几乎全部分布在表面. 图 7.2 给出了表面原子数占全部原子数的比例和粒径之间的关系图. 表 7.1 给出了纳米微粒尺寸与表面原子数的关系.

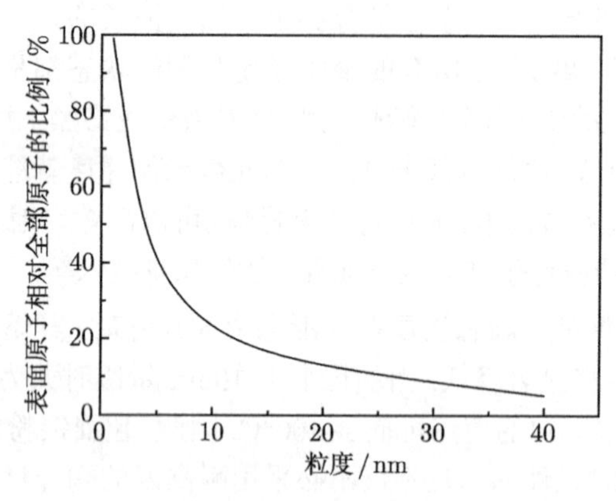

图 7.2 表面原子数占全部原子数的比例和粒径之间的关系

表 7.1 纳米微粒尺寸与表面原子数的关系

纳米微粒尺寸 d/nm	包含总原子数	表面原子所占比例/%
10	3×10^4	20
4	4×10^3	40
2	2.5×10^2	80
1	30	99

随着表面原子数所占比例增高, 比表面能也迅速增加. 例如, Cu 的纳米微粒的粒径从 100nm 变为 1nm, 比表面能从 5.9×10^2J/mol 增加到 5.9×10^4J/mol, 增加了 2 个数量级. 原子配位不足及高的表面能, 使这些表面原子具有高的活性, 极不稳定, 很容易与其他原子结合. 例如, 金属的纳米粒子在空气中会燃烧; 无机的纳米粒子暴露在空气中会吸附, 并与气体进行反应, 这些都是活性高的表现. 图 7.3 是单一立方结构晶粒的二维平面图, 假定微粒为圆形, 实心圆代表位于表面的原子, 微粒尺寸为 3nm, 原子间距约为 0.3nm. 从图中可以看出, 实心圆代表的原子近邻配位不完全, 其中 "E" 原子近邻缺 1 个原子, "C" 和 "D" 原子周围缺 2 个原子, "A" 原子近邻缺 3 个原子. 因此, 类似 "A" 这样的原子就很容易跑到 "B" 位置上去, 这些原子遇到其他原子极易结合而使其达到稳定, 这就是表面产生活性的原因.

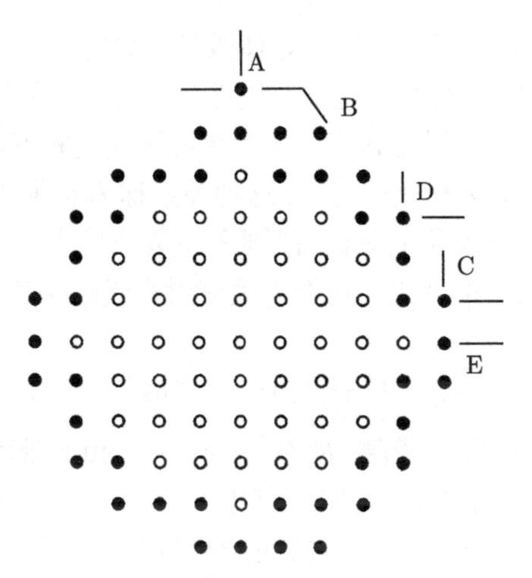

图 7.3 说明纳米粒子表面活性高的单一立方结构晶粒的二维平面图

7.2.4 宏观量子隧道效应

隧道效应是由微观粒子波动性所确定的量子效应, 又称势垒贯穿. 考虑粒子运动遇到一个高于粒子能量的势垒, 按照经典力学, 粒子是不可能越过势垒的; 按照量子力学可以解出除了在势垒处的反射外, 还有透过势垒的波函数, 这表明在势垒的另一边, 粒子具有一定的概率贯穿势垒. 微观粒子具有贯穿势垒的能力称为隧道效应. 理论计算表明, 对于能量为几电子伏的电子, 方势垒的能量也是几电子伏, 当势垒宽度为 1Å时, 粒子的透射概率达零点几. 近年来, 人们发现了一些宏观量, 例如微颗粒的磁化强度, 量子相干器件中的磁通量等也具有隧道效应, 称为宏观的量子隧道效应.

宏观量子隧道效应的研究对基础研究及实用都有着重要意义. 它限定了磁带、磁盘进行信息储存的时间极限. 量子尺寸效应、隧道效应将会是未来微电子器件的基础, 它确立了现存微电子器件进一步微化的极限. 当微电子器件进一步细微化时, 必须要考虑上述的量子效应, 如在制造半导体集成电路时, 当电路的尺寸接近电子波长时, 电子就通过隧道效应溢出器件, 使器件无法正常工作, 经典电路的极限尺寸大概在 0.25μm. 目前研制的量子共振隧穿晶体管就是利用量子效应制成的新一代器件.

7.2.5 介电限域效应

介电限域是纳米微粒分散在异质介质中由于界面引起的体系介电增强的现象, 主要来源于微粒表面和内部局域场的增强. 当介质的折射率与微粒的折射率相差很大时, 产生了折射率边界, 这就导致微粒表面和内部的场强比入射场强明显增加, 这种局域场的增强称为介电限域.

一般来说, 过渡族金属氧化物和半导体微粒都可能产生介电限域效应. 纳米微粒的介电限域对光吸收、光化学、光学非线性等会有重要的影响. 光学非线性指介质在强激光场作用下产生的极化强度与入射辐射场强之间不再是线性关系, 而是与场强的二次、三次以至于更高次项有关, 这种关系称为非线性.

我们在分析材料光学现象的时候, 既要考虑量子尺寸效应, 又要考虑介电限域效应. 下面从布拉斯 (Brus) 公式分析介电限域对光吸收带边移动 (蓝移、红移) 的影响.

$$E(r) = E_{\rm g}(r=\infty) + h^2\pi^2/2\mu r^2 - 1.786e^2/(\varepsilon\cdot r) - 0.248E_{\rm Ry} \tag{7.7}$$

式中, $E(r)$ 为纳米微粒的吸收带隙; $E_{\rm g}\,(r=\infty)$ 为体相的带隙; r 为粒子半径; $\mu = (1/m_{e-}+1/m_{h+})^{-1}$ 为粒子的折合质量, 其中 m_{e-} 和 m_{h+} 分别为电子和空穴的有效质量. 第二项 $(h^2\pi^2/2\mu r^2)$ 为量子限域能 (导致蓝移). 第三项 $(-1.786e^2/(\varepsilon\cdot r))$ 表明, 介电限域效应导致介电常数 ε 增加, 引起红移. 第四项为有效里德伯能.

过渡族金属氧化物如 Fe_2O_3、Co_2O_3、Cr_2O_3、Mn_2O_3 等纳米粒子分散在十二烷基苯磺酸钠 (DBS) 中出现了光学三阶非线性增强效应. Fe_2O_3 纳米粒子在 DBS 中三阶非线性达 $90{\rm m}^2/{\rm V}^2$, 比在水中高两个数量级. 这种三阶非线性增强现象归结于介电限域效应.

7.2.6 库仑阻塞与量子隧穿

库仑阻塞效应是 20 世纪 80 年代介观领域所发现的极其重要的物理现象之一. 当体系的尺度进入纳米范围时, 体系电荷是 "量子化" 的, 即充电和放电过程是不连续的, 这通常称为库仑阻塞现象. 库仑阻塞能 $E_{\rm c}$ 可用下式表示

$$E_{\rm c} = \frac{e^2}{8\pi\varepsilon_0 R} = \frac{e^2}{2C} \tag{7.8}$$

式中, e 为电子电荷; ε_0 为真空介电常数; R 为纳米小体系的半径; C 为小体系的电容. 体系越小, 库仑阻塞能 $E_{\rm c}$ 越大. 对比久保理论中取出或放入一个电子的能量 e^2/d, 二者结果相似.

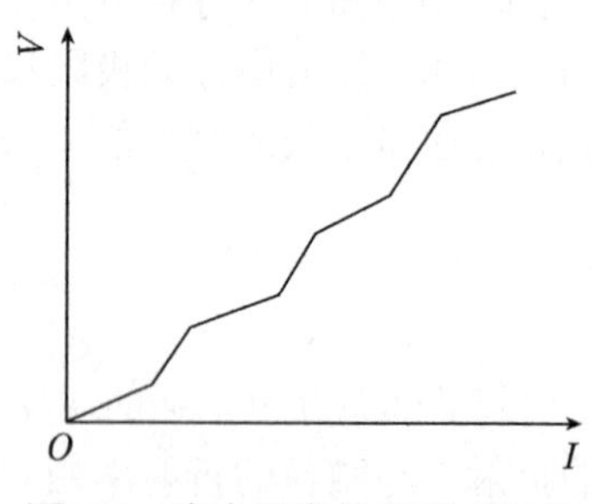

图 7.4 库仑阻塞效应影响下的 I-V 曲线

如果两个量子点通过一个 "结" 连接起来, 一个量子点上的电子穿过能垒到另一个量子点上的行为称为量子隧穿.

库仑阻塞能是一个电子对后一个电子的排斥能, 这就导致了对一个小体系的充放电过程, 电子不能集体运输, 而是一个一个的单电子传输. 通常把小体系这种单电子运输行为, 称为库仑阻塞效应. 由于库仑阻塞效应的存在, 电流随电压的上升不再是直线上升 (欧姆定律), 而是在 I-V

曲线上呈现锯齿形状的台阶, 如图 7.4 所示.

只有当热运动能 k_BT 小于库仑阻塞能, 才能观察到库仑阻塞和量子隧穿 (电子由一个粒子跃到另一个小导体). 即

$$E_c = \frac{e^2}{8\pi\varepsilon_0 R} = \frac{e^2}{C} > k_BT \tag{7.9}$$

明显可以看出, 体积尺寸越小, C 越小, E_c 越大, 允许观察的温度 T 就越高.

根据式 (7.9) 可以计算出, 当粒子直径为 1nm 时, 室温下 $E_c > k_BT$, 即在室温下可观察到库仑阻塞和量子隧穿. 而当粒径为 100nm 时, 温度小于 167K 时, 才能观察到上述效应. 利用库仑阻塞和量子隧穿效应可以设计下一代的纳米结构器件, 如单电子晶体管和量子开关等.

上述的量子尺寸效应、表面效应、小尺寸效应、量子隧道效应、介电限域效应、库仑阻塞效应与量子隧穿等都是纳米微粒与纳米固体的基本特性. 这些特性使纳米微粒和纳米固体表现出许多奇异的物理、化学性质, 出现一些 “反常现象”.

需要指出的是: 只有当纳米粒子的尺寸小到一定程度时, 物质的性质才会发生突变, 出现特殊性能. 这种既具有不同于原来组成的原子、分子, 也不同于宏观的物质的特殊性能构成的材料, 即为纳米材料. 如果仅仅是尺度达到纳米, 而没有特殊性能的材料, 也不能叫纳米材料. 其次, 不同类型的纳米粒子发生这种突变的临界尺寸是不同的.

7.3 纳米微粒的物理性能

由于纳米微粒具有大的比表面积、表面原子数、表面能以及前述各种效应, 纳米微粒在热、磁、光和稳定性方面不同于常规粒子, 这就使得它具有独特的应用前景.

7.3.1 热学性能

由于颗粒小, 纳米颗粒的表面能高、比表面原子多, 这些表面原子近邻配位不全、活性大以及体积远小于大块材料的纳米粒子熔化时所需要增加的内能小得多, 这就使纳米微粒熔点急剧下降. 例如, 金的常规熔点为 1064°C, 当颗粒尺寸减小到 10nm 尺寸时, 则降低了 27°C, 2nm 尺寸时的熔点仅为 327°C 左右 (图 7.5); 大块金属铅的熔点为 327.4°C, 而 20nm 球形铅粒子的熔点降低至 39°C; 铜的熔点为 1053°C, 平均粒径为 40nm 的铜纳米粒子熔点降低至 750°C.

纳米微粒的烧结温度和晶化温度均比常规粉体低得多. 所谓烧结温度是指把粉末先用高压压制成型, 然后在低于熔点温度下烧结成块, 密度接近常规材料的最低加热温度. 例如, 12nmTiO_2 在不添加任何烧结剂的情况下, 可以在低于常

规烧结温度 400~600°C 下烧结; 普通钨粉需在 3000°C 高温下才能烧结, 而掺入 0.1%~0.5%的纳米镍粉后, 烧结温度可降到 1200~1311°C; 纳米 SiC 的烧结温度从 2000°C 降到 1300°C. 很多研究表明, 烧结温度降低是纳米材料的共性. 纳米材料中由于每一粒子组成原子少, 表面原子处于不安定状态, 使其表面晶格震动的振幅较大, 所以具有较高的表面能量, 造成超微粒子特有的热性质, 也就是造成熔点下降, 同时纳米粉末将比传统粉末容易在较低温度下烧结, 而成为良好的烧结促进材料.

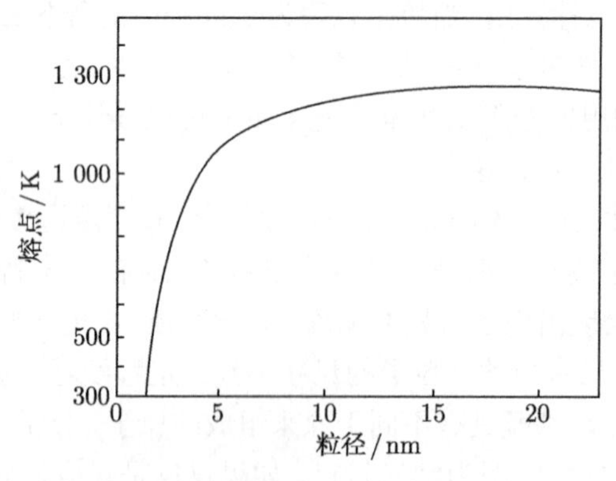

图 7.5　金微粒熔点与粒径的关系

非晶纳米微粒的晶化温度低于常规粉体, 传统非晶氮化硅在 1793K 晶化成 α 相, 纳米非晶氮化硅微粒在 1673K 加热 4h 全部转变成 α 相. 纳米微粒开始长大的温度随粒径的减小而降低. 图 7.6 表明 8nm、15nm 和 35nm 粒径的 Al_2O_3 粒子快速长大的开始温度分别约为 1073K, 1273K 和 1423K.

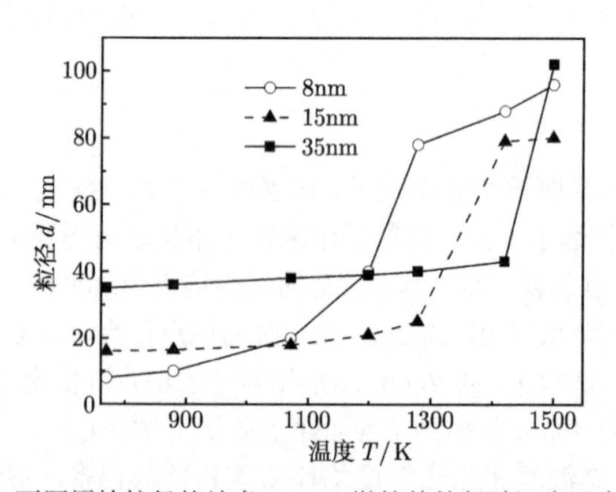

图 7.6　不同原始粒径的纳米 Al_2O_3 微粒的粒径随退火温度的变化

7.3.2 磁学性能

1. 超顺磁性

超顺磁性是磁有序纳米材料小尺寸效应的典型表现. 当体积为 V 的单畴磁性粒子继续减小, 磁矩取向因热运动能比相应的磁能还大, 可越过各向异性能势垒, 使粒子的磁化方向表现为磁的 "布朗运动", 粒子集合体的总磁化强度为零, 称为超顺磁性. 不同的纳米粒子, 室温下进入超顺磁性的尺寸临界值不同. Fe_3O_4、α-Fe_2O_3 和面心立方 Co 的粒径分别为 16nm、20nm 和 14nm 时变成顺磁性, 这时磁化率 χ 不再服从居里–外斯定律, $\chi = \dfrac{C}{T-T_C}$(C 为常数, T_C 为居里温度).

超顺磁性的临界尺寸还与温度有关, 如球状铁微粒在室温下的临界粒径为 12nm, 而在 4.2K 时粒径为 2.2nm 还是铁磁性的.

2. 高矫顽力

实验证实纳米微粒 (Fe、Fe_3O_4 和 Ni 纳米微粒) 尺寸高于超顺磁临界尺寸时通常呈现高的矫顽力 H_c. 图 7.7 给出纳米 Fe 粒子的矫顽力随粒径的变化关系. 随粒径的减小, 饱和磁化强度有所下降, 矫顽力却显著增加. 粒径为 16nm 的铁微粒, 在 5.5K 温度下矫顽力达到 1.27×10^5A/m; 室温下, 矫顽力仍可保持在 7.96×10^4A/m. 而块体 Fe 的矫顽力通常低于 79.62A/m. 当磁性纳米粒子的粒径小于其超顺磁性临界尺寸时, 粒子进入超顺磁性状态, 无矫顽力和剩磁.

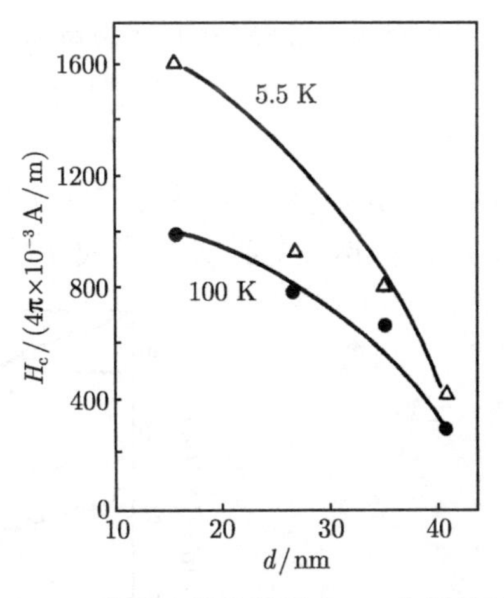

图 7.7 铁纳米微粒矫顽力 H_c 与微粒的粒径 d 和温度的关系

对纳米颗粒高矫顽力的起源有两种解释: 一致转动模式和球链反转磁化模式.

一致转动模式: 当粒子尺寸小到某一尺寸时, 每个粒子就是一个单磁畴 (Fe 和 Fe_3O_4 单磁畴的临界尺寸分别为 12nm 和 40nm), 每个单磁畴的纳米微粒实际上成为一个永久磁铁, 要使整个磁铁去掉磁性, 必须使每个粒子整体的磁矩反转, 这需要很大的反向磁场, 即具有较高的矫顽力. 但许多实验表明, 纳米微粒的 H_c 测量值与一致转动的理论值不相符. 例如, 65nm 的 Ni 微粒矫顽力 $H_c \approx 1.99\times10^4$A/m, 远低于一致转动的理论值 ($H_c \approx 1.27\times10^5$A/m).

球链反转磁化模式: 由于静磁作用, 球形纳米微粒形成链状, 对于球形粒子构成链的情况, 矫顽力为

$$H_c = \mu(6K_n - 4L_n)/d^3 \tag{7.10}$$

式中, $K_n = \sum_{j=1}^{n} (n-j)/nj^3$; $L_n = \sum_{j=1}^{\frac{1}{2}(n-1)<j\leqslant\frac{1}{2}(n+1)} [n-(2j-1)]/\left[n(2j-1)^3\right]$; n 为球链中的颗粒数; d 为颗粒间距; μ 为颗粒磁矩.

但球链反转磁化模式计算得到矫顽力的理论值仍大于实验值. Ohshiner 引入缺陷对球链模型进行修正, 认为颗粒表面的氧化层起着类似缺陷的作用, 可以定性的解释上述实验事实.

3. 居里温度

居里温度是磁性材料的重要参数, 通常与交换积分 J_e 成正比, 还与材料的原子构型和间距有关. 在纳米材料研究中, 发现居里温度 T_C 随纳米粒子或薄膜尺度的减小而下降. 这缘于小尺寸效应和表面效应, 因为表面原子缺乏交换作用, 尺度小还可能导致原子间距变小, 这都使交换积分下降, 从而居里温度 T_C 下降.

例如, 85nm 粒径的 Ni 微粒的居里温度 T_C 为 350°C, 9nm 粒径的 Ni 微粒的居里温度 T_C 约为 300°C, 随着粒径减小, 居里温度下降, 且均低于块体 Ni 的居里温度 357°C. 居里温度可根据比饱和磁化强度 σ_s 与温度 T 的关系曲线求得, 如图 7.8 所示. 9nm 粒径的 Ni 样品在 260°C 附近, σ_s-T 曲线存在一突变, 这是由于晶粒长大所致, 根据突变前 σ_s-T 曲线外插可求得 9nm 粒径的 Ni 样品的 T_C 约为 300°C.

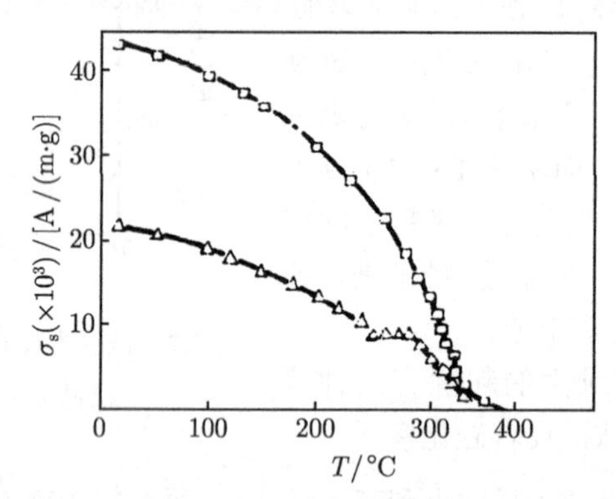

图 7.8 磁强 9.5×10^5A/m 下, 不同粒径 Ni 纳米微粒的比饱和磁化强度 σ_s 与温度 T 的关系

□ 为 85nm; △ 为 9nm

4. 磁化率

固体物质放置在磁场中磁化后, 感应出许多磁偶极矩, 单位体积磁偶极矩称为磁化强度 M, 其与磁场强度 H 之比 χ 称为磁化率, 即

$$\chi = \frac{M}{H} \tag{7.11}$$

纳米颗粒的磁性与它所含的总电子数的奇偶性密切相关. 每个微粒的电子可以

看成一个体系, 电子数的宇称可为奇或偶. 一价金属微粉, 一半粒子的宇称为奇, 另一半为偶; 二价金属粒子的宇称都为偶. 电子数为奇数的粒子结合体的磁化率服从居里–外斯定律, $\chi = \dfrac{C}{T - T_{\mathrm{C}}}$, 量子尺寸效应使磁化率遵从 d^{-3} 规律. 电子数为偶数的系统, $\chi \propto k_{\mathrm{B}}T$, 遵从 d^2 规律, 纳米磁性金属的 χ 值是常规金属的 20 倍.

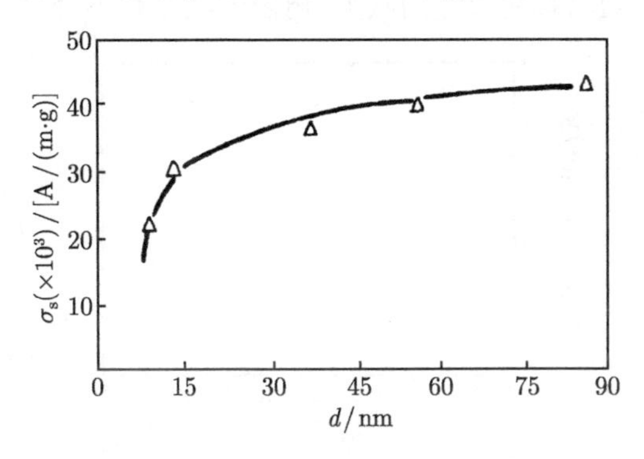

图 7.9 室温下纳米 Fe 的比饱和磁化强度 σ_{s} 与粒径 d 的关系

此外, 纳米磁性微粒还有许多其他磁特性, 例如纳米金属 Fe(8nm) 的饱和磁化强度比常规 α-Fe 低 40%, 纳米 Fe 的比饱和磁化强度 σ_{s} 随粒径 d 的减小而下降 (图 7.9). 金属 Sb 通常为抗磁性的 ($\chi < 0$), 其 $\chi = -1.3 \times 10^{-5}\mathrm{g}^{-1}$, 但是, Sb 的纳米晶的磁化率 $\chi = 2.5 \times 10^{-4}\mathrm{g}^{-1}$, 表现出顺磁性. 当温度下降到某一特征温度 (奈尔温度) 时, 某些纳米晶顺磁体转变为反铁磁体, 这时磁化率 χ 随温度降低而减小, 且几乎与外加磁场强度无关. 例如, 粒径为 10nm 的 FeF_2 纳米晶在 78~88K 由顺磁转变为反铁磁体.

纳米材料的磁学特性起源于多种效应. 例如, 磁有序态向磁无序态的转变 (超顺磁性) 源于小尺寸效应; 高矫顽力也源于小尺寸效应; 居里温度降低来源于界面效应和小尺寸效应; 而量子尺寸效应则是纳米材料磁化率增大的主要原因.

7.3.3 导电性能

电导、电阻是材料的两个重要的性能. 纳米材料的出现, 使人们对电导 (电阻) 的研究又进入了一个新的层次. 目前对纳米材料电导 (电阻) 的研究尚处于初始阶段.

由于纳米材料晶界上原子体积分数增大, 纳米材料的电阻高于同类粗晶材料, 甚至发生尺寸诱导, 金属向绝缘体转变. 电学性能发生奇异的变化, 是由于电子在纳米材料中的传输过程受到空间维度的约束从而呈现出量子限域效应. 在纳米颗粒内, 或者在一根非常细的短金属线内, 由于颗粒内的电子运动受到限制, 电子动能或能量被量子化了. 结果表现出当金属颗粒的两端加上电压, 电压合适时, 金属颗粒导电; 而电压不合适时金属颗粒不导电. 这样一来, 原本在宏观世界内奉为经典的欧姆定律在纳米世界内不再成立了. 因为绝缘体的氧化物到了纳米级, 电阻却反而下降, 变成了半导体或导电体. 常态下电阻较小的金属到了纳米级电阻会增大, 电阻温度系数下降甚至出现负数. 图 7.10 示出了纳米晶 Pd 块料的直流电阻温度系数随粒径的变化, 随着颗粒尺寸的减小, 电阻温度系数下降.

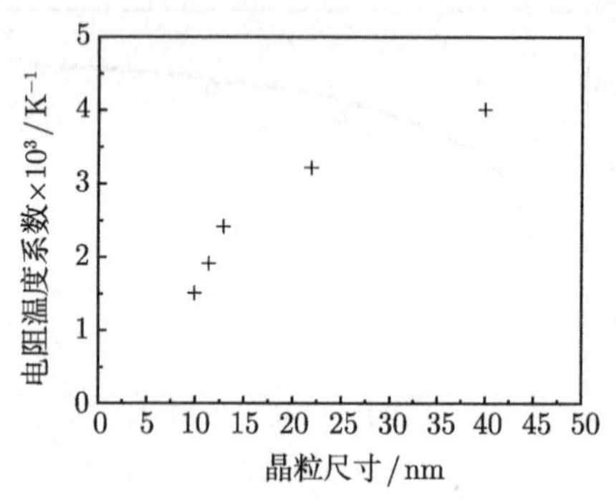

图 7.10　纳米晶 Pd 块材的直流电阻温度系数与晶粒尺寸关系

当颗粒小于某一临界尺寸时 (电子平均自由程), 电阻的温度系数可能会由正变负, 即随着温度的升高, 电阻反而下降 (与半导体性质类似). 例如, 当纳米 Ag 的粒径和构成粒子的晶粒直径分别减小到等于或小于 18nm 和 11nm 时, 在室温以下, 电阻随着温度的上升而下降, 即电阻温度系数 α 由正变负, 如图 7.11 所示. 从图中

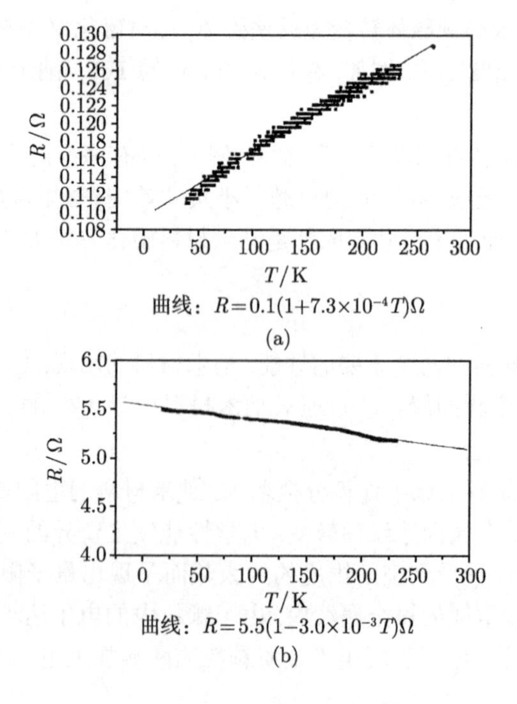

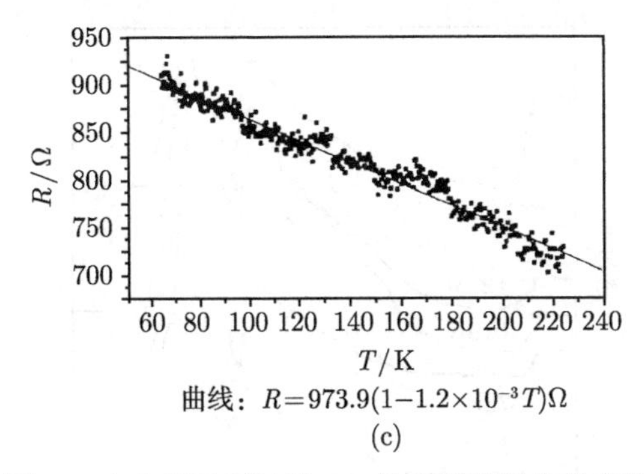

曲线：$R=973.9(1-1.2\times10^{-3}T)\Omega$

(c)

图 7.11 室温以下纳米 Ag 的电阻随温度的变化

(a) 粒径为 20nm, 晶粒度为 12nm; (b) 粒径为 18nm, 晶粒度为 11nm; (c) 粒径为 11nm, 晶粒度为 11nm

还可看出, 粒径减小, 电阻明显增大.

电阻产生的原因是由于电子在晶体中传播时, 散射使其运动受阻, 而纳米材料的电阻来源可以分为两部分：一是颗粒组元 (晶内); 二是界面组元 (晶界). 当晶粒大于电子平均自由程时, 主要来自晶内散射, 颗粒尺寸越大, 电阻和电阻温度系数越接近常规粗晶材料, 因为常规粗晶材料主要以晶内散射为主. 当晶粒尺寸小于电子平均自由程时, 界面对电子的散射占主导作用, 这时电阻和电阻温度系数与温度的关系明显偏离了粗晶的情况, 甚至出现反常现象.

纳米材料中大量的晶界存在, 几乎使大量电子运动局限在小颗粒范围. 晶界原子排列越混乱, 晶界厚度越大, 对电子散射能力就越强. 界面的这种高能垒是使电阻升高的主要原因.

7.3.4 光学性能

固体材料的光学性质与其内部的微结构, 特别是电子态、缺陷态和能级结构有密切的关系. 纳米相材料在结构上与常规的晶态和非晶态体系有很大的差别, 表现为：小尺寸、能级离散性显著、表 (界) 面原子比例高、界面原子排列和键的组态的无规则性较大等. 这些特征导致纳米材料的光学性质出现一些不同于常规晶态和非晶态的新现象.

1. 宽频带强吸收

大块金属具有不同的金属光泽, 表明它们对可见光中各种波长的光的反射和吸收能力不同. 当尺寸减小到纳米级时, 各种金属纳米粒子几乎都呈黑色. 它们对可见光的反射率极低, 而吸收率相当高. 例如, Pt 纳米粒子的反射率为 1%; Au 纳米粒子的反射率小于 10%.

此外, 不少纳米微粒, 如纳米氮化硅、碳化硅以及三氧化二铝粉等对红外有一个宽频强吸收谱. 图 7.12 是纳米 Al_2O_3 粉经不同温度退火 4h 后的红外吸收谱.

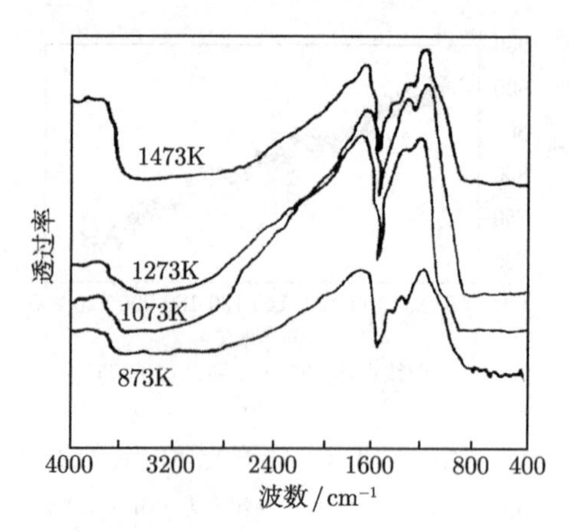

图 7.12　纳米 Al_2O_3 粉经不同温度退火 4h 后的红外吸收谱

纳米材料的红外吸收谱宽化的主要原因有两点:

(1) 尺寸分布效应. 通常纳米材料的粒径有一定分布, 不同颗粒的表面张力有差异, 引起晶格畸变程度也不同. 这就导致纳米材料键长有一个分布, 造成带隙的分布, 这是引起红外吸收宽化的原因之一.

(2) 界面效应. 界面原子的比例非常高, 导致不饱和键、悬挂键以及缺陷非常多, 这就使界面原子间键长与颗粒内键长不同; 另外庞大的界面上各处结构也可能不同, 从而导致界面上的键长有一个很宽的分布. 在红外光作用下对红外光吸收的频率也就存在一个较宽的分布.

2. 蓝移和红移现象

与大块材料相比, 纳米颗粒的吸收带通常发生"蓝移", 即吸收带移向短波长方向. 例如, SiC 纳米颗粒的红外吸收峰为 $814cm^{-1}$, 而块体 SiC 为 $794cm^{-1}$, SiC 纳米颗粒的红外吸收峰较块体 SiC 蓝移了 $20cm^{-1}$; 纳米 Si_3N_4 微粒和大块 Si_3N_4 的峰值红外吸收频率分别为 949 cm^{-1} 和 935 cm^{-1}, 这说明纳米 Si_3N_4 较大块 Si_3N_4 的红外吸收频率蓝移了 $14cm^{-1}$; CdS 溶胶颗粒的吸收光谱随着尺寸的减小逐渐蓝移, 如图 7.13 所示.

对纳米微粒吸收带"蓝移"原因的解释, 归纳起来有两方面原因:

(1) 量子尺寸效应. 即颗粒尺寸下降导致能隙变宽, 从而导致光吸收带移向短波方向. Ball 等的普适性解释是: 已被电子占据的分子轨道能级与未被电子占据的分子轨道能级之间的宽度 (能隙) 随颗粒直径的减小而增大, 从而导致"蓝移"现象. 这种解释对半导体和绝缘体均适用.

(2) 表面效应. 纳米颗粒大的表面张力使晶格畸变, 晶格常数变小. 对纳米氧化物和氮化物的研究表明, 第一近邻和第二近邻的距离变短, 键长的缩短导致纳米颗

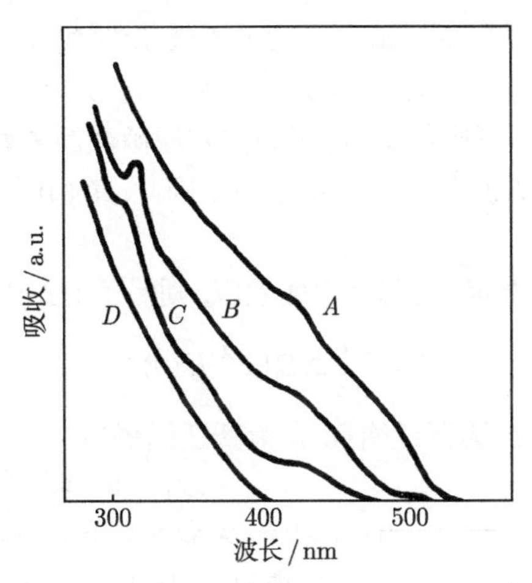

图 7.13 不同粒径的 CdS 溶胶微粒的吸收谱

A. 6nm; B. 4nm; C. 2.5nm; D. 1nm

粒的键本征振动频率增大, 结果使红外吸收带移向高波数.

有时候, 当粒径减小至纳米级时, 会观察到光吸收带相对粗晶材料的 "红移" 现象, 即吸收带移向长波长方向. 例如, 在 200~1400nm, 块体 NiO 单晶有 8 个吸收带, 而在粒径为 54~84nm 的 NiO 材料中, 有 4 个吸收带发生蓝移, 有 3 个吸收带发生红移, 有 1 个峰未出现.

引起红移的因素很多, 也很复杂, 归纳起来有:

(1) 电子限域在小体积中运动;

(2) 粒径减小, 内应力 $p(p=2\gamma/r$, r 为半径, γ 为表面能) 增加, 导致电子波函数重叠, 结果带隙、能级间距变小;

(3) 存在附加能级, 如缺陷能级, 使电子跃迁能级间距减小;

(4) 外加压力使能隙减小;

(5) 空位、杂质的存在使平均原子间距 R 增大, 导致能级间距变小.

通常认为, 红移和蓝移两种因素共同发挥作用. 随着粒径的减小, 量子尺寸效应导致蓝移; 而颗粒内部的内应力的增加会导致能带结构变化, 电子波函数重叠加大, 结果带隙、能级间距变窄, 从而引起红移. 纳米 NiO 中出现的光吸收带的红移是由于粒径减小时红移因素大于蓝移因素所致.

3. 量子限域效应

激子的概念首先是由弗仑克尔在理论上提出来的. 当入射光的能量小于禁带宽度时, 不能直接产生自由的电子和空穴, 而有可能形成未完全分离的具有一定键能的电子–空穴对, 称为激子.

半导体纳米微粒的粒径 $r < \alpha_B$(α_B 为激子玻尔半径) 时, 电子的平均自由程受小粒径的限制, 局限在很小的范围, 空穴很容易与它形成激子, 引起电子和空穴波函数的重叠, 容易产生激子吸收带. 电子和空穴波函数的重叠因子 (在某处同时发现电子和空穴的概率)$|U(0)|^2$ 近似于 $(\alpha_B/r)^3$, 因此, $|U(0)|^2$ 随粒子半径 r 的减小而增加.

对半径为 r 的球形微晶, 若忽略表面效应, 则激子的振子强度:

$$f = \frac{2m}{h^2}\Delta E\,|\mu|^2\,|U(0)|^2 \tag{7.12}$$

式中, m 为电子质量; ΔE 为跃迁能量; μ 为跃迁偶极矩.

因为单位体积微晶的振子强度 f/V (V 为微晶体积) 决定了材料的吸收系数, 所以, r 越小, 重叠因子 $|U(0)|^2$ 越大, 振子强度 f 也越大, 则激子带的吸收系数随 r 的减小而增加, 即出现激子增强吸收并蓝移, 这种效应称为量子限域效应.

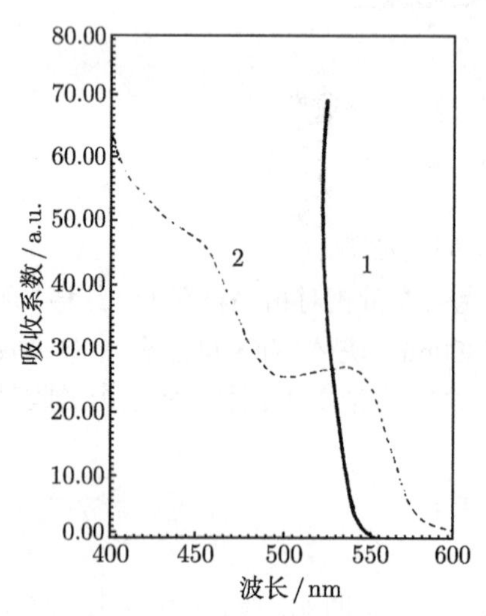

图 7.14　$CdSe_xS_{1-x}$ 玻璃的吸收光谱

曲线 1 代表粒径大于 10nm; 曲线 2 代表粒径为 5nm

纳米材料界面中的空穴浓度比常规材料高得多, 纳米材料空穴约束电子形成激子的概率也比常规材料高, 导致纳米材料激子的浓度较高. 上述量子限域效应, 使得纳米半导体材料的能带结构中靠近导带底形成一些激子能级, 从而容易产生激子吸收带. 图 7.14 为掺了粒径大于 10 nm 和粒径 5nm 的 $CdSe_xS_{1-x}$ 玻璃的光吸收谱, 尺寸变小后出现明显的激子峰, 激子带的吸收系数随粒径的减小而增加, 即出现激子的增强吸收并蓝移.

4. 纳米微粒的发光

所谓光致发光是指在一定波长的光照射下被激发到高能级激发态的电子重新跃回到低能级被空穴俘获而发射出光子的现象. 电子跃迁可分为：非辐射跃迁和辐射跃迁. 通常当能级间距很小时, 不发光; 而只有当能级间距较大时, 才有可能实现辐射跃迁, 发射光子. 图 7.15 是激发和发光过程示意图.

1990 年, 日本佳能研究中心的 Tabagi 发现纳米硅的发光现象, 在室温下, 当用紫外光激发纳米硅样品时, 粒径小于 6nm 的硅可发射可见光, 随着粒径减小, 发射带强度增强并移向短波方向; 当粒径大于 6nm 时, 发光现象消失, 如图 7.16 所示. Tabagi 认为, 硅纳米微粒的发光是载流子的量子限域效应引起的.

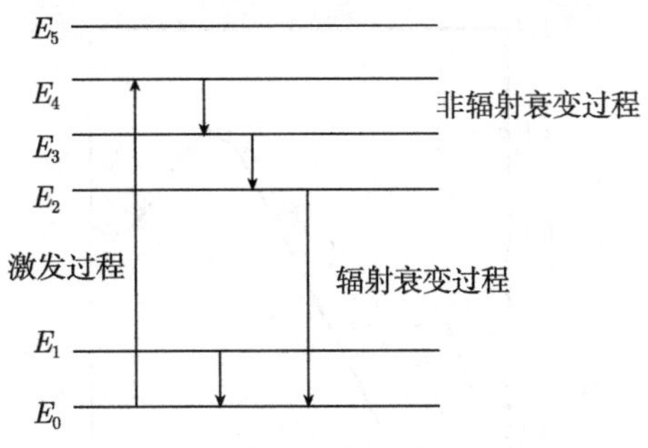

图 7.15 激发和发光过程示意图

E_0 为基态能级; $E_1 \sim E_5$ 是激发态能级

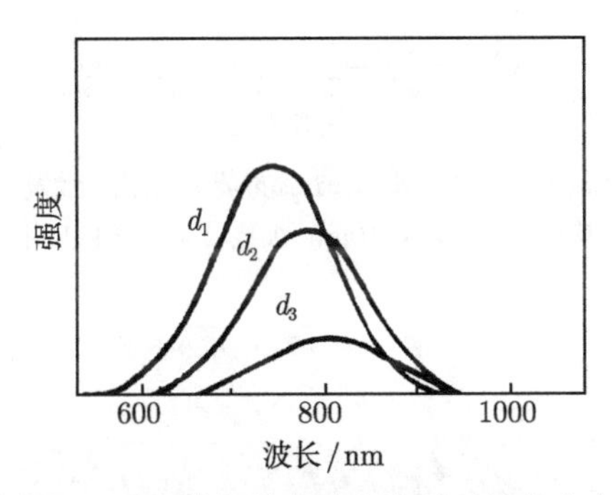

图 7.16 不同粒径纳米硅在室温下的发光光谱

(粒径 $d_1 < d_2 < d_3$)

掺 $CdSe_xS_{1-x}$ 纳米微粒的玻璃在 530nm 波长光的激发下会发射荧光 (见图 7.17). 这是因为半导体具有窄的直接跃迁的带隙, 因此在光的激发下, 电子容易跃迁引起发光, 当颗粒尺寸小到 5nm 时就出现了激子发射峰 (见图 7.17 中的曲线 2).

除了上述纳米微粒的发光外, 许多材料的纳米棒、纳米带等都有发光性能. 图 7.18 是 ZnO 纳米带的形貌和光致发光谱, Xe 灯 330nm 波长激发. 平均宽度为 200nm 的 ZnO 纳米带发光峰位置在 387nm, 而平均宽度为 6nm 的 ZnO 纳米带发光峰位置在 373nm. 随着纳米带宽度的减小, 发光峰位置 "蓝移" 了 14nm, 这是由于纳米带宽减小引起量子限域效应的影响.

纳米材料的以下特点导致其发光不同于常规材料:

(1) 由于颗粒很小, 出现量子限域效应, 界面结构的无序性使激子、特别是表面激子很容易形成, 因此容易产生激子发光带.

(2) 界面积大, 存在大量的缺陷, 从而使能隙中产生许多附加能级.

(3) 平移周期被破坏, 在常规材料中电子跃迁的选择定则可能不适用.

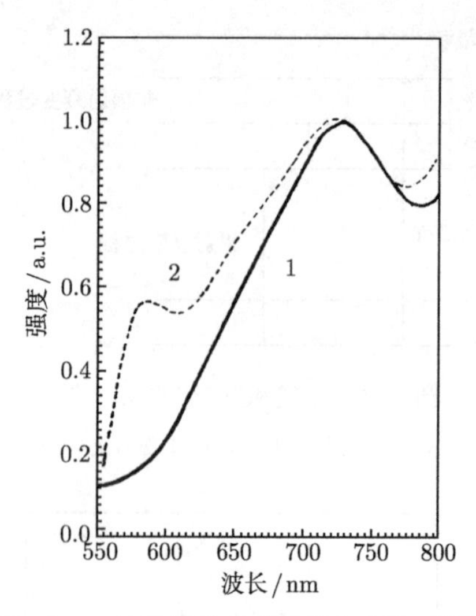

图 7.17　$CdSe_xS_{1-x}$ 纳米微粒玻璃的荧光光谱, 激发波长 530nm

曲线 1 对应微粒尺寸大于 10nm; 曲线 2 对应微粒尺寸为 5nm

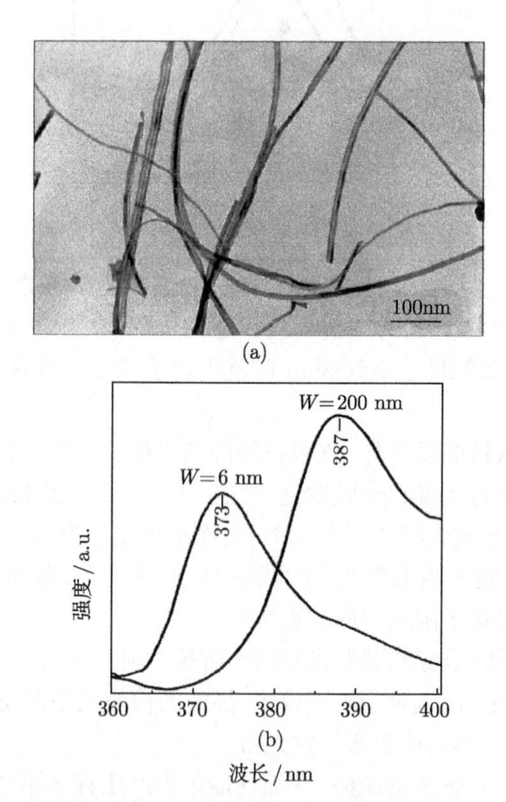

图 7.18　ZnO 纳米带的形貌 (a) 及宽度分别为 6nm 和 200nm ZnO 纳米带的发光谱 (b)

5. 纳米微粒分散体系的光学性质

当纳米微粒分散于介质中形成分散体系, 这就是通常的溶胶, 纳米微粒是分散相. 通常当有入射光 (一束聚集的光线) 通过分散体系时就会产生 Tyndall 现象. 由于 Tyndall 现象与分散相的粒子大小有关, 当粒径大于入射光的波长时, 光投射到粒子上时就被反射; 如果粒子直径小于入射光的波长, 光波可以绕过粒子向各方向传播, 发生散射, 散射光又称乳光. 由于纳米粒子比可见光的波长要小很多, 所以通过纳米粒子分散体系的光是以散射光为主.

散射光强度可用下列瑞利公式来表示

$$I = \frac{24\pi^2 NV^2}{\lambda^4}\left(\frac{n_1^2 - n_2^2}{n_1^2 + n_2^2}\right) I_0 \tag{7.13}$$

式中, I_0 为入射光强度; N 为单位体积中的粒子数; V 为单个粒子的体积; λ 为入射光的波长; n_1 为纳米微粒的折射率; n_2 为分散介质的折射率. 由于悬浮体的粒子较大, 所以一般悬浮液没有乳光只有反射光, 而真溶液中分子又很小, 虽有乳光但很微弱, 只有胶体粒子 (包括纳米微粒) 才有 Tyndall 效应.

参 考 文 献

曹阳. 2003. 结构与材料 [M]. 北京：高等教育出版社
顾宁, 付德黔. 2002. 纳米技术与应用 [M]. 北京：人民邮电出版社
刘吉平, 廖莉玲. 2003. 无机纳米材料 [M]. 北京：科学出版社
徐云龙, 赵崇军, 钱秀珍. 2008. 纳米材料学概论 [M]. 上海：华东理工大学出版社
张立德. 2000. 纳米材料 [M]. 北京：化学工业出版社
张立德, 牟季美. 2001. 纳米材料与纳米结构 [M]. 北京：科学出版社

思考练习题

1. 久保对小颗粒的大集合体的电子能态做了哪两点假设?

2. 什么叫量子尺寸效应? 根据久保理论, 电子能级 δ 与纳米微粒的直径 d (假设微粒为球形) 之间有怎样的关系?

3. 什么叫小尺寸效应? 超细微粒有哪些特殊性质?

4. 什么叫库仑阻塞效应? 库仑阻塞效应的观察条件是什么?

5. 当粒子直径 $d(2R)$ 为 100nm 时, 温度 T 多少以下才能观察到库仑阻塞效应? 计算说明 ($\varepsilon_0 = 8.85 \times 10^{-12}\text{F/m}$; $e = 1.602 \times 10^{-19}\text{C}$; $k_\text{B} = 1.38 \times 10^{-23}\text{J/K}$, 保留有效数字 3 位).

6. 与常规材料相比, 纳米微粒的熔点、烧结温度发生什么变化? 并解释原因.

7. 试解释磁性纳米颗粒尺寸小到一定临界值时出现超顺磁性的原因.

8. 什么是蓝移和红移现象? 产生的主要原因是什么?

9. 试述纳米材料的光致发光不同于常规材料的原因.

第 8 章　薄膜材料的物理性能

薄膜这个词是随着科学和技术的发展而自然出现的, 有时与类似的词汇 “涂层”(coating)、“层”(layer)、“箔”(foil) 等有相同的意义, 但有时又有些差别. 薄膜是指尺度在某个一维方向远远小于其他二维方向, 厚度可从纳米级到微米级的材料. 从表面科学的角度来说, 薄膜物理研究的范围通常是涉及材料表面几个至几十个原子层, 在这个范围内的原子和电子结构与块体内部有较大差别.

从基本理论上看, 把块状固体理论的结论硬往薄膜上套用, 是不全面的. 块状固体理论是以原子周期排列为基本依据, 电子在晶体内的运动服从布洛赫定理, 电子迁移率很大. 但在薄膜材料中, 由于无序性和薄膜缺陷态的存在, 电子在晶体中将受到晶格原子的散射, 迁移率变小 (除部分近单晶薄膜外), 使薄膜材料的电学、磁学、光学、力学等性能与块状材料有很大不同. 对薄膜材料的研究正在向多种类、高性能、新工艺等方面发展, 其基础研究也向分子层次、原子层次、纳米尺度、介观结构等方向深入.

8.1　薄膜材料的特殊性

由于薄膜材料的厚度很薄, 很容易产生小尺寸效应, 因此薄膜材料的物性会受到薄膜厚度的影响. 薄膜材料的表面积同体积之比很大, 所以表面效应很显著, 表面能、表面态、表面散射和表面干涉对它的物性影响很大. 另外, 在薄膜材料中还包含有大量的表面晶粒间界和缺陷态, 对电子输运性能影响较大, 还有薄膜与基片之间的黏附性和附着力, 以及内应力问题.

1. 表面能级很大

由于薄膜表面积与体积之比很大, 薄膜材料的表面效应十分突出. 表面能级指在固体的表面, 原子周期排列的连续性发生中断, 在这种情况下, 电子波函数的周期性当然也受到影响, 把表面考虑在内的电子波函数已由塔姆 (Tamm) 在 1932 年进行了计算, 得到了电子表面能级或称塔姆能级. 像薄膜这种表面积很大的固体, 表面能级将会对膜内电子输运状况有很大的影响. 尤其是对薄膜半导体表面电导和场效应产生很大的影响, 从而影响半导体器件性能.

2. 薄膜和基片的黏附性

薄膜是在基片之上生成的, 基片和薄膜之间就会存在一定的相互作用, 这种相互作用的表现形式是附着 (adhesion). 基片和薄膜属于不同种物质, 两者之间的相互作用能就是附着能, 可以看成是界面能的一种. 薄膜对衬底的黏附能力的大小称为薄膜的附着力, 它是薄膜与衬底在化学键合力或物理咬合力作用下的强度. 与附着力相关的因素有以下几种:

(1) 范德瓦耳斯力: 范德瓦耳斯力是永久偶极子、感应偶极子之间的作用力以及其他色散力的总称. 用范德瓦耳斯力成功地解释了许多附着现象. 设两个分子间的相互作用能为 U, 则

$$U = -\frac{3a_{\mathrm{A}}a_{\mathrm{B}}}{2r^6} \cdot \frac{I_{\mathrm{A}}I_{\mathrm{B}}}{I_{\mathrm{A}} + I_{\mathrm{B}}} \tag{8.1}$$

式中, r 为分子间距离; a 为分子的极化率; I 为分子的离化能; 下标 A、B 分别表示 A 分子和 B 分子.

(2) 静电力. 设薄膜、基片都是导体, 而且两者的费米能级不同, 由于薄膜的形成, 从一方到另一方会发生电荷转移, 在界面上会形成带电的双层. 此时, 薄膜和基片之间相互作用的静电力为

$$F = \frac{\sigma^2}{2\varepsilon_0} \tag{8.2}$$

式中, σ 为界面上出现的电荷密度; ε_0 为真空中的介电常数.

(3) 相互扩散. 与附着相关的因素还应考虑相互扩散, 这种扩散在薄膜、基片的两种原子间相互作用的情况下发生. 由于两种原子的混合或化合, 造成界面消失, 附着能变成混合物或化合物的凝聚能. 凝聚能要比附着能大.

(4) 锚连作用. 基片的表面并非完全平整, 从微观尺度讲, 当基片为粗糙状态时, 薄膜的原子会进入基片中, 像打入一个钉子一样使薄膜附在基片上, 产生锚连作用.

研究结果表明, 在金属薄膜–玻璃基片系统中, Au 薄膜的附着力最弱. 易氧化元素的薄膜, 通常附着力较大. 在很多情况下, 对薄膜加热 (沉积过程中、沉积完成之后), 会使附着力以及附着能增加.

3. *内应力*

由于薄膜的一个面附着在基片上并受到约束作用, 因此薄膜内还容易产生应变. 若考虑与薄膜膜面垂直的任一断面, 断面两侧就会产生相互作用力, 称为内应力. 内应力就其原因来说分为两大类, 即固有应力 (或本征应力) 和非固有应力. 固有应力来自于薄膜中的缺陷, 如位错; 薄膜中非固有应力主要来自薄膜对衬底的附着力. 产生内应力的主要原因是薄膜和衬底间不同的热膨胀系数和晶格失配.

一般说来, 薄膜往往是在薄的基片上沉积的, 在这种情况下, 几乎对所有物质的薄膜, 基片都会发生弯曲. 弯曲有两种类型: 一种是弯曲的结果使薄膜成为弯曲面的内侧, 使薄膜的某些部分与其他部分之间处于拉伸状态, 这种内应力称为拉应力; 另一种是弯曲的结果使薄膜成为弯曲面的外侧, 它使薄膜的某些部分与其他部

分之间处于压缩状态, 这种内应力称为压应力. 如果拉应力用正数表示, 压应力就用负数表示.

4. 异常结构和非理想化学计量比

(1) 异常结构. 薄膜的制法多数属于非平衡状态的制取过程, 薄膜的结构不一定和相图符合, 规定与相图不符合的结构称为异常结构. 异常结构是一种准稳 (亚稳) 态结构, 但由于固体的黏性大, 实际中把它看成稳态也是可以的, 通过加热退火和长时间的放置还会慢慢变成稳定状态.

最明显的异常结构是Ⅳ族元素的非晶态结构. 非晶态结构材料除了具有优良的抗腐蚀性能之外, 其强度非常高, 而且具有普通晶态材料无法比拟的电、磁、光、热性能. 薄膜技术是制取这些非晶态材料的最主要手段. 只要基片温度足够低, 许多物质都能实现非晶态. 例如, 当基片的温度为 4K 时, 对 Bi 进行蒸镀就能获得非晶膜, 且具有超导性. 非晶态膜的结构是长程无序而短程有序, 失去了结构周期性, 如果对这种薄膜加热, 在 10~15K 会发生结晶化, 同时超导性也自行消失.

(2) 非理想化学计量比. 非理想化学计量比是指多组元薄膜的成分偏离. 例如, 当 Ta 在 N_2 的放电气体中被溅射时, 对应于一定的 N_2 的分压, 其生成薄膜 TaN_x 的成分是任意的; Si 在 O_2 的放电中真空蒸镀或溅射, 得到的薄膜 SiO_x 的计量比也是任意的; 辉光放电法得到的 α-$Si_{1-x}O_x$:H, 其 $x(0 < x < 1)$ 可在很大范围内变化. 因此, 把这样的成分偏离称为非理想化学计量比.

5. 薄膜中的缺陷

在薄膜生长和形成过程中各种缺陷都会进入到薄膜之中. 这些缺陷对薄膜性能有重要的影响. 而它们又与薄膜制造工艺密切相关, 比如薄膜生成时的基片温度越低, 薄膜中的点缺陷, 特别是空位的密度越大, 有的达到 0.1% (原子分数). 薄膜中的缺陷主要有点缺陷、位错、晶粒间界和层错缺陷. 杂质是点缺陷的另一种类型. 在薄膜的生成过程中, 杂质多数是由周围环境气氛混入薄膜之中的.

8.2　薄膜材料的分类

薄膜材料按化学组成分为：无机膜, 有机膜, 复合膜. 按相组成分为：固体薄膜, 液体薄膜, 胶体薄膜. 按晶体形态分为：单晶膜, 多晶膜, 微晶膜, 纳米晶膜, 超晶格膜等. 按薄膜的功能及其应用领域分为：电学薄膜, 光学薄膜, 硬质膜、耐蚀膜和润滑膜, 有机分子薄膜, 装饰膜和包装膜.

1. 电学薄膜

(1) 半导体器件与集成电路中使用的导电材料与介质薄膜材料. Al、Cr、Pt、Au、多晶硅、硅化物、SiO_2、Si_3N_4、Al_2O_3 等薄膜.

(2) 超导薄膜. 特别是近年来国外普遍重视的高温超导薄膜, 例如 YBaCuO 系稀土元素氧化物超导薄膜以及 BiSrCaCuO 系和 TlBaCuO 系非稀土元素氧化物超导薄膜.

(3) 薄膜太阳能电池. 特别是非晶硅、$CuInSe_2$ 和 CdSe 薄膜太阳能电池.

2. 光学薄膜

(1) 减反射膜. 照相机、幻灯机、投影仪、电影放映机、望远镜、瞄准镜以及各种光学仪器透镜和棱镜上所镀的单层 MgF_2 薄膜和双层或多层 (SiO_2、ZrO_2、Al_2O_3、TiO_2 等) 薄膜组成的宽带减反射膜.

(2) 反射膜. 例如, 用于民用镜和太阳灶中抛物面太阳能接收器的镀铝膜; 用于大型天文仪器和精密光学仪器中的镀膜反射镜; 用于各类激光器的高反射率膜 (反射率可达 99%以上) 等.

3. 硬质膜、耐蚀膜、润滑膜

(1) 硬质膜. 用于工具、模具、量具、刀具表面的 TiN、TiC、TiB_2、(Ti, Al)N、Ti(C, N) 等硬质膜, 以及金刚石薄膜、C_3N_4 薄膜和 c-BN 薄膜.

(2) 耐蚀膜. 用于化工容器表面耐化学腐蚀的非晶镍膜和非晶与微晶不锈钢膜; 用于涡轮发动机叶片表面抗热腐蚀的 NiCrAlY 膜等.

(3) 润滑膜. 使用于真空、高温、低温、辐射等特殊场合的 MoS_2、MoS_2-Au、MoS_2-Ni 等固体润滑膜和 Au、Ag、Pb 等软金属膜.

4. 有机分子薄膜

有机分子薄膜也称 LB (langmuir-blodgett) 膜, 它是有机物, 如羧酸及其盐、脂肪酸烷基族和染料、蛋白质等构成的分子薄膜, 其厚度可以是一个分子层的单分子膜, 也可以是多分子层叠加的多层分子膜. 多层分子膜可以是同一材料组成的, 也可以是多种材料的调制分子膜, 或称超分子结构薄膜.

5. 装饰膜、包装膜

(1) 广泛用于灯具、玩具及汽车等交通运输工具、家用电气用具、钟表、工艺美术品、日用小商品等的铝膜、黄铜膜、不锈钢膜和仿金 TiN 膜与黑色 TiC 膜.

(2) 用于香烟包装的镀铝纸; 用于食品、糖果、茶叶、咖啡、药品、化妆品等包装的镀铝涤纶薄膜; 用于取代电镀或热涂 Sn 钢带的真空镀铝钢带等.

8.3 薄膜的成核长大理论

薄膜的形成过程包括外来原子在基底上的黏附, 在基底表面的迁移、成核、原子团生长、临界核的形成、岛的长大、粒子的接合和连接等阶段. 对薄膜形成过程的描述, 发展了两种主要理论模型：一是经典的成核长大模型; 另一种是原子理论模型.

经典的成核长大模型是基于热力学概念, 利用宏观物理量来讨论成核问题. 这个模型的优点是比较直观, 一些物理量容易测量, 理论计算和实验结果能直接比较. 由于采用宏观物理量, 所以对原子数较多的粒子比较适用. 而原子理论模型是从原子的运动和相互作用角度来讨论膜的形成过程和结构, 它可以描述少数原子的成核、形成原子团的过程, 但其所用物理量有些不易直接测量. 这里我们主要介绍经典的成核长大理论模型.

8.3.1　体相中均匀成核

按照相变热力学理论, 凡是自发的相变, 都应该伴随着体系自由能的降低, 这就要求体系过热或过冷. 对于薄膜形成过程中的气相到吸附相的转变来说, 显然是需要过冷的, 过冷状态的实现是由于基片的温度远低于薄膜材料的蒸汽相温度.

在一定过冷度下, 固相或液相的自由能比气相的自由能低, 气相中形成半径为 r 的球状固相或液相晶核引起体系的自由能变化 ΔG 为

$$\Delta G=\frac{-4\pi r^3}{3}\cdot\frac{\Delta\mu}{\Omega}+4\pi r^2\cdot\sigma \tag{8.3}$$

式中, Ω 为原子体积; $\Delta\mu$ 是一个原子由气相转变为固相或液相引起的自由能降低值; σ 是比界面能. 上式中第一项是形成体积为 $4\pi r^3/3$ 的晶核引起的自由能降低, 第二项为形成面积为 $4\pi r^2$ 的界面引起的自由能升高. 图 8.1 是 ΔG 随 r 的变化曲线.

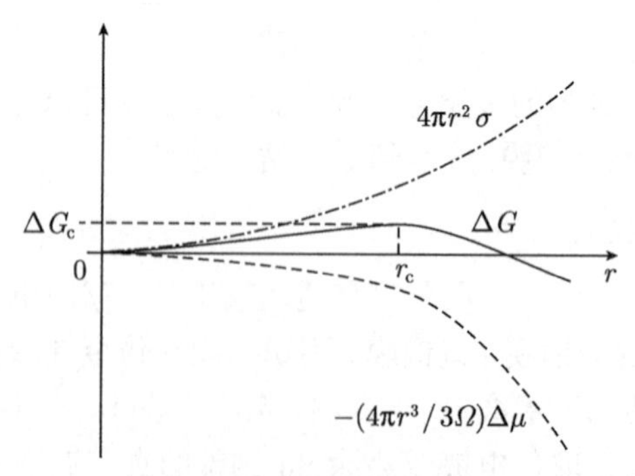

图 8.1　自由能随球状核的半径 r 的变化

由于自由能降低的第一项随 r^3 变化, 自由能增加的第二项随 r^2 变化, ΔG 开始时随 r 而增大, 在临界半径 r_c 处达到最大值, 此时的自由能为 ΔG_c, 称为成核功. 从 ΔG 随 r 的变化曲线可得出, 在 $r<r_c$ 时, 晶核不稳定, 易分解; $r>r_c$ 时,

晶核易长大.

从 $\dfrac{\mathrm{d}\Delta G}{\mathrm{d}r}=0$ 可计算出临界核的半径为

$$r_{\mathrm{c}}=\frac{2\sigma\Omega}{\Delta\mu} \tag{8.4}$$

将 r_{c} 代入式 (8.3), 得到相应的成核功 ΔG_{c} 为

$$\Delta G_{\mathrm{c}}=\frac{16}{3}\pi\sigma^3\Omega^2/\Delta\mu^2 \tag{8.5}$$

如果核的外形是尺寸为 L 的立方体, 则

$$\Delta G=-L^3\cdot\frac{\Delta\mu}{\Omega}+6L^2\sigma \tag{8.6}$$

由此计算得到临界核尺寸 L_{c} 为

$$L_{\mathrm{c}}=4\Omega\sigma/\Delta\mu \tag{8.7}$$

而成核功 ΔG_{c} 为

$$\Delta G_{\mathrm{c}}=32\sigma^3\Omega^2/\Delta\mu^2 \tag{8.8}$$

比较式 (8.5) 和式 (8.8) 可见, 立方晶核的成核功比球形晶核的成核功约大一倍, 这是因为立方晶核的表面积与体积比大于球形核的表面积与体积比, 对自由能的变化不利. 由此可见, 体相中成核更趋向于球形而不是多面体.

如果晶态核是近球形的多面体, 并且包络面是由低表面能的界面组成, 例如是 (111)、(100) 等组成的十四面体, 则成核功可以比球形核低.

8.3.2 衬底上的非均匀成核

在已有基底上成核称为非均匀成核. 设基底上的核呈球冠状 (图 8.2), 球面的曲率半径为 r, 球面和基底的润湿角为 θ, 则球冠底的半径为 $r\sin\theta$, 球冠高 $h=r(1-\cos\theta)$.

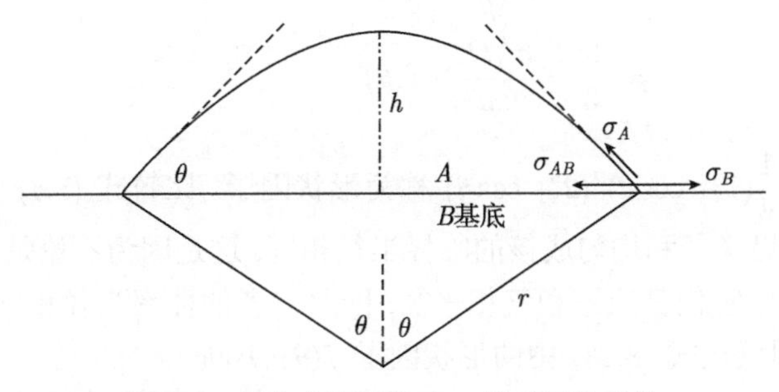

图 8.2 衬底上润湿角为 θ 的球冠状晶核

表面张力与界面张力平衡时有以下关系

$$\sigma_A \cos\theta = \sigma_B - \sigma_{AB} \tag{8.9}$$

式中, σ_A 为球冠晶核球面的表面张力; σ_B 为基底的表面张力; σ_{AB} 为晶核与基底间的界面张力.

由图 8.2 可知:

球冠晶核表面积 $S_1 = 2\pi r^2(1-\cos\theta)$.

球冠晶核与基底之间的界面积 $S_2 = \pi r^2 \sin^2\theta$.

球冠体积 V 等于半张角为 θ 的部分球体减去半张角为 θ 的圆锥体, 即

$$V = \left(\frac{4\pi r^3}{3}\right)\left[\frac{2\pi(1-\cos\theta)}{4\pi}\right] - \pi r^2 \sin^2\theta\left(\frac{r\cos\theta}{3}\right) = \frac{\pi r^3\left(2-3\cos\theta+\cos^3\theta\right)}{3}$$

因此, 在基底上形成球冠状晶核时的自由能变化为

$$\begin{aligned}\Delta G = &-\frac{\pi r^3}{3}(2-3\cos\theta+\cos^3\theta)\cdot\frac{\Delta\mu}{\varOmega}\\ &+2\pi r^2(1-\cos\theta)\sigma_A + \pi r^2\sin^2\theta(\sigma_{AB}-\sigma_B)\end{aligned} \tag{8.10}$$

利用式 (8.9), 计算后可得

$$\Delta G = \left(\frac{-\pi r^3}{3}\cdot\frac{\Delta\mu}{\varOmega} + \pi r^2\sigma_A\right)(2-3\cos\theta+\cos^3\theta) \tag{8.11}$$

从 $\dfrac{\mathrm{d}\Delta G}{\mathrm{d}r} = 0$ 可计算出临界核的半径为

$$r_\mathrm{c} = \frac{2\sigma_A\varOmega}{\Delta\mu} \tag{8.12}$$

在临界半径 r_c 时的成核功为

$$\begin{aligned}\Delta G_\mathrm{c} &= \frac{16\pi}{3}\cdot\frac{\sigma_A^3\varOmega^2}{\Delta\mu^2}\left[\frac{1}{4}(1-\cos\theta)^2(2+\cos\theta)\right]\\ &= \frac{16\pi}{3}\cdot\frac{\sigma_A^3\varOmega^2}{\Delta\mu^2}\cdot f(\theta)\end{aligned} \tag{8.13}$$

上式中, $f(\theta) = \dfrac{1}{4}(1-\cos\theta)^2(2+\cos\theta)$ 称为形状因子. 比较式 (8.4) 和式 (8.12) 可知, 球冠核的临界半径和均匀成核的临界半径相同, 这是因为不论是球核的球面还是球冠核的球面, 它们都应该和气相平衡, 因此二者的曲率半径相同. 球冠核和球核临界功的不同仅在式 (8.13) 中的形状因子 $f(\theta)$ 不同.

成核功形状因子 $f(\theta)$ 随润湿角 θ 的变化而变化, 如图 8.3 所示.

$\theta = 0, f(\theta) = 0$, 成核功 $\Delta G_c = 0$, 表示完全润湿, 球冠变为覆盖基底的单原子层.

$\theta = \pi, f(\theta) = 1$, 成核功 ΔG_c 达到最大值, 表示完全不润湿, 球冠趋于球形.

在基底上不均匀成核时, 一般总有一定的润湿角 $\theta(0 < \theta < \pi)$, 由图 8.3 可知, 它的成核功比球核的成核功要小.

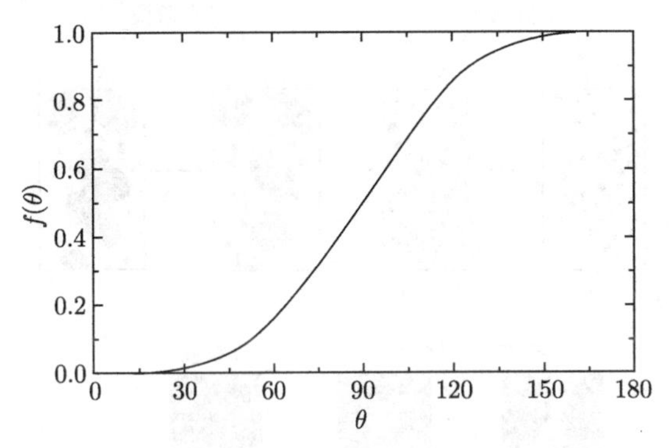

图 8.3 成核功形状因子 $f(\theta)$ 随润湿角 θ 的变化

8.4 薄膜的形成与生长

薄膜的制备方法有多种, 如离子束溅射、磁控溅射、离子镀、物理气相沉积 (PVD) 法和化学气相沉积 (CVD) 法等数十种, 而且还在不断发展. 不同的制膜方法有不同的特点, 以气相沉积为例, 在制备薄膜时, 原材料的粒子从气相中到基片表面上沉积成固态薄膜, 这是一个相变过程: 由气相到吸附相、再到固相. 在制备薄膜时, 所用的原材料、基片材料和制造工艺不同, 这一相变过程也有所差异, 即薄膜的生长过程有所差异.

例如, 要制备单晶膜, 首先要选择表面原子排列整齐、其排列周期与所制备膜相匹配的单晶基底; 其次是沉积到基底表面上原子的沉积速率不能太快, 并且基底要有合适的温度, 使沉积到基底表面上的原子能在基底上移动, 并形成有规则的排列. 基底温度与沉积速率要配合好, 这样可以一层一层地往外生长, 即所谓外延生长. 如果基底温度稍低, 沉积的原子来不及排列好, 又有新的原子到来, 则往往不能形成单晶; 如果基底温度过高, 则热缺陷大量增加, 也难以形成良好的单晶. 同样, 如果沉积速率太快, 也难以获得单晶.

基底温度较高, 沉积速率较快, 容易形成取向不同的岛状结构, 随着沉积原子数量的增多, 岛将连接成网状结构的薄膜, 这种结构中遍布不规则的窄长沟道. 再继续沉积, 形成多晶膜. 如果沉积温度很低, 沉积原子很快冷却, 难以在基底上移动, 形成非晶膜.

1. 薄膜的形成

薄膜的形成过程是指形成稳定核之后的过程, 形成过程可分为四个主要阶段: 小岛阶段 (成核, 核长大)、结合阶段、沟道阶段和连续薄膜, 如图 8.4 所示. 这四个阶段描述如下:

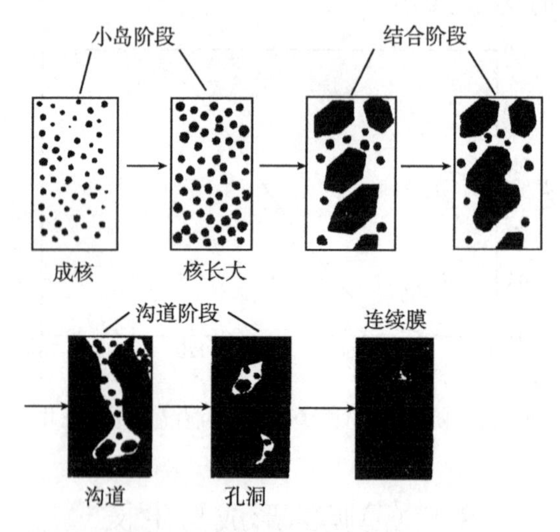

图 8.4 薄膜形成各阶段示意图

(1) 小岛阶段. 薄膜原材料中的蒸汽粒子被单个吸附在基底表面, 形成吸附相, 被吸附的单个粒子 (分子或原子, 统称为单体) 相互结合后, 形成原子团. 小原子团长大, 形成临界核, 临界核通过捕获其周围的单体而长大成为稳定核; 在临界核长大的同时, 在非捕获区, 单体又逐渐形成临界核. 稳定核长大到相互接触, 彼此结合后形成各种小岛, 岛的形状与基底的表面能大小以及沉积条件有关.

在核长大变成小岛过程中, 平行于基底表面方向的生长速度大于垂直方向的生长速度. 这是因为核的长大主要取决于吸附原子沿基底表面的扩散迁移运动, 而不是入射蒸发气相原子碰撞结合决定的.

(2) 结合阶段. 随着岛的长大, 岛间距离减少, 最后相邻小岛可互相结合为一个大岛, 这就是岛的结合. 由于新岛所占的面积小于结合前两岛的面积和, 所以在基底上暴露出新的面积, 在新暴露的基底上吸附单体, 发生 "二次" 成核.

在结合阶段中伴随着再结晶、晶粒长大、晶粒取向、缺陷合并与移动等, 因而结合阶段对膜的结构和性质有很大的影响.

(3) 沟道阶段. 小岛长大结合成大岛, 大岛长大相互结合成带有沟道和孔洞的网状结构, 同时在新暴露的区域和沟道、孔洞处 "二次" 或 "三次" 成核. 因而空白区域越来越小, 最后只剩下一些狭长的区域没有新相, 即所谓的沟道. 这种沟道分布不规则, 其宽度为 5~20nm. 沟道区域又可以形成新相的晶核, 再长大成岛, 然后又是岛间相互结合, 逐渐缩小沟道的宽度和长度. 这样在基底上留下少量的 “空白区域”, 即所谓的空洞.

(4) 连续薄膜. 随着薄膜的进一步沉积, 在空洞内逐渐产生新相的晶核, 长大成岛, 并不断地进行岛间相互结合, 与此同时开始向厚度方向生长, 最后在厚度达到一定值时才逐渐形成连续膜.

2. 薄膜的生长模式

薄膜的生长模式取决于多种因素, 其中最主要的是薄膜自身的凝聚力、薄膜原子对基片的附着力、基片温度和沉积速率. 薄膜的生长模式可分为三种: 一种是岛状生长模式, 也称三维生长 (Volmer-Weber) 模式; 另一种是层状生长模式, 或称为二维生长 (Frank-van der Merwe) 模式; 第三种是混合生长模式, 它是单层二维生长后三维生长 (Stranski-Krastanov) 模式. 绝大多数薄膜的形成过程属于岛状生长模式, 且在混合生长模式中也以岛状生长为主. 薄膜生长的三种模式示意图如图 8.5 所示.

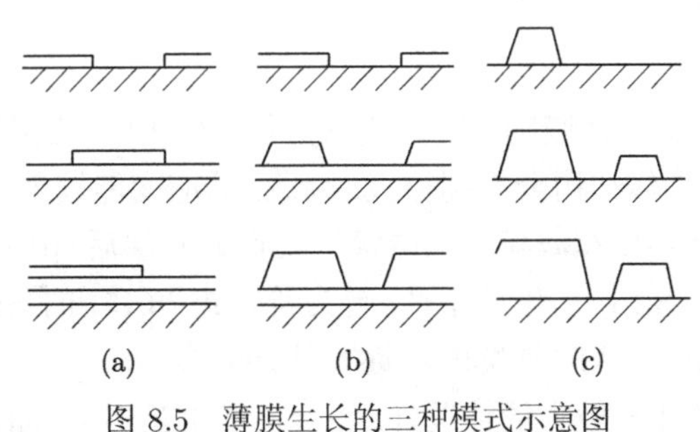

图 8.5 薄膜生长的三种模式示意图

(a) 层状生长; (b) 混合生长; (c) 岛状生长

1) 岛状生长模式

岛状生长模式的特点是在薄膜的生长初期, 首先形成大小不同的各种三维小岛, 然后晶核长大、合并, 进而形成连续膜, 多晶膜的生长就是这种模式. 这种三维小岛 A 与基底 B 的接触角为 θ (图 8.2). 该角的大小与薄膜的表面能 σ_A、薄膜与基底间的界面能 σ_{AB} 和基底的表面能 σ_B 有如下关系

$$\cos\theta = \frac{\sigma_B - \sigma_{AB}}{\sigma_A} \tag{8.14}$$

所以, 要发生这种生长模式, 必须满足 $\cos\theta < 1$ 的条件, 即

$$\sigma_B - \sigma_{AB} < \sigma_A \tag{8.15}$$

因此, 在薄膜与基底间的界面能 $\sigma_{AB} \geqslant 0$ 的条件下, 基底的表面能 σ_B 小于薄膜的表面能 σ_A 时, 薄膜就会岛状生长.

2) 层状生长模式

出现这种生长模式的条件刚好与上述模式相反, 即必须有

$$\sigma_B - \sigma_{AB} > \sigma_A \tag{8.16}$$

其中界面能 σ_{AB} 有三种情况：一种是当岛的原子和晶格常数与基底不同时, 即 $\sigma_{AB} > 0$; 另一种是当岛和基底都是同一物质构成时, 即 $\sigma_{AB} = 0$; 第三种是薄膜与基底间发生化学反应时, 即 $\sigma_{AB} < 0$. 从式 (8.16) 可看出, 为了得到薄膜的层状生长模式, 首先需要基底有相当大的表面能且薄膜的表面能较小; 其次是要界面能很小或是负值.

因为表面能可以定义为：将一块晶体分为两部分 (产生两个新表面) 所需能量的一半. 所以, 可以认为各元素表面能的大小顺序应该与各元素原子间的结合能顺序基本一致. 由此可以断定升华能大的物质, 如 W(870kJ/mol)、Mo(680kJ/mol) 等, 其表面能一定很大. 反之, 升华能小的物质, 如 Cs(77kJ/mol)、K(94kJ/mol)、Na(112kJ/mol) 等, 其表面能一定很小. 显然, 用 W、Mo 等难熔金属作基底, 在其上沉积 Cs、K、Na 等薄膜, 将发生层状生长模式.

3) 混合生长模式

当基底的晶格常数与薄膜物质的晶格常数相差较大时, 吸附原子层的结构与薄膜物质 (块状体) 的晶体结构会差别很大, 因此, 其应变能较大, 界面能 σ_{AB} 为正值, “润湿” 性变差. 结果, 在薄膜二维层状生长到第 n 层后, 由于基层的表面能 σ_B 变小, 不再保持有式 (8.16) 的生长条件, 转为符合式 (8.15) 的条件, 结果在第 n 层上开始生长出三维晶核, 从此薄膜转为岛状生长模式.

除上述晶格常数相差较大的情况外, 还会由于工艺不当, 如混入杂质、偏离化学式量比等, 在二维晶核或二维原子层上产生许多缺陷, 由于在这些缺陷处易产生新的晶核, 二维层状生长中断, 转为三维岛状生长.

8.5　薄膜的结构

薄膜的结构在一定程度上决定着薄膜的性能, 因此对薄膜结构的研究一直是大家十分关注的问题. 薄膜结构因研究对象不同可分为三种类型：组织结构、晶体结构 (薄膜中微晶的类型) 和表面结构.

8.5.1　组织结构

薄膜的组织结构是指它的结晶形态. 分为四大类型：无定形 (非晶) 结构、多晶结构、纤维结构和单晶结构. 由于无定形薄膜具有许多优异的性能, 近年来, 成为研究的重点.

1. 无定形结构

从原子排列情况来看它是一种近程有序结构, 就是在 2~3 个原子距离内原子排列是有秩序的, 大于这个距离其排列是杂乱无规则的.

无定形结构可分为两类结构, 一类称为无定形结构, 另一类称为类无定形结构. 前一类也常称为无序结构. 原子排列是近程有序, 远程无序, 显示不出任何晶体的性质, 这类结构也称为玻璃态. 属于这类结构的有非晶半导体薄膜、各种阳极氧化物薄膜等.

类无定形结构是由无规排列的极其微小的 (< 2nm) 晶粒所组成. 由于其晶粒极其微小, 衍射图像发生严重弥散而类似于无定形结构, 因此称它为类无定形结构. 属于这类结构的有高熔点金属薄膜, 高熔点非金属化合物薄膜, 碳、硅、锗的某些化合物薄膜及两不相容材料的共沉薄膜等.

用衍射法研究时, 无定形结构在 X 射线衍射谱图中呈现很宽的漫散射峰, 在电子衍射图中则显示出很宽的弥散形光环.

形成无定形薄膜的工艺条件是降低吸附原子的表面扩散速率, 可以通过以下方法:

(1) 降低基底温度. 基底温度对薄膜的结构有较大的影响. 基底温度高使吸附原子的动能随着增大, 跨越表面势垒的概率增加, 容易结晶化, 并使薄膜缺陷减少, 同时薄膜的内应力也会减小, 基底温度低则易形成无定形结构的薄膜. 例如, 硫化物和卤化物薄膜在基底温度低于 77K 时可形成无定形薄膜. 有些氧化物薄膜 (如 Ta_2O_5、TiO_2、ZrO_2、Al_2O_3 等) 基底温度在室温时都有形成无定形薄膜的趋向.

(2) 引入反应气体. 引入反应性气体的实例是在 10^{-3}~10^{-2}Pa 氧分压中蒸发铝、镓、铟和锡等超导薄膜, 氧化层阻挡了晶粒生长而形成无定形薄膜.

(3) 掺杂方法. 上述条件下, 在 83%ZrO_2-17%SiO_2 和 67%ZrO_2-33%MgO 的掺杂薄膜中, 由于两种沉积原子尺寸的不同也可形成无定形薄膜.

2. 多晶结构

多晶结构薄膜是由若干尺寸大小不等的晶粒所组成的. 在薄膜形成过程中生成的小岛就具有晶体的特征 (原子有规则的排列), 众多小岛聚结形成薄膜就是多晶薄膜. 若多晶结构薄膜是由无规则取向的微晶组成, 其晶粒尺寸为 10~100nm, 对这种结构的薄膜常称为微晶薄膜, 属于这类结构的有低熔点金属薄膜. 对于微晶特别小 ($\leqslant$10nm) 的薄膜, 则称为超微粒薄膜.

在多晶薄膜中, 按晶粒择优取向, 薄膜的组织结构又可分为锥形 (准柱形) 结构、纤维结构 (纤维结构是指晶核具有择优取向) 和柱状结构薄膜, 它们与薄膜的沉积温度和沉积气压有关. 图 8.6 是溅射薄膜的微结构随沉积温度和气压的变化示意图.

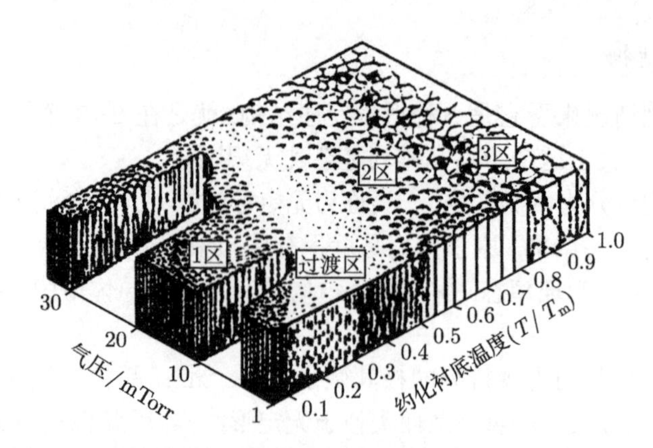

图 8.6　溅射薄膜的微结构随沉积温度和气压的变化示意图

从图可见, 在低温的 1 区 ($T/T_{\mathrm{m}} < 0.3$, T_{m} 是熔点), 吸附原子表面扩散不足以克服阴影效果, 形成由准柱形晶粒并排构成的薄膜. 准柱形晶粒之间有较多孔隙, 这些孔隙产生的原因是快速向上生长的准柱晶挡住了以一定角度倾斜沉积的原子, 在该区的薄膜晶粒内, 位错和畸变也较多. 大多数薄膜是在 1 区的基底温度下沉积, 其准柱形截面直径为几十纳米, 并且有明显的界面.

过渡区是由致密的、边界上孔洞少的纤维结构晶粒组成. 它是 1 区结构中晶粒尺寸小到难以分辨时呈现的纤维结构. 这种结构晶粒间界致密, 机械性能好.

2 区 ($0.3 < T/T_{\mathrm{m}} < 0.5$) 的基底温度较高, 沉积吸附原子在基底表面上扩散速率较大, 填补了孔隙, 孔隙被晶粒边界代替, 形成晶粒间界特别致密的柱状晶. 位错主要存在于晶粒间界区域. 随着基底温度升高, 晶粒尺寸也不断增大, 当基底温度较高时, 晶粒尺寸可以超过膜层厚度导致膜层表面呈现凹凸不平.

高温的 3 区 ($T/T_{\mathrm{m}} > 0.5$), 柱状晶已被尺寸更大的等轴晶代替, 其原因是发生了再结晶以降低界面能.

多晶薄膜中不同晶粒间的交界面称为晶界. 晶界中的原子排列状态, 实际上是从一侧晶粒内的原子排列状态向另一侧晶粒内原子排列状态过渡的中间结构. 因此, 晶界是一种 “面型” 的不完整结构, 从而显示出一系列与晶粒内部不同的特征.

(1) 由于晶界中晶格畸变较大, 晶界上原子的平均能量高于晶粒内部原子的平均能量, 它们的差值称为晶界能. 高的晶界能量表明它有自发地向低能态转化的趋势. 晶粒的长大和晶界平直化都能减少晶界面积, 从而降低晶界能量. 所以只要原子有足够的动能, 在它迁移时就会出现晶粒长大和晶界平直化的结果.

(2) 由于晶界中原子排列不规则, 其中有较多的空位. 当晶粒中有微量杂质时, 因为它要填入晶界中的空位, 使系统的自由能增加要比它进入晶粒内部自由能低, 所以微量杂质原子常富集在晶界处, 杂质原子沿晶界扩散比穿过晶粒要容易.

3. 纤维结构

纤维结构薄膜是微晶具有择优取向的薄膜, 属于这种结构的有各种压电微晶薄膜. 根据取向方向、数量的不同又分为单重纤维结构和双重纤维结构. 前者各晶粒只在一个方向上择优取向, 后者在两个方向上有择优取向. 有时前者称为一维取向薄膜, 后者称为二维取向薄膜. 一维取向薄膜可能具有二维同性一维异性的特点; 二维取向薄膜在结构上类似于单晶, 它具有类似单晶的性质.

4. 单晶结构

单晶结构薄膜通常是用外延工艺制造, 因此这类薄膜常称为外延膜, 属于这种结构的有各种半导体外延膜.

外延生长的第一个基本条件是吸附原子必须有较高的表面扩散速率, 所以基底温度和沉积速率就相当重要. 在一定的蒸发速率条件下, 大多数基底和薄膜之间都存在着发生外延生长的最低温度, 即外延生长温度; 第二个基本条件是基底与薄膜材料的结晶相溶性. 假设基底的晶格常数为 a, 薄膜的晶格常数为 b, 晶格失配数 $m=(b-a)/a$. m 值越小, 一般来说其外延生长就越容易实现; 第三个条件是要求基底表面清洁、光滑和化学稳定性好.

除此以外, 还有超晶格薄膜. 这种薄膜是在单晶的基底上, 周期性地生长两种或两种以上成分不同的单晶薄膜而形成的. 其每个子层的厚度小于电子在材料中的平均自由程, 但大于材料的晶格常数, 一般为 1~30nm, 常为几个到几十个原子层. 由于在材料的晶格周期上又叠加了在薄膜生长方向的一维周期性, 故称这种薄膜为超晶格薄膜. 因为通过改变子层的成分和厚度, 可以在原子线度范围内, 人为地设计和制造新材料, 所以这种薄膜很有发展前途.

8.5.2 薄膜的晶体结构

薄膜的晶体结构是指薄膜中各晶粒的晶型状况. 晶体的主要特征是其中原子有规则的排列. 由于晶体结构具有对称性, 可以用三维空间中的三个矢量, 以及对应的夹角 α、β 和 γ 来描述. 其中 a、b、c 是晶格在三维空间中的基本平移量, 称为晶格常数.

在大多数情况下, 薄膜中晶粒的晶格结构与块状晶体是相同的, 只是晶粒取向和晶粒尺寸与块状晶体不同. 除了晶体类型之外, 薄膜中晶粒的晶格常数也常常和块状晶体不同. 产生这种现象的原因：一是薄膜材料与基底材料晶格常数不匹配; 二是它们的热膨胀系数不一致; 三是薄膜中有较大的内应力和表面张力.

由于晶格常数不匹配, 在薄膜与基底的界面处晶粒的晶格发生畸变形成晶格畸变层, 以便和基底相匹配. 若薄膜与基底的结合能较大, 当二者晶格常数相差的百分比 $(a_{\mathrm{f}}-a_{\mathrm{s}})/a_{\mathrm{f}}\approx 2\%$ 时 (a_{f} 和 a_{s} 分别代表薄膜材料和基底的晶格常数), 薄膜与基底界面处晶格畸变层的厚度为几个埃; 当相差百分比为 4% 左右时, 畸变层厚度可达几百埃; 当相差百分比大于 12% 时, 晶格畸变达到二者完全不匹配的程度.

为了说明表面张力使薄膜晶格常数发生变化, 设在基底上有一半球形晶粒, 其半径为 r, 单位长度的表面张力为 σ, 因此, 对这个晶粒产生的压力为 $f = 2\pi r\sigma$, 承受此力的面积为 $S = \pi r^2$, 则可得出压力强度为 $p = 2\pi r\sigma/\pi r^2 = 2\sigma/r$. 根据胡克定律, 有

$$\Delta V/V = 3\Delta a/a = -p/E_{\rm v} \tag{8.17}$$

所以可得到晶格常数的变化比为

$$\Delta a/a = \frac{-2\sigma}{3E_{\rm v}r} \tag{8.18}$$

式中, $E_{\rm v}$ 为薄膜原材料的体弹模量. 从该式可看出, 晶格常数的变化比与晶粒半径成反比, 就是晶粒越小晶格常数变化比越大.

8.5.3　表面结构

薄膜的表面结构受多种因素的影响, 其中影响最大的是基底温度、基底表面粗糙度、真空室气压和薄膜的晶体结构.

从动力学能量理论分析, 薄膜为了使它的总能量达到最低值, 应该有最小的表面积, 即应该成为理想的平面状态. 实际上这种薄膜是无法得到的, 因为在薄膜的沉积形成和成长过程中, 入射到基底表面上的原子是无规律性的, 导致薄膜表面都有一定的粗糙度. 假设入射原子沉积到基底之后就在原处不动, 形成的薄膜厚度在各处是不均匀的. 若薄膜的平均厚度为 d, 按无规律变量的泊松几率分布, 由此可得到膜厚的平均偏离值 $\Delta d = d^{1/2}$. 因此, 薄膜的表面积随着其厚度的平方根值增大而增大.

但实际上, 入射原子沉积到基底表面上之后, 依靠扩散能量在表面上做扩散运动, 基底表面温度越高, 这种运动越强烈. 由于扩散运动, 入射原子将占据薄膜生长层中的一些空位. 这样使薄膜表面上的谷被填平, 峰被削平, 粗糙度降低, 导致薄膜表面积缩小, 表面能被降低. 除此之外, 原子在表面上扩散还产生另一种作用, 就是使一些低能晶面 (低指数晶面) 得到优先发展. 由此, 在表面原子扩散作用下, 生长较快的晶面将消耗那些生长较慢的晶面, 又导致薄膜表面粗糙度增大, 表面积增大. 这种情况, 在基底温度较高情况下更易出现.

若沉积薄膜时真空度较低, 由于残余气压过高, 入射的原子和残余气体分子相碰撞, 先在气相中凝结成微粒, 然后再到达基底表面沉积形成薄膜. 由于这种薄膜是由微粒松散堆积而成, 故是多孔性的, 而且可延续到最底层, 膜的实际表面积与其几何面积之比可能大于 100. 在基底温度较低的情况下, 更容易出现这种薄膜.

图 8.7 是在不同真空度下沉积的镍薄膜的实有表面积与几何面积之比随膜厚的变化. 由图可见, 膜表面积随膜厚线性增加, 在低真空条件下沉积的薄膜具有更大的表面积.

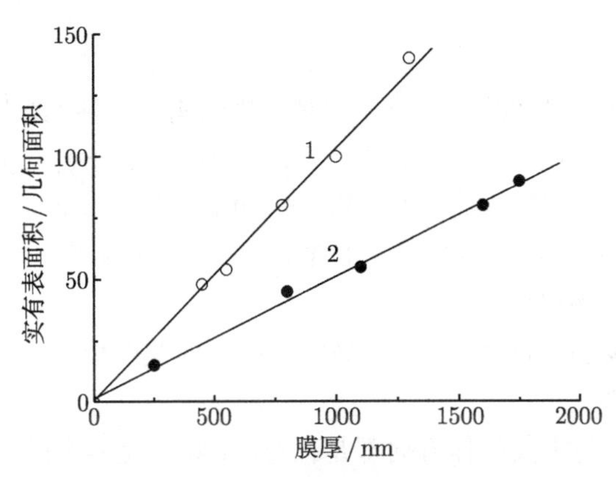

图 8.7　镍薄膜的表面积随膜厚的变化

1. 在低真空下 (N_2 气压为 133.3Pa) 沉积的薄膜; 2. 在高真空下沉积的薄膜

8.6　薄膜中的缺陷

在薄膜形成的初始阶段, 当小岛还是很小的时候, 它是完好无缺的单晶. 但当它们长大到彼此接触, 这些晶粒结合到一起, 形成薄膜时, 大量缺陷就进入到薄膜中. 这些缺陷对薄膜性能有重要的影响, 而它们又与薄膜制造工艺密切相关. 因此, 深入研究这些缺陷的情况就十分重要, 薄膜中的缺陷可分为点缺陷、位错、晶界和层错缺陷.

8.6.1　点缺陷

晶体中晶格排列出现的缺陷, 如果只涉及单个晶格结点则称这种缺陷为点缺陷. 点缺陷的典型构型是空位和填隙原子. 位于晶格结点处的原子总是在它的平衡位置附近做不停的热振动. 在一定温度下, 它们的能量虽然有一定值, 但由于存在能量起伏, 个别原子在某一时刻所具备的能量完全有可能大到足以克服周围原子对它的束缚而逃离原来位置. 于是在原来的地方就出现一个空位形成空位缺陷. 逃离原位的原子不会跃迁到晶体表面的正常位置, 可能会跳进晶格原子之间的间隙里形成一个填隙缺陷.

基底温度越低, 所形成的薄膜中点缺陷, 特别是空位的密度越大, 有的可达到原子密度的千分之一. 但空位的密度随着扩散时间的增加而降低, 一些受空位影响的物性, 如薄膜的电阻率也将发生变化, 例如将薄膜在室温下放置一段时间后, 由于空位密度的下降, 其电阻率也将下降.

当有杂质原子进入晶体时也会形成点缺陷, 或者是置换型或者是填隙型的. 点缺陷与其他缺陷不同, 这种缺陷不能用电子显微镜直接观测到.

8.6.2　位错

位错是薄膜中最常见的缺陷之一, 它是晶格结构中一种 “线型” 的不完整结构, 其密度可达 $10^{10}/\mathrm{cm}^2$ 或更高. 在块状优质晶体中, 位错密度为 $10^4 \sim 10^5/\mathrm{cm}^2$. 薄膜中的位错大部分从薄膜表面伸向基体表面, 并在位错周围产生畸变. 位错有两种基本类型: 刃型位错和螺型位错 (见 1.3 节).

在薄膜中引起位错的原因有:

(1) 基底与薄膜晶格常数不同, 两岛间将有不匹配的位移. 当两岛长大到相互结合时, 将产生位错.

(2) 在多数的小岛中其晶体方向都是任意的. 特别是两个晶体方向稍有不同的两个小岛相互凝结成长时, 就会产生以位错形式形成小倾斜角的晶粒间界.

(3) 当小岛刚凝结合并时, 在薄膜内有相当强的应力产生, 有时应力集中在小岛凝结过程中形成空位的地方而产生位错.

(4) 基片表面效应. 由于基片表面存在着各种不同的晶面, 因而薄膜在基片上生长的表面也具有不同的晶面排列, 在晶核长大时, 不同的晶面接触将形成位错.

(5) 当含有缺陷堆的小岛结合时, 连续薄膜中必须有部分位错连接这些缺陷堆.

从以上讨论可见, 位错的产生与薄膜的形成过程密切相关. 用电镜在薄膜的形成过程中测量位错密度, 发现绝大多数位错是在薄膜为沟道 (网状) 和孔洞阶段形成的, 如图 8.8 所示. 该图是金薄膜在硫化钼基底温度为 300°C 时沉积而成的.

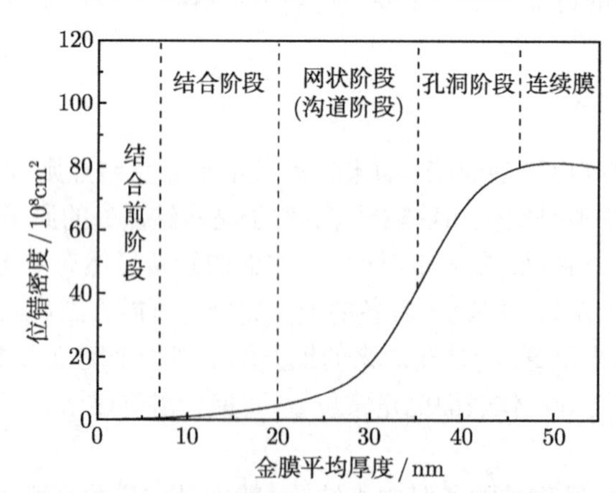

图 8.8　金薄膜中的位错密度与膜厚关系的近似测量值

研究表明, 薄膜中的位错容易发生缠绕, 在螺型位错中, 贯通薄膜表面的情形很多. 位错穿过表面的部分若在表面运动, 所需的能量很高, 处于所谓 “钉扎” 状态. 因此, 和块状材料中的位错相比, 薄膜中的位错较难运动, 即在力学和热力学上比较稳定, 由此导致薄膜的抗拉强度略高于块材.

8.6.3 晶界

因为薄膜中的晶粒非常细小, 与块状材料相比, 薄膜的晶粒间界面积比较大. 在吸附原子在基底表面上的迁移率很低的情况下, 薄膜中晶粒尺寸与临界核尺寸相比无较大差异. 但在一般情况下, 吸附原子在基底表面上的迁移率都较大, 所以当小岛长大到可以互相接触发生凝结时, 其晶粒尺寸已远大于临界核尺寸.

薄膜中的晶粒大小取决于多种因素, 其中影响最大的是材料性质、薄膜厚度、基底温度、退火温度和沉积速率. 在基底与薄膜材料一定的情况下, 薄膜的晶粒尺寸与以上各因素的关系如图 8.9 所示.

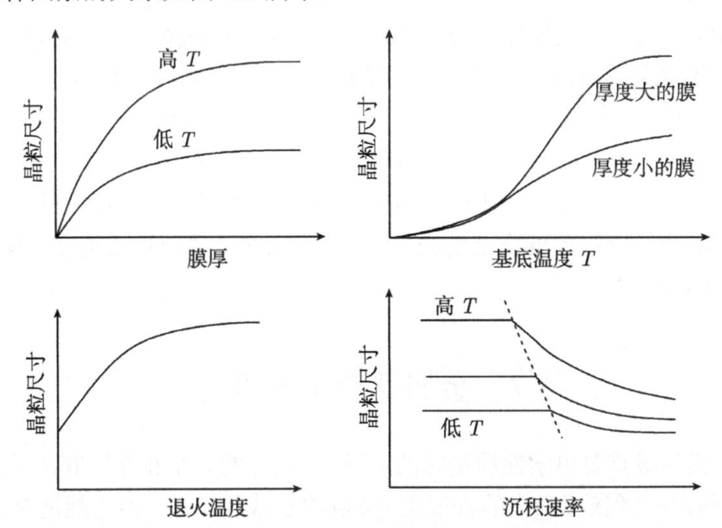

图 8.9 薄膜的晶粒尺寸与薄膜厚度、基底温度、退火温度和沉积速率的依从关系

当以膜厚为沉积变量时, 晶粒尺寸趋向饱和值说明在膜厚达到一定值之后, 在原有老晶粒上又产生出新的晶粒. 形成新晶粒有两方面原因: 一是在老晶粒上面有污染层隔离, 使原晶粒不能继续生长; 另一方面是老晶粒上部表面已成为近于完善的封闭堆积面, 新来的原子很难再进入到里面, 因而只能在上面重新排列而构成新晶粒.

随着基底温度和退火温度的升高, 薄膜的晶粒变大. 因为基底温度升高, 沉积原子在基底表面上的活动能力增强, 使薄膜有条件生长大晶粒以减少晶界面积, 从而降低薄膜的总自由能, 提高退火温度, 原子活动能力增强, 扩散加剧, 晶粒长大.

晶粒尺寸随沉积速率的变化关系与上述因素明显不同. 在沉积速率较大时, 虽然入射到基体表面上的原子有较大的表面扩散运动能力, 但来不及扩散多远就被后来入射的原子所掩埋. 在出现这种状况时, 其沉积速率必然超过了某一临界值. 在这个临界沉积速率以下, 晶粒尺寸不受沉积速率的影响. 大于这个临界沉积速率之后, 随着沉积速率的增大其晶粒尺寸反而减小.

当薄膜中含有大量的杂质时, 这些杂质经常吸附在晶粒间界, 它阻碍晶粒的长大, 特别是一些杂质如残余气体中少量的氧气或水气等, 它们在薄膜中生成相当数量的氧化物或其他化合物 (如金属氧化物等), 它们与沉积原子一起进入薄膜中被吸附在晶粒间界上, 形成很高的位垒.

8.6.4 层错缺陷

在真空蒸发薄膜中存在另一种重要缺陷是层错缺陷. 它是由原子错排产生的. 在完整的面心立方晶体中应以 $ABCABC$ 顺序堆垛, 每三层一个反复, 周而复始, 也就是 $ABC\ ABC\cdots$ 地堆垛下去. 如果在原子排列中缺少了某一层 (如第四层 A 层). 则它的堆垛关系将成为 $ABC\ BC\ ABC\cdots$, 于是就产生层错.

当用电子显微镜研究薄膜中两个小岛聚结合并时, 小岛刚合并就可在表示各个小岛的结晶点阵衍射条纹边界处出现较强的衍射衬度, 这种衬度反映出有层错缺陷存在. 层错缺陷是在小岛间的边界处出现, 但是当聚结合并的小岛再长大时, 这种反映层错缺陷的衍射衬度就完全消失. 但这并不意味当薄膜形成连续结构时, 层错缺陷会全部消失.

8.7 金属薄膜电导性能

金属薄膜的最重要电学性质是它的电导, 其电导的大小和性质取决于薄膜的结构和厚度, 而这两者在相当大的程度上, 又取决于成膜工艺. 为了能清楚地说明金属薄膜的电导及其物理因素, 引入表 8.1.

表 8.1 金属薄膜的电阻率

材料名称		材料温度及结构状态	电阻来源	电阻率	温度系数
块材	单晶	0K, 理想晶格	无	0	
	单晶	>0K, 晶格振动	声子散射	很小	很大
	单晶	>0K, 晶格中含杂质	声子和杂质散射	增大	减小
	单晶	>0K, 晶体中再含缺陷	再加缺陷散射	再增大	再减小
	多晶	>0K, 晶体中再含晶界	又加晶界散射	又增大	又减小
薄膜 (多晶)	连续膜	>0K, 晶体一维变小	再加表面散射	再增大	再减小
	丝状膜	>0K, 晶体近于一维连接	再加细丝周界散射	再增大	再减小
	接触膜	>0K, 晶体近于全不连接	再加接触散射	又增大	近于零
	岛状膜	>0K, 晶体完全不连接	电子隧道	很大	负值

从表 8.1 可看出, 对于同一金属, 薄膜的电阻率比块体材料的电阻率大, 而且引起电阻的物理根源也多于块体材料. 块体金属的电导理论在第 2 章中已有论述. 按薄膜的成膜过程, 先形成岛状薄膜, 而后是网状薄膜, 最后是连续膜. 在网状薄膜中, 先是形成点接触薄膜, 而后发展成丝状薄膜. 在这里主要论述常见的金属连续膜的电导.

连续膜的电导与块状材料不同, 在分析这种薄膜的电导时, 还要加上薄膜的结构和尺寸所带来的影响.

连续薄膜的电导理论是由费奇斯 (Fuchs) 在 1938 年和桑德默尔 (Sondheimer) 在 1952 年发展起来的, 因此这个理论称为费奇斯–桑德默尔理论.

根据费奇斯–桑德默尔理论, 在 $K \gg 1$ 时 ($K = d/\lambda_b$, 式中, d 为薄膜厚度, λ_b 为块体材料的电子平均自由程), 可导出薄膜材料电导率 σ 和块体材料电导率 σ_b 之间的近似关系式, 或薄膜材料电阻率 ρ 与块状材料电阻率 ρ_b 之间的近似关系式.

$$\frac{\sigma}{\sigma_b} = 1 - \frac{3}{8K} \tag{8.19}$$

或

$$\frac{\rho}{\rho_b} = 1 + \frac{3}{8K - 3} \tag{8.20}$$

式 (8.19) 或式 (8.20) 没有考虑薄膜表面光滑程度不同的影响. 由于薄膜的表面光滑程度不同, 电子与表面碰撞时, 可发生两种反射: 即镜面反射和漫反射. 若表面为原子线度的光滑表面, 电子在薄膜表面的碰撞点将发生镜面反射, 如图 8.10(a) 所示; 若表面不够光滑, 则在表面碰撞点将发生电子的漫反射, 如图 8.10(b) 所示.

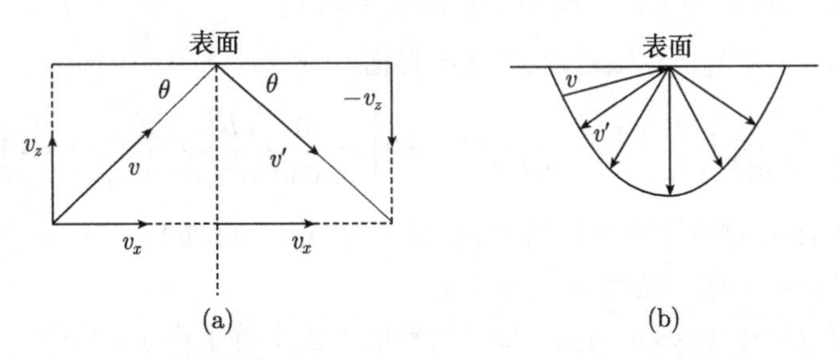

图 8.10 在表面碰撞点处的镜反射 (a) 和在表面碰撞点处的漫反射 (b)

在镜反射中, 电子的反射角与入射角相同, 因而垂直薄膜表面的速度分量在反射后, 大小不变, 只是方向相反. 而电子平行薄膜表面的速度分量则完全没有变化. 因此, 镜反射是弹性反射, 不会影响薄膜的电导率. 但在漫反射中, 电子的反射角与入射角无关, 其反射角可为立体角 2π 以内的任何角. 漫反射对薄膜内电子运动的影响与薄膜内的散射相同, 结果是缩短电子的平均自由程, 使电导率下降.

对于实际薄膜, 薄膜与基底间的界面处同样存在上述的两种反射. 为了便于分析, 引入参数 P 和 q, 分别定义为薄膜表面和薄膜与基底间的界面处的镜反射电子数与总反射电子数之比. 显然, 若薄膜表面粗糙, 对电子全是漫反射, 则 $P=0$ 或 $q=0$. 薄膜表面光滑, 既有镜面反射又有漫反射, $1>P$(或 q)>0, 实际上薄膜都属于这一类. 薄膜表面光滑程度达到原子级, 表面对电子全是镜面反射, 则 $P=1$ 或 $q=1$. 考虑薄膜表面和界面对电导率的影响, 若薄膜的表面和界面的反射情况不同, 即 $P\neq q$, 在 $K\gg 1$ 时, 从式 (8.19) 可得出 σ 和 σ_b 之间的关系式为

$$\frac{\sigma}{\sigma_b}=1-\frac{3(2-P-q)}{16K} \tag{8.21}$$

从式 (8.21) 可看出, 薄膜的电导率 σ 小于块材的电导率 σ_b. 因为 $K=d/\lambda_b$, 薄膜厚度 d 越小, 薄膜的电导率 σ 也越小. 虽然式 (8.21) 是在 $K\gg 1$ 条件下得到的, 实际上, 直到 $K=0.1$ 时, 上式都有良好的近似性. 对 $K<0.1$ 时, 薄膜已经不连续了, 没有讨论的实际意义.

若薄膜的两表面的反射情况相同, 即 $P=q$, 则式 (8.21) 可写成

$$\frac{\sigma}{\sigma_b}=1-\frac{3}{8K}(1-P) \tag{8.22}$$

现在讨论实际的金属连续薄膜, 这种薄膜的表面既有漫反射, 也有镜反射. 因此, 在 $K\gg 1$ 条件下, 可通过式 (8.22) 将这种薄膜的电阻率写成

$$\rho\approx\rho_b\left[1+\frac{3}{8K}(1-P)\right] \tag{8.23}$$

将块状材料的电阻率和单位体积中的自由电子数 $\rho_b=\dfrac{mv_0}{nq^2}\dfrac{1}{\lambda_b}$ 和 $n=\dfrac{8\pi}{3}\left(\dfrac{mv_0}{h}\right)^3$ 以及薄膜的 $K=d/\lambda_b$, 代入式 (8.23) 后, 得出

$$\rho\approx\frac{3}{8\pi}\frac{h^3}{(mv_0q)^2}\left(\frac{1}{\lambda_b}\right)\left[1+\frac{\lambda_b}{8d/3}(1-P)\right]=\frac{3}{8\pi}\frac{h^3}{(mv_0q)^2}\left(\frac{1}{\lambda_b}+\frac{1}{\lambda_s}\right) \tag{8.24}$$

式中, λ_s 为表面散射电子的平均自由程, 其值为 $\lambda_s=8d/3(1-P)$; m 为电子质量; q 为电子电荷; v_0 为电子费米面上的速度.

按马西森 (Matthiessen) 定则, 块状材料的电阻率等于声子、杂质、缺陷 (位错、空位、填隙、应变) 和晶界所引起的电阻率之和, 因而

$$\rho_b=\frac{3}{8\pi}\frac{h^3}{(mv_0q)^2}\left(\frac{1}{\lambda_p}+\frac{1}{\lambda_m}+\frac{1}{\lambda_f}+\frac{1}{\lambda_i}\right) \tag{8.25}$$

将该式代入式 (8.24), 得到金属连续薄膜的电阻率为

$$\rho=\frac{3}{8\pi}\frac{h^3}{(mv_0q)^2}\left(\frac{1}{\lambda_p}+\frac{1}{\lambda_m}+\frac{1}{\lambda_f}+\frac{1}{\lambda_i}+\frac{1}{\lambda_s}\right)=\rho_p+\rho_m+\rho_f+\rho_i+\rho_s \tag{8.26}$$

由于薄膜中的杂质和缺陷浓度通常远多于块状材料, 并且它的晶粒很小、晶界多, 所以这些因素可能掩盖了声子和表面对薄膜电阻率的影响. 对薄膜进行退火, 可显著地减少其缺陷浓度和内应力, 并且可使晶粒长大, 晶界变少, 因而导致薄膜电阻率下降.

8.8 半导体氧化物薄膜的光学性能

半导体氧化物薄膜是重要的功能薄膜材料, 在光电领域中有着广泛的应用前景. 不同的沉积方法或同一方法的不同工艺参数对光学性能都有影响, 它的光学性质 (禁带宽度 E_g、透射率 T、反射率 R 和折射系数 n 等) 与薄膜的厚度、掺杂浓度、基片温度、氧分压及退火温度等工艺参数密切相关.

8.8.1 薄膜厚度的影响

图 8.11 是采用喷涂热分解法制备的 ZnO:Cu (1.5% 原子分数) 薄膜厚度与 E_g 的关系曲线 (基片温度分别为 450°C 和 500°C), 从图中可看出, 随着薄膜厚度减小, E_g 增大. 主要原因是薄膜厚度减小, 导致晶粒尺寸减小 (见图 8.12), 由于量子限域效应, 使 E_g 增大. 薄膜厚度的改变, 影响薄膜的透光率, 如图 8.13 所示, 薄膜厚度增加, 对光的散射、反射和光吸收也增加, 使透射率 (T) 下降. 此外, 吸收边也有蓝移现象, 这与晶粒尺寸减小有关.

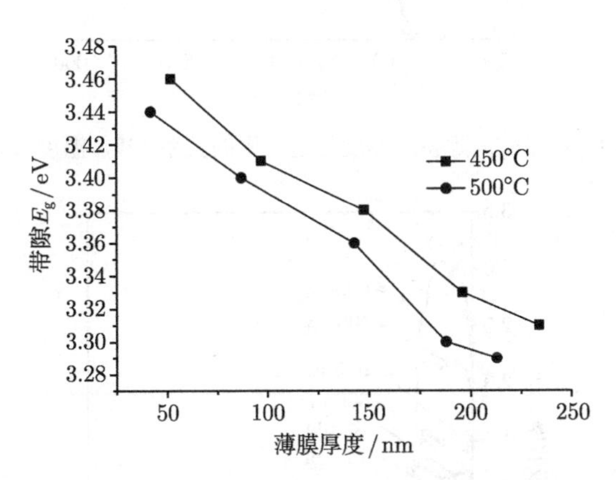

图 8.11 基片温度分别为 450°C 和 500°C 时, ZnO:Cu 薄膜禁带宽度 (E_g) 与膜厚的关系

图 8.14 是用溶胶凝胶法在玻璃基底上制备的不同厚度 ZnO 薄膜的光吸收谱, 从图中可见, 薄膜厚度对吸收率的影响主要发生在紫外区, 膜厚增加, 一般对紫外区波段的吸收也明显增强, 而对可见光区则影响较小.

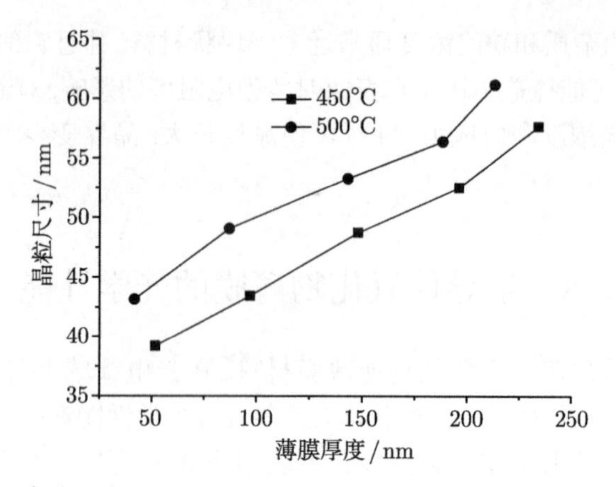

图 8.12　基片温度分别为 450°C 和 500°C 时, ZnO:Cu 薄膜晶粒尺寸与膜厚的关系

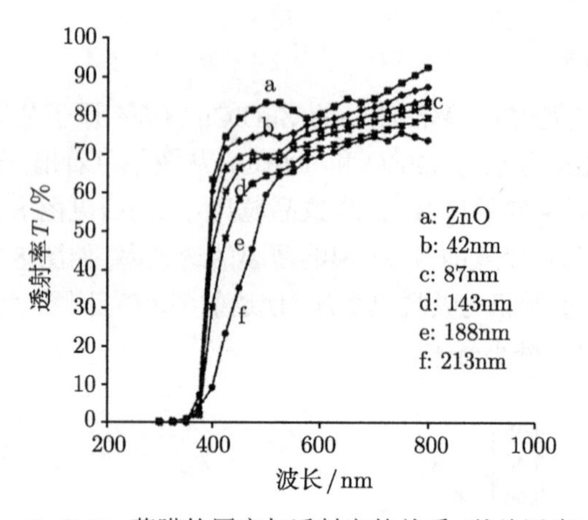

图 8.13　ZnO:Cu 薄膜的厚度与透射率的关系 (基片温度 500°C)

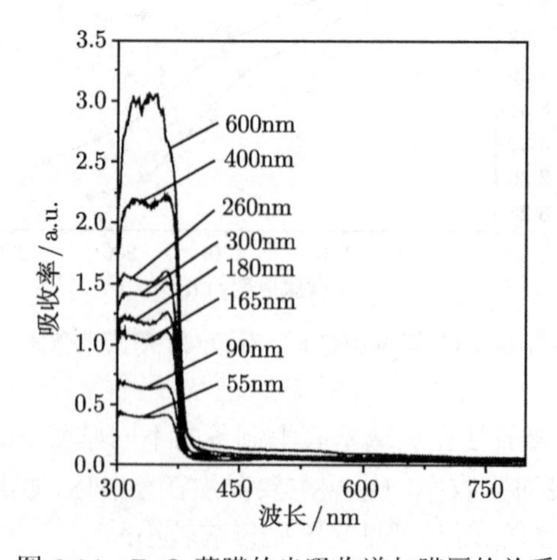

图 8.14　ZnO 薄膜的光吸收谱与膜厚的关系

8.8.2 掺杂量的影响

薄膜中掺杂量的增加, 将增加载流子浓度, 吸收边向高能方向移动, 带隙宽化; 但重掺杂时, 由于晶界散射增加, 载流子浓度下降. 另外, 当载流子浓度较高时, 由于电子与电子及电子与杂质的散射导致导带下移和价带上移会部分抵消这种宽化, 重掺杂引起的禁带变窄在半导体材料中比较常见.

如图 8.15(a) 和 (b) 所示, 利用磁控溅射技术在玻璃基底上沉积的 ZnO:Al 薄膜. 溅射所用的靶为 Zn-Al 复合靶, 即在 Zn 靶上粘有纯 Al 薄片. 溅射气体为 Ar/O_2 混合气体. 随着 Al 占靶的面积升高, 即 Al 的掺杂量提高, 由于薄膜中载流子浓度升高, E_g 也开始升高; 当 Al 占靶的面积超过 2%后, 即 Al 重掺杂时, 由于电子与电子及电子与杂质的散射的影响, 使 E_g 下降.

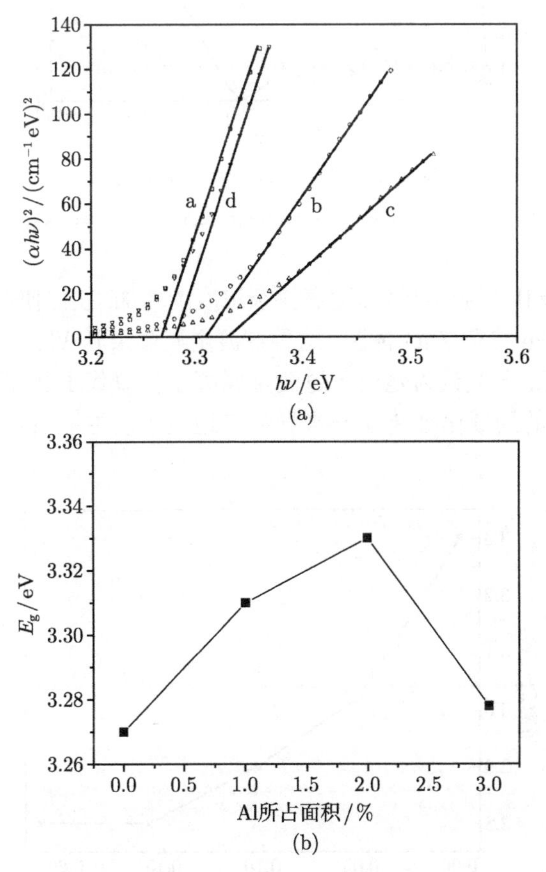

图 8.15 ZnO:Al 薄膜的 $(\alpha h\nu)^2$-$h\nu$ 曲线 (a) 及 ZnO:Al 薄膜中 Al 掺杂对带隙 E_g 的影响 (b)

a. 纯 ZnO; b. 1%面积 Al; c. 2%面积 Al; d. 3%面积 Al

图 8.16 为未掺杂 ZnO 和 In 掺杂 ZnO 膜的透射 (T) 和反射 (R) 曲线. 在可见光区, 三种膜都有很高的透射率 (大于 80%); 在紫外区, 由于本征吸收而使透射率迅速下降, In 掺杂 ZnO 膜吸收边向短波方向移动, 表明 In 掺杂 ZnO 膜中存在带隙窄化效应. 反射率与 In 的浓度密切相关, In 的浓度越高, 反射率越大, 3%In 掺杂的 ZnO 膜的反射率约为 60%.

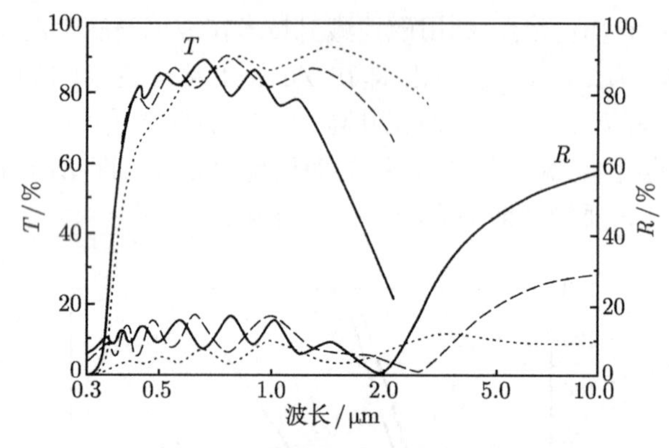

图 8.16　薄膜的透射和反射曲线

未掺杂 ZnO (······) 和 In 掺杂 ZnO(-----1.0 % In; ——3.0 %In)

过渡金属掺杂Ⅱ-Ⅵ族半导体, 随着掺杂浓度的增加, 往往使带隙 E_g 单调降低, 如图 8.17 所示的 Fe 掺杂 ZnO 薄膜. 这种过渡金属掺杂Ⅱ-Ⅵ族半导体导致其光学带隙出现红移现象, 一般认为是由于过渡金属离子在取代了Ⅱ-Ⅵ族半导体中的阳离子后, 过渡金属的局域化 d 电子与半导体带边电子发生了 sp-d 自旋交换作用的结果.

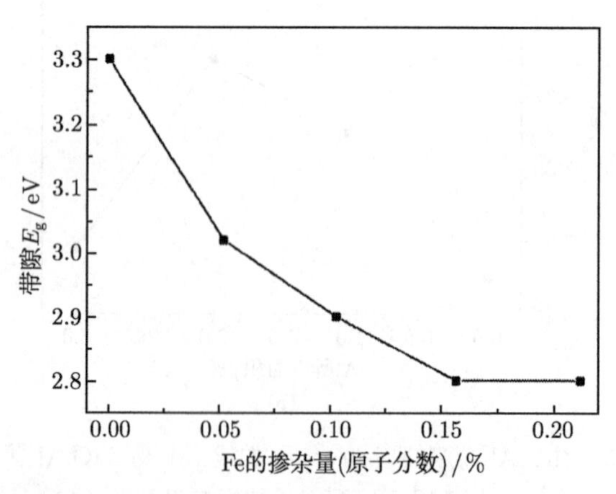

图 8.17　磁控溅射技术制备的 $Zn_{1-x}Fe_xO$ 薄膜的带隙 E_g 与 Fe 掺杂量的关系

8.8.3　基片温度的影响

基片温度影响薄膜的结晶状况、缺陷浓度及载流子浓度, 因此, 对薄膜光学性能的影响也是多方面的. 不同的薄膜、不同的工艺参数会有不同的结果. 图 8.18(a) 和 (b) 分别是 ZnO:Al 5%(原子分数) 在不同基片温度下的透射谱和 α^2-$h\nu$ 关系曲线. 由图 8.18(a) 可知, 在可见光区, 不同基片温度下沉积的薄膜的透射率约 90%, 但随着基片温度升高, 吸收边向长波方向移动, 这是由于载流子浓度降低导致 Burstein-Moss 效应引起的. 图 8.18(b) 是 ZnO:Al 5%(原子分数) 薄膜在不同基片温度下的 α^2-$h\nu$ 关系曲线. 光吸收系数 α 与带隙 E_g 之间有如下关系

$$\alpha \propto (h\nu - E_\mathrm{g})^{1/2} \tag{8.27}$$

式中, $h\nu$ 为光子能量, α^2-$h\nu$ 曲线的切线延长线与 $h\nu$ 轴的交点等于带隙 E_g 的值, 基片温度为 90°C、140°C、230°C、300°C 和 350°C 时 ZnO:Al 5% (原子分数) 薄膜

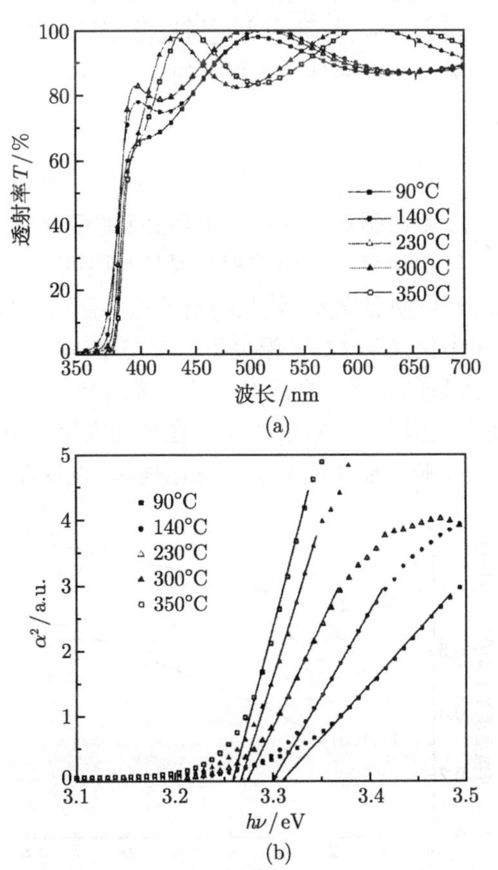

图 8.18　ZnO:Al 5%(原子分数) 薄膜在不同基片温度下的透射谱和 α^2-$h\nu$ 关系曲线

(a) 透射谱; (b) α^2-$h\nu$ 关系曲线

的 E_g 分别为 3.31eV、3.30eV、3.28eV、3.27eV 和 3.26eV, 即随着基片温度升高, 带隙 E_g 的值变小.

根据 Burstein 理论, 带隙的变化量 ΔE_g 与载流子浓度 n 有如下关系:

$$\Delta E_{\mathrm{g}} = \frac{h^2}{8m^*}\left(\frac{3}{\pi}\right)^{2/3} n^{2/3} \tag{8.28}$$

式中, h 为普朗克常量; m^* 为电子的有效质量. 基片温度升高, 薄膜中间隙 Zn 原子浓度也减小, 导致载流子浓度 n 也降低, 根据式 (8.28) 可知, 带隙 E_g 的值变小.

8.9 薄膜的磁性

磁性薄膜主要包括金属磁性薄膜、非晶态磁性薄膜和氧化物磁性薄膜. 磁性薄膜的结构特点和它所需的制膜工艺, 使薄膜中所含的缺陷及杂质的数量大于块体材料, 成膜后使薄膜存在很大的应力, 而应力是通过薄膜材料的磁致伸缩系数来影响其磁化特性的. 下面主要介绍与磁性薄膜相关的一些共性问题.

8.9.1 饱和磁化强度

在铁磁理论中, 布洛赫提出的自旋波理论仅适用于三维块状材料, 如果使用该理论来探讨薄膜的磁性, 则必须加以修正. 对于磁性薄膜介质, 由于沿薄膜平面方向的积分限可看作无穷, 而沿厚度方向的积分限是有限的, 因此, 直接用自旋波理论来分析薄膜材料, 将产生明显误差. 块状材料的饱和磁化强度 $M_s(T)$ 按 $T^{3/2}$ 规律变化; 薄膜材料饱和磁化强度 M_s 的温度特性是与 T 成正比 (当膜厚小于 30nm 时). 因此, 从理论上可以推知, 随着薄膜厚度的下降, 材料的居里温度下降.

上述理论已经被实验所证实. Nengebaner 在超高真空室中蒸发 Ni 的薄膜, 并于超高真空中测量了 Ni 膜的磁矩随温度的变化规律, 发现厚度为 2nm 的薄膜的

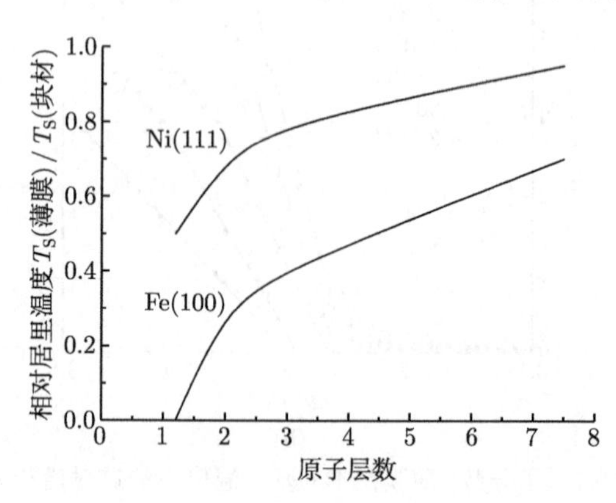

图 8.19 薄膜的居里温度随原子层数的变化

M_s 随温度的变化规律与块状材料不同, 这是因为膜厚小于 2nm 时, 薄膜将呈岛状结构, 这时具有超顺磁性, 不能用连续膜的 M_s 来解释. 关于薄膜的居里温度随原子层数的变化规律如图 8.19 所示.

8.9.2 磁各向异性

非晶态材料的磁各向异性很低; 对于晶态薄膜, 磁各向异性的产生是由磁致伸缩效应、应力效应和形状效应作用的结果. 下面分别介绍这些效应.

1. *磁致伸缩效应引起的各向异性*

在外磁场作用下, 设基底温度为 T', 在真空中通过真空蒸发制取磁性薄膜, 由于外磁场的作用, 使磁性薄膜在外磁场方向产生磁致伸缩, 相应的饱和磁致伸缩系数为 λ_s'. 蒸发结束后基底温度降为 T, 相应的饱和磁致伸缩系数为 λ_s, 磁致伸缩在薄膜形成前后的差异使薄膜产生畸变, 从而使薄膜内部存储磁弹性能, 形成单轴各向异性, 其易磁化轴与外磁场方向平行.

2. *应力效应引起的各向异性*

薄膜的结构比较复杂, 缺陷、杂质和应力都比块状材料突出. 基底与薄膜的热膨胀系数不同, 因而成膜后基底与薄膜之间存在位错, 从而不可避免地在膜内形成微应力 σ. 这种微应力通过磁致伸缩使磁性薄膜产生感生各向异性. 如果磁性薄膜的应力方向与磁化取向之间的夹角为 θ, 则磁性各向异性能 E_u 为

$$E_u = -\left(\frac{3}{2}\right)\lambda_s\sigma\sin^2\theta = K_u\sin^2\theta \tag{8.29}$$

式中, $K_u = -\frac{3}{2}\lambda_s\sigma$, λ_s 为饱和磁致伸缩系数.

3. *形状效应引起的各向异性*

形状磁各向异性是由于薄膜的自发磁化难以指向膜厚方向, 薄膜的易磁化轴一般与膜面平行.

对于磁性薄膜来说, 其晶粒多数为柱状, 非磁性氧化物覆盖于柱状晶粒的周围. 柱状晶粒的特点是静磁能具有单轴各向异性, 其能量表示式为

$$E_u^3 = -\left(\frac{1}{2}\right)\Delta N\beta(1-\beta)\Delta M_s^2\cos^2\theta = K_u^3\cos^2\theta \tag{8.30}$$

式中, $K_u^3 = -\left(\frac{1}{2}\right)\Delta N\beta(1-\beta)\Delta M_s^2$; ΔN 为沿柱状颗粒的长轴和短轴方向的退磁系数之差; β 为柱状颗粒在单位体积中的占空比.

磁性薄膜具有的磁各向异性是上述几项的综合结果, 对于不同种类的磁性薄膜, 每项所起的作用和大小是不同的.

8.9.3　磁畴结构和磁畴壁

一般来说, 薄膜磁畴如图 8.20 所示. 图 8.20(a) 表示整个晶体均匀磁化为“单畴”. 由于晶体表面形成磁极的结果, 这种组态静磁能最大. 为了降低静磁能, 一般要分割为多个磁畴, 构成多磁畴结构, 如图 8.20(b)、(c) 所示. 为进一步降低能量, 需形成如图 8.20(d)、(e) 所示的封闭磁畴. 封闭磁畴具有封闭磁通的作用, 使静磁能降为零. 但由于封闭磁畴与主轴磁化方向不同, 因而会产生磁晶各向异性能和弹性能. 这样, 只有当各种能量之和具有最小值时, 才能形成平衡状态的磁畴结构.

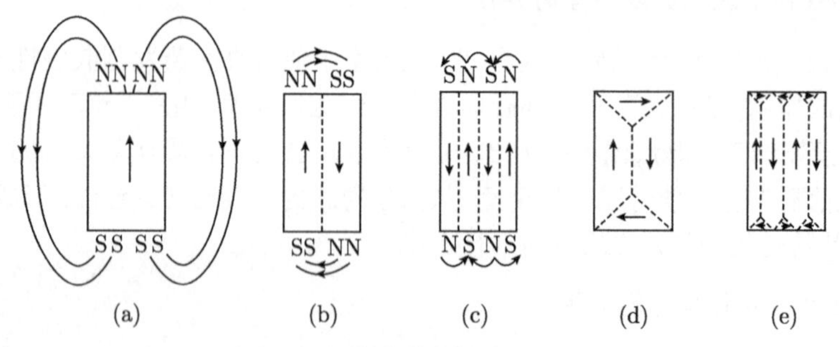

图 8.20　薄膜磁畴与静磁能关系

薄膜因膜厚不同, 其畴壁结构会发生变化, 随膜层由厚变薄, 畴壁依次按 Bloch 畴壁、枕木畴壁和 Neel 畴壁顺序变化. 其原因如下：

畴壁能 $E_{\rm MW}$ 可表示为下列因素之和

$$E_{\rm MW} = U_{\rm ex} + U_{\rm a} + U_{\rm ms} \tag{8.31}$$

式中, $U_{\rm ex}$ 为交换相互作用能; $U_{\rm a}$ 为磁各向异性能; $U_{\rm ms}$ 为静磁能. 图 8.21 是 80NiFe 合金的三种畴壁能随膜厚的变化关系, 从图中可看出, 在膜厚较薄 (小于 30nm) 时,

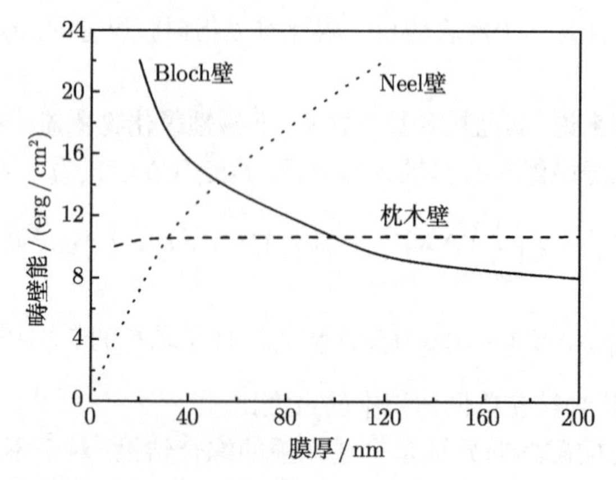

图 8.21　80NiFe 合金薄膜的三种畴壁能随膜厚的变化

Neel(尼尔) 畴壁的畴壁能最低; 随着膜厚的增大, 枕木畴壁能量最低; 而膜厚进一步增加到大于 100nm, 则是布洛赫 (Bloch) 畴壁变得最有利. 因此, 单层膜的畴壁结构取决于薄膜厚度.

当二层膜厚相等的磁性薄膜之间有一层非磁性薄膜时, 这种双层膜结构的磁畴状态与各膜层厚度之间的关系如图 8.22 所示. 由图可见, 非磁性膜厚度为 10nm, 磁性薄膜厚度增加到 150nm 时, 都是 Neel-Neel 畴壁对; 非磁性膜厚度为 200nm 时, 磁性膜层厚度直到 100nm 仍为 Neel-Neel 畴壁对. 从这些规律可见, 多层膜从 Neel 畴壁转变成 Bloch 畴壁所对应的磁性膜层厚度比单层膜厚.

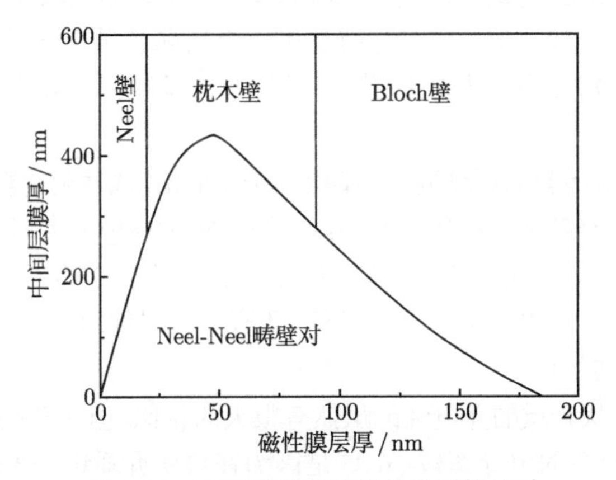

图 8.22 双层膜磁畴结构与膜厚的关系

8.9.4 多层膜的矫顽力

多层膜的矫顽力 H_c 与磁性薄膜之间磁相互作用引起的能量大小有关, 像畴壁结构一样, H_c 值与磁性薄膜、非磁性薄膜的厚度有关. 以 SiO_2 薄膜为中间层制得的双层膜, 当两磁性膜厚度相等时, 矫顽力 H_c 最低. 这是因为在这种条件下, 两磁性膜层之间的偏磁场最小, 从而使畴壁能降低的缘故. 由厚度相等的磁性膜层构成的双层膜, 如果中间的非磁性膜层的厚度变化, 则矫顽力 H_c 随非磁性中间层厚度的增加而迅速下降, 当矫顽力 H_c 下降到某一值后又随非磁性中间层厚度的增加而增加. 因而矫顽力随非磁性膜厚的增加也出现最小值. 如果非磁性中间层很厚, 则两磁性膜之间的静磁耦合很弱, 从而又使双层膜的矫顽力与单层膜的矫顽力相近.

某些单层磁性薄膜具有很强的垂直各向异性, 磁化强度的取向与薄膜平面垂直, 如果将这种磁性膜与坡莫合金膜组成双层膜, 其间以 SiO_2 膜作为中间层, 由于垂直各向异性很强的磁性薄膜产生的泄漏磁场阻止了坡莫合金薄膜的畴壁运动, 坡莫合金薄膜的矫顽力明显提高.

8.10　薄膜的介电性能

介质薄膜的用途很广, 是许多新型元器件和各种集成电路的主要材料之一, 概括起来, 它的用途有三：作为介质、绝缘层和导体.

作为介质, 广泛应用于各种电容器, 一类是低功耗电容器; 另一类是高比容电容器. 用于前者的介质薄膜要求损耗角小 ($\tan\delta < 0.1\%$), 常用的有 SiO、SiO_2 和 Al_2O_3, 有时也用 BN、AlN 和 Si_3N_4. 而用于后者的薄膜要求介电常数 ε 大, 常用的有 Ta_2O_5, 有时也用 Y_2O_3、HfO_2 以及钙、锶、钡、铅的钛酸盐薄膜.

介质薄膜作为绝缘层时, 被广泛用于集成电路和各种金属–氧化物–半导体器件, 后者常简称 MOS 器件. 要求薄膜的损耗角小, 电阻率大. 常用的有 SiO_2、Si_3N_4 和 Al_2O_3 等.

作为导体, 介质薄膜的厚度要求很薄 (小于 10nm), 或薄膜的颗粒要很小. 将介质作为导体的器件有隧道二极管, 如 MIM 型中的 Al-Al_2O_3-Al 器件; 有超导隧道器件, 如 Pb-PbO-Pb; 金属陶瓷电阻器, 如 Cr-SiO 电阻; 热敏电阻器, 如掺稀土氧化物的 $Ba_{(1-x)}Sr_xTiO_3$ 电阻器. 除此以外, 还有开关器件. 这种器件要求介质薄膜中具有缺陷和杂质能带.

薄膜介质与块状介质的介电性能虽然有很大的相似, 但在某些方面却有显著的不同. 例如, 块状介质的电导率较小, 这是因为在块状介质中, 很难发生隧道过程, 并且易导电的路径很少穿过整个介质. 块状介质中能够发生更多的击穿过程, 所以其耐压强度也比薄膜介质低.

8.10.1　薄膜的介电常数

若把铁电薄膜包括在极性材料中, 介质薄膜可分为两大类：非极性薄膜和极性薄膜. 非极性薄膜的介电常数为 2~45 或更大, 低端值一般为聚合物薄膜, 高端值为氧化物薄膜, 极性薄膜的介电常数为 3~1000 或更大. 与非极性薄膜相似, 低端值为聚合物薄膜, 高端值是无机的铁电薄膜, 如 $BaTiO_3$ 薄膜. 为了对薄膜的介电常数有一些具体的了解, 引入表 8.2.

薄膜的介电常数由两部分组成, 即本征部分和非本征部分. 本征部分来源于薄膜本身的成分 (构成薄膜的分子或原子); 而非本征部分是由杂质引起的. 在介质薄膜中, 杂质含量一般不超过 1%, 由于介电常数是材料的体积参数, 而不是强度参数, 所以, 由杂质引起的非本征部分的影响也不超过 1%, 因此, 可将它忽略不计.

介电常数的本征部分取决于介质薄膜的各种极化, 主要有电子式极化、离子式极化和离子变形式极化. 由于极化的强弱取决于介质中电荷数总量的多少和电荷间相互作用的强弱, 所以薄膜的介电常数与它的组成原子有着密切的关系. 可以想到, 介电常数与介质原子序数之间有着确定的关系. 分子的平均原子序数与介电常数 ε 之间的近似关系如图 8.23 所示. 图中每个分子的平均原子序数是指每个氧化物分子中, 各个原子的原子序数之和除以原子数. 例如, PbO 中氧的原子序数为 8, 铅为 82, 两者相加除以 2, 得出平均原子序数为 45.

表 8.2 介质薄膜的制备方法与介电性能

介质薄膜	制造方法	介电常数 ε	损耗角正切 $\tan\delta$/% (在 1kHz 下)	击穿场强/ (MV/cm)
聚苯乙烯	高频气相	2.6	0.1	
BN	高频溅射	4.0	0.5	
AlN	反应蒸发	8.5		
Si_3N_4	高频溅射	6.8	0.1	1
Al_2O_3	阳极氧化	6.0	0.5	6~8
Al_2O_3	高频溅射	8.0	0.4	1
SiO_2	热生长	4.0		10
SiO_2	反应溅射	3.8	0.01	1.5
SiO_2	高频溅射	4.0	0.1	6~10
NiO	热氧化	14.0		
ZrO_2	阳极氧化	22.2	1.0	4
ZrO_2	反应溅射	20.0	0.8	4
Ta_2O_5	反应蒸发	16.0	0.5	
Ta_2O_5	阳极氧化	27.0	1.0	6
Nb_2O_5	阳极氧化	45.0		
Bi_2O_3	高频溅射	25.0	1.1	
Bi_2O_3	反应溅射	38.0	1.0	0.7
$MnTiO_3$	反应溅射	20~120	3~17.0	
$BaTiO_3$	蒸发	130~820	15	0.35
$PbTiO_3$	反应溅射	20.0	0.6	2.3

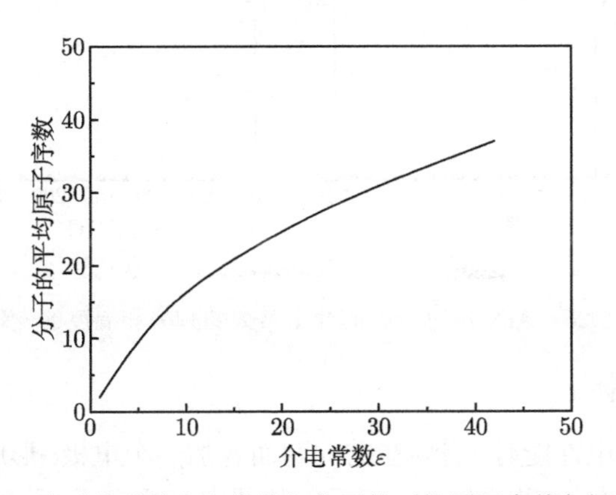

图 8.23 介质薄膜的介电常数与分子的平均原子序数之间的关系

薄膜的介电常数有相当大的离散性，除与薄膜中内应力大小和测量条件有关外，还与成分偏离化学计量比和薄膜的厚度有关. 图 8.24 是 Ta_2O_5 压电薄膜的有效介电常数与膜厚的关系，对介电常数随膜厚变薄而变小的原因，有的解释为：在厚度越小时，测量出的厚度比薄膜的实际平均厚度大得越多，因而用电容量公式计算得出的介电常数就越小.

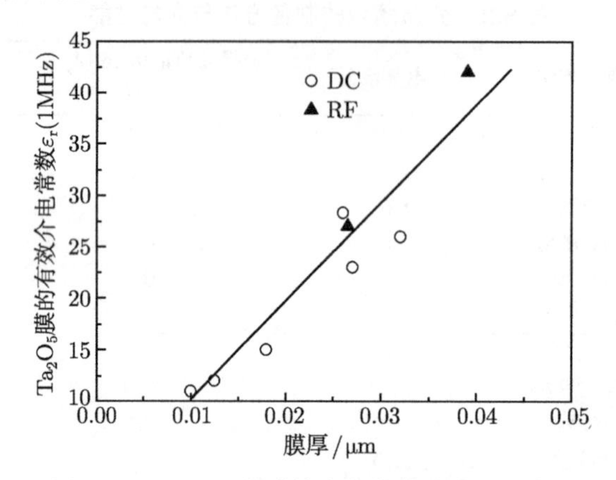

图 8.24　Ta_2O_5 薄膜的介电常数随膜厚的变化

介电常数还随温度和频率的改变而变化，其中铁电性薄膜的变化更大. 图 8.25 是 AlN 压电薄膜介电常数的温度和频率特性曲线.

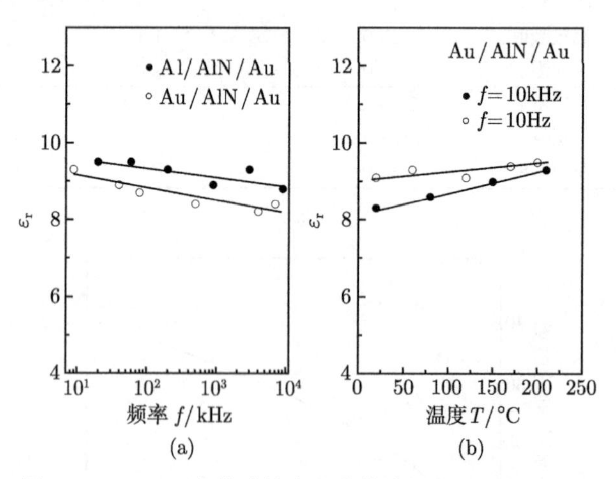

图 8.25　AlN 压电薄膜的介电常数随频率和温度的变化

8.10.2　薄膜的损耗

测量薄膜的介电性能时，需要在它的两面各加一个电极，形成 MIM 型夹层结构，这种结构的等效电路如图 8.26 所示. 从图中可看出，这种结构中有两部分损耗: 一部分是由电极和引线引起的损耗, 称为金属部分的损耗; 另一部分是介质损耗. 这两部分损耗分别用等效电路图中的串联和并联电阻表示.

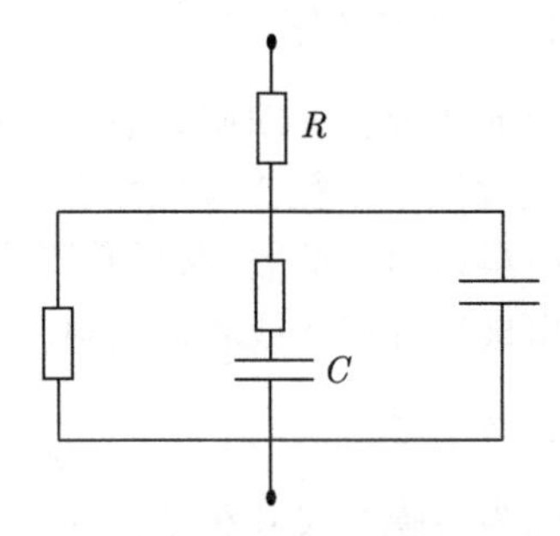

图 8.26　MIM 型夹层结构的等效电路图

金属部分损耗角的正切 $\tan\delta = \omega C_{\rm r} R_{\rm r}$, 其中, $C_{\rm r}$ 为夹层结构的等效串联容量, $R_{\rm r}$ 为金属部分的等效串联电阻. 从该式可看出, 随着频率 ω 的上升, 损耗角的正切增大, 因此, 在高频下, 金属部分的损耗才较大.

介质损耗由三部分组成: 一部分是直流电导引起的损耗; 另一部分是弛豫型损耗, 第三部分是非弛豫型损耗. 这三部分损耗与频率的关系如图 8.27 所示. 第一种损耗在直流和交流下都存在; 而后两种损耗却只存在于交流情况下. 从图中可看出, 直流电导损耗在低频下非常显著, 其损耗角正切 $\tan\delta = 1/\omega C_{\rm p} R_{\rm p}$, 它随着频率的上升而下降. 弛豫型损耗的峰值一般在频率 100Hz~1MHz 以外, 即出现在甚低频或甚高频. 而非弛豫型损耗则在频率 100Hz~10MHz 内, 其大小基本保持不变. 与块状材料相比, 介质薄膜的损耗角正切一般要大一个数量级左右, 场强提高一到两个数量级; 但对 SiO_2, 薄膜和块材差别较小, 基本在一个数量级. 一些介质薄膜的损耗角正切和场强见表 8.2. 随着制膜工艺的改进, 薄膜的性能会有所提高, 因此, 表 8.2 中数值带有参考性质.

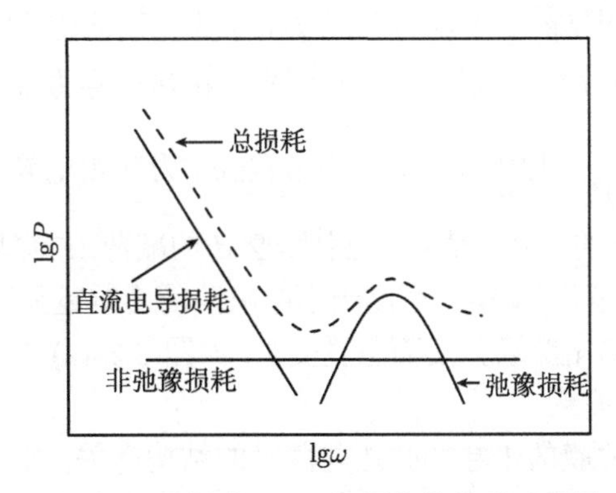

图 8.27　损耗或 $\tan\delta$ 与频率的关系示意图

8.10.3　薄膜的击穿

介质薄膜的击穿分为本征性击穿和非本征性击穿, 前者是介质薄膜本身的击穿, 击穿场强 (也称击穿强度)$E_{\rm b}$ 较高; 后者是由介质中的缺陷、杂质和不均匀性引起的, 其 $E_{\rm b}$ 较低.

1. 非本征击穿

介质薄膜含有缺陷、杂质和有不均匀处时, 发生的击穿就是非本征击穿, 其击穿场强远低于本征击穿的场强. 击穿场强降低的原因有：缺陷处的电流密度大且电极材料易向它扩散; 杂质和不均匀处使电场畸变; 介质薄处和晶界处电流密度大, 导致电极局部熔化或者造成热应力破坏.

2. 本征击穿

因为薄膜的尺寸和结构的特殊性, 排除了块状材料的几种击穿机理, 所以它的击穿场强比块状材料的高 (参见表 8.2). 例如, 优质的介质薄膜的击穿场强可达 10MV/cm, 而最好的块状材料除了云母和几种塑料外, 其击穿场强在 20°C 下只能达到 1MV/cm. 在发生本征击穿以前, 介质薄膜的典型伏安特性曲线如图 8.28 所示. 曲线可分为三个区：开始是欧姆区 A($<$ 0.1 MV/cm), 接着是非欧姆区 B(常符合 $\lg I \propto V^{1/2}$), 最后是击穿区 C.

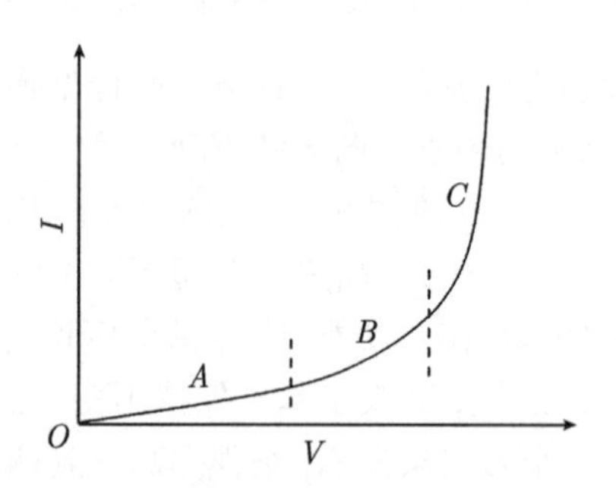

图 8.28　介质薄膜的典型伏安特性曲线

有多种介质击穿机理, 但最符合实际情况的有以下两种机理：一种是由于晶格的碰撞电离而导致的电子雪崩式击穿; 另一种是焦耳–热击穿. 在雪崩式击穿方面, 蒸发的 NaCl、NaF 和冰晶石薄膜符合式 $E_{\rm b} = Ad^{-\beta}$, 式中, A 为常数; d 为膜厚; $\frac{1}{2} \geqslant \beta \geqslant \frac{1}{4}$. 云母薄片符合式 $E_{\rm b} = Ad^{-0.65}$. 在热击穿方面, SiO 和 SiO_2 符合 $E_{\rm b} = \frac{1}{d} \ln \frac{\lambda}{abe\sigma_0 A(E_{\rm b})^2}$, 式中, a、b、A 为常数; σ_0 为起始电导率; λ 为介质薄膜的导热系数. 上述 $E_{\rm b}$-d 的关系式表明, 随着膜厚 d 的减薄, 击穿场强 $E_{\rm b}$ 提高. 但实际上, 由于薄膜中含有不少缺陷, 厚度越小时缺陷的影响越显著, 所以在厚度减小到一定数值后, 薄膜的击穿场强反而急剧变小, 如图 8.29(a) 和 (b) 所示 AlN 薄膜的击穿场强与膜厚的关系.

除了上述因素, 薄膜的击穿场强还与薄膜的结构有关, 对于压电薄膜, 击穿场强还与电场方向有关, 即它在击穿场强方面具有各向异性. 由于多晶薄膜中存在晶界, 所以它的击穿场强低于非晶薄膜, 如图 8.30 所示. 因为类似的原因, 择优取向的多晶压电薄膜在晶粒取向方向的击穿场强比垂直该方向的击穿场强低.

击穿场强还与一些外部因素有关, 例如电压波形、频率、温度和电极等. 正因为击穿场强与多种因素有关, 所以对同一种薄膜, 各有关文献上报道的击穿场强数值常不一致, 甚至差别较大, 因此, 列出的数值只具有参考性：ZnO 薄膜的击穿场

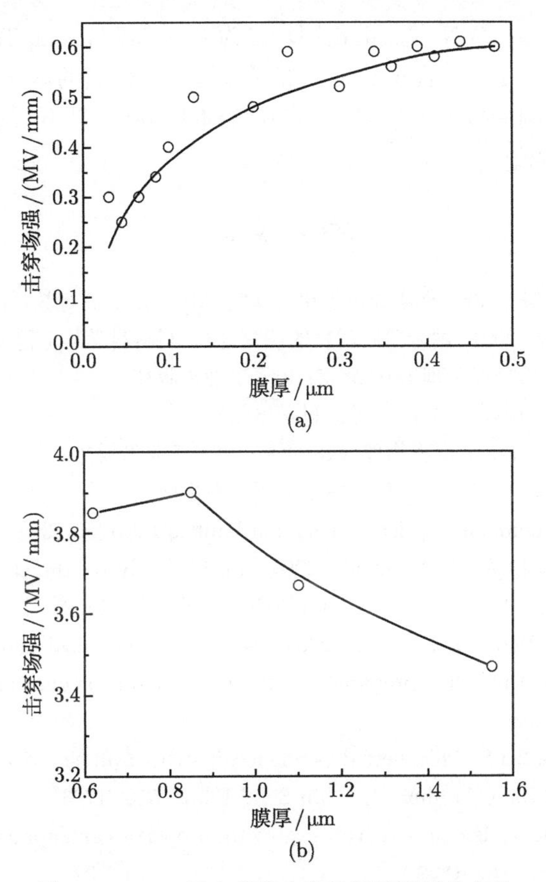

图 8.29 AlN 压电薄膜击穿场强随膜厚的变化

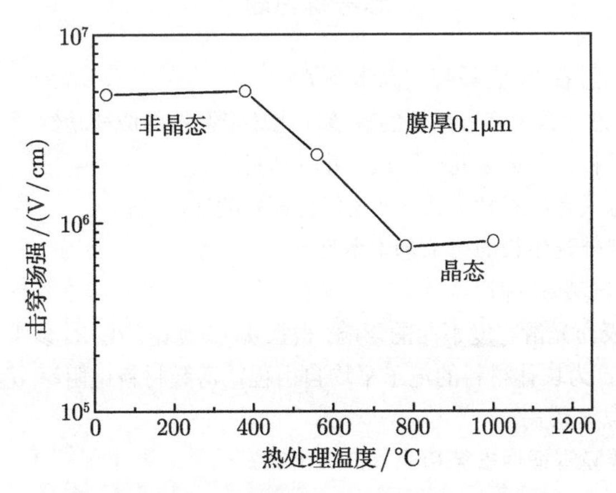

图 8.30 Ta_2O_5 薄膜经热处理后的击穿场强

强为 0.01~0.4MV/cm; AlN 薄膜的击穿场强为 0.5~6.0MV/cm; Ta_2O_5 薄膜的击穿场强为 0.7~1.0MV/cm. 上面所列的击穿场强远不是薄膜的本征数值, 因此, 对击穿场强问题, 应在制造技术上来解决, 将其结构缺陷减到最小, 从而将其击穿场强提高到接近本征数值.

参考文献

姜辛, 孙超, 洪瑞江, 等. 2008. 透明导电氧化物薄膜 [M]. 北京：高等教育出版社

丘成军, 曹茂盛, 朱静. 2001. 纳米薄膜材料的研究进展. 材料科学与工程 [J]. 19(4): 132

曲喜新, 过壁君. 1994. 薄膜物理 [M]. 北京：电子工业出版社

吴自勤, 王兵. 2001. 薄膜生长 [M]. 北京：科学出版社

薛增泉, 吴全德, 李浩. 1991. 薄膜物理 [M]. 北京：电子工业出版社

严一心, 林鸿海. 1994. 薄膜技术 [M]. 北京：兵器工业出版社

Burstein E. 1954. Anomalous optical absorption limit in InSb [J]. Phys. Rev., 93: 632

Chen Z C, Zhuge L J, Wu X M, et al. 2007. Initial study on the structure and optical properties of $Zn_{1-x}Fe_xO$ films [J]. Thin Solid Films, 515: 5462

Lee H W, Lau S P, Wang Y G, et al. 2004. Structural, electrical and optical properties of Al-doped ZnO thin films prepared by filtered cathodic vacuum arc technique [J]. J. Cryst. Growth, 268: 596

Mustafa Q, Metin B. 2008. Thickness dependence of structural, electrical and optical properties of sprayed ZnO:Cu films [J]. Thin Solid Films, 516: 1703

Wang Z L. 2004. Zinc oxide nanostructures: growth, properties and applications [J]. J.Phys.: Condensed Mater., 16: R829

思考练习题

1. 什么是薄膜的附着力, 它与哪些因素有关?
2. 均匀成核时, 为什么说立方晶核的成核功比球形晶核的成核功约大一倍? 试证明.
3. 薄膜的形成过程可分为哪几个阶段? 并具体描述.
4. 薄膜生长的方式有哪三种模式? 试述每种模式的适用条件.
5. 简述薄膜实现外延生长的三个基本条件.
6. 薄膜中的缺陷有哪几种?
7. 不考虑薄膜表面光滑程度不同的影响, 根据费–桑理论, 在 $K \gg 1$ 时 ($K = d/\lambda_b$, 式中, d 为薄膜厚度; λ_b 为块体材料的电子平均自由程), 薄膜材料电阻率 ρ 与块状材料电阻率 ρ_b 之间有怎样的近似关系式?
8. 什么叫介质薄膜本征性击穿和非本征性击穿?

第 9 章　纳米材料的测试与表征

纳米材料的性能是由材料表面形貌、粒径分布、内部结构以及化学组成等决定的. 因而要探讨纳米材料的性能, 就需对材料的粒径分布、晶粒尺寸、形貌、结构及成分等性质进行表征. 纳米材料测试技术是一项对纳米材料上述三方面性质进行测量的系统工程. 同一分析有几种方法可供选择, 而不同的方法又具有各自的特点 (长处与不足). 本章主要对纳米材料的形貌分析、粒径分布、结构分析以及成分分析等几个方面进行了简单的介绍. 通过纳米材料的研究案例来说明这些现代技术和分析方法在纳米材料表征方面的具体应用.

9.1　纳米材料的形貌分析

材料的很多重要物理化学性能与其形貌特征有关, 如颗粒状纳米粒子与纳米线和纳米管的物理化学性能有很大的差异. 薄膜表面的宏观形貌和显微组织形貌也与薄膜的性能密切相关. 因此, 纳米材料的形貌分析是纳米材料研究的重要内容. 形貌分析的主要内容是分析材料的几何形貌、颗粒大小、粒径分布及形貌微区的成分等.

纳米材料常用的形貌分析主要方法有：扫描电子显微镜 (SEM)、透射电子显微镜 (TEM)、扫描隧道显微镜 (STM) 和原子力显微镜 (AFM). 按不同的需求, 应用于不同的检测要求, 如表 9.1 所示.

表 9.1　各种显微镜的特点和应用

名称	检测信号	样品	分辨率/nm	基本应用
扫描电子显微镜	二次电子、背散射电子等	固体	0.5～4nm	(1) 形貌分析 (2) 成分分析 (配附件) (3) 结构分析 (配附件) (4) 断裂过程动态研究 (配附件)
透射电子显微镜	透射电子或衍射电子	经减薄的样品、复形膜、粉末	点分辨率 0.2～0.4nm, 晶格分辨率 0.1～0.2nm	(1) 形貌分析 (2) 晶体结构分析 (3) 成分分析 (配附件)
扫描隧道显微镜	隧道电流	固体 (有一定导电能力)	原子级, 纵向 0.01nm, 横向 0.1nm	(1) 表面形貌与结构分析 (2) 表面力学行为、表面物理与化学研究

续表

名称	检测信号	样品	分辨率/nm	基本应用
原子力显微镜	探针空间位置	固体	原子级, 纵向 0.01nm, 横向 0.1nm	(1) 表面形貌与结构分析 (2) 表面原子间力与表面力学性质

9.1.1　扫描电子显微镜

扫描电子显微镜分析可以提供从数纳米到毫米范围内的形貌像, 观察视野大. 其提供的信息主要有材料的几何形貌、粉体的分散状态、纳米颗粒大小及分布, 以及特定形貌区域的元素组成和物相结构. 扫描电镜对样品的要求比较低, 无论是粉体样品还是大块样品, 均可以直接进行形貌观察, 对不导电的样品需表面喷金后观察.

图 9.1 是扫描电子显微镜的结构原理图. 在 SEM 的成像过程中高能电子束被聚焦到样品表面, 并对样品进行扫描. 由于高能电子束与试样的相互作用而产生各

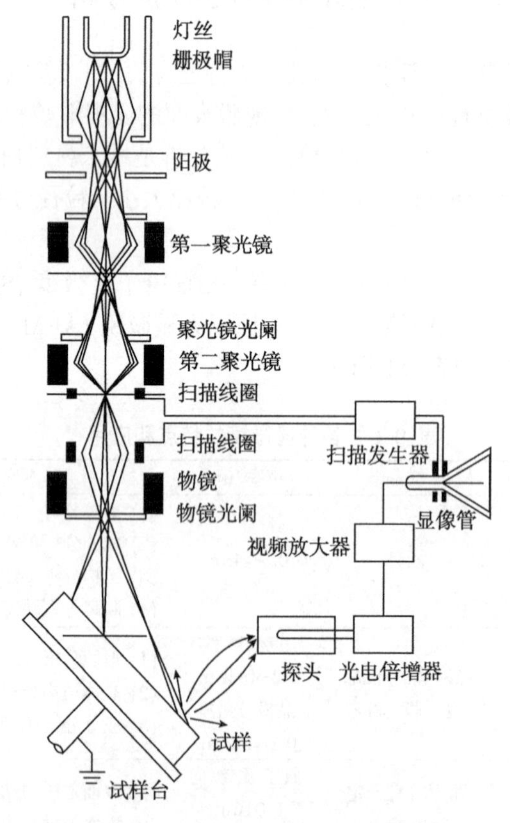

图 9.1　扫描电子显微镜结构原理图

种信号, 包括二次电子、背散射电子、X 射线等. 二次电子或背散射电子由探测器收集, 并经放大处理后, 调制阴极射线管的电子束强度, 从而在荧光屏上获得反映样品表面特征的二次电子像或背散射电子像, SEM 给出的样品图像具有很强的立体感. 而 X 射线则可以由能量色散谱仪 (EDS) 探测, 得到试样的成分信息.

此外, SEM 的放大倍数, 从数十倍到几十万倍连续可调, 既可用低倍像观察样品的全貌, 又可用高倍像观察样品的局部细微结构, 因此它是一种方便实用的表面形貌测试手段, 图 9.2(a) 和 (b) 是不同形貌的 ZnO 纳米线的 SEM 图片, 从图中可见, SEM 图像有很强的立体感.

图 9.2 不同形貌的 ZnO 纳米线的 SEM 图片

9.1.2 透射电子显微镜

透射电子显微镜是一种具有高分辨率、高放大倍数的电子光学仪器. 它可配有多种附件, 如扫描附件 (STEM), 能谱仪, 电子能量损失谱 (EELS) 等, 可对材料的形貌、结构、微区成分作综合分析. 透射电镜应用的深度和广度在一定程度上取决于样品的制备技术. 厚样品要减薄, 以便电子束可透过样品, 样品厚度一般要小于 100nm. 粉末样品可置于直径 3mm 的碳膜铜网上, 粉末粒径一般要求小于 0.5μm.

图 9.3 是透射电子显微镜的结构原理图. 由电子枪发射出来的电子经几十到几百千伏的电压加速后, 经聚光镜会聚成电子束照射在样品上. 穿过样品的电子强度分布与所观察的试样的形貌、组织、结构一一对应, 它们经物镜、中间镜和投影镜的三级磁透镜聚集放大后投影在荧光屏上, 于是荧光屏上显示出与样品形貌、组织、结构相对应的图像.

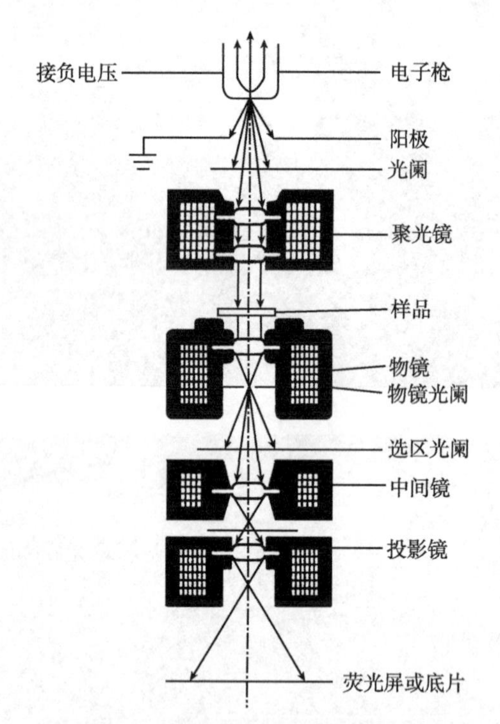

图 9.3 透射电子显微镜的结构原理图

图 9.4 是透射电子显微镜的成像光路图. 透射电子束成像可得到明场像 (最常见), 衍射束成像得到暗场像或中心暗场像. 图像上不同区域间明暗程度的差别称为像衬度, 透射电镜的像衬度来源于样品对入射电子束的散射. 成像衬度可分为三种：

1. 质厚衬度

电子与样品中的原子发生碰撞, 从而产生散射, 散射角与样品的密度及厚度有关, “质量厚度” 越大, 则电子的散射角也就越大, 被样品后面的小孔径光阑挡住的电子就越多, 此时像的亮度就较暗, 反之, 则像的亮度就较亮. 对于不同的 “质量厚度”, 在荧光屏上就形成明暗不同的黑白图像 (明场像).

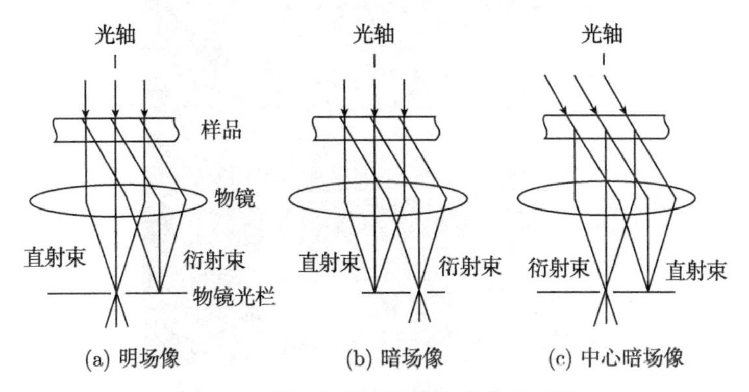

图 9.4 透射电子显微镜的成像光路图

如图 9.5 所示的 SiO_2 包金纳米颗粒图像, 由于金的原子质量远大于 SiO_2, 金对电子的散射也大于 SiO_2, 所以在图像上金比 SiO_2 的亮度暗.

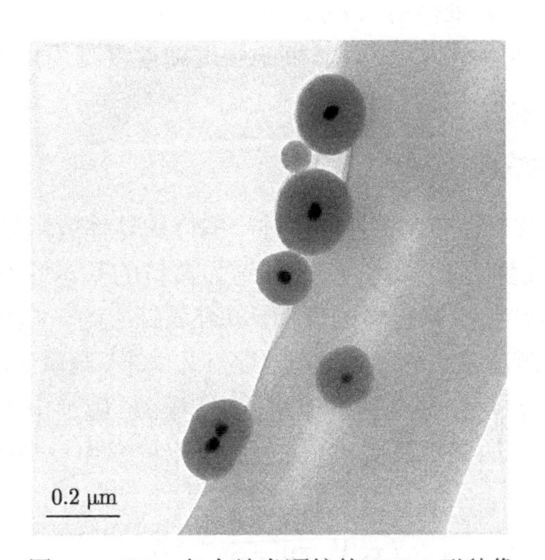

图 9.5 SiO_2 包金纳米颗粒的 TEM 形貌像

2. 相位衬度

电子束透过薄样品时, 样品中的原子核和核外电子产生的库仑场与电子束相互作用, 产生相位变化, 把相位变化转化为像强度变化, 得到高分辨图像. 如果样品厚薄不是很一致, 质厚衬度也起作用. 图 9.6 是单晶 Si 横截面的高分辨晶格像, 从图中可见单晶 Si 表面有一厚度约 8nm 的非晶氧化层 (SiO_2).

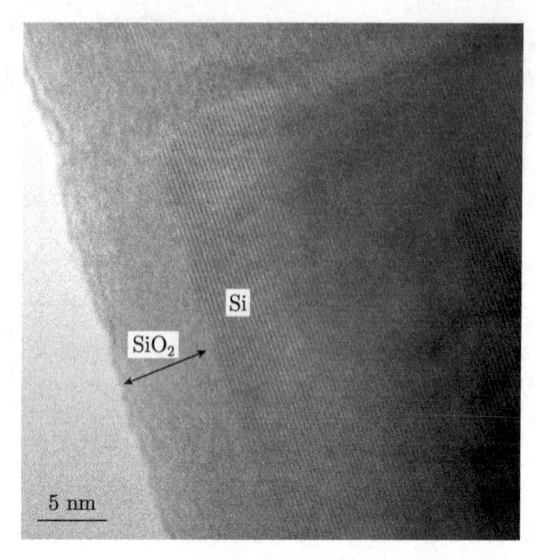

图 9.6　单晶 Si 横截面的 TEM 高分辨晶格像

3. 衍射衬度

衍射衬度是由样品各处衍射束强度的差异形成的衬度. 暗场像通常是单束衍射束成像. 根据衍射的运动学理论, 衍射束的强度随厚度是周期性变化的, 而不是单纯的反比, 因此也就不存在质厚衬度了.

9.1.3　扫描隧道显微镜

扫描隧道显微镜简称 STM, 主要针对一些特殊导体或半导体固体样品的形貌分析, 可以达到原子量级的分辨率. 扫描隧道显微镜的基本原理是基于量子隧道效应. 利用半径很小的针尖探测材料的表面, 以金属针尖为一电极, 被测固体为另一电极, 当它们之间的距离缩小到原子尺寸 (零点几纳米) 数量级时, 电子可以从一个电极通过隧道效应穿过势垒达到另一电极, 形成电流. 隧道电流强度对针尖与样品之间的距离非常敏感, 如果距离减小 0.1nm, 电流将增加一个数量级, 电流与极间距离成指数关系:

$$I \propto V \exp(-A\varphi^{1/2}s)$$

式中, $A = 1.025\text{eV}^{-1}\cdot\text{A}^{-1}$; φ 为有效隧穿势垒 (eV); s 为间距 (Å).

令针尖在被测表面上方作光栅扫描. 保持隧道电流不变, 则针尖必随表面起伏上下移动, 即探测出表面的三维形貌. 也可以采用恒高模式扫描, 这时记录的是隧道电流随位置的变化, 而针尖在表面上保持恒定高度. 恒高模式在高速扫描时使用, 要求材料表面光滑. 对于粗糙表面的形貌, 需要采用恒流模式. STM 的扫描模式如图 9.7 所示.

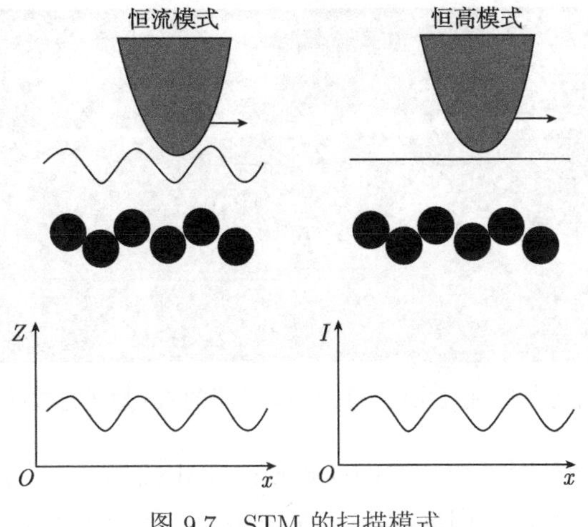

图 9.7 STM 的扫描模式

与其他表面分析技术相比, STM 有许多优点：它在平行和垂直与表面方向的分辨率分别可达到 0.1nm 和 0.01nm, 即可分辨出单个原子; 可得到单原子层表面的局部结构, 它的扫描范围为 10nm∼1μm 以上. 图 9.8 为 GaAs 表面上高度为 100nm 的量子点的阵列的表面形貌.

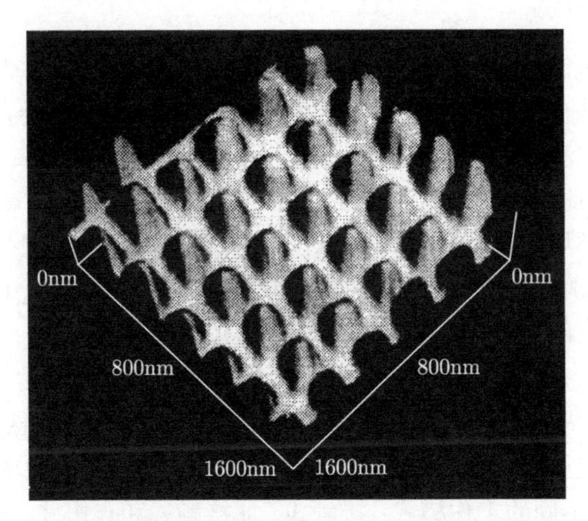

图 9.8 GaAs 表面上高度为 100nm 的量子点阵列的 STM 像

STM 除能在原子尺度观察样品表面结构外, 还能通过针尖–样品间强的相互作用, 对样品表面的原子、分子进行操纵. 原子操纵就是在原子结构的本底上, 对单个原子或分子进行移动、取出或植入操纵, 并形成规则的结构, 其尺度在几埃到几十埃内. 图 9.9 是世界上首例利用 STM 技术进行原子操纵的实验结果. 原子操纵的实现对人造分子和纳米器件的研究有着重大的意义.

图 9.9　利用 STM 在 Ni(110) 表面上操纵吸附的 Xe 原子排成的 "IBM" 图样

在 STM 的图像解释时应注意的问题是：STM 图像并不直接反映表面原子核的位置，它反映的是样品表面局域电子结构和隧穿势垒的空间变化，因此，并不能把观察到的表面高低起伏简单地等同于原子的排列结构. 但就清洁的金属表面而言，表面势垒的形状与表面原子的位置密切相关，因此，其 STM 图像可直接反应金属表面的几何结构. STM 的缺点主要是不能用来测量绝缘体和有较厚氧化层样品的表面形貌.

9.1.4　原子力显微镜

原子力显微镜简称 AFM，它是将扫描隧道显微镜的工作原理与针式轮廓仪原理结合起来而形成的一种新型显微镜. 利用电子探针针尖与材料表面原子形成的力的变化进行材料测试，克服了 STM 不能测量绝缘体和有较厚氧化层样品的缺点. AFM 的应用范围比 STM 更为广泛，AFM 实验可以在大气、高真空、溶液以及反应性气氛等各种环境中进行，除了可以对各种材料的表面结构进行研究外，还可以研究材料的硬度、弹性、塑性等力学性能以及表面微区摩擦性质，还可以操纵分子、原子进行纳米尺度的结构加工和超高密度信息存储等.

工作时的扫描方式可以是探针的针尖在待测表面作光栅扫描，也可以是针尖固定，表面相对针尖做相对运动. 探针位于一悬臂的末端顶部，该悬臂可对针尖和样品间的作用力作出反应. 用光学或电学方法测量起伏位移随位置的变化.

AFM 有三种不同的工作模式：接触式、非接触式和点击式.

(1) 接触式. 扫描中针尖和样品保持近距离的接触，以排斥模式得到分子作用力曲线 (见图 9.10)，图 9.10 的 X 轴上部曲线表示排斥区域，显微探针与样品表面近距离接触时，探针直接感受到表面原子与探针间的排斥力 (10^{-7} ~10^{-6}N)，分辨力较强.

(2) 非接触式. 原子力显微镜的探针以一定的频率在距表面 5~10nm 的距离上振动，引力大小约 10^{-12}N，分辨力较低. 优点在于探针不直接接触样品，对硬度较低的样品表面不会造成损坏, 且不会引起样品表面的污染.

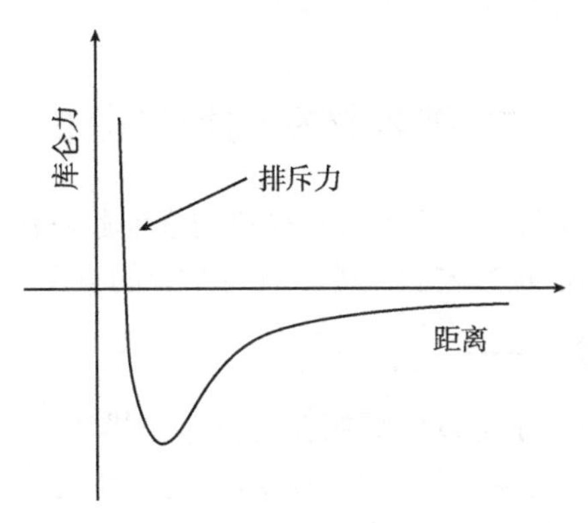

图 9.10 分子作用力曲线示意图

(3) 点击式. 探针处于上下振动状态, 振幅约 100nm. 在每次振动中, 探针与样品表面接触一次, 可以达到与接触式相近的分辨率, 又避免了采用接触式时, 样品表面原子对探针所产生的拖拽力的影响.

AFM 探测的是针尖和样品之间的短程原子间的相互作用力, 绝缘样品和有机样品均可成像, 并可获得原子分辨率的图像. 从理论上讲, 由于原子力的等高图比态密度的等高图更忠实于真实的表面形貌, AFM 所观察的图像比 STM 图像更易于解释, 并且不受样品导电性的影响, 因此得到了广泛的应用. 图 9.11 为磁控溅射法沉积的 Ta_2O_5 薄膜表面的原子力三维图像.

图 9.11 Ta_2O_5 薄膜的 AFM 形貌像

上述四种形貌分析方法各有特点, 电镜分析具有更多的优势, 但 STM 和 AFM 具有可以在气氛下进行原位形貌分析的特点.

9.2 纳米材料的粒度分析

对于纳米材料, 其颗粒大小和形状对材料的性能起着决定性的作用. 因此, 对纳米材料的颗粒大小和形状的表征和控制具有重要的意义.

9.2.1 粒度分析的概念

一般固体材料颗粒大小可以用颗粒粒度概念来描述. 球形粒子的直径就是粒径, 非球形粒子的粒径可用物理学中的等效球体的直径表示. 粒度分布可分为频率分布 (相对分布) 和累积分布. 频率分布表示与各个粒径相对应的粒子占全部颗粒的 (质量、体积或个数) 百分比; 累积分布表示小于或大于某一粒径的粒子占全部颗粒的百分比.

对于不同原理的粒度分析仪器, 由于所依据的测量原理不同, 所得到的结果只能进行等效对比, 不能进行横向直接对比. 例如, 沉降式粒度仪是依据颗粒的沉降速度进行等效对比, 即用与被测颗粒具有相同沉降速度的同质球形颗粒直径来代表实际颗粒的大小; 激光粒度仪则是利用颗粒对激光的衍射和散射特性作等效对比, 所测出的等效粒径为等效散射粒径, 即用与实际被测颗粒具有相同散射效果的球形颗粒的直径来代表这个颗粒的实际大小.

由于材料颗粒的形状不可能都是均匀球形的, 有各种各样的形貌, 因此, 在大多数情况下粒度分析仪所测得的粒径是一种等效意义上的粒径, 和实际的颗粒大小分布会有一定的差异, 因此只具有相对比较意义. 等效粒径 (D) 和颗粒体积 (V) 的关系可以用表达式 D=1.24$V^{1/3}$ 表示. 此外, 各种不同粒度分析方法获得的粒径大小和分布数据也可能不能相互印证, 不能进行绝对的横向比较.

9.2.2 粒度分析方法

目前国际上已研制并生产了几百种基于各种工作原理的颗粒粒度分析测量装置, 但分析方法大致可归纳为: 筛分法、显微镜法、沉降法、激光衍射法、激光散射法、光子相干光谱法、电子显微镜图像分析法、粒度测量法和质谱法等. 其中激光散射法和光子相干光谱法由于具有速度快、测量范围广、数据可靠、重现性好、自动化程度高、便于在线测量等优点而被广泛应用. 下面介绍两种具有代表性的纳米粒子的粒度及粒度分布检测方法.

1. 显微镜法

显微镜法是一种测定颗粒粒度的常用方法, 它可分为光学显微镜法和电子显微镜法. 光学显微镜测定范围为 0.8~150μm, 因此, 严格说来, 光学显微镜适合于亚微米和微米级的测定. 而扫描电镜和透射电镜可直接观察纳米颗粒形状、尺寸和团聚状况.

扫描电镜有很大的扫描范围, 原则上从 1nm 到毫米量级均可用扫描电镜进行粒度分析. 扫描电镜的纳米粉体样品可以进行溶液分散制样, 也可以直接进行干粉制样, 但由于要求样品有一定的导电性能, 因此, 对于非导电样品要求进行表面喷金或蒸碳处理. 对于透射电镜, 由于需要电子束透过样品, 因此, 合适的粒度分析范围在 1~300nm. 传统的显微镜法测定颗粒粒度分布时, 常采用显微拍照法将大量颗粒试样照相, 然后根据所得的显微照片, 用人工的方法进行颗粒粒度的分布统计. 由于测量结果受主观因素影响较大, 而且费时; 因此, 近年来开始采用综合性的图像分析系统对颗粒粒度进行测量并自动分析统计. 其方法是先由显微镜对被测颗粒进行成像, 然后通过计算机图像处理技术完成颗粒粒度的测定.

2. 激光粒度分析法

激光粒度分析法是目前最为主要的纳米体系粒度分析方法, 按照分析粒度的范围, 又可分为激光衍射法和激光动态光散射法. 当一束波长为 λ 的激光照射在一定粒度的球形小颗粒上时, 会发生衍射和散射两种现象, 通常当颗粒粒径大于 10λ 时, 以衍射为主; 粒径小于 10λ 时, 以散射为主. 激光衍射式粒度仪对粒度大于 5μm 以上的样品分析较为准确; 而激光动态光散射粒度仪则对粒度 5μm 以下的纳米、亚微米颗粒样品分析准确. 另外, 需要注意的是激光法粒度分析的理论模型是建立在颗粒为球形、单分散条件上的, 但实际上被测颗粒多为不规则形状并呈多分散性. 因此, 颗粒的形状、粒径分布特性对最终粒度分析结果影响较大, 而且颗粒形状越不规则、粒径分布越宽, 分析结果的误差就越大. 但激光粒度分析法具有样品用量少、自动化程度高、快速、重复性好, 并可在线分析等优点.

激光衍射粒度分析法的基本原理是基于激光与颗粒之间的相互作用, 主要理论是米氏散射理论, 颗粒在激光束的照射下, 其散射光的角度与颗粒直径成反比, 而散射光的强度随角度的增加呈对数规律衰减. 由 He-Ne 激光器 ($\lambda = 632$nm) 发射出的激光, 经显微物镜聚焦、针孔滤波和准直镜准直后, 成为单一的平行光束, 照射到颗粒样品后发生散射现象. 散射光经傅里叶或反傅里叶透镜后, 成像在排列有多个检测器的焦平面上, 其角度与颗粒的直径成反比关系, 而能量分布与颗粒直径的分布直接相关, 通过接受和测量散射光的能量分布就可以得出颗粒的粒度分布特征. 图 9.12 是其工作原理图.

衍射光强度 $I(\theta)$ 与颗粒粒径有如下关系

$$I(\theta) = \frac{1}{\theta}\int_0^{\infty} R^2 n(R) J_1^2(\theta R K)\mathrm{d}R \tag{9.1}$$

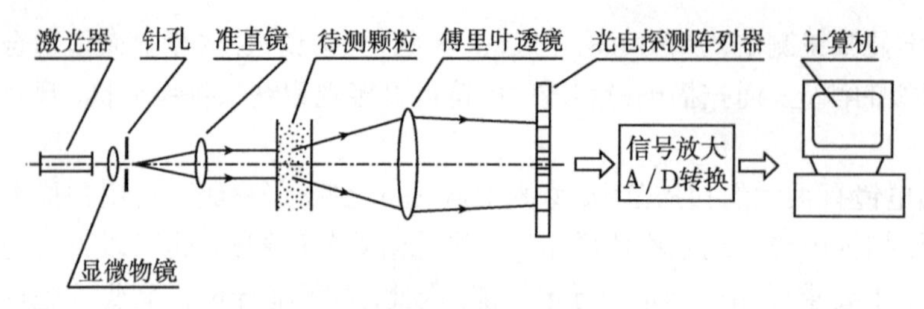

图 9.12　激光衍射粒度仪的工作原理图

式中, θ 为散射角度; R 为颗粒半径; $I(\theta)$ 为以 θ 角散射的光强度; $n(R)$ 为颗粒的粒径分布函数; $K = 2\pi/\lambda$, λ 为激光的波长; J_1 为第一型的贝叶斯函数. 根据所测得的 $I(\theta)$, 可反推出颗粒粒径分布 $n(R)$.

激光光散射法可以测量 5μm 以下的粒度分布, 获得的是等效球体积分布, 测量准确, 速度快, 代表性强, 重复性好, 适合混合物料的测量. 缺点是对检测器的要求高, 各仪器测量结果对比差.

使用激光粒度分析仪测量粒径应注意以下几个问题：首先是要充分准备样品, 包括典型抽样, 分散剂、表面活化剂和混合剂的选用, 超声波的使用等; 其次是要确保测量区的主要组成部件, 即检测器和样品池窗口的清洁; 最后被测样品的折射率和吸收率的正确输入也是一个关键因素. 做好这些才能获得具有良好重现性的测量结果.

9.3　纳米材料的结构分析

纳米材料的结构对材料的性能有着重要的影响, 因此纳米材料物相结构分析也是材料分析的重要内容之一, 结构分析可为材料结构与性能的关系提供实验依据. 随着分析仪器和技术的不断发展, 用于纳米材料结构研究所能采用的仪器也越来越多, 如 X 射线衍射 (XRD) 分析、微区电子衍射分析、激光拉曼分析 (激光拉曼分析在 5.7 节已作介绍)、红外光谱仪、扩展 X 射线吸收精细结构测定仪 (EXAFS)、穆斯堡尔谱仪、电子能谱仪等. 这里介绍前两种常用的分析方法.

9.3.1　X 射线衍射

XRD 物相分析是基于样品对 X 射线的衍射效应, 对样品中各组分的存在形态进行分析. 测定结晶情况、晶相、晶体结构及成键状态等, 可以确定各种晶态组分的结构和含量. 但灵敏度较低, 一般只能测定样品中含量在 1%以上的物相, 同时, 定量测定的准确度也不高, 一般在 1%的数量级. XRD 物相分析需样品量大 (0.1g), 才能得到比较准确的结果.

X 射线衍射的基本原理是布拉格方程, 它是一种几何规律的表达式, 由英国物理学家布拉格父子于 1912 年首先推导出来, 其布拉格方程表达式和推导示意图分别示于下式和图 9.13.

$$2d_{hkl} \cdot \sin\theta = n\lambda \tag{9.2}$$

式中, d_{hkl} 为晶面间距; θ 为掠射角 (入射线或反射线与反射面的夹角, 为半衍射角); n 为整数的衍射级数; λ 为入射线波长. 当 n=1 时, 相邻两晶面的 "反射线" 的光程差为一个波长, 这时所形成的衍射线称为一级衍射线; 当 n=2 时, 相邻两晶面的反射波的光程差为 2λ, 依此类推. X 衍射分析获得各衍射线的 d_{hkl} 值和衍射线强度 I, 最后和 "粉末衍射标准联合委员会"(Joint Committee on Powder Diffraction Standards, JCPDS) 公布的标准数据库对比, 就可以确定该物质成分和晶体结构.

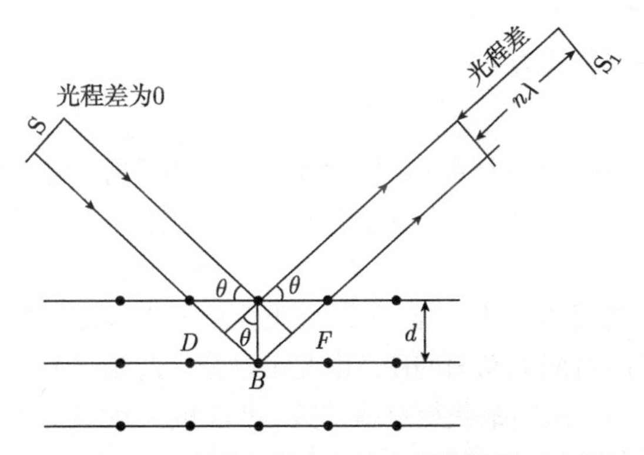

图 9.13 X 射线衍射布拉格方程的推导示意图

XRD 可用于测量纳米材料晶粒大小, 其原理是基于衍射线的宽度与材料晶粒大小有关这一现象. 利用 XRD 测定晶粒度的大小是有一定的限制条件的, 一般当晶粒大于 100nm 以上, 其衍射峰的半高宽随晶粒大小的变化就不敏感了; 而当晶粒小于 10nm 时, 其衍射峰随晶粒尺寸的变小而显著宽化. 试样中晶粒大小可采用 Scherrer 公式进行计算

$$D = \frac{0.89\lambda}{B\cos\theta} \tag{9.3}$$

式中, λ 为 X 射线的波长 (常用 Cu 靶, $\lambda = 0.15406\text{nm}$); B 为衍射峰的半高宽 (单位: rad); θ 为相应的衍射角. B 值越小, D 值就越大. 此公式在 $10\text{nm} < D < 100\text{nm}$ 的情况下比较准确.

9.3.2 电子衍射分析

1. 电子衍射特点

电子衍射与 X 射线衍射一样遵循布拉格方程, 是研究材料晶体结构的常用方法. 但电子衍射与 X 射线衍射相比有以下特点:

(1) 电子的波长很短, 一般只有千分之几纳米, 根据 $2d\sin\theta = \lambda$ 可知, 电子衍射的 2θ 角很小 (一般为几度), 即入射电子束和衍射电子束都近乎平行于衍射晶面. 由于电子束衍射的角度小, 测量精度差, 测量晶体结构不如 XRD.

(2) 物质对电子的散射作用很强 (主要来源于原子核对电子的散射作用, 远强于物质对 X 射线的散射作用), 因而电子 (束) 穿透物质的能力大大减弱, 约为几十纳米, 故电子衍射只适于材料表层或薄膜样品的结构分析.

(3) 电子显微镜上配置选区电子衍射装置, 使薄膜样品的结构分析与形貌观察有机地结合起来, 这是 X 射线衍射无法比拟的优点. 同时, 如果配置 EDS 能谱仪, 可同时作微区元素成分分析.

2. 电子衍射花样的标定

电子衍射的基本公式为

$$Rd = L\lambda \tag{9.4}$$

式中, R 为衍射环半径 (多晶样品) 或衍射斑点到中心透射斑点的距离 (单晶样品); d 为晶面间距; L 为相机长度; λ 为电子束波长. $L\lambda$ 也称为相机常数, 是已知值. 因此在所得的衍射花样图片上量出各个 R 值就可求得不同的 d 值.

多晶衍射花样是同心的环花样, 可以用类似粉末 X 射线的方法来处理. 可以计算获得各衍射环所对应的晶面间距. 由此可以分析此相的晶体结构或点阵类型, 也可以由晶面指数和晶面间距获得点阵常数. 可以和 X 射线衍射分析的数据对照.

由式 (9.4) 可得

$$R_1 : R_2 : R_3 = \frac{1}{d_1} : \frac{1}{d_2} : \frac{1}{d_3} \tag{9.5}$$

对于立方晶系, 晶面间距:

$$d = \frac{a}{\sqrt{h^2 + k^2 + l^2}} = \frac{a}{\sqrt{N}} \tag{9.6}$$

结合式 (9.5) 和式 (9.6), 可得

$$R_1^2 : R_2^2 : R_3^2 = N_1 : N_2 : N_3 \tag{9.7}$$

结合消光条件, 即虽然满足布拉格方程, 也没有衍射束产生, 因为符合消光条件时, 每个晶胞内原子散射波的合成振幅为零. 在立方晶系点阵中, 除简单立方外, 其他立方结构 N 的取值有一定的限制 (消光条件限制). 表 9.2 是立方晶系的四种基本类型点阵的系统消光规律.

表 9.3 是立方晶系的 N 值及其对应的 (hkl). 因此, 可根据衍射环半径的平方比, 确定是什么晶体结构. 其他晶系的电子衍射花样晶面指数标定相对比较复杂, 这里不作介绍.

表 9.2 立方晶系的四种基本类型点阵的系统消光规律

布拉格点阵	出现的衍射	消失的衍射
简单立方	全部	无
底心立方	$h+k=$ 偶数	$h+k=$ 奇数
体心立方	$h+k+l=$ 偶数	$h+k+l=$ 奇数
面心立方	h, k, l 全奇或全偶	h, k, l 有奇或有偶

表 9.3 立方晶系的 $N(h^2+k^2+l^2)$ 值及其对应的 (hkl)

晶体类型	$N(hkl)$
简单立方	1(100), 2(110), 3(111), 4(200), 5(210), 6(211), 8(220), 9(221, 300), 10(310), 11(311), 12(222), ···
体心立方	2(110), 4(200), 6(211), 8(220), 10(310), 12(222), 14(321), 16(400), 18(411,330), 20(420), 22(332), 24(422)
面心立方	3(111), 4(200), 8(220), 11(311), 12(222), 16(400), 19(331), 20(420), 24(422), 27(511,333)
金刚石立方	3(111), 8(220), 11(311), 16(400), 19(331), 24(422), 27(511,333)

单晶的衍射花样是按一定规则排列的衍射斑点, 通过分析, 可以获得晶面间距以及点阵类型和晶体学数据. 表 9.4 是单晶电子衍射花样与晶体结构的关系. 具体指标化过程可以通过计算机完成. 非晶态物质的电子衍射图呈弥散的晕. 图 9.14

表 9.4 衍射斑点的对称性及可能所属晶系

电子衍射花样的几何图形	五种二维倒易面 电子衍射及相应的点群	可能所属晶系
平行四边形		三斜、单斜、正交、四方、六方、三角、立方
矩形	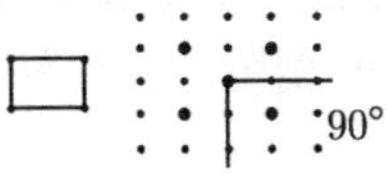 90°	单斜、正交、四方、六方、三角、立方
有心矩形	 90°	单斜、正交、四方、六方、三角、立方
四方形	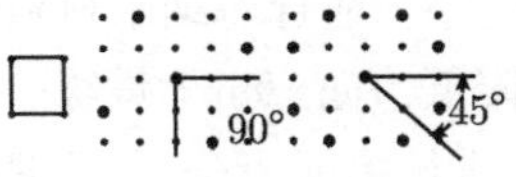 90° 45°	四方、立方
正六角形	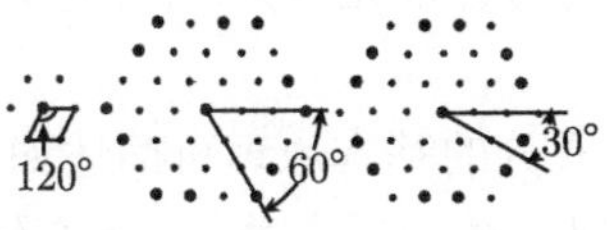 120° 60° 30°	六方、三角、立方

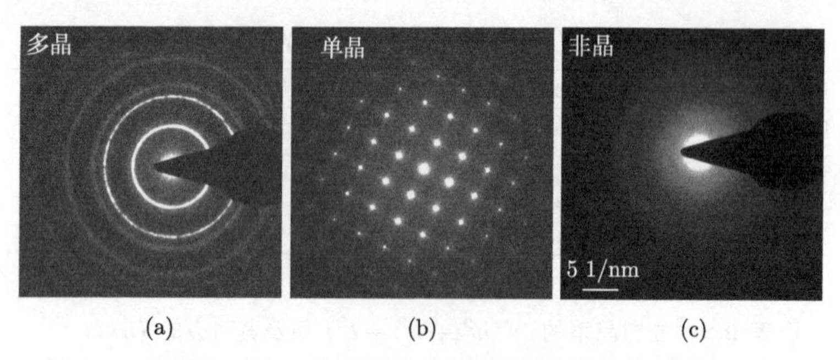

(a)　(b)　(c)

图 9.14　典型的多晶、单晶和非晶态物质的选区电子衍射花样图片

是典型的多晶、单晶和非晶态物质的选区电子衍射花样图片.

9.4　纳米材料的成分分析

纳米材料的光、电、声、热、磁等物理性能与组成纳米材料的化学成分和结构具有密切关系. 确定纳米材料的元素组成, 测定纳米材料中杂质的种类和浓度是纳米材料分析的重要内容之一. 纳米材料成分分析按照分析对象和要求可以分为微量样品分析和痕量成分分析两种类型; 纳米材料的成分分析方法按照分析的目的不同又分为体相元素成分分析, 表面与微区成分分析; 为达此目的纳米材料成分分析按照分析手段不同又分为光谱分析、能谱分析和质谱分析等. 以下对不同的分析方法作简单的介绍.

9.4.1　体相元素成分分析

纳米材料的体相元素组成及其杂质成分的分析方法主要有原子吸收光谱法、电感耦合等离子体发射光谱法 (ICP)、电感耦合等离子体质谱法 (ICP-MS) 以及 X 射线荧光光谱法 (XRF), 其中前三种分析方法需要对样品进行溶解后再进行测定, 因此属于破坏性样品分析方法. 而 X 射线荧光光谱法可以直接对固体样品进行测定因此又称为非破坏性元素分析方法.

1. *原子吸收光谱法*

原子吸收光谱法是根据蒸气相中被测元素的基态原子对其原子共振辐射的吸收强度来测定试样中被测元素的含量; 适合对纳米材料或块体材料中痕量金属杂质离子进行定量测定, 特点是检测限低, $\sim$ng/cm^3 量级; 测量准确度很高, $\sim$1%; 可分析 70 多种金属元素. 但不能同时进行多元素分析, 不适合分析难熔性元素、稀土元素和非金属元素.

原子吸收光谱法测定材料成分的基本原理可简述如下：材料熔解后引入仪器原子化器系统, 待测样品在高温下变为原子蒸气, 当有辐射光通过自由原子蒸气,且辐射光能量等于原子中的电子由基态跃迁到较高能态 (一般情况下都是第一激发态) 所需要的能量时, 原子就要从辐射场中吸收能量, 产生共振吸收, 电子由基态跃迁到激发态, 同时伴随着原子吸收光谱的产生. 由于原子能级是量子化的, 因此, 原子对辐射光的吸收是有选择性的. 而不同元素的原子从基态跃迁到第一激发态时吸收的能量是不同的, 因而各元素的共振吸收线具有不同的特征, 据此可选择性地测定所需元素.

原子吸收光谱的定量分析依据可简述如下：当频率为 ν、强度为 I 的单色光通过均匀的原子蒸气时, 原子蒸气对辐射产生的吸收符合朗伯 (Lambert) 定律, 即

$$I = I_0 e^{-k_0 L} \tag{9.8}$$

式中, I_0 为入射光强度; I 为透过原子蒸气吸收层的光强度; L 为原子蒸气吸收层的厚度; k_0 为吸收系数 (正比于待测物的浓度 c). 则吸光度 A 为

$$A = \lg\left(\frac{I_0}{I}\right) = kc \tag{9.9}$$

因此, 测量原子吸收程度即可计算出待测元素的浓度 c.

原子吸收光谱仪由光源、原子化器、分光器、检测器等部件组成. 基本构造如图 9.15 所示. 在原子吸收光谱分析中, 试样中被测元素的原子化是整个分析过程中的关键环节. 应用最广泛的是石墨炉电热原子化法. 石墨炉电热原子化法是将样品引入石墨管后电加热产生高温而使待测元素原子化的方法, 石墨炉最高温度可达到 3000°, 因此原子化效率很高. 测量时通常需要 10μL 左右的溶液样品.

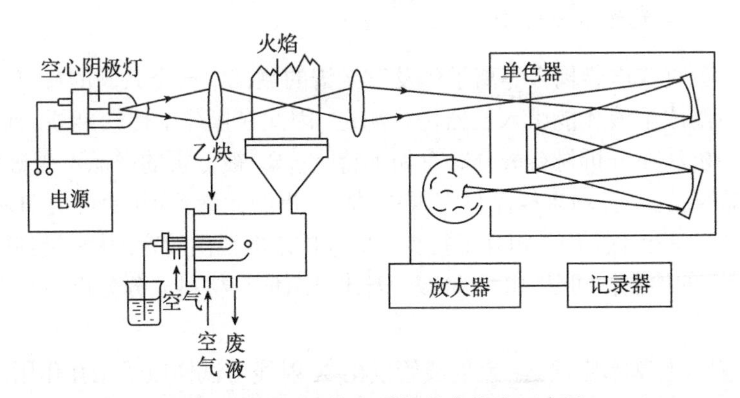

图 9.15 原子吸收光谱仪基本构造示意图

2. 电感耦合等离子体发射光谱法

电感耦合等离子体发射光谱是利用高频感应加热原理, 使氩气电离产生火焰状等离子体, 温度可达 10000K 以上. 当载气带着试样气溶胶通过等离子体时, 可被

加热到 6000~7000K, 并被原子化和激发产生发射光谱. 根据处于激发态的待测元素原子回到基态时发射的特征谱线对待测元素进行分析的方法, 可进行多元素同时分析, 克服了原子吸收光谱一次只能测试一个元素的缺点, 适合近 70 种元素的分析. 有很低的检测限, 一般可达到 $10^{-5} \sim 10^{-1}\mu g/cm^3$. 它的稳定性很好, 精密度很高, 相对偏差在 1%以内, 定量分析效果好, 但对非金属元素的检测灵敏度较低, 适合对金属元素的检测.

电感耦合等离子体发射光谱分析主要包括三个过程：① 等离子体光源提供能量使样品蒸发, 形成气态原子, 并进一步使气态原子激发而产生光辐射; ② 将光源发出的复合光经单色器分解成按波长顺序排列的谱线, 形成光谱; ③ 用检测器检测光谱中谱线的波长以确定样品中存在何种元素, 根据谱线的强度确定该元素的含量.

其定量分析的公式如下

$$\lg I = b \lg c + \lg A \tag{9.10}$$

式中, c 为待测元素的浓度; I 为测得的发射光强度; A 和 b 为与测量有关的常数, 通过绘制 $\lg I$ 与 $\lg c$ 校准曲线, 进行定量分析.

与原子吸收法相比, 电感耦合等离子体发射光谱的主要特点是可进行多元素同时分析; 当采用半定量扫描方式时, 可在数分钟内获得近 70 种元素的存在状况, 但同原子吸收光谱分析方法相同, 对非金属测定的灵敏度还不能令人满意. 同时, 这种技术的灵敏度没有石墨炉原子吸收法高.

3. X 射线荧光光谱分析法

在原子吸收或电感耦合等离子体发射光谱的测试中一个共同的特点是需要对材料溶解后配成溶液才能引入仪器进行测定, 因此在操作上比较麻烦. 而 X 射线荧光光谱分析法在分析材料成分时有如下特点：① 被分析的样品不受破坏, 可以对固体样品直接测定, 粉末样品只需压片; ② 分析的元素范围广, 可从 ^{4}Be 到 ^{92}U; ③ X 射线荧光的谱线简单, 相互干扰少; ④ 分析浓度范围较宽, 从常量到微量都可分析, 重元素的检测限可达 10^{-5} 量级. 因此, XRF 在材料成分分析中具有较大的优势.

XRF 测量的基本原理是：X 射线管发出 X 射线与试样原子相互作用, 在 X 射线能量大于原子某一轨道电子的结合能时, 将从该轨道逐出一个电子而在该轨道出现一个空穴, 这时处于高能级的电子将跃迁到该空穴处, 使整个原子能量降低, 跃迁过程中将释放出荧光 X 射线, 它是特征 X 射线, 不同元素有不同的特征荧光 X 射线能量, 因此, 通过分析荧光 X 射线的能量, 可确定元素种类, 分析强度来确定含量. 由于 X 射线具有一定的波长, 同时又有一定的能量, 因此, X 射线荧光光谱仪有两种基本类型：波长色散型和能量色散型. 图 9.16 是波长色散型 X 射线荧光光谱仪的结构图.

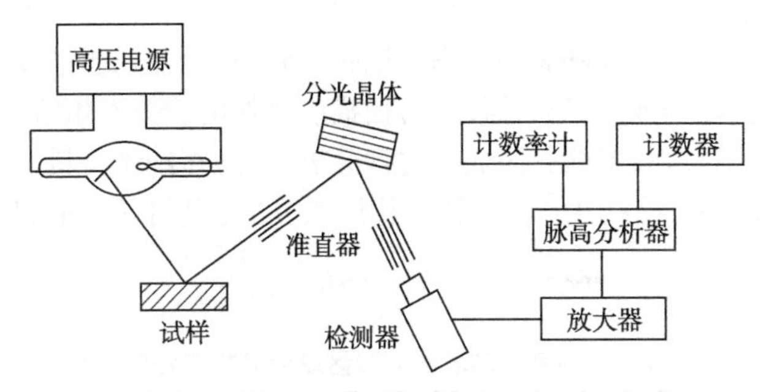

图 9.16 波长色散型 X 射线荧光光谱仪的结构图

进行 X 射线荧光光谱分析的样品, 可以是固体, 也可以是溶液. 块状材料可直接检测, 但要求被测试的表面平整; 粉末样品压片再测量, 也可以放入样品槽中检测; 纳米粒子的悬浮液样品可以滴在滤纸上, 用红外灯烘干水分后测定, 也可放入密封的样品槽中检测; 薄膜样品则可以直接测量.

X 射线荧光光谱定量分析的依据是元素的荧光 X 射线强度 I 与试样中该元素的含量 W 成正比：

$$I = I_{\mathrm{s}}W \tag{9.11}$$

式中, I_{s} 为 $W = 100\%$时, 该元素的荧光 X 射线强度. 测量时可以采用标准曲线法、内标法等. 但这些方法都要使用标准样品, 并且标准样品的成分与被测试样的成分要尽可能相近, 否则由于共存元素的影响会给测定结果造成很大的误差. 由于准备合适的标准样品比较困难, 目前, X 射线荧光光谱定量分析方法常采用基本参数法. 该办法是在考虑各元素之间的吸收与增强效应的基础上, 用标样或纯物质计算出元素荧光 X 射线理论强度, 并测其荧光 X 射线强度, 将实测强度与理论强度比较, 求出该元素的灵敏度系数. 测未知样时, 先测定试样的荧光 X 射线强度, 根据实测强度和灵敏度系数设定初始浓度值, 再由该浓度值计算理论强度. 将测定的强度与理论强度比较, 使二者达到某一预定精度, 否则要再次修正. 该方法要测定和计算试样中所有元素, 并且要考虑这些元素间的相互干扰效应, 计算十分复杂, 因此, 必须依靠计算机进行计算, 该方法可认为是无标样定量分析, 试样中元素含量大于 1%时, 其相对标准偏差可小于 1%.

9.4.2 表面与微区成分分析

材料表面与微区成分分析的内容包括测定材料表面或微区的元素组成、化学态及元素的分布等. 分析方法的选择需要考虑的问题有：能否测定元素的范围、能否判断元素的化学态、检测的灵敏度、表面探测深度等. 表面与微区分析方法目前最常用的有电子能谱 (X 射线光电子能谱 (XPS)、俄歇电子能谱 (AES))、二次离子质谱 (SIMS)、电子探针 X 射线分析 (EPMA)、电镜–能谱等. 这些方法能够对材料表面的化学成分、元素分布状态与价态、表面与界面的吸附与扩散反应的状况等情况进行测定, 当把能谱或电子探针技术与扫描或透射电镜技术相结合时, 在进行形貌观察的同时, 还可对材料的微区成分进行分析, 因此在纳米材料的成分分析特别是纳米薄膜的微区成分分析中有广泛的应用. 表 9.5 是几种常见的表面成分分析方法的比较.

表 9.5　几种常见的表面与微区成分分析方法的比较

名称	可测定范围	探测极限/%	探测深度/nm	横向分辨率/μm	信息类型
X 射线光电子能谱	>He	1	0.5~2.5nm (金属和金属氧化物) 4~10(有机)	~ 10	表面; 元素、化学状态
俄歇电子能谱	>Li	0.1	0.4~2 (俄歇电子能量 50~2000eV)	~ 0.01	表面; 元素、化学状态
二次离子质谱	⩾H	$10^{-9} \sim 10^{-6}$	0.3~2	~ 0.1	表面; 元素、同位素、有机化合物
电子探针显微分析	>Be	0.1	1~10μm	~ 0.5	体相; 元素

1. 电子能谱

电子能谱主要包括 X 射线光电子能谱和俄歇电子能谱, 它们是典型的表面分析技术, 在商用的 X 射线光电子能谱仪上都可选配俄歇电子能谱附件, 因此, 一台谱仪上既可作 XPS 分析, 也可作 AES 分析.

电子能谱仪通常由激发源 (X 射线枪和电子枪)、离子枪、样品室、电子能量分析器、检测器和真空系统组成. XPS 的激发源是 X 射线枪, AES 的激发源为电子枪, 除此之外, 其他部分相同. 图 9.17 是电子能谱的结构框图. 它们的结构特点如下:

① 超高真空系统. 由于 XPS 和 AES 是表面分析技术, 如果真空度较差, 清洁的试样表面在短时间内就会被真空室内的残余气体所覆盖, 这样, 就不能得到正确的表面成分信息. 因此, 一般要求分析室内的真空度达到 10^{-8}Pa 左右.

② 激发源. 在 XPS 谱仪中, 目前常用经单色化的 Mg/Al 双阳极 X 射线源为激发源, MgK_α 和 AlK_α 射线的能量分别是 1253.6eV 和 1486.6eV. 没经单色化的 X 射线的线宽为 0.8eV, 经单色化后线宽可减小到 0.3eV. 线宽减小后, 可消除 X 射线中的杂线和韧致辐射, 并可提高信号 S 与本底 B 之比. 在 AES 中, 使用电子束

作激发源, 电子束源分三种: 钨灯丝、LaB_6 灯丝和场发射电子枪. 较好的是场发射电子枪, 其优点是空间分辨率高, 束流密度大, 缺点是价格贵, 维护复杂, 对真空要求高.

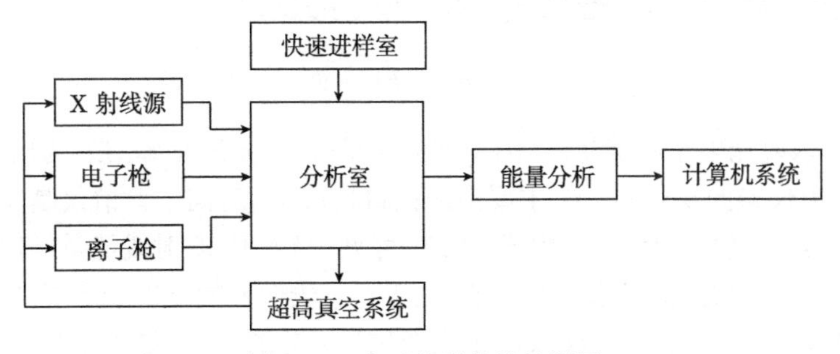

图 9.17 电子能谱的结构框图

③ 电子能量分析器. 电子能量分析器的作用是测量从样品中发射出来的电(离) 子的能量分布. 目前常用的电子能量分析器有两类: 一类是同心半球形分析器 (CHA), 具有很高的能量分辨能力, 主要用于 X 射线光电子能谱仪; 另一类是筒镜分析器 (CMA), 虽然其能量分辨率不是很高, 但其电子的通量大, 具有更好的信背比, 广泛应用于俄歇电子能谱. 在一些 XPS/AES 组合仪器中, 光电子谱是由 CMA 取得.

④ 离子枪. 它由离子源和束聚焦透镜组成, 具有以下功能: 一是清洁试样表面, 除去附着在样品表面的污物; 二是进行试样的深度剖面分析. 离子束能量可在 0.5~5keV 范围内调节, 束斑直径在 0.1~5mm 可调. 在 XPS 分析经溅射的试样表面化学态时, 应注意溅射还原效应的影响, 经溅射后许多氧化物可以被还原成较低价态的氧化物.

⑤ 样品的荷电问题. 对于导电性能不好的样品, 如半导体、绝缘体薄膜, 在 X 射线束的作用下将在样品表面积累正电荷, 使在 XPS 分析时测得的结合能偏高; 而在电子束作用下, 样品表面会产生一定的负电荷积累, 在 AES 分析时, 使测得的俄歇动能比正常的高, 这就是 XPS 和 AES 分析中的荷电效应. 对于厚度小于 100nm 的绝缘体薄膜, 如果基体材料是导电的, 可以不考虑荷电效应, 否则, 可用在分析点周围镀金的办法解决; 也可用带小窗口的 Al、Sn、Cu 箔等包覆样品的办法解决. 在实际的 XPS 分析中, 一般采用内标法进行校准, 常用真空系统中常见的有机污染碳的 C_{1S} 的结合能 284.6eV 进行校准.

1) X 射线光电子能谱

X 射线光电子能谱是一种典型的表面分析方法, 能够提供样品表面的元素含量与化学态. 如果利用离子作为表面原子层的剥离手段, XPS 作为分析方法, 则可实现对试样的深度分析.

XPS 的基本原理是：用单色的 X 射线照射试样, 若入射 X 射线的能量超过试样中原子内层电子的束缚能 (结合能) 时, 待测试样原子中的电子脱离原子, 引起光电子发射. 当这些发射电子的能量足够大, 可以达到试样表面并逸出, 就可以被探测到. 特定原子轨道的结合能 (E_b) 可由以下关系式求得

$$E_{\mathrm{b}} = h\nu - E_{\mathrm{k}} - \Phi \tag{9.12}$$

式中, $h\nu$ 为入射光电子的能量; h 为普朗克常量; ν 为光波频率; E_{k} 为出射的光电子动能; Φ 为仪器的功函数. Φ 主要由谱仪材料决定, 对同一台谱仪是一常数, 与样品无关, 其平均值为 3~4eV. 由式 (9.12) 可见, 当入射 X 射线能量一定时, 若测得出射的光电子动能, 就可求得结合能. 由于只有表面处的光电子才能从固体中逸出, 因而测得的电子结合能必然反映了表面化学成分的情况, 这正是光电子能谱仪的基本测试原理.

XPS 的原理比较简单, 但其仪器的结构却很复杂, 如图 9.17 所示. 由 X 射线从样品中激发出的光电子, 经电子能量分析器, 按电子的能量展谱, 再进入电子探测器, 最后用记录系统获得光电子能谱.

用能量分析仪分析光电子的动能, 得到的就是 X 射线光电子能谱. 根据测得的光电子的动能, 可以确定表面存在什么元素以及该元素原子所处的化学状态 —— 定性; 根据具有某种能量的光电子的数量, 便可知道该元素在表面的含量 —— 定量, 故 X 射线光电子能谱又称为化学分析用的电子能谱 (ESCA). XPS 是一种超微量分析 (样品量少) 和痕量分析 (绝对灵敏度高) 的方法, 但其分析相对灵敏度不高, 只能检测出样品中含量在 0.1%以上的组分. 此外, XPS 分析时表面采样深度只有几纳米, 因此, 它提供的是表面元素成分, 表面元素成分可能与体相成分会有较大的差别, 这要引起注意.

XPS 另一个重要应用是它的元素化学价态分析. 由于原子周围化学环境的变化所引起的分子中某原子谱线的结合能的变化称为化学位移. 其表达式如下：

$$\Delta E = E(M) - E(A) \tag{9.13}$$

式中, ΔE 为化学位移; $E(M)$ 和 $E(A)$ 分别为原子在分子中以及自由原子中的结合能. 一般情况下, 元素获得额外电子时, 化学价态为负, 该元素的结合能降低, ΔE 为负; 反之, 当该元素失去电子时, 化学价态为正, 结合能增加, ΔE 为正. 利用这种化学位移可以分析元素的化学价态及存在形式.

此外, X 射线激发试样中的原子产生光电子的同时, 伴随着俄歇电子的跃迁过程, 因此, X 射线激发俄歇谱 (XAES) 是光电子谱的必然伴峰, 其原理与电子束激发的俄歇谱相同, 仅是激发源不同. 与 XPS 一样, XAES 的俄歇动能也与元素所处的化学环境有密切关系, 同样可以通过俄歇化学位移来研究其化学价态, 而且其化

学位移往往比 XPS 的要大得多, 这对于一些 XPS 的化学位移非常小的元素, 用 XAES 来分析其化学状态非常有效. 图 8.18(a) 和 (b) 分别是 PLD 法在单晶硅片上生长的 ZnO 薄膜的 XPS 谱和 XAES 谱, XPS 激发源为 MgK_α. 从图 9.18(a) 给出的 Zn 2p 深度剖析结果可知, 薄膜的 Zn $2p_{3/2}$ 主峰均位于 1022.2eV, 对应于 ZnO 组分. 从图 9.18(a) 的 Zn 2p XPS 谱图中很难判断出是否含有单质的 Zn 组分, 因这两种组分的结合能位移仅约 0.2eV. 但在图 9.18(b) 的 ZnLMM 的 XAES 谱上就可清晰地分辨出元素 Zn 和 ZnO 这两种组分, 它们的结合能位移量可达 3.5eV.

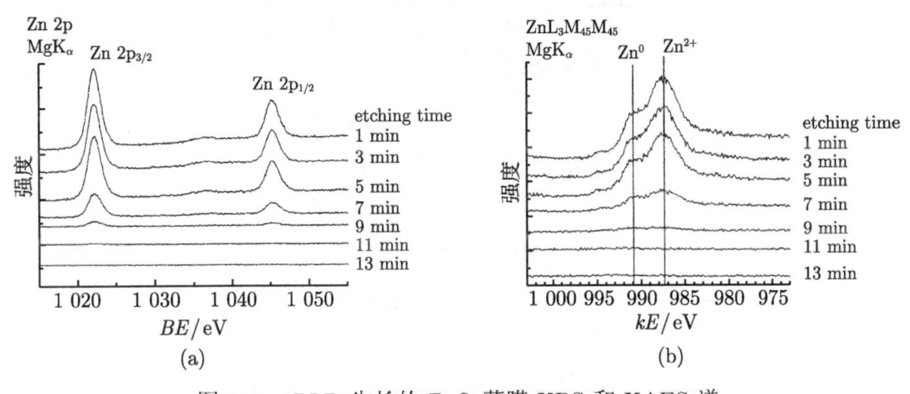

图 9.18 PLD 生长的 ZnO 薄膜 XPS 和 XAES 谱

(a) Zn 2p; (b) Zn LMM

2) 俄歇电子能谱

俄歇电子能谱与 X 射线光电子能谱的主要区别是所采用的激发源不同, X 射线光电子能谱用 X 射线作为激发源, 而俄歇电子能谱则采用电子束作为激发源. 虽然 X 射线等激发源也可用来激发俄歇电子, 但由于电子便于产生高速流、容易聚焦和偏转, 故通常采用电子束作为俄歇电子的激发源. 为了激发俄歇电子跃迁, 在常规 AES 中, 产生初始电离所需的入射电子能量为 1~30keV.

(1) AES 的基本原理. 入射电子束和物质作用, 激发出原子的内层电子. 被激发出内层电子的空穴被外层电子填入过程中所释放的能量, 可能以 X 射线的形式放出, 即特征 X 射线; 也可能又使核外另一电子激发成为自由电子, 这种自由电子就是俄歇电子. 俄歇电子的跃迁过程可用图 9.19 来描述, 其跃迁过程的能级如图 9.20 所示. 首先, 激发源产生的具有足够能量的粒子把原子内层轨道 (W 轨道) 的一个电子激发出去, 形成一个空穴. 次外层 (X 轨道) 的一个电子填充到内层空穴上, 释放一个能量, 促使外层 (Y 轨道) 的电子激发出来而变成自由的俄歇电子. 从上述过程可看出, 至少有两个能级和三个电子参与俄歇过程, 所以, 氢原子和氦原子不能产生俄歇电子. 孤立的锂原子因为最外层只有一个电子, 也不能产生俄歇电子. 但是在固体中价电子是共用的, 所以在各种含锂化合物中也可以看到从锂发出的俄歇电子.

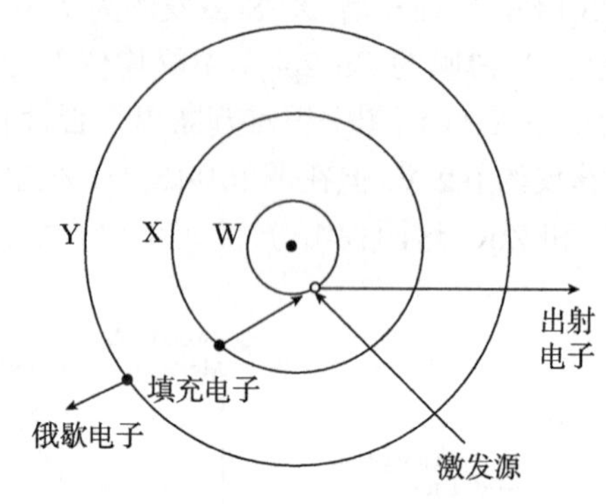

图 9.19　俄歇电子的跃迁过程

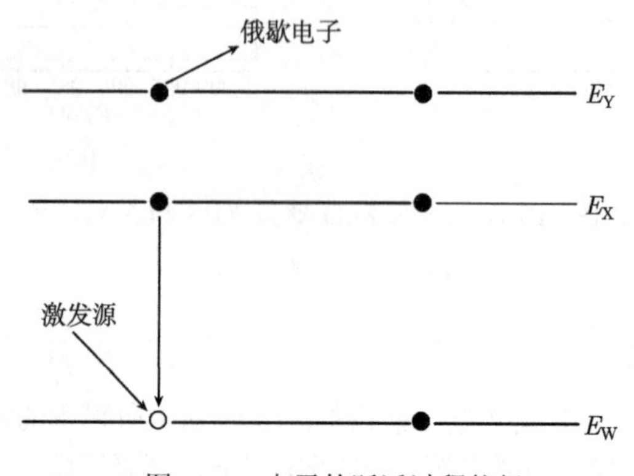

图 9.20　电子的跃迁过程能级

(2) 俄歇电子的特点. ① 俄歇电子的能量与入射电子束的能量无关. 对于原子序数 $Z = 3 \sim 14$ 的元素, 最突出的俄歇效应是由 KLL 跃迁形成的, 对于 $Z = 14 \sim 40$ 的元素是 LMM 跃迁, 对于 $Z = 40 \sim 79$ 的元素是 MNN 跃迁, 大多数元素和一些化合物的俄歇电子能量可以从手册中查到; ② 俄歇电子只能从 2nm 以内的表层深度中逃逸出来, 因而带有表层物质的信息, 即对表面成分非常敏感. 因此, 俄歇电子特别适合做表面化学成分分析.

对于一个原子来说, 激发态原子在释放能量时只能进行一种发射：特征 X 射线或俄歇电子. 当原子序数大于 33 时, 特征 X 射线的发射概率较大; 反之, 俄歇电子发射概率较大; 原子序数等于 33 时, 二者发射概率大致相等. 因此, 俄歇电子能谱用于轻元素的分析更加合适.

由于电子束能量远高于原子内层轨道的能量, 可以激发出多个内层电子, 产生多种俄歇跃迁, 因此, 在俄歇电子能谱图上会有多组俄歇峰, 使定性分析变得复杂, 但依靠多个俄歇峰, 会使定性分析的准确度很高, 可以进行多元素定性分析. 在定性分析时, 习惯上采用微分谱的负峰对应的能量作为俄歇电子动能来进行元素的定性标定. 在分析俄歇电子能谱图时, 对于绝缘体薄膜样品, 还要考虑样品的荷电位移问题, 通常以 C KLL 峰的俄歇动能 278.0eV 为基准来进行校准, 也可以用 Ar KLL 峰的俄歇动能 214.0eV 来校准. 在判断元素是否存在时, 应用其所有的次强峰进行佐证, 否则应考虑是否为其他元素的干扰峰.

同时, 还可以利用俄歇电子的强度与样品中原子浓度的线性关系, 进行元素的半定量分析. 实际上, 俄歇电子强度不仅与原子的序数有关, 还与俄歇电子的逃逸深度、样品的表面粗糙度、元素存在的化学状态有关, 因此, AES 技术一般不能给出所分析元素的绝对含量, 仅能提供元素的相对含量, 是一种半定量的分析方法. 应注意的是, AES 的表面采样深度为 1.0~3.0nm, 它提供的是表面上的元素含量, 与体相成分可能会有较大的差别.

AES 的定量分析方法有多种, 主要包括纯元素标样法、相对灵敏度因子法以及相近成分的多元素标样法. 最常用的是相对灵敏度因子法, 见下式

$$c_i = \frac{I_i/S_i}{\sum_{i=1}^{n} I_i/S_i} \tag{9.14}$$

式中, c_i 为第 i 种元素在样品中的摩尔分数浓度; I_i 为第 i 种元素的 AES 信号强度; S_i 为第 i 种元素的相对灵敏度因子, 可从手册中查到.

在 AES 的定量分析中, 应注意 S_i 不仅与样品材料的性质有关 (如电离截面、逃逸深度等), 还与仪器状态 (如不同能量时的传输效率等) 和一次电子束的激发能量有关.

通过俄歇峰的化学位移、谱线变化 (包括峰的出现或消失)、谱线宽度和特征强度变化等信息, AES 可对表面元素的化学价态进行分析, 但用 AES 解释元素的化学状态比 XPS 更困难.

2. 二次离子质谱

二次离子质谱是表征材料表面薄膜层化学成分的离子束分析技术. SIMS 能够分析包括氢在内的全部元素, 能够给出同位素信息, 分析化合物组成及分子结构, 对很多成分具有 10^{-9} ~10^{-6} 量级的高灵敏度, 表面检测深度约几个原子层, 还可进行微区成像分析和深度剖析. 它与上述表面分析方法相比, 最显著的特点是还能对有机官能团进行分析, 因此特别适合研究有机聚合物薄膜的分子结构信息. 它是一种重要的、有特色的表面分析手段.

二次离子质谱的原理是：高能离子束在真空中与固体表面相互作用时，将引起固体表面原子和分子以离子和中性原子的状态发射出来. 这个过程会按一定比例产生带电的离子，这种带电离子称为二次离子. 将二次离子按质荷比分开并采用探测器将其记录，便得到二次离子强度按质量 (质荷比) 分布的二次离子质谱. 同时，如果采用中性粒子探测器，则可以得到二次中性粒子质谱 (SNMS). 图 9.21 是用中频反应磁控溅射制备的 AZO 薄膜的 SNMS 深度分析.

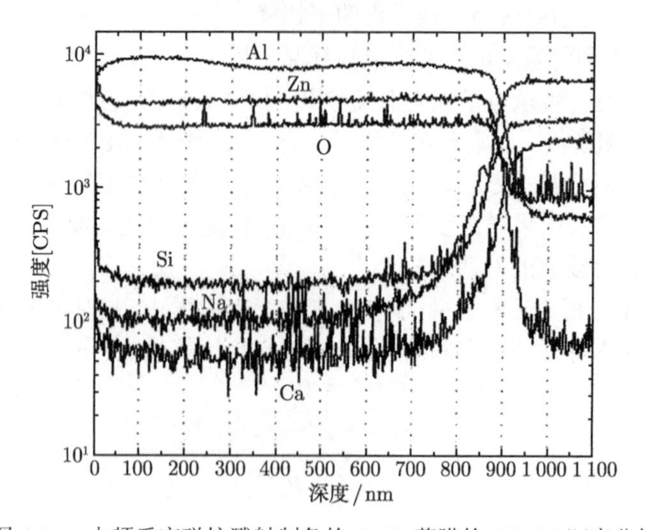

图 9.21 中频反应磁控溅射制备的 AZO 薄膜的 SNMS 深度分析

3. 电子探针 X 射线显微分析

一般化学分析方法得到的试样成分是平均成分. 电子探针 X 射线显微分析是一种显微分析和成分分析相结合的微区分析，它适合于分析样品中微小区域的化学成分，因而是研究薄膜组织结构和元素分布状态的极为有用的分析方法.

电子探针的基本原理是：用聚焦电子束照射在试样表面待测的微小区域上，激发试样中各元素的不同波长 (或能量) 的特征 X 射线. 用 X 射线谱仪探测这些 X 射线，得到 X 射线谱. 根据特征 X 射线的波长 (或能量) 进行元素定性分析；根据特征 X 射线的强度进行元素的定量分析.

电子探针具有分析区域小 (一般为几个立方微米)、灵敏度高、可直接观察选区、制样方便、不损坏试样以及可作多种元素分析的特点，是一种有力的分析工具. 电子探针与扫描电子显微镜相结合，可在获得高分辨率图像的同时，进行微区的成分分析.

1) X 射线特征谱

当一束高能电子束与固体物质作用时，若电子束能量超过了该物质的激发限，会激发出该物质的特征 X 射线 (或称标识 X 射线). 特征 X 射线的产生与物质的原子结构有关. 从原子物理学可知, 原子系统内的电子按泡利不相容原理和能量最低原理分布于各能级, 各能级中电子的运动状态由四个量子数所确定. 原子系统内的能级是不连续的, 按其能量高低分为 K、L、M、N 等数层. 其中 K 层最接近原子核, 能量最低.

在电子轰击样品时, 具有足够能量的电子将样品原子内层电子击出, 于是在低能级上出现空位, 原子的系统能量因而升高处于激发状态, 这种激发状态是不稳定的, 随后便有较高能级上的电子向低能级上的空位跃迁, 使原子系统能量重新降低而趋于稳定. 电子从高能级向低能级的跃迁称为退激过程, 退激过程以两种方式释放多余的能量: ① 激发出轨道中的另一电子即俄歇电子; ② 以光子的形式辐射出特征 X 射线.

图 8.22 表示了特征X射线的产生过程. 特征 X 射线的频率和能量由下式决定

$$h\nu_{N1} = E_{N2} - E_{N1} \tag{9.15}$$

式中, h 为普朗克常量; ν_{N1} 为特征 X 射线的频率 ($\nu = c/\lambda$); E_{N1}、E_{N2} 分别为高能级和低能级电子的能量.

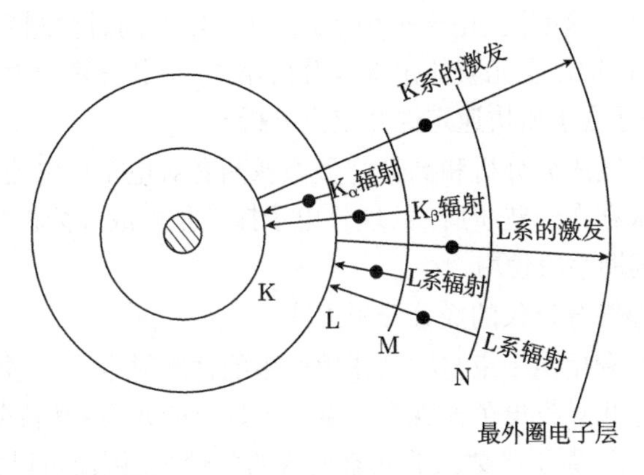

图 9.22 特征 X 射线产生示意图

某物质的特征 X 射线的波长和频率只取决于该物质的原子能级结构, 是物质的固有特性. 莫塞莱于 1913~1914 年发现特征 X 射线谱的波长 λ 与原子序数 Z 之间的关系为

$$\sqrt{1/\lambda} = c(Z - \sigma) \tag{9.16}$$

式中, c 为光速; σ 为常数; λ 为某元素激发出来的特征 X 射线的波长. 这个关系式

称为莫塞莱定律, 是 X 射线光谱分析的重要理论基础. 电子探针 X 射线显微分析从仪器设计上可分为波长色散型 (波谱仪) 和能量色散型 (能谱仪) 两种.

2) X 射线光谱仪

(1) 波谱仪 (WDS) 采用波谱分析法对材料进行成分分析的基本原理是莫塞莱定律. 根据该定律, 只要鉴定出试样激发出的特征 X 射线波长, 就可以确定被激发物质中所含有的元素. 波谱分析法采用分光晶体和衍射原理展谱, 通过测量波长 (分布) 及其强度进行元素的定性和定量分析. 一般来说, 波谱分析方法的分辨率高, 适宜于做定量分析; 缺点是 X 射线利用率低, 不适合在低束流和弱 X 射线的情况下使用, 分析速度较慢.

(2) 能谱仪 (EDS) 采用能谱分析法对材料进行成分分析的基本原理是：特征 X 射线的波长和相应光子能量 E(eV) 有如下关系

$$E = hc/\lambda = 12400/\lambda \tag{9.17}$$

式中, h 为普朗克常量; c 为光速; λ 为特征 X 射线波长. 因此, 测量特征 X 射线波长和 X 射线光子能量是等价的. 能谱法无需分光而是直接将探测器接收到的信号放大并进行脉冲分析. 通过选择不同脉冲幅度以确定特征 X 射线的能量. 能谱分析方法的特点是分析速度快, 由于采用多道分析器, 可同时检测多种元素, 一般在 2~3min 内就可获得钠以上元素的定性全分析结果. 但其分辨能力远不如波谱分析法, 能谱分析方法适合于做快速定性和定点分析.

由于高精度微区成分分析和高分辨显微像两者对电子束电流、电子束直径以及工作距离等要求存在一些矛盾, 故现代电子探针是以成分分析精度高为其特点, 显微像观察作为辅助手段使用.

3) 电子探针显微分析仪的成分分析方式

(1) 定性分析. 利用电子束与样品作用产生的背散射电子的强弱形成像的衬度进行背散射电子像和吸收电子像观察. 原子序数小的元素, 其背散射电子能量低, 形成的像较暗; 反之, 原子序数大的元素所成的像较亮, 因而可以大致判断出试样内不同原子序数元素的分布状态. 吸收电子像的亮度与背散射电子像完全相反, 因此也可判断试样内不同原子序数元素的分布状态.

点分析：将电子束固定在要分析的点上, 或用波谱仪通过改变分光晶体和探测器的位置, 得到分析点的 X 射线谱, 即可获得分析微区内所含元素的定性结果; 或采用多道能谱仪检测特征 X 射线信号的能量, 并配以计算机自动检谱, 可在很短的时间内定性完成 ^{4}Be 到 ^{92}U 全部元素的特征 X 射线的全谱扫描.

线扫描：使入射电子束沿需要分析的选定直线进行扫描, 调整谱仪, 检测某一元素的某一特征 X 射线谱线强度沿直线的分布, 即为浓度曲线. 一般扫描线是直接叠加在二次电子像或背散射电子像上, 这样可以更加直观地了解成分与组织的对应关系.

面扫描：入射电子在试样表面作光栅式扫描, 谱仪固定接收待测元素的某一特征 X 射线, 即可在阴极射线管荧光屏上得到此元素的面分布, 显示白点的区域便是该元素的分布区. 改变谱仪的位置, 可得到不同元素的面分布.

(2) 定量分析. 定量分析时, 先测出样品中待测元素的 X 射线强度并将其与标准样品 (纯的待测元素) 的 X 射线强度进行对比, 通过计算机对原子序数项、二次荧光项和吸收项进行修正来获得待测元素的浓度. 利用 WDS 可以测定 B、C、N 和 O 等轻元素.

参 考 文 献

常铁军, 高灵清, 张海峰. 2005. 材料现代研究方法 [M]. 哈尔滨: 哈尔滨工程大学出版社
付洪兰. 2003. 实用电子显微镜技术 [M]. 北京: 高等教育出版社
黄惠忠. 2007. 表面化学分析 [M]. 上海: 华东理工大学
刘密新, 罗国安, 张新荣, 等. 2002. 仪器分析 [M]. 北京: 清华大学出版社
马南钢. 2005. 材料物理性能及其表征 [M]. 武汉: 华中科技大学出版社
王世中, 臧鑫士. 1990. 现代材料研究方法 [M]. 北京: 北京航空航天大学出版社
朱明华, 胡坪. 2008. 仪器分析 [M]. 北京: 高等教育出版社
朱永法. 2006. 纳米材料的表征与测试技术 [M]. 北京: 化学工业出版社

思考练习题

1. 简述扫描电子显微镜和透射电子显微镜的工作原理? 它们对样品有什么要求?

2. 写出 X 射线衍射线宽法测试样中晶粒大小的 Scherrer 公式, 并说出其中各参数代表的含义.

3. 电子衍射与 X 射线衍射相比有什么特点?

4. 立方晶系的四种基本类型点阵的系统消光规律是什么?

5. 表面与微区成分分析方法目前最常用的有哪些?

6. X 射线光电子能谱的工作原理?

附录A　固体电子论基础知识概述

对固体材料中的外层电子的运动状态分析, 在历史的发展中, 经历了经典自由电子理论、量子自由电子理论和能带理论三个不同的发展阶段. 1904 年, 洛伦兹对特鲁德的自由电子模型作了改进, 认为电子气服从麦克斯韦–玻耳兹曼统计分布规律, 据此就可用经典力学定律对金属自由电子气体模型作出定量计算, 这样就构成了特鲁德–洛伦兹自由电子气理论, 又称为经典自由电子理论. 经典自由电子理论虽然成功地说明了导电的欧姆定律, 导电与导热的关系等问题, 但它在说明以下几个问题上遇到了困难. 例如, 实际测量的电子平均自由程比经典理论估计值大许多; 电子比热容测量值只是经典理论值的百分之一左右; 霍尔系数按经典自由电子理论只能为负值, 但在某些金属中发现有正值; 无法解释半导体、绝缘体导电性与金属的巨大差异等. 由于该理论存在着根本缺陷, 这里不再介绍. 下面重点介绍量子自由电子理论和能带理论.

A.1　电子的波动性与量子自由电子理论

A.1.1　电子的波粒二象性

19 世纪末, 人们确认光具有波动性, 服从麦克斯韦的电磁波动理论, 利用光的波动学说, 解释了光在传播过程中的偏振、干涉、衍射等现象. 但 20 世纪初发现的黑体辐射、光电效应等现象却揭示了把光看作波动的局限性. 第一个认为光除了波动性之外还具有微粒性的是爱因斯坦, 他根据普朗克的量子假设提出了光子理论, 认为光是由一种微粒 —— 光子组成, 其光子具有的能量为 $E = h\nu$, 利用光子理论成功地解释了光的发射和吸收等现象. 光子这种微观粒子具有波动和微粒的双重性质, 称为波粒二象性.

电子也是微观粒子, 根据德布罗意关于微观粒子的波动性假设, 自由电子的能量 E 和动量 p 与其频率 ν 和波长 λ 的关系为

$$E = h\nu = \hbar\omega \tag{A.1}$$

$$\boldsymbol{p} = \frac{h}{\lambda}\boldsymbol{n} = \hbar\boldsymbol{k} \tag{A.2}$$

式中, $h = 2\pi\hbar = 6.623 \times 10^{-34}\mathrm{J{\cdot}s}$, 为普朗克常量; $\omega = 2\pi\nu$ 为角频率; $\boldsymbol{n}$ 为粒子运动方向的单位矢量; $\boldsymbol{k}$ 为波矢, 波矢 $\boldsymbol{k}$ 与波长 λ 之间的关系为

$$\boldsymbol{k}=\frac{2\pi}{\lambda}\boldsymbol{n} \tag{A.3}$$

式中, λ 为德布罗意波长. 关系式 (A.1) 和式 (A.2) 称为德布罗意公式或德布罗意关系, 关系式左边的能量和动量是描写粒子性的, 右边的频率和波长是描写波动性的, 这样就把微观粒子的粒子性和波动性联系起来了.

A.1.2 量子自由电子理论

1928 年索末菲 (Sommerfel) 首先把量子力学观点引入到经典自由电子理论中. 该理论同经典的德鲁德自由电子模型一样, 仍认为固体晶体中正离子形成的电场是均匀的, 价电子不被原子核所束缚, 可以在整个晶体中自由地运动. 它与经典自由电子理论的根本区别是自由电子的运动不服从麦克斯韦–玻尔兹曼统计分布规律, 而服从费米–狄拉克的量子统计规律. 该理论应用薛定谔方程求解自由电子的运动波函数, 计算自由电子的能量. 通常把这种在量子力学基础上的自由电子模型称为索末菲电子模型, 也称为固体的量子自由电子理论. 用此模型描述的自由电子被称为索末菲电子.

1. 金属中自由电子的能级

假设在长度为 L 的金属丝中有一个自由电子在运动. 量子电子理论认为金属晶体内正离子所形成的势场是均匀的, 电子的势能不是位置的函数, 所以可取自由电子的势能 $U(x)$=0; 由于电子不能逸出金属丝外, 则在金属的边界处, 可取自由电子的势能 $U(0)$=$U(L)$ = ∞. 这样就可以把自由电子在金属内的运动看成是一维无限深的势阱中的运动 (见图 A.1).

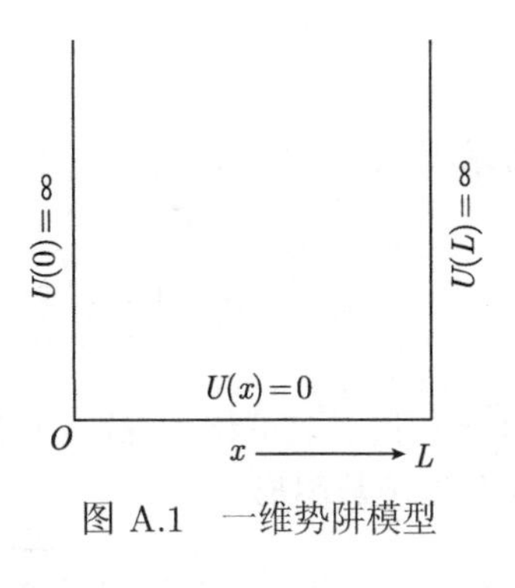

图 A.1 一维势阱模型

由于我们要讨论的是自由电子的稳态运动的情况, 所以在势阱中的电子的运动状态应满足一维定态薛定谔方程式:

$$\frac{\partial^2\psi}{\partial x^2}+\frac{2m}{\hbar^2}E\psi(x)=0 \tag{A.4}$$

式中, $\psi(x)$ 表示电子运动状态的波函数; m 为电子质量; E 为电子的能量. 令

$$k^2=\frac{2m}{\hbar^2}E \tag{A.5}$$

则有

$$\frac{\partial^2\psi}{\partial x^2}+k^2\psi(x)=0 \tag{A.6}$$

(A.6) 方程的解可表示为

$$\psi(x)=A\sin(kx+\delta) \tag{A.7}$$

式中, A 和 δ 为待定常数. 因为势壁无限高, 按波函数的统计诠释, 要求阱壁及阱外的波函数为零, 即边界条件为 $\psi(0)=0$、$\psi(L)=0$.

由 $\psi(0)=0$, 得 $\delta=0$, 则有 $\psi(x)=A\sin(kx)$.

由 $\psi(L)=0$, 得 $\sin kL=0$, 即

$$kL=n\pi \text{ 或 } k=\frac{n\pi}{L}, \quad n=1,2,3,\cdots \tag{A.8}$$

由式 (A.5) 和式 (A.8), 得

$$E=E_n=\frac{\hbar^2}{2m}k^2=\frac{\pi^2\hbar^2}{2mL^2}n^2=\frac{h^2}{8mL^2}n^2 \tag{A.9}$$

由于 n 只能取正整数, 由式 (A.9) 可见, 金属丝中电子能量不是连续的, 而是量子化的. n 称为金属中自由电子能级的量子数.

利用归一化条件

$$\int_0^L |\psi(x)|^2 \mathrm{d}x=1 \tag{A.10}$$

可求得 $A=\sqrt{2/L}$, 则自由电子的波函数为

$$\psi(x)=\sqrt{\frac{2}{L}}\sin kx=\sqrt{\frac{2}{L}}\sin\frac{n\pi}{L}x=\sqrt{\frac{2}{L}}\sin\frac{2\pi}{\lambda}x \tag{A.11}$$

由于 n 只能取正整数, 故 λ 只能取 $2L, L, 2L/3, \cdots$. 图 A.2 是自由电子的前三个能级和波函数图形.

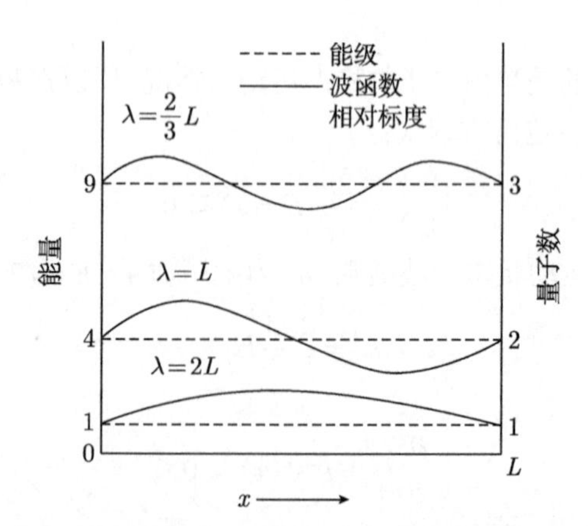

图 A.2　被限制在长为 L 的金属丝内, 质量为 m 的自由电子的前三个能级和波函数图形

通过类似分析, 同样可计算出自由电子在三维空间稳态运动的波函数及自由电子的能量取值. 设一电子在边长为 L 的立方体金属块中运动, 势阱内 $U(r)=0$, 势阱外 $U(r)=\infty$, 自由电子的状态波函数遵循薛定谔方程

$$-\frac{\hbar^2}{2m}\nabla^2\psi(x,y,z)=E\psi(x,y,z) \tag{A.12}$$

求解上述薛定谔方程, 并用周期性边界条件约束自由电子的波函数, 利用归一化条件, 得到自由电子的状态波函数为

$$\psi_{n1n2n3}(x,y,z)=\sqrt{\frac{1}{V}}\mathrm{e}^{\mathrm{i}\boldsymbol{k}\cdot\boldsymbol{r}}=\left(\frac{1}{L}\right)^{3/2}\mathrm{e}^{\mathrm{i}\boldsymbol{k}\cdot\boldsymbol{r}}=\left(\frac{1}{L}\right)^{3/2}\exp[\mathrm{i}(k_x x+k_y y+k_z z)] \tag{A.13}$$

式中, r 为几何空间位置矢量; $\boldsymbol{k}$ 为自由电子在几何空间中的波矢, 它在笛卡儿坐标系中三个垂直分量分别为 k_x、k_y、k_z; V 为边长为 L 的立方体金属块体积.

自由电子的波函数表达式中, 波矢的三个垂直分量受到如下取值限制

$$k_i=\frac{2\pi n_i}{L} \tag{A.14}$$

式中, $n_i=0,\pm1,\pm2,\pm3,\cdots(i=1,2,3)$.

式 (A.14) 说明自由电子的波矢 $\boldsymbol{k}$ 的取值是不连续的, 它是量子化的. 与之相对应, 电子的能量为

$$E_n=\frac{\hbar^2}{2m}(k_x^2+k_y^2+k_z^2)=\frac{4\pi^2\hbar^2}{2mL^2}(n_1^2+n_2^2+n_3^2)=\frac{h^2}{2mL^2}(n_1^2+n_2^2+n_3^2) \tag{A.15}$$

由上式可知, 金属晶体中自由电子的能量是量子化的, 其各分立能级组成不连续的能谱, 而且由于能级间能量差很小, 故又称其为准连续的能谱. 某些三个不同量子数组成的波函数可对应同一能级. 例如, $n_1=n_2=1$, $n_3=2$; $n_1=n_3=1$, $n_2=2$; $n_2=n_3=1$, $n_1=2$. 三组量子数对应同一能级 $E_n=\dfrac{3h^2}{mL^2}$.

若几个状态对应于同一能级, 则称它们为简并态, 上例中三种状态对应于同一能级, 称为三重简并态. 考虑到自旋, 金属中自由电子至少是二重简并态.

2. 自由电子的能态密度

为了计算金属中自由电子的能量分配, 或者计算某个能量范围内自由电子数, 需要了解自由电子的能态密度 $Z(E)$, 也称能级密度. 能态密度即单位能量间隔内所能容纳的电子态数目.

在前面求解薛定谔方程时采用的边界条件是 $\psi(0)=\psi(L)=0$, 这种解是驻波形式, 主要缺点是没有考虑晶体结构的周期性. 因此, 我们拟采用行波的方式来处

理, 设想在一个全同的大系统, 由每边长为 L 的子立方组成, 此时电子运动的周期性边界条件为

$$\psi(x,y,z)=\psi(x+L,y,z)=\psi(x,y+L,z)=\psi(x,y,z+L) \tag{A.16}$$

式 (A.16) 就是玻恩–卡曼 (Born-Karman) 周期性边界条件. 这样的波函数边界条件其图像是从一个小立方体的边界进入, 然后从另一侧进入另一个小立方体, 对应点的情况完全相同. 这样便可满足在体积 V 内的金属自由电子数 N 不变. 满足上述周期性边界条件, 则有

$$\psi(x)=\psi(x+L) \tag{A.17}$$

$$\mathrm{e}^{\mathrm{i}k_x x}=\mathrm{e}^{\mathrm{i}k_x(x+L)} \tag{A.18}$$

$\mathrm{e}^{\mathrm{i}k_x L}=1$, 即

$$\cos k_x L+\sin k_x L=1$$

因为 $k_x L=2n_x\pi$, 同理, 可求得 k_y, k_z. 因此有

$$k_x=\frac{2\pi}{L}n_x;\quad k_y=\frac{2\pi}{L}n_y;\quad k_z=\frac{2\pi}{L}n_z \tag{A.19}$$

式中, n_x、n_y、n_z 为整数.

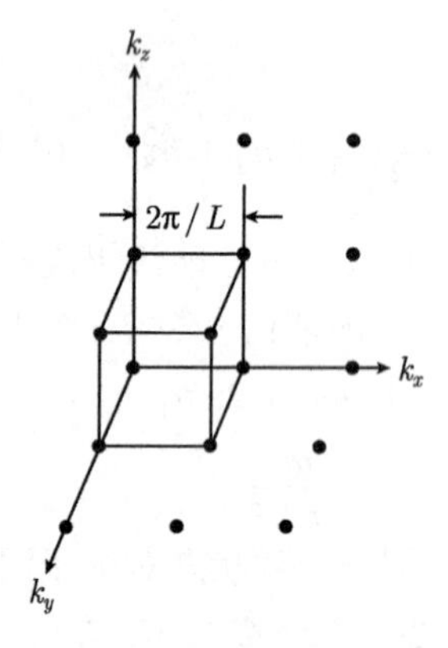

图 A.3　$\boldsymbol{k}$ 空间状态点分布

如果把波矢 $\boldsymbol{k}$ 看作空间矢量, 相应的空间称为 k 空间, 那么, 每个电子态 (k_x、k_y、k_z) 在 k 空间 (波矢空间) 中可用一个点来表示. 因此用 k 空间的代表点来描述电子态的分布是可取的. 由式 (A.19) 可看出, k 空间相邻两点的间距为 $2\pi/L$, 这样 k 空间便分割成边长为 $2\pi/L$ 的小方块 (见图 A.3), 这样, 每个电子态在 k 空间所占的体积为 $(2\pi/L)^3$. 其倒数即为 k 空间单位体积含有的状态点数目, 即波矢 $\boldsymbol{k}$ 的分布密度

$$\rho(\boldsymbol{k})=\left(\frac{2\pi}{L}\right)^{-3}=\frac{L^3}{8\pi^3}=\frac{V}{8\pi^3} \tag{A.20}$$

上式表明, 在 k 空间, 电子态的分布是均匀的, 分布密度只与体积有关.

在量子自由电子理论范围内, 自由电子的能量 $\boldsymbol{E}$ 与波矢 $\boldsymbol{k}$ 有以下关系

$$E(\boldsymbol{k})=\frac{\hbar^2}{2m}(k_x^2+k_y^2+k_z^2)=\frac{\hbar^2}{2m}k^2 \tag{A.21}$$

该关系式显示, k 空间中, 状态点上电子的能量正比于该点矢径的平方, 因此, k 空

间的等能面是一个球面. 在能量为 E 的球体中, 波矢 $\boldsymbol{k}$ 的取值数目为 $\rho(\boldsymbol{k})\cdot\dfrac{4\pi}{3}k^3$. 根据泡利不相容原理, 在 k 空间中, 每一体积为 $(2\pi/L)^3$ 的小空间中有两个自旋不同的电子态, 那么在能量为 E 的球体内, 电子能态总数为

$$N(E)=2\rho(\boldsymbol{k})\cdot\frac{4\pi}{3}k^3=2\frac{V}{8\pi^3}\frac{4\pi}{3}\frac{(2m)^{3/2}}{\hbar^3}E^{3/2} \tag{A.22}$$

对 E 微分, 得到单位能量间隔中的能态数, 即能态密度

$$Z(E)=\frac{\mathrm{d}N}{\mathrm{d}E}=\frac{V}{2\pi^2}\frac{(2m)^{3/2}}{\hbar^3}E^{1/2}=C\sqrt{E} \tag{A.23}$$

式中, $C=\dfrac{V}{2\pi^2}\dfrac{(2m)^{3/2}}{\hbar^3}$. 如果是单位体积的能态密度, 则为

$$g(E)=\frac{Z(E)}{V}=\frac{(2m)^{3/2}}{2\pi^2\hbar^3}E^{1/2} \tag{A.24}$$

从上两式中看出, 电子的能态密度并不是均匀分布的, 电子能量越高, 能态密度就越大, $Z(E)$ 与能量成 $E^{1/2}$ 的关系. 在某些特殊条件下, 自由电子在二维或一维运动情况下, $Z(E)$ 与 E 的关系分别是 $Z(E)=$ 常数或 $Z(E)\propto E^{-1/2}$, 如图 A.4 所示.

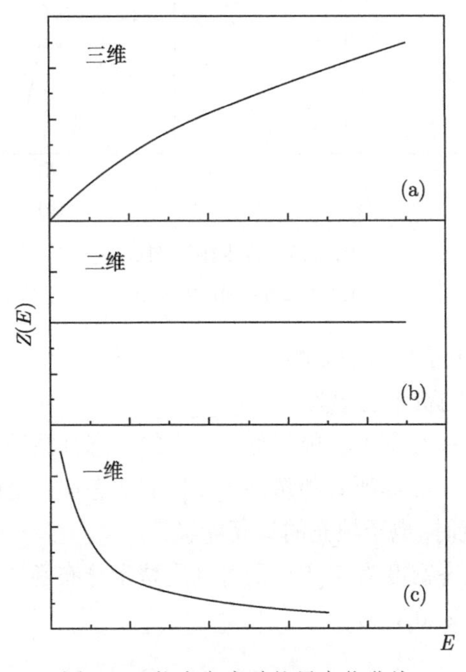

图 A.4 状态密度随能量变化曲线

3. 费米–狄拉克统计及费米能

金属中自由电子的能量是量子化的, 它的能量分布遵循量子统计规律, 即服从费米–狄拉克分布规律. 若以 $f(E)$ 表示热平衡时能量为 E 的能级被电子占有的几率, 则电子的费米–狄拉克分布函数为

$$f(E)=\frac{1}{\exp\left(\dfrac{E-E_{\mathrm{F}}}{k_{\mathrm{B}}T}\right)+1} \tag{A.25}$$

式中, E_{F} 为自由电子的费米能; k_{B} 为玻尔兹曼常量; T 为热力学温度. 费米能 E_{F} 表示电子由低到高填满能级时其最高能级的能量. 如果把电子系统看作一个热力学系统, 费米能就是电子的化学位, E_{F} 等于把一个电子加入系统所引起系统自由能的改变. T=0K 和 $T>0$K 情况下, 费米–狄拉克分布函数曲线分别如图 A.5(a) 和 (b) 所示.

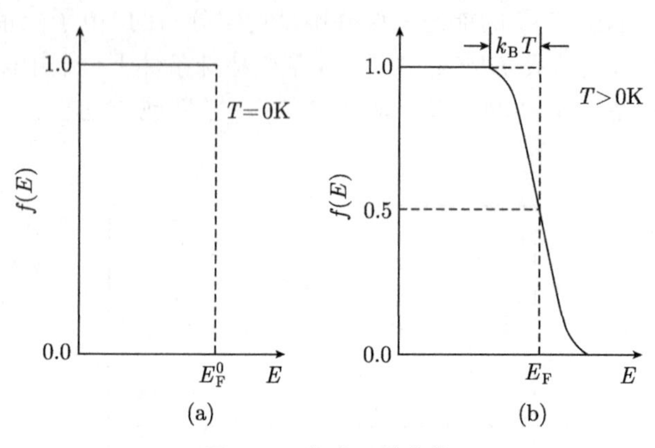

图 A.5　费米函数曲线

(a) $T=0$K; (b) $T>0$K

下面讨论温度对电子分布的影响.

(1) $T=0$K, 这时的费米能记为 E_{F}^{0}.

$E\leqslant E_{\mathrm{F}}^{0}$ 时, $f(E)=1$, 即所有能量低于 E_{F}^{0} 的状态都填满了电子.

$E>E_{\mathrm{F}}^{0}$ 时, $f(E)=0$, 即所有能量高于 E_{F}^{0} 的状态都是空的.

E_{F}^{0} 就是绝对零度时, 电子填充的最高能级.

已知能量 E 的能态密度为 $Z(E)$, 则可利用费米分布函数, 求出在能量 E+dE 和 E 之间分布的电子数 dN 为

$$\mathrm{d}N=f(E)Z(E)\mathrm{d}E=\frac{C\sqrt{E}\mathrm{d}E}{\exp[(E-E_{\mathrm{F}})/kT]+1} \tag{A.26}$$

令系统的自由电子总数为 N, 则

$$N = \int_0^{\infty} f(E)Z(E)\mathrm{d}E = \int_0^{E_\mathrm{F}^0} Z(E)\mathrm{d}E$$
$$= \int_0^{E_\mathrm{F}^0} C\sqrt{E}\mathrm{d}E = \frac{2}{3}C(E_\mathrm{F}^0)^{3/2} \tag{A.27}$$

$$E_\mathrm{F}^0 = \left(\frac{3}{2}\frac{N}{C}\right)^{2/3}$$

将 $C = \dfrac{V}{2\pi^2}\dfrac{(2m)^{3/2}}{\hbar^3}$ 代入, 得

$$E_\mathrm{F}^0 = \frac{\hbar^2}{2m}\left(3\pi^2 n\right)^{2/3} \tag{A.28}$$

式中, $n = \dfrac{N}{V}$, 表示单位体积中的自由电子数, 即自由电子密度.

假定将费米能 E_F^0 转换成热振动能, 相当于高温度下的振动能, 此温度定义为费米温度 T_F

$$T_\mathrm{F} = \frac{E_\mathrm{F}^0}{k_\mathrm{B}} \tag{A.29}$$

一般金属的费米能为几个电子伏特至十几个电子伏特, 多数为 5eV 左右. 费米温度为 $10^4 \sim 10^5$K, 远高于金属的熔点, 如表 A.1 所示.

表 A.1 一些金属元素费米能与费米温度的计算值

元素	E_F^0/eV	$T_\mathrm{F}/10^4$K	元素	E_F^0/eV	$T_\mathrm{F}/10^4$K
Li	4.72	5.48	Mg	7.13	8.27
Na	3.23	3.75	Ca	4.68	5.43
K	2.12	2.46	Sr	3.95	4.58
Rb	1.85	2.15	Ba	3.65	4.24
Cs	1.58	1.83	Zn	9.39	10.90
Cu	7.00	8.12	Cd	7.46	8.66
Ag	5.48	6.36	Al	11.63	13.49
Au	5.51	6.39	Ga	10.35	12.01
Be	14.14	16.41	In	8.60	9.98

0K 时每个自由电子具有的平均能量

$$\overline{E_0} = \frac{\text{总能量}}{\text{系统的自由电子数}} = \frac{\int_0^{\infty} Ef(E)Z(E)\mathrm{d}E}{N} = \frac{\int_0^{E_\mathrm{F}^0} EZ(E)\mathrm{d}E}{N}$$

$$
= \frac{\int_0^{E_{\mathrm{F}}^0} EC\sqrt{E}\mathrm{d}E}{N} = \frac{2C}{5N}(E_{\mathrm{F}}^0)^{5/2}
$$

将式 (A.27)$N = \frac{2}{3}C(E_{\mathrm{F}}^0)^{3/2}$ 代入上式, 得

$$
\overline{E_0} = \frac{3}{5}E_{\mathrm{F}}^0 \tag{A.30}
$$

上式表明, 在绝对零度 $T = 0\mathrm{K}$ 时, 自由电子气系统中每个电子的平均能量与费米能量 E_{F}^0 具有相同的量级, 约为几个电子伏特. 而按照经典自由电子气体理论(德鲁德模型), 金属电子气的平均能量可以根据能量均分原理得到, 在绝对零度时, 电子的平均能量应为 0K. 之所以得到平均能量不为 0 的结果, 是因为在索末菲自由电子模型中金属电子气必须服从费米–狄拉克分布和满足泡利不相容原理, 即每个能级上只能容纳两个自旋方向相反的电子. 因此, 即使在绝对零度时, 所有的电子也不可能都处在最低能级上.

(2) $T > 0\mathrm{K}$ 时, 且 $E_{\mathrm{F}} \gg k_{\mathrm{B}}T$(室温下, $k_{\mathrm{B}}T$ 约为 0.025eV), 分析式 (A.25) 同理可得

$$
f(E) = \begin{cases} \approx 1 & E \text{ 比 } E_{\mathrm{F}} \text{ 小几个 } k_{\mathrm{B}}T \\ \frac{1}{2} & E = E_{\mathrm{F}} \\ \approx 0 & E \text{ 比 } E_{\mathrm{F}} \text{ 高几个 } k_{\mathrm{B}}T \end{cases} \tag{A.31}
$$

如图 A.5(b) 所示, $(E - E_{\mathrm{F}})$ 大于几个 $k_{\mathrm{B}}T$ 的能态基本上是没有电子占据的空态, 而 $(E_{\mathrm{F}} - E)$ 大于几个 $k_{\mathrm{B}}T$ 的能态基本上是满态.

虽然金属中有大量的自由电子, 但是, 决定金属许多性质的并不是其全部的自由电子, 而是在费米面附近的那一小部分. 金属在熔点以下, 虽然电子受到热激发, 但只有能量在 E_{F} 附近 $k_{\mathrm{B}}T$ 范围内的电子能吸收能量, 从 E_{F} 以下的能级跃迁到 E_{F} 以上的能级.

在温度高于 0K 时, 费米能可通过近似计算得到. 系统总电子数 N 等于从零到无限大范围内各个能级上电子数的总和, 即

$$
\begin{aligned}
N &= \int_0^{\infty} Cf(E)E^{1/2}\mathrm{d}E \\
&= \frac{2}{3}Cf(E)E^{3/2}\Big|_0^{\infty} - \frac{2}{3}C\int_0^{\infty} E^{3/2}\frac{\partial f}{\partial E}\mathrm{d}E
\end{aligned}
$$

上式中的第一项在 $E \to \infty$ 时, $f(E) \to 0$; $E = 0$ 时, 该项为零, 所以第一项为零. 因此

$$
N = -\frac{2}{3}C\int_0^{\infty} E^{3/2}\frac{\partial f}{\partial E}\mathrm{d}E
$$

求解后得到

$$N=\frac{2}{3}CE_{\mathrm{F}}^{3/2}+\frac{C\pi^2(k_{\mathrm{B}}T)^2}{12\sqrt{E}}=\frac{2}{3}CE_{\mathrm{F}}^{3/2}\left[1+\frac{\pi^2}{8}\left(\frac{k_{\mathrm{B}}T}{E_{\mathrm{F}}}\right)^2\right]$$

由于系统总电子数 N 与 0K 时的总电子数相等, 由式 (A.27) 可得

$$\frac{2}{3}C(E_{\mathrm{F}}^0)^{3/2}=\frac{2}{3}CE_{\mathrm{F}}^{3/2}\left[1+\frac{\pi^2}{8}\left(\frac{k_{\mathrm{B}}T}{E_{\mathrm{F}}}\right)^2\right]\quad(\text{取分母中 } E_{\mathrm{F}}\approx E_{\mathrm{F}}^0)$$

$$E_{\mathrm{F}}\approx E_{\mathrm{F}}^0\left[1+\frac{\pi^2}{8}\left(\frac{k_{\mathrm{B}}T}{E_{\mathrm{F}}^0}\right)^2\right]^{-2/3}\approx E_{\mathrm{F}}^0\left[1-\frac{\pi^2}{12}\left(\frac{k_{\mathrm{B}}T}{E_{\mathrm{F}}^0}\right)^2\right]\tag{A.32}$$

费米能 E_{F} 随温度的变化极小, 随温度升高而略有减小.

用前述类似的近似计算方法, 温度高于 0K 时, 电子平均能量略有提高, 即

$$\overline{E}=\frac{3}{5}E_{\mathrm{F}}^0\left[1+\frac{5\pi^2}{12}\left(\frac{k_{\mathrm{B}}T}{E_{\mathrm{F}}^0}\right)^2\right]\tag{A.33}$$

A.2 晶体能带理论

A.2.1 引言

索末菲的量子自由电子理论较经典自由电子理论取得了较大的进步, 对金属热容、热导率、电导率等作了很好解释, 成功的原因是正确采用了费米–狄拉克统计代替了经典的麦克斯韦–玻尔兹曼统计. 但是在解释实际问题时还是遇到相当多的困难. 例如, 镁是二价金属, 为什么导电性比一价金属铜差? 一切固体中价电子都可以位移, 那么, 为什么不同固体导电率不同? 为什么有导体、半导体和绝缘体之分?

量子自由电子理论产生问题的原因是: ① 电子并不自由, 它的运动要受到组成晶体的离子和电子产生的势场的影响; ② 将正离子电场看成是均匀场与实际情况相比过于简化, 即没有准确地给出固体中电子运动状态. 这类问题, 在能带理论建立起来后才得以解决.

能带理论的出发点是: ① 固体中的电子不再束缚于个别原子, 而是在整个固体内运动, 称为共有化电子; ② 电子在运动过程中并不像自由电子那样完全不受任何力的作用, 电子在运动过程中受到晶格中原子周期势场的作用.

要准确得到固体中电子的状态, 需要写出晶体所有相互作用着的离子和电子系统的薛定谔方程, 并求出它们的解. 但是严格求解这样一个多粒子体系的薛定谔方程显然是不可能的, 必须对方程式进行简化. 能带理论就利用了下面的三个近似假设, 将多粒子问题简化为单电子在周期场中运动的问题.

(1) 绝热近似. 原子核或者离子实的质量比电子大得多, 离子的运动速度慢, 在讨论电子问题时可以认为离子是固定在瞬时位置上. 这样多种粒子的多体问题就简化为多电子问题.

(2) 哈特里–福克 (Hatree-Fock) 平均场近似. 原子实势场中的 n 个电子之间存在相互作用, 晶体中的任一电子都可视为是处在原子实周期势场和其他 (n-1) 个电子所产生的平均势场中的电子. 这样把多电子问题简化为单电子问题.

(3) 周期势场近似. 由于晶体结构的周期性, 使我们有理由认为, 晶体中的每个价电子都处于一个完全相同的严格周期性势场之内. 这样问题转化为单个电子在周期性势场中的运动问题.

用单电子近似法处理晶体中电子能谱的理论, 称为能带理论. 它是半导体材料和器件发展的理论基础, 在金属领域中可半定量地解决问题. 能带理论虽然取得相当的成功, 但也有它的局限性. 例如, 过渡金属化合物的价电子迁移率较小, 相应的自由程和晶格常数相当, 这时不能把价电子看成共有化电子, 周期场的描述失去意义, 能带理论不再适用. 此外, 在离子晶体中电子的运动会引起周围晶格畸变, 电子是带着这种畸变一起前进的, 这些情况都不能简单看成周期场中单电子运动.

能带理论的内容十分丰富, 要深入理解和掌握它, 需要固体物理、量子力学和群论知识. 本节只介绍一些能带理论的基本知识, 以便为更好地学习材料物理性能知识打下基础.

A.2.2　布洛赫定理

根据上面的近似假设, 晶体中电子的运动是在周期性势场中的运动, 那么描述单电子运动的薛定谔方程为

$$\left[-\frac{\hbar^2}{2m}\nabla^2+V(\boldsymbol{r})\right]\psi(\boldsymbol{r})=E\psi(\boldsymbol{r}) \tag{A.34}$$

式中, $V(\boldsymbol{r})=V(\boldsymbol{r}+\boldsymbol{R}_n)$ 为周期性势场; $\boldsymbol{R}_n=n_1\boldsymbol{a}_1+n_2\boldsymbol{a}_2+n_3\boldsymbol{a}_3$ 为格矢.

1928 年布洛赫首先证明了方程式 (A.34) 的解必定是按晶格周期性函数调幅的平面波, 方程的解为

$$\psi(\boldsymbol{r})=\mathrm{e}^{\mathrm{i}\boldsymbol{k}\cdot\boldsymbol{r}}u(\boldsymbol{r}) \tag{A.35}$$

式中, $u(\boldsymbol{r})$ 是以格矢 $\boldsymbol{R}_n$ 为周期的周期函数, 即

$$u(\boldsymbol{r})=u(\boldsymbol{r}+\boldsymbol{R}_n) \tag{A.36}$$

式 (A.35) 表达的波函数称为布洛赫波函数, 它是平面波与周期函数的乘积, 这个论断被称为布洛赫定理. 把用布洛赫函数来描述其运动状态的电子称为布洛赫电子.

由式 (A.35) 和式 (A.36) 可知, 布洛赫定理也可表示为

$$\psi(\boldsymbol{r}+\boldsymbol{R}_n)=\mathrm{e}^{\mathrm{i}\boldsymbol{k}\cdot\boldsymbol{R}_n}\psi(\boldsymbol{r}) \tag{A.37}$$

它表明在不同原胞的对应点上, 波函数相差一个位相因子 $\mathrm{e}^{\mathrm{i}\boldsymbol{k}\cdot\boldsymbol{R}_n}$, 但由下式可知, 位相因子不影响波函数模的大小

$$|\psi(\boldsymbol{r}+\boldsymbol{R}_n)|^2=|\psi(\boldsymbol{r})|^2=|U(\boldsymbol{r})|^2 \tag{A.38}$$

这说明, 晶格周期势场中的电子在各原胞的对应点上出现的概率均相同, 电子可以看作是在整个晶体中自由运动的, 这种运动称为电子的共有化运动.

A.2.3 潘纳–克龙尼克模型

潘纳–克龙尼克模型是把周期势场简化为如图 A.6 所示的周期性方势阱, 假设电子是在这样的周期势场中运动.

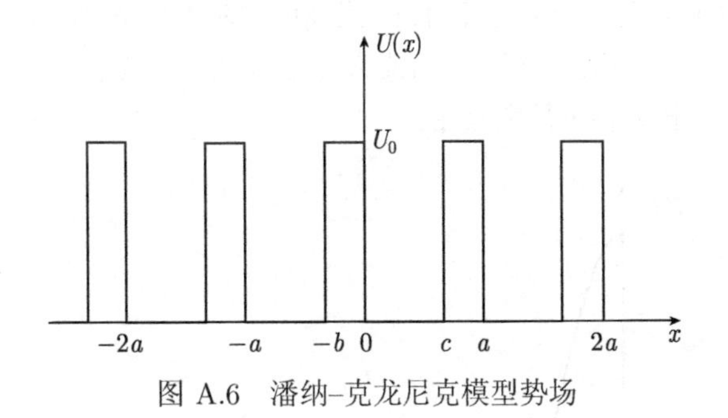

图 A.6 潘纳–克龙尼克模型势场

该周期性方势垒由势垒区和势阱区构成, 势能分别为 U_0 和 0, 在 $0<x<a$ 一个周期的区域中, 电子的势能为

$$U(x)=\begin{cases}0 & (0<x<c)\\ U_0 & (c<x<a)\end{cases}$$

它的周期 a 就是晶格中原子排列的周期, 也就是相邻原子的间距. 按照布洛赫定理, 波函数应有以下形式

$$\psi(x)=\mathrm{e}^{\mathrm{i}kx}u(x)$$

式中, $u(x)=u(x+na)$.

将波函数 $\psi(x)$ 代入定态薛定谔方程

$$\frac{\mathrm{d}^2\psi}{\mathrm{d}^2x}+\frac{2m}{\hbar^2}(E-U(x))\psi=0$$

可得到 $u(x)$ 满足的方程

$$\frac{\mathrm{d}^2u}{\mathrm{d}^2x}+2\mathrm{i}\boldsymbol{k}\frac{\mathrm{d}u}{\mathrm{d}x}+\left[\frac{2m}{\hbar^2}(E-U(x)-\boldsymbol{k}^2)\right]u=0$$

利用波函数应满足的有限、单值、连续等物理条件, 进行一些必要的推导和简化, 得

$$P\frac{\sin(\beta a)}{\beta a}+\cos(\beta a)=\cos(\boldsymbol{k}a) \tag{A.39}$$

式中, $P=\dfrac{maU_0b}{\hbar^2}$, 为包含势垒强度和宽度的参数, 恒为正值. 而 $\boldsymbol{k}=2\pi/\lambda$ 为电子波矢.

$$\beta=\frac{\sqrt{2mE}}{\hbar} \tag{A.40}$$

式 (A.39) 是电子的能量 E 应满足的方程, 也是电子能量 E 与波矢 $\boldsymbol{k}$ 之间的关系式. 式 (A.39) 左边的函数记为 $f(E)$, 由于式右边的函数 cos $(\boldsymbol{k}a)$ 的值域为 $[-1,1]$, 显然, $f(E)$ 的数值也要在 $[-1,1]$ 范围内. 图 A.7 是 $f(E)$ 函数的示意图曲线. 图 A.7 表明, E 只能取一些特定的值来满足 $f(E)$ 的数值在 $[-1,1]$ 范围内, 能量轴被分割成交替出现的允带和禁带.

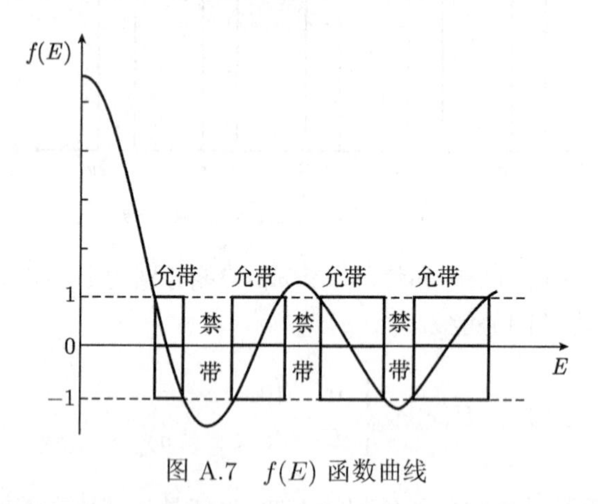

图 A.7　$f(E)$ 函数曲线

在允许取值范围内, 由式 (A.39) 和式 (A.40) 可以计算出能带中电子能量 E 与波矢 $\boldsymbol{k}$ 之间的对应关系, 如图 A.8(b) 所示, 作为对比, 同时给出了自由电子的能量 E 与波矢 $\boldsymbol{k}$ 的关系 (见图 A.8(a)). 依据能带理论, 固体中电子态的最主要特征之一是电子的能带被禁带分割开, 也就是能量 E 与波矢 $\boldsymbol{k}$ 的关系曲线发生突变, 在相邻原子间距为 a 的一维晶体中, $E(k)$ 突变处的电子波矢 $\boldsymbol{k}$ 是 π/a 的整数倍, 即当 $k=n\pi/a$ 时, 在准连续的能谱上出现能隙. 可以证明, 能隙宽度的大小为 $|2U_n|(n=1,2,3,\cdots)$ 与周期场 $U(x)$ 的变化幅度有关.

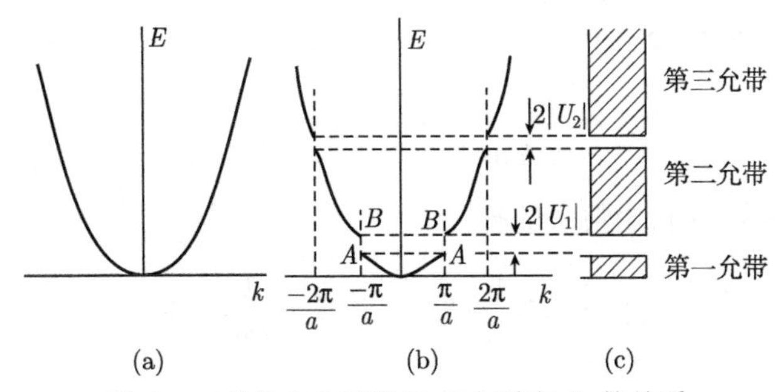

图 A.8 晶体中电子能量 E 与波矢 $\boldsymbol{k}$ 的关系

(a) 自由电子模型的 $E-k$ 曲线; (b) 准自由电子模型的 $E-k$ 曲线; (c) 与图 (b) 对应的能带

这种 $E(k)$ 的突变性与晶体的衍射特征相对应：能量的突变点对应于所有满足布拉格衍射条件的电子波矢 $\boldsymbol{k}$, 原因是这些电子波在晶体中被散射而无法传播. 不满足布拉格衍射条件时, 电子的能量与波矢关系 $E(k)$ 连续变化.

在图 A.8(b) 中, k 值从 $\dfrac{-\pi}{a} \sim \dfrac{\pi}{a}$ 的区间称为第一布里渊 (Brillouin) 区, 在第一布里渊区分布的是准连续谱. k 值从 $\dfrac{-\pi}{a} \sim \dfrac{-2\pi}{a}$ 和 $\dfrac{\pi}{a} \sim \dfrac{2\pi}{a}$ 的区间称为第二布里渊区, 包含第一和第二间断点的所有能级. 以此类推, 余下为第三、第四布里渊区等. 布里渊区是一个重要的概念, 下面还将对它的性质作简单介绍.

A.2.4 一维周期场中电子运动的近自由电子近似

通过一维周期场中电子运动的近自由电子近似模型, 我们可以进一步了解在周期场中运动的电子本征态的一些最基本特点. 在周期场中, 若电子的势能随位置的变化 (起伏) 比较小, 而电子的平均动能比其势能的绝对值大得多, 这样, 电子的运动几乎是自由的. 因此, 我们可以把自由电子看成是它的零级近似, 而将周期场的影响看成小的微扰.

图 A.9 是一维周期场的示意图. 近自由电子近似是指假定周期场的起伏比较小, 用势场的平均值 $\bar{V}$ 代替 $V(x)$ 作为零级近似, 而将 $\Delta V = V(x) - \bar{V}$ 看作微扰项.

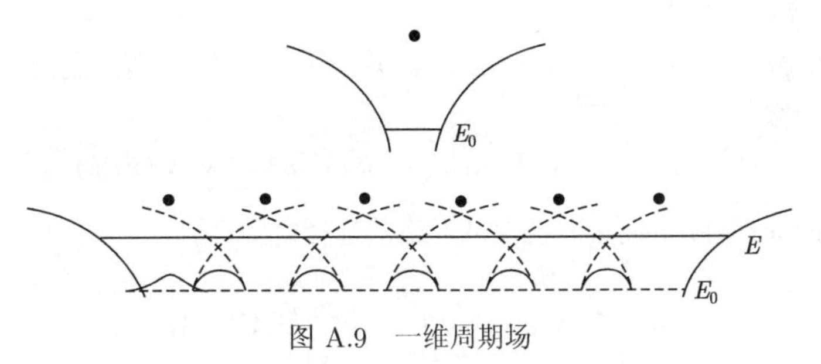

图 A.9 一维周期场

零级近似的波动方程为

$$-\frac{\hbar^2}{2m}\frac{\mathrm{d}^2}{\mathrm{d}x^2}\psi^0+\bar{V}\psi^0=E\psi^0 \tag{A.41}$$

它的解是恒定场 $\overline{V}$ 中自由粒子的解

$$\psi_k^0(x)=\frac{1}{\sqrt{L}}\mathrm{e}^{\mathrm{i}kx},\quad E_k^0=\frac{\hbar^2k^2}{2m}+\bar{V} \tag{A.42}$$

式中, 晶格长度 $L=Na$ 为归一化因子; N 为原胞的数目; a 为晶格常数. 引入周期性边界条件后

$$k=\frac{l}{Na}(2\pi)\quad (l\ 取整数) \tag{A.43}$$

零级近似下的解与自由电子波函数相同, 所以称为近自由电子近似.

按量子力学微扰理论, 电子的能量和波函数可写成

$$\begin{aligned}E_k&=E_k^0+E_k^{(1)}+E_k^{(2)}+\cdots\\ \psi_k(x)&=\psi_k^0(x)+\psi_k^{(1)}(x)+\psi_k^{(2)}(x)+\cdots\end{aligned}$$

计入微扰后本征值的一级和二级修正为

$$E_k^{(1)}=\langle k\,|\Delta V|\,k\rangle \tag{A.44}$$

$$E_k^{(2)}=\sum_{k'}\frac{|\langle k'|\,\Delta V\,|k\rangle|^2}{E_k^0-E_{k'}^0} \tag{A.45}$$

波函数的一级修正为

$$\psi_k^{(1)}=\sum_{k'}\frac{\langle k'\,|\Delta V|\,k\rangle}{E_k^0-E_{k'}^0}\psi_{k'}^0 \tag{A.46}$$

具体写出 $E_k^{(1)}$ 为

$$E_k^{(1)}=\langle k|\,\Delta V\,|k\rangle=\langle k|\,V(x)\,|k\rangle-\langle k|\,\bar{V}\,|k\rangle=0 \tag{A.47}$$

即能量的一级修正为零.

$E_k^{(2)}$ 和 $\psi_k^{(1)}$ 都需计算矩阵元 $\langle k'|\,\Delta V\,|k\rangle$, 由于 k' 和 k 两态之间的正交关系, 所以

$$\langle k'|\,\Delta V\,|k\rangle=\langle k'|\,V(x)\,|k\rangle-\langle k'|\,\bar{V}\,|k\rangle=\langle k'|\,V(x)\,|k\rangle$$

由于 $V(x)$ 的周期性, 上述矩阵元服从严格的选择定则, 将

$$\langle k'\,|V(x)|\,k\rangle=\frac{1}{L}\int_0^L\mathrm{e}^{-\mathrm{i}(k'-k)x}V(x)\mathrm{d}x$$

按原胞划分写成

$$\langle k'|V(x)|k\rangle = \frac{1}{Na}\sum_{n=0}^{N-1}\int_{na}^{(n+1)a} \mathrm{e}^{-\mathrm{i}(k'-k)x}V(x)\mathrm{d}x$$

令 $x=\xi+na$, 考虑到 $V(x)$ 的周期性, 则 $V(\xi+na)=V(\xi)$, 于是可把前式写成

$$\begin{aligned}\langle k'|V(x)|k\rangle &= \left[\frac{1}{a}\int_0^a \mathrm{e}^{-\mathrm{i}(k'-k)\xi}V(\xi)\mathrm{d}\xi\right]\frac{1}{N}\sum_{n=0}^{N-1}\left[\mathrm{e}^{-\mathrm{i}(k'-k)a}\right]^n \\ &= \begin{cases} V_n & k'-k=\dfrac{2\pi}{a}n \\ 0 & k'-k\neq\dfrac{2\pi}{a}n \end{cases}\end{aligned} \tag{A.48}$$

所以二级微扰能量可写成

$$E_k^{(2)} = \sum_{k'}\frac{|\langle k'|\Delta V|k\rangle|^2}{E_k^0-E_{k'}^0} = \sum_n \frac{|V_n|^2}{\dfrac{\hbar^2}{2m}\left[k^2-\left(k+\dfrac{2\pi}{a}n\right)^2\right]} \tag{A.49}$$

值得注意的是, 当 $k^2=(k+2\pi n/a)^2$, 即 $k=\pi/a$ 的整数倍时, $E_k^{(2)}$ 趋于 $\pm\infty$, 显然, 该结果没有意义.

电子能量

$$\begin{aligned}E &= E_k^0+E_k^{(1)}+E_k^{(2)} \\ &= \frac{\hbar^2k^2}{2m}+\sum_n\frac{|V_n|^2}{\dfrac{\hbar^2}{2m}\left[k^2-\left(k+\dfrac{2\pi}{a}n\right)^2\right]}\end{aligned} \tag{A.50}$$

波函数考虑一级修正式 (A.46) 后可写成

$$\begin{aligned}\psi_k &= \psi_k^0+\psi_k^{(1)} \\ \psi_k(x) &= \psi_k^0(x)+\sum_{k'}\frac{\langle k'|\Delta V|k\rangle}{E_k^0-E_{k'}^0}\psi_{k'}^0 \\ &= \frac{1}{\sqrt{L}}\mathrm{e}^{\mathrm{i}kx}\left[1+\sum_n\frac{V_n\mathrm{e}^{\mathrm{i}\frac{2\pi}{a}nx}}{\dfrac{\hbar^2}{2m}\left[k^2-\left(k+\dfrac{2\pi}{a}n\right)^2\right]}\right] = \mathrm{e}^{\mathrm{i}kx}u_k(x)\end{aligned} \tag{A.51}$$

上式右端第一部分波矢为 $\boldsymbol{k}$ 的前进平面波, 第二部分为电子在行进过程中遭受到起伏势场的散射作用所产生的散射波. 当前进波波矢 $\boldsymbol{k}$ 远离 $n\pi/a$ 时, 第二部分的贡献很小, 波函数主要由前进平面波决定, 此时电子的行为与自由电子近似.

当 $k=n\pi/a$ 时, $k'=-n\pi/a$ 因为它的振幅已足够大, 这时散射波不能再忽略, 此时出现能量简并, 需用简并微扰计算.

假定 k 态和 k' 态接近布拉格反射条件, 即

$$\begin{cases} k=-\dfrac{n\pi}{a}(1-\Delta) \\ k'=\dfrac{n\pi}{a}(1+\Delta) \end{cases} \tag{A.52}$$

式中, Δ 为一大于零的小量, $E_{k'}^0>E_k^0$.

将零级波函数表示为

$$\psi^0=\psi_k^0+\psi_{k'}^0=A\frac{1}{\sqrt{L}}\mathrm{e}^{\mathrm{i}kx}+B\frac{1}{\sqrt{L}}\mathrm{e}^{\mathrm{i}k'x}$$

将波函数代入薛定谔方程

$$\left(-\frac{\hbar^2}{2m}\frac{\mathrm{d}^2}{\mathrm{d}x^2}+\Delta V\right)\left(A\psi_k^0(x)+B\psi_{k'}^0(x)\right)=E\left(A\psi_k^0(x)+B\psi_{k'}^0(x)\right)$$

并考虑到

$$-\frac{\hbar^2}{2m}\frac{\mathrm{d}^2}{\mathrm{d}x^2}\psi_k^0(x)=E_k^0(x)\psi_k^0(x)$$
$$-\frac{\hbar^2}{2m}\frac{\mathrm{d}^2}{\mathrm{d}x^2}\psi_{k'}^0(x)=E_{k'}^0(x)\psi_{k'}^0(x)$$

得

$$A(E_k^0-E+\Delta V)\psi_k^0(x)+B(E_{k'}^0-E+\Delta V)\psi_{k'}^0=0$$

将上式分别乘 $\psi_k^{0*}(x)$ 和 $\psi_{k'}^{0*}(x)$ 再对 x 积分, 得 A、B 必须满足的关系式

$$\begin{cases} (E_k^0-E)A+V_n^*B=0 \\ V_nA+(E_{k'}^0-E)B=0 \end{cases} \tag{A.53}$$

要使 A, B 有非零解, 必须满足 $\begin{vmatrix} E_k^0-E & V_n^* \\ V_n & E_{k'}^0-E \end{vmatrix}=0$. 由此求得

$$E_\pm=\frac{1}{2}\left[E_k^0+E_{k'}^0\pm\sqrt{\left(E_k^0-E_{k'}^0\right)^2+4\left|V_n\right|^2}\right] \tag{A.54}$$

分两种情况讨论

(1) $|E_k^0-E_{k'}^0|\gg|V_n|$, 即讨论离简并态 $\pm n\pi/a$ 较远时, k、k' 态存在较大能量

差别的情形. 将式 (A.54) 按 $\dfrac{|V_n|}{E_k^0 - E_{k'}^0}$ 展开, 取一级近似得

$$E_{\pm} = \begin{cases} E_{k'}^0 + \dfrac{|V_n|^2}{E_{k'}^0 - E_k^0} \\ E_k^0 - \dfrac{|V_n|^2}{E_{k'}^0 - E_k^0} \end{cases} \tag{A.55}$$

该结果和非简并微扰相似, 只是存在相互影响. 相互影响的结果是能量较高的态能量进一步升高, 能量较低的态能量进一步下降, 即微扰的结果使 k 态和 k' 态的能量差进一步加大.

(2) $|E_k^0 - E_{k'}^0| \ll |V_n|$, 即讨论离简并态 $\pm n\pi/a$ 较近时, k, k' 态存在较小能量差别的情形. 按 $\dfrac{E_{k'}^0 - E_k^0}{|V_n|}$ 展开取一级近似得到

$$E_{\pm} = \frac{1}{2}\left\{E_k^0 + E_{k'}^0 \pm \left[2\,|V_n| + \frac{(E_{k'}^0 - E_k^0)^2}{4\,|V_n|}\right]\right\} \tag{A.56}$$

根据式 (A.52), 具体写出 E_k^0、$E_{k'}^0$

$$\begin{cases} E_k^0 = \overline{V} + \dfrac{\hbar^2}{2m}\left(\dfrac{n\pi}{a}\right)^2 (1-\varDelta)^2 = \overline{V} + T_n(1-\varDelta)^2 \\ E_{k'}^0 = \overline{V} + \dfrac{\hbar^2}{2m}\left(\dfrac{n\pi}{a}\right)^2 (1+\varDelta)^2 = \overline{V} + T_n(1+\varDelta)^2 \end{cases} \tag{A.57}$$

式中, $T_n = \dfrac{\hbar^2}{2m}\left(\dfrac{n\pi}{a}\right)^2$ 代表自由电子在 $k = \pm n\pi/a$ 状态的动能. 将式 (A.57) 代入式 (A.56) 得到

$$E_{\pm} = \begin{cases} \overline{V} + T_n + |V_n| + \varDelta^2 T_n \left(\dfrac{2T_n}{|V_n|} + 1\right) \\ \overline{V} + T_n - |V_n| - \varDelta^2 T_n \left(\dfrac{2T_n}{|V_n|} - 1\right) \end{cases} \tag{A.58}$$

式 (A.58) 的结果可用图示的方式给出微扰后的能量和零级能量的比较, 如图 A.10 所示.

以上的结果表明, 两个相互影响的态 k 与 k', 微扰后的能量分别为 E_- 和 E_+, 当 $\varDelta > 0$ 时, k' 态的能量 $E_{k'}^0$ 比 k 态的能量 E_k^0 高, 微扰后使 k' 态的能量升高, 而 k 态的能量降低; 当 $\varDelta \to 0$ 时, $E_{\pm}$ 分别以抛物线的方式趋于 $\overline{V} + T_n \pm |V_n|$; 对于 $\varDelta < 0$, k 态的能量比 k' 态高, 微扰的结果使 k 态的能量升高, 而 k' 态的能量降低.

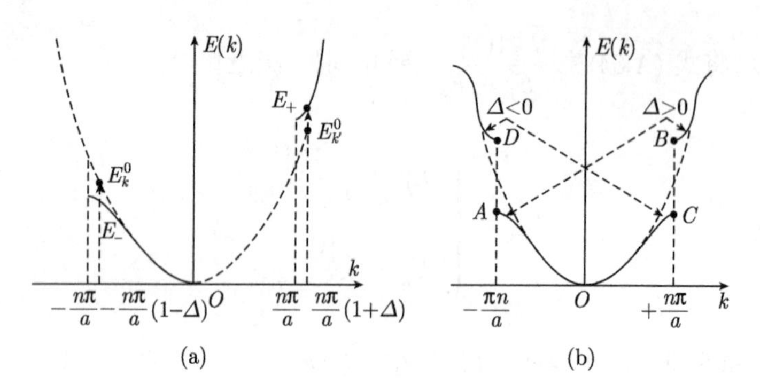

图 A.10　微扰后的能量和零级能量的比较

(a) 能量的微扰; (b) $k = \pm n\pi/a$ 处的微扰

从以上的分析说明, 由于周期场的微扰, $E(k)$ 函数将在布里渊区边界 $k = \pm n\pi/a$ 处出现不连续, 能量的突变为

$$E_{\mathrm{g}} = E_{+} - E_{-} = 2|V_n| \tag{A.59}$$

这个能量突变称为能隙, 即禁带宽度, 这是周期场作用的结果. 而在离布里渊区边界较远处, 电子的能量近似等于自由电子的能量, 且是 k 的连续函数, 这时周期场对电子运动的影响很小, 电子的运动性质与自由电子基本相同.

A.2.5　晶体的布里渊区

在描述固体材料中电子状态特征时, 人们常采用电子波矢空间中的布里渊区来描述电子能量与波矢关系 $E(k)$ 中的能量突变特征. 如果在 k 空间中把原点和所有倒格子的格矢 G_n 之间的连线的垂直平分面都画出来, k 空间就被分割成许多区域, 在每个区域内, 电子的能量 E 随波矢 $\boldsymbol{k}$ 是连续变化的, 这些区域称为布里渊区. 布里渊区边界上能量发生突变, 一个布里渊区对应于一个能带.

图 A.11(a) 给出了二维正方晶体的原子排列及相应的倒易点阵, 图 A.11(b) 给出了该晶体的前三个布里渊区, 以 I、II、III表示. 可以证明, 每个布里渊区的体积是相等的, 等于倒格子原胞的体积, 考虑电子自旋, 每一个布里渊区都可以填充 $2N$ 个电子 (N 为晶体原胞数目).

体心立方和面心立方是金属中常见的两种比较简单的晶体结构, 它们的第一布里渊区如图 A.12 所示. 图 A.12(a) 给出了体心立方晶体倒易空间的单胞与第一布里渊区, 方框为体心立方结构的倒易点阵单胞 (将一个倒易阵点置于中心位置上), 图中除了三个坐标轴外的 12 个箭头顶点就是该单胞的各倒易阵点的位置 (图中省略了倒易阵点). 第一布里渊区是由 12 个完全相同的四边形组成的十二面体.

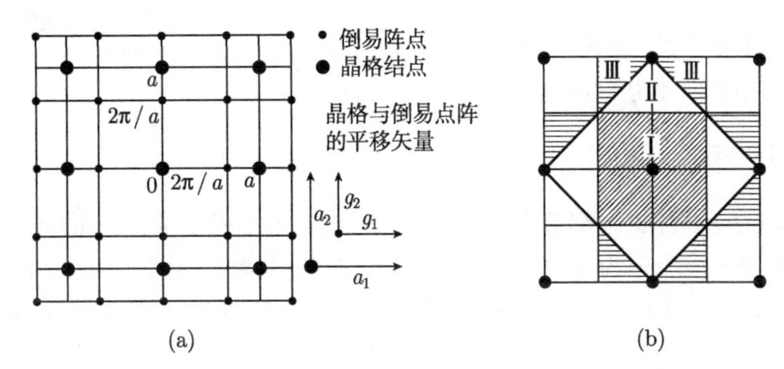

图 A.11 二维正方晶格、倒易点阵及其前三个布里渊区

(a) 正方晶格及倒易点阵; (b) 前三个布里渊区

图 A.12(b) 给出了面心立方晶体的倒易空间的单胞与第一布里渊区. 倒易空间单胞中同样省略了位于箭头顶点处的倒易阵点, 面心立方晶体的第一布里渊区是十四面体, 它由 8 个相同的正六边形平面和 6 个相同的正方形平面组成, 相当于将正八面体的 6 个角截掉的结果, 该布里渊区又称截角八面体.

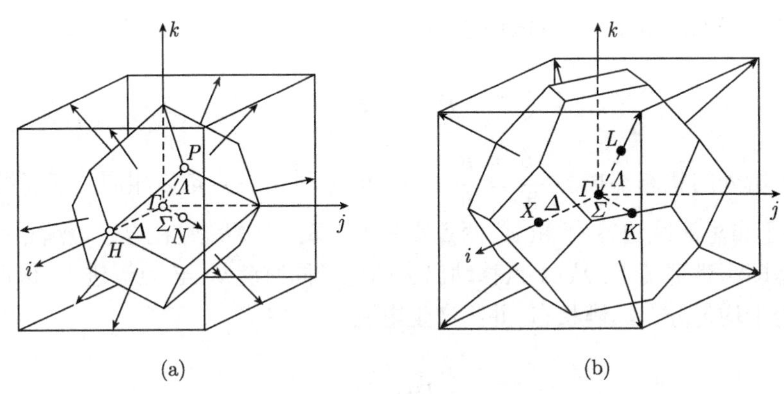

图 A.12 立方晶体的第一布里渊区

(a) 体心立方晶体; (b) 面心立方晶体

A.2.6 导体、绝缘体和半导体的能带模型

尽管所有的固体都包含大量的电子, 但有些固体具有很好的电子导电性能, 而另一些固体则观察不到任何电子的导电性. 对于固体为什么分为导体、绝缘体和半导体这一现象曾长期得不到解释, 能带论对这一问题给出了一个理论说明, 并由此逐步发展成为有关导体、绝缘体和半导体的现代理论.

固体中电子的能量本征值分裂成一系列能带, 每个能带均由 N 个准连续能级组成 (N 为晶体原胞数), 所以, 每个能带可容纳 $2N$ 个电子. 电子从最低能级开始填充, 被电子填满的能带称为满带; 被电子部分填充的能带称为不满带; 没有电子填充的能带称为空带. 能带理论解释固体导电的基本观点是: 满带电子不导电, 而不满带中的电子对导电有贡献.

1. 满带电子不导电

一个能带的所有状态都被电子占据称为满带. 由于电子 $\boldsymbol{k}$ 状态的对称性, 一个电子处于 $\boldsymbol{k}$ 态, 其能量为 $E_n(\boldsymbol{k})$, 则必有另一个与其能量相同的 $E_n(-\boldsymbol{k}) = E_n(\boldsymbol{k})$ 电子处于 $-\boldsymbol{k}$ 态. 当不存在外电场时, 处于 $\boldsymbol{k}$ 和 $-\boldsymbol{k}$ 态的电子具有相反的速度, 即

$$v(\boldsymbol{k}) = -v(-\boldsymbol{k}) \tag{A.60}$$

这是因为在 $\boldsymbol{k}$ 和 $-\boldsymbol{k}$ 处, $E_n(\boldsymbol{k})$ 函数具有大小相等而方向相反的斜率. 尽管对于每一个电子来讲, 都带有一定的电流 $-e\boldsymbol{v}$, 但是 $\boldsymbol{k}$ 态和 $-\boldsymbol{k}$ 态的电子电流 $-e\boldsymbol{v}(\boldsymbol{k})$ 和 $-e\boldsymbol{v}(-\boldsymbol{k})$ 正好一对相互抵消, 所以说没有宏观电流.

当存在外电场或外磁场时, 电子在能带中分布具有 $\boldsymbol{k}$ 空间中心对称性的情况仍不会改变. 以一维能带为例, 图 A.13 中 k 轴上的点子表示简约布里渊区内均匀分布的各量子态的电子. 在外电场 E 的作用下, 所有电子受到的作用力为

$$\boldsymbol{F} = -e\boldsymbol{E} \tag{A.61}$$

所有电子所处的状态都按 $-\dfrac{\mathrm{d}\boldsymbol{k}}{\mathrm{d}t} = \dfrac{\boldsymbol{F}}{\hbar}$ 变化, 即 k 轴上各点都以相同的速度沿 k 轴移动. 由于布里渊区边界 A 和 A' 两点实际上代表同一状态, 在电子填满布里渊区所有状态即满带情况下, 从 A 点移动出去的电子同时就从 A' 点流进来, 因而整个能带仍处于均匀分布填满状态, 并不产生电流.

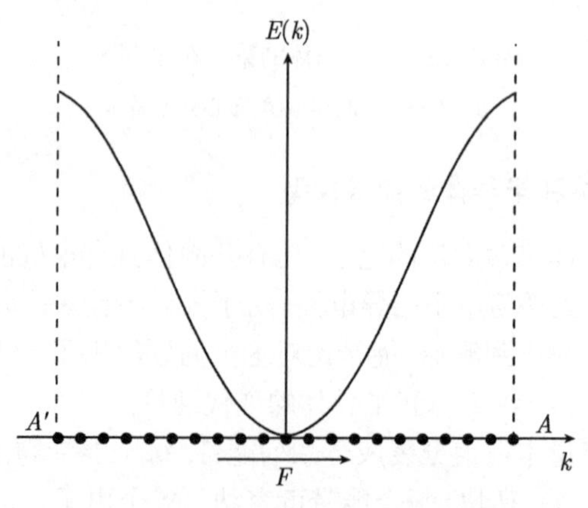

图 A.13　外场下满带电子的运动

2. 不满带的电子导电

部分填充的能带和满带不同, 在外电场作用下, 可以产生电流. 图 A.14 给出不满带电子填充的情况, 没有外电场时, 电子从最低能级开始填充, 而且 $\boldsymbol{k}$ 态和 $-\boldsymbol{k}$ 态总是成对地被电子填充的, 所以总电流为零 (见图 A.14(a)). 存在外电场时, 整个电子分布将向着电场反方向移动, 由于电子受到声子或晶格不完整性的散射作用, 电子的状态代表点不会无限地运动下去, 而是稍稍偏离原来的分布, 如图 A.14(b) 所示. 当电子分布偏离中心对称状况时, 各电子所荷载的电流中将只有一部分被抵消, 因而总电流不为零. 外加电场增强, 电子分布更加偏离中心对称分布, 未被抵消的电子电流就越大, 总电流也就越大. 由于不满带电子可以导电, 因而将不满带称为导带.

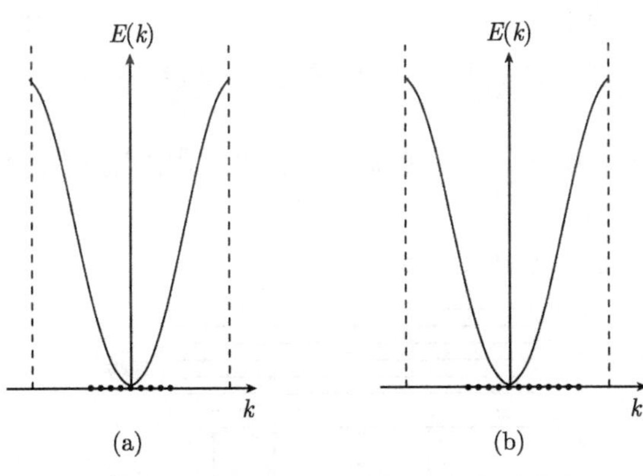

图 A.14 不满带电子在 k 空间的分布

(a) 无外电场; (b) 有外电场

3. 导体、绝缘体与半导体的能带

我们可以通过考察电子填充能带的状况来判断材料的导电性能, 图 A.15 是导体、半导体和绝缘体的能带示意图.

如果电子恰好填满了最低的一系列能带, 能量再高的能带都是空的, 而且最高的满带与最低的空带之间存在一个很宽的禁带 (如 $E_{\mathrm{g}} \geqslant 5\mathrm{eV}$), 那么, 这种材料就是绝缘体. 半导体材料电子填充能带的状况与绝缘体没有本质不同, 只是最高满带与最低空带之间的带隙较窄 (为 $E_{\mathrm{g}} = 1 \sim 3\mathrm{eV}$), 这样, 在热力学温度为零时, 材料是不导电的. 当外界条件变化时 (温度升高或有光照), 将有部分电子从满带顶部被激发到上面的空带中去, 使该空带的底部有了少量的电子, 它们在外场的作用下将参与导电. 与此同时, 满带中由于少了一些电子, 满带变成了部分占满的带, 在外电场作用下, 其中的电子也能够起导电作用, 这种导电作用相当于把这些空的量子状态看作带正电荷的准粒子的导电作用. 通常把这种空的量子状态称为空穴. 在半导体中, 导带中的电子和价带的空穴均参与导电, 这是半导体与金属导电机理的最大不同之处.

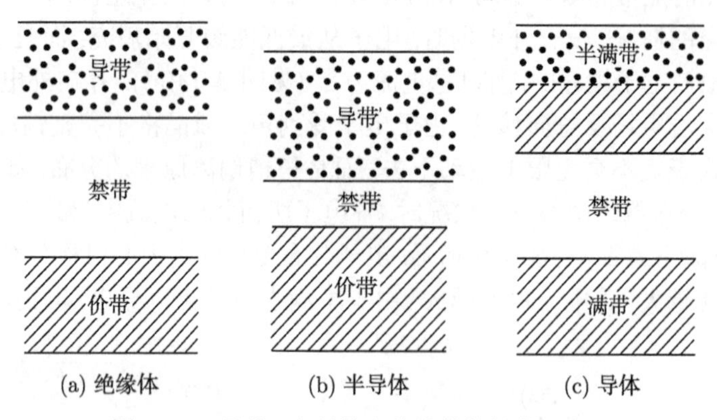

图 A.15 导体、半导体和绝缘体的能带示意图

图 A.16 是一定温度下半导体的能带示意图. 图中黑点表示价带内的电子, 当它们跳到导带后就留下了空穴, $E_{\rm v}$ 称为价带顶, 它是价带电子的最高能量, $E_{\rm c}$ 称为导带底, 它是导带电子的最低能量.

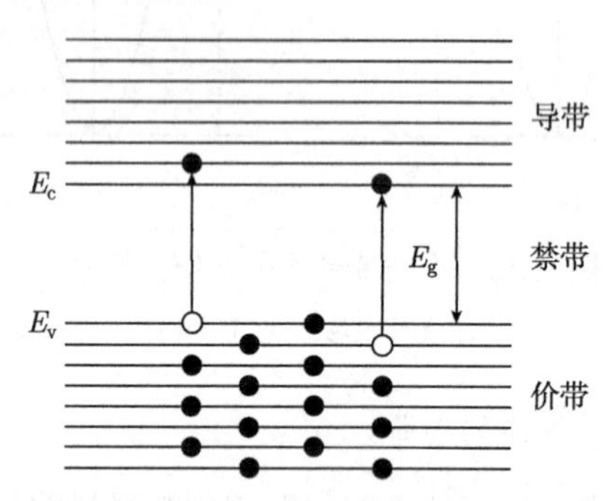

图 A.16 一定温度下半导体的能带示意图

在导体中, 例如金属, 除了满带外, 还有只是部分被电子填充的能带, 它起导电作用, 称为导带; 而由价电子所组成的能带称为价带. 碱金属 (如锂、钠、钾等) 及贵金属 (如金、银等) 每个原胞只含一个价电子. 当 N 个这类原子结合成固体时, N 个电子就占据着能带中 N 个最低的量子态, 其余 N 个能量较高的量子态则是空的, 即能带是半满的 (每个能带可容纳 $2N$ 个电子). 因此, 所有碱金属、贵金属晶体都是导体. 金刚石、硅和锗的原胞含有两个四价原子, 故每个原胞含有八个价电子, 正好填满价电子所形成的能带. 所以, 这些纯净的晶体在 $T = 0{\rm K}$ 时是绝缘体. 碱土金属 (如钙、锶、钡等) 的每个原胞含有两个 s 电子, 正好填满 s 带, 碱土金属晶体似乎应该是绝缘体, 实际上却是良导体. 原因在于 s 带与上面的能带发生

交叠, $2N$ 个 s 电子在未完全填满 s 带时, 就开始填充上面那个能带, 造成两个不满带. 因此, 碱土金属晶体是导体.

V 族元素铋、锑、砷等的晶体, 每个原胞内含有两个原子, 因为每个原胞含有偶数个价电子, 似乎应是非导体, 但它们却有一定的导电性. 原因在于这些晶体的能带有交叠, 只是交叠部分较少, 参与导电的电子浓度远远小于正常金属中的电子浓度, 使它的电阻率比正常金属大约 10^5 倍, 因而被称为半金属.

由此可见, 若晶体的原胞含有奇数个价电子, 这种晶体必是导体; 原胞含有偶数个价电子的晶体, 如果能带交叠, 则晶体是导体或半金属, 如果能带没有交叠, 禁带窄的晶体就是半导体, 禁带宽的则是绝缘体.

附 录 B

附录 B.1 物理常量表

量	符号	数值	单位
真空中光速	c	$2.99\ 792\ 458\times10^{8}$	m/s
真空磁导率	μ_0	$4\pi\times10^{-7}$	N/A
真空介电常量	ε_0	$8.854\ 817\ 817\times10^{-12}$	F/m
普朗克常量	h	$6.623\ 075\ 5\ \times10^{-34}$	J·s
约化普朗克常量	$\hbar=h/(2\pi)$	$1.054\ 572\ 666\ \times10^{-34}$	J·s
电子电荷	e	$1.602\ 177\ 33\ \times^{-19}$	C
电子质量	m_{e}	$9.109\ 389\ 7\times10^{-31}$	kg
质子质量	m_{p}	$1.672\ 623\ 1\ \times10^{-27}$	kg
中子质量	m_{n}	$1.674\ 928\ 6\ \times10^{-27}$	kg
精细结构常量	$\alpha=e^2/(4\pi\varepsilon_0 hc)$	$7.297\ 352\ 533\ \times10^{-3}$	
摩尔气体常量	R	$8.314\ 472\ 510$	J/(mol·K)
里德伯常量	R_∞	$1.097\ 373\ 153\ 4\times10^{7}$	m^{-1}
阿伏伽德罗常量	N_{A}	$6.022\ 136\ 7\times10^{23}$	mol^{-1}
玻尔兹曼常量	k	$1.380\ 658\times10^{-23}$	J/K
法拉第常量	F	$9.648\ 530\ 9\ \times10^{4}$	C/mol
玻尔半径	a_0	$5.29\ 177\ 249\ \times10^{-11}$	m

附录 B.2 国际单位制

	物理名称	单位名称	单位符号	用其他 SI 单位表示法
基本单位	长度	米	m	
	质量	千克	kg	
	时间	秒	s	
	热力学温标	开 [尔文]	K	
	电流	安 [培]	A	
	物质的量	摩 [尔]	mol	
	发光强度	坎 [德拉]	cd	
辅助单位	平面角	弧度	rad	
	立体角	球面度	sr	
导出单位	面积	平方米	m^2	
	速度	米每秒	m/s	
	加速度	米每二次方秒	$\mathrm{m/s}^2$	
	密度	千克每立方米	$\mathrm{kg/m}^3$	
	频率	赫 [兹]	Hz	s^{-1}

续表

	物理名称	单位名称	单位符号	用其他 SI 单位表示法
导出单位	力	牛 [顿]	N	kg·m/s^2
	压强、压力	帕 [斯卡]	Pa	N/m^2
	功、能量、热量	焦 [耳]	J	N·m
	功率、辐射通量	瓦 [特]	W	J/s
	电荷量	库 [仑]	C	A·s
	电位、电压、电动势	伏 [特]	V	W/A
	电容	法 [拉]	F	C/V
	电阻	欧 [姆]	Ω	V/A
	磁通量	韦 [伯]	Wb	V·s
	磁感应强度	特 [斯拉]	T	Wb/m^2
	电感	亨 [利]	H	Wb/A
	光通量	流 [明]	lm	cd·sr
	光照度	勒 [克斯]	lx	lm/m^2
	动力黏度	帕 [斯卡] 秒	Pa·s	
	表面张力	牛 [顿] 每米	N/m	
	比热容	焦 [耳] 每千克开 [尔文]	J/(kg·K)	
	热导率	瓦 [特] 每米开 [尔文]	W/(m·K)	
	介电常数 (电容率)	法 [拉] 每米	F/m	
	磁导率	亨 [利] 每米	H/m	

附录 B.3 常用光源的谱线波长表(单位：nm)

元素	波长/nm	颜色
H(氢)	656.28	红
	486.13	绿蓝
	434.05	蓝
	410.17	蓝紫
	397.01	蓝紫
He(氦)	706.52	红
	667.82	红
	587.56(D_3)	黄
	501.57	绿
	492.19	绿蓝
	471.31	蓝
	447.15	蓝
	402.62	蓝紫
	388.87	蓝紫

续表

元素	波长/nm	颜色
Ne(氖)	650.65	红
	640.23	橙
	638.30	橙
	626.25	橙
	621.73	橙
	614.31	橙
	588.19	黄
	585.25	黄
Na(钠)	589.592(D_1)	黄
	588.995(D_2)	黄
Hg(汞)	623.44	橙
	579.07	黄
	576.96	黄
	546.07	绿
	491.60	绿蓝
	435.83	蓝
	407.78	蓝紫
	404.66	蓝紫
He-Ne 激光	632.8	橙